普通高等教育应用型人才培养“十三五”规划教材

微生物资源开发学

Weishengwu Ziyuan Kaifaxue

韩 晗 ◎ 编著

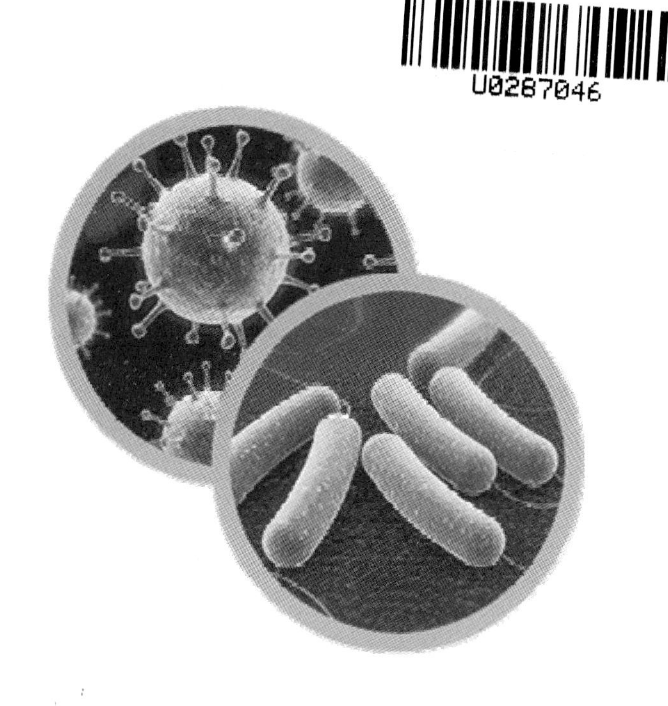

西南交通大学出版社

·成 都·

图书在版编目（CIP）数据

微生物资源开发学 / 韩晗编著. —成都：西南交通大学出版社，2018.3

普通高等教育应用型人才培养“十三五”规划教材

ISBN 978-7-5643-6102-0

Ⅰ. ①微… Ⅱ. ①韩… Ⅲ. ①微生物 – 生物资源 – 资源开发 – 高等学校 – 教材 Ⅳ. ①Q938

中国版本图书馆 CIP 数据核字（2018）第 046284 号

普通高等教育应用型人才培养“十三五”规划教材

微生物资源开发学

韩 晗 编著

责任编辑 牛 君
封面设计 严春艳

出版发行 西南交通大学出版社
（四川省成都市二环路北一段 111 号
西南交通大学创新大厦 21 楼）
邮政编码 610031
发行部电话 028-87600564 028-87600533
官网 http://www.xnjdcbs.com
印刷 四川森林印务有限责任公司

成品尺寸 185 mm × 260 mm
印张 23
字数 602 千
版次 2018 年 3 月第 1 版
印次 2018 年 3 月第 1 次
定价 49.80 元
书号 ISBN 978-7-5643-6102-0

课件咨询电话：028-87600533
图书如有印装质量问题 本社负责退换

前　言

生物资源蕴藏着巨大的价值，是大自然馈赠给人类的一笔宝贵财富。如今，人类社会正面临着粮食危机、能源短缺、资源耗竭、生态恶化和人口剧增等一系列生存危机。要应对这些前所未有的挑战，人类不得不从利用有限矿物资源的旧时代，转向利用无限生物资源的新时代；不得不从对生物资源半开发、低效利用的现状，转向全面开发、高效利用的未来；不得不从高污染、高能耗的物理、化学反应型生产，转向绿色环保、低能耗的生物反应型生产。因此，不断深入研究和大力开发生物资源，并将其价值与优势充分应用于生产实践，具有重大意义。

我国地大物博、生物资源丰富，但目前仍有大量资源未被有效利用，故从事生物资源的开发与应用，前景十分光明。尤其对于像贵州省等目前发展相对落后，又不适合发展传统规模化农业、集约化工业，但生物资源十分丰富的省份，开辟一条以生物资源开发利用为核心、以绿色环保与资源可持续利用为发展要义、全面带动各产业发展的新道路，具有重要的现实意义。

然而，我国生物资源的开发与利用真正兴起不过几十年，目前在相关学科建设、人才培养和实践经验等方面仍较为落后，亟待进一步发展。为更好地促进生物资源开发利用相关学科和产业的发展、培养相关科研与实践型人才，我校（贵州师范学院）于 2011 年和 2015 年分别开办了生物资源科学和应用生物科学专业，并获批成立了“贵州省生物资源开发利用特色重点实验室”，开始开展一系列相关研究与实践工作，以及相应的人才培养工作。在此期间，获得了“教育部第一批专业综合改革试点”“贵州省重点支持学科建设”“中央双一流专业建设补助资金”“贵州省一流师资团队建设”等项目的资助，并计划编写一系列生物资源开发利用相关教材或专著，以进一步促进相关教学和科研工作。

本书正是在上述背景下完成创作的。

相比于其他生物，微生物是奇妙而又独特的。它们拥有不同于其他生物的五大生物学特性，并因此而具有诸多应用优势。特别是在农业、工业、食品、医药和环保等领域，微生物目前已展现出巨大的应用价值。

微生物资源种类丰富、应用价值高，但至今，人类对微生物资源的认识与利用仍不足 1%，挖掘潜力还很大。因此，不断深入研究和大力开发微生物资源，前景十分光明。并且，由于微生物具有：培养周期短、生产效率高；生产空间小、不易受气候影响；产品种类丰富、附加值高；原料来源广、可“变废为宝”；绿色环保、能治理污染与修复生态；易于改良、改造等诸多应用优势，开发和应用微生物资源，必将有助于解决粮食危机、能源短缺、资源耗竭、生态恶化和人口剧增等问题。

然而，尽管微生物资源应用潜力很大，微生物资源的开发与利用，真正兴起和发展的历史还非常短暂，目前还未形成一门专门的学问，亟需进一步发展。而已出版的、以“微生物资源”为主题，较为系统性地概述“如何开发和利用微生物资源”的书籍，也较为少见。因此，为进一步促进微生物资源开发利用相关教学、科研与实践的发展，亦为日后微生物资源开发利用理论体系的建立提供学术资料，本书在总结大量文献资料与科研、实践经验的基础上，归纳微生物资源开发与利用的基础知识、程序和方法，方便读者在学习相关课程和从事相关工作时，获取最必要与实用的知识，获得工作灵感与思路，以及方便同行做学术探讨之言论基础。

总之，本书是一部较为系统地概述微生物资源及其开发利用的教材，适合初次接触微生物学或拟从事微生物资源开发利用相关工作的读者，作为兴趣启蒙、学习、学术交流和工作经验交流之用。本书分为上、下两篇。上篇选取较为重要的微生物学基础知识为主要内容，向读者介绍微生物学基本理论；下篇可分为概论和各论两大部分，先向读者介绍微生物资源的应用概况、开发利用的一般程序和关键技术方法，再选择农业、工业、食品、医药和环保五大领域为切入口，分别有针对性地向读者介绍相关微生物资源的开发利用基本知识。

本书的编写得到“贵州省教育厅青年科技人才成长项目”（黔教合 KY 字〔2017〕211）、贵州省 2017 年一流大学重点建设项目师资团队建设子项目（黔高教发〔2017〕158 号）资助。在此感谢我的同事张婷婷、廖兴刚、周丹、曹剑锋和姜金仲等老师的大力支持，他们对本书的编写提供了许多宝贵的意见；感谢我的学生李雪敏、王小青、郑爽、张春霞、邹言言、邹娇娇、唐慧玲等的热心帮助；感谢我的导师王恬教授、师兄周岩民教授和师姐王冉研究员长期以来的关怀和教导。本书在编写过程中，从许多学界前辈，如周德庆、王镜岩、沈萍、黄秀梨、陈集双、易美华、姜成林、李颖、刘爱民、杨生玉等老师的著作中获得了大量灵感与重要参考，在此向他们的工作成果表示由衷的敬佩，并向这些学界前辈致以最崇高的敬意。最后，感谢西南交通大学出版社为本书出版付出的辛勤劳动。

本书由作者独立完成，迫于任务之繁重和艰巨，作者能力和经验有限，加之微生物学科仍处于飞速发展中，特别是目前微生物资源的开发利用尚未形成一门专门的学问和未建立成熟的理论体系，可供参考的系统性资料较少，因此，书中难免存在未能紧跟学科发展前沿之处，亦可能存在疏漏和错误之处，真诚希望读者批评指正，并提出宝贵建议，以便日后不断完善，通过再版给予修正。

韩 晗

2017 年 9 月于贵州师范学院

目 录

上 篇 微生物学基本理论

下　篇　微生物资源开发利用

上　篇

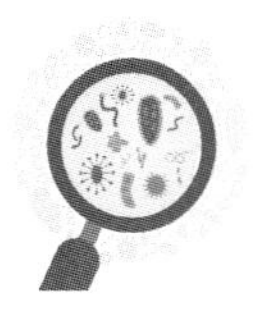

微生物学基本理论

绪　论

重点：微生物、微生物资源的概念；微生物的三大类群；微生物的五大生物学特性；微生物用于生产实践的六大优势；微生物资源的类别；微生物在各个领域的应用概况。

第一节　微生物是什么

一、无处不在的微生物

微生物无处不在。

尽管微生物经常被我们习惯性地“忽视”，但它们却生机勃勃地存在于这个世界：从土壤圈、水圈、大气圈至岩石圈，到处都有它们的踪迹；地球上的任何缝隙，都有它们的身影。

有时候，我们真是“身在菌中不知菌”。实际上，从一些不起眼的生活小事中，就能轻易找到微生物存在的影子。

民以食为天，我们先从美食开始吧：酸奶、泡菜，当然还有美味的“酸汤鱼”，这些食品之所以酸爽味美，你知道为什么吗？这正是无数的、小小的乳酸菌的功劳。又比如面包和馒头，这些松软香甜的食物，可少不了酵母菌的功劳。还有火腿、奶酪、臭豆腐、酒酿、腐乳、豆豉……关于微生物与美食的例子不胜枚举。

再来看看我们人类自己吧。可以说，相比于植物和动物，微生物与我们更加亲密。无论在人体的体表还是体内，都栖息着大量的微生物，其数量极为惊人，总数可达 1 000 000 亿左右，几乎是人体总细胞数的 10 倍。实际上，这些小家伙从我们呱呱坠地的瞬间，就已经与我们相伴了。无须担忧它们会威胁我们的健康，反而，我们应该感谢它们，正是它们使我们更健康。

很多时候，我们也总是忘记了感恩来自微生物的奉献：当你因患重感冒而卧床不起时，白衣护士为你注射抗生素，你可曾想到，正是“微生物”治愈了你的疾病？你又可曾想到，正是这些微生物使人类平均寿命提高了近 10 年。而随着经济的高速发展，环境污染越来越严重之时，你可曾想到，正是微生物将这些污染物统统“消化掉”，还大自然以最初的美丽？当食品农药残留量越来越高之时，你可曾想到，正是微生物的应用，让这一切有可能成为历史？当石油能源正日益枯竭之时，你可曾想过，常被我们焚烧或废弃处理的秸秆，却可以凭借微生物的力量“变废为宝”，成为我们的新能源？而在土地资源越发稀缺、人畜争粮越发严重的今天，你可曾想到，也许某一天在我们的餐桌前，摆放的全是一道道以微生物为原料而制成的美味？当温室效应造成气候变暖，我们儿时冬日里与小伙伴们堆雪人、打雪仗的欢乐时光一去不复返时，你可曾想到，正是冰核细菌的人工降雪让我们又重温了那段美梦？

也许，在地球村里，微生物的确不那么“抢眼”，它们看不见、也摸不着，但它们却与我们的生活息息相关。如今，很难找出与微生物不相关的事和物了。就连在人类潜意识里许多离生物界很遥远的事或物，如牛仔裤、感光材料、白纸、冶金、石油勘探、文物修复等，它们竟然也与微生物有关！在近代，微生物可谓对人类发展贡献最大的一种生物。我们的生活无法离开微生物，微生物将始终与人类相伴。

二、微生物的概念

微生物（Microorganism），是一切个体微小、结构简单、进化地位低等的生物的总称。简而言之，它们就是一类“小、简、低”的生物。

微生物在生物界中占有重要地位。根据我国学者陈世骧等（1979 年）建议的六界系统（病毒界、原核生物界、原生生物界、真菌界、动物界和植物界），微生物占有其中四界。而在 C. R. Woese 等（1977 年）提出的、已被广泛接受的三域学说（Three domains theory）中，微生物在三个域中均有分布（古生菌域、细菌域和真核生物域）。这充分显示了微生物在生物界中的重要地位。

尽管微生物地位重要，但大多数微生物很难用肉眼观察，必须借助显微镜。人类对于微生物世界的认知，绝非一帆风顺。在早期，尽管人类无法观察到微生物，但极富智慧的先祖们很早便已感知微生物的存在，如我国古人早在 4000 多年前就已开始酿酒，而同时期的古埃及人也已学会烘焙面包。到了 16 世纪，古罗马医生 G. Fracastoro 也明确提出传染病是由极其微小的生物所导致。

真正观察并描述微生物的第一人，是 17 世纪荷兰的“业余科学家”A. V. Leeuwenhoek（图 0-1）。他利用自制的简易显微镜，发现了微生物的世界。这也标志着一个崭新的时代——微生物时代即将来临。

转眼间已至 19 世纪中期，以 L. Pasteur 和 R. Koch（图 0-1）等为代表的科学家将微生物从形态学研究推进到生理学研究阶段，他们一系列严谨而极富创造力的工作，正式奠定了微生物学科。这也为 20 世纪微生物学井喷式的发展夯实了基础。20 世纪可谓微生物学的“黄金时代”：DNA 是遗传物质的论证、抗生素的发现及应用、DNA 双螺旋结构的揭示、中心法则的提出、基因工程和发酵工程的创立、三域学说的建立、朊病毒的发现以及第一株细菌基因组的测序完成，都是“微生物”结出的丰硕成果。

A. V. Leeuwenhoek

L. Pasteur

R. Koch

图 0-1　微生物时代的三位领军人物

而我们有理由相信，在前人奠定的雄厚基础上，在微生物学科的飞速发展下，21 世纪的微生物学将是一幅更加绚丽多彩的立体画卷。在这幅画卷上，必将出现许多人类目前难以预想的闪光点。

三、微生物的三大类群

微生物的种类很多，为便于初学者认识和实际应用，可将微生物划分为三个类群，如下：

- 原核生物（包括：细菌、放线菌、蓝细菌和古生菌等）
- 真核微生物（包括：酵母菌、霉菌和蕈菌等）
- 病　毒（包括：病毒和亚病毒）

其中，原核生物和真核微生物都具有细胞结构，属于细胞型生物；而病毒无细胞结构，属于非细胞型生物。

实际上，原生动物和显微藻类，也可归类为微生物，并且可分属于真核微生物。但它们在“经典微生物学”中，通常不作为重点论述，而是放在动物学或植物学中进行研究。此外，本书将着重介绍目前与生活、生产实践密切相关的几类常见微生物——细菌、放线菌、酵母菌、霉菌、蕈菌和噬菌体，其他则不进行详细讲述。

四、微生物的五大生物学特性

微生物是奇妙而又独特的，明显不同于植物或动物。微生物的独特之处在于以下五方面。

1. 体积小，面积大

微生物个体极其微小，如病毒的大小通常为纳米级别，而细菌、酵母菌和霉菌不过微米级别。

除个体微小外，微生物的结构也非常简单。如病毒，通常仅由一个蛋白外壳和其内的核酸组成。而马铃薯纺锤形块茎病毒（一种类病毒）仅由 359 个核苷酸组成。

值得注意的是，微生物尽管小，但比面值巨大。某一物体单位体积所占有的表面积，称为比面值（Surface to volume ratio）。一般而言，物体的体积越小，其比面值就越大。如一个体重① 约 90 kg 的人，其比面值约为 0.3；一粒豌豆，约为 6；而一个球菌细胞，可达 60 000！微生物体积非常微小，因此，它们具有巨大的比面值。而巨大的比面值，也赋予了微生物余下的四个特性。

2. 吸收多，转化快

微生物没有“嘴巴”，但可以想象，整个微生物表面就是一张“大嘴”。微生物巨大的比面值，使其具有强大的营养物质吸收能力。例如，大肠杆菌每小时可吸收自身重量 10 000 倍的乳糖，而人类每小时仅能吸收自身体重 0.004 倍的乳糖。

注：① 实为质量，包括后文的重量、增重、干重等。由于现阶段在我国农林畜牧等行业的生产和科研实践中一直沿用，为便学生了解、熟悉行业实际情况，本书予以保留。——编者注

不仅“吃得多”，微生物的转化能力也同样惊人！在相同重量下，产朊假丝酵母 24 h 内可生物转化而产生 50 000 kg 蛋白质，而豆科作物仅为 500 kg，乳牛仅为 0.5 kg。

这一特性为微生物高速的生长和合成大量代谢产物奠定了生物学基础，并使微生物获得了“有生命的超小型化工厂”称号。这对于人类生产实践而言，具有重要应用价值。

3. 生长旺，繁殖快

超强的吸收和转化能力，使微生物具有惊人的生长繁殖速度。如大肠杆菌，其在适宜的生长条件下，能以 2^n 的指数形式增殖。若按平均 20 min 增殖 1 次计，则 1 h 可增殖 3 次，1 d 就可增殖 72 次。即 1 个大肠杆菌在培养 1 d 之后，可变为 2^{72} 个。那么 1.835 天后呢？就变为 $2^{72\times1.835}=2^{131.12}$ 个。这个数字有多大呢？5.2×10^{39} 个！多么惊人！如果每个大肠杆菌重量为 10^{-12} g，那么，这些细菌的总重量可达 5.2×10^{27} g。这有多重呢？相当于 1 个地球的重量（5.9×10^{27}g）！所以说，只要条件适宜，1 个大肠杆菌经过约 1.8 天的培养后，重量可相当于 1 个地球（图 0-2）！

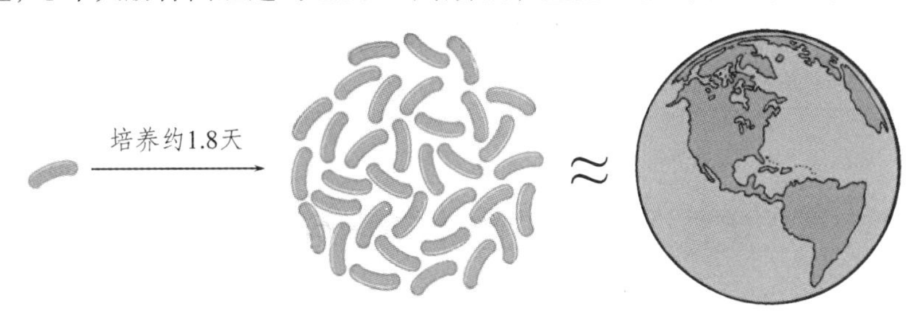

图 0-2　微生物惊人的生长繁殖能力

一般而言，微生物的生长速度约是植物的 500 倍，动物的 2 000 倍。

微生物的这一特性，在发酵生产中具有重要的应用价值，这主要体现在生产效率高、发酵周期短。例如，酿酒酵母在单批次发酵时，每 12 h 可“收获”1 次，每年可“收获”数百次，这是其他任何农作物都不可能达到的收获次数。此外，微生物对缓解当前全球面临的人口剧增与粮食匮乏也有重大的现实意义。据报道，若干酵母细胞的蛋白质含量按 45%计，那么，一个年产 10 万吨酵母菌的小型工厂，其一年的蛋白产量，相当于 562 500 亩（1 亩=666.7 m^2）农田上种植的大豆的蛋白总产量。

微生物生长旺、繁殖快的特性，若应用于生命科学研究，也有着明显的优越性。它使科学研究周期大为缩短、空间减小、经费降低、效率提高。当然，对于一些致病菌或导致霉腐的有害微生物而言，生长繁殖速度快这一特性，则可能给人类带来极大的损失或灾难，这在实践中应引起高度重视。

4. 易变异，适应强

变异，即基因变异，一般发生在繁殖时。由于微生物具有极强的繁殖能力，因此，其较容易发生变异。对我们人类来说，这有利有弊。有利的一面，如可提高发酵生产效率，据统计，正是人类不断利用微生物易变异的特点，使得青霉素生产菌株——产黄青霉菌生产青霉素的能力由 1943 年的 20 IU/mL 提升至 1983 年的 100 000 IU/mL。

从另一方面说，生物之所以能适应不断变化的环境，正是变异的功劳。微生物易变异，因此，它们能轻易适应各种环境及其变化。其极强的适应能力，尤其表现在“极端环境”下的生存能力。热泉、火山口、冰川、高盐碱之地、高辐射之地等极端环境下，都有微生物的存在，堪称生物界之最。

5. 分布广，种类多

微生物因其体积小、重量轻和繁殖快等特点，传播、扩散能力强，甚至达到“无孔不入”的地步。只要条件合适，它们就可“随遇而安”。地球上除了火山的中心区域等少数地方外，从土壤圈、水圈、大气圈至岩石圈，到处都有它们的踪迹。可以认为，微生物永远是生物圈上、下限的开拓者，以及各项生存纪录的保持者。不论在动植物体内外，还是在土壤、河流、空气、平原、高山、深海、污水、垃圾、海底淤泥、冰川、盐湖、沙漠，甚至油井、酸性矿水和岩层等处，都有大量与之相适应的微生物存在。

而这些分布在地球各处的微生物，种类非常之多。据估计，微生物有 50 万 ~ 600 万种，其中人类已记载过的仅约 20 万种，包括原核生物 3 500 种、病毒 4 000 种、真菌 9 万种。而实际上，受限于当前技术水平，99%的微生物目前还不可培养，这对开发它们造成极大障碍。人类对微生物的认识还不到 1%，这也反映出微生物的数量和种类是多么惊人！无穷无尽的微生物资源宝藏，正待有识之士前来挖掘。

第二节　微生物资源及其应用

一、什么是微生物资源

凡对人类具有实际或潜在用途的微生物，统称为微生物资源（Microbial resources）。

微生物资源，包括了微生物的生物质资源（Biomass resources）、生物遗传资源（Biogenetic resources）以及生物信息资源（Bioinformation resources）等。这些资源，均是国家战略性资源之一，是农业、林业、工业、食品、医学和环境等领域微生物学、生物技术研究以及相关微生物产业持续发展的重要物质基础，是支撑微生物科技进步与创新的重要科技基础条件，与国民食品、健康、生存环境及国家安全密切相关。

目前，我国已建设了国家微生物资源平台（National Infrastructure of Microbial Resources, NIMR），平台以 9 个国家级微生物资源保藏机构为核心，整合了我国农业、林业、医学、药学、工业、兽医、海洋、基础研究和教学实验等 9 大领域的微生物资源。截止到 2015 年年底，平台库藏资源达到 206 795 株，已整合微生物资源约占国内资源总数的 41.4%，占全世界微生物资源保存总量的 8.13%。

按用途，微生物资源可分为农业微生物资源、工业微生物资源、食品微生物资源、医药微生物资源和环境微生物资源等。

二、微生物用于生产实践的六大优势

生物体，可被利用于生产人类所需的各种产品。从应用生物学的角度看，人类将各种生物体作为一种生物转化器（Biotransformer），把低价值的劣质资源生物转化（Bioconversion）为高价值的优质资源。

例如，可将土壤肥料通过豆科作物转化为优质的植物蛋白；“牛吃的是草，挤的是奶”；还可将常被焚烧处理的秸秆通过微生物转化为优质的氨基酸。这些皆可算作“生物生产”——“植物生产”“动物生产”和“微生物生产”（图 0-3）。

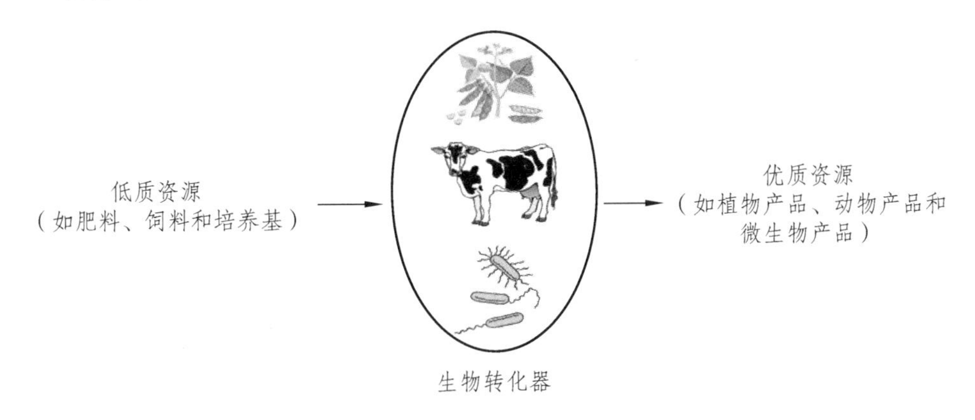

图 0-3　生物生产示意图

人类很早就懂得利用植物和动物进行生产了，并发展了种植业和养殖业。历史上，人类对微生物的利用似乎要“逊色”于动植物。其实不然，通过本书的学习，你会发现，微生物在农业、工业、食品、医药和环境保护等领域有着极为重要的应用。并且，微生物凭借其他生物所无法比拟的五大生物学特性，在生产实践中具有六大优势。

1. 生产周期短，生产效率高

如前所述，微生物生长繁殖能力极强。这意味着，微生物的培养周期非常短。而微生物的生长速度一般约是植物的 500 倍、动物的 2000 倍，利用微生物进行生产，不像利用植物或动物生产那样需要长达数月或数年的漫长生产周期，一般微生物发酵仅需数十小时或数天就可完成。

此外，微生物惊人的生物转化能力，是其他生物难以企及的。在相同重量下，产朊假丝酵母 24 h 可产 50 000 kg 蛋白质，而豆科作物仅为 500 kg，乳牛仅为 0.5 kg。一个年产 10 万吨的酵母菌发酵工厂，其蛋白质年产量相当于 56 万亩豆科作物的产量。

2. 生产空间小，不受气节影响

栽培植物，需要大量耕地；饲养动物，亦需要占地面积较大的养殖场。而微生物体积小，培养它们仅仅需要小小的发酵罐就可以了。如今，耕地面积少、地租价格高，在土地资源如此稀缺的现在和未来，微生物的这一优势将愈发明显。

此外，利用微生物进行发酵生产，由于可在相对封闭的环境下进行，不仅不易受气候、天气的影响，还可人工控制环境条件，使生产永远处于最适的环境下。这些均是进行农作物种植、动物饲养时难以实现的。

3. 产品种类丰富，附加值高

微生物可以为人类生产肥料、饲料、农药、食品、化工原料、能源、医药品、保健品、污染清除剂等各类形形色色的产品。在整个生物圈中，微生物可谓“劳模”，其所产生的代谢产物不仅种类丰富（表 0-1），而且相关产品附加值很高（图 0-4）。

表 0-1　各类生物所产有用代谢物数量对比

生物体	有用代谢产物种类
微生物	22 400
植物	13 000
动物	7000

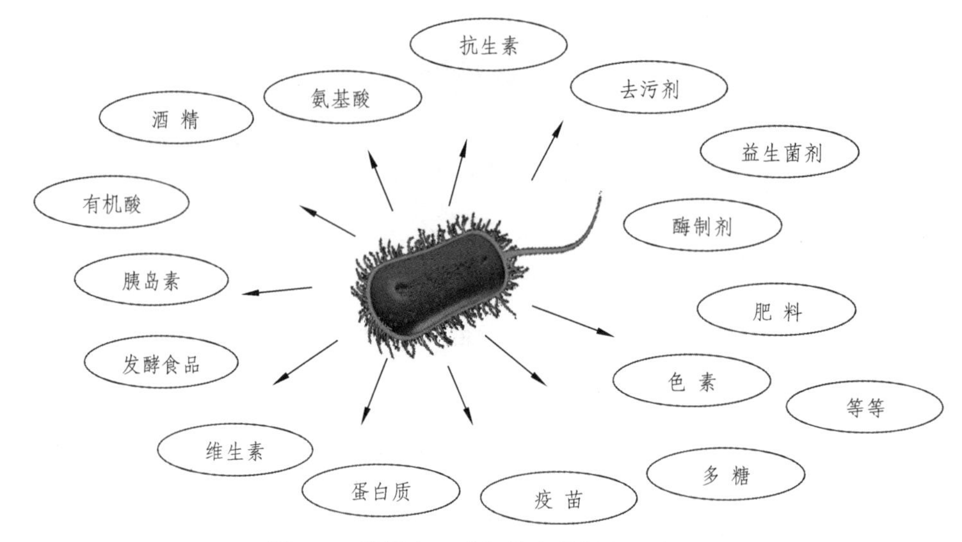

图 0-4　种类多、附加值高的微生物产品

为何微生物能产生种类如此丰富的代谢产物呢？原因在于：微生物的代谢方式极为多样，代谢途径非常之多，这是其他生物所不能及的。首先，微生物可进行有氧呼吸、无氧呼吸、发酵、光合作用、生物固氮和次生代谢物合成等各种分解或合成代谢；其次，微生物有着糖酵解途径、三羧酸循环、己糖磷酸途径、2-酮-3-脱氧-6-磷酸葡糖酸途径、同型酒精发酵、同型乳酸发酵、丁酸型发酵、乙醛酸循环等多条代谢途径；再者，微生物可进行天然气、石油、纤维素、半纤维素、木质素、难降解合成材料等其他生物无法进行的代谢；最后，微生物还可通过基因工程技术获得外源性蛋白基因。这些均使得微生物能产生种类极其丰富的代谢产物，而这些代谢产物都可被加工，成为可用于农业、工业、食品、医药和环境保护等领域的各种高附加值产品。

4. 原料来源广，可变废为宝

微生物几乎“无所不吃”，可被微生物用于发酵的原料，不胜枚举，甚至如甲醇、氰、酚和多氯联苯等剧毒物质，微生物照样“笑纳”。

即使给予微生物“毫无价值”的东西，它们都能回报人类优质的产品。这种典型的“毫无价值”的东西，即富含木质纤维素的各种农作物秸秆、人畜粪便、城市有机物垃圾等。

如今，人类社会正面临着人畜争粮、能源短缺和资源耗竭等危机。而木质纤维素这一未被人类有效利用，但蕴藏量极其丰富、永无枯竭之虞的可再生资源，却常被人类焚烧或掩埋处理。

庆幸的是，微生物可将木质纤维素转化、加工为各种化工、轻工、纺织和制药等产业所需的原料，如传统的乙醇、丙酮、丁醇、乙酸、甘油、异丙醇、甲乙酮、柠檬酸、乳酸、苹果酸、反丁烯二酸和甲叉丁二酸等，新兴的水杨酸、乌头酸、丙烯酸、己二酸、丙烯酰胺、癸二酸、长链脂肪酸、长链二元醇、γ-亚麻酸油、聚乳酸和聚羟基丁酸等。而余下的发酵醪还可用作饲料和肥料。这既有利于发展经济，又有利于解决能源危机、生态危机，还能“变废为宝”。

5. 绿色环保，能治理污染与修复生态

利用微生物进行生产，不仅能源消耗低、反应条件温和，更重要的是能减少环境污染。例如，利用微生物生产肥料、农药、乙醇、乙烯等，不像化工生产那样会产生巨量的“三废”——废气、废水和固体废弃物，也不像动物养殖那样会产生大量排泄物和温室效应气体。微生物似乎不会产生废物，它们的代谢产物大都可以被人类利用。

更难能可贵的是，微生物还能治理污染与修复生态。微生物几乎“无所不吃”，石油烃、农药、多氯联苯、苯酚、重金属、恶臭物质、氰类化合物、人畜粪便等环境污染物，皆可被微生物处理掉。目前，微生物已被广泛应用在污水、固体废弃物和废气等的生物处理上，以及各种受污染环境的生物修复。未来，微生物凭借独特的生物学特性、降解性质粒以及共代谢作用，还将在污染治理与生态修复中发挥更大的作用。

6. 易于改良、改造

微生物易变异，这非常有利于菌种的选育和基因工程改造。相比于动植物漫长的新品培育周期，微生物菌种的改良周期较短。此外，微生物结构简单，非常易于基因操作和改造。

实际上，随着基因工程技术的发展，原来需要利用植物、动物为原料进行提取或化工合成才能生产出的产品，如今，依靠基因工程菌就能生产，如链激酶、胰岛素、干扰素、生长激素、细胞因子等。未来，小小的微生物发酵罐，就能替代万亩良田、百万畜栏和大型化工厂，何乐而不为呢?

最后，我们来聆听 Perlman 幽默而生动的语言：“微生物总没有错，它是你的朋友和微妙的伙伴。愚蠢的微生物是没有的，微生物善于和乐于做任何事，它们比任何化学家、工程师更机灵、更聪明和精力充沛。如果你学会照顾这些小家伙，那么，它们也会照顾你的未来。”

三、微生物资源的分类与应用

在生产实践中，由于微生物具有得天独厚的优势，因此，微生物资源的应用潜力很大（表0-2）。

表 0-2　微生物资源的分类与应用

类别	应用	举　例
农业微生物资源	农业生产	生产微生物肥料、微生物农药、微生物饲料等
工业微生物资源	工业生产	生产醇类、有机酸、酶制剂、氨基酸、维生素等
食品微生物资源	食品生产	生产发酵食品、食用菌产品、单细胞蛋白等
医药微生物资源	医疗保健	生产抗生素、疫苗、基因工程药物、医用酶制剂等
环境微生物资源	污染治理	用于污染物生物处理、环境生物修复、生物质资源生物炼制等

1. 微生物与农业生产

我国是农业大国，国民经济的 80%都依赖于农业。但目前，我国农业耕地中，80%缺氮、50%

缺磷、30%缺钾，某些土壤中有机质含量不足1%，土壤资源存在严重退化的现象。此外，滥用化肥和农药造成的污染，已严重威胁人类健康和环境质量，氮污染、磷污染以及食品农药残留等问题，屡见报端。开发出高效、绿色、环保、安全的肥料和农药，尤为重要。

目前，绿色环保的微生物肥料及农药在现代农业，特别是在生态农业中，已开始崭露头角。例如，利用固氮菌剂、解磷菌剂以提升土壤肥力；利用植物根际促生细菌以促进农作物的生长并提高抗病能力；利用微生物农药以防控植物病虫害；利用假单胞菌制剂以降解农田污染物。正是：以菌增肥、以菌促生、以菌防病和以菌治污。这不仅有效提升了农业生产水平，更能有效减少化肥和农药的使用，保障了农产品安全性，改善了环境质量。

随着人们生活水平的提高，动物性产品的需求越来越大。但如今，“人畜争粮”问题越发严重，饲料成本越来越高。饲料通常占养殖成本的70%以上，这必将引起动物性产品价格的不断上涨，不仅导致消费者难以享用到营养丰富的动物性食品，甚至还会严重制约养殖业的发展。寻求高品质、低价格的饲料，尤为重要。

发酵饲料、单细胞蛋白，这些价格低廉、营养丰富，甚至可以通过“变废为宝”而生产出的微生物饲料，以及消化酶、益生素等微生物饲料添加剂，均已在动物生产中逐步获得应用，并在实践中被证明可降低饲料成本、提高动物消化率、减少疾病发生，最终有效降低养殖成本，并提高动物性产品的质量和安全性。

而在微生物的作用下，农作物秸秆、畜禽粪便等农业废弃物，还可以生产出堆肥、沼气，这不仅加强了资源的回收利用，更对环境保护做出了巨大贡献。

可见，微生物在农业，特别是现代生态型农业中，具有巨大的应用潜力。因此，应不断研究和开发农业微生物资源，并大力推广农业微生物制品，这对于从传统排污型农业彻底转向现代生态型农业，具有重要的推动作用。

2. 微生物与工业生产

工业，是衡量一个地区现代化发展水平的重要指标，在国民经济中亦具有不可替代的重要地位。历史上，工业，尤其是化学工业——这位“点石成金”的“魔术大师”，为人类创造出了前所未有的巨大财富，满足了人们越来越高的生活要求。尤其是从20世纪50年代起，石油工业的迅速发展极大地推动了化学工业的飞速发展，化学工业也正式步入以石油和天然气为主要原料的“石油化工时代”，并开启了新的辉煌，极大地推动了生产力的发展，满足了人们对高品质生活的物质需求。

然而，各种无机、有机污染，废气、废水和废渣也随之而来。1953—1979年间，日本熊本县水俣湾地区，化工污染导致了“水俣病”的暴发，受害人数高达到1004人，死亡206人。而大量化工生产废气的排放，导致了“温室效应”现象、“雾霾”以及酸雨的大量出现。另有报道称，至2050年，全球塑料垃圾将超130亿吨！这些由化工生产带来的“白色污染”，人类将如何应对?

也许光靠人类自身是无法解决这些问题的。但值得庆幸的是，人类有一位亲密的伙伴——微生物。

微生物学家早就预言：对于每一种自然界中的化合物，总存在一种微生物能合成和分解它；而应用微生物学家Perlman也认为：微生物比任何化学家、工程师更机灵、更聪明和精力充沛。的确，微生物具有非常卓越的生产性能，它们生产效率高、生产周期短，原料来源广、产物种类多，节约土地、能有效利用空间，最关键的是，利用它们进行生产，条件温和、能耗低，不产生“三废”，可谓安全、节能、环保。

如今，微生物已被大量应用于工业生产，许多原来必须依靠化工合成才能生产出的产品，现在大都可以利用微生物进行发酵生产，如乙醇、丁醇、丙烯酰胺、环氧化合物、乙烯、异丁烯、丙酮和甘油等。而传统的发酵生产，如各类有机酸、醇类、抗生素、酶制剂、活菌制剂、氨基酸、维生素等的发酵，也已在发酵工程学技术的不断发展中，取得了产量和质量的极大提升，其产品也被大量应用于农业、工业、医药、食品、环保和能源等领域。随着基因工程技术的应用，微生物还可生产许多外源基因产物，如人胰岛素、生长激素、干扰素、乙肝疫苗、白细胞介素等，这再次提升了微生物的应用价值。

未来，大力研究和开发工业微生物资源，并将其应用于生产，不仅能满足人类对高品质生活必需品的追求，更能使人类走上一条节能、环保、资源可回收利用的工业化发展新道路。

3. 微生物与食品生产

民以食为天，食品不仅仅是人类生存繁衍的必需品，随着经济和社会的发展，“美味”更成为高品质生活中不可或缺的元素。

实际上，我们极富智慧的祖先，早就懂得利用微生物来生产美妙的味道，如面包、酸奶、腐乳、火腿、酱油、醋、白酒。从谷物到蔬菜、乳类、豆制品和肉类，任何食材，仿佛经过微生物魔术师般的“手法”后，都能变得更加别具风味。

而这些发酵食品，除了风味独特，还含有丰富的营养，并具有一定的保健功效。例如，腐乳中含有丰富的蛋白质、氨基酸、钙和维生素等，而酸奶则具有促进消化、调理肠道菌群、降低胆固醇、防癌等功效。此外，某些食品在经微生物作用后，原本所含的“有害因子”可被去除掉。例如，一部分人群具有“乳糖不耐症”，不能完全消化乳糖，他们在大量饮用牛乳后，常发生腹泻等症状；牛乳在经微生物发酵后，乳糖可被分解为乳酸，当这类人群饮用这种发酵过的牛奶——酸奶时，不再会出现乳糖不耐症。

除上述发酵食品外，白酒、黄酒、啤酒和葡萄酒等酒精饮料，酱油、食醋、味精和甜面酱等调味剂，也都是微生物的“杰作”。它们不仅丰富了人们的饮食生活，更是食品工业的重要支柱。

另外，值得关注的是食用菌。食用菌是继植物性、动物性食品之后的第三类食品——菌物性食品。其味道鲜美、组织脆嫩，富含高品质蛋白质，并含有多种氨基酸、微量元素和维生素等，是一类高蛋白、低脂肪、营养丰富的食品，也被公认为“天然的健康食品”。此外，许多食用菌还以抗癌、降脂、增智以及提高免疫力等功效而成为首屈一指的保健食品，国际食品界也已将其列为21世纪的八大营养保健食品之一。

可见，微生物资源是大自然恩赐予人类的一笔宝贵财富，其不仅能应用于农业、工业和医药等领域，还能为我们的生活增添美妙的味道，以及促进人类健康长寿。因此，大力研究和开发食品微生物资源，不断创造出美味、营养、健康的食品，对于提高我们的生活质量和健康水平，具有十分重要的意义。

4. 微生物与医疗保健

医药产业，是保障公众健康和生活质量等人类切身利益的重要产业。人类前进的历史，同时也是一部与疾病不断斗争、不断战胜病魔的“战争史”，而医药产业和微生物制药在这一系列战役中，始终扮演着最重要的角色。

1347年，一场鼠疫几乎摧毁了整个欧洲，约2500万人（接近欧洲1/3的人口）死于这场灾难；1918—1920年间，西班牙型流感造成了全球约10亿人感染，2500万~4000万人死亡（当时世界人口约17亿人）；而自1882年R. Koch发现结核分枝杆菌以来，肺结核已在全球造成了数亿人死亡；天花，更是被史学家们称为“人类历史上规模最大、不是靠枪炮而实现的大屠杀”！

这些灾难性的疾病，给予人类重创，并使人类留下了难以磨灭的痛苦回忆。庆幸的是，人类终究凭借坚定的信念、顽强的意志、不懈的努力，以及依靠一位最亲密“战友”的并肩作战，不断战胜这些病魔。而这位“战友”，正是微生物。

日本学者尾形学曾说过：“在近代科学中，对人类福利贡献最大的一门科学，要算是微生物学了。”一个半世纪以来，微生物学工作者通过在医疗保健战线上发起的“六大战役”（外科消毒术的建立、人畜传染病病原体的分离鉴定、免疫防治法的发明和广泛应用、化学治疗剂的普及、多种抗生素的筛选及应用、基因工程药物的问世及应用等），使许多原先猖獗一时的疾病得到了有效的防治。

1979年10月，世界卫生组织宣布人类成功消灭天花。而有人估计，自从免疫防治法问世以来，人类平均寿命至少提高了10岁；另有报道称，抗生素广泛应用后，人类平均寿命至少又提高了10岁。

这些都足以表明：微生物及微生物学工作者，功不可没！随着医药产业的继续发展，人类越来越认识到微生物对于防治疾病和保障人类健康的巨大作用。据美国国家癌症中心（2001）统计，已进入市场的药物中，有45%属于微生物次生代谢物；50%以上的药物先导化合物，均源于微生物；而微生物药物，可占据整个药物市场价值的一半，约达500亿美元。随着微生物制药研究的不断发展，这一比例还将继续增大。

然而，人类前进的脚步从未停止，疾病也仍未消失。在人类逐步战胜许多“老对手”的同时，新出现的许多疾病又开始大肆横行。肝炎、艾滋病、禽流感、“超级细菌”性感染、癌症、糖尿病、心脑血管疾病等，正严重威胁人类健康，甚至是生存发展。在面临如“超级细菌”这般顽强而又“凶残”的对手时，如果医药产业不能继续保持高速发展，人类不仅将面临无药可治的局面，甚至有可能难逃灭亡的厄运。

因此，人类应从以往战胜各种疾病的经历中汲取成功的经验，并始终保持自信，继续加大对医药微生物资源的研究、开发和应用。有理由相信，在与微生物并肩作战的过程中，人类终将克服困难、战胜疾病，再次重温1928年青霉素发现时的巨大喜悦以及1979年彻底消灭天花时的无比自豪。

5. 微生物与环境保护

日新月异的科技和高速发展的经济，给予人们富足的物资与高品质的生活。但是，高速发展的经济却是以牺牲环境为代价的。在过去的30多年里，我国取得了经济增长的辉煌成就，但同时，生态环境却遭到了前所未有的巨大破坏。有资料表明，2011年我国二氧化硫年排放量高达1857万吨，烟尘1159万吨，工业垃圾8.2亿吨，生活垃圾1.4亿吨；42%的水体不能用作饮用水源，36%的城市河段为劣5类水质，75%以上的湖泊富营养化加剧；每年流失的土壤总量达50多亿吨，荒漠化面积以每年2460 km^2的速度增长……

环境保护和被污染环境的治理与修复，是21世纪全球性的一项战略任务。

将微生物资源应用于生产，即“绿色生产”，是一种有效的“环保”措施。例如，微生物肥料和微生物农药的生产及应用，可极大地减少化肥、化学农药的生产及使用造成的环境污染；用发酵法取代一部分产品的化工法生产，也可极大地减少“三废”的排放量。

但这还远远不够。人类“掠夺地球”的行为，已造成了环境的严重破坏，在当前形势下，不仅要保护环境，更要治理和修复被污染的环境。

微生物在地球生态系统中扮演着极为重要的“分解者”角色，它们凭借独特的生物学特性、降解性质粒以及共代谢作用，将在环境污染治理中发挥关键和不可取代的作用。例如，污水中的有机污染物可被好氧微生物彻底分解为无害的物质；极难降解的有机氯杀虫剂等可被芽孢杆菌、棒杆菌、诺卡氏菌等降解；而土壤或水体中的重金属（如汞、铅、砷和镉等），可在微生物的转化作用下变为无毒或低毒状态；还有工业废气，也可被微生物转化为无毒气体。

目前，微生物已在污水治理、城市垃圾处理以及污染监测等领域得到了一定的应用，尤其是在固体垃圾的微生物处理方面，不仅有效治理了环境污染，更可谓是“变废为宝”——污染物在产甲烷菌的作用下转变为沼气，或在其他微生物的作用下被制成堆肥。

但这同样还远远不够。因此，应不断研究和大力开发环境微生物资源，将其广泛应用于环保和污染治理，充分发挥它们的优势，这不仅对于保障人类健康和环境质量具有重要意义，更对人类日后的生存和发展具有重大意义。

6. 微生物与科学研究

微生物除了能被应用于生产实践外，亦是科学工作者最乐于选用的研究材料。历史上，自然发生学说的否定、糖酵解机制的认识、基因与酶关系的发现、突变本质的阐明、核酸是一切生物遗传变异的物质基础的证实、操纵子学说的提出、遗传密码的揭示、基因工程的开创、PCR（DNA 聚合酶链反应）技术的建立、真核细胞内共生学说的提出以及生物三域理论的创建等，都是选用微生物作为研究材料而结出的硕果。为此，大量研究者还获得了诺贝尔奖的殊荣。

由于微生物具有其他生物不具备的五大生物学特性，其在科学研究中至少具有如下优势：

（1）结构简单，便于观察与研究；

（2）生长繁殖速率快，可极大地缩短研究周期；

（3）易于培养，重复性强；

（4）个体微小，易于操作，对实验场地和空间要求不高；

（5）基因结构简单，且易变异，有利于遗传学与育种研究工作的开展。

因此，微生物在科学研究中亦被称作“模式生物”（Model organism）。

此外，由于微生物独特的生物学特性，人类创立了一套专门的技术方法去研究和利用它们。在整个生命科学领域，微生物学科是第一个拥有自己独特技术方法的学科，如显微镜与制片染色技术、消毒灭菌技术、无菌操作技术、纯培养分离技术、合成培养基技术、选择性与鉴别性培养技术、突变型标记和筛选技术、液态深层培养技术以及菌种冷冻保藏技术等。这些技术方法，还急剧向生命科学各领域扩散，许多植物和动物大有“微生物化”（Microorganismization）的趋势。例如，植物的组织培养和动物的细胞培养技术，都是借鉴于微生物学技术。如今，一些植物、动物可以像微生物那样十分方便地在试管和培养皿中进行培养和研究，甚至能在发酵罐中进行大规模培养和生产有益代谢产物，这大大提升了动植物资源的开发效率和应用价值。

微生物学工作者可以自豪地说，在生命科学发展历程中，微生物学发挥了无可争辩的重要作用，是近代对人类贡献最大的科学之一。

四、微生物资源的开发利用

微生物资源中蕴藏着巨大的宝藏，如前所述，微生物资源在农业、工业、食品、医药等产业，以及环境保护和科学研究等领域都有极为重要的用途。并且，随着现代生物学技术的高速发展，微生物资源可能拥有的更广泛用途还将进一步被揭示，微生物资源的开发利用思路也将进一步拓宽。

微生物资源开发利用本就内涵丰富，加上科学技术的不断进步，还将不断被放大与外延，因此，要想准确地定义微生物资源的开发利用，十分困难。

结合广大学者的观点与现阶段学科的发展，本书仅抛出微生物资源开发利用的一个基本概念，以此对最初接触微生物资源开发利用的读者“抛砖引玉”。所谓微生物资源开发利用（Exploitation and utilization for microbial resources），是指利用现有的或获取未发现的微生物资源（包括具备生物遗传功能的微生物单位，微生物有机体、代谢产物、排泄物、伴生物、衍生物以及微生物序列信息、生物功能信息等），将其开发为一种生产要素、功能工具或研究材料，并应用于生产实践、科学研究和环境保护等领域，从而可生产或创造出对人类有价值的、有形或无形的产品的过程。

例如，可利用现有的乳酸菌资源，将其作为“生产者”，以牛乳为原料进行酸奶的生产；也可分离获得某种未被发现的产甲烷微生物，以木质纤维素为原料进行生物能源的生产。再者，可利用人工分离的生枝动胶菌、浮游球衣菌及某些假单胞菌等微生物作为“生产者”，以污水为“原料”，“生产”出清洁的生活用水；还可以某种微生物的生物信息资源作为“原料”，利用合成生物学技术，去设计和开发新型药物。

总之，微生物资源开发利用的内涵是无限丰富的，随着科技的发展，对微生物资源开发与利用的思路还将得到不断地拓宽。现如今，人类社会正面临着粮食危机、能源短缺、资源耗竭、生态恶化和人口剧增等一系列生存危机。要克服这些前所未有的挑战，人类不得不从利用有限矿物资源的旧时代，转向利用无限生物资源的新时代；不得不从高污染、高能耗的化学反应器型生产，转向绿色环保、低能耗的生物反应器型生产；不得不从占地面积多、生产效率低的传统农业，转向生产空间小、生产效率高的现代农业。而上述这些转变的实现，必定离不开微生物资源的开发与利用。

第一章　微生物的形态与结构

重点： 四大常见微生物的概念；细菌、放线菌、酵母菌、霉菌、噬菌体的形态（包括个体形态和群体形态）和结构的特点；各类微生物形态（包括个体形态和群体形态）、结构的联系与区别；蓝细菌和古生菌生物学特点与应用价值。

第一节　微生物的形态及大小

一、三大类群微生物的概念及种类

1. 原核生物

原核生物（Prokaryotes），是指一类细胞核无核膜包被，只存在称作“拟核”的裸露 DNA 的低等单细胞生物。原核生物包括真细菌（Eubacteria）和古生菌（Archaea）两大类。真细菌又主要包括“三菌三体”，即细菌、放线菌、蓝细菌，支原体、衣原体和立克次氏体。

原核生物
- 真细菌：细菌、放线菌、蓝细菌、支原体、衣原体和立克次氏体
- 古生菌

2. 真核微生物

真核微生物（Eukaryotic microorganisms），是指一类具有完整核结构、能进行有丝分裂、细胞质中存在细胞器的高等微生物。真核微生物主要包括菌物（Mycetalia）、原生动物（Protozoa）和显微藻类（Algae）。菌物主要包括真菌（Fungi）、黏菌（Myxomycota）和假菌（Chromista）。其中，真菌是最重要的真核微生物，本书将重点进行介绍，其主要包括：酵母菌、霉菌和蕈菌。

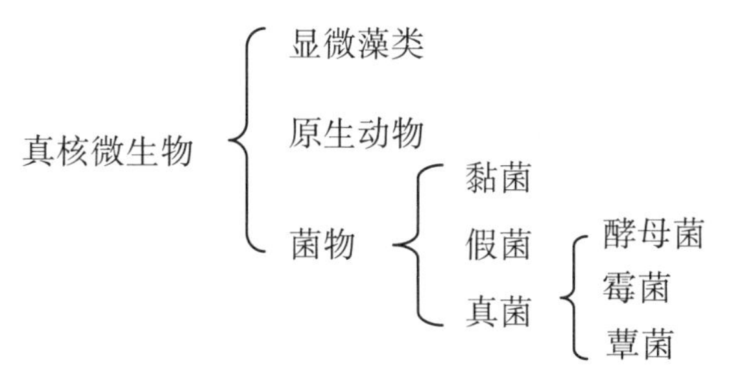

3. 病　毒

病毒（Virus），是一类由核酸和蛋白质等少数几种成分组成的超显微“非细胞生物”，其本质是一种只含 DNA 或 RNA 的遗传因子。病毒主要包括真病毒（Euvirus）和亚病毒（Subviral agents）两大类。其中，真病毒，也常简称为“病毒”，其按宿主不同，可分为植物病毒、动物病毒和噬菌体（微生物病毒）。

病毒
- 真病毒：植物病毒、动物病毒和噬菌体
- 亚病毒：拟病毒、类病毒和朊病毒等

上述三大类群微生物，都有其独特的生物学特性（表 1-1）。

表 1-1　三大类群微生物比较

	原核生物	真核微生物	病毒
生命形式	细胞型（单细胞）	细胞型（单或多细胞）	非细胞型
基本单位	细胞	细胞	病毒粒子
遗传物质载体	拟核	细胞核	裸露核酸
主要遗传物质	DNA	DNA	DNA 或 RNA
是否含有细胞器	×	√	×
化学组成	水、核酸、蛋白质、多糖和脂质等		核酸和蛋白质等
结构特点	复杂	非常复杂	简单
代表微生物	细菌、放线菌	酵母菌、霉菌	噬菌体

4. 四大常见微生物

四大常见微生物，主要是指细菌、放线菌、酵母菌和霉菌，其与日常生活、生产实践以及科学研究都有着密切联系。

细菌在自然界中分布极为广泛，其在工、农、医、药和环保等领域，给人类带来了极其巨大的经济效益、社会效益和生态效益；放线菌对人类健康的贡献尤为突出，至今已报道过的两万余种微生物源的生物活性物质中（包括抗生素），约有半数由放线菌产生；酵母菌则是人类的“第一种家养微生物”，千百年来，人类几乎天天离不开酵母菌，例如酒类的生产，面包的制作，石油及油品的脱蜡，单细胞蛋白的生产，核酸、麦角甾醇、辅酶 A、细胞色素 C、凝血质和维生素等生化药物和试剂的生产等；而霉菌，在自然界中扮演着最重要的有机物分解者的角色，它们可把其他生物难以利用的复杂有机物（如纤维素和木质素等）彻底分解转化，还与工农业生产、医疗实践、环境保护和生物学基础理论研究等方面有着密切的联系。

二、三大类群微生物的形态及大小

在显微镜下，微生物形态多样，大小各异。图 1-1 为常见微生物的典型形态。

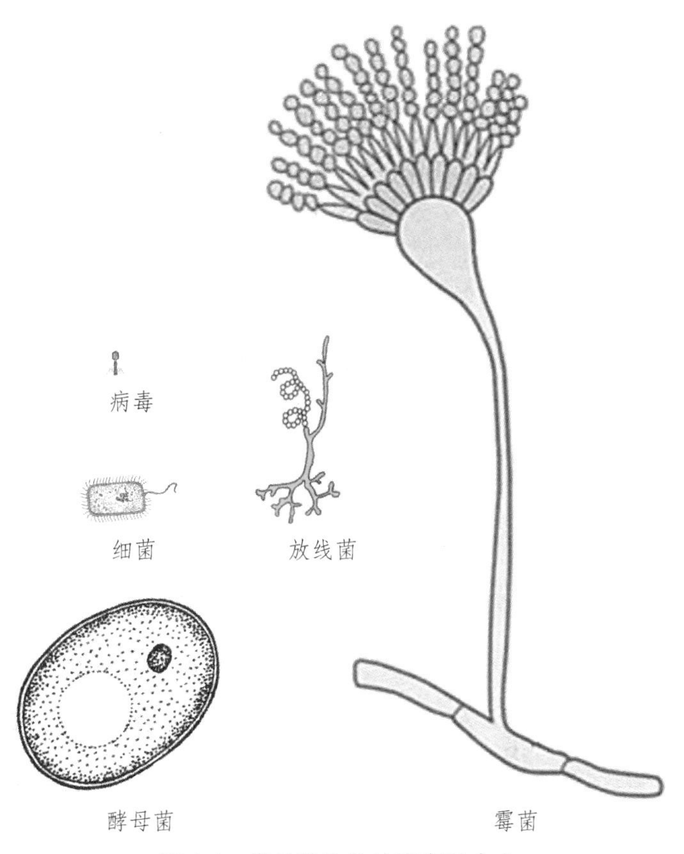

图 1-1　常见微生物的形态及大小

（一）原核生物的形态及大小

关于原核生物的形态及大小，本书主要介绍细菌和放线菌。

1. 细菌及其形态、大小

细菌（Bacteria），是一类细胞细短、结构简单、胞壁坚韧、多以二分裂方式繁殖和水生性较强的原核生物。

细菌在自然界中分布极为广泛，除病毒外，其是生物界中数量最多的一类生物。据估计，地球上细菌总数约为 5×10^{30} 个。无论是在人体内、外，或是我们的四周环境，到处都有大量的细菌集居着。凡在温暖、潮湿和富含有机物质的地方，都是各种细菌的活动之处，在那里常会散发出一股特殊的臭味或酸败味。如果在液体中出现混浊、沉淀或液面飘浮“白花”，并伴有小气泡冒出，说明其中可能长有大量细菌。

历史上，细菌曾给人类造成极大的灾难。1347 年，一场鼠疫几乎摧毁了整个欧洲，约 2500 万人（接近欧洲 1/3 的人口）死于这场灾难。其“元凶”，正是细菌——鼠疫耶尔森杆菌。

尽管“细菌”一词在公众印象中更多呈现出负面色彩，但毋庸置疑，随着微生物学的发展，越来越多的有益细菌被发掘，并应用于工、农、医、药和环保等领域，给人类创造了极其巨大的经济效益、社会效益和生态效益，例如，在工业上，利用细菌进行各种氨基酸、核苷酸、酶制剂、丙酮、丁醇、有机酸和抗生素等重要产品的发酵生产。

显微镜下，细菌有三种基本形态：杆状、球状和螺旋状（图 1-2）。这三种形态的细菌，分别称为杆菌（Bacillus）、球菌（Coccus）和螺旋菌（Spirilla）。当然，在自然界中，细菌形态远不止这三种，还有丝状、三角形、方形和圆盘形等，只不过这些形态比较少见。

细菌的大小，通常以微米（μm）为单位来表示。

其中，杆菌的大小以“宽度×长度”表示，单位 μm，一般为 0.5 ~ 1 μm×1 ~ 3.0 μm。如大肠杆菌，其大小约为“0.5 μm×2 μm”。值得注意的是，杆菌是细菌中种类最多的，也是自然界中最常见的。其还可分为短杆、球杆、棒杆、梭状、梭杆状、分枝状、螺杆状、竹节状（两端平截）和弯月状等。

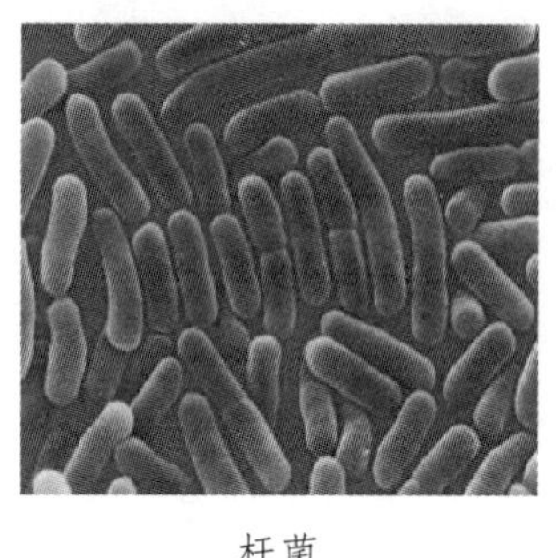
杆菌

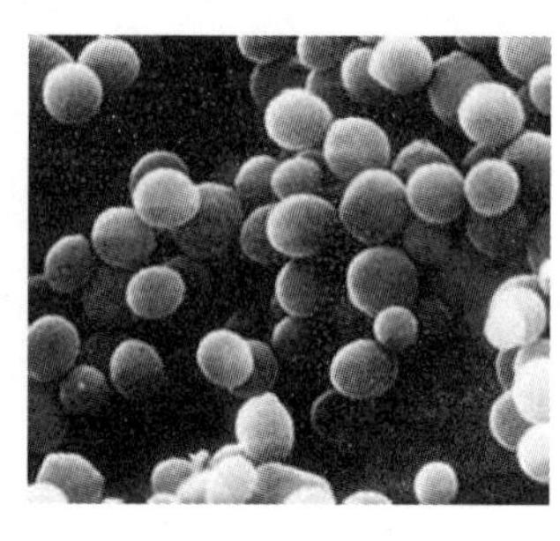
球菌

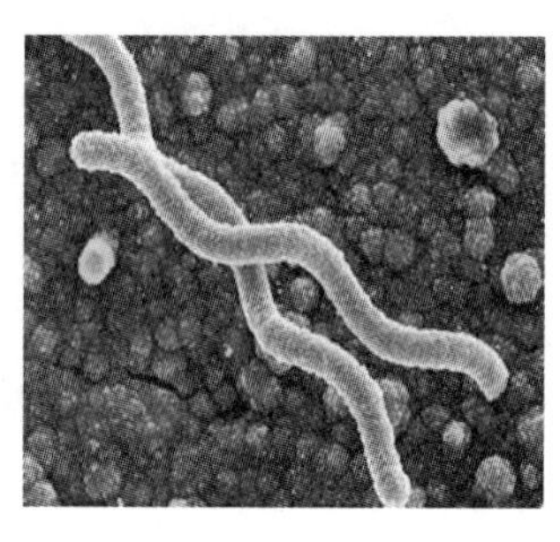
螺旋菌

图 1-2　细菌的三种基本形态

而球菌的大小，则以“直径”来表示，单位 μm，一般为 0.5 ~ 2.0 μm。如金黄色葡萄球菌，直径约为 0.5 μm。球菌还可分为单球菌、双球菌、四联球菌、链球菌、八叠球菌和葡萄球菌。

螺旋菌，大小以“宽度×长度”表示，单位 μm，一般为 0.5 ~ 1 μm×1 ~ 50 μm。螺旋菌在细菌中种类较少，通常是病原菌。螺旋菌还可分为弧菌（Vibrio）、螺菌（Spirillum）和螺旋体（Spirochaeta）。分类依据主要为“环数”：螺旋不足一环者则称为弧菌，如霍乱弧菌等；满 2 ~ 6 环的称为螺菌，如幽门螺旋杆菌等；而螺旋周数超过 6 环的，则专称螺旋体，如梅毒螺旋体等。

2. 放线菌及其形态、大小

放线菌（Actinomyces），是一类主要呈丝状生长和“借孢子”繁殖的陆生性较强的原核生物。

放线菌广泛分布在含水量较低、有机物较丰富和呈微碱性的土壤中。泥土所特有的泥腥味，主要由放线菌产生的土腥味素所引起。在《伯杰氏系统细菌学手册》（第二版）中，放线菌共有 170 余属，2000 多种。其中，链霉菌属的放线菌有 500 多种，所占比例较大；此外，其常规检出率也较高，约达 95%。因此，链霉菌也被称为“常见放线菌”或“典型放线菌”，而除链霉菌以外的其他放线菌，则被称为“稀有放线菌”（Rare actinomycetes）。

放线菌与人类的关系极其密切，绝大多数属于有益菌，对人类健康的贡献尤为突出。至今已报道过的两万余种微生物源的生物活性物质中（包括抗生素），约半数由放线菌产生（其中链霉菌可占近 90%以上）；近年来筛选到的许多新的生化药物，多数是放线菌的次生代谢产物，包括抗癌剂、酶抑制剂、抗寄生虫剂、免疫抑制剂和农用杀虫剂等；放线菌还是许多酶、有机酸、甾体激素、生物碱和维生素等的产生菌；而放线菌中的弗兰克氏菌属对非豆科植物的共生固氮具有巨大的应用潜力；此外，放线菌在甾体转化、石油脱蜡和污水处理中也有重要应用。因此，放线菌是极具应用价值的微生物资源。而目前，只有极少数放线菌能引起人和动植物病害。

显微镜下，放线菌呈丝状（图 1-3）。因此，放线菌是丝状微生物。其细胞，通常称为菌丝（Mycelium）。值得注意的是，放线菌的整个菌体尽管都呈现为丝状，但菌丝的不同部位却有明显差异。通常，放线菌的菌丝呈现三级分化（图 1-3），由下至上分别为基内菌丝（Substrate mycelium）、气生菌丝（Aerial mycelium）和孢子丝（Spore-bearing mycelium）。扎根于培养基或土壤中的菌丝，称为基内菌丝，主要负责吸收营养和排泄废物，有点类似于植物的“根”。而基内菌丝继续生长并向空气中延伸，就形成了气生菌丝——类似植物的“枝”。而气生菌丝还可以继续生长和分化，形成具有繁殖功能的菌丝——孢子丝。孢子丝上，则充满了放线菌的“种子”——孢子（Spore）（图 1-4）。

放线菌孢子丝的形态多样，有直、波曲、钩状、螺旋状或轮生等多种。其中，螺旋状的孢子丝较为常见。而孢子的形态亦多样，有球、椭圆、杆、圆柱、瓜子、梭或半月等形状，其颜色十分丰富，且与其表面纹饰相关。

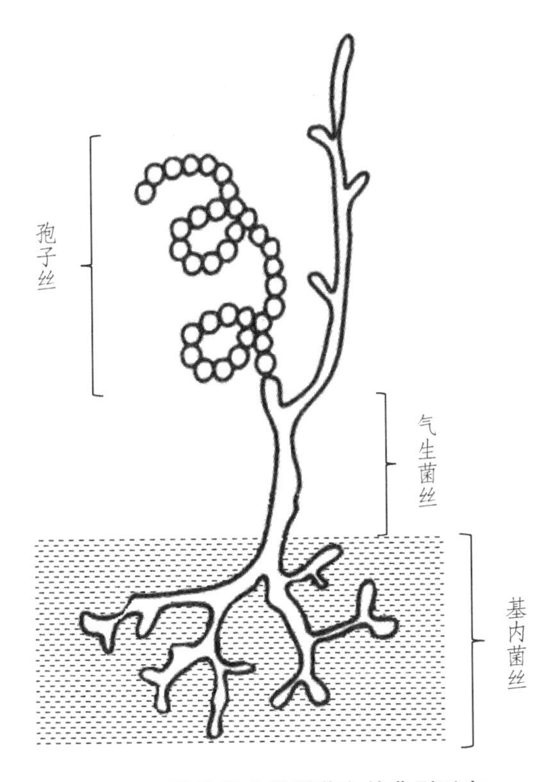

图 1-3　放线菌（链霉菌）的典型形态

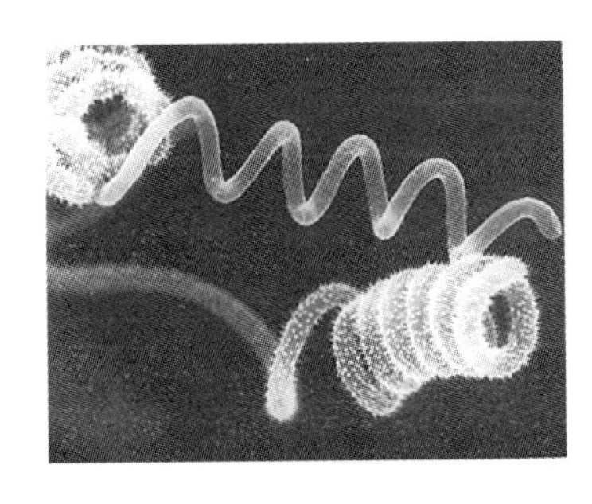
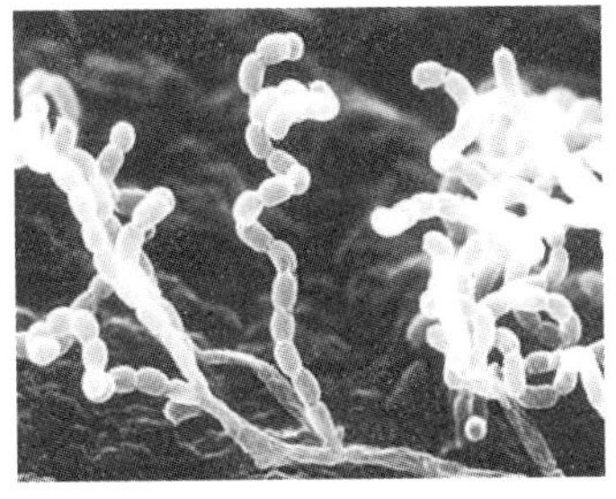
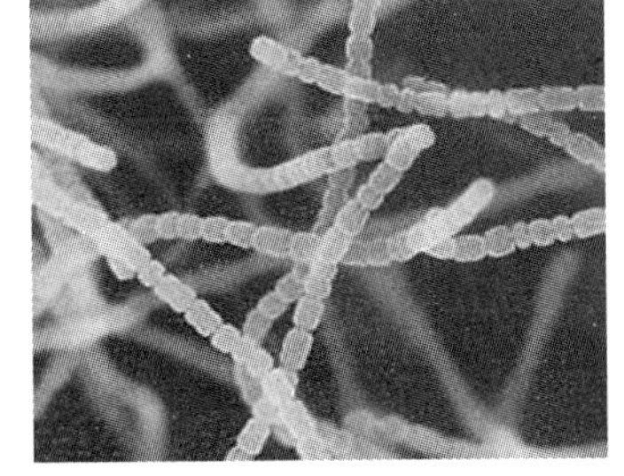

图 1-4　放线菌的孢子丝及孢子

放线菌的大小以“宽度×长度”表示，单位 μm。放线菌菌丝的宽度一般为 0.5 ~ 1 μm，长度通常不定，有时可达数十、数百微米。

（二）真核微生物的形态及大小

关于真核微生物，本书主要介绍酵母菌和霉菌的形态及大小。

1. 酵母及其形态、大小

酵母菌（Yeast），泛指一类呈单细胞，多以出芽方式繁殖，能发酵糖类产能，细胞壁常含甘露聚糖，常生活在含糖量较高、酸度较大的水生环境中的真菌。

在自然界酵母菌分布很广，其主要生长在偏酸的含糖环境中，在水果、蜜饯的表面和果园土壤中最为常见。由于不少酵母菌可以利用烃类物质，故在油田和炼油厂附近的土层中也可找到这类可利用石油的酵母菌。酵母菌有 500 多种，大多都与人类关系密切，它们也是人类的"第一种家养微生物"。千百年来，人类几乎天天离不开酵母菌，例如酒类的生产，面包的制作，乙醇和甘油发酵，石油及油品的脱蜡，饲用、药用和食用单细胞蛋白的生产，核酸、麦角甾醇、辅酶 A、细胞色素 C、凝血质和维生素等生化药物和试剂的生产等；此外，在基因工程中，酵母菌被用作"模式真核微生物"或"工程菌"以表达外源蛋白。只有少数酵母菌才能引起人或一些动物的疾病，例如，白色念珠菌（亦称为白假丝酵母）可引起鹅口疮或阴道炎等疾病。

酵母菌的形态多样，但典型形态为"卵圆状"（图 1-5）。仅从形状上看，酵母菌与细菌极为相似。但酵母菌细胞比细菌要大得多，一般为细菌的十倍，具体为 1 ~ 5 μm×5 ~ 20 μm（横径×纵径）。除此外，还有一类特殊的酵母菌——假丝酵母（图 1-5）。尽管其是丝状，但仍然是单细胞生物。假丝形成的原因为：芽殖后的子细胞与母细胞仍然相连，而母细胞继续出芽，如此反复进行，便形成了有分枝的假菌丝。假丝酵母菌亦可称作念珠菌。

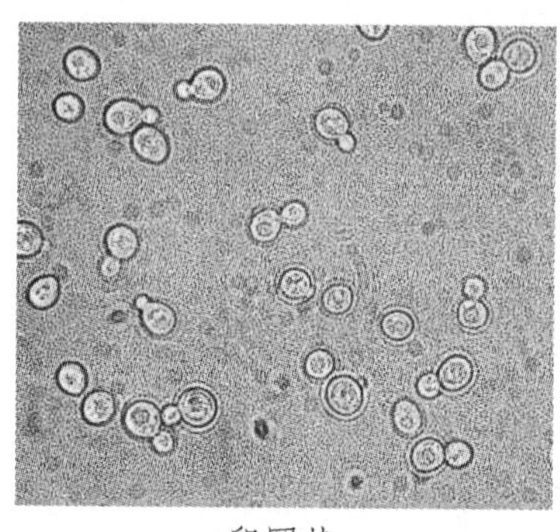

卵圆状

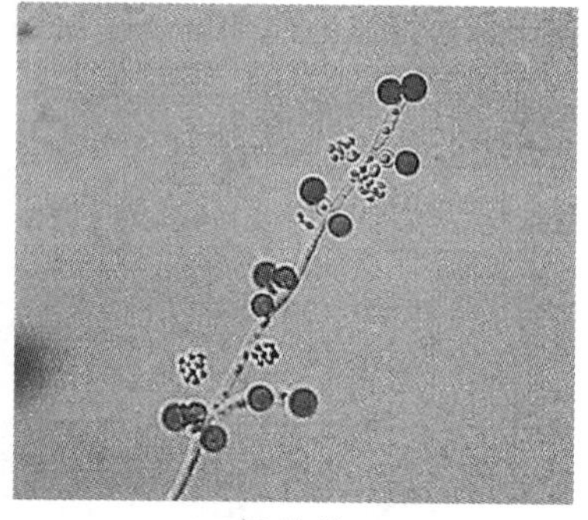

假丝状

图 1-5　酵母菌的常见形态

2. 霉菌及其形态、大小

霉菌（Mould），是丝状真菌的一个俗称，意即"会引起物品霉变的真菌"，其通常指那些菌丝体较发达，但又不产生大型肉质子实体结构的真菌。

霉菌分布极其广泛，凡在有有机物存在的环境下，就有它们的踪迹。它们在自然界中扮演着最重要的有机物分解者的角色，可把其他生物难以利用、数量巨大的复杂有机物（如纤维素和木质素等）彻底分解转化，成为绿色植物可以重新利用的养料，从而促进整个地球上生物圈的繁荣发展。

霉菌与工农业生产、医疗保健、环境保护和生物学基础理论研究等领域，都有着密切的联系。例如：① 在工农业领域，霉菌可生产柠檬酸、葡萄糖酸、L-乳酸等有机酸，淀粉酶、蛋白酶等酶制剂，青霉素、头孢霉素、灰黄霉素等抗生素，核黄素等维生素，麦角碱等生物碱，真菌多糖、γ-亚麻酸或赤霉素等；而利用犁头霉等对甾体化合物的生物转化，可以生产甾体激素类药物；霉菌还可以用于生物防治、污水处理和生物测定等方面。② 在食品生产方面，霉菌可用于酱油的酿造和干酪的制造等。③ 在基础研究方面，霉菌是良好的实验材料，例如粗糙脉孢菌和构巢曲霉可用于微生物遗传学研究。

但是，许多霉菌可引起工农业产品的霉变，如食品、纺织品、皮革、木材、纸张、光学仪器、电工器材和照相材料等；霉菌还是植物最主要的病原菌，引起各种植物的传染性病害，如马铃薯晚疫病、稻瘟病和小麦锈病等；霉菌亦能引起动物和人体传染病，如皮肤癣症等；另有少部分霉菌可产生毒性很强的真菌毒素，如黄曲霉毒素等。

从外形上看，霉菌与放线菌有许多相似之处：都是丝状微生物，菌丝都有着明显的功能分化。只不过，霉菌的菌丝比放线菌要“粗大”得多。

显微镜下，霉菌呈“丝状”。同放线菌一样，霉菌的菌丝也呈现三级分化（图 1-6）。扎根于培养基或土壤中的菌丝，称为营养菌丝（Vegetative mycelium），主要负责吸收营养和排泄废物，有点类似于植物的“根”。而营养菌丝继续生长并向空气中延伸，就形成了气生菌丝——类似植物的“枝”。而气生菌丝还可以继续生长和分化，形成具有繁殖功能的菌丝——繁殖菌丝。繁殖菌丝上充满了霉菌的“种子”——孢子。

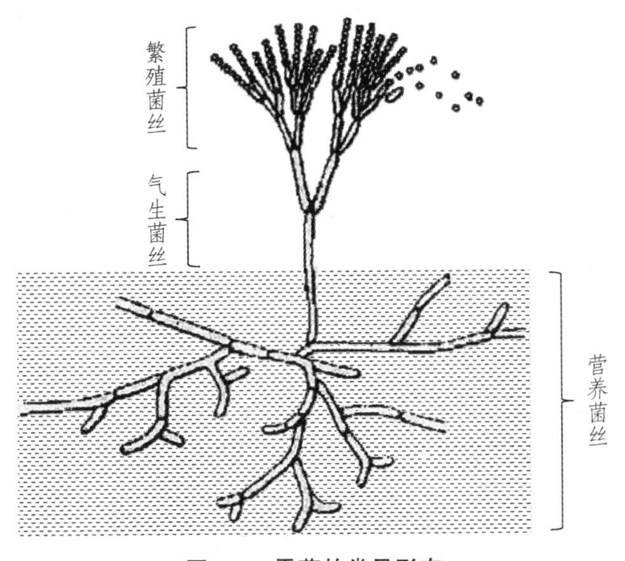

图 1-6　霉菌的常见形态

霉菌的大小，以“宽度×长度”表示，单位 μm。宽度一般为 3 ~ 20 μm，长度通常不定，有时可达数毫米。

值得注意的是，尽管霉菌和放线菌都是丝状微生物，但霉菌却是多细胞微生物。也正因如此，其形态通常比单细胞微生物更丰富多样。霉菌的营养菌丝和繁殖菌丝都可特化出许多形态（图 1-7 和 1-8）。

如营养菌丝（图 1-7），其可特化为与营养吸收相关的假根（Rhizoid）和吸器（Haustorium）；也可特化为与附着相关的附着胞（Adhesive cell）和附着枝（Adhesive branch）；又可特化为与休眠相关的菌核（Sclerotium）和菌索（Rhizomorph）；还可特化为与延伸相关的匍匐菌丝（Stolon）；

最神奇的是，营养菌丝体还可特化为捕食动物的利器——菌环（Ring）和菌网（Net）。

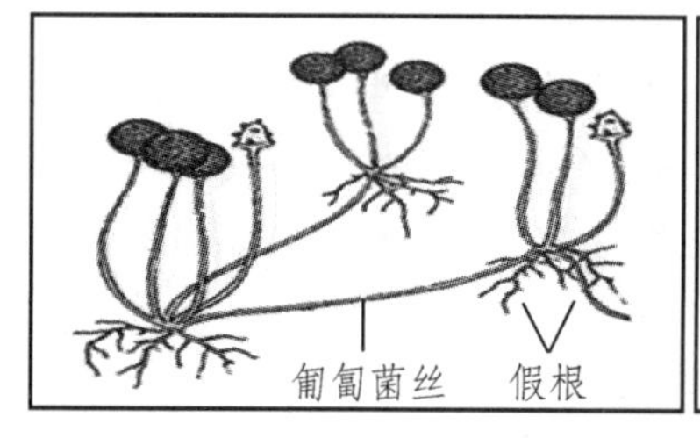

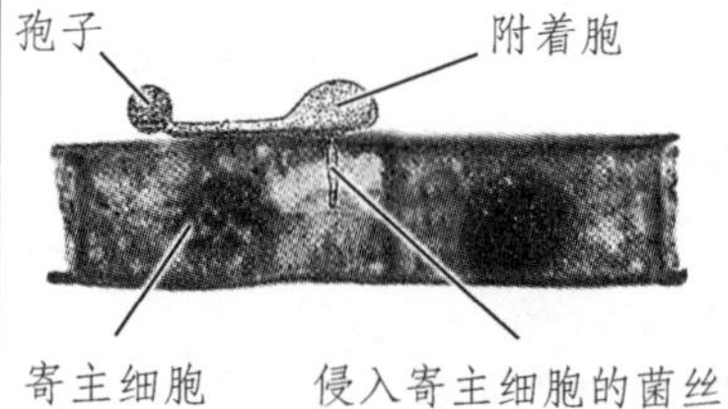

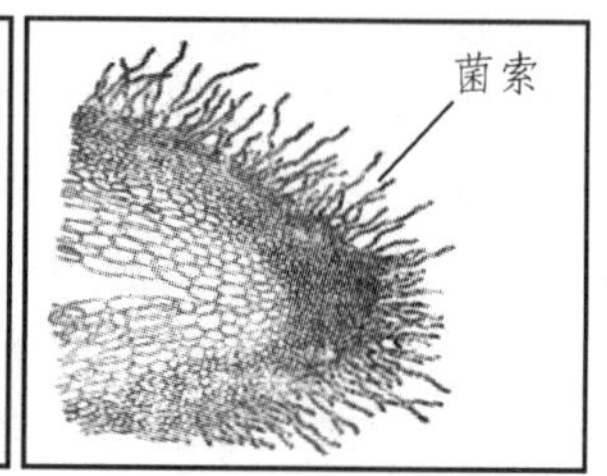

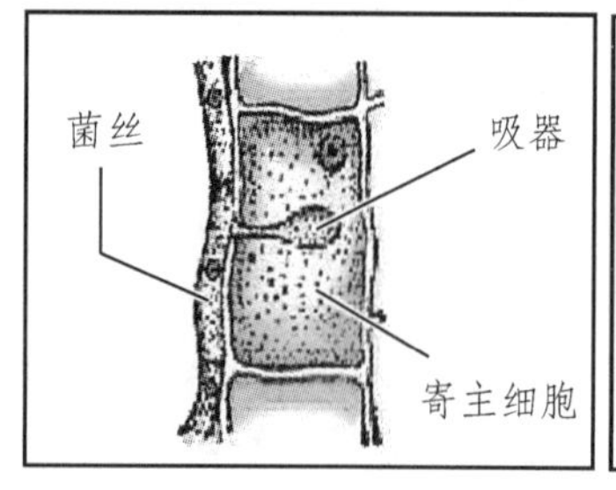

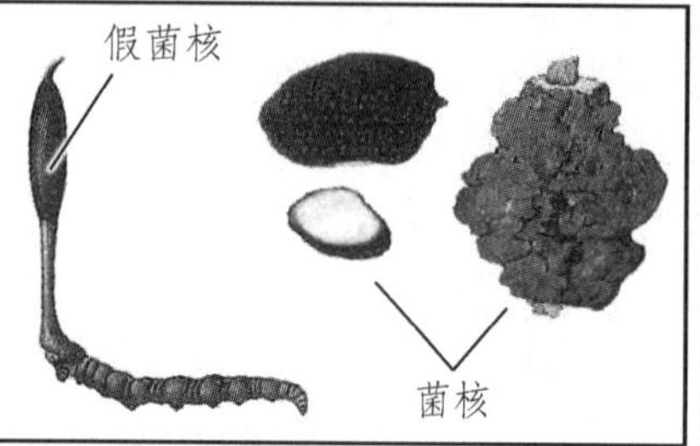

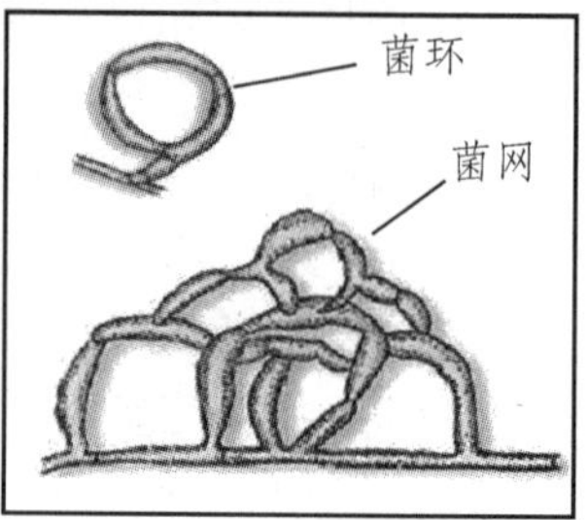

图 1-7　由营养菌丝特化出的各种形态

分生孢子头（黑曲霉）

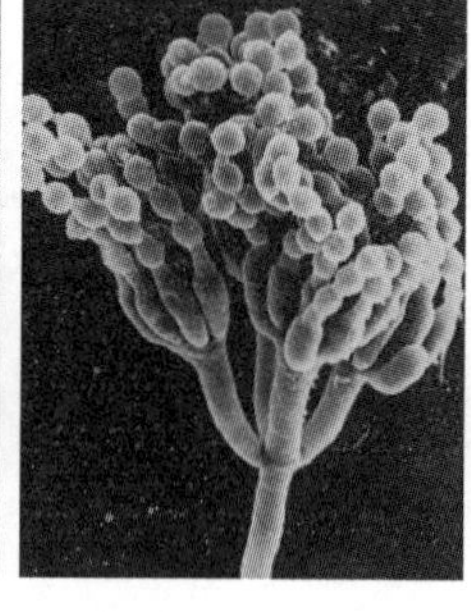

分生孢子头（青霉）

分生孢子头（黄曲霉）

孢子囊（根霉）

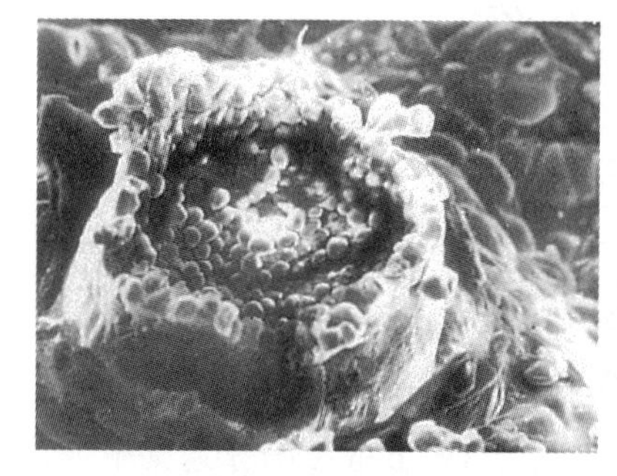

分生孢子器

分生孢子座

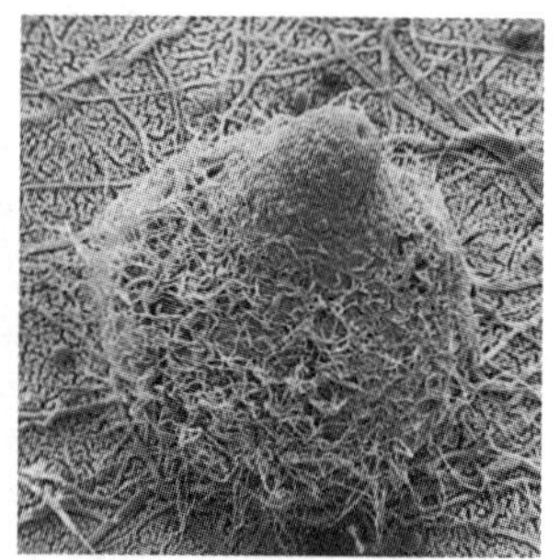

子囊果

图 1-8　由繁殖菌丝特化出的各种形态

而繁殖菌丝（图 1-8），可特化为各种形态的子实体（Sporocarp），如结构简单的分生孢子头（Conidial head）和孢子囊（Sporangium），又如结构复杂的分生孢子器（Pycnidium）、分生孢子座（Sporodochium）和子囊果（Ascocarp）等。

最后，总结一下四大常见微生物的形态及大小，见表 1-2 和图 1-1。

表 1-2　四大常见微生物形态大小比较

	细菌	放线菌	酵母菌	霉菌
生命形式	原核单细胞生物		真核单细胞生物	真核多细胞生物
最常见形状	杆状	丝状	卵圆状	丝状
大小	0.5 ~ 1 μm× 1 ~ 3 μm	0.5 μm ~ 1× ? μm	1 ~ 5 μm× 5 ~ 20 μm	3 ~ 10 μm× ? μm
形态特征	形态简单，主要为杆状、球状和螺旋状	单细胞丝状，菌丝呈三级分化，孢子丝和孢子的形态多样	形态简单，主要为卵圆状和假丝状	多细胞丝状，菌丝呈三级分化，营养菌丝和繁殖菌丝形态多样（可特化为各种具有特定功能的形态）

注：? 表示长度不定。

（三）病毒的形态及大小

关于病毒，本书重点介绍“真病毒”（一般可简称为病毒）。

病毒（Virus），是一类由核酸和蛋白质等少数几种成分组成的超显微“非细胞生物”，其本质是一种只含 DNA 或 RNA 的遗传因子。病毒在自然界中分布极其广泛，凡有细胞生物生存之处，都有与之相对应的病毒存在。据估计，地球上约存在 10^{31} 数量级的噬菌体，可谓数量最多的一种生物。

病毒极为独特，其具有如下生物学特性：① 形体极其微小，必须借助电子显微镜才能观察；② 无细胞构造，化学组成简单，主要为核酸和蛋白质，故又称“分子生物”；③ 每一病毒颗粒只含一种核酸（DNA 或 RNA）；④ 病毒只能进行专性活细胞寄生，不能独立代谢，在离体条件下无生命迹象，仅以生物大分子状态存在；⑤ 具有严格的宿主特异性，通常，植物病毒仅能感染植物，动物病毒仅能感染动物，而噬菌体仅能感染一些微生物；⑥ 病毒不存在个体生长，只存在繁殖（复制）；⑦ 病毒对一般抗生素不敏感，但对干扰素敏感；⑧ 某些病毒能将其核酸整合到宿主基因组中，并诱发潜伏性感染。

病毒，因其“名”而通常被贴上“不良公众印象”的标签（图 1-9）。的确，因病毒的专性活细胞寄生特性，可认为病毒均是“有害的”。许多疾病皆是由病毒引起，如人类的艾滋病、肝炎、天花、狂犬病、非典型性肺炎和埃博拉出血热等；又如动物的蓝耳病、禽流感和疯牛病等；又如植物的烟草花叶病、黄瓜花叶病、马铃薯纺锤形块茎病和小麦黄矮病等。而在发酵工业中，噬菌体常引起严重的“菌种疾病”，严重危害生产。

然而，病毒绝非“罪大恶极”，实际上，病毒亦极具应用价值。首先，许多病毒是生物学基础研究和基因工程中的重要材料或工具。如噬菌体 T4 和烟草花叶病毒曾是论证“核酸是遗传物质”的重要实验材料；噬菌体 λ 则是最常用的基因工程载体。再则，许多能侵染有害生物的病毒，可被制成生物防治剂用于生产实践。如核型多角体病毒，其可作为农药用于防治棉铃虫；又如细菌噬菌体，在东欧和中北亚地区，一直被用于临床治疗细菌性感染。而在抗生素耐药细菌愈发横行肆虐的现在，噬菌体及其所产裂解酶（Endolysin）被普遍认为是抗生素最佳的替代物之一。

病毒的形态非常简单。在电子显微镜下，病毒有三个基本形态（图 1-10）：杆形、球形和蝌蚪形。杆形，又叫螺旋对称形，以烟草花叶病毒为典型代表；球形，又叫二十面体对称形，以腺病毒为典型代表；而蝌蚪形，又叫复合对称形，以噬菌体为典型代表。实际上，复合对称可理解为螺旋对称与二十面体对称的复合，即复合对称=螺旋对称+二十面体对称。

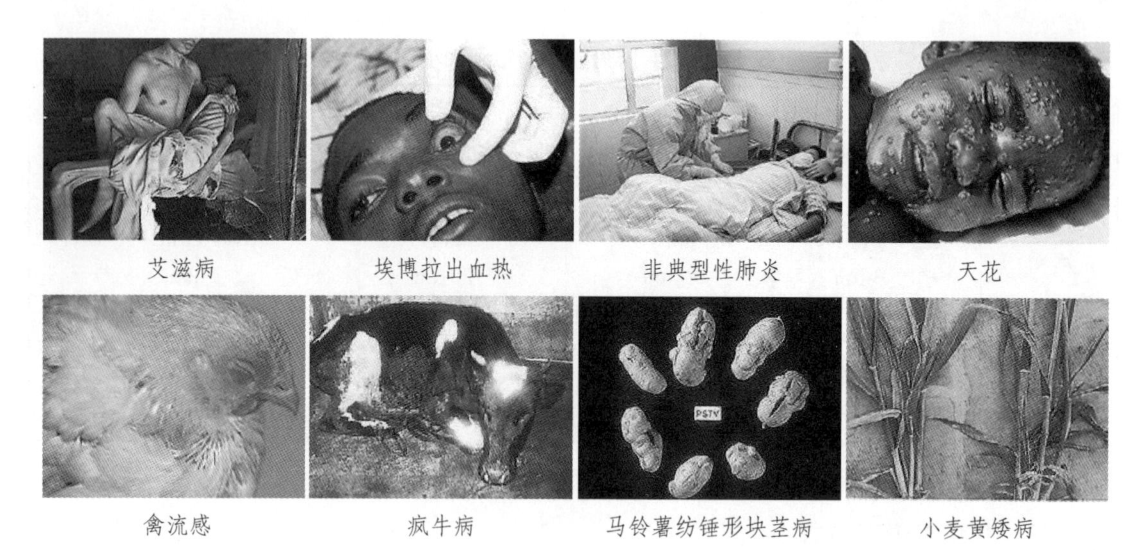

图 1-9　病毒与疾病

一般而言，植物病毒多为杆形，动物病毒多为球形，而噬菌体多为蝌蚪形。

病毒的大小，通常以纳米（nm）为单位来表示。一般而言，从大小比例上看，病毒、细菌和酵母菌有如下关系：病毒、细菌、酵母菌大小之比=1∶10∶100（图 1-1）。不同病毒，个体大小存在较大差异，但一般的病毒大小为 100 nm 左右。

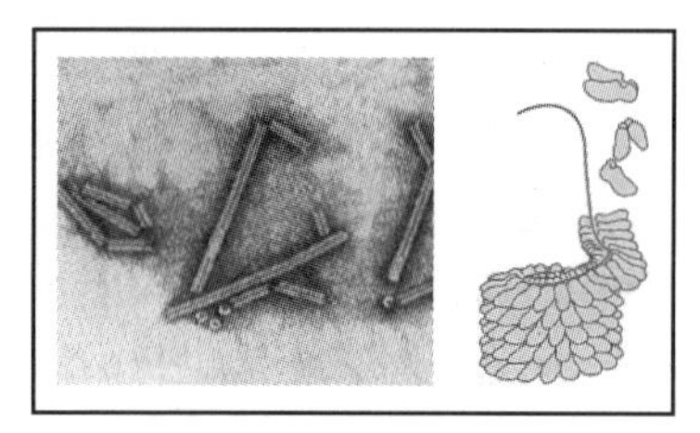

杆形（螺旋对称）

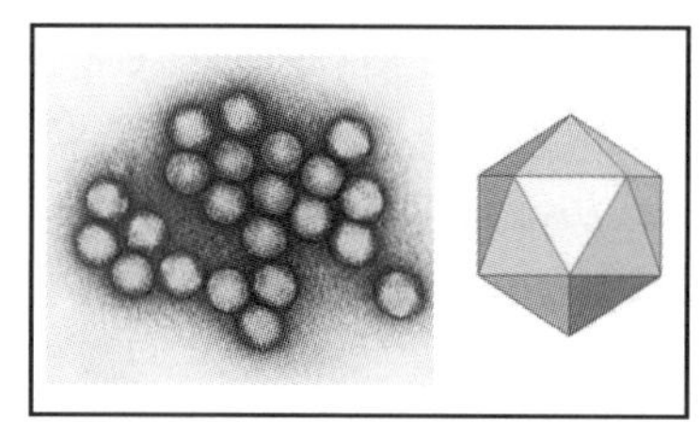

球形（二十面体对称）

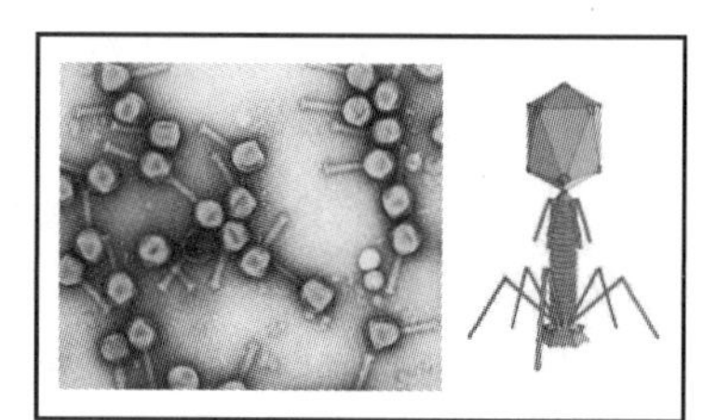

蝌蚪形（复合对称）

图 1-10　病毒的三个基本形态

第二节　微生物的结构及功能

麻雀虽小，五脏俱全。小小的微生物，其细胞内也存在着许多令人难以置信的精密“元件”。

一、原核生物的细胞构造及功能

关于原核生物的细胞构造及功能，本书重点介绍细菌和放线菌。

（一）细菌的细胞构造及功能

细菌细胞的构造，可分为基本构造和特殊构造（表 1-3）。基本构造，是指一般的细菌都具有的构造，主要有四个：细胞壁、细胞膜、细胞质及内含物、拟核（图 1-11）。特殊构造，是指仅在部分细菌中才有的或在特殊环境条件下才形成的构造，主要有五个：糖被、鞭毛、菌毛、性丝、芽孢（图 1-12）。

表 1-3　细菌的细胞构造及其主要功能

	名称	主要生理功能
基本构造	细胞壁	维持细胞外形，保护细胞，增强致病性
	细胞膜	控制细胞内、外的物质的运输、交换，代谢场所
	细胞质及内含物	代谢的主要场所，贮藏营养物
	拟核	储存和表达遗传信息
特殊构造	糖被	保护细胞，增强致病力，贮藏营养，信息识别
	鞭毛	执行细菌的趋避性运动
	菌毛	吸附、定植于宿主表面或其他物体表面
	性丝	传递遗传物质（F 质粒）
	芽孢	执行细菌的休眠活动，保护细胞

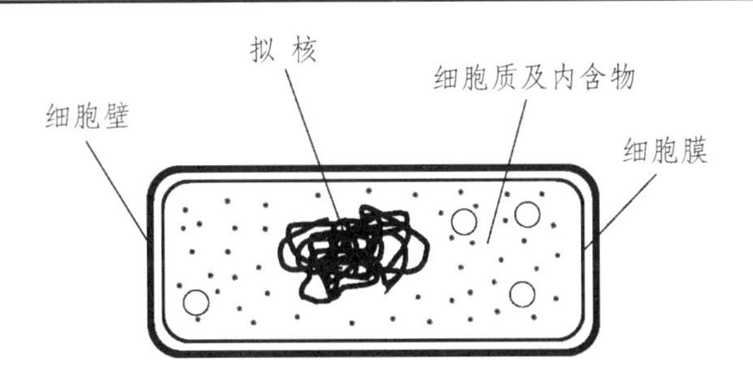

图 1-11　细菌的基本构造（4 个）

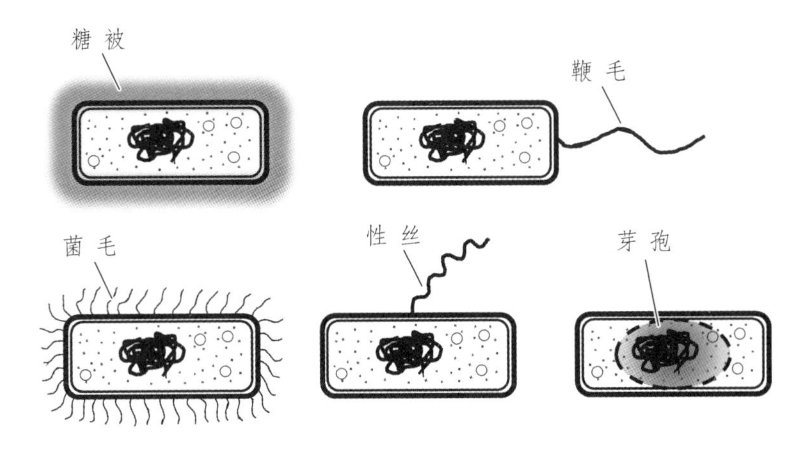

图 1-12　细菌的特殊构造（5 个）

1．细胞壁

细胞壁（Cell wall），是位于细胞表面、内侧紧贴细胞膜的一层较为坚韧而略具弹性的结构。其占细胞干重的 10%～25%。其功能为：维持细胞外形，保护细胞免受外力的损伤；具有一定的屏障作用，可阻拦大分子物质进入细胞；为鞭毛运动提供支点；与细菌的抗原性、致病性和噬菌体敏感性密切相关。

依据“结构”和“成分”的不同，细胞壁可分为两大类：革兰氏阳性菌（G^+）细胞壁和革兰氏阴性菌（G^-）细胞壁，如图 1-13 和表 1-4 所示。

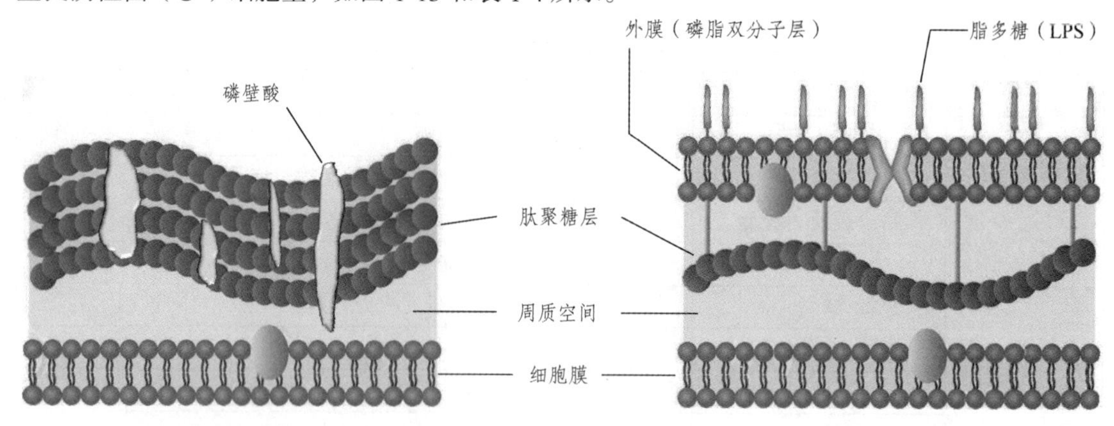

图 1-13　两类细胞壁对比图

表 1-4　G^+ 与 G^- 细胞壁比较

	革兰氏阳性菌（G^+）	革兰氏阴性菌（G^-）
主要成分	肽聚糖*+磷壁酸	脂多糖*+肽聚糖
结构特点	简单	复杂
肽聚糖层	较厚，较致密	较薄，较疏松
外膜	无	有
磷壁酸	有	无
脂多糖	无	有
蛋白质	一般无	含量高

注：*表示含量最多。

如图 1-13 和表 1-4 所示，G^+ 菌和 G^- 菌的细胞壁差异较大。从结构上看，G^+ 菌细胞壁结构较为简单，主要为肽聚糖层；而 G^- 菌细胞壁结构较为复杂，由内至外分别为：周质空间（Periplasmic space）、肽聚糖层、周质空间和外膜（Outer membrane）。此外，G^+ 菌肽聚糖层较厚，且结构致密；而 G^- 菌则相反。从化学成分上看，G^+ 菌细胞壁主要为肽聚糖（Peptidoglycan）和磷壁酸（Teichoic acid）；而 G^- 菌为脂多糖（Lipopolysaccharide, LPS）和肽聚糖。其中，磷壁酸和脂多糖分别为 G^+ 菌和 G^- 菌细胞壁中所特有的成分。

在实践中，可利用革兰氏染色法（Gram staining method）对这两类细菌进行鉴别（图 1-14）。G^+ 菌染色后，菌体呈现紫色；G^- 菌则为红色。原因在于：G^+ 菌的肽聚糖层较厚，呈致密网状，当用乙醇处理时，肽聚糖网脱水而收缩，故保留结晶紫-碘复合物在细胞内，菌体呈紫色；而 G^- 菌的肽聚糖层薄，交联松散，乙醇处理不能使其结构收缩，并且其含脂量较高，乙醇将脂溶解后，缝隙加大，使结晶紫-碘复合物逸出细胞壁，故菌体可被乙醇脱至无色，而经番红复染后又呈红色。

不过，自然界中还存在一些具有特殊细胞壁的细菌——抗酸细菌（Acid-fast bacteria），其是一类细胞壁中含有大量分枝菌酸（Mycolic acid）等蜡质的特殊 G^+ 菌。如结核分枝杆菌（目前已被归类于放线菌），其被酸性复红染上色后，不能像其他 G^+ 细菌那样被盐酸乙醇脱色，故称为抗酸性细菌。抗酸性细菌的细胞壁结构类似于 G^- 细菌细胞壁，只不过，其最外层为类脂外壁层（包含分枝菌酸和索状因子等），而非富含脂多糖的外膜。

值得注意的是，在原核生物中，放线菌的细胞壁类似于 G^+ 细菌，而蓝细菌则类似于 G^- 细菌。

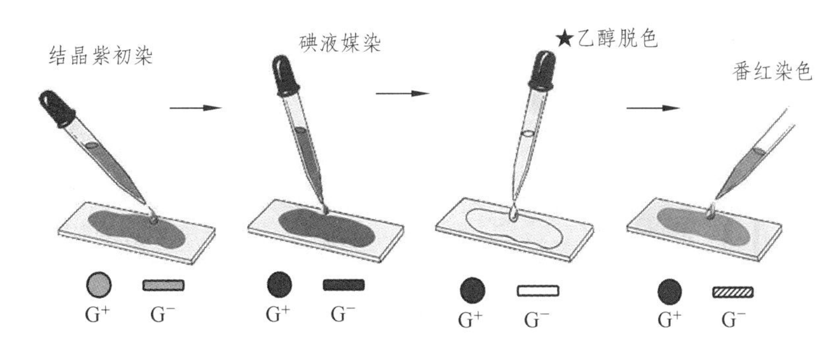

图 1-14 革兰氏染色法的主要过程

2. 细胞膜

细胞膜（Cell membrane），是紧贴在细胞壁内侧的一层由磷脂和蛋白质组成的，柔软、富有弹性的半透性薄膜。其主要功能有：控制细胞内、外的物质的运输、交换；维持细胞内正常渗透压以实现屏障作用；是许多酶和电子传递链组分的所在部位（代谢相关）；进行氧化磷酸化或光合磷酸化的产能基地；与细胞壁和荚膜合成有关；是鞭毛的着生点及其运动能量的来源。

细胞膜主要由磷脂双分子层组成，其间还镶嵌着各种功能性蛋白（图 1-15）。细胞膜具有流动性，其经典结构，可称为“液态镶嵌”。

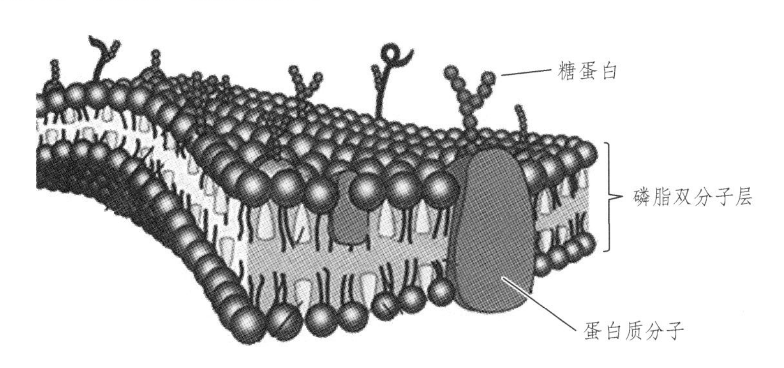

图 1-15 细胞膜的结构与成分

值得注意的是，原核生物（支原体除外）的细胞膜上一般不含甾醇（Sterol），而真核微生物则一般含有此类物质。

3. 细胞质及内含物

细胞质（Cytoplasm），是指被细胞膜包围的除拟核以外的一切半透明、胶体状、颗粒状物质的总称。其含水量约为 80%。与真核生物明显不同的是，原核生物的细胞质是不流动的。

细胞质的主要成分为核糖体（由 50 S 大亚基和 30 S 小亚基组成）、贮藏物、酶类、中间代谢物、质粒、各种营养物质和大分子的单体等，少数细菌还含类囊体、羧酶体、气泡或伴孢晶体等有特定功能的细胞组分。

细胞质的主要功能是为微生物代谢提供最理想的场所（因其含有丰富的酶系）。

4. 拟　核

拟核（Nucleoid）又称核区、核质体、原核、或核基因组，是指原核生物所特有的、无核膜包裹、无固定形态的原始细胞核。

拟核的化学成分是一个大型的环状双链DNA分子，一般不含蛋白质，长度为0.25 ~ 3.00 mm，例如大肠杆菌的拟核为1.1 ~ 1.4 mm，其基因组大小为4.64 Mb（百万碱基对），共由4300个基因组成。每个细胞所含的拟核数目与该细菌的生长速度密切相关，一般为1 ~ 4个。在快速生长的细菌中，拟核 DNA 可占细胞总体积的 20%。拟核除在复制的短时间内呈双倍体外，一般均为单倍体。

拟核的主要功能为：负载和传递遗传信息。

（以下为细菌的特殊构造）

5. 糖　被

糖被（Glycocalyx），是某些细菌的细胞壁外表面所覆盖的一层疏松、厚度不定、透明的黏性物质。

依据厚度、结合程度等的不同，糖被可分为如下类型（图 1-16）：

① 荚膜——厚约 200 nm，与细胞的结合力较弱；

② 微荚膜——厚度小于 200 nm，与细胞表面结合较紧；

③ 黏液层——无明显边缘，疏松地向周围环境扩散；

④ 菌胶团——多个菌体分泌的黏性物质互相融合，连为一体。

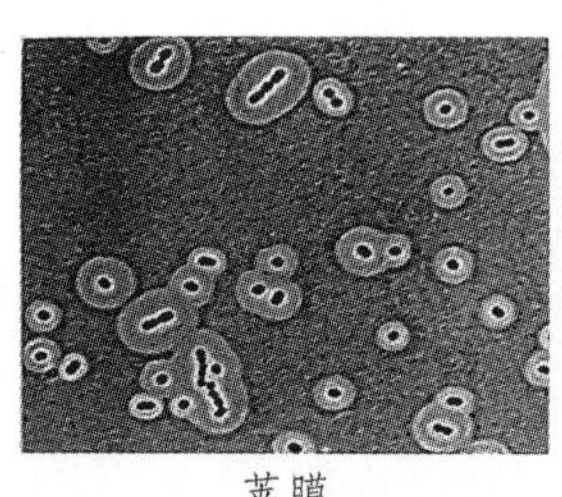

荚膜

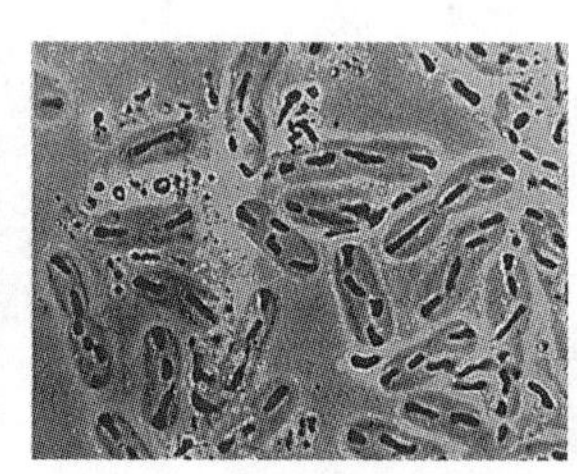

黏液层

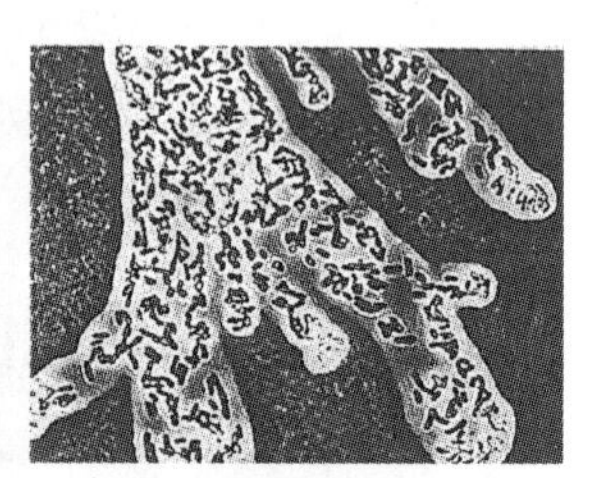

菌胶团

图 1-16　各类糖被

糖被的含水量很高，主要成分一般是多糖，还可能含有蛋白质或多肽。也有多糖与多肽复合而成的糖被。

糖被的功能：① 保护细胞免受干燥、吞噬、重金属离子毒害、噬菌体侵染等；② 细胞外营养物的储藏；③ 表面附着作用（如变异链球菌）；④ 细菌间的信息识别；⑤ 积累某些代谢产物。

糖被亦具有一定的应用价值：① 用于菌种鉴定；② 用于制备药物和生化试剂，例如，肠膜明串珠菌的糖被可用于提取葡聚糖以制备生化试剂和“代血浆”；③ 用作工业原料，例如，野油菜黄单胞菌的糖被可用于提取一种用途极广泛的胞外多糖——黄原胶；④ 用于污水的生物处理，例如，以菌胶团形式存在的活性污泥，具有较强的吸附废水中污染物的能力（相关内容可见本书第十章第二节）。

6. 鞭　毛

鞭毛（Flagellum），是生长在某些细菌体表的长丝状蛋白质附属物，是细菌的运动器官。其数目为一至数条。依据着生位置不同，可分为单鞭毛、双鞭毛、丛鞭毛和周鞭毛（图 1-17）。

鞭毛的主要功能：执行细菌的趋避性运动（趋利避害的运动）。一般而言，螺旋菌普遍长有鞭毛，杆菌大部分有鞭毛，而球菌一般不生鞭毛。

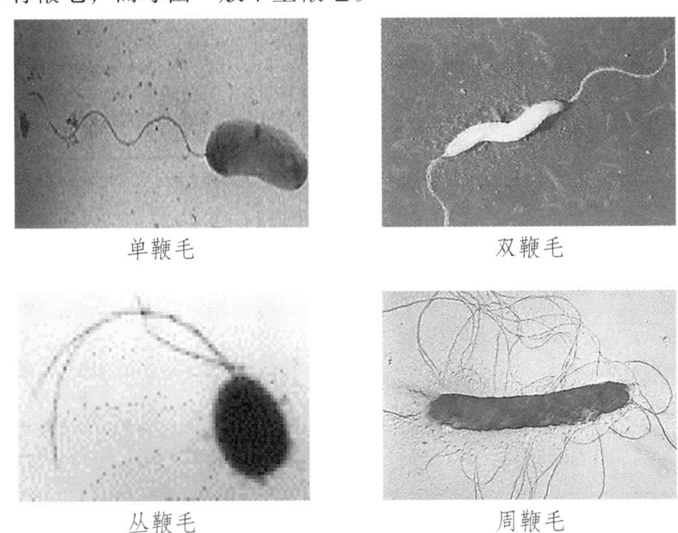

图 1-17　各类鞭毛

7. 菌　毛

菌毛（Fimbria），是一种长在细菌体表的纤细、中空、短直且数量较多的蛋白质类附属物（图 1-18）。

菌毛的生理功能：能使菌体吸附、定植于物体表面上。

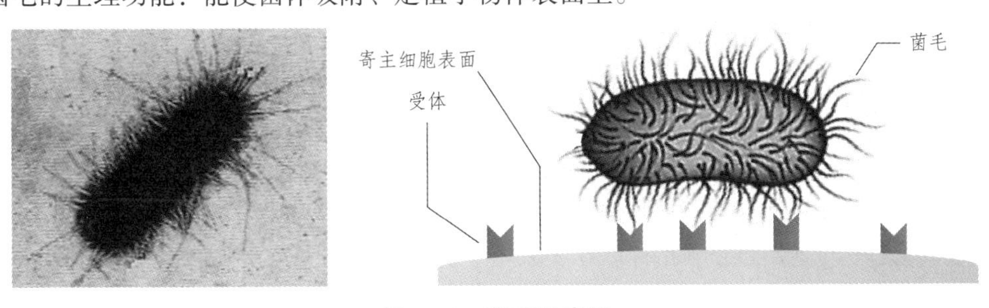

图 1-18　菌毛示意图

8. 性　丝

性丝（Pilus），又称性菌毛，其构造和成分与菌毛相同，但比菌毛长，且每个细胞仅有一至少数几根（图 1-19）。性丝一般见于 G^- 细菌的雄性菌株（供体菌）中，具有向雌性菌株（受体菌）传递遗传物质的功能。有的还是 RNA 噬菌体的特异性吸附受体。

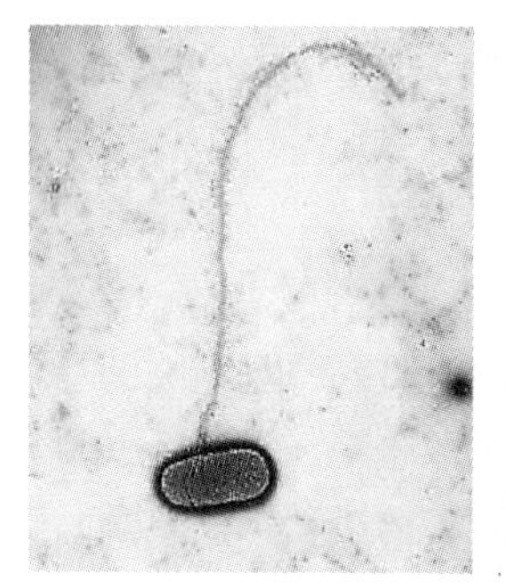
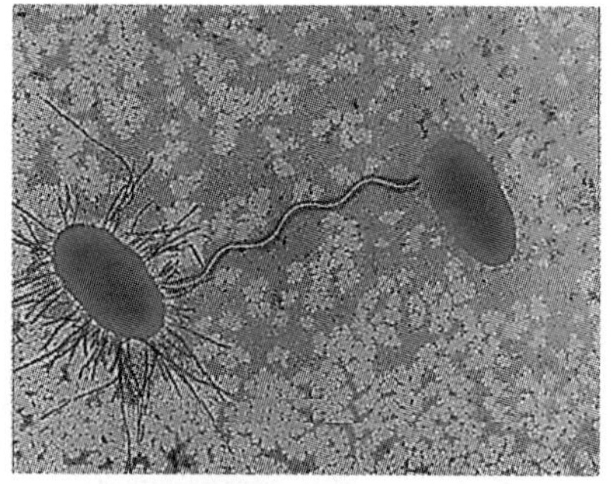

图 1-19 性丝示意图

9. 芽 孢

芽孢（Endospore），是某些细菌在其生长发育后期，在细胞内形成的一个圆形或椭圆形、壁厚、含水量低、抗逆性强的休眠构造（图 1-20）。

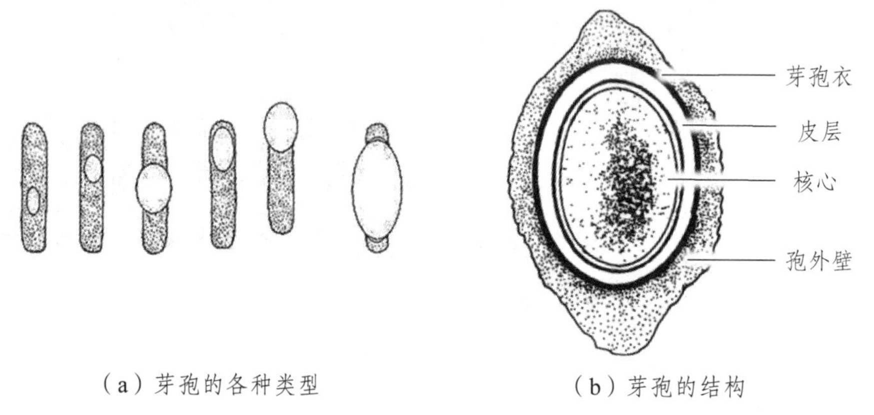

（a）芽孢的各种类型　　（b）芽孢的结构

图 1-20 芽孢示意图

芽孢并非细菌的繁殖结构，而是休眠结构，每一个营养细胞中仅形成一个芽孢。

芽孢是生命世界中抗逆性最强的一种构造，在抗热、抗化学药物和抗辐射等方面十分突出。例如，肉毒梭菌的芽孢在沸水中要经 5.0 ~ 9.5 h 才被杀死；巨大芽孢杆菌的芽孢，抗辐射能力比大肠杆菌细胞强 36 倍；而芽孢的休眠能力更为突出，在普通条件下，其一般可保持几年至几十年而不死亡。据文献记载，有的芽孢甚至可休眠数百至数千年，最极端的例子是在美国发现的一块有 2500 万 ~ 4000 万年历史的琥珀中，从其中的蜜蜂肠道内还可分离到有生命力的芽孢。

能产芽孢的细菌种类很少，主要是属于 G^+ 细菌的两个属——好氧性的芽孢杆菌属和厌氧性的梭菌属。

研究细菌的芽孢有着重要的理论和实践意义。芽孢的有无、形态、大小和着生位置，均是细菌分类和鉴定中的重要形态学指标。在实践上，芽孢的存在有利于提高菌种的筛选效率，有利于菌种的长期保藏，有利于对各种消毒、杀菌措施优劣的判断。不过，芽孢菌的存在，也增加了医疗器材、发酵培养基、食品加工原料等的灭菌难度。

课外阅读：伴孢晶体

少数芽孢杆菌，例如苏云金芽孢杆菌，其在形成芽孢的同时，会在芽孢旁形成一颗碱溶性的蛋白质晶体，称为伴孢晶体（Parasporal crystal，又称 δ 内毒素）。

伴孢晶体对鳞翅目（Lepidoptera）、双翅目（Diptera）和鞘翅目（Coleoptera）等200多种昆虫和动植物线虫具有毒杀作用。因此，可将苏云金芽孢杆菌制成对人畜安全、对害虫的天敌和植物无害，有利于环境保护的生物农药。

当伴孢晶体被害虫吞食后，先被虫体肠道内的碱性消化液分解并释放出蛋白质毒素，毒素再特异性地结合于害虫肠道上皮细胞的蛋白受体上，使细胞膜上产生一小孔（直径为1～2 nm），并引起细胞膨胀、死亡，进而使肠道内的内含物以及菌体、芽孢都进入血管腔，并很快使害虫因患败血症而死亡。

（二）放线菌的细胞构造及功能

放线菌的细胞构造，与细菌相似，但通常，放线菌只有基本构造，没有特殊构造。

放线菌的基本构造与细菌相同（图1-21），有细胞壁、细胞膜、细胞质及内含物、拟核。其细胞壁主要成分为肽聚糖，结构与G^+菌相似，因此，以前曾把放线菌认为是一类革兰氏阳性细菌。放线菌菌丝一般无隔膜，整个菌体就是一个单细胞，而拟核则遍布整个菌体，因此，放线菌是“单细胞多核”。此外，放线菌一般无荚膜、菌毛、鞭毛、性丝、芽孢等特殊结构（只有极少数有类细菌样鞭毛）。

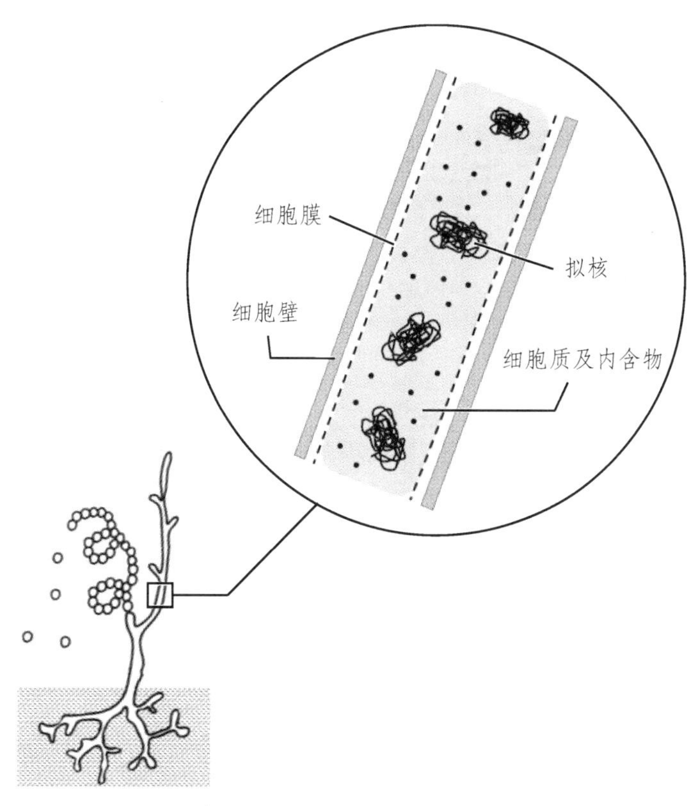

图1-21　放线菌细胞结构示意图

二、真核微生物的细胞构造及功能

关于真核微生物的细胞构造及功能，本书重点介绍酵母菌和霉菌。值得注意的是，真菌都没有如同细菌那样的特殊构造，只有基本构造。

（一）酵母菌的细胞构造及功能

酵母菌的基本构造包括：细胞壁、细胞膜、细胞质及细胞器、细胞核（图 1-22）。这同细菌的基本构造相似：二者菌体外部都由坚韧的细胞壁包裹；紧贴细胞壁的，均是具有选择透过功能的细胞膜；而由细胞膜包围着的，则是进行各种代谢的场所——细胞质。只不过，从这儿开始，酵母菌便与细菌大不相同了。首先，酵母菌具有完整的、被称作“细胞核”的核结构，而细菌则不具有。此外，酵母菌还具有细胞器，如线粒体、溶酶体、液泡等；而细菌则不具有细胞器（核糖体通常不算作细胞器，特别是游离型核糖体）。

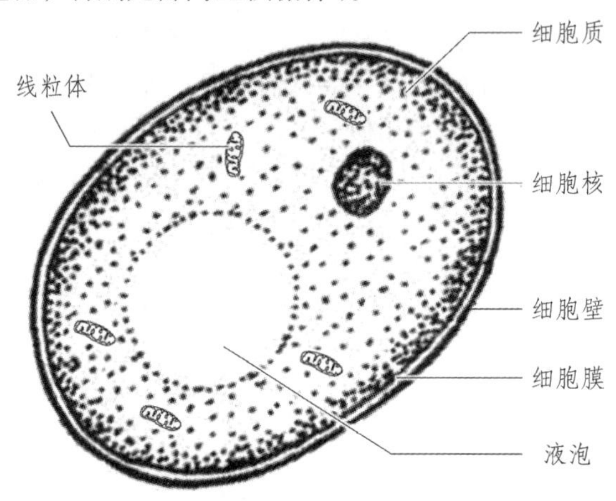

图 1-22　酵母菌细胞结构示意图

1. 细胞壁

酵母菌的细胞壁（图 1-23），主要成分是甘露聚糖（Mannan）和葡聚糖（Glucan）。其细胞壁结构有点像三明治，外层是甘露聚糖，中间为蛋白质层，内层为葡聚糖。

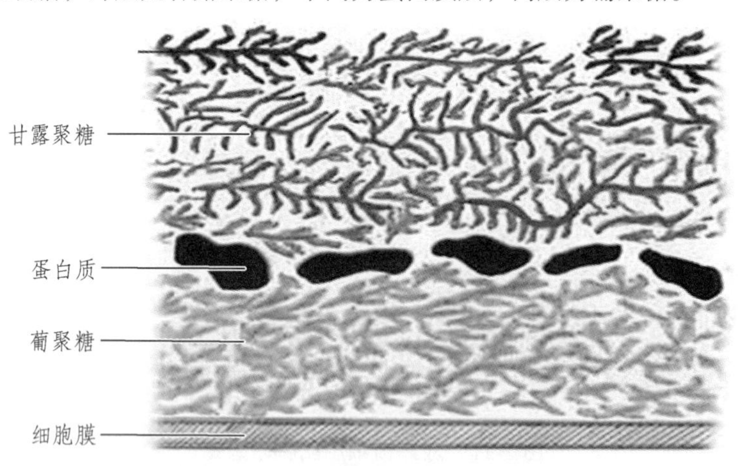

图 1-23　酵母菌细胞壁结构示意图

2. 细胞膜

酵母菌的细胞膜同细菌类似，也是磷脂双分子层的液态镶嵌结构。不同的是，酵母菌属于真核微生物，真核微生物细胞膜中通常含有甾醇（图 1-24）。一般而言，细胞膜中若含有甾醇，则韧性更强，对外界作用的抵抗性亦更强。

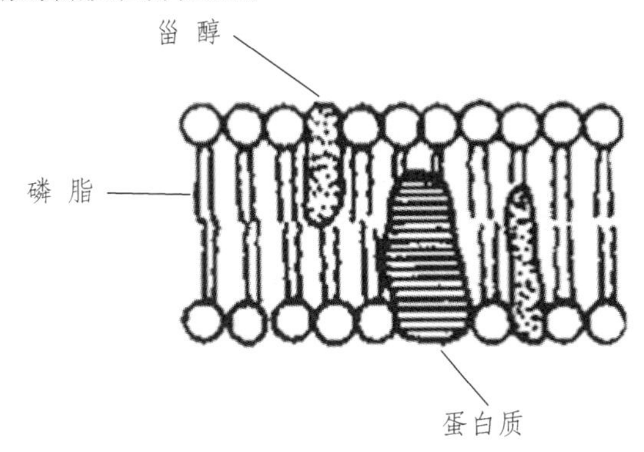

图 1-24　酵母菌细胞膜结构示意图

3. 细胞质及细胞器

在流动性上，酵母菌的细胞质明显区别于细菌。通常，原核生物细胞质不具有流动性，而真核微生物细胞质具有流动性。

酵母菌的细胞质内含有多种细胞器，如液泡、线粒体、内质网、溶酶体等。值得注意的是，真菌通常无叶绿体和高尔基复合体（极少数低等真菌含有高尔基体）。

如果用显微镜观察酵母菌，最突出的结构当属液泡。液泡（Vacuole），是存在于细胞质中由单层膜包围的泡状结构，一般呈球形（图 1-25）。其形态、大小受细胞年龄和生理状态而变化。一般在老龄细胞中，液泡大而明显。此外，液泡中可能含有许多颗粒物。通常这些颗粒物在细胞发育的中后期出现。生长旺盛时，液泡中不含内含物；老化时，液泡中富含各种颗粒。液泡的生理功能是营养物与水解酶类的储藏库；亦是调节渗透压的重要工具。

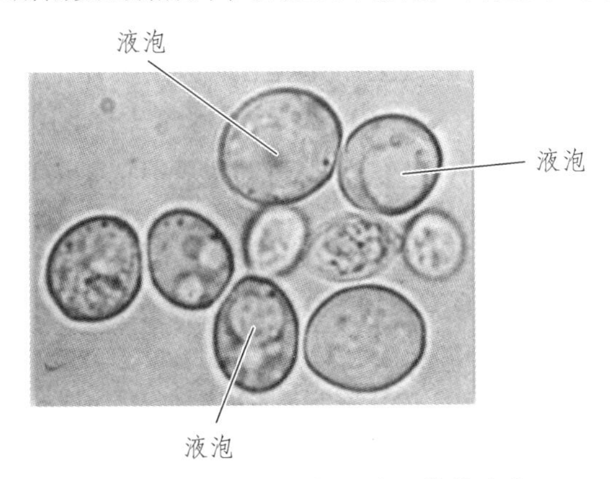

图 1-25　光学显微镜下酵母菌的液泡

另值得注意的是，某些酵母菌，如酿酒酵母，其细胞质内还存在一种“2 μm 质粒”。该质粒周长约 2 μm，大小约 6 kb，拷贝数较高（60 ~ 100），为 cccDNA。其具有较高的应用价值，可作为外源 DNA 的载体，从而可表达外源性蛋白，如人类胰岛素、干扰素等。

4. 细胞核

真核微生物与原核生物最显著的区别，在于“有无完整细胞核结构”。酵母菌具有由多孔核膜包裹起来的定形细胞核（Nucleus）。用相差显微镜可观察到活细胞内的核；如用碱性品红或吉姆萨染色法对固定后的酵母菌细胞染色，还可以观察到核内的染色体。

细胞核是酵母菌遗传信息的主要贮存库。酿酒酵母的基因组共有 17 条染色体，其全序列已于 1996 年公布，大小为 12.052 Mb，共有 6500 个基因，这也是第一个被测出的真核生物基因组序列。

（二）霉菌的细胞构造及功能

霉菌同酵母菌一样，属于真核微生物，因此，其基本构造与酵母菌相似。霉菌的基本构造包括：细胞壁、细胞膜、细胞质及细胞器、细胞核（图 1-26）。霉菌同样无特殊构造。

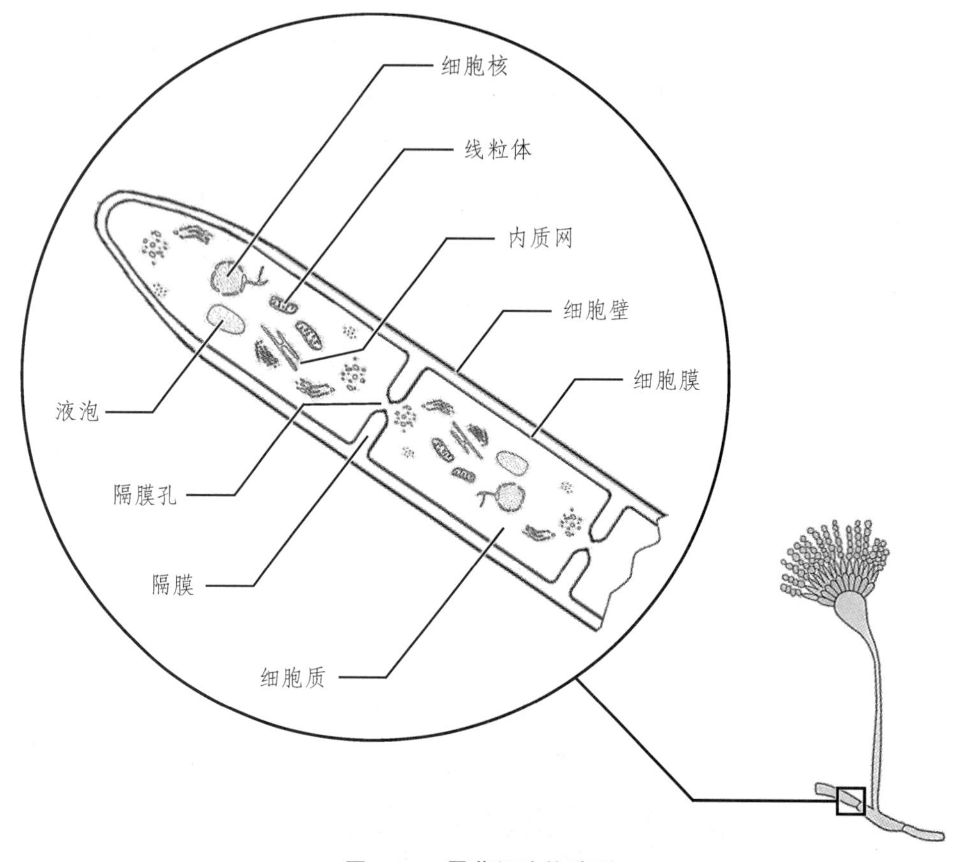

图 1-26　霉菌细胞构造图

值得注意的是，霉菌尽管同放线菌一样呈丝状，但霉菌的菌丝通常是有隔菌丝（仅有一些低等霉菌是无隔菌丝），因此，大多数霉菌并不会像放线菌那样呈现出“单细胞多核”。

霉菌的细胞壁成分与酵母菌不同。霉菌细胞壁主要成分为几丁质（Chitin）和葡聚糖。除此外，在细胞构造上，霉菌与酵母菌并无多大差别。

对于四大常见微生物的细胞构造，现做如下总结（表 1-5）。

表 1-5　四大常见微生物的细胞构造比较

	细菌	放线菌	酵母菌	霉菌
生命形式	原核生物		真核生物	
基本单位	细胞	菌丝	细胞	菌丝

续表

细胞类型	单细胞			多细胞
遗传物质载体	拟核	拟核	细胞核	细胞核
细胞壁主要成分	肽聚糖/脂多糖	肽聚糖	甘露聚糖+葡聚糖	几丁质+葡聚糖
细胞膜含甾醇	×	×	√	√
细胞质流动性	×	×	√	√
核糖体	√	√	√	√
线粒体	×	×	√	√
内质网	×	×	√	√
叶绿体	×	×	×	×
含有质粒	普遍	罕见	罕见	罕见
含特殊构造	√	×	×	×

三、病毒粒子的构造及功能

病毒是非细胞型生物，不具有细胞构造。病毒的基本单位称为“病毒粒子”或 “病毒颗粒”。病毒粒子（Virion），是指成熟、结构完整并具有感染性的单个病毒。

1. 病毒粒子的基本构造

病毒的基本构造包括：核心（Core）和衣壳（Capsid）（图 1-27）。可见，病毒的结构非常简单。一些动物病毒，在其衣壳外还有一层类脂构成膜，称为包膜（Envelope）。

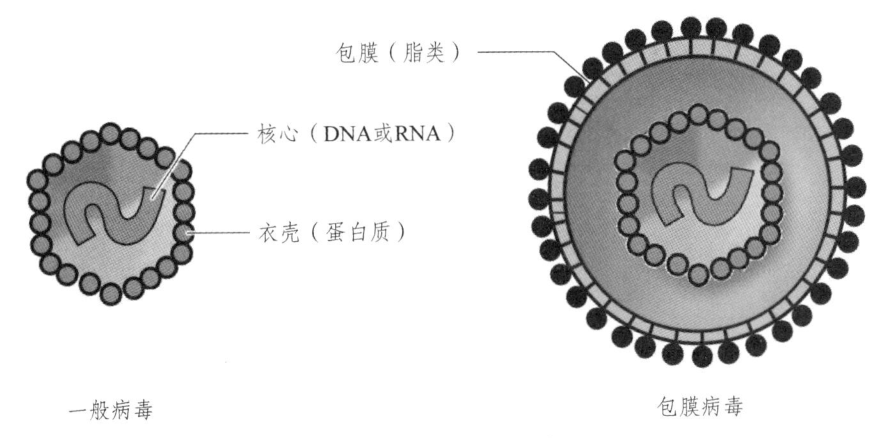

图 1-27 病毒粒子构造图

核心，即病毒核酸所在区域，是病毒生命活动的“总指挥”；衣壳，由无数衣壳粒（Capsomere）组成，具有保护核酸、吸附、抗原决定性、决定宿主特异性、血凝等功能；包膜，主要具有保护核衣壳（Nucleocapsid，即核酸+衣壳的合称）、侵入细胞、抗原决定性、血溶等功能。

2. 病毒的核酸

病毒的核酸，类型非常多，既可能是 DNA 或 RNA，亦可能是单链或双链，以及线性或环状。不过，对于单个病毒粒子而言，其核酸只能是 DNA 或 RNA 中的一种。关于病毒的核酸类型，见表 1-6。

表 1-6　病毒的核酸类型

核酸类型			代表
DNA	ssDNA	线状	玉米条纹病毒、细小病毒
		环状	ΦX174 噬菌体、M13 噬菌体
	dsDNA	线状	单纯疱疹病毒、T 系噬菌体、λ 噬菌体
		环状	花椰菜花叶病毒、猿猴病毒 40
RNA	ssRNA	线状	豇豆花叶病毒、脊髓灰质炎病毒
	dsRNA	线状	呼肠孤病毒、各种真菌病毒

最后，再总结一下三大类群微生物的结构特点，如表 1-7 所示。

表 1-7　三大类群微生物的结构比较

	原核生物		真核微生物		病毒
生命形式	细胞型		细胞型		非细胞型
结构特点	复杂		非常复杂		简单
	1.原始的细胞核——拟核 2.基本结构：细胞壁、细胞膜、细胞质及内含物、拟核 3.某些细菌具有特殊构造 4.细菌依据细胞壁，可分为 G^+ 菌和 G^- 菌		1.具有由多孔核膜包裹起来的定形细胞核 2.除细胞壁、细胞膜、细胞质等构造外，还具有结构复杂的细胞器 3.无特殊构造 4.真菌不具有叶绿体		1.主要由核心和衣壳组成 2.一些动物病毒具有包膜
化学组成	水、核酸、蛋白质、多糖、脂类等				核酸、蛋白质
主要遗传物质	DNA		DNA		DNA 或 RNA
核酸类型	双链，环状		双链，线状		类型多样
	细菌	放线菌	酵母菌	霉菌	噬菌体
基本单位	细胞	菌丝	细胞	菌丝	粒子
基本结构	细胞壁、细胞膜、细胞质及内含物、拟核		细胞壁、细胞膜、细胞质及细胞器、细胞核		核心、衣壳
特殊结构	糖被、鞭毛、菌毛、性丝、芽孢	无	无	无	包膜
细胞壁	肽聚糖（G^+ 菌）或脂多糖（G^- 菌）	肽聚糖	甘露聚糖+葡聚糖	几丁质+葡聚糖	—
含有质粒	普遍	罕见	罕见（某些含 2 μm 质粒）	罕见	—

第三节 微生物的群体形态

本章前述内容，主要聚焦于微生物的个体。但实际上，研究微生物群体更具实用价值，因为微生物是“以群制胜”的：从菌种鉴定而言，微生物个体太渺小，不利于观察并做出快速鉴定，而其群体形态较易观察；从发酵生产而言，微生物个体产量低，不利于生产，因此，在发酵生产前必须通过扩大培养使菌群数量提升。

本节，我们来认识微生物的群体形态。通常，微生物的群体形态，又称为微生物在培养基上的培养特征（Cultural characteristic）。

一、固体形态和液体形态

微生物可存在于固体界面上，亦可存在于液体介质中。微生物在这二者之中，形态完全不同（图 1-28）。

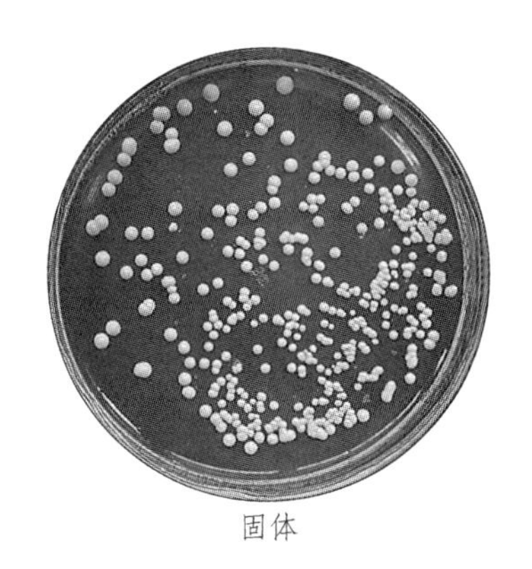

固体

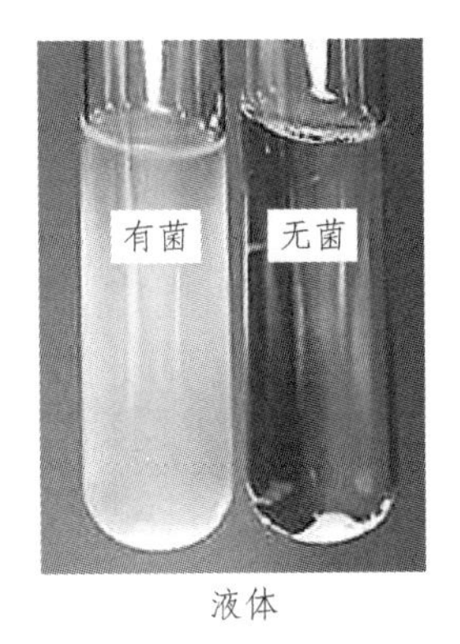

液体

图 1-28　微生物在固体和液体培养基上的群体形态

通常，我们把细胞型微生物在固体培养基上的群体形态称为“菌落”或“菌苔”，把病毒在固体培养基上的群体形态称为“噬斑”或“空斑”。

菌落（Colony），就是在固体培养基上，以微生物母细胞为中心，所形成的一堆肉眼可见的、有一定形态特征的子细胞的集团。一般认为，一个活的微生物个体，在固体培养基上进行培养后，最终能形成一个菌落，或者可以认为，一个菌落，就是由一个微生物个体形成的。当然，这并不绝对，假如两个微生物个体靠得过紧，最终也只能形成一个菌落。不过，科学需要假设，也需要依据目的忽略一些不重要的细节。

菌苔（Lawn），即无数菌落互连成一片而形成的一种形态。

需要注意的是，病毒与细胞型微生物不同，病毒形成的不是菌落，而是“负菌落”。空斑或噬菌斑（Plaque），即病毒（噬菌体）在细胞培养物（菌苔）上形成的群体形态。

而在液体培养基中，微生物群体形态一般无专门的名称。通常，细菌和酵母菌等单细胞非丝状微生物在培养液中呈现出“浑浊”状态，而放线菌和霉菌等丝状微生物在振荡培养时呈现“菌丝球”状态。

二、微生物在固体培养基上的群体形态

在琼脂培养基平板上，微生物会形成具有一定特征的菌落。这些特征，包括菌落的形状、大小、颜色、含水状态、表面状态、凸起情况、质地和透明程度等。不同微生物，因其个体形态和结构等的差异，其所形成的菌落具有不同的特征。如图 1-29 所示，细菌、放线菌、酵母菌、霉菌和噬菌体，其菌落均存在差异。

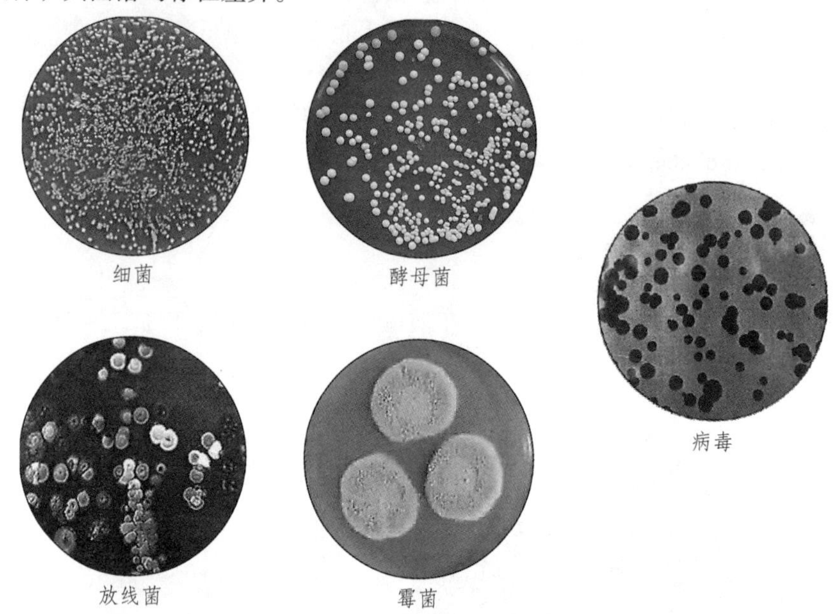

图 1-29　三大类群微生物在固体培养基上的群体形态

1. 三大类群微生物在固体培养基上的群体形态特征

细菌：圆形、较小、湿润、光滑、黏稠、扁平、易挑取、正反颜色相同、恶臭味；

酵母菌：圆形、中等、湿润、光滑、黏稠、凸起、易挑取、正反颜色相同、酒香味；

放线菌：圆形、较小、干燥、绒毛状、致密、不易挑取、正反颜色不同、土腥味；

霉菌：圆形、较大、干燥、绒毛状、疏松、不易挑取、正反颜色不同、霉味；

病毒：圆形、透明空斑。

乍看之下，细菌和酵母菌菌落特征较为相似，毕竟，二者皆为单细胞非丝状微生物，同放线菌和霉菌等丝状微生物的菌落明显不同。而放线菌和霉菌的菌落则较为相似。病毒所形成的是“空斑”，最易与其他微生物区分。

一般情况下，丝状微生物所形成的菌落表面干燥，呈现“绒毛状”，而单细胞非丝状微生物则较为湿润、光滑；酵母菌细胞通常比细菌细胞大，因此，其菌落较细菌菌落更为“凸起”；放线菌菌落一般明显比霉菌菌落小，且致密，而霉菌菌落则“大而质地疏松”。此外，从菌落气味上也能较易区分这四者，通常，细菌菌落散发出“恶臭”气味，放线菌为“土腥味”，酵母菌则有“酒香味”，霉菌为“霉味”。

另值得注意的是，大多数放线菌和霉菌，其基内菌丝会分泌色素，因此，会造成菌落正反面颜色不同；而由于放线菌和霉菌的基内菌丝“扎根”于培养基内，其菌落不易通过接种环挑取。

四大常见微生物菌落区别要点见表 1-8。

表 1-8　四大常见微生物菌落区别要点

观测点	细菌	酵母菌	放线菌	霉菌
1. 看含水量，表面状态	湿润，光滑		干燥，绒毛状	
2. 看凸起程度	扁平	凸起	—	
3. 看大小，致密程度	—		较小，致密	较大，疏松

*注意：此法就一般情况而言，仅作为初级鉴别使用；鉴于生物安全考虑，尽可能不通过“气味”进行鉴别。

实际上，霉菌的菌落最易辨认；细菌和酵母菌不易分辨，细菌和放线菌也不易分辨，这在实践中应引起注意。而病毒形成的“空斑”，十分容易与细胞型微生物相区别。

2. 菌落特征的观测点

对菌落进行观察，要具备专业的眼光。尤其是鉴别相似种属的微生物，一定要有针对性地选择好观察点，进行重点观察。菌落特征的常用观测点概括如下：

（1）形状（圆形、脐窝状、车辐状、假根状、不规则状、扩散状等）。

（2）大小（直径，单位 mm。一般也可说“大小”，如较小、较大等，通常以 1 mm 为界）。

（3）颜色（乳白、灰白、红、黄、蓝、绿、金等）。

（4）含水状态（湿润、干燥等）。

（5）表面状态（光滑、绒毛、皱褶、颗粒状、龟裂状、同心环状等）。

（6）凸起情况（扁平、凸起、凸起状、乳头状等）。

（7）质地（黏稠、干脆、油脂态、膜状等）。

（8）透明程度（透明、半透明、不透明等）。

（9）正反面颜色（相同、不同等）。

（10）边缘情况（整齐、波形、裂叶状、锯齿形等）。

（11）光泽（闪光、金属光泽、无光泽等）。

（12）与培养基结合程度（易挑起、不易挑起）。

（13）气味（恶臭、土腥、酒香、霉味等）。

（14）等等。

一般而言，（1）~（6）是最基本的观测点。但对于细菌而言，质地、透明度、边缘状态等，亦十分重要，尤其是在临床医学上快速鉴定病原菌。

3. 菌落的规范描述

描述菌落时，为便于与同行交流或减少主观误差，用语一定要专业和规范。特别注意，培养条件会严重影响菌落的特征，如培养温度、培养基成分和培养时间等。同一菌株，不同培养条件，菌落特征可能差异较大。因此，在描述菌落前，一定要先说明培养条件。有一不成文的“经验模板”，如下：

在________培养基上培养_______h 后，_________ 菌形成（形状、大小、颜色、含水量、表面状态、黏稠度、凸起程度、其他等）的菌落。

例如：

在 牛肉膏蛋白胨 培养基上培养 24 h 后，大肠杆菌 形成 圆形、直径 2 mm 左右、乳白色、较湿润、较光滑、较黏稠、较扁平、易挑起、带有恶臭味 的菌落。

又如：

在 伊红美蓝 培养基上培养 24 h 后，大肠杆菌 形成 圆形、直径 2 mm 左右、深紫色略带金属绿光泽、较湿润、较光滑、较黏稠、较扁平、易挑起、带有恶臭味 的菌落。

再如（对于待鉴定菌种）：

在 血琼脂 培养基上培养 24 h 后，某菌 形成 圆形、直径 3 mm 左右、灰白色、产生 α-溶血圈、较湿润、较光滑、较黏稠、较扁平、易挑起、带有恶臭味 的菌落。

三、微生物在液体培养基中的群体形态

微生物在液体培养基中的群体形态，不尽相同，如图 1-30 所示。

细菌：浑浊；

酵母菌：浑浊；

放线菌：菌丝球（振荡培养时）；

霉菌：菌丝球（振荡培养时）；

病毒：透明、肉眼不可见。

单细胞非丝状微生物，如细菌和酵母菌，在培养液中呈现浑浊状态。而比较特殊的是丝状微生物，如放线菌和霉菌，其在液体培养基中（振荡培养后），会形成“菌丝球”。菌丝球（Mycelium pellet），是菌丝体相互紧密纠缠形成的颗粒。其有一定弹性，并均匀地悬浮于培养液中，有利于氧的传递以及营养物和代谢产物的输送，对菌丝的生长和代谢产物形成非常有利。

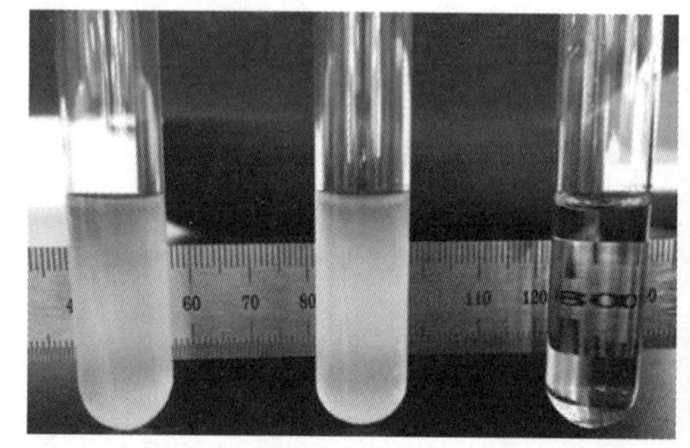

细菌　　酵母菌　　病毒　　放线菌　　霉菌

图 1-30　三大类群微生物在液体培养基中的群体形态

第四节　其他微生物简介

本节将对蓝细菌、“三体”（支原体、衣原体和立克次氏体）、古生菌、蕈菌和亚病毒进行简要介绍。

一、蓝细菌

蓝细菌（Cyanobacteria），旧名蓝藻或蓝绿藻，是一类进化历史悠久、含叶绿素（但无叶绿体）、能进行产氧性光合作用的大型原核生物。

蓝细菌广泛分布于自然界，包括各种水体、土壤中和部分生物体内外等，甚至在岩石表面和其他恶劣环境（高温、低温、盐湖、荒漠和冰原等）中都可找到它们的踪迹，因此其有“先锋生物”之美称。

蓝细菌在 21 亿 ~ 17 亿年前已形成，它的发展使整个地球大气从无氧状态发展到有氧状态，从而孕育了一切好氧生物。在生产实践中，蓝细菌有着重大的经济价值，如发菜念珠蓝细菌（又称为发菜）、普通木耳念珠蓝细菌（又称葛仙米）、盘状螺旋蓝细菌、极大螺旋蓝细菌等，既可用于食用，又可开发为高附加值的保健品。

此外，一些蓝细菌还具有固氮能力，如念珠蓝细菌和鱼腥蓝细菌。特别是满江红鱼腥蓝细菌，是一种良好的、绿色环保的微生物氮肥。然而，当江河湖泊受氮、磷等元素污染后，可导致其中蓝细菌大量增殖，发生“赤潮”和“水华”现象，给渔业和养殖业带来严重危害。此外，还有少数水生种类如微囊蓝细菌会产生可诱发人类肝癌的毒素。

蓝细菌的形态多样，有丝状、球状、念珠状和螺旋状等（图 1-31）。蓝细菌的细胞体积一般比细菌大，通常直径为 3 ~ 10 μm，最大的约可达 60 μm。

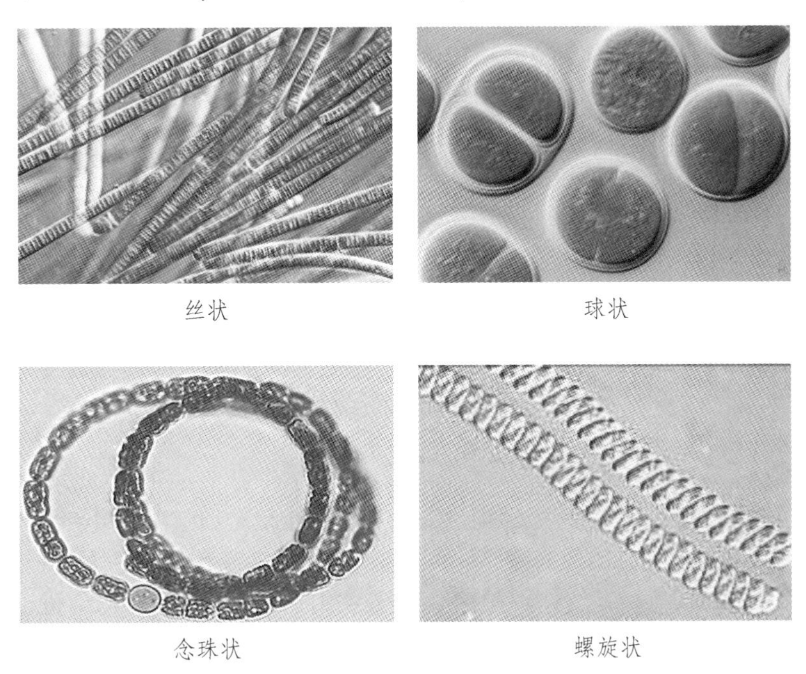

图 1-31　蓝细菌的常见形态

蓝细菌的构造与 G^- 细菌相似（图 1-32），其细胞壁同样存在富含脂多糖的外膜。但蓝细菌一般无特殊构造。

蓝细菌细胞质周围有复杂的光合色素层，通常以类囊体（Thylakoid）的形式出现，其中含叶绿素和藻胆素（一类辅助光合色素）；其细胞内还有能固定 CO_2 的羧酶体。蓝细菌细胞内的脂肪酸较为特殊，含有两至多个双键的不饱和脂肪酸，而其他原核生物通常只含饱和脂肪酸和单双键的不饱和脂肪酸。蓝细菌的细胞有几种特化形式，最奇妙的是异形胞。异形胞（Heterocyst），是存在于丝状生长种类的蓝细菌中专门执行固氮功能的构造，该构造为氧敏感的固氮酶创造了一个进行厌氧固氮的绝佳场所。

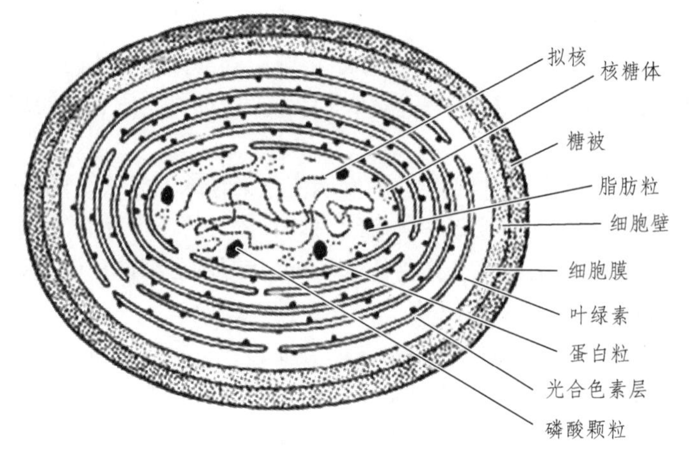

图 1-32 蓝细菌的细胞结构图

二、"三体"

"三体"，即支原体、衣原体和立克次氏体（图 1-33）。它们均属于原核生物。

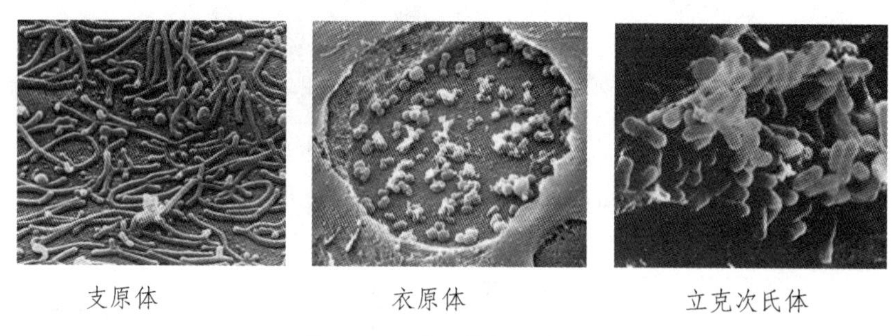

图 1-33 "三体"形态图

1. 支原体

支原体（Mycoplasma），是一类无细胞壁、介于独立生活和细胞内寄生生活之间的最小型原核生物。许多种类是人和动物的致病菌（如可引起牛胸膜肺炎症等），有些腐生种类生活在污水、土壤或堆肥中，少数种类可污染实验室的组织培养物。在患"丛枝病"的桑树、马铃薯等许多植物的韧皮部中也发现支原体存在，一般称侵染植物的支原体为"类支原体"或"植原体"。

支原体的特点有：① 细胞极其微小，直径一般为 100 ~ 300 nm，多数为 250 nm 左右，故在光镜下勉强可见；② 无细胞壁，革兰氏染色呈阴性；③ 细胞膜含甾醇，比其他原核生物的膜更坚韧；④ 细胞形态多样且易变，有球形、扁圆形、玫瑰花形、丝状等；⑤ 菌落呈"荷包蛋状"，且菌落小（直径仅 0.1 ~ 1.0 mm）；⑥ 以二分裂和出芽等方式繁殖；⑦ 培养条件苛刻，需用含血清、酵母膏和甾醇等营养丰富的培养基进行培养；⑧ 多数能以糖类作为能源，兼性厌氧，能进行有氧呼吸或发酵产能；⑨ 基因组很小，仅为 0.6 ~ 1.1 Mb；⑩ 对作用于细胞壁的抗生素不敏感，而对能作用于蛋白质或细胞膜的抗生素较为敏感。

2. 衣原体

衣原体（Chlamydia），是一类在真核细胞内进行专性能量寄生生活的小型原核生物。衣原体曾长期被误认为是“大型病毒”，直至 1956 年由我国著名微生物学家汤飞凡等从沙眼病人眼中首次分离后，才逐步证实它是一类独特的原核生物。

衣原体的特点有：① 细胞较小，直径一般为 0.3 ~ 1.5 μm。② 有细胞壁，但缺肽聚糖，革兰氏染色呈阴性。③ 有核糖体，但缺乏产能酶系，须严格细胞内寄生。④ 以二分裂方式繁殖。⑤ 生活史十分独特。衣原体的周期可分为原体和始体时期。具有感染力的细胞称作原体，其可通过胞吞作用感染至细胞内，并在其中生长，转化成无感染力的始体。始体可在宿主细胞内繁殖，随后又可重新转化成原体，并释放出细胞，伺机感染新的宿主。整个生活史约需 48 h。⑥ 对抑制细菌的抗生素和药物敏感。

3. 立克次氏体

立克次氏体（Rickettsia），是一类专性寄生于真核细胞内的原核生物。它与支原体的区别是有细胞壁，不能独立生活；与衣原体的区别在于细胞较大，存在产能代谢系统。

立克次氏体是人类斑疹伤寒、恙虫热和 Q 热等严重传染病的病原体。一般寄生于虱、蚤等节肢动物消化道的上皮细胞，并在其中大量繁殖，随动物粪便排出。当虱、蚤叮咬人体时，乘机排粪，在人体抓痒之际，粪中的立克次氏体随即从伤口进入血流，在血细胞中大量繁殖并产生内毒素，对人类有致命性。引起人类疾病的主要种类是斑疹伤寒立克次氏体和恙虫病立克次氏体。

立克次氏体的特点有：① 细胞较大，直径在 0.3 ~ 0.6 μm×0.8 ~ 2.0 μm 范围，光镜下清晰可见；② 细胞形态多样，有球状、双球状、杆状、丝状等；③ 有细胞壁，革兰氏染色呈阴性；④ 除少数外，大多数不能在人工培养基中培养，但可在鸡胚、敏感动物或细胞培养物上培养；⑤ 以二分裂方式繁殖，繁殖速度较慢；⑥ 存在不完整的产能代谢途径，不能利用葡萄糖或有机酸，只能利用谷氨酸和谷氨酰胺产能；⑦ 对热、光照、干燥和化学药剂抵抗力差；⑧ 基因组较小，如普氏立克次氏体，基因组仅为 1.1 Mb，含 834 个基因。

关于“三体”与细菌的比较，可见表 1-9。

表 1-9 “三体”与细菌比较

	细菌	支原体	衣原体	立克次氏体
直径	0.5 ~ 2 μm	0.1 ~ 0.3 μm	0.3 ~ 1.5 μm	0.45 ~ 1.4 μm
能否通过细菌滤器	不能	能	能	一般不能
革兰氏染色	阳性或阴性	阴性	阴性	阴性
细胞壁	有（含肽聚糖）	无	有（不含肽聚糖）	有（含肽聚糖）
细胞膜是否含甾醇	×	√	×	×
独立生存	√	√	×	×
人工培养基上生长	√	√	×	×
繁殖方式	裂殖（二分裂）			

三、古生菌

古生菌（Archaea），又称古菌，属于原核生物，是一类在进化上很早就与真细菌和真核生物相互独立的生物类群。

古生菌这一概念，是 1977 年由 Woese 等提出的，他们将地球上的生物划分为古生菌、细菌和真核生物三个域（图 1-34）。历史上，古生菌曾被认为是细菌，故曾被称为“古细菌”，毕竟，其在形态结构、代谢和生长繁殖等方面与细菌极为相近。然而，古生菌在复制、转录和翻译这些分子生物学中心过程上，却与真核生物非常接近。目前，关于古生菌的分类和进化仍存在争论，但从全基因组测序和生物信息学分析的结果看，古生菌确实是一种新的生命形式。

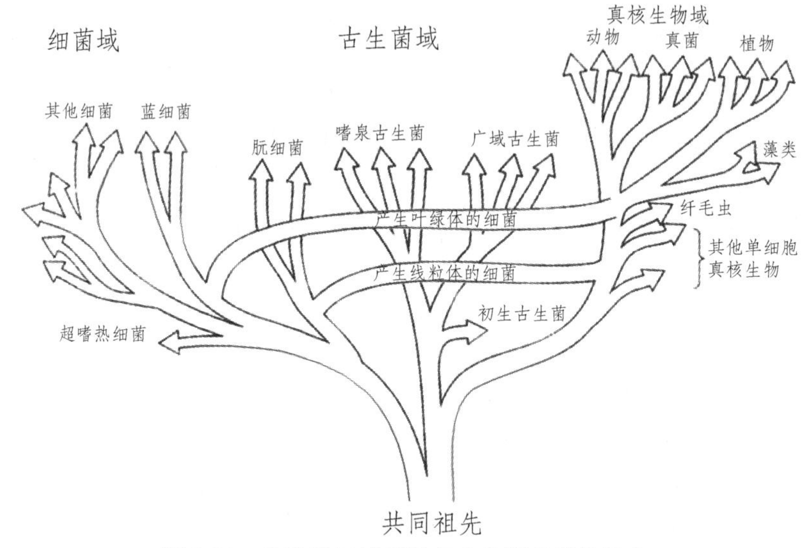

图 1-34　生物的三域系统与古生菌的进化地位

古生菌非常奇特，最著名的在于，它们多生长于极端环境，如热泉、两极地区、深海、盐碱湖、酸性矿水等其他生物难以生息繁衍之处（图 1-35）。随着研究的揭示，古生菌一直在刷新着生命的极限，如 2003 年美国学者曾报道了一种可在 121 °C 下生长的极端嗜热菌。

关于古生菌的形态，较为多样，有球形、杆状、螺旋形、叶状或方形等。古生菌细胞直径大小一般在 0.1 ~ 15 μm。

古生菌的细胞结构与细菌既有相似之处，亦有诸多不同。古生菌具有与细菌相同的无核膜以及无内膜系统的特征，但二者在细胞壁和细胞膜上存在明显差异。尤其是细胞壁，古生菌细胞壁类型较多，并且其细胞壁大多不含真正意义上的肽聚糖，而是拟胞壁质（Pseudomurein）。而关于细胞膜，细菌的脂类是甘油脂肪酸酯，古生菌的脂类却是非皂化性甘油二醚的磷脂和糖脂的衍生物；此外，古生菌的细胞膜有两种：双层膜和单层膜。

关于古生菌的代谢与繁殖，与细菌相同的是，古生菌中存在可进行生物固氮、化能自养、裂殖、芽殖的种类，但在古生菌中未发现可进行光合作用的种类。不过，产甲烷的能力却被古生菌所“垄断”。

总之，古生菌是奇妙而又独特的。实际上古生菌自从被发现以来，就一直不断激发着人类对其应用的思考。古生菌具有耐高温、耐严寒、耐强酸、耐强碱、耐高盐、耐高压和耐辐射等生物学特性，极具应用前景。

火山口处的嗜热菌　南极冻土中的嗜冷菌　酸性热泉中的嗜酸菌　碱湖中的嗜碱菌

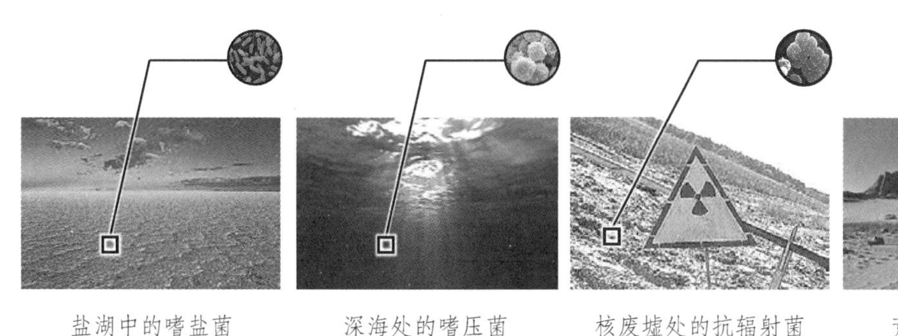

盐湖中的嗜盐菌　深海处的嗜压菌　核废墟处的抗辐射菌　荒漠中的耐旱菌

图 1-35　各种极端环境下的古生菌

现将有关于古生菌的应用，简要概括如下。

（1）嗜极酶的应用

各类嗜热、嗜冷、嗜酸碱、嗜盐等古生菌所产的酶类，可统称为嗜极酶（Extreme enzyme），其具有较强的环境稳定性。如激烈火球菌所产 α-淀粉酶，可耐受 100 °C 高温，比常用的由枯草芽孢杆菌和黑曲霉所产的淀粉酶热稳定性强（分别为 65 °C 和 61 °C）。而嗜冷菌所产的酶，则在低温下或常温下就具有极高的催化效率，因此可开发为洗涤用的蛋白酶并应用在冷洗行业中，或者可将冷活性酶（如低温 β-半乳糖苷酶、低温果胶酶、低温脂肪酶等）应用于食品低温加工过程以及食品保鲜。目前，由嗜碱菌所产的蛋白酶、脂肪酶和纤维素酶等，已被开发并添加于洗涤剂中（pH>9）。

（2）极端环境下生产与作业

例如，在高温下发酵，不仅可以提升化学反应速率，更能有效清除杂菌污染。大多数嗜热古生菌均能耐受 80 °C 以上高温，若将其与发酵工程技术结合，用于生产实践，不仅可提高生产效率，亦可最大化避免因杂菌污染而造成的经济损失。而在金属湿法冶炼中，需要使用大量酸性浸矿剂，嗜酸菌则可在此环境下正常进行“冶金”而不受影响。有趣的是，近年来美国科学家发现一种可在强核辐射下仍能正常生存的古生菌，其不仅可耐受高强度辐射，还可分解许多有毒化学物质。因此，将其用于清除放射性核废料，被认为极具潜力。同样地，某些嗜盐菌也可应用在高盐度卤水池中以清除有机废物，这比传统人工作业在成本和效率上优势明显。

（3）防辐射及辐射损伤修复

许多古生菌具有极强的抗辐射能力，如耐辐射异常球菌，其可耐受 30 000 Gy 的 γ 辐射，而人类在不到 5 Gy 的 γ 辐射下即死亡。研究表明，这些古生菌耐辐射可能机制在于：其细胞内存在修复辐射损伤的酶类，可快速对受损 DNA 进行修复；细胞中存在一些化合物，可有效阻挡辐射。因此，可将此类酶或化合物开发为相应制品，应用于医疗行业或制成各类防辐射材料。

（4）其他应用

产甲烷菌是应用较早的一类古生菌。在农村地区，畜禽粪便和秸秆、枯叶等沼气原料来源充足，利用这些古生菌生产沼气，不仅能解决能源问题，更是一种绝佳的清理农村有机垃圾的良策。而在一些嗜盐古生菌的紫膜（Purple membrane）中存在一种光能转换蛋白——菌视紫红质（Bacteriorhodopsin），其具有一系列独特的光电和光学特性，如对光强的微分响应，较高的空间分辨率、光灵敏度等，可被开发为光贮存材料或光电元件，并应用于光电探测、仿视觉系统、人工神经网络、非线性光学及光学信息记录与处理以及制造生物芯片等领域。

四、蕈　菌

蕈菌（Mushroom），又称蘑菇或伞菌，是指一类能形成大型肉质子实体的真菌（图 1-36）。实际上，蕈菌主要是担子菌纲真菌，也包括极少数子囊菌纲真菌。在 1703 年吴林所著的《吴蕈谱》中记载："出于林者为蕈，地者为菌"。文中"蕈"与"菌"，皆为具有显著子实体的真菌。奥籍华人张树庭先生最先将"mushroom"译作"蕈菌"。

图 1-36　各类常见蕈菌

蕈菌与人类的关系密切，其既可食用，亦可药用，还可开发为调味品、保健品等。据估计，现已知的 1 万多种蕈菌中，有 5000 余种具有商业和经济价值，2000 多种可食药兼用。在我国，食用香菇的历史可追溯到 4000 多年前；而在公元前 3000 年的"神农尝百草"年代，灵芝就已被药用，《路史》等古籍中有"神农氏由赤松子授芝于昆仑"的相关记载。

蕈菌在地球上分布广泛，尤其在森林落叶地带更为丰富。蕈菌与植物关系密切，因此，蕈菌具有木生性。但从具体营养类型上看，蕈菌分为腐生性、共生性和寄生性三大类。绝大多数蕈菌为腐生性（木腐生或草腐生），其依靠所分泌的各种胞外、胞内酶将各种死亡的有机质，特别是纤维素分解吸收。这对于维持自然界的物质与能量循环具有重要意义，此外，在农业生产中，这亦是"变废为宝"和"化腐朽为神奇"的典范，例如，通过香菇的生物转化作用，可将培养基中低值的木屑转化为高附加值的氨基酸。但许多具有重要经济价值的蕈菌则为共生性蕈菌，如松茸和美味牛肝菌，其与高等植物，特别是与木本科植物发生共生关系——与后者的根部形成菌根（Mycorrhiza），可扩大植物根系吸收面积，增强养分吸收能力，从而彼此受益。寄生性蕈菌相对较少，绝大多数主要引起植物病害，少数能导致人畜、昆虫等疾病。虫草菌就是典型的寄生性蕈菌，其寄生在虫草蝙蝠蛾幼虫体上，可形成“冬虫夏草”。

尽管从外表来看，蕈菌不像微生物，因此过去一直是植物学的研究对象，但无论从其进化历史、细胞构造、早期发育等生物学特性上看，都可证明其是微生物。

典型的蕈菌，其子实体是由顶部的菌盖（包括表皮、菌肉和菌褶）、中部的菌柄（常有菌环和菌托）和基部的菌丝体三部分组成（图 1-37）。蕈菌子实体大小一般为 3 ~ 18 cm×4 ~ 20 cm。

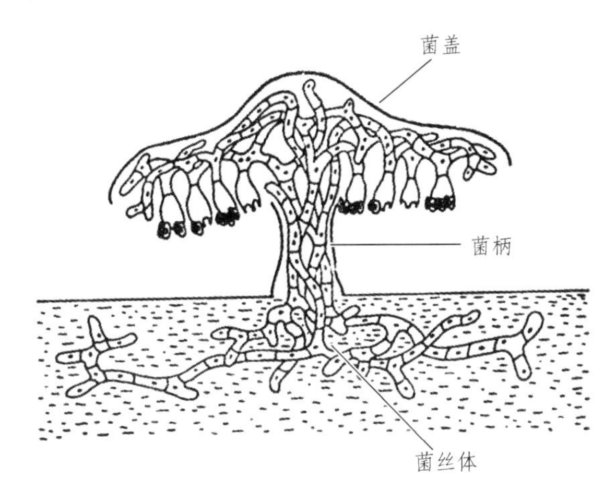

图 1-37　蕈菌形态图

在蕈菌的发育过程中，其菌丝的分化可明显地分成五个阶段。

（1）一级菌丝的形成：担孢子萌发，形成由许多单核细胞构成的菌丝，称一级菌丝；

（2）二级菌丝的形成：不同性别的一级菌丝发生接合后，通过质配形成了由双核细胞构成的二级菌丝，它通过独特的锁状联合，即形成喙状突起而联合两个细胞的方式不断使双核细胞分裂，从而使菌丝尖端不断向前延伸；

（3）三级菌丝的形成：到条件合适时，大量的二级菌丝分化为多种菌丝束，即为三级菌丝；

（4）子实体的形成：菌丝束在适宜条件下会形成菌蕾，然后再分化、膨大成大型子实体；

（5）担孢子的产生：子实体成熟后，双核菌丝的顶端膨大，其中的两个核融合成一个新核，此过程称核配，新核经两次分裂（其中有一次为减数分裂），产生 4 个单倍体子核，最后在担子细胞的顶端形成 4 个独特的有性孢子，即担孢子。

五、亚病毒

亚病毒（Subvirus），是指凡在核酸和蛋白质两种成分中，只含其中之一的分子病原体。主要包括类病毒、拟病毒和朊病毒三类（图 1-38）。

1. 类病毒

类病毒（Viroid），是一类只含 RNA 一种成分、专性寄生在活细胞内的分子病原体。目前只在植物体中发现。其所含核酸为裸露的环状 ssRNA，但形成的二级结构却像一段末端封闭的短 dsRNA 分子，通常由 246 ~ 375 个核苷酸分子组成，相对分子质量很小（$0.5 \sim 1.2\times10^5$），还不足以编码一个蛋白质分子。

类病毒

拟病毒

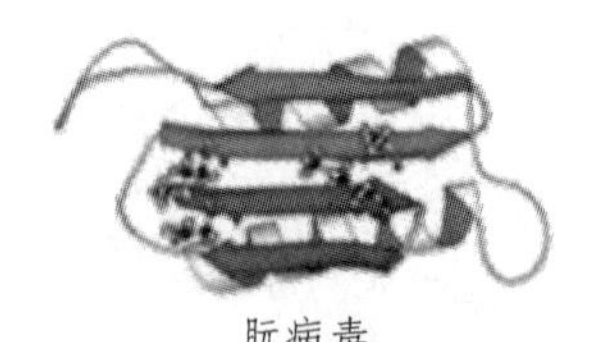

朊病毒

图 1-38　各类亚病毒

2. 拟病毒

拟病毒（Virusoid），又称类类病毒、壳内类病毒或病毒卫星，是指一类包裹在真病毒粒中的有缺陷的类病毒。拟病毒极其微小，一般仅由裸露的 RNA（300 ~ 400 个核苷酸）或 DNA 所组成。被拟病毒“寄生”的真病毒又称辅助病毒（Helper virus），拟病毒则成了它的“卫星”。拟病毒的复制必须依赖辅助病毒的协助。同时，拟病毒也可干扰辅助病毒的复制和减轻其对宿主的病害，因此，正在研究将它们用于生物防治。

3. 朊病毒

朊病毒（Prion），又称“普利昂”或蛋白侵染子，是一类不含核酸的传染性蛋白质分子。因能引起宿主体内现成的同类蛋白质分子发生与其相似的构象变化，从而可使宿主致病。

朊病毒是一类小型蛋白质颗粒，约由 250 个氨基酸组成，大小仅为最小病毒的 1%，例如，羊瘙痒病朊病毒蛋白 PrPSc 的相对分子质量仅为 $3.3 \sim 3.5\times10^4$。但其毒性很强，1 g 含朊病毒的鼠脑可感染 1 亿只小鼠。朊病毒与真病毒的主要区别为：① 呈淀粉样颗粒状；② 无免疫原性；③ 无核酸成分；④ 由宿主细胞内的基因编码；⑤ 抗逆性强，能耐杀菌剂（甲醛）和高温（经 120 ~ 130 °C 处理 4 h 后仍具感染性）。初步研究表明，朊病毒侵入人体大脑的过程为：借助食物进入消化道，再经淋巴系统侵入大脑。由此可以说明为何患者的扁桃体中总可找到朊病毒颗粒。

由于朊病毒与以往任何病毒有完全不同的成分和致病机制，故它的发现是 20 世纪生命科学（包括生物化学、病原学、病理学和医学）领域的一件大事。

第二章　微生物的营养与代谢

重点： 微生物的六大营养要素、营养类型和营养特点；常用培养基种类和功能；微生物生物氧化的过程概貌、功能、类型；有氧呼吸、无氧呼吸、发酵三者间的联系与区别；以 EMP 途径为基础的六种发酵类型的过程概貌及其关键产物；大分子物质的分解代谢；微生物的生物固氮；微生物次生代谢的概念、应用价值；微生物自身的代谢调控方式及实质。

无论是维持微生物的正常生命活动，还是进行各种发酵生产，营养与代谢均是最重要的基础和前提。微生物必须不断从外界摄取各种营养素，并将其进行代谢，才能获得生长和运动所需能量、才能获得合成自身大分子的原料物质，从而得以生息繁衍；而各种有用代谢物，如乙醇、乙酸、氨基酸和抗生素等，正是微生物摄取培养基中的养分后，再将养分进行代谢的成果。

营养与代谢尽管不可分割，但实质上是两个生物学过程，前者是基础，后者是结果。“微生物的营养”主要涉及微生物对营养物的需求及特点、养分吸收以及培养基等相关知识；而“微生物的代谢”则主要涉及微生物如何利用营养物质以供能、合成自身物质等问题。对于从事微生物资源开发或者利用微生物进行生产，营养与代谢相关理论，不仅关乎如何分离、培养菌种，更关乎发酵生产的顺利进行，因此，是最为重要和实用的知识之一。

第一节　微生物的营养

一、微生物的六大营养要素

营养（Nutrition），指微生物摄取、吸收营养素的过程或动作。

微生物必须不断从外界摄取并利用营养素，才得以繁衍生息以及生产各种有用代谢物。营养素（Nutrient）主要有四个功能：① 生命活动的能量来源；② 构建自身组分的原料；③ 参与代谢调控；④ 作为生产有用代谢物的原料。

微生物所需的营养素，可概括为六个大类：水、碳源、氮源、无机盐、生长因子和能源（图 2-1）。

图 2-1 微生物所需的六大营养素

1. 水

在培养微生物时，水一般不易缺乏，因此常被忽视。但水是生命之源，微生物生命活动绝不可缺少。原因在于：首先，水是一种最优良的溶剂，可保证几乎一切生物化学反应的进行；其次，水可维持各种生物大分子结构的稳定性，并参与某些重要的生物化学反应；最后，水还具有许多优良的物理性质，诸如高比热、高汽化热、高沸点以及固态时密度小于液态等。这些都是对生命活动十分重要的特性。

另一方面，从水占细胞组成的含量，也可看出其重要性。在微生物细胞中含量最多的营养素是水，含量通常在 75%以上。细菌、酵母菌和霉菌的营养体，含水量分别为 80%、75%和 85%左右。不过，微生物非营养体含水量一般不高，如霉菌孢子含水量仅约 39%，而细菌芽孢核心部分的含水量则低于 30%。

总之，无论对于生命活动，还是自身组成而言，水都是微生物不可或缺的。但值得注意的是“水的可利用程度”。水的可利用程度，并不是用水分含量，而是用“水活度”来衡量的。

水活度（Water activity，a_w），表示在微生物生长的环境中水的可利用度。在一定温度和压力下，某溶液的 a_w 在数值上等于“该溶液的蒸气压（p）与纯水的蒸气压（p_0）之比”。依据物理化学相关理论，纯水的 a_w 为 1；溶液中溶质越多，a_w 越小。

每一种微生物都有其最适 a_w 和最低 a_w，熟知各类微生物生长所需的 a_w（表 2-1），不仅有利于设计它们的培养基，而且还对防止食物的霉腐变质具有重要指导意义。同样，不同基质或同一基质在不同状态下，亦有不同 a_w（表 2-2）。

表 2-1 常见微生物对水活度的需求

微生物	最低 a_w
一般细菌	0.91
酵母菌	0.88

续表

微生物	最低 a_w
霉菌	0.80
嗜盐细菌	0.76
嗜盐真菌	0.65
嗜高渗酵母	0.60

表 2-2 常见物品的水活度

物 品	水分含量/%	水活度 a_w
纯水	100	1
冰（-20 °C）	100	0.82
鲜猪肉	70	0.99
面包	40	0.95
葡萄干	27	0.6
小麦粉	14.5	0.72
饼干	5	0.2

由表 2-1 和 2-2 可知：① 细菌对水活度的要求较高，酵母菌和霉菌相对较低；② 水分含量与水活度没有必然联系。

值得注意的是，微生物处于不同生理阶段时，对 a_w 的要求可能不同。如灰绿曲霉营养体在生长时所需 a_w 在 0.85 以上，而其在孢子萌发时则需要 0.73 ~ 0.75。此外，a_w 并非越高越好，如果环境的 a_w 大于微生物生长最适 a_w，细胞就会吸水膨胀，甚至引起破裂而亡；反之，过低则导致细胞失水，甚至出现质壁分离而死亡。

2. 碳 源

可为微生物在生命活动中提供碳元素来源的营养物，称为碳源（Carbon source）。微生物细胞含碳量约占干重的 50%，故除水外，碳是微生物机体最主要的组分；同时，碳源也是微生物除了水以外需要量最多的营养素。

微生物可利用的碳源范围，称为碳源谱（Spectrum of carbon sources）。微生物的碳源谱极其广泛，如表 2-3 所示。由表可知，碳源谱可分为有机碳与无机碳两个大类。凡必须利用有机碳源进行生长的微生物，就是为数众多的异养微生物；反之，凡以无机碳源作为主要碳源的微生物，则是种类较少的自养微生物。碳源细分至元素水平，则可分为六类（表 2-3）。微生物能利用的碳源大大超过了动物界或植物界生物，而有研究表明，人类至今已发现或合成的 2000 多万种含碳有机物，微生物几乎都能分解或利用！

微生物的碳源谱虽广，但异养微生物最适用于生长的碳源是 C · H · O 型，尤其是糖类；其次，则是有机酸类、醇类和脂类等。

在糖类中，单糖的适用度优于双糖和多糖，己糖优于戊糖，葡萄糖、果糖优于甘露糖、半乳糖。而在多糖中，淀粉明显优于纤维素或几丁质等纯多糖，纯多糖则优于琼脂等杂多糖。在有机碳源中，C · H · O · N 和 C · H · O · N · X 类虽也能被微生物有效利用，但在设计培养基时，还应尽量避免把这两类主要用作宝贵氮源的化合物降格当作廉价的碳源使用。

表 2-3　微生物的碳源谱（参考自周德庆，2011）

	元素水平	化合物水平	培养基原料水平
有机碳	C·H·O·N·X*	复杂蛋白质、核酸等	牛肉膏、蛋白胨、花生饼粉等
	C·H·O·N	多数氨基酸、简单蛋白质等	一般氨基酸、明胶等
	C·H·O	糖、有机酸、醇、脂类等	葡萄糖、蔗糖、各种淀粉、糖蜜等
	C·H	烃类	天然气、石油及其不同馏分、石蜡油等
无机碳	C·O	CO_2	空气
	C·O·X	$NaHCO_3$、$CaCO_3$等	各种盐类

*注：X 指除 C、H、O、N 外的任何其他一种或几种元素。

值得注意的是，不同微生物对各类碳源的利用能力差别较大。例如，洋葱伯克氏菌可利用的碳源有 100 余种之多，而产甲烷菌仅能利用 CO_2 和少数 C_1 或 C_2 化合物，一些甲烷氧化菌则仅局限于甲烷、甲酸和甲醇等几种碳源。

关于常见碳源，对于大多数异养微生物，实验室常用于配制培养基的有：葡萄糖、果糖、蔗糖、淀粉、甘油和一些有机酸等；而发酵生产中常采用：马铃薯、玉米粉、山芋粉、糖蜜、酒糟、麸皮、米糠和野生植物淀粉等廉价碳源。值得注意的是，对一切异养微生物来说，其碳源同时又兼做能源，因此，这种既可提供碳元素又可供能的物质，称为双功能营养物（Difunctional nutrient）。

此外，根据微生物对不同碳源利用速率的快慢，可将碳源分为速效碳源和迟效碳源。速效碳源（Available carbon source），是指不需要经过分解、转化或酶诱导等过程，就可被微生物直接利用的一类碳源，如葡萄糖和蔗糖等。它们相比于其他碳源，不仅会被微生物优先利用，并且被利用的速率较快。但其缺点是容易引起分解产物阻遏效应，进而影响发酵过程中代谢物的积累。而诸如乳糖、淀粉等碳源物质，则是微生物的“第二选择”，它们需要先经过分解、转化或酶诱导等过程才能被利用，并且利用速率相对较慢，因此，被称为迟效碳源（Delayed carbon source）。但迟效碳源具有不易引起分解产物阻遏效应的优点。

鉴于此，在发酵生产中常将速效碳源与迟效碳源进行合理配比后使用，既兼顾发酵速率，又能有效避免分解产物阻遏效应的发生。

3. 氮　源

可为微生物在生命活动中提供氮元素来源的营养物，称为氮源（Nitrogen source）。氮元素，是构成最重要的生命物质——蛋白质和核酸的主要元素；此外，氮元素占细胞型微生物干重的 6% ~ 15%，是含量仅次于碳元素的物质，因此，氮元素对于微生物生命活动和自身组成也是极其重要的。

同样地，微生物可利用的氮源范围，称为氮源谱（Spectrum of nitrogen sources）。微生物的氮源谱极其广泛，超过植物、动物和人类（表 2-4）。

微生物对不同氮源的利用程度亦存在差异。对于异养微生物而言，氮源的利用顺序是：N·C·H·O 或 N·C·H·O·X 类优于 N·H 类，更优于 N·O 类，而最不易利用的则是 N 类。

表 2-4　微生物的氮源谱（参考自周德庆，2011）

	元素水平	化合物水平	培养基原料水平
有机氮	N·C·H·O·X*	复杂蛋白质、核酸等	牛肉膏、酵母膏、饼粕粉、蚕蛹粉等
	N·C·H·O	尿素、一般氨基酸、简单蛋白质等	尿素、蛋白胨、明胶等
无机氮	N·H	NH_3、铵盐等	各种盐类
	N·O	硝酸盐等	各种盐类
	N	N_2	空气

*注：X 指除 C、H、O、N 外的任何其他一种或几种元素。

N 类，也就是分子氮，只有固氮微生物才可利用。但当环境中存在有机或无机氮源时，常会导致某些固氮微生物细胞内的固氮酶合成受阻，不再进行生物固氮，而会直接利用环境中的含氮化合物。

而关于蛋白质，其对于人和动物而言是一种极为优良的氮源，但对微生物而言则不尽然。大分子蛋白质通常难以进入微生物细胞，一些真菌和细菌需借助胞外蛋白酶将其降解后才能利用，但多数细菌不能产生胞外蛋白酶，仅能利用分子量较小的蛋白质降解产物（Protein degradation products），如胨或肽。不过，各种铵盐和硝酸盐，却可被大多数微生物直接吸收、利用。

值得注意的是，氨基酸尽管也是一种极为重要的氮源，但一部分微生物是不需要利用氨基酸作氮源的，它们能利用尿素、铵盐、硝酸盐甚至氮气等廉价氮源，自行合成所需要的一切氨基酸，故它们被称为氨基酸自养型微生物；反之，凡需要从外界吸收现成的氨基酸作为氮源的微生物，就是氨基酸异养型微生物。

另值得注意的是，氨基酸或蛋白氮通常价格高昂，不仅人类生活需要，动物饲养亦大量需要，因此，有效利用氨基酸自养型微生物，让其将尿素、铵盐、硝酸盐或氮气等廉价氮源生物转化为高附加值的氨基酸或菌体蛋白，不仅可大大提高投入产出比，还有助于缓解人畜争粮问题。

关于常用氮源，在实验室配制培养基时，最常用的有机氮源是蛋白胨、牛肉膏、酵母膏、饼粕粉和蚕蛹粉等；而在发酵生产中，则是黄豆饼粉、花生饼粉、玉米浆、玉米蛋白粉、鱼粉、废菌丝体和酒糟等。

同样，根据微生物对不同氮源利用速度的快慢，可将氮源分为速效氮源和迟效氮源。速效氮源（Available nitrogen source），是指不需要经过分解、转化或酶诱导等过程，就可被微生物直接利用的一类氮源，如无机铵态氮、硝态氮、氨基酸和小分子蛋白降解产物等；而迟效氮源（Delayed nitrogen source），则需要先经过分解、转化或酶诱导等过程才能被微生物利用，如各类饼粕粉等。

速效氮源由于易被微生物利用，故有利于菌体快速生长，但其会影响某些代谢物的产量；迟效氮源虽然不能促进菌体的快速生长，但有利于延长次生代谢产物的分泌期、提高产物产量。因此，为兼顾菌体生长与产物发酵，生产中常将速效氮源与迟效氮源合理配比使用。

关于上述碳源与氮源，值得注意的还有碳氮比。碳氮比（C/N），即为培养基中碳源与氮源含量之比。严格来讲，C/N 应是指微生物培养基中所含碳源物质的碳原子的物质的量与氮源物质的氮原子的物质的量之比。但实际计算时，常用还原糖与粗蛋白含量之比替代。

一般而言，真菌需要 C/N 较高的培养基，好似“草食动物”；而细菌一般需要 C/N 较低的培养基，好似“肉食动物”。实际上，由表 2-5 可知，微生物对营养素的需要，包括 C/N 在内，从根本上是依据“菌体自身组成”而决定的。

表 2-5　常见微生物机体的组成（干重，%）

	细菌	真菌
C	48	48
N	12.5	6
C/N	3.84	8
蛋白质	55	32
糖类	9	49
脂类	7	8
核酸	23	5
灰分（无机盐）	6	6

概括而言，关于 C/N 有三个重要规律：① 细菌一般喜爱 C/N 较低的生长环境，而真菌和放线菌则喜好 C/N 相对较高的环境。② 对于同一微生物而言，菌体生长繁殖时期，需要相对较低的 C/N。③ 微生物发酵产酸、产多糖等时，需要较高的 C/N；发酵产氨基酸、生物碱等时，则需要较低的 C/N。

4. 无机盐

无机盐或矿质元素（Mineral element），主要可为微生物提供除碳、氮源物质以外的各种重要元素。凡生长所需浓度在 10^{-4} ~ 10^{-3} mol/L 范围内的元素，可称为大量元素，如磷、硫、钾、镁、钠和铁等；凡所需浓度在 10^{-8} ~ 10^{-6} mol/L 范围内的元素，则称微量元素，如铜、锌、锰、钼、钴、镍、锡和硒等。

无机盐的生理作用，一是作为微生物自身的重要组成成分，二是参与微生物生理活动的调控。

总之，微生物对于矿质元素的需要量较少，但极为重要。在配制微生物培养基时，对大量元素来说，只要加入相应化学试剂即可，如氯化钠、磷酸氢二钠或硫酸镁等；而对微量元素而言，进行一般培养时不需要专门添加，因为那些混杂在蒸馏水、天然有机物、无机化学试剂、普通玻璃器皿中的杂质中所含微量元素，足以满足微生物所需。

5. 生长因子

生长因子（Growth factor），指微生物生长所必需，但需求量极少，而自身又无法合成或自身合成量无法满足所需的有机化合物。生长因子的生理功能主要是参与调节各种微生物生理活动，其不作为菌体结构性物质，亦不作为碳源、氮源或能源。

狭义上讲，生长因子就是指维生素；而广义的生长因子，除了维生素外，还包括碱基、卟啉及其衍生物、甾醇、胺类、氨基酸和 C_4 ~ C_6 的分支或直链的脂肪酸等。

不同微生物，对生长因子种类和数量的需求不同。例如，大肠杆菌可以合成自身所需的全部生长因子，不需要从外界获取，但许多乳酸菌则需要从外界获取多种生长因子才能维持正常生长。前者属于生长因子自养型微生物，还包括多数真菌、放线菌和不少细菌；后者属于生长因子异养型，还包括许多动物致病菌和支原体等。

值得注意的是，微生物对生长因子的需求并非固定不变，会随着培养环境改变而变化。如鲁氏毛霉在厌氧培养时，需要外源性生物素和维生素 B_1 作为生长因子；但在有氧培养时，不需要任何外源性生长因子。这在生产实践中，应引起重视。

6. 能　源

将能源位列最后，并非其不重要，恰恰相反，能源是最重要的营养物质，因为一切生命活动首先都是一个耗能的过程，比如微生物对大多数营养物质的吸收。如果没有能量，那么微生物对以上营养素的需求皆可认为是空谈。

能为微生物生命活动提供最初能量来源的营养物或辐射能，称为能源（Energy source）。微生物的能源，可分为光能和化学能（表 2-6）。

表 2-6　微生物的能源谱

	来源	举例
光能	太阳、人工光照	阳光、白炽灯
化能	无机物	NH_4^+、NO_2^-、S、H_2、Fe^{2+}
	有机物	糖类、脂肪、蛋白质、氨基酸

对于光能营养型微生物，其能源是光能；对于化能异养微生物，其能源就是其碳源，如糖类、有机酸等；而化能自养微生物的能源，则都是一些还原态的无机物质，如 NH_4^+、NO_2^-、S、H_2、Fe^{2+} 等。常见的化能自养微生物均是原核生物，包括亚硝酸细菌、硝酸细菌、硫化细菌、硫细菌、氢细菌和铁细菌等。

最后，对微生物的营养进行总结。

（1）需求特点

① 微生物自身的组成和微生物的生理状态，是决定营养素需要的根本依据。

② 水是最重要的营养素，需求量极大。尽管水一般不易缺乏，但应注意培养环境的水活度。

③ 微生物对碳和氮的需要量较大，尽管微生物碳源谱和氮源谱都极为广泛，但不同微生物间存在较大差异。此外，微生物对不同碳源或氮源的利用效率存在明显差异，这都是由微生物的代谢方式和其酶所决定的。

④ 无机盐和生长因子需要量较少，但极为重要，不可缺乏。

⑤ 如果缺乏能量，那么以上需求皆无意义，因为生命活动首先是一个耗能过程。

⑥特别注意 C/N，不同微生物、不同生理状态，对 C/N 的需求不同。

（2）需要量排序（约 10 倍递减）

H_2O　>　C + 能源　>　N　>　无机盐　>　生长因子

二、微生物的营养类型

依据微生物对能源、碳源、氮源、生长因子等的需求特点，可以将微生物划分为不同的营养类型（表 2-7）。

表 2-7　微生物的营养类型

分类标准	类型
以能源分	光能营养型或化能营养型
以碳源分	自养型或异养型
以氢供体分	无机营养型或有机营养型
以合成氨基酸能力分	氨基酸自养型或氨基酸异养型

续表

分类标准	类型
以生长因子分	生长因子自养型或生长因子异养型
以取食方式分	渗透营养型或吞噬营养型
以取得死或活有机物分	腐生或寄生
以所需营养物浓度分	贫养型或富养型

由表 2-7 可知，微生物的营养类型非常多，但通常以“能源为主、碳源为辅”的方式来划分不同微生物。由此，可把微生物划分为四大类：光能自养型、光能异养型、化能自养型、化能异养型（表 2-8）。

表 2-8　以能源为主、碳源为辅的营养类型分类

营养类型	能源	主要碳源	代表菌
光能自养型	光能	CO_2	蓝细菌
光能异养型		小分子有机碳（如 CH_3OH）	光合细菌
化能自养型	化能	CO_2	硝化细菌、铁细菌
化能异养型		有机碳（如 $C_6H_{12}O_6$）	绝大多数细菌，全部真菌、放线菌

1. 光能自养型

光能自养型（Photoautotroph），是利用光能，并以 CO_2 作为唯一碳源或主要碳源，以无机物（如 H_2O、H_2S 等）作为供氢体，最终能将 CO_2 还原成糖类（[CH_2O]），同时产生 O_2 或 S 的一类微生物。光能自养型微生物，以蓝细菌为主要类群，其光合作用与高等绿色植物相似。

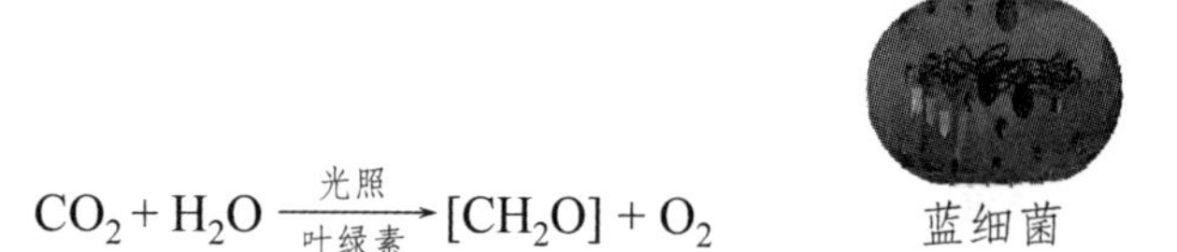

$$CO_2 + H_2O \xrightarrow[\text{叶绿素}]{\text{光照}} [CH_2O] + O_2$$

蓝细菌

2. 光能异养型

光能异养型（Photoorganoheterotroph），是利用光能，并以简单小分子有机物作为主要碳源（CO_2 为辅）、以简单小分子有机物（如甲酸、乙酸、甲醇等）作为供氢体，最终能将 CO_2 还原成[CH_2O]的一类微生物。光能异养型微生物，以光合细菌（Photosynthetic bacteria）为主要类群。关于光合细菌的更多生物学特点，可见本章第二节。

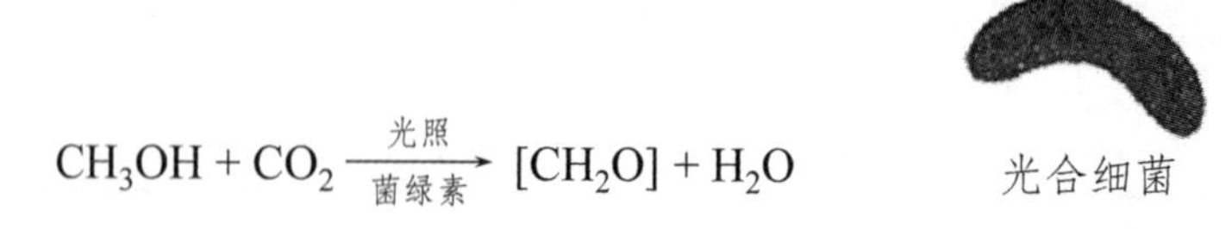

$$CH_3OH + CO_2 \xrightarrow[\text{菌绿素}]{\text{光照}} [CH_2O] + H_2O$$

光合细菌

3. 化能自养型

化能自养型（Chemolithoautotroph），是利用化学能，并以 CO_2 作为唯一碳源或主要碳源、以无机物（如 H_2、H_2O、H_2S、NH_4^+ 等）作为供氢体，最终能将 CO_2 还原成[CH_2O]的一类微生物。化能自养型微生物，以硫化细菌、硝化细菌、铁细菌和氢细菌等为主要类群。关于化能自养微生物的更多生物学特点，可见本章第二节。

$$CO_2 + H_2O \xrightarrow{\text{化学能}} [CH_2O] + O_2$$

$$\overset{2+}{Fe}CO_3 + H_2O + O_2 \longrightarrow \overset{3+}{Fe}(OH)_3 + CO_2 + \text{能量}$$

铁细菌

4. 化能异养型

化能异养型（Chemoheterotroph），是以有机物作为碳源、能源和氢供体，并且能源与碳源不可分割的微生物。地球上绝大多数微生物，都是化能异养型。而根据营养物质来源，化能异养微生物可分为腐生、寄生和兼性寄生型。

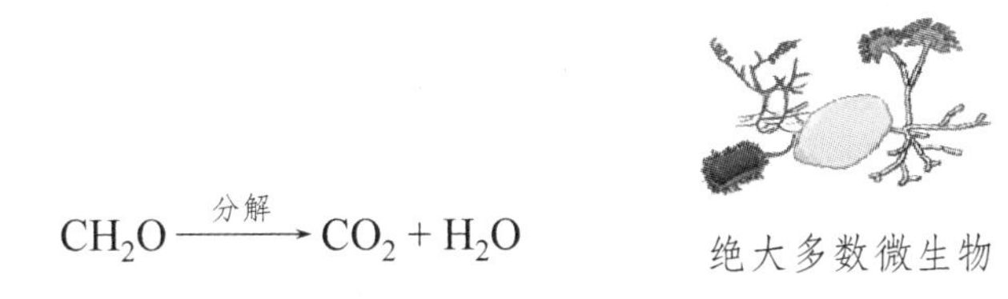

绝大多数微生物

从整个微生物界看，在细菌中，以上四种营养类型皆有；而放线菌、酵母菌和霉菌则均为化能异养型。病毒呢？病毒不能独立进行营养和代谢，只能专性活细胞寄生。因此，病毒必须通过宿主获取营养："植物病毒吃植物""动物病毒吃动物"，而"噬菌体吃微生物"。

值得注意的是，以上关于营养类型的划分，完全属于"人为"归纳和定义，仅仅是为了方便学习和记忆。实际上，许多微生物是兼性营养类型，即兼养型微生物（Mixotrophs）。如氢单胞菌，其在完全无机环境下为化能自养型，而在有机物存在的环境下则为化能异养型；而一些光合细菌，其在有光与厌氧的条件下为光能异养型，而在黑暗与有氧的条件下则为化能异养型。因此，微生物的营养类型多取决于环境条件。

三、微生物吸收营养素的方式

前述的六大类营养素，都只有被微生物摄入细胞内，才能被利用。

细胞壁在营养物质运输时发挥的作用不大，微生物主要通过细胞膜的渗透和选择吸收作用从外界吸取营养物。对于小分子营养物质，微生物细胞膜的运输方式有四种，即简单扩散、促进扩散、主动运输和基团移位（图 2-2）。其中，主动运输对微生物而言最重要。

1. 简单扩散

简单扩散（Simple diffusion）又称被动运输，是指细胞膜在无载体蛋白的参与下，单纯依靠物理扩散方式让许多小分子、非电离分子，尤其是亲水性分子被动通过的一种物质运输方式。通过这种方式运输的物质种类不多，主要是 O_2、CO_2、乙醇和某些氨基酸分子。由于单纯扩散对营养物的运输缺乏选择能力和逆浓度梯度的"浓缩"能力，因此不是细胞获取营养物的主要方式。

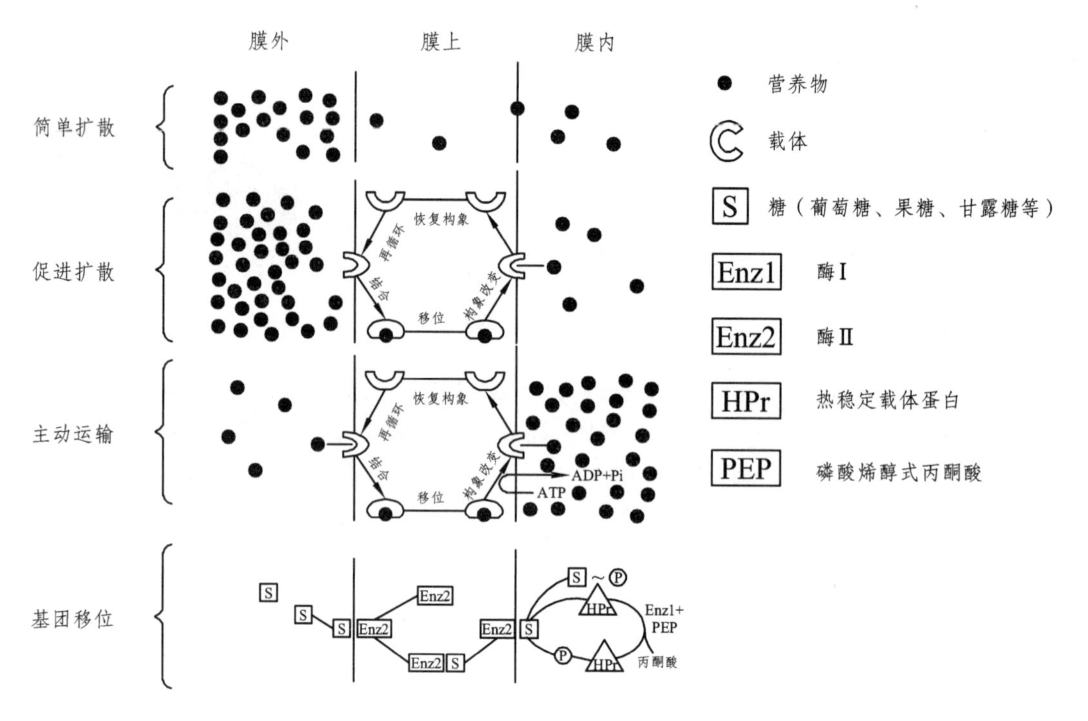

图 2-2　小分子营养物质运输的四种方式

2. 促进扩散

促进扩散（Facilitated diffusion），是指物质在运输过程中，必须借助存在于细胞膜上的底物特异载体蛋白的协助，但不消耗能量的一类扩散性运输方式。载体蛋白，又称作渗透酶（Permease）、移位酶或移位蛋白，一般通过诱导而产生，它借助自身构象的变化，可在不耗能的情况下加速将膜外高浓度的物质扩散到膜内，直至膜内、外该物质浓度相等为止。如酿酒酵母对各种糖、氨基酸和维生素的吸收，以及大肠杆菌对甘油的吸收等都是促进扩散。

3. 主动运输

主动运输（Active transport），是指一类需要耗能，并需要借助细胞膜上特异性载体蛋白构象的变化，才能将膜外低浓度的物质运输入膜内的一种运输方式。由于它可以逆浓度梯度运输营养物，所以对许多生存于低浓度营养环境中的苛养菌（Fastidious bacteria）的生存极为重要。采取主动运输方式的物质很多，主要有无机离子、有机离子和一些糖类（乳糖、葡萄糖、麦芽糖或蜜二糖）等。

4. 基团移位

基团移位（Group translocation），是指一类既需特异性载体蛋白的参与，又需耗能，并且物质在运输前后会发生分子结构变化的一种物质运输方式。基团移位主要用于运输各种糖类（葡萄糖、果糖、甘露糖和 N-乙酰葡糖胺等）、核苷酸、丁酸和腺嘌呤等物质。目前，这种运输方式只在原核生物中发现。例如，大肠杆菌的磷酸转移酶系统就是一种基团移位系统，此系统每运输一个葡萄糖分子，就要消耗一个 ATP。

有关上述四种运输方式的比较，可见表 2-9。

表 2-9　物质运输的四种方式比较（周德庆，2011）

比较项目	简单扩散	促进扩散	主动运送	基团移位
特异载体蛋白	无	有	有	有
运送速度	慢	快	快	快
溶质运送方向	由浓至稀	由浓至稀	由稀至浓	由稀至浓
平衡时内外浓度	内外相等	内外相等	内部浓度高得多	内部浓度高得多
运送分子	无特异性	特异性	特异性	特异性
能量消耗	不需要	不需要	需要	需要
运送前后溶质分子	不变	不变	不变	改变
载体饱和效应	无	有	有	有
与溶质类似物	无竞争性	有竞争性	有竞争性	有竞争性
运送抑制剂	无	有	有	有
运送对象举例	H_2O、CO_2、O_2 甘油、乙醇、少数氨基酸、盐类、代谢抑制剂	SO_4^{2-}、PO_4^{3-}，糖（真核生物）	氨基酸、乳糖等糖类，Na^+、Ca^{2+} 等无机离子	葡萄糖、果糖、甘露糖、嘌呤、核苷、脂肪酸等

值得注意的是，大分子营养物质，如多糖、脂肪、蛋白质及核酸等，一般不能直接透过微生物细胞膜，需先经过相应酶的作用，并将其分解为小分子物质后，才能通过上述四种运输方式运输至细胞内。

四、微生物的培养基

微生物的食物，即为培养基。培养基（Culture medium），是指由人工配制的、适宜于微生物生长繁殖或发酵生产的混合营养料。

培养基的种类各异，大体可按培养基的成分、物理性质和功能等进行分类。

（一）按培养基成分分类

依据培养基中各原料是纯净物还是混合物、是否有确切的化学组成，可将培养基分为天然培养基、合成培养基以及半合成培养基（表 2-10）。

表 2-10　按培养基成分的分类

类型	成分的确定性	举例	一般用途
天然培养基	不确定，原料多为混合物	麦芽汁培养基	发酵生产
合成培养基	确定，原料为纯净物	察氏培养基	科学研究
半合成培养基	半确定，原料既有混合物，也有纯净物	马铃薯葡萄糖培养基	科研或生产皆可

1. 天然培养基

天然培养基（Complex medium），是一类利用动植物或微生物体（包括其提取物）为原料而制成的培养基。此类培养基，营养成分既复杂又丰富、难以说出其确切化学组成。配制这类培养基，常用的原料有牛肉膏、蛋白胨、酵母粉、麦芽汁、玉米粉、马铃薯、胡萝卜、牛奶和血清等营养价值高的物质。

天然培养基的优点是取材方便、营养丰富、配制方便、价格低廉；缺点是成分不清楚、培养效果不稳定。因此，这类培养基只适合于一般实验室中的菌种培养，或主要用于发酵工业中生产菌种的培养和某些发酵产物的生产等。

2. 合成培养基

合成培养基（Defined medium），是一类按微生物的营养需求精确设计后，采用多种高纯度化学试剂配制成的培养基。

合成培养基的优点是成分精确、试验重复性高；缺点是价格较贵、配制麻烦，且营养不够丰富。因此，合成培养基通常仅适用于营养、代谢、生理、生化、遗传、育种、菌种鉴定或生物测定等对定量要求较高的研究工作。

3. 半合成培养基

半合成培养基（Semisynthetic medium），是指一类以天然培养基为基础，同时添加有某些化学试剂而配制成的培养基，即天然培养基+合成培养基。

此类培养基兼顾上述二者的优点，营养丰富、重复性相对较高、价格低廉，因此，应用较为广泛。

（二）按培养基物理状态分类

依据培养基的物理形态，可将培养基分为液体培养基、固体培养基和半固体培养基（表2-11）。

表 2-11　按培养基物理状态的分类

类型	是否加入凝固剂	举例	一般用途
液体培养基	否	营养肉汤	大规模、快速培养和扩繁微生物
固体培养基	是，加入量相对较大	各类琼脂平板、斜面培养基	分离、鉴别菌落
半固体培养基	是，加入量相对较小	穿刺培养基、双层平板	细菌动力观察、噬菌体效价测定

1. 液体培养基

液体培养基（Broth），可简称为培养液，是一类呈液体状态的培养基。其无论是在实验室，还是在生产实践中用途均非常广泛，尤其适用于大规模、快速地培养和扩繁微生物。原因在于：相比于固体培养，液体培养能使微生物更均匀、立体式地接触营养物，亦利于通气培养，故微生物在液体培养基中对营养物的吸收转化效率更高，生长速度更快。

2. 固体培养基

固体培养基（Solid medium），是一类呈固体状态的培养基。其是向液体培养基中加入适量凝固剂后而制成，例如，在一般的液体培养基中加入 1%～2%琼脂，即可制成固体培养基。固体培养基常用于菌种的分离和鉴定，原因在于微生物在固体培养基上可形成具有明显特征的菌落。

值得注意的是，在进行固态发酵时，所用培养基亦为“固体培养基”。只不过，其制备一般是直接使用不溶于水的天然原料，而不是加入琼脂等凝固剂。

3. 半固体培养基

半固体培养基（Semi-solid medium），是指在液体培养基中加入少量的凝固剂（如0.2%~0.7%的琼脂）而配制成的半固体状态的培养基。半固体培养基常用于细菌的动力观察、趋化性研究，厌氧菌的培养、分离和计数，以及细菌和酵母菌的菌种保藏等；若用于双层平板法中，还可测定噬菌体的效价。

（三）按培养基功能分类

依据培养基的功能，可将培养基分为普通培养基、选择性培养基和鉴别性培养基（表2-12）。

表2-12　按培养基功能的分类

类型	是否加入特殊物质	举例	一般用途
普通培养基	否	牛肉膏蛋白胨	对微生物做一般培养
选择性培养基	是，加入特殊营养物质或抑制剂	亚硒酸盐胱氨酸增菌液	富集、分离、筛选目标菌
鉴别性培养基	是，加入特殊营养物质和显色剂	伊红美蓝培养基	鉴别不同微生物

1. 普通培养基

普通培养基（Minimum medium），是含有一般微生物生长繁殖所需的基础营养的培养基。其适用于大多数微生物的培养，也是实验室进行基础或应用研究中常用的培养基，如牛肉膏蛋白胨培养基、营养肉汤等。

2. 选择性培养基

选择性培养基（Selective medium），是一类根据目标菌的特殊营养嗜好或针对杂菌所厌恶的因子而设计的、具有菌种分离筛选功能的培养基。

选择性培养基使用频率较高，特别是在菌种分离纯化时被广泛应用。这是因为在进行菌种分离时，样品中通常仅含有数量较少的目标菌，却同时混有大量杂菌。通过选择培养基，可消除杂菌，而有效获得目标菌。选择性培养基的工作原理有如下两种。

第一种原理，是利用目标菌对某种营养物的特殊嗜好。即在培养基中加入这种营养物后，使原先数量较少的目标菌获得其偏好的大量营养，从而被快速增殖，最终在样品中成为优势菌群；与此同时，此消彼长，杂菌从优势菌群变为劣势菌群。这就叫作“投其所好”原理。而根据这种原理所配制的培养基，称为加富性选择培养基（Enriched medium），又称增菌液。

第二种原理，则是利用杂菌所厌恶的因子的抑制作用。即在培养基中加入这种因子后，使原先数量占优的杂菌生长受到抑制，甚至死亡，最终变为劣势菌群；与此同时，此消彼长，目标菌从劣势菌群变为优势菌群。这就叫作“投其所恶”原理。而根据这种原理所配制的培养基，称为抑制性选择培养基（Inhibited selected medium）。

不难看出，二者都可以使目标菌从劣势变为优势，杂菌从优势变为劣势，从而有利于目标菌的分离筛选。但二者的原理和作用对象是明显不同的（表2-13）：加富性选择培养基的作用对象是目标菌，通过添加特殊营养物使目标菌数量上升；而抑制性选择培养基的作用对象是杂菌，通过添加抑制因子使杂菌数量下降。因此，加富性选择培养基，有利于“增菌”，常用于富集培养；抑制性选择培养基，有利于“除杂”，常用于分离纯化。综合而言，抑制性选择培养基的选择强度大于加富性选择培养基，筛选效果更好，但在实际应用时，所设计的培养基常兼有上述两种培养基的功能，这样可以提高选择效率。

表 2-13　加富性与抑制性选择培养基的比较

	作用对象	目标菌数量	杂菌数量	原理	应用
加富性选择培养基	目标菌	上升	下降（但一般不死亡）	投其所好	富集培养
抑制性选择培养基	杂菌	相对上升	下降，一般死亡	投其所恶	分离纯化

值得注意的是，加富性选择培养基中所加入的那种“特殊营养物”，必须是目标菌的利用效率要超过杂菌（最理想的是仅能被目标菌利用），否则，就不是“投其所好”，而是“皆大欢喜”，甚至是“本末倒置”。而抑制性选择培养基中所加入的那种“抑制因子”，必须是对杂菌的生长有着强烈的抑制作用的物质，而又不会严重制约目标菌的生长，否则，就不是“投其所恶”，而是“同归于尽”，甚至是“本末倒置”。总之，选择性培养基的选用和设计，既要具备一定的专业素养，又要具体问题具体分析，非常考验能力。关于微生物的选择性培养，具体可见本书第五章。

3. 鉴别性培养基

鉴别性培养基（Differential medium），是一类加有特殊的营养物质和显色剂，能使目标菌的菌落或培养物被染色，从而达到只用肉眼观察就能方便地鉴别出目标菌的培养基。该培养基常配合抑制性选择性培养基使用，以提升菌种分离纯化的效率。

鉴别性培养基的工作原理，是利用微生物的“代谢产物差异”。因代谢方式、代谢途径或分解酶等的差异，不同微生物对某一种特定的营养物，要么能或不能代谢，要么都能代谢但代谢产物不同，总之，结果都是代谢产物不同。此时若存在一种特异性的显色剂，可与特定代谢产物发生显色反应，并且这种颜色还可以将菌落或培养物着上颜色，那么，仅通过肉眼对颜色的识别，就可轻易对不同微生物做出快速鉴定。

例如，在伊红美蓝培养基中，含有一种特定营养物——乳糖。大肠杆菌可以代谢乳糖，而沙门氏菌则不能。经过培养后，大肠杆菌发酵乳糖产酸，而沙门氏菌不能发酵乳糖产酸，二者的代谢产物，前者是酸，后者是“无”，总之结果是代谢产物不同。而在伊红美蓝培养基中，还存在着一种显色剂——“伊红美蓝”，其可与产酸菌所产的酸发生显色反应，并使菌体被染成深紫色；而不产酸的菌，不能发生显色反应，从而菌体不被着色。因此，大肠杆菌和沙门氏菌在伊红美蓝培养基上培养时，前者菌落是深紫色，后者是无色，仅通过肉眼，就可轻易鉴别出二者。

值得注意的是，鉴别培养基中所添加的这种“特定营养物”，必须要能使不同微生物产生不同的代谢产物，否则，将丧失鉴别作用。而“显色剂”，必须要有一定的特异性——能与特定的代谢产物发生显色反应，否则，也将丧失鉴别作用。关于微生物的鉴别培养，具体可见本书第五章。

在实际应用中，常常将抑制性选择培养基和鉴别培养基配合使用——即所设计的培养基，既有选择性功能，又有鉴别性作用，这样非常有利于在进行菌种分离时提高菌种分离纯化和初步鉴定的效率。

实际上，伊红美蓝培养基就是一种典型的、兼具抑制性选择和鉴别培养功能的培养基（表 2-14）。其抑制性选择功能，主要体现在伊红和美蓝可以抑制大多数 G^+ 细菌的生长；其鉴别功能，主要体现在乳糖和伊红美蓝可使大肠杆菌和沙门氏菌的菌落呈现不同颜色。

表 2-14　伊红美蓝培养基的成分

成分	蛋白胨	乳糖	蔗糖	K_2HPO_4	伊红 Y	美蓝	水	pH
含量/g	10	5	5	2	0.4	0.065	1 000	7.2

第二节　微生物的代谢

新陈代谢（Metabolism），简称代谢，是推动一切生命活动的动力源，通常泛指发生在活细胞中的各种能量代谢和物质代谢的总和。代谢，亦是细胞利用营养物质的全过程，其实质是细胞内一切生物化学反应的总和。

代谢有两个显著特点：一是需要特定酶的催化，二是过程极为错综复杂。

代谢途径中的每个生化反应，一般都需要酶的催化，并且，由于酶的作用具有底物专一性，因此，每个生化反应一般都需要特定的酶进行催化。

而代谢过程之所以极为错综复杂，是由于代谢是由各种代谢途径所构成，而代谢途径又是由许多生化反应所组成。代谢途径（Metabolic pathway），是指营养物质被细胞代谢的反应序列。例如，营养物质 A 进入细胞后，发生了一系列生化反应：A→B→C→D→E，由 A 至 E 的反应序列，就称为一条代谢途径。其中，A 称为底物（Substrate），B、C、D 称为中间代谢物或中间产物（Intermediate），而 E 则称为终产物（End product）。值得注意的是，上述从 A 到 E 是一条直线途径，实际上，还存在着环状途径、分支途径和汇合途径等。

另值得注意的是，微生物的代谢，除了具有生物所共有的上述两个特点外，还具有代谢速率快、代谢具有多样性和代谢易受环境因素影响等特点。如能科学地利用这些特点，则有助于充分发挥发酵生产的最大潜能。

一、能量代谢

能量代谢，是微生物获取能量的途径，既是新陈代谢中的核心问题，又是发酵生产中绝大多数产物的主要来源，地位十分重要。

对微生物而言，最初的能源分别是细胞外的有机物、无机物和日光辐射能三大类，它们必须转化为生物通用能源 ATP 后，才能被微生物所利用。那么，是如何转化的呢？

化能营养型微生物可通过生物氧化，而光能营养型微生物则可通过光合磷酸化，来将最初的能量转化为 ATP 能量。而这些 ATP，可被微生物用于合成细胞内的有机物以进行生长。反过来，这些细胞内有机物，无论是对于化能还是光能营养型微生物，均可通过生物氧化作用而再次产生 ATP。这便是微生物能量流通过程的整体概貌（图 2-3）。

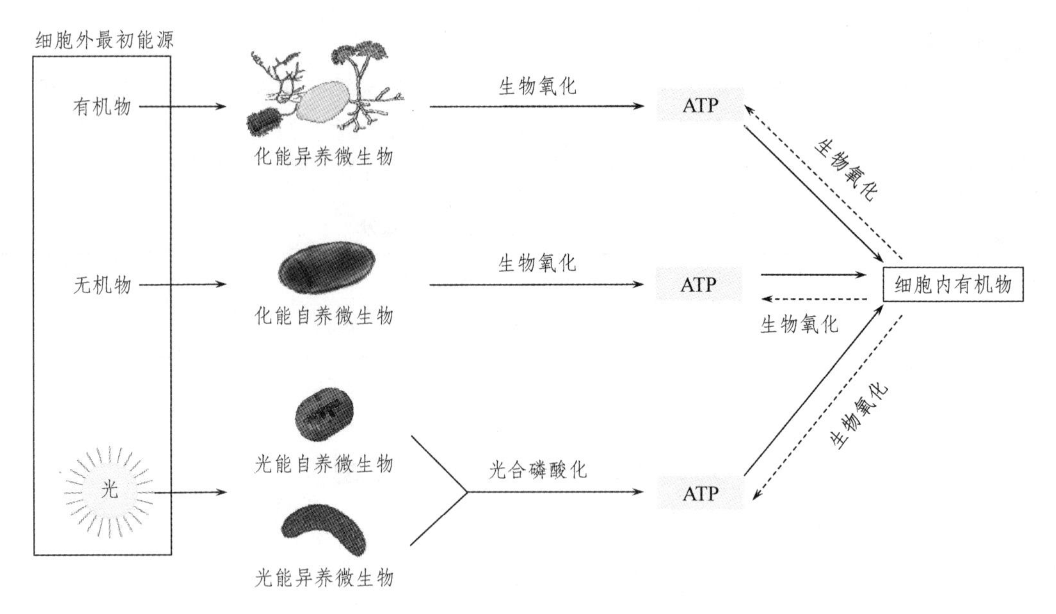

图 2-3　微生物的能量流通路径示意图

可见，无论何种营养类型的微生物，生物氧化都是最核心的一条能量代谢途径，是化能异养和化能自养型微生物获取能量的唯一方式，也是光能营养型微生物获取内源性能量的一种重要方式。那么什么是生物氧化呢?

（一）化能异养微生物的能量获取——有机物的生物氧化

生物氧化（Biological oxidation），就是发生在活细胞内的一系列产能性氧化反应的总称。

生物氧化的过程可分为：脱氢（或电子）、递氢（或电子）和受氢（或电子）三个阶段（图 2-4）；生物氧化的功能则为：产能（ATP）、产还原力[H]和产小分子中间代谢物；而生物氧化的类型则有：有氧呼吸、无氧呼吸和发酵。

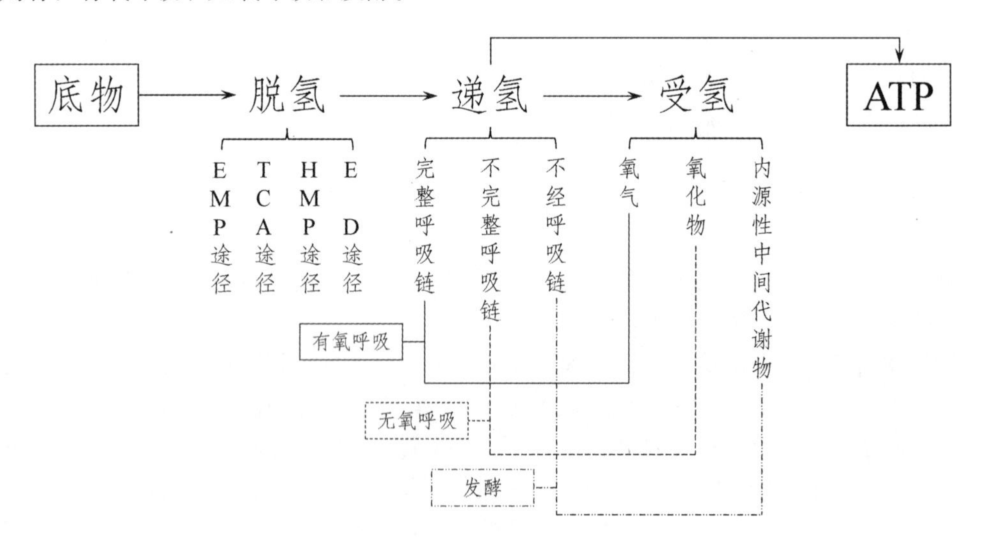

图 2-4　生物氧化的过程概貌

各种营养类型的微生物，都可进行生物氧化，并从中获取能量。只不过，化能营养型微生物获取能量的唯一方式只有生物氧化，而光能营养型除了生物氧化外，主要是通过光合磷酸化获取能量；此外，化能异养型和光能营养型微生物进行生物氧化的底物只有有机物，而化能自养型微生物除了有机物外，还可以以无机物作为生物氧化的底物。

在学习生物氧化前，应熟知下列概念：

① 脱氢（H）等同于同时失去电子（e^-）和质子（H^+）；

② H^+ 或 e^- 中蕴藏着巨大的能量，因此，可理解为：ATP 中的能量实际来源于能源中的 H^+ 或 e^-；

③ NAD^+（氧化态烟酰胺腺嘌呤二核苷酸）、$NADP^+$（氧化态烟酰胺腺嘌呤二核苷酸磷酸）和 FAD（氧化态黄素腺嘌呤二核苷酸），叫中间氢受体（或电子受体），它们负责将底物脱下的氢运送给最终氢受体（或电子受体）；

④ 上述三者，在得到 H 后，可变成[H]（称为还原力或称还原氢）；

⑤ [H]包括：$NADH+H^+$（还原态烟酰胺腺嘌呤二核苷酸）、$NADPH+H^+$（还原态烟酰胺腺嘌呤二核苷酸磷酸）和 $FADH_2$（还原态黄素腺嘌呤二核苷酸）。

$NADH + H^+$ 相当于 $NAD^+ + 2H^+ + 2e^-$

$NADPH + H^+$ 相当于 $NADP^+ + 2H^+ + 2e^-$

$FADH_2$ 相当于 $FAD + 2H^+ + 2e^-$

⑥ 能提供 H 或 e^- 的物质，称为氢供体，实际上就是能源；

⑦ 除了 NAD^+、$NADP^+$ 和 FAD 之外，O_2、无机或有机氧化物以及内源性中间代谢物，均可作为氢受体，只不过，它们称为最终氢受体（或电子受体）。

1. 脱　氢

脱氢是生物氧化的第一步，是指底物通过一系列反应而将“H”脱去。

微生物的脱氢途径主要有四条。通过这四条途径，能源底物中的能量可以被释放出来，并在后续过程中被储存于 ATP 内。这四条途径分别为：糖酵解途径（Embden-Meyerhof-Parnas pathway, EMP）、三羧酸循环（Tricarboxylic acid cycle, TCA）、己糖单磷酸途径（Hexose monophosphate pathway, HMP）和 2-酮-3-脱氧-6-磷酸葡糖酸途径（Entner-Doudoroff pathway, ED）。

化能异养型微生物的唯一能源是有机物，且主要是糖类，因此，化能异养型微生物在进行生物氧化时，脱氢的最初底物一般都是糖类。然而，多糖须先经过微生物酶分解为单糖，特别是葡萄糖后，才可作为脱氢的最初底物；而除葡萄糖以外的其他单糖，或糖以外的其他有机物（如醇类、醛类、有机酸类、烃类、芳香族类等），通常需要先转化为葡萄糖或其分解代谢中间产物后，才可作为脱氢的底物。

下面以葡萄糖为例，分别介绍底物脱氢的四条途径。

1）EMP 途径

EMP 途径，是绝大多数生物所共有的一条主流代谢途径。它是以 1 分子葡萄糖为底物，约经 10 步反应而产生 2 分子丙酮酸、2 分子 $NADH+H^+$ 和 2 分子 ATP 的过程（图 2-5）。

EMP 途径的总反应式为：

$$C_6H_{12}O_6 + 2NAD^+ + 2ADP + 2Pi \longrightarrow 2CH_3COCOOH + 2NADH + 2H^+ + 2ATP + 2H_2O$$

在 EMP 途径的终产物中，$2NADH+H^+$ 在有氧条件下可经呼吸链的氧化磷酸化反应而产生 5

ATP；而在无氧条件下，则可把丙酮酸还原成乳酸，或把丙酮酸的脱羧产物乙醛还原成乙醇。

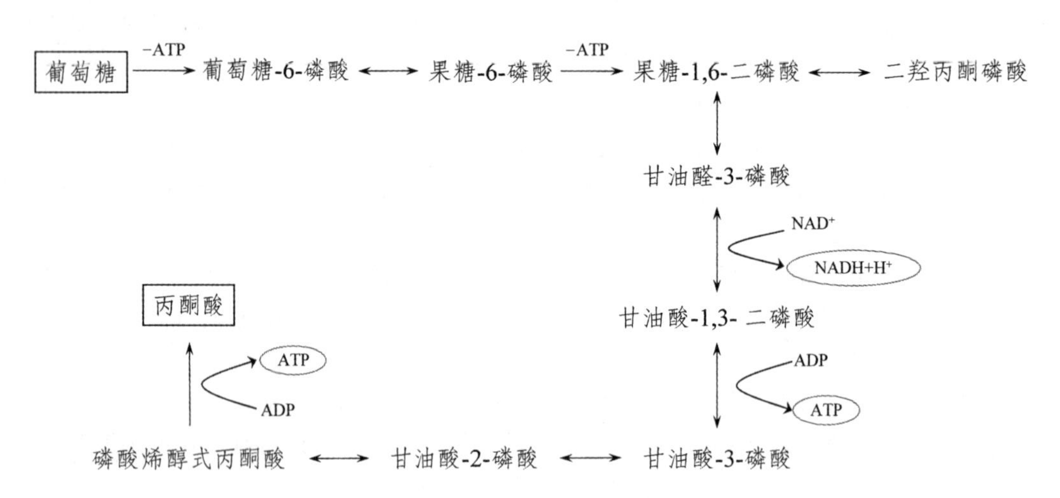

图 2-5　EMP 途径的过程概貌

EMP 途径是多数微生物所具有的代谢途径，其更是专性厌氧型微生物产能的唯一途径。尽管 EMP 途径产能效率较低，但其生理功能却极为重要：① 其可快速供应 ATP 形式的能量和 $NADH+H^+$ 形式的还原力；② 其是连接其他三条脱氢途径的桥梁；③ 其为合成代谢提供了多种极为重要的中间代谢物；④ 其逆向反应，可进行多糖的合成。

若从 EMP 途径与人类生产实践的关系来看，它与乙醇、乳酸、甘油、丙酮和丁醇等的发酵生产，关系十分密切。

2）TCA 循环

TCA 循环，是指来源于 EMP 途径产生的丙酮酸的氧化产物乙酰-CoA，经过一系列循环式反应而被彻底氧化、脱羧，最终产生 CO_2、H_2O、$NADH+H^+$ 和 $FADH_2$ 等的一条脱氢途径。这也是一个广泛存在于各种生物体中的重要途径，尤其在各种好氧微生物中普遍存在。在真核微生物中，TCA 循环在线粒体内进行；在原核生物中，则于细胞质中和细胞膜上进行。

TCA 循环的过程概貌可见图 2-6。TCA 循环的总反应式为：

乙酰-CoA + $3NAD^+$ + FAD + GDP + Pi + $2H_2O$ ⟶ $2CO_2$ + 3（$NADH+H^+$）+ $FADH_2$ + GTP + CoA—SH

TCA 循环不仅产能效率极高，还可为微生物的合成代谢提供各种碳架原料；其位于一切分解和合成代谢的枢纽地位，而且还与发酵生产（如柠檬酸、苹果酸、谷氨酸、延胡索酸和琥珀酸等的生产）关系密切。

3）HMP 途径

HMP 途径，又叫戊糖磷酸途径，是一种可将葡萄糖彻底氧化，并能产生大量 $NADPH+H^+$ 形式的还原力以及多种重要中间代谢产物的一种脱氢途径。大多数好氧和兼性厌氧微生物中都存在 HMP 途径（单独具有 HMP 或 EMP 途径的微生物较少，大多微生物往往同时存在 HMP 和 EMP 途径）。

HMP 途径的过程概貌可见图 2-7，其总反应式为：

6 葡萄糖-6-磷酸+ $12NADP^+$ + $7H_2O$ ⟶ 5 葡萄糖-6-磷酸 + 12NADPH + $12H^+$ + $6CO_2$ + Pi

HMP 途径对于微生物本身和人类实践均具有重要意义：① 其可为微生物的核酸、核苷酸、

$NAD(P)^+$、FAD（FMN）、CoA、芳香族、杂环族氨基酸、脂肪酸和固醇等的生物合成提供原料；② 其所产生的大量 $NADPH+H^+$ 可通过呼吸链产生大量能量；③ 其所产生的核酮糖-5-磷酸可供光能自养和化能自养微生物用于固定 CO_2；④ 其可为微生物利用 C_3 ~ C_7 碳源提供必要的代谢途径；⑤ 其还可连接 EMP 途径，为合成代谢提供更多的戊糖；⑥ 通过 HMP 途径可提供许多重要的发酵产物，如核苷酸、氨基酸、辅酶和乳酸（通过异型乳酸发酵）等。

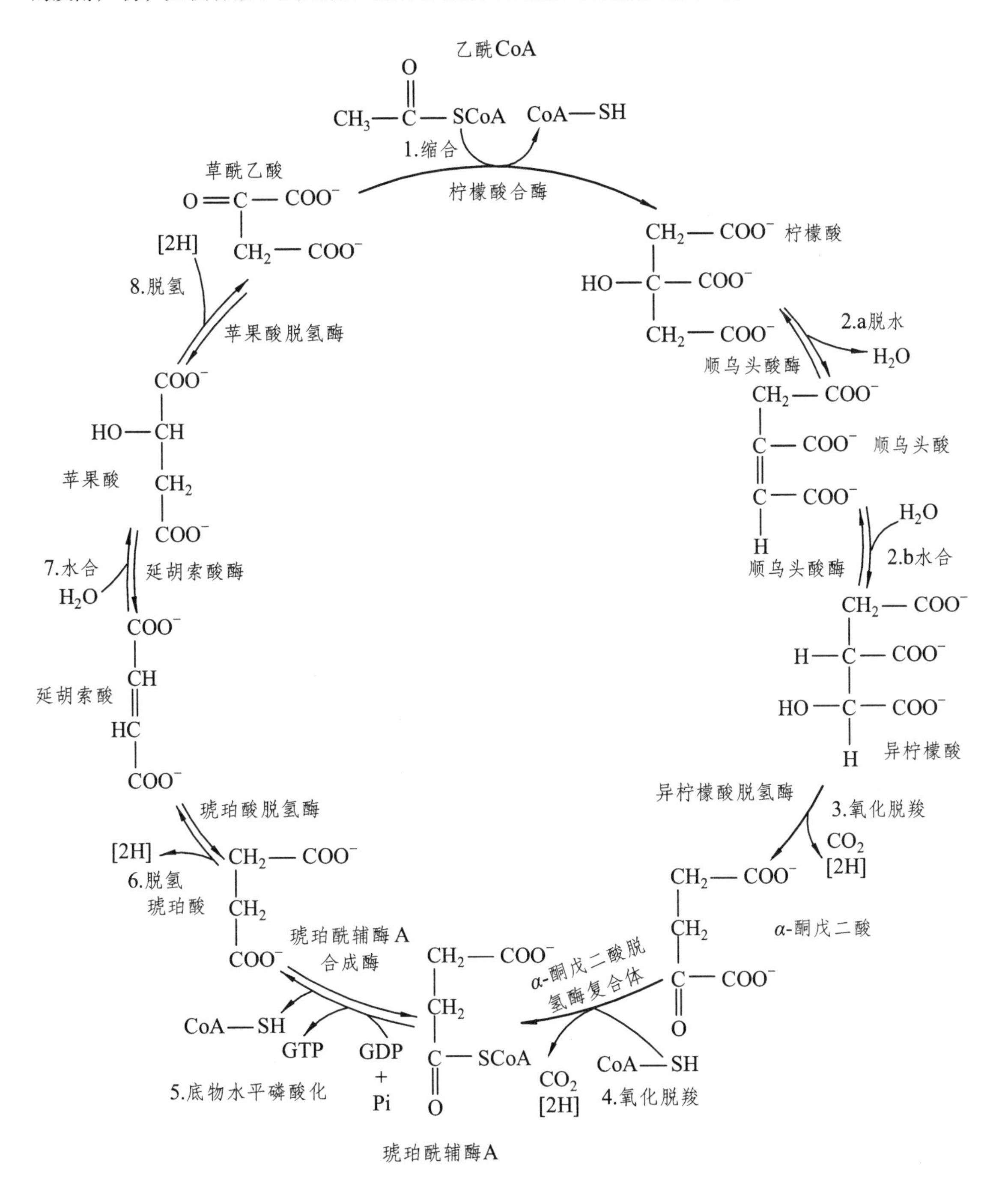

图 2-6　TCA 途径的过程概貌

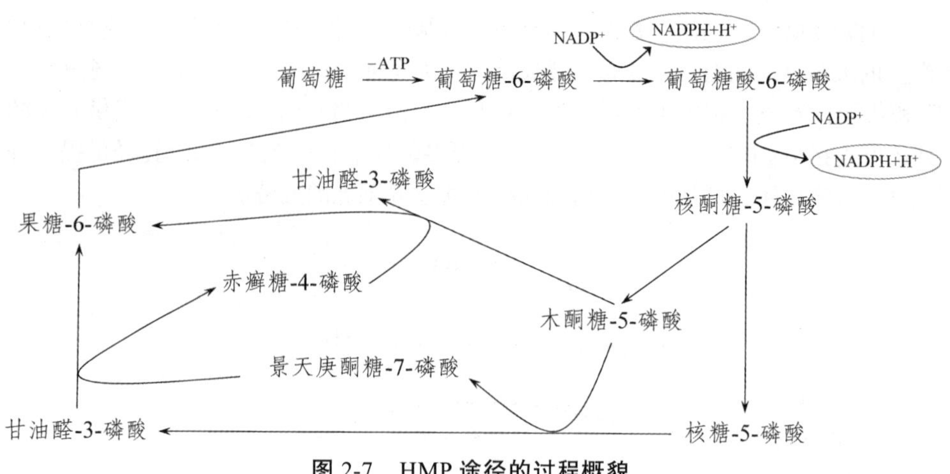

图 2-7　HMP 途径的过程概貌

4）ED 途径

ED 途径，是存在于某些缺乏完整 EMP 途径的微生物中的一种替代性脱氢途径，其也是微生物所特有的途径。其最大特点是反应步骤少、供能迅速，但产能效率较低。

ED 途径的过程概貌可见图 2-8，其总反应式为：

$C_6H_{12}O_6 + ADP + Pi + NADP^+ + NAD^+ \longrightarrow 2CH_3COCOOH + ATP + NADPH + H^+ + NADH + H^+$

由于 ED 途径可与 EMP 途径、HMP 途径或 TCA 循环等代谢途径相联系，故可相互协调，满足微生物对能量、还原力和不同中间代谢产物的需要。ED 途径在细菌中，尤其是在 G^- 菌中分布较广，其常存在于根瘤菌属、固氮菌属、农杆菌属细菌，以及假单胞菌属的某些菌株（如嗜糖假单胞菌、铜绿假单胞菌、荧光假单胞菌和林氏假单胞菌等）。值得注意的是，该途径中所产生的丙酮酸对运动发酵单胞菌这类微好氧菌来说，可脱羧成乙醛，乙醛又可进一步被 $NADH+H^+$ 还原为乙醇。这种经 ED 途径发酵生产乙醇的方法，称为“细菌酒精发酵”。详见本节后述“发酵”。

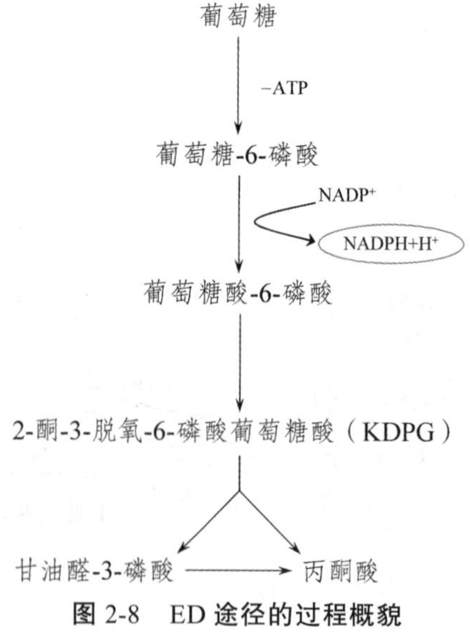

图 2-8　ED 途径的过程概貌

关于上述四条脱氢途径之间的比较，如表 2-15 所示。

表 2-15　四条脱氢途径的比较

	EMP	ED	HMP	TCA
脱氢数目/mol*	2	2	12	8
供能效率	低	最低	高	高
供能速率	快	最快	较慢	较慢

*注：以 1 mol 葡萄糖为底物进行脱氢。

2. 递　氢

脱氢，是生物氧化的第一步。那么，脱氢之后呢？“脱下”的“氢”（H^+ 和 e^-）何去何从？

1）递氢的途径

底物脱下的“氢”，会先被中间氢受体（NAD^+、$NADP^+$ 或 FAD）接受，并最终交给三种物质，换句话说，有三种物质最终接受“氢”。这三种物质分别为：O_2，无机或有机氧化物和内源性中间代谢物。它们都被称为“最终氢受体”。

然而，“氢”在被最终氢受体接受前，需经历“递氢”的过程。递氢有三种途径：一是经完整呼吸链传递，二是经不完整呼吸链传递，三是不经呼吸链传递（图 2-4）。

由图 2-4 可知，底物脱下的“氢”，经三条不同的递氢途径，最终交由三种不同的最终氢受体。如果根据递氢与受氢的不同组合而进行分类，那么，生物氧化可分为三个类型：有氧呼吸，无氧呼吸和发酵（表 2-16）。

表 2-16　三种类型生物氧化对比

	有氧呼吸	无氧呼吸	发酵
环境	有氧环境	厌氧环境	
递氢	完整呼吸链	不完整呼吸链	不经呼吸链
最终氢受体	O_2	无机氧化物（如 NO_3^-、Fe^{3+}、SO_4^{2-}、CO_2 等）或有机氧化物（如延胡索酸、甘氨酸等）	内源性中间代谢物（如乙醛、丙酮酸等）
终产物	CO_2、H_2O	上述氧化物的还原产物（如 NO_2^-、Fe^{2+}、H_2S、CH_4 等）	上述内源性中间代谢物的还原产物（如乙醇、乳酸等）
产能机制	氧化磷酸化		底物磷酸化
产能效率	高	较低	最低

有氧呼吸（Aerobic respiration），是指底物脱氢后，脱下的氢经完整呼吸链传递，最终被 O_2 接受，生成水和大量 ATP 的一种生物氧化反应。

无氧呼吸（Anaerobic respiration），是指底物脱氢后，脱下的氢经不完整呼吸链（或部分呼吸链）传递，最终被无机或有机氧化物接受，并生成这些氧化物的还原产物和少量 ATP 的一种生物氧化反应。这是微生物所独有的一种生物氧化类型。

发酵（Fermentation），是指底物脱氢后，脱下的氢不经呼吸链传递，而直接被内源性中间代谢物接受，并生成这些内源性中间代谢物的还原产物和极少量 ATP 的一种生物氧化反应。

2）呼吸链递氢

呼吸链（Respiratory chain），又称为电子传递链（Electron transport chain），是指位于原核生物的细胞膜上或真核生物线粒体内膜上、一系列氧化还原电势呈梯度差、链状排列的氢（或电子）传递体。其功能，是把 H^+ 和 e^- 从低氧化还原电势的物质处，逐级传递到高氧化还原电势的 O_2、无机或有机氧化物处，并使这些处于高氧化还原电势的物质被还原。

真核微生物的呼吸链，主要由四种酶复合体和两种可移动电子载体构成（图 2-9）。这四种酶复合体分别为：NADH-Q 还原酶（复合体Ⅰ）、琥珀酸-Q 还原酶（复合体）、细胞色素还原酶（复合体）和细胞色素氧还原酶（复合体）；而两种电子载体分别为：NADH+H^+ 和 $FADH_2$。

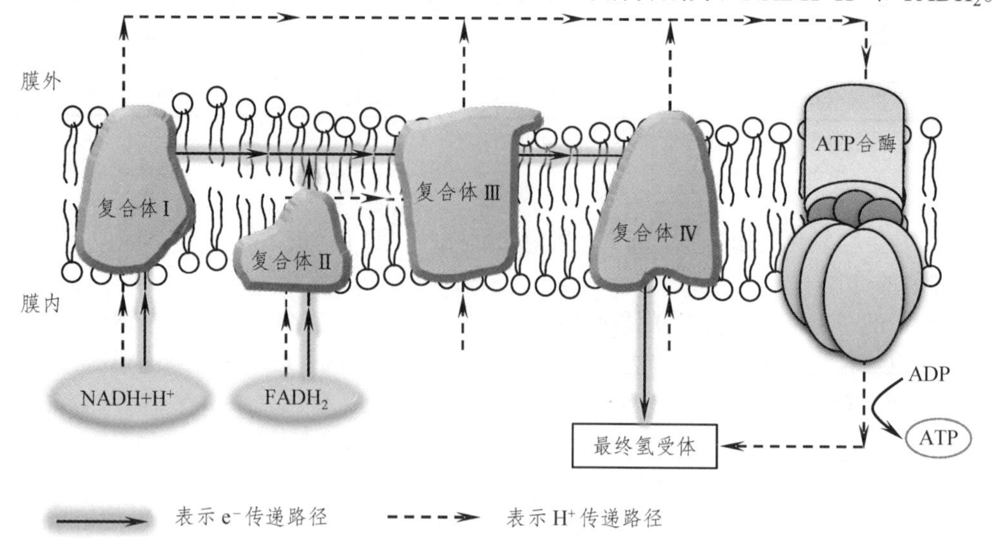

图 2-9　真核微生物的呼吸链示意图

原核生物与真核微生物的呼吸链基本相似，但存在诸多不同：① 相对于真核微生物呼吸链的保守性，原核微生物的呼吸链具有多样性，因此，不同原核生物，其呼吸链组成存在明显差异。② 同一原核生物，在不同培养条件下，呼吸链亦存在差异。例如，大肠杆菌在有氧和厌氧条件下可分别以 O_2 和 NO_3^- 作为呼吸链末端最终氢受体（图 2-10）。③ 原核生物的呼吸链常有分支，例如，大肠杆菌在不同生长时期、不同氧气浓度下，其呼吸链存在两条分支[图 2-10（a）]。

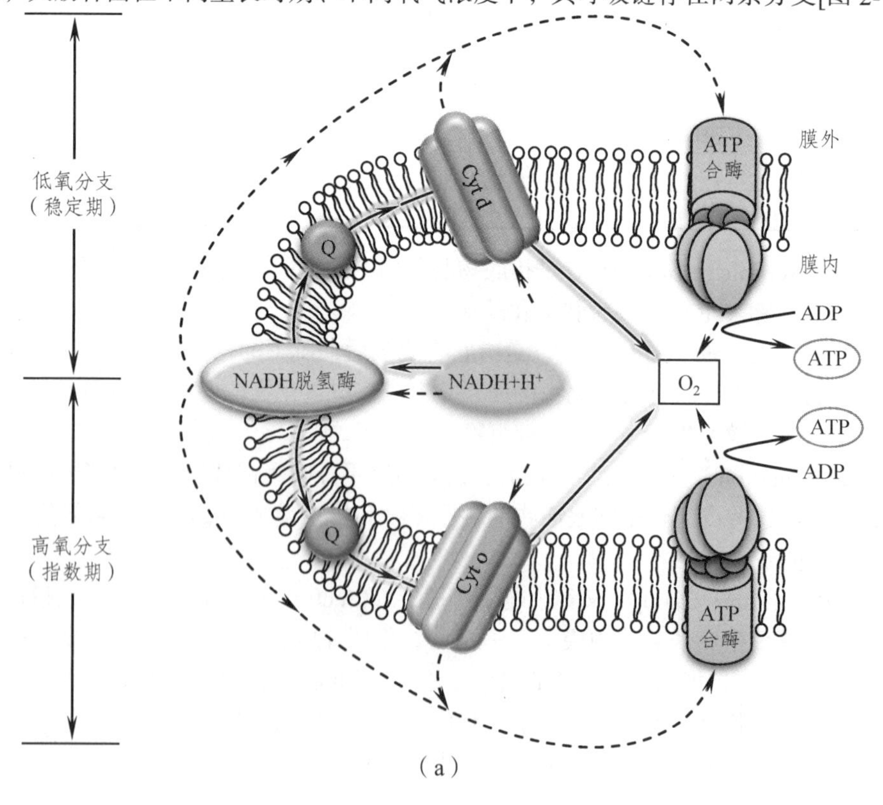

（a）

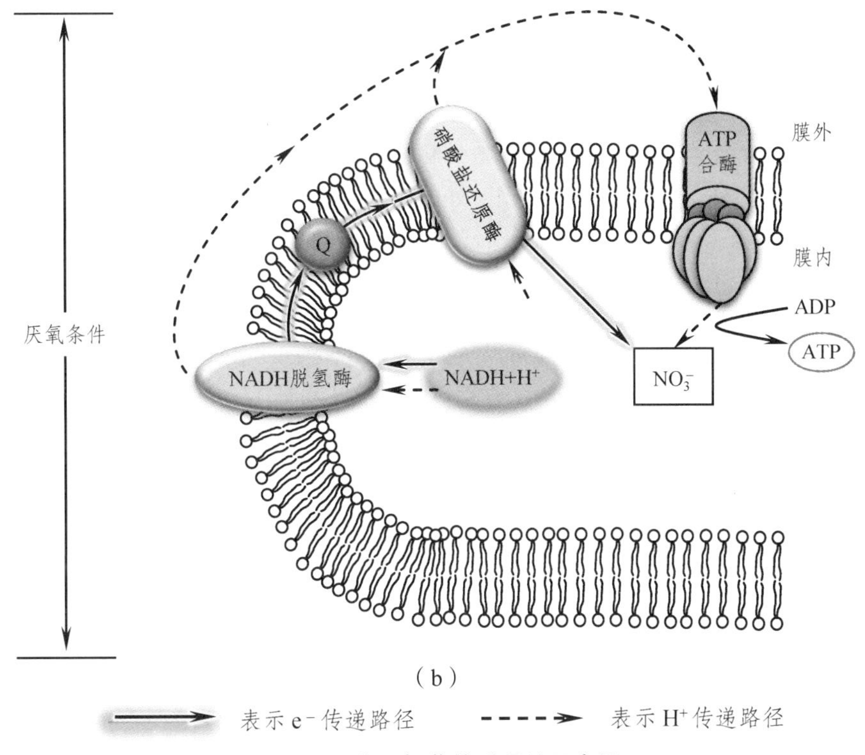

（b）

表示 e⁻ 传递路径　　表示 H⁺ 传递路径

图 2-10　大肠杆菌的呼吸链示意图

图（a）中以 O_2 为最终氢受体，存在分支：在通气良好的指数生长期，用下面分支；在生长稳定期时，氧气少，用上面分支。图（b）中以 NO_3^- 为最终氢受体时。Q 表示"泛醌 8"，Cyt d 和 Cyt o 分别表示两种细胞色素。

不过，尽管存在诸多差异，但无论是真核微生物，还是原核微生物，其呼吸链的功能都是相同的——传递 H^+ 和 e^-。

3）呼吸链递氢过程中 ATP 的产生

值得注意的是，在呼吸链递氢的过程中，会产生 ATP。以真核微生物呼吸链为例，在图 2-9 中，有一形似乐器"沙槌"的物质，这就是 ATP 产生的奥秘——ATP 合酶（图 2-11）。

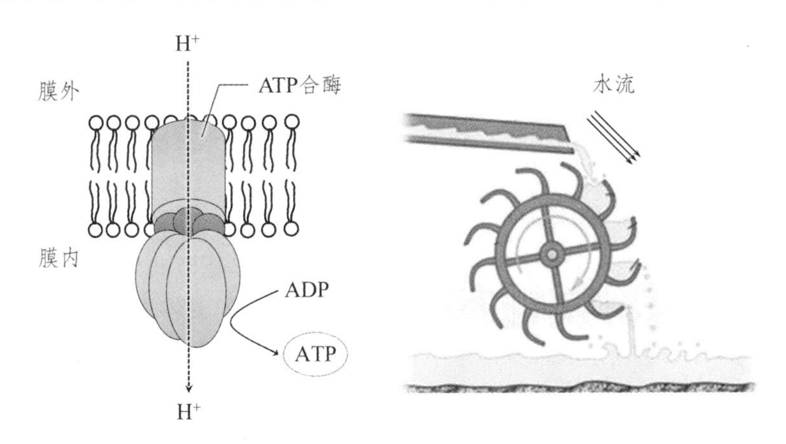

图 2-11　ATP 合酶（左）与水车（右）工作原理示意图

在递氢的过程中，通过呼吸链有关酶系的作用，底物脱下的 H^+（即质子）可从膜的内侧被

“泵”到膜的外侧，从而获得了“势能”——质子动势（Proton motive force）。这可以理解为把一桶水从一楼提升至十楼。

那么，当我们在十楼处将这桶水往楼下倒掉的时候，会发生什么呢？没错，这桶水会产生足够的冲击力量。如果这桶水的冲击力量被水车利用，则可产生足够的动力用于推动水磨。类似地，如果这桶水是 H^+，当 H^+ 从“十楼”处的膜外“降落”到“一楼”处的膜内时，质子动势可转化为质子动能，这股能量可被 ATP 合酶利用于将 ADP 转化为 ATP。这就是 ATP 产生的机制之一——氧化磷酸化。

氧化磷酸化（Oxidative phosphorylation），又称呼吸链磷酸化，是指呼吸链的递氢与磷酸化反应相偶联并产生 ATP 的过程。这是有氧呼吸和无氧呼吸产生 ATP 的重要机制。

值得注意的是，在典型的真核微生物呼吸链中，只有三处可将 H^+ 从线粒体内膜基质“泵”出线粒体内膜而进入内膜外的间隙——即只有三个磷酸化反应偶联部位(复合体 I 每一种都是一个质子泵，可将 H^+“泵”出)(图 2-9)。复合体 I 产生的质子动力可形成 1 个 ATP，复合体分别为 0.5 和 1 个。因此，每个 $NADH+H^+$（$NADPH+H^+$）分子穿梭呼吸链后，可生成 2.5 个 ATP；而 $FADH_2$ 只能生成 2 个。另值得注意的是，细胞质中的 $NADH+H^+$（$NADPH+H^+$）通过呼吸链只能形成 1.5 个 ATP，因为它的电子是通过“甘油磷酸穿梭”而进入呼吸链的。

而在原核生物呼吸链中，磷酸化反应偶联部位通常少于两处——即只有不多于两处可将 H^+ 泵出（图 2-10）。不过，近年来在许多好氧细菌中也发现存在三处偶联部位的情况。

4）非呼吸链递氢与 ATP 的产生

“递氢”，亦可不经过呼吸链，而是底物将 H^+ 和 e^- 通过中间氢受体直接传递给最终氢受体。例如，在酒精发酵过程中，葡萄糖脱氢后，脱下的氢不经呼吸链传递，而是直接交给了乙醛；乙醛作为最终氢受体，在受氢后还原为乙醇（图 2-12）。

值得注意的是，在这个过程中，亦会产生 ATP。显然，这种产能机制与呼吸链无关，并不是氧化磷酸化，而是另一种产能机制——底物磷酸化。

底物磷酸化（Substrate phosphorylation），是指底物由于脱氢作用，分子内部能量重新分布而形成高能磷酸键，并直接将能量转移给 ADP 而形成 ATP 的过程（图 2-12）。

如图 2-12 所示，这是酒精发酵过程中典型的底物磷酸化过程：甘油醛-3-磷酸脱氢后，分子内部能量已经重新分布；同时，磷酸根掺入，使得高能磷酸键形成。故由甘油醛-3-磷酸经过脱氢和加磷酸根，最终可生成甘油酸-1, 3-二磷酸。随后，甘油酸-1, 3-二磷酸脱去一个高能磷酸键，生成甘油酸-3-磷酸。而脱下的这个高能磷酸键，则被 ADP 接受，并最终转化为 ATP。

这就是底物磷酸化的机制。但值得注意的是，底物磷酸化产能效率较低，远不及氧化磷酸化，根本原因在于底物未被彻底氧化，能量未被彻底释放出来。

5）完整呼吸链与不完整呼吸链

不完整呼吸链，是相对完整呼吸链而言的。完整呼吸链，是指以 O_2 为最终氢受体的呼吸链，即进行有氧呼吸时所经历的呼吸链；不完整呼吸链，是指最终氢受体为“氧化还原电势均比 O_2 低的无机或有机氧化物”的呼吸链，即进行无氧呼吸时所经历的呼吸链（图 2-13）。

必须明确，H^+ 和 e^- 是从底物这一“低氧化还原电势”的物质处，通过呼吸链传递至最终氢受体这一“高氧化还原电势”的物质处。完整的呼吸链，其最终氢受体是 O_2；不完整呼吸链，其最终氢受体是各类氧化物，如 SO_4^{2-}、NO_3^-、Fe_2O_3 和延胡索酸（$C_4H_4O_4$）等。由图 2-13 可知，各种无机或有机氧化物的氧化还原电势均比 O_2 低，那么，在同样以葡萄糖为底物进行生物氧化时，各种无氧呼吸的呼吸链的终点均在比 O_2 靠前的位置，如果把有氧呼吸的呼吸链定义为“完整呼吸链”的话，那无氧呼吸的呼吸链则是“不完整呼吸链”。

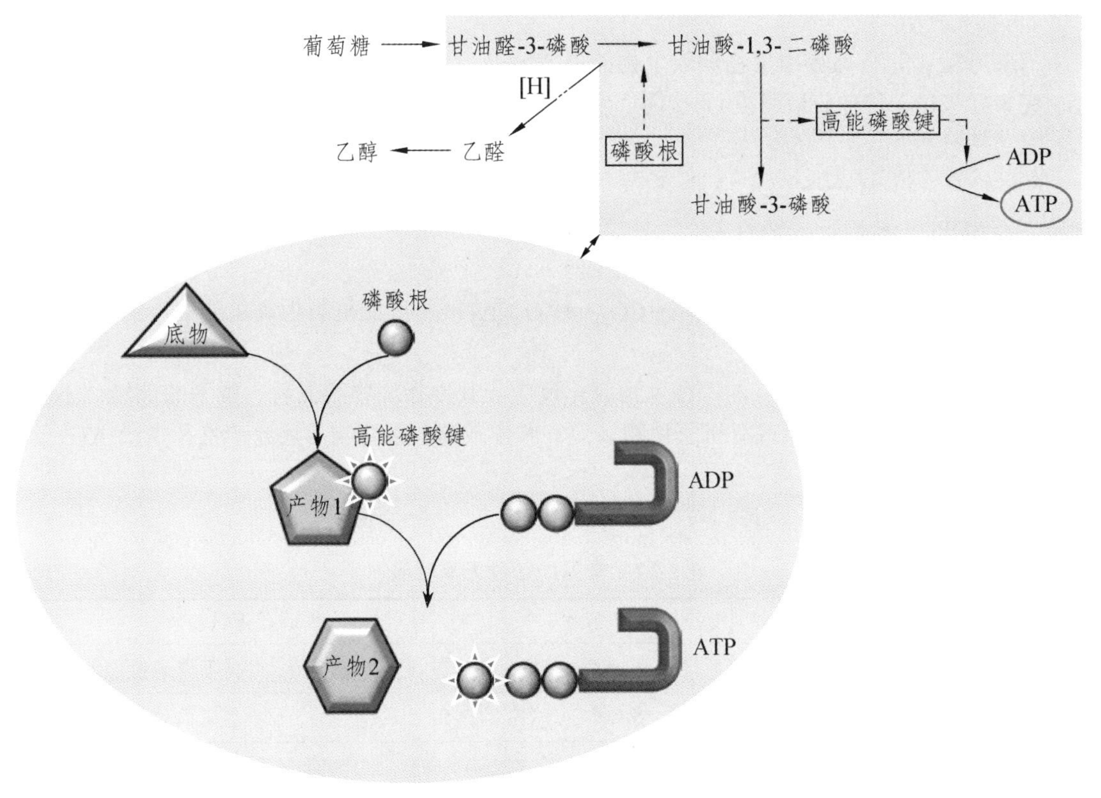

图 2-12　**底物磷酸化产能机制示意图**

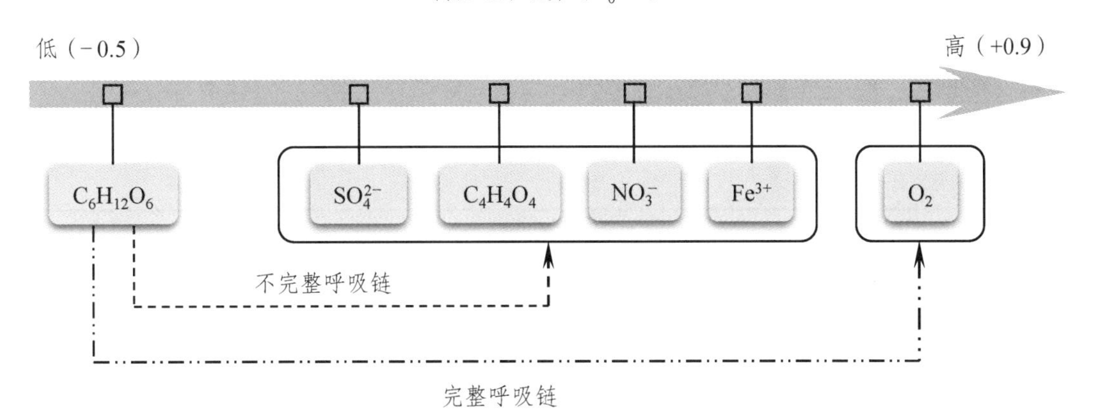

图 2-13　**呼吸链末端各类最终氢受体的氧化还原电势**

由于能量的产生与“底物和最终氢受体之间的氧化还原电势差值”呈正相关，显然，H^+ 和 e^- 经不完整呼吸链传递，不利于能量的彻底释放，因此，无氧呼吸所产能量要少于有氧呼吸。

3. 受　氢

受氢，是生物氧化的最后一步，是指来源于底物的“氢”被最终氢受体接受，并将最终氢受体还原的过程。如前所述，根据最终氢受体的不同，生物氧化反应可分为有氧呼吸、无氧呼吸和发酵。

1）有氧呼吸

有氧呼吸，是自然界中生物获取生物能最普遍的一种反应。其专指底物脱氢后，脱下的氢经“完整呼吸链”传递，最终被 O_2 接受，生成水和大量 ATP 的一种生物氧化反应。以葡萄糖为例，其过程概貌如下：

①：$C_6H_{12}O_6$ - H ⟶ CO_2 （脱氢）

②：ADP ⟶ ATP （递氢）

③：H + O_2 ⟶ H_2O （受氢）

总反应：$C_6H_{12}O_6 + O_2$ + ADP ⟶ $CO_2 + H_2O$ + ATP （产能机制为氧化磷酸化）

2）无氧呼吸

无氧呼吸，是微生物独有的一种生物氧化反应。其专指底物脱氢后，脱下的氢经“不完整呼吸链”传递，最终被无机或有机氧化物接受，并生成这些氧化物的还原产物和少量 ATP 的一种生物氧化反应。

无氧呼吸的种类较多，如表 2-17 所示。

表 2-17 常见的各种无氧呼吸

	类型	最终氢受体	产物	代表微生物
无机	硝酸盐呼吸	NO_3^-	NO_2^-、NO、N_2O、N_2	地衣芽孢杆菌、铜绿假单胞菌、大肠杆菌
	硫酸盐呼吸	SO_4^{2-}	SO_3^{2-}、$S_3O_6^{2-}$、$S_2O_3^{2-}$、H_2S	巨大脱硫弧菌
	硫呼吸	S	HS^-、S^{2-}	氧化乙酸脱硫单胞菌
	铁呼吸	Fe^{3+}	Fe^{2+}	铁细菌
	碳酸盐呼吸	CO_2、$HCOO^-$	CH_4、CH_3COOH	产甲烷菌、产乙酸细菌
有机	延胡索酸呼吸	延胡索酸	琥珀酸	大肠杆菌、沙门氏菌、丙酸杆菌
	甘氨酸呼吸	甘氨酸	乙酸	斯氏梭菌
	氧化三甲胺呼吸	氧化三甲胺	三甲胺	紫色非硫细菌
	二甲亚砜呼吸	二甲亚砜	二甲硫	弯曲杆菌属

（1）硝酸盐呼吸（Nitrate respiration），又称反硝化作用，是指在无氧条件下，某些兼性厌氧微生物利用硝酸盐作为呼吸链末端的最终氢受体，并把它还原成 NO_2^-、NO、N_2O 直至 N_2 的过程。能进行硝酸盐呼吸的都是一些兼性厌氧微生物，被统称为反硝化细菌（Denitrifying bacteria），如地衣芽孢杆菌、脱氮副球菌、铜绿假单胞菌和脱氮硫杆菌等。在通气不良的土壤中，反硝化作用会造成氮肥的损失，其中间产物 NO 和 N_2O 还会污染环境，故应设法防止。

（2）硫酸盐呼吸（Sulfate respiration），是指在无氧条件下，某些严格厌氧菌利用硫酸盐作为呼吸链的最终氢受体，并把它最终还原成 H_2S 的过程。能进行硫酸盐呼吸的，均是严格厌氧的古生菌，如巨大脱硫弧菌等。在浸水或通气不良的土壤中（尤其是富含硫酸盐的土壤中），硫酸盐呼吸及其有害产物对植物根系生长十分不利（如引起水稻秧苗的烂根等），故应设法防止。此外，硫酸盐呼吸还可能引起埋入土壤或水底的金属管道与建筑构件的腐蚀。不过，硫酸盐呼吸也有清除金属离子和有机污染的作用。

（3）硫呼吸（Sulphur respiration），是以元素硫作为呼吸链末端唯一的最终氢受体并可产生 H_2S 的一种无氧呼吸。能进行硫呼吸的都是一些兼性或专性厌氧菌，例如氧化乙酸脱硫单胞菌等。

（4）铁呼吸（Iron respiration），在某些专性厌氧菌和兼性厌氧菌（包括化能异养细菌、化能自养细菌和某些真菌）中发现，其呼吸链末端的最终氢受体是 Fe^{3+}。

（5）碳酸盐呼吸（Carbonate respiration），是一类以 CO_2 或重碳酸盐作为呼吸链末端氢受体的无氧呼吸。根据其还原产物不同而分两类：其一是产甲烷菌产生甲烷时所进行的碳酸盐呼吸，其二是产乙酸细菌产生乙酸时所进行的碳酸盐呼吸。上述两类微生物都是严格厌氧菌，尤其是前者，作为厌氧生物链中的最后一个成员，在自然界的沼气形成以及环境保护的厌氧消化（Anaerobic digestion）中扮演着重要角色。

（6）延胡索酸呼吸（Fumarate respiration），是一类以延胡索酸作为呼吸链末端氢受体且还原产物为琥珀酸的无氧呼吸。能进行延胡索酸呼吸的微生物，都是一些兼性厌氧菌，如埃希氏菌属、变形杆菌属、沙门氏菌属和克雷伯氏菌属等肠杆菌。而一些厌氧菌如拟杆菌属、丙酸杆菌属的细菌和产琥珀酸弧菌等也能进行延胡索酸呼吸。

（7）其他有机氧化物型无氧呼吸。近年来，又发现了几种类似于延胡索酸呼吸的有机氧化物型无氧呼吸，它们都以有机氧化物作为无氧环境下呼吸链的末端氢受体，包括甘氨酸（还原成乙酸）、二甲基亚砜（还原成二甲基硫化物），以及氧化三甲基胺（还原成三甲基胺）等。

最后，以硝酸盐呼吸为例，简述无氧呼吸的过程概貌。如下：

①：$C_6H_{12}O_6 - H \longrightarrow CO_2$ （脱氢）

②：$ADP \longrightarrow ATP$ （递氢）

③：$H + NO_3^- \longrightarrow NO_2^- + H_2O$ （受氢）

总反应：$C_6H_{12}O_6 + NO_3^- + ADP \longrightarrow NO_2^- + H_2O + ATP$ （产能机制为氧化磷酸化）

有趣的是，上述反应也蕴含着一条实用的经验——千万别吃隔夜的菜！你能理解吗?

有趣的知识：有关“鬼火”的生物学解释

在无氧条件下，某些微生物在没有氧、氮或硫作为最终氢受体时，可以以磷酸盐替代，其结果是生成磷化氢（PH_3）——一种易燃气体。

当有机物腐败变质时，经常会发生这种情况。若埋葬尸体的坟墓封口不严时，这种气体就很易逸出。农村的墓地通常位于山坡上，埋葬着大量尸体。在夜晚，气体燃烧会发出绿幽幽的光。长期以来人们无法正确地解释这种现象，将其称为“鬼火”。实际上，这是微生物在“搞鬼”。

3）发酵

从广义上讲，发酵泛指利用微生物或其酶生产各种有用代谢物的过程。而狭义上，发酵是指底物脱氢后，脱下的氢不经呼吸链传递，而直接被内源性中间代谢物接受，并生成这些内源性中间代谢物的还原产物和少量 ATP 的一种生物氧化反应。

若依据脱氢途径的差异、最终氢受体的不同以及终产物的不同，发酵可分为许多类型，如乙醇发酵、甘油发酵、乳酸发酵和丁酸型发酵等。在自然界与生产实践中常见的发酵，主要是以葡萄糖为氢供体，以 EMP 途径、HMP 途径、ED 途径和磷酸解酮酶途径为基础的四条发酵途径（图 2-14）。其中，磷酸解酮酶途径（Phosphoketolase pathway）因其途径中的关键酶——磷酸解酮酶而得名，该途径又可分为磷酸戊糖解酮酶途径（Phospho-pentose-ketolase pathway, PK）和磷酸己糖解酮酶途径（Phospho-hexose-ketolase pathway, HK）。

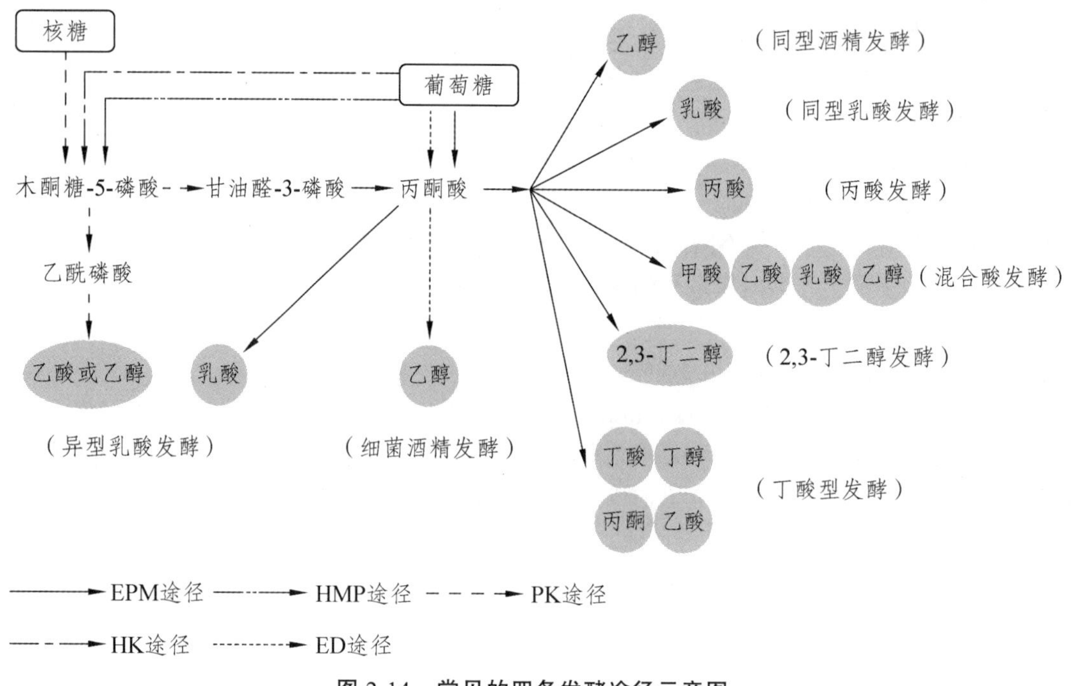

图 2-14　常见的四条发酵途径示意图

（1）以 PK、HK 或 ED 途径为基础的发酵

进行异型乳酸发酵（Heterolactic fermentation）的微生物，因缺乏 EMP 途径中的一些关键酶（如缩醛酶和异构酶等），故只能依靠 HMP 途径或磷酸解酮酶途径分解葡萄糖。如肠膜明串珠菌，如图 2-14 所示，其先通过 HMP 途径将葡萄糖分解为木酮糖-5-磷酸后，再利用磷酸戊糖解酮酶将木酮糖-5-磷酸分解为乙酰磷酸和甘油醛-3-磷酸（PK 途径）。乙酰磷酸可最终转化为乙醇；而甘油醛-3-磷酸先经部分 EMP 途径转化为丙酮酸后，最终可转化为乳酸。此外，若肠膜明串珠菌以核糖为底物进行发酵时，则先将核糖转化为木酮糖-5-磷酸，再利用磷酸戊糖解酮酶将木酮糖-5-磷酸分解为乙酰磷酸和甘油醛-3-磷酸（PK 途径），最终分别生成乙酸和乳酸。上述便称为异型乳酸发酵的“经典”途径。可见，其主要是以 HMP 途径和 PK 途径为基础的一种发酵类型。

而两歧双歧杆菌在利用葡萄糖进行异型乳酸发酵时，既有己糖磷酸解酮酶的参与，又有戊糖磷酸解酮酶的参与（图 2-14）。前者将葡萄糖的代谢产物果糖-6-磷酸分解为乙酰磷酸（HK 途径），并最终将其转化为乙酸；后者将葡萄糖的代谢产物木酮糖-5-磷酸分解为乙酰磷酸和甘油醛-3-磷酸（PK 途径），并最终将其分别转化为乙酸和乳酸。该途径便称为异型乳酸发酵的双歧杆菌途径，或双歧杆菌发酵。可见，其主要是以 HK 途径和 PK 途径为基础的一种发酵类型。

细菌酒精发酵（Bacterial alcohol fermentation），是以 ED 途径为基础的一种发酵（图 2-8 和图 2-14）。近年来，细菌酒精发酵（运动发酵单胞菌发酵）已用于工业生产，并比传统的酵母酒精发酵有较多的优点，包括代谢速率高、产物转化率高、菌体生成少、代谢副产物少、发酵温度较高以及不必定期供氧等。但其缺点则是生长 pH 较高（细菌约 pH=5，酵母菌为 pH=3）、较易染杂菌，并且对乙醇的耐受力较低（细菌约耐 7%乙醇，酵母菌为 8%～10%）。

（2）以 EMP 途径为基础的发酵

相比于上述几种发酵，与生产实践关系更密切，并且更为重要的发酵，是以 EMP 途径为基础的六种常见发酵类型，可见图 2-14 和表 2-18。

表 2-18　以 EMP 途径为基础的 6 种发酵类型

基础途径	发酵类型	代表微生物	最终氢受体	主要产物
EMP 途径	同型酒精发酵	酿酒酵母	乙醛	乙醇
	同型乳酸发酵	德氏乳杆菌保加利亚亚种	丙酮酸	乳酸
	丙酸发酵	谢氏丙酸杆菌	延胡索酸	丙酸
	混合酸发酵	大肠杆菌	丙酮酸、乙醛等	甲酸、乙酸、乙醇、乳酸
	2, 3-丁二醇发酵	产气肠杆菌	3-羟基丁醇	2, 3-丁二醇
	丁酸型发酵	丁酸梭菌	乙酰乙酰 CoA、丁酸	丁酸、丁醇

① 同型酒精发酵（Homoalcholic fermentation），是以酿酒酵母为代表微生物、以 EMP 途径为基础、终产物为单纯乙醇分子的一种发酵类型。其过程概貌为：葡萄糖经 EMP 途径分解为丙酮酸后，再被催化为乙醛，乙醛最终受氢后被还原为乙醇。

实际上，人类很早便掌握了同型酒精发酵的技艺，如我国古人早在 4000 年前就已开始酿酒。但直到 19 世纪，巴斯德才揭开这一切的真相。乙醇，是极为重要的工业原料，用途很广，可用于制造醋酸、饮料、香精、染料和燃料等；其在医疗上也常用作消毒剂；而在国防化工、食品工业和工农业生产中都有广泛的用途。

在同型酒精发酵中，所谓的“同型”，是相对于“异型”而言的。同型，是指终产物为 2 分子乙醇；而异型，主要指异型酒精发酵或混合酸发酵中，终产物除了乙醇分子外，还存在乳酸、甲酸或乙酸等物质。同型酒精发酵由于产物较纯净，易于开展产物分离等下游工程，因此，应用较为广泛。

值得注意的是，若在 3%亚硫酸钠存在的环境下，酵母菌则不能进行同型酒精发酵，而是进行甘油发酵。在此发酵中，由于乙醛与亚硫酸钠结合而不能作为 $NADH+H^+$ 的氢受体，故二羟丙酮磷酸替代乙醛作为氢受体，进而生成甘油。

有趣的知识：肠道内酵母菌感染导致莫名的“醉酒”

据报道，一些日本人因酵母菌感染而导致“酒精中毒”。这些人其实根本没有饮用酒精饮料，却常常呈醉酒状态。检查结果表明，生长在这些人肠道内的酵母菌能进行酒精发酵，它们制造出来的酒精足以让人大醉，经过抗生素治疗，这些人很快恢复了健康。

② 同型乳酸发酵（Homolactic fermentation），是以德氏乳杆菌保加利亚亚种为代表微生物、以 EMP 途径为基础、终产物为单纯乳酸分子的一种发酵类型。其过程概貌为：葡萄糖经 EMP 途径分解为丙酮酸后，丙酮酸直接受氢被还原成乳酸。

人类很早就掌握了同型乳酸发酵的技艺，比如保加利亚人。乳酸独特的酸香味不仅可以增强食物的美味，还具有很强的防腐保鲜功效；此外，乳酸在医药行业、卷烟行业、纺织行业、制革行业、化妆品业以及农业等领域都有重要应用。

所谓的“同型”，是相对于“异型”而言的。同型，是指终产物为 2 分子乳酸；而异型，主要指异型乳酸发酵中，终产物除了乳酸分子外，还存在乙酸或乙醇（图 2-14）。同型乳酸发酵由于产物较纯净，易于开展下游工程，因此应用较为广泛。

③ 丙酸发酵（Propionic fermentation），是以谢氏丙酸杆菌为代表微生物、以 EMP 途径为基础、终产物主要为丙酸的一种发酵类型。其过程概貌为：葡萄糖经 EMP 途径分解为丙酮酸后，

丙酮酸转化为琥珀酸，琥珀酸再经过一系列转化最终生成丙酸。丙酸是重要的化工、医药原料，也是一种优良的防腐剂，应用途径较广。

④ 混合酸发酵（Mixed-acid type fermentation），是以大肠杆菌为代表微生物、以 EMP 途径为基础、终产物主要为甲酸、乙酸、乳酸和乙醇等的一种发酵类型。其过程概貌为：葡萄糖经 EMP 途径分解为丙酮酸后，丙酮酸经不同酶催化，最后生成甲酸、乙酸、乳酸、琥珀酸和乙醇等产物。尽管混合酸发酵对于人类实践而言并无重要意义，但对于人体肠道内厌氧环境下的微生物却十分重要，这正是它们获取能量的重要途径。

值得注意的是，混合酸发酵也是进行甲基红试验（Methyl red test, MR test）的理论基础之一。当绝大多数肠杆菌科细菌在进行此项测试时，由于可以发酵葡萄糖产酸，故可使培养基 pH 值下降至 4.5 以下，从而使甲基红指示剂变红——“MR 反应呈阳性”。

⑤ 2, 3-丁二醇发酵（Butanediol fermentation），是以产气肠杆菌为代表微生物、以 EMP 途径为基础、终产物主要为 2, 3-丁二醇的一种发酵类型。其过程概貌为：葡萄糖经 EMP 途径分解为丙酮酸后，丙酮酸先转变为 3-羟基丁醇，3-羟基丁醇受氢后最终转变为 2, 3-丁二醇。2, 3-丁二醇是一种重要化合物，被广泛应用于化工、食品、医药、燃料和航空等多个领域。

值得注意的是，2, 3-丁二醇发酵也是进行 V-P 试验（Voges-Proskauer test）的理论基础。某些细菌，如产气肠杆菌，可发酵葡萄糖产生 3-羟基丁醇，该物质在碱性条件下可被氧化生成二乙酰，二乙酰可与培养基中含有胍基的氨基酸发生反应，产生红色物质——“VP 反应呈阳性”。

⑥ 丁酸型发酵（Butyric acid-type fermentation），是以丁酸梭菌为代表微生物、以 EMP 途径为基础、终产物主要为丁酸和丁醇的一种发酵类型。其过程概貌为：葡萄糖经 EMP 途径分解为丙酮酸后，丙酮酸发生磷酸裂解反应生成乙酰 CoA，乙酰 CoA 再被转化和还原为丁酸、丁醇、丙酮和异丙醇等物质。

丁酸型发酵是由专性厌氧的梭菌进行的一类发酵，因产物中都有丁酸而得名。该发酵的产物较多，产物的组成和比例因受发酵时期和发酵条件的影响而有所不同，但一般主要为丁酸、丁醇、丙酮和异丙醇等。

丁酸、丁醇、丙酮和异丙醇均是重要的化工原料，其在化工、医药、制革、印刷和航空等多个领域均有重要用途。

由上可知，通过发酵，不仅可为微生物提供生命活动所需的能量，还能为人类生产许多有用的代谢物。因此，发酵对于自然界和人类而言均具有重要意义。最后，以同型酒精发酵为例，简述发酵的过程概貌。

$C_6H_{12}O_6 - H \longrightarrow CH_3COCOOH$ （脱氢）

$ADP \longrightarrow ATP$ （递氢）

$H + CH_3CHO \longrightarrow CH_3CH_2OH$ （受氢）

总反应：$C_6H_{12}O_6 + ADP \longrightarrow CH_3CH_2OH + ATP$ （产能机制为底物磷酸化）

（3）氨基酸发酵产能

另外，值得注意的是，除上述以糖类为发酵底物所进行的发酵外，少数厌氧梭菌，如生孢梭菌等，还可利用氨基酸作为发酵底物和能源进行发酵。这就是氨基酸的发酵产能反应——斯提柯兰氏反应（Stickland reaction）。

斯提柯兰氏反应是通过部分氨基酸（如丙氨酸等）的氧化与部分氨基酸（如甘氨酸等）的还原相偶联的独特发酵方式。在反应中，一种氨基酸作为氢供体，而另一种氨基酸作为氢受体。可作为氢供体的氨基酸主要有丙氨酸、亮氨酸、异亮氨酸、缬氨酸、苯丙氨酸、丝氨酸、组氨酸和色氨酸等，作为氢受体的氨基酸主要有甘氨酸、脯氨酸、羟脯氨酸、鸟氨酸、精氨酸和色氨酸等。但此反应的产能效率很低，每分子氨基酸仅产 1 个 ATP。

下面，将简要介绍其他营养类型微生物的能量代谢。如图 2-3 所示，无论是化能自养型，还是光能自养型或光能异养型微生物，其都能通过生物氧化而获取能量。

只不过，化能自养型微生物除了能以细胞内有机物为底物进行生物氧化外，其最主要是通过无机物的生物氧化而获取能量。而光能营养型微生物，虽然也可以生物氧化细胞内的有机物，但其获取能量的最主要方式是光合磷酸化作用。

（二）化能自养微生物的能量获取——无机物的生物氧化

化能自养型微生物也可以通过有机物的生物氧化而获取能量，其过程与前述的化能异养微生物的生物氧化相似。

但化能自养型微生物获取能量的最主要方式，以及固定 CO_2 时所需的 ATP 和[H]，均是通过无机物（如 NH_4^+ 、 NO_2^- 、H_2S、S、H_2 和 Fe^{2+} 等）的生物氧化。而这些无机底物，不仅可作为最初能源用于产生 ATP，其中的有些底物，如 NH_4^+ 、H_2S、H_2 等，还可同时作为氢供体。

值得注意的是，无机底物在进行生物氧化时，最终氢受体几乎都是 O_2（极少数为无机盐），因此，无机底物的生物氧化都主要是有氧呼吸，并且产能机制是氧化磷酸化。也由此可知，化能自养微生物一般都是好氧微生物。

另值得注意的是，与化能异养微生物相比，化能自养微生物的能量代谢主要有三个特点：① 无机底物的脱氢过程相对简单（通常一步或几步反应即可完成），这与化能异养微生物的逐级脱氢明显不同；② 呼吸链的组分更加多样化，并且 H^+ 或 e^- 可以从任一组分直接进入呼吸链；③ 产能效率一般要低于化能异养微生物（化能自养微生物的呼吸链也是不完整呼吸链，只不过是另一种形式的不完整呼吸链）。

有趣的是，化能自养微生物虽然由于产能效率低、固定 CO_2 时需大量能耗等，故生长速率和生长得率（Growth yield）都很低，但是，它们并未就此丧失与其他生物争夺生存资源的竞争力。这是因为它们可以充分利用其他生物均无法利用的无机物为“食物”，否则，它们真有可能已经灭绝了。

化能自养微生物的种类较多，能利用的无机物也较多，现选取有代表性的进行简介。

1. 氨的氧化

硝化细菌（Nitrifying bacteria）是广泛分布于各种土壤和水体中的化能自养微生物。其可分为两类，一类称为亚硝化细菌（Nitrosobacteria），可把 NH_3 氧化成 NO_2^-；另一类则称为硝酸化细菌（Nitrobacteria），可把 NO_2^- 氧化为 NO_3^-。

硝化细菌所进行的氨的氧化，即硝化作用（Nitrification），是自然界氮素循环中不可缺少的一环，但对农业生产并无多大益处，因为植物对铵态氮的吸收能力大致与硝态氮相当。但值得注意的是，硝酸盐比铵盐水溶性强，极易随雨水流入江河湖海，不仅会降低氮肥的利用效率，并且可能引起水华或赤潮等生态灾害。因此，农业生产中因尽量防止硝化作用的发生。

产能反应举例：

$$NH_4^+ + O_2 \longrightarrow NO_2^- + H^+ + H_2O \qquad \Delta G^{\ominus} = -274.7\ kJ$$

$$或\ NO_2^- + O_2 \longrightarrow NO_3^- \qquad \Delta G^{\ominus} = -74.1\ kJ$$

2. 硫的氧化

硫细菌（Sulfur bacteria）能够利用一种或多种还原态或部分还原态的硫化合物（包括硫化物、元素硫、硫代硫酸盐、多硫酸盐和亚硫酸盐）做能源。以 H_2S 为例，其可被硫细菌首先氧化为元素硫，进而被氧化为亚硫酸盐，此过程可产生 4 个 ATP。而亚硫酸盐的氧化又可分为两条途径，一是直接氧化成SO_4^{2-}，产生 1 个 ATP；二是经磷酸腺苷硫酸的氧化途径，可产生 5 个 ATP。

产能反应举例：

$$H_2S + O_2 \longrightarrow S + H_2O \qquad \Delta G^{\ominus} = -209.4\ \text{kJ}$$

$$\text{或}\ S + O_2 + H_2O \longrightarrow SO_4^{2-} + H^+ \qquad \Delta G^{\ominus} = -587.1\ \text{kJ}$$

3. 铁的氧化

铁氧化细菌（Iron-oxidizing bacteria）可把 Fe^{2+} 氧化为 Fe^{3+}，并从中获取能量。值得注意的是，在自然界中，Fe^{2+} 通常只有在酸性条件下才有较高的稳定性，因此，铁氧化细菌通常是嗜酸微生物，一般生存于酸污染的环境中，如煤矿倾卸场。而某些古生菌，如铁原体属微生物，则能生长在 pH 低于 0 的环境下，属于极端嗜酸的铁氧化微生物。

通过 Fe^{2+} 的氧化而获取的能量是极少的，有趣的是，在氧化铁细菌生长旺盛之处，常观察到三价铁沉淀物的存在。你知道其中的科学奥秘吗?

产能反应举例：

$$Fe^{2+} + H^+ + O_2 \longrightarrow Fe^{3+} + H_2O \qquad \Delta G^{\ominus} = -32.9\ \text{kJ}$$

4. 氢的氧化

氢细菌（Hydrogen bacteria）都是一些革兰氏阴性的兼性化能自养菌。它们能利用 H_2 氧化产生的能量同化 CO_2，也能利用其他有机物生长。在该菌细胞内，电子直接从氢传递给呼吸链，而质子则在呼吸链传递过程中推动了 ATP 产生。

产能反应举例：

$$H_2 + O_2 \longrightarrow H_2O \qquad \Delta G^{\ominus} = -237.2\ \text{kJ}$$

（三）光能营养微生物的能量获取——光合磷酸化

能利用日光辐射能的微生物，称作光能营养微生物，包括光能自养型和光能异养型。

光能营养微生物也可通过有机物的生物氧化而获取能量（图 2-3），但其产生 ATP 的最主要方式是通过光合磷酸化（Photophosphorylation）（与 ATP 产生相关的磷酸化反应主要有三种：氧化磷酸化、底物磷酸化和光合磷酸化）。

光合磷酸化有三种方式：循环光合磷酸化、非循环光合磷酸化和紫膜光合磷酸化。

光合磷酸化
- 循环光合磷酸化：以光合细菌为代表，不产氧
- 非循环光合磷酸化：以蓝细菌为代表，产氧
- 紫膜光合磷酸化：以嗜盐古生菌为代表，不产氧

1. 循环光合磷酸化

循环光合磷酸化（Cyclic photophosphorylation），是一种存在于光合细菌中的光合磷酸化。其特点是：① e^- 传递途径为循环式；② 不产生 O_2；③ 光合色素主要为菌绿素（Bacteriochlorophyll）；④ 在厌氧条件下进行；⑤ 产 ATP 与产[H]分别进行；⑥ [H]不来自 H_2O，而来自 H_2S、脂肪酸和醇类等外源氢供体。

循环光合磷酸化的过程概貌为：菌绿素受日光照射后形成激发态，由它逐出的 e^- 通过类似呼吸链的电子传递体循环式传递，最终被菌绿素重新接受。此过程可产生质子动势并合成 1 个 ATP，而该 ATP 可用于固定 CO_2。此外，在此循环中，水解 ATP 所产生的能量可驱动 e^- 逆向传递给 $NAD(P)^+$，同时，H_2S 或其他有机物等外源氢供体向 $NAD(P)^+$ 提供 H^+，由此，便可产生用于固定 CO_2 所需的[H]。

光合细菌都是厌氧菌，被归类为红螺菌目中。这是一群典型的水生细菌，广泛分布于缺氧、但光线能透射到的深层淡水或海水中。由于光合细菌在厌氧条件下所进行的不产氧光合作用可把有毒的 H_2S 或污水中的有机物（脂肪酸、醇类等）用作还原 CO_2 时的氢供体，因此可用于污水净化；而光合细菌的菌体还可做饵料、饲料或食品添加剂等。可见，光合细菌具有较高的应用价值。

2. 非循环光合磷酸化

非循环光合磷酸化（Non-cyclic photophosphorylation），是各种绿色植物、藻类和蓝细菌所共有的利用光能产生 ATP 的磷酸化反应。其特点为：① e^- 传递途径为非循环式；② 产生 O_2；③ 光合色素主要为叶绿素；④ 在有氧条件下进行；⑤ 产 ATP、产[H]和产 O_2 同时进行；⑥[H]来自 H_2O。可见，非循环光合磷酸化与循环光合磷酸化存在诸多差异。

非循环光合磷酸化的过程概貌为：叶绿素受日光照射后形成激发态，由它逐出的 e^- 通过光系统Ⅱ和光系统Ⅰ两个系统接力传递，最终由 $NADP^+$ 接受；同时，H_2O 经光解产生的 O_2 可及时释放，而光解产生的 e^- 则被激发态的叶绿素夺走，产生的 H^+ 则被 $NADP^+$ 接受。由此，便可产生用于固定 CO_2 所需的[H]。而 e^- 在光系统Ⅱ传递过程中可产生 1 个 ATP，该 ATP 可用于固定 CO_2。

3. 紫膜光合磷酸化

紫膜光合磷酸化（Photophosphorylation by purple membrane），是一种在厌氧条件下，不以叶绿素或菌绿素为基础，而是以某些古生菌紫膜结构中菌视紫红质为光合色素介导 ATP 生成的光合磷酸化。

紫膜光合磷酸化是迄今所知道的最简单的光合磷酸化反应，该过程不涉及 e^- 的传递，其产生 ATP 的机制在于：菌视紫红质（Bacteriorhodopsin）可发挥质子泵的功能，在光驱动下，它可将质子逐出细胞膜外，从而使紫膜内外形成一个质子梯度差，最后经化学渗透作用而产生 ATP。

能进行紫膜光合磷酸化的生物，目前发现仅为嗜盐古生菌，如盐生盐杆菌、盐沼盐杆菌和红皮盐杆菌等。它们虽然通常依靠有氧呼吸作用获取能量，但因其生境多为盐浓度较高之处，环境氧浓度极低（浓盐溶液中氧溶解度很低），所以必须部分借助紫膜光合磷酸化获取能量，以应对暂时性的缺氧环境。

紫膜光合磷酸化的发现，不仅是生命科学基础研究的重大突破，更使得人类有机遇将具有优良光电和光学特性的菌视紫红质开发为光贮存材料或光电元件，并有潜力应用于光电探测、仿视觉系统、人工神经网络以及制造生物芯片等领域。未来，这一发现还将对人类高效利用太阳能以及海水淡化事业带来革命性的影响。有趣的是，近年来在一些变形菌门的细菌和某些真菌中亦发现了类似紫膜光合磷酸化的光介导 ATP 合成的现象，这为丰富光合磷酸化的类型增添了新的内容。

二、物质代谢

除了获取生命活动所需能量外，代谢的另一目的便是合成物质——组建微生物细胞所需的各类大分子物质以及代谢所需的酶类等。不过，从外界获取的营养物，大多数并不能被微生物直接用于合成自身物质。这些大分子营养物在被吸收、利用之前，必须先经历一个“消化过程”——即大分子物质先分解为小分子物质。此后，微生物才可以利用这些小分子原料来合成自身大分子。

（一）大分子物质的分解代谢

微生物是环境中的巨大消费者，几乎能将环境中的各种物质进行分解，从而获得生存所需的能量、碳源以及氮源等。而对人类而言的毒物、污染物，也几乎都能被微生物分解、利用。

常见的淀粉、纤维素、果胶、蛋白质以及核酸等大分子化合物，由于不能透过细胞膜，故必须被微生物产生的胞外酶（Extracellular enzyme）分解为小分子化合物，如葡萄糖、果糖、氨基酸等后，才能被微生物吸收并利用。

1. 糖类的分解代谢

糖类是微生物最重要和最普遍的碳源和能源。微生物可利用的糖类，包括多糖、双糖和单糖等。

但是，淀粉、纤维素、半纤维素、果胶质和几丁质等多糖，不能被微生物直接吸收，必须被微生物分泌的相应胞外酶水解成单糖或双糖后，才能被细胞所吸收、利用。

1）淀粉的分解

淀粉是葡萄糖通过 α-糖苷键连接而成的一种大分子物质，可分为直链淀粉与支链淀粉。前者由 α-1, 4-糖苷键连接而成；后者是在直链淀粉的基础上，存在许多分支，其分支处葡萄糖单元之间的连接是通过 α-1, 6-糖苷键。

淀粉的分解途径一般为：

淀粉 → 糊精 → 麦芽糖（双糖） → 葡萄糖

催化淀粉分解为葡萄糖的酶，总称为淀粉酶，包括：α-淀粉酶（液化酶）、β-淀粉酶、葡萄糖淀粉酶（糖化酶）和异淀粉酶四种。淀粉在这些酶的作用下，最终被降解为葡萄糖。根霉和曲霉中普遍含有 α-淀粉酶和糖化酶，因此，在白酒酿造过程中，常利用这些霉菌将谷物淀粉转化为葡萄糖，以供酵母菌发酵产生乙醇。

2）纤维素的分解

纤维素是植物细胞壁的主要成分，其是由葡萄糖通过 β-1, 4-糖苷键连接而成的大分子化合物。纤维素的分子量比淀粉更大、水溶性更差，并且，不能直接被植物、动物和人类分解、利用，但它却可被许多微生物分解利用。

许多微生物都能分泌纤维素酶，如少数细菌，不少霉菌和放线菌，以及大多数蕈菌。通常，源于细菌的纤维素酶属于细胞壁酶（结合在细胞壁上的“表面酶”）；而源于真菌和放线菌的则是胞外酶。纤维素酶也是一种诱导酶（Induced enzyme），以葡萄糖为碳源进行培养时，微生物几乎不产生纤维素酶；但以含纤维素的物质或含 β-糖苷键的大多数物质作为碳源时，便可诱导生成较多的纤维素酶。纤维素酶包括内切-β-1, 4-葡聚糖酶、外切-β-1, 4-葡聚糖酶和 β-葡萄糖苷酶，三者依次发挥作用，便可将纤维素水解为葡萄糖（更多详情可见本书第十章第一节）。

在植物细胞壁及细胞间质中，还存在半纤维素和果胶质，许多真菌和一些细菌均能产生相应的酶将其分解。

3）木质素的分解

木质素是植物木质化组织的重要成分，亦是仅次于纤维素、地球上储量非常丰富的可再生生物质资源。其是由苯丙烷结构为单元所构成的具有三维网状的复杂天然大分子，并因为具有 C_9 化合物以及多种芳香族化合物结构，而被认为是一种汽油燃料的绝佳替代品，以及绝佳的化工原料。

然而木质素极难被分解和利用，尽管科学家们一直期望能将木质素“变废为宝”，但面对这样的“硬骨头”，不少科学家发出感慨：“You can make anything out of lignin, except money.”（你可以从木质素中获得任何东西，除了钱）。

但木质素可被微生物分解，主要是一些蕈菌，如白腐菌、褐腐菌和软腐菌等。某些细菌如厌氧梭菌、不动杆菌、黄杆菌等，以及某些链霉菌，亦具有一定的木质素分解能力。

木质素的分解需要多种酶的参与，主要有木质素过氧化物酶、锰过氧化物酶、漆酶以及一些辅助酶等；其降解过程非常复杂，但大体上是在上述三种酶的作用下，通过侧链氧化、去甲基化和芳香环断裂等反应，使木质素被降解为一些芳香族残余物，并还可进一步被降解为醇类或有机酸类物质。

有关木质素的有效利用等内容，可见本书第十章。

4）单糖的分解

细胞外的单糖不需要经过分解，可直接被微生物吸收。而在细胞内，单糖分解的最基本途径是葡萄糖降解途径（Glucose degradation pathway），其主要包括 EMP、TCA、HMP 和 ED 等途径，即生物氧化中的脱氢途径。

2. 脂肪的分解代谢

脂肪是自然界广泛存在的重要脂类物质，是由甘油与长链脂肪酸组成的甘油三酯。脂肪，也是仅次于糖类的微生物最主要的碳源和能源物质，经过降解可转变为葡萄糖降解途径中的中间代谢产物，进而可被进一步代谢并释放能量。

脂肪先在微生物脂酶的作用下，被分解为初始产物——甘油和脂肪酸。分解反应式如下：

$$\begin{array}{l} CH_2OCOR_1 \\ | \\ CHOCOR_2 \\ | \\ CH_2OCOR_3 \end{array} + 3H_2O \xrightarrow{\text{脂酶}} \begin{array}{l} CH_2OH \\ | \\ CHOH \\ | \\ CH_2OH \end{array} + \begin{array}{l} R_1COOH \\ \\ R_2COOH \\ \\ R_3COOH \end{array}$$

其中，甘油可通过甘油激酶催化生成 α-磷酸-甘油，然后经氧化生成二羟丙酮磷酸并进入 EMP 途径。而脂肪酸，可通过脂酰-CoA 合成酶催化形成脂酰-CoA，脂酰-CoA 逐步分解生成乙酰-CoA 与丙酰-CoA。这些物质最后可通过生物氧化进行分解，为微生物生长提供碳源物质与能量。

具体如下：

1）甘油的分解

脂肪水解产生的甘油，可被甘油激酶催化生成 α-磷酸-甘油（消耗一分子 ATP），再经 α-磷酸甘油脱氢酶催化生成二羟丙酮磷酸，此后，再进入 EMP 或 HMP 途径进行分解。

2）脂肪酸的分解

组成脂肪的高级脂肪酸，主要包括 C_{16} 饱和脂肪酸（软脂酸或称棕榈酸）、C_{18} 饱和脂肪酸（硬脂酸）、C_{18} 不饱和一烯酸（油酸）、C_{18} 不饱和二烯酸（亚油酸）和 C_{18} 不饱和三烯酸（亚麻酸）。

真菌分解脂肪酸的方式基本上和动植物组织分解脂肪酸的方式一致，也是通过 β-氧化途径。

脂肪酸降解的 β-氧化途径包括以下五个步骤：

① 激活脂酸，生成脂酰-CoA；

② 脂酰 CoA 在 α-和 β-位上脱氢生成烯脂酰-CoA；

③ 烯脂酰-CoA 经烯脂酰-CoA 水合酶催化，水合生成 β-羟基脂酰-CoA；

④ β-羟基脂酰-CoA 脱氢生成 β-酮基脂酰-CoA；

⑤ β-酮基脂酰-CoA 经硫解酶催化，生成乙酰-CoA 和少了 2 个碳原子的脂酰-CoA。

新生成的少了 2 个 C 的脂酰-CoA，再重复②～⑤的反应，又生成乙酰-CoA 和少 2 个 C 的脂酰-CoA。如此螺旋形式的降解，最终将偶数碳脂肪酸变成乙酰-CoA。如果是奇数碳原子的脂肪酸（这种脂肪酸不普遍），则除了生成乙酰-CoA 外，最后还要生成一个丙酰-CoA。

脂肪酸降解的最终产物——乙酰-CoA 可进入 TCA 循环被彻底氧化成 H_2O 和 CO_2，或进入乙醛酸循环合成糖类。

脂肪酸的彻底氧化可以产生大量的能量。在真核微生物中，1 分子脂酰-CoA 每经一次 β-氧化，产生 1 分子乙酰-CoA、1 分子 $FADH_2$ 和 1 分子 $NADH+H^+$。乙酰-CoA 经 TCA 氧化可得 10 ATP，$FADH_2$ 经呼吸链氧化得 1.5 ATP，$NADH+H^+$ 经呼吸链氧化得 2.5 ATP，总计共得 14 ATP。除在一开始激活脂肪酸时消耗 ATP 外，可净得 12 ATP，但以后的每次重复氧化便不再有消耗，均净获得 14 ATP。例如，1 分子 C_{18} 饱和脂肪酸被彻底氧化时可获得 122 ATP。可见，能量水平是很高的，远超过糖类。

3. 蛋白质和氨基酸的分解代谢

蛋白质是最重要的一种有机物，被誉为“一切生命活动的执行者”。蛋白质是由许多氨基酸通过肽键连接起来的大分子聚合物，可以被蛋白酶水解生成不同程度的降解产物。蛋白质及其降解物是微生物生长的良好氮源，也可作为生长因子，有时还可用作能源。

1）蛋白质的分解

微生物对蛋白质的分解可分为两步：第一步是通过蛋白酶（Protease）的作用将蛋白质分解为胨、肽等蛋白质降解产物；第二步则是通过肽酶（Peptidase）将蛋白质降解产物分解为氨基酸。

微生物的蛋白酶多为胞外酶。其具有一定的底物专一性，不同的蛋白质需要不同的蛋白酶催化才能降解。而不同的微生物，对蛋白质的分解能力也不同。真菌分解蛋白质的能力比细菌更强，且能利用天然蛋白质。大多数细菌不能利用天然蛋白质，只能利用某些变性蛋白，或蛋白胨、肽等蛋白质降解产物，这与大多数细菌仅能合成肽酶而无法合成蛋白酶有关。

当蛋白质被蛋白酶分解为蛋白质降解产物之后，可在肽酶的作用下，被进一步分解为氨基酸。

2）氨基酸的分解

微生物分解氨基酸主要有两种基本方式：脱氨和脱羧。

脱氨作用（Deamination），是指氨基酸失去氨基的过程。脱氨作用尽管因氨基酸、反应条件和微生物的不同，具体途径和产物有所不同，但一般可分为氧化脱氨和非氧化脱氨。其中，非氧化脱氨还可分为还原脱氨、脱水脱氨、水解脱氨和斯提柯兰氏反应等。总之，氨基酸通过不同的途径脱氨后，主要形成五类产物（乙酰-CoA、α-酮戊二酸、琥珀酰-CoA、延胡索酸和草酰乙酸），这些产物可进入 TCA 循环从而被彻底地氧化分解，最后生成 CO_2 和 H_2O。

脱羧作用（Decarboxylation），是指氨基酸脱去羧基生成胺的过程。一元氨基酸（含一个氨基）脱羧后可形成一元胺，而二元氨基酸（含两个氨基）脱羧后可形成二元胺。二元胺统称为尸胺或尸碱，其对人体有毒害作用，当肉类蛋白腐烂时，许多微生物都可将氨基酸脱羧并产生大量尸胺，进而引发食物中毒。而在发酵后期菌体出现自溶时，亦会发生上述情况，导致发酵罐中会有臭味产生，尤其是常出现在酶制剂的生产过程中。

值得注意的是，当培养基的 pH 值偏碱时，微生物主要进行脱氨作用；而偏酸时则主要进行脱羧作用。这是因为微生物只有在培养基的 pH 值高于氨基酸的等电点时，才能生成脱氨酶；在 pH 值低于氨基酸的等电点时，方可生成脱羧酶。

4. 核酸分解代谢

核酸是由许多核苷酸通过 3, 5-磷酸二酯键连接起来的大分子聚合物。

虽然核酸一般不作为微生物生长的主要营养物质，但在一定条件下，大多数微生物在短期内都可以通过核酸酶（Nuclease），将细胞内自身或来源于其他生物的核酸分解、利用，以维持生命。另外，核酸分解的意义还在于可使细胞内的核酸不断地更新。

核酸在核酸酶的作用下可被水解生成寡核苷酸和单核苷酸。单核苷酸又可以进一步被分解为相应的核苷和磷酸。核苷再进一步水解，可生成含氮碱（嘌呤和嘧啶）以及戊糖。戊糖可进入葡萄糖降解途径进行分解，而含氮碱则可被微生物分解为尿素等产物。

5. 大分子物质分解代谢之间的联系及关键产物

由上可知，糖类、脂肪、蛋白质和核酸，这四大物质的分解代谢，并非是独立进行的，而是紧密联系的。这种紧密联系，主要体现在四大物质的分解代谢，最终都归于葡萄糖降解途径，特别是其中的 EMP、HMP 和 TCA 途径。它们如同一座立交桥，紧密连接着四大物质的分解代谢。

而大分子物质分解的目的，不仅仅是可以通过生物氧化供能，其在分解过程中产生的小分子中间代谢物，还可以用于合成各种细胞物质和发酵产物。

在分解代谢的过程中，有 12 种中间代谢物是紧密连接分解代谢与合成代谢的重要物质，它们分别是：来自 EMP 途径的葡萄糖-1-磷酸、葡萄糖-6-磷酸、二羟丙酮磷酸、甘油酸-3-磷酸、磷酸烯醇式丙酮酸和丙酮酸，来自 HMP 途径的核糖-5-磷酸和赤藓糖-4-磷酸，以及来自 TCA 循环的乙酰-CoA、α-酮戊二酸和琥珀酰-CoA。

这些物质既可以通过生物氧化作用分解供能，还可以用于合成糖类、脂类、氨基酸、蛋白质、核酸、维生素以及其他许多重要发酵生产的产物等。

（二）物质的合成代谢

微生物不断从外界摄取营养物质，并利用这些营养物质作为原料来合成自身物质以完成生长或进行发酵生产，这便是合成代谢。值得注意的是，合成代谢是一个耗能的过程，其所需的

ATP 来自有机物或无机物的生物氧化，或者来自光合磷酸化作用。在微生物细胞内，所产生的 ATP 绝大多数被用于蛋白质、核酸、脂类以及多糖的合成，特别是蛋白质，其合成可消耗细胞内近 90%的 ATP。

微生物合成代谢的种类繁多，若按产物性质进行分类，则可分为初生代谢与次生代谢（表 2-19）。

初生代谢（Primary metabolism），或称为初级代谢，是所有微生物均具有的一类最基本、最必需的合成代谢，其产物包括糖类、脂类、蛋白质和氨基酸等；而次生代谢（Secondary metabolism），或称为次级代谢，其是相对初生代谢而言的，是指某些微生物生长到稳定期前后，所进行的一类代谢途径复杂、产物生理功能不明确的合成代谢，其产物主要包括抗生素、色素、毒素和信息素等。

表 2-19　微生物合成代谢的类型

依据	类型	产物举例
按产物分子量	单体合成	单糖、氨基酸、单核苷酸等
	大分子聚合物合成	蛋白质、多糖、核酸等
产物性质	初生代谢	蛋白质，多糖，核酸，脂类等
	次生代谢	抗生素、色素、毒素等

1. 初生代谢

初生代谢，主要包括糖类、脂类、氨基酸和核苷酸等的合成。在初生代谢中，CO_2 固定和生物固氮可认为是“最初级的”初生代谢，因为二者可利用最初级的无机碳源或氮源来合成有机物。

1）CO_2 的固定

将空气中的 CO_2 同化为细胞物质的过程，称为 CO_2 固定（Carbon dioxide fixation）。许多微生物均能进行 CO_2 固定，包括自养型和异养型微生物。但只有自养型微生物能以 CO_2 作为唯一碳源进行生存，而异养型微生物只能将 CO_2 作为辅助碳源，其仍需要以有机碳作为生存所必需的主要碳源。

CO_2 固定的方式分为自养式和异养式。自养式的特点是：CO_2 被固定在特定的有机物受体上（如核酮糖-1, 5-二磷酸），并经过一系列反应，将 CO_2 还原为葡萄糖或糖代谢中间物质，并重新生成该有机物受体。而异养式的特点是：CO_2 被固定在某种有机物（主要是有机酸）上，其结果是该有机物加长了碳链，并使得源自 CO_2 的碳原子也可用于合成其他有机物。

（1）自养式 CO_2 固定

自养微生物包括光能自养型和化能自养型，其进行 CO_2 固定的途径主要有：卡尔文循环、逆向 TCA 循环、厌氧乙酰-CoA 途径、还原单羧酸循环和 3-羟基丙酸途径等。

卡尔文循环（Calvin cycle）是绿色植物、一切光能自养微生物、一切化能自养微生物以及大部分光合细菌（严格讲应为光能兼养微生物）所共有的途径，具有重要意义。该途径主要分为三个阶段（图 2-15）：

① 羧化反应。3 个核酮糖-1, 5-二磷酸通过核酮糖二磷酸羧化酶将 3 分子 CO_2 固定，并形成 6 个甘油酸-3-磷酸分子。

② 还原反应。紧接在羧化反应后，立即发生甘油酸-3-磷酸上的羟基还原成醛基的反应（通

过逆 EMP 途径进行），生成甘油醛-3-磷酸。

③ 糖的合成及 CO_2 受体的再生。所生成的甘油醛-3-磷酸一部分被用于产能代谢或己糖合成代谢，另一部分经过一系列转化，最终转变成 CO_2 受体——核酮糖-1, 5-二磷酸。

如果以产生 1 个葡萄糖分子来计算，则卡尔文循环的总反应式为：

$$6CO_2 + 12NAD(P)H{+}H^+ + 18ATP \longrightarrow C_6H_{12}O_6 + 12NAD(P)^+ + 18ADP + 18Pi + 6H_2O$$

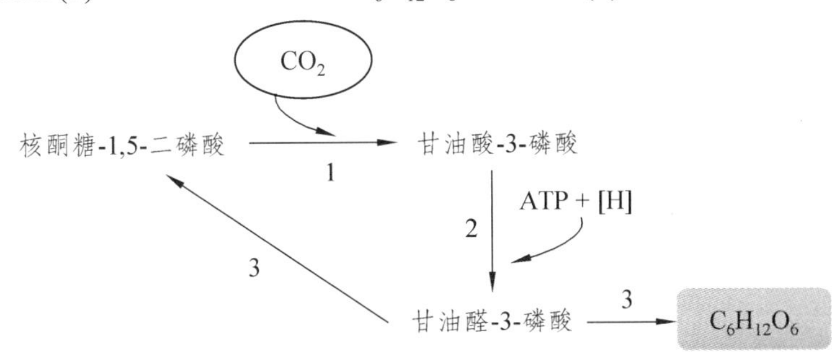

图 2-15　卡尔文循环过程概貌

而逆向三羧酸循环（Reverse TCA cycle），主要存在于某些光合细菌中，如嗜硫绿菌、紫色硫细菌和紫色非硫细菌等。其是通过草酰乙酸作为 CO_2 受体，最终将 CO_2 还原为乙酰-CoA。再由乙酰-CoA 固定 1 分子 CO_2 后，就可进一步生成丙酮酸、丙糖和己糖等重要细胞物质。一般认为，逆向三羧酸循环是缺乏卡尔文循环的光合细菌固定 CO_2 时的重要体系。

厌氧乙酰-CoA 途径（Anaerobic acytyl-CoA pathway），则是产乙酸菌、硫酸盐还原菌和产甲烷菌在厌氧条件下固定 CO_2 的一条途径。其通过 2 分子 CO_2 就能合成乙酸，途径相对简单，被认为可能是生命形成初期极为重要的合成有机物的方式。

而还原单羧酸循环（Reductive monocarboxylic acid cycle）和 3-羟基丙酸途径（3-hydroxypropionate pathway），只在少数微生物中发现，比较独特，本书暂不做一步介绍。

（2）异养式 CO_2 固定

异养微生物通过固定 CO_2，可生成 C_4 或 C_6 二羧酸，以补充 TCA 循环的中间产物。

异养微生物用以固定 CO_2 的受体化合物主要是有机酸，如磷酸烯醇式丙酮酸、丙酮酸、α-酮戊二酸等。这些有机酸在接受 CO_2 后，可增长碳链，并生成草酰乙酸、苹果酸、异柠檬酸等。

2）生物固氮

生物固氮（Biological nitrogen fixation），指大气中的分子氮通过微生物固氮酶的催化而还原成氨的过程。目前，生物界中仅发现原核生物才具有固氮能力。

（1）生物固氮的意义

对自然界的意义：生物固氮是地球上最重要的生物化学反应之一（另一则是光合作用）。一切生命所需的氮元素，最初来源均是分子氮。生物固氮可将分子氮转化为生命可利用的氮形式，如果没有生物固氮，植物、动物和人类将无法获取可利用的氮形式。因此，生物固氮为整个生物圈中一切生物的生存和繁荣做出了巨大贡献。

对人类社会的意义：利用生物固氮，人类可通过微生物氮肥来发展农业生产，亦可进行土壤修复或有效解决石漠化等生态问题。这比传统的“化学固氮”绿色、环保、成本低（详细内容可见本书第六章）。

（2）固氮微生物

目前已知的固氮微生物已多达 200 余属（2006 年），分属于细菌、放线菌、蓝细菌和古生菌。

从生态类型来分，固氮微生物可分为：自生固氮菌（Free-living nitrogen-fixer）、共生固氮菌（Symbiotic nitrogen-fixer）和联合固氮菌（Associative nitrogen-fixer）。详见本书第六章。

（3）生物固氮的过程概貌

生物固氮的过程，大体可分为五步：

① 高活力固二氮酶还原酶的形成：生物氧化所提供的 e^- 被电子载体（Fd 或 Fld）传递给固二氮酶还原酶，同时，此酶再与 ATP 和 Mg^{2+} 结合，形成高活力的固二氮酶还原酶（如图 2-16 中 1, 2, 3, 4）；

② N_2 的捕获：N_2 被固二氮酶捕获，形成固二氮酶-N_2 复合物（如图 2-16 中 5, 6）；

③ 完整固氮酶的形成：高活力的固二氮酶还原酶与固二氮酶-N_2 复合物结合，形成完整固氮酶（如图 2-16 中 7, 8）；

④ N_2 的受氢与构象改变：N_2 接受一分子 e^- 和 H^+ 后，变为 N_2H（如图 2-16 中 9, 10）；

⑤ NH_3 的形成：N_2H 按上述过程继续接受 e^- 和 H^+，直到完全变为 N_2H_6（2 分子 NH_3）为止（如图 2-16 中 11）。

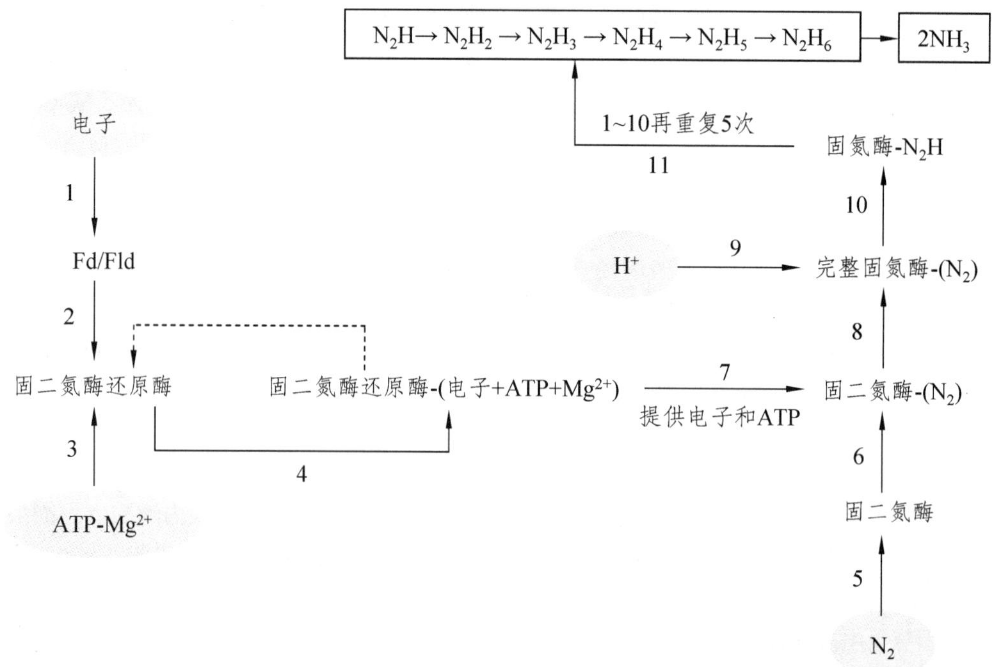

图 2-16　生物固氮过程概貌

生物固氮的总反应式为：

$$N_2 + 8[H] + ATP \longrightarrow 2NH_3 + H_2 + ADP + Pi$$ （严格厌氧微环境下进行）

（4）生物固氮的六个必要条件

生物固氮的顺利进行，必须具备如下六个必要条件：

① ATP 的供应

由于 N—N 分子中存在 3 个极其稳固的共价键，欲把此键打开，需花费巨大能量。在固氮过程中，把 N_2 还原成 2 分子 NH_3 时消耗的大量 ATP，是由有氧呼吸、无氧呼吸、发酵或光合磷酸化作用提供的。

② 还原力[H]及其传递载体

固氮反应中所需大量还原力（N_2、[H]之比=1∶8）必须以 $NAD(P)H+H^+$ 的形式提供。[H]须由低电势的电子载体铁氧还蛋白（Fd，一种铁硫蛋白）或黄素氧还蛋白（Fld，一种黄素蛋白）传递至固氮酶上。

③ 固氮酶

固氮酶是一种复合蛋白，由固二氮酶还原酶和固二氮酶两种相互分离的蛋白构成。固二氮酶是一种含铁和钼的蛋白，铁和钼组成一个称为“FeMoCo”的辅因子，它是还原 N_2 的活性中心。而固二氮酶还原酶则是一种只含铁的蛋白。

④ 还原底物——N_2。

⑤ Mg^{2+}。

⑥ 严格的厌氧微环境。

固氮酶的两个蛋白组分对氧是极其敏感的，它们一旦遇氧，很快便出现不可逆的失活，例如，固二氮酶还原酶一般在空气中暴露 45 s 后即丧失一半活性；固二氮酶稍稳定些，但一般在空气中的半衰期也只有 10 min。

目前已知的大多数固氮微生物都是好氧菌，其生命活动，包括生物固氮所需的大量能量，都是来自有氧呼吸和非循环光合磷酸化。因此，在它们身上都存在着好氧生化反应（有氧呼吸）和厌氧生化反应（生物固氮）这两种表面上似乎水火不相容的矛盾。事实上，好氧性固氮菌在长期进化过程中，早已进化出适合在不同条件下保护固氮酶免受氧害的机制了。这些机制包括：呼吸保护、酶的构象保护、异形胞的氧屏障保护、豆血红蛋白保护和放氢保护等。

3）糖类的合成

单糖和多糖的合成对于微生物而言具有十分重要的意义。糖类不仅是重要的能源物质，亦是微生物细胞的重要组成。无论是自养微生物还是异养微生物，其合成单糖的途径都是先合成葡萄糖前体物质（甘油醛-3-磷酸、磷酸烯醇式丙酮酸、丙酮酸和草酰乙酸），再通过逆向 EMP 途径而合成葡萄糖-6-磷酸，然后再转化为其他的糖或双糖及多糖。

（1）单糖的合成

对自养微生物而言，单糖的合成从 CO_2 的固定开始，进而生成葡萄糖前体物质，并最终实现葡萄糖的合成。如卡尔文循环可产生甘油醛-3-磷酸；而逆向 TCA 循环可产生草酰乙酸。这些均是重要的葡萄糖前体物质，可通过逆向 EMP 途径最终合成葡萄糖。

异养微生物一般直接从外界吸收单糖，特别是葡萄糖，并在此基础上再转变成其他单糖或合成多糖；但其亦可通过乙醛酸循环、甘油酸途径、乳酸直接氧化或生糖氨基酸脱去氨基等方式，分别产生草酰乙酸、甘油醛-3-磷酸、丙酮酸或氨基酸碳骨架等葡萄糖前体物质，最终用以合成葡萄糖。

（2）多糖的合成

微生物细胞内的多糖包括同多糖和杂多糖。

同多糖（Homopolysaccharide）是由相同单糖分子聚合而成，如糖原、纤维素等；杂多糖（Heteropolysaccharide）则是由不同单糖分子构成，或单糖分子与脂类或蛋白质结合而形成的结构十分复杂的化合物，如肽聚糖、脂多糖和透明质酸等。

多糖的合成途径十分复杂，不仅仅是分解反应的逆过程，而是以一种核糖苷为起始物，然后单糖逐一添加在此起始物上，使碳链逐步延长的过程。

4）脂类的合成

脂类的合成主要包括脂肪酸的合成、脂肪的合成以及磷脂的合成等。

（1）脂肪酸的合成

乙酰-CoA 是合成脂肪酸的碳源。饱和脂肪酸的合成过程大致如下：乙酰-CoA 先转变为丙酰-CoA，而后在多酶复合体的参与下，通过缩合、还原、脱水、第二次还原和延长等步骤，便可形成饱和脂肪酸。而不饱和脂肪酸，可在饱和脂肪酰-CoA 的基础上通过脱饱和作用而合成。

（2）脂肪的合成

二分子脂酰-酰基载体蛋白（Acyl carrier protein, ACP）和一分子 α-甘油-磷酸，在脂酰转移酶的作用下，生成 α-磷酸甘油二酯。α-磷酸甘油二酯在磷酸酰酶的作用下脱磷酸，生成甘油二酯。甘油二酯在脂酰转移酶的作用下，与另一分子脂酰-ACP 反应，最终生成甘油三酯。

5）氨基酸和蛋白质的合成

氨基酸的合成主要有三种方式：一是氨基化作用；二是转氨作用；三是前体转化。

氨基化作用，是指 α-酮酸与氨反应形成相应的氨基酸，这是微生物合成氨基酸的主要途径。

转氨基作用，是指在转氨酶的催化下，使一种氨基酸的氨基转移给酮酸，从而形成新的氨基酸。通过转氨基作用，微生物可以消耗一些过剩的氨基酸，以获得含量较少的氨基酸。

前体转化，是指由糖代谢的中间产物，如甘油酸-3-磷酸、丙酮酸、磷酸烯醇式丙酮酸与赤藓糖-4-磷酸、α-酮戊二酸、草酰乙酸与延胡索酸、磷酸核糖焦磷酸，经过一系列反应，分别生成丝氨酸等氨基酸、丙氨酸等氨基酸、芳香族氨基酸、谷氨酸族氨基酸、天冬氨酸族氨基酸和组氨酸的过程。

蛋白质的合成，是在遗传信息（DNA 或 RNA）的指导下，经过转录和翻译，并以各种氨基酸为原料，先合成肽链，最终再折叠加工后形成蛋白质。

2. 次生代谢

次生代谢，是指各种次生代谢物的合成代谢。次生代谢物（Secondary metabolites），又叫次级代谢产物，是相对初生代谢物而言的。次生代谢是指某些微生物生长到稳定期前后，通过复杂的次生代谢途径所合成的各种结构复杂的化合物。

1）初生代谢与次生代谢比较

不可否认，初生代谢是次生代谢的基础，其可为次生代谢物的合成提供前体物（图 2-17）。但二者存在诸多不同，见表 2-20。

从存在范围和对生存的必要性而言，初生代谢普遍存在于各类微生物中，是一种生存所必需的基本代谢类型；而次生代谢只存在于某些微生物中，其代谢产物尽管可能有利于提升微生物的生存竞争力，但并非生存所必需。

从与生长过程的关系而言，初生代谢自始至终存在于微生物的一切生长过程中；而次生代谢则是在微生物生长到一定时期内（通常是稳定期前后）所进行的。由此，微生物的生长可明显地表现为两个不同的时期：生长期和次生代谢产物形成期。

从代谢途径而言，微生物次生代谢物的合成途径较为复杂，主要有四条（图 2-17）：① 糖代谢延伸途径，由糖类转化、聚合产生的多糖类、糖苷类和核酸类化合物进一步转化而形成核苷类、糖苷类和糖衍生物类抗生素。② 莽草酸延伸途径，由莽草酸分支途径产生氯霉素等。③ 氨基酸延伸途径，由各种氨基酸衍生、聚合形成多种含氨基酸的抗生素，如多肽类抗生素、β-内酰胺类抗生素、D-环丝氨酸和杀腺癌菌素等。④ 乙酸延伸途径，又可分两条支路，其一是乙酸经缩合后形成聚酮酐，进而合成大环内酯类、四环素类、灰黄霉素类抗生素和黄曲霉毒素；另一分支是经甲羟戊酸而合成异戊二烯类，进一步合成重要的植物生长刺激素——赤霉素，或真菌毒素——隐杯伞素等。

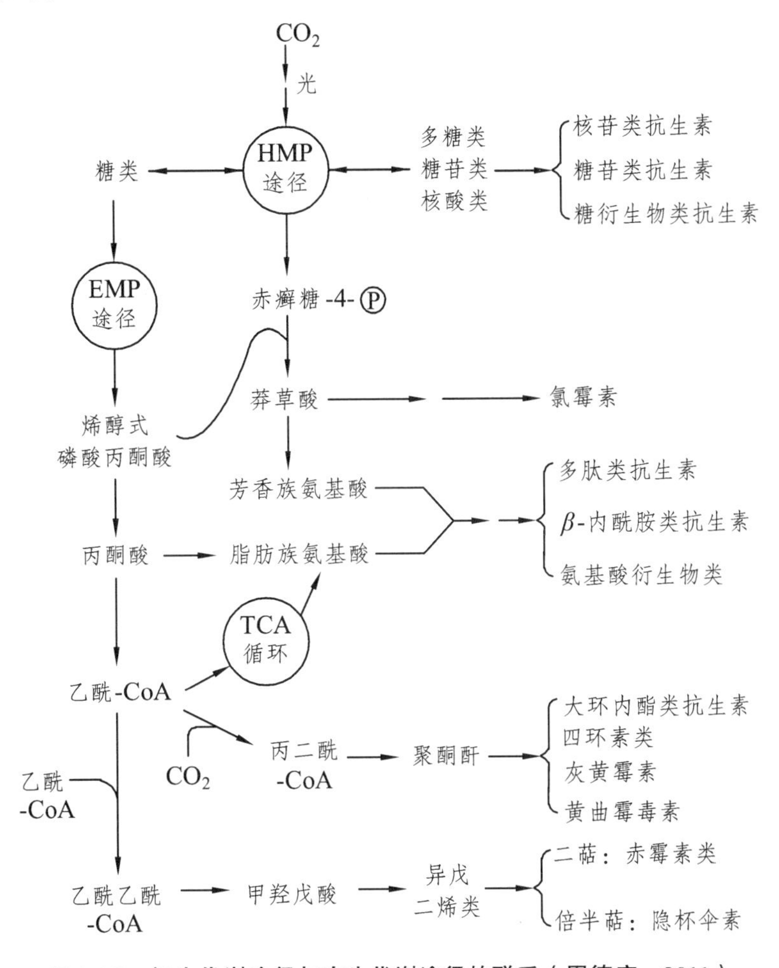

图 2-17　初生代谢途径与次生代谢途径的联系（周德庆，2011）

表 2-20　微生物初生代谢与次生代谢比较

		初生代谢	次生代谢
途径举例		卡尔文循环、生物固氮、逆向 EMP 等	莽草酸延伸途径、乙酸延伸途径等
存在范围		一切微生物	某些微生物
对微生物的必需性		生存必需	生存非必需
同生长的关系		生长的一切时期	生长的稳定期前后
代谢产物	特点	结构简单，功能明确	结构复杂，功能大多不明
	产量	较高	较低
	举例	糖类、脂类、氨基酸和核酸等；丙酮酸、甘油醛-3-磷酸等中间代谢物	抗生素、色素、毒素、生物碱、信息素、生物药物素和动植物生长刺激素等
环境敏感性		相对不敏感	较敏感
催化酶		大多为组成酶，并且专一性强	大多为诱导酶，专一性不强
受质粒调控		一般不受	受

从代谢产物而言，初生代谢物结构相对简单，并且生理功能明确；次生代谢物往往具有分子结构复杂、产量较低、生理功能大多不明确（尤其是抗生素）以及其合成一般受质粒控制等特点。

此外，相对而言，催化初生代谢物合成的酶，大多是组成酶（Constitutive enzyme），并且其专一性较强；而催化次生代谢物合成的酶，主要为诱导酶（Inducible enzyme），其专一性不强。因此，在进行次生代谢物发酵时，向培养基中加入不同的诱导物和前体物，往往可以诱导微生物合成不同类型的次生代谢物。

另一方面，初生代谢对环境条件的变化敏感性相对较小；而次生代谢对环境条件变化较为敏感，其产物的合成往往因环境条件变化而改变或停止，原因主要是前体物质的改变或诱导酶不能正常生成。

2）次生代谢物的种类和应用价值

次生代谢物种类繁多、化学结构复杂，但若按功能进行分类，可分为如下几类。

（1）抗生素

抗生素（Antibiotic），狭义上是指在低剂量下就可选择性抑制或杀灭其他病原菌的一类微生物次生代谢产物。细菌、放线菌和真菌均可产生抗生素，其中放线菌是抗生素生产的最主要微生物类群。抗生素种类很多，临床上常见的抗生素有：青霉素、链霉素、头孢菌素、庆大霉素、四环素、氯霉素和万古霉素等。详细内容可见本书第九章。

抗生素在医药领域有着重要应用，被誉为20世纪最伟大的发现之一。尤其是抗生素的工业化生产和临床应用，不仅推动了人类医药事业的迅猛发展，甚至被认为将人类平均寿命提高了10年。特别是在兵荒马乱的时代（二战时期），若不是抗生素的横空出世，在战争中将会有更多的人失去生命（图2-18）。

青霉素发现者Alexander Fleming

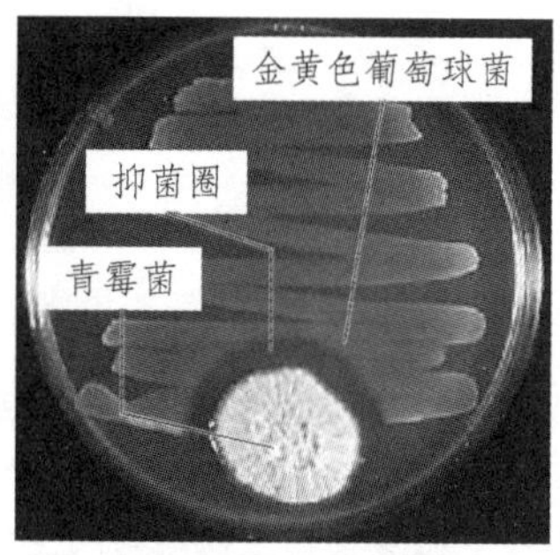

青霉素的抑菌现象

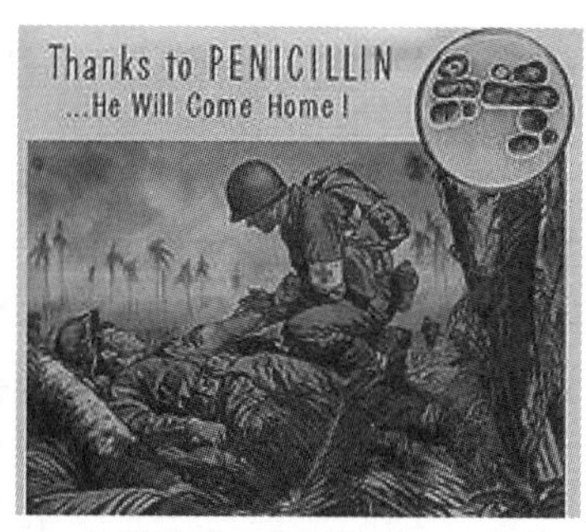

二战宣传画：感谢青霉素，伤兵可以安然回家

图2-18　Fleming与他的伟大发现——青霉素

课外阅读：青霉素的发现与量产

20世纪40年代以前，人类一直未能掌握一种能高效治疗细菌性感染且副作用小的药物。当时若某人患了肺结核，那么就意味着此人不久就会离开人世。为了改变这种局面，科研人员进行了长期探索，然而在这方面所取得的突破性进展，却源自一个意外发现。

在1928年某个夏日，A. Fleming外出度假时，把实验室里还培养着细菌这件事给忘了。3周后，当他回实验室时，注意到一个与空气意外接触过的金黄色葡萄球菌培养平板上长出了一团青绿色的霉菌。在用显微镜观察这只培养皿时，Fleming发现，霉菌周围的葡萄球菌菌落已被溶解。这意味着霉菌的某种分泌物能抑制葡萄球菌。

此后的鉴定表明，上述霉菌为青霉菌。随后，Fleming将其分泌的抑菌物质称为青霉素。然而遗憾的是，Fleming 一直未能找到提取高纯度青霉素的方法，于是他将青霉菌菌株一代代地培养，并于 1939 年将菌种提供给准备系统研究青霉素的英国病理学家 H. Florey 和生物化学家 E. Chain。这一举动，在后世看来，也许才是 Fleming 此生最大的贡献。

1940 年冬，Chain 提炼出了一点点青霉素，这虽然是一个重大突破，但离临床应用还差得很远。

1941 年，青霉素提纯的接力棒传到了澳大利亚病理学家 W. Florey 的手中。在美国军方的协助下，Florey 在飞行员外出执行任务时从各国机场带回来的泥土中分离出菌种，使青霉素的产量从每立方厘米 2 单位提高到了 40 单位。

1941 年前后，英国牛津大学的 Florey 与 Chain 实现对青霉素的分离与纯化——利用冷冻干燥法提取了青霉素晶体，并发现其对传染病的疗效。之后，Florey 在一种甜瓜上发现了可供大量提取青霉素的霉菌，并用玉米粉调制出了相应的培养液。在这些研究成果的推动下，美国制药企业于 1942 年开始对青霉素进行大批量生产。

到了 1943 年，制药公司已经发现了批量生产青霉素的方法。当时英国和美国正在同纳粹德国交战，这种新的药物对控制伤口感染非常有效。

1943 年 10 月，Florey 和美国军方签订了首批青霉素生产合同。青霉素在二战末期横空出世，迅速扭转了盟国的战局。战后，青霉素更得到了广泛应用，拯救了数以千万计人的生命。到 1944 年，药物的供应已经足够治疗第二次世界大战期间所有参战的盟军士兵。

因抗生素这项伟大的发明，1945 年，Fleming、Florey 和 Chain 共同荣获了诺贝尔生理学或医学奖。

令人好奇的是，Fleming 要遇到青霉菌所致的溶菌现象，究竟需要多少偶然因素之间的相互配合才能出现？有人曾为此专门著文阐述。

首先，青霉菌适合在较低温度下生长，葡萄球菌则在 37 °C 下生长最好。其次，在长满了细菌的培养基上，青霉菌无法生长。最后，青霉菌大约在 5 d 后成熟并产生孢子，这时青霉素才会出现，而青霉素也只对快速生长中的葡萄球菌有溶菌作用。

有人认为，Fleming 的发现，至少需有下述三方面的条件作为保障：① 来源不明的青霉菌孢子落入葡萄球菌培养基中；② Fleming 未将培养基放在 37 °C 的温箱中，也未清洗，而是放置在室温下；③ 天气的配合（当年的气温记录显示，恰好在 7 月 28 日至 8 月 10 日，伦敦有一段十分难得的凉爽天气，极其适合青霉菌先行生长成熟，并产生了青霉素。而 8 月 10 号以后，气温则明显升高有利于葡萄球菌快速生长，以至于发生了溶菌现象）。

或许还要加上：在 Fleming 刚进实验室，尚未着手清洗培养皿时，其前任助手恰好到来叙旧。

实际上，上述文字，并不是提供给某位中小学生作为培养科学兴趣的阅读材料，更非科普性文字。这些文字的价值，在于启发如何发现与思考微生物潜在的应用。并且，更重要的应该是不断告诫勤奋努力的重要性，尤其是在发现某种微生物的应用价值之后，如何科学地、循序渐进地、不懈努力地开展相关研究与产品开发。如果你继续阅读下面的文字，你会发现“勤奋、锲而不舍、不断求学以探索未知”，可能远比“天才般的发现”更重要。

Fleming 虽然发现了青霉素，却只发表了两篇论文，并且有关青霉素在医学上潜在的价值，只在其第二篇论文中略微提到过一次：“青霉素或者性质与之类似的化学物质有可能用于脓毒性创伤的治疗”。这就是他对青霉素的功用所做出的唯一预言。

有人甚至在纪念 Fleming 贡献的一次演讲中指出，Fleming 在 1929 年那篇划时代论文中，没有引用 1928 年法国出版的一本专门阐述霉菌和其他细菌之间有关抑菌观察的文献，以此说明 Fleming 并不真的明白青霉素的价值。实际上，Fleming 确实不明白青霉素的巨大价值。他对于分离纯化青霉素一点也不积极，也未积极推动青霉素的应用研究并使其成为一种治疗用的药物。不少人认为："他所揭示的，仅仅是科学现象，并未真正将这些科学应用于造福人类"。

真正推动青霉素药用化研究的，其实是以 Florey 和 Chain 为主的牛津小组。他们所做的工作，也许远比不上 Fleming 的"天才"，但若翻阅青霉素发现史，你会发现，他们的工作所占的篇章，远远多于 Fleming；其勤奋程度，更是 Fleming 所不能比。

有趣的是，Fleming 还差一点断送了青霉素的前途。他当时并没有妥善保存所发现的青霉菌菌种，而是一位有远见的来自伦敦卫生和热带医学学院的教授 Raistrcik 将其保存，并于后来交给牛津研究小组。也许，历史的真相应当是：青霉菌抑菌现象的发现者——Fleming；药用青霉素的缔造者——来自牛津小组的 Florey 和 Chain。

当然，时势造英雄。有人认为，除了 Florey 和 Chain 的功劳之外，青霉素之所以能迅速在临床大面积推广使用，得益于残酷的二战以及日本偷袭珍珠港，促使美国加入战局。否则 Chain 恐怕很难成功游说美国投入青霉素的研发中。因为，青霉素的分离纯化极其困难，其水溶液极不稳定，很容易分解失效。而且其粗提物对天竺鼠的致死性很高，若按现在的情况看，没有人会认为这个药物值得开发。并且 Fleming 当初发现的菌株，产量极低。高产量菌株是在美国发现的，而一系列关键性技术和临床研究都是在美国实现的。

上述文字，的确像是在"翻案"和"发难"。还有人指责，初期的媒体宣传，完全是 Fleming 的个人舞台。而牛津小组所做的诸多实际而艰辛的工作，要么被忽略、要么被一笔带过，总之 Florey 和 Chain 被人遗忘了。

"如果没有牛津小组，就算 Fleming 要做，也造不出药物来"。对此，1999 年的《美国新闻与世界报道》周刊中，对 1945 年同获诺贝尔奖的三个人配发了耐人寻味的说明文字：Fleming——他对摄影师来者不拒；Florey——对新闻界冷如冰霜；Chain——年轻的生化学家，分析并提纯了青霉素。

（2）毒素

许多病原细菌都能产生毒素，其中大部分为蛋白质，可对宿主产生高度特异性的组织损害，例如，破伤风梭菌可产生破伤风毒素，该毒素可通过局部运动神经扩散至中枢神经系统，引起不可逆的损伤，一旦发病，无法治疗，必然造成死亡。其他常见的毒素如：肉毒梭菌产生的肉毒毒素、白喉棒杆菌产生的白喉毒素、肠出血性大肠杆菌产生的志贺样毒素等。

许多霉菌也能产生毒素，这类毒素通常统称为霉菌毒素（Mycotoxins）。如黄曲霉产生的黄曲霉毒素，具有极强地诱发肝癌的活性，危害较大。而一些毒蕈，则会产生蘑菇毒素，如毒鹅膏，其产生的 α-鹅膏蕈碱会对肝脏和肾脏造成致命伤害，而有效的解毒剂目前尚未被发现。

尽管大多数毒素对人类而言并无应用价值（除了历史上曾被开发为令人发指的生化武器外），但如肉毒毒素，却曾在美容业掀起过一场"革命"，因为其能阻断神经和肌肉之间的"信息传导"，可使过度收缩的肌肉放松舒展，皱纹便随之消失，故是目前去除动力性皱纹的最佳方法。

（3）色素

许多微生物可以通过次生代谢产生各种有色物质，如黏质沙雷氏菌可产生灵红菌素，该色素可将菌落染成红色。而红曲霉所产生的红曲色素，则是一种优质的天然食用色素，在肉制品、调味品、酒类、腌制蔬菜、面食品和发酵中药等生产中均有重要应用。

（4）其他生物活性物质

包括动植物生长刺激素、生物碱、信息素、免疫调节剂和酶抑制剂等。如赤霉素，其可促进植物生长、发芽、开花结果，并能刺激果实生长，对水稻、棉花、蔬菜和瓜果等均有显著的增产效果。又如土曲霉产生的洛伐他汀，是一种酶抑制剂，具有降胆固醇、降血脂的功效，其发现还被誉为是心血管系统疾病治疗中的里程碑事件。再如链霉菌产生的环孢菌素，其是一种被广泛用于预防器官移植排斥的免疫抑制剂。而麦角菌所产生的麦角类生物碱，尽管具有较强的毒性，但亦具有一定的药用价值——其具有动物激素的作用，能兴奋子宫肌、刺激动脉收缩、延长受体兴奋时间以及抑制催乳素分泌等作用，因而可被用于治疗偏头疼、产后出血、乳腺病、帕金森病和脑血管系统等疾病。

3）次生代谢物可能的生理功能

尽管大多数次生代谢产物对人类实践而言具有重要应用价值，但其对微生物生命活动而言有什么生理意义呢？试验表明，次生代谢物是微生物生存非必需的，因此，有关次生代谢物的生理功能目前尚无定论，并存在诸多争议，但有如下推测：

（1）解毒功能。有观点认为，次生代谢物的合成，是为了缓解因初生代谢物积累过多而可能引起的细胞毒性作用。毕竟，次生代谢物是以初生代谢物为原料的，通过合成次生代谢物，可能有助于消耗掉积累过多的初生代谢物。

（2）储存物质。亦有观点认为，合成次生代谢物是一种储存物质的方式，如链霉素的合成。在链霉素合成中，含有两个氨基的氨基酸，如脯氨酸、组氨酸、精氨酸等，均对链霉素的合成具有促进作用；而链霉素分子本身含氮比例又比较高。因此，链霉素的合成被认为是将过剩的氮进行储存的一种方式。

（3）生存竞争。这一观点主要基于抗生素类次生代谢物而提出。因为抗生素对分泌菌株本身而言无害，但可抑制其他微生物生长。在自然环境下，这有利于提升抗生素分泌菌株的生存竞争力。相似地，毒素的合成可能也是一种提升生存竞争力的方式。

（4）促进细胞分化。有研究表明，在链霉菌中，尽管抗生素的合成和孢子的形成是两个独立的生理过程，但二者可能存在某种有关联的调节机制。因为通常可观察到：不产孢子的链霉菌突变株，往往不能产生抗生素；而恢复了产孢子能力的突变株，其抗生素合成能力亦得以恢复；此外，孢子形成的抑制剂，也往往影响抗生素的合成。这些均暗示，抗生素的合成与细胞分化（孢子形成）密切相关。

然而，由于微生物次生代谢物种类较多，以上观点均难以全面概括次生代谢物所具有的生理功能。但不可否认，这些次生代谢物对微生物本身是具有重要生理意义的，否则，这一涉及多种酶类参与、消耗大量能量与营养物、有着精巧调节机制的代谢途径就难以在进化过程中被保留下来。

三、代谢之间的联系

从内容上看，新陈代谢可分为物质代谢和能量代谢；从方向上看，新陈代谢可分为合成代谢（同化作用）和分解代谢（异化作用）。

物质代谢与能量代谢、分解代谢与合成代谢，两两联系紧密，互不可分（图 2-19）。如果生物体中只进行能量代谢，则有机能源的最终结局只能是被彻底分解、氧化为 CO_2 和 H_2O，显然，在这种情况下无法积累任何中间代谢物，合成代谢便会因缺乏原料而无从进行，微生物也无法生长和繁殖。反之，如果仅仅保障合成代谢的进行，那么，分解代谢中的大量中间产物便会因合成各种物质的需要而被全部消耗，其结果将使分解代谢，尤其是以循环方式进行的分解代谢（如 TCA 循环），无法正常运转。

实际上，微生物和其他生物在长期进化过程中，通过两用代谢途径和代谢回补顺序的方式，早已既巧妙又圆满地解决了这个矛盾。

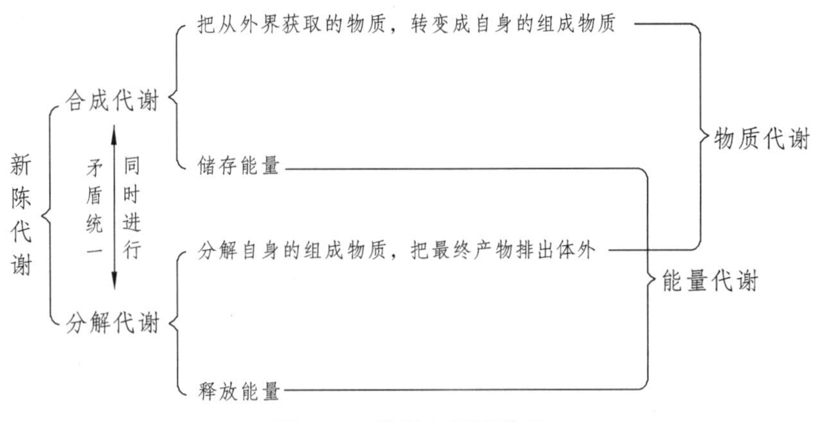

图 2-19　代谢之间的联系

1. 两用代谢途径

凡在分解代谢和合成代谢中均具有功能的代谢途径，称为两用代谢途径（Amphibolic pathway）。EMP、HMP 和 TCA 等途径都是重要的两用代谢途径。

例如，葡萄糖通过 EMP 途径可分解为 2 个丙酮酸，反之，2 个丙酮酸也可通过 EMP 途径的逆向途径而合成 1 分子葡萄糖，此即糖异生作用；又如，TCA 循环不仅包含了丙酮酸和乙酰-CoA 的氧化，而且还包含了琥珀酰-CoA、草酰乙酸和 α-酮戊二酸等的产生，它们是合成氨基酸和卟啉等化合物的重要中间代谢物。

必须指出：① 在两用代谢途径中，合成途径并非分解途径的完全逆转，即某一反应的逆反应并不总是由同样的酶进行催化。例如，在糖异生过程中，有两个酶与进行分解代谢时不同，即由果糖二磷酸酯酶（而不是磷酸果糖激酶）来催化果糖-1, 6-二磷酸至果糖-6-磷酸的反应，以及由葡萄糖-6-磷酸酯酶（而不是已糖激酶）来催化葡萄糖-6-磷酸至葡萄糖的反应。② 在分解代谢与合成代谢的相应代谢步骤中，往往还包含了完全不同的中间代谢物。③ 在真核微生物中，分解代谢和合成代谢一般在不同的分隔区域内分别进行，即分解代谢一般在线粒体、微粒体或溶酶体中进行，而合成代谢一般在细胞质中进行，从而有利于两者可同时有条不紊地运转。原核生物因其细胞微小、结构的间隔程度低，故反应的控制大多在简单的酶分子水平上进行。

2. 代谢物补偿途径

微生物在正常情况下，为进行生长、繁殖的需要，必须从各分解代谢途径中抽取大量中间代谢物以满足其合成细胞基本物质——糖类、氨基酸、嘌呤、嘧啶、脂肪酸和维生素等的需要。这样一来，势必又造成了分解代谢不能正常运转，并进而严重影响产能。例如，在 TCA 循环中，若因合成谷氨酸的需要而抽走了大量 α-酮戊二酸，就会使 TCA 循环中断，严重影响产能。为解决这一矛盾，微生物在其长期进化过程中发展出一套完善的中间代谢物的补偿途径。

代谢物补偿途径（Replenishment pathways），又称代谢物回补顺序，是指能补充两用代谢途径中因合成代谢而消耗的中间代谢物的那些反应。通过这种机制，一旦重要产能途径中的某种关键中间代谢物必须被大量用作生物合成原料而抽走时，仍可保证能量代谢的正常进行。在生物体中，这种情况是十分普遍的，例如，在 TCA 循环中，通常就约有一半的中间代谢物被抽走作为合成氨基酸和嘧啶的原料，但可通过代谢物补偿途径及时补充。

不同的微生物或同种微生物在不同的碳源培养下，有不同的代谢物补偿途径。与 EMP 途径和 TCA 循环有关的补偿途径约有 10 条，它们都围绕着回补 EMP 途径中的磷酸烯醇式丙酮酸和 TCA 循环中的草酰乙酸这两关键性中间代谢物来进行的。下面以乙醛酸循环为例，进行介绍。

乙醛酸循环（Glyoxylate cycle），又称乙醛酸支路，因循环中存在乙醛酸这一关键中间代谢物而得名。它是 TCA 循环的一条回补途径，可使 TCA 循环不仅具有高效的产能功能，而且还兼具可为许多重要生物合成反应提供有关中间代谢物的功能，例如，草酰乙酸可合成天冬氨酸，α-酮戊二酸可合成谷氨酸，琥珀酸可合成叶卟啉等。在乙醛酸循环中有两个关键酶——异柠檬酸裂合酶和苹果酸合酶，它们可使丙酮酸和乙酸等化合物源源不断地合成 C_4 二羧酸，以保证微生物正常生物合成的需要，同时对某些以乙酸为唯一碳源进行生长的微生物来说，更有至关重要的作用。乙醛酸循环的总反应为：

$$2\text{丙酮酸} \longrightarrow \text{琥珀酸} + 2CO_2。$$

在乙醛酸循环中，异柠檬酸可通过异柠檬酸裂合酶分解为乙醛酸和琥珀酸；其中的乙醛酸又可通过苹果酸合酶的催化与乙酰-CoA 一起形成苹果酸，于是异柠檬酸跳过了 TCA 循环中的 3 步，直接形成了琥珀酸，且效率比 TCA 高（TCA 中 1 分子异柠檬酸只产生 1 分子 C_4 化合物，而乙醛酸循环则可产生 1.5 分子 C_4 化合物）。

具有乙醛酸循环的微生物，普遍是好氧菌，例如，可用乙酸作为唯一碳源生长的一些细菌，包括醋杆菌属、固氮菌属、红螺菌属、大肠杆菌、产气肠杆菌、脱氮副球菌和荧光假单胞菌等；真菌中有酵母属、青霉属和黑曲霉等。

四、微生物自身的代谢调节

尽管微生物的代谢途径较多，各种代谢途径之间也相互交织、错综复杂，但微生物具有精确、灵敏、可塑性强的代谢调节机制，可保障其代谢过程按照生命活动所需、有条不紊地进行。在细胞水平上，微生物的代谢调节能力远远超过高等生物。

微生物自身的代谢调节方式，主要有：代谢途径区域化、细胞质膜透性的调节、代谢方向的调控和代谢速率的调控（图 2-20）。特别是后三者，是发酵生产中对微生物代谢进行人为干预和调控的重要理论基石。

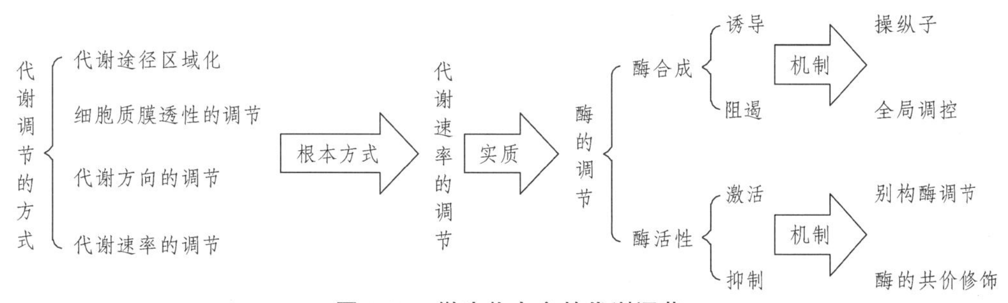

图 2-20　微生物自身的代谢调节

（一）微生物自身代谢调节的方式

1. 代谢途径区域化

原核生物的细胞，虽然没有复杂的、具有膜结构的细胞器，但也划分出不同的代谢区域。与特定代谢途径相关的酶系，会集中在特定区域，以保证此条代谢途径的顺利进行，并避免其他途径的干扰。例如，念珠蓝细菌所具有的异形胞结构，就是一种代谢途径区域化的最佳体现。异形胞是进行生物固氮的专门场所，其可起到氧屏障的作用，从而不受到产氧光合作用的影响，能保障生物固氮酶系所必需的厌氧微环境。

而在真核微生物细胞中，各种酶系被内膜系统隔离分布，使其特定的代谢活动只能在特定的部位上进行。例如，与呼吸产能有关的酶系集中于线粒体内膜上，而与 DNA 合成相关的酶系则位于细胞核内。如此一来，可保障各种代谢相对独立地、有条不紊地顺利进行。

不难发现，代谢途径区域化，其实质是控制酶与底物接触，从而使各个途径相对独立地进行、互不干扰。

2. 细胞质膜透性的调节

细胞质膜透性的调节，是微生物代谢调节的重要方式。因为细胞质膜的透性，直接影响细胞对营养物质的吸收和代谢产物的分泌，从而影响到细胞内代谢的进行。

例如，大肠杆菌对乳糖的吸收，是受细胞膜上渗透酶和腺苷酸环化酶的协同控制。当培养基中存在葡萄糖时，葡萄糖可使渗透酶和腺苷酸环化酶以非活性状态存在，从而导致乳糖分子不能透过细胞膜，微生物也就无法代谢乳糖；当培养基中有乳糖存在而无葡萄糖时，渗透酶和腺苷酸环化酶表达量上升，从而增强乳糖分子透过细胞膜，微生物得以顺利代谢乳糖。

可见，细胞质膜透性的调节，其实质也是酶的调节。

3. 代谢方向的调节

微生物在不同条件下，可以通过控制各代谢途径中某个酶促反应，从而控制代谢的方向。这包括两种方式：由一个关键酶控制的可逆反应和由两种酶控制的互逆反应。

由一个关键酶控制的可逆反应，即对于同一个酶，可以通过控制不同的辅基（或辅酶）来控制其所催化的反应的方向，进而控制代谢的方向。例如，谷氨酸脱氢酶的辅酶既可以是 $NADP^+$，也可以是 NAD^+。当 $NADP^+$ 作为谷氨酸脱氢酶的辅酶时，谷氨酸脱氢酶可催化谷氨酸的合成；当 NAD^+ 作为谷氨酸脱氢酶的辅酶时，谷氨酸脱氢酶可催化谷氨酸的分解。

由两种酶控制的互逆反应，即在微生物某条代谢途径的关键位置上的某些反应，是由两种不同的酶来催化的：其中一种酶催化正反应，另一种酶则催化逆反应。例如，在糖代谢途径中，葡萄糖转化为葡萄糖-6-磷酸是由己糖激酶催化的，而其逆反应则是由 6-磷酸葡萄糖酯酶催化的；果糖-6-磷酸转化为果糖-1, 6-二磷酸是由磷酸果糖激酶催化的，而其逆反应则由果糖-1, 6-二磷酸酯酶催化。

由以上可知，代谢方向的调节，其实质也是酶的调节。

4. 代谢速率的调节

代谢速率的调节，可通过调节各代谢途径中某个酶促反应的速率，从而控制整条途径的代谢速率。其实质，是控制酶的合成与酶的活性。详见下文“酶的调节”。

（二）微生物自身代谢调节的实质——酶的调节

综上所述，可以得出两个结论：一是微生物自身代谢调节的根本方式，是代谢速率的调节；二是代谢调节的实质，是酶的调节。因为，无论是代谢途径区域化、细胞质膜透性的调节，还是代谢方向和速率的调节，均是依靠酶的调节并进而影响酶促反应得以实现的；而酶促反应能否进行，进行速率如何，其实是反应速率问题（酶促反应不能进行，可看作反应速率为零）。

归根结底，酶的调节影响着代谢速率，而代谢速率则控制着整个代谢活动（图 2-20）。

酶的调节，有如下两种方式：酶合成的调节和酶活性的调节（图 2-20）。

1. 酶合成的调节（粗调）

酶合成的调节，就是通过酶合成数量的多少来控制代谢的速率，它是基因表达水平上的调节。酶合成的调节有两种方式：酶合成的诱导和酶合成的阻遏。前者导致酶的合成，后者停止酶的合成。

1）酶合成的诱导

微生物体内参与代谢活动的酶，有些是细胞所固有的，常存于细胞内，以恒定速度和恒定数量生成，不随微生物的代谢状态而变化，这一类酶称为组成酶（Constitutive enzyme）；而另一些酶，在一般情况下，细胞内不合成或合成数量极少，只有在天然底物或与底物结构类似之物存在时才生成，这一类酶被称为诱导酶（Induced enzyme）。需注意的是，组成酶和诱导酶是相对的概念，同一种酶，在某种微生物中是诱导酶，而在另一微生物中则可能是组成酶。

能引起诱导酶合成的物质被称为诱导物（Inducer），其一般为该诱导酶的天然底物或与底物结构类似之物。如乳糖和与乳糖结构类似的异丙基-*β*-*D*-硫代半乳糖苷（IPTG），均是 *β*-半乳糖苷酶的诱导物，其均可诱导大肠杆菌 *β*-半乳糖苷酶的生成。

酶的诱导合成现象，在微生物中普遍存在。许多分解酶属于诱导酶类，如降解糖类、蛋白质、氨基酸等的酶；有些合成酶也是诱导酶类，如催化细胞色素、菌绿素合成等的酶。

以大肠杆菌为例，来说明酶的诱导对代谢速率的调控：当培养基中不存在诱导物时，大肠杆菌 *β*-半乳糖苷酶合成量极低（仅有一个本底表达），大肠杆菌几乎不能分解乳糖（代谢速率几乎为零）；当向培养基中加入乳糖后，大肠杆菌 *β*-半乳糖苷酶合成量急剧上升（约 1000 倍），此时，大肠杆菌分解乳糖的代谢速率亦迅速上升。

酶合成的诱导对于微生物是十分有意义的。从营养的角度看，微生物可以根据环境所提供的生长底物，诱导合成相应的酶，以分解生长底物，吸收营养，进行代谢活动，从而加强微生物对环境的适应能力；从细胞经济学的角度看，微生物仅在需要时（存在底物时）才合成诱导酶，在不需要时便不合成，这就避免了生物合成的原料与能量的浪费。

2）酶合成的阻遏

酶合成的阻遏与酶合成的诱导相反，其是由于某种化合物的存在而阻止了酶的合成。如果这种化合物是某一合成途径的终点产物，则这种阻遏作用被称为终点产物阻遏（End product repression）；若这种化合物是分解代谢途径中的产物，则称为分解代谢物阻遏（Catabolite repression）。

（1）终点产物阻遏

终点产物阻遏作用，主要发生在合成代谢途径中。一个合成代谢途径的终点产物，当其过量时，会阻遏该途径中第一个反应的关键酶的合成，甚至同时阻止涉及此合成途径中所有酶的生成。例如，在大肠杆菌中，终点产物异亮氨酸会对该合成途径的第一个酶（苏氨酸脱氢酶）具有阻遏作用；而在大肠杆菌以高丝氨酸为底物合成甲硫氨酸的途径中，当向培养基中加入过量甲硫氨酸时，催化高丝氨酸合成甲硫氨酸的酶系将同时被阻遏。值得注意的是，上述例子仅为单个终产物的阻遏模式，实际上，终点产物阻遏的模式还包括多个终点产物的阻遏模式，其作用模式相对复杂，本书暂不论述。

总之，终点产物阻遏对于微生物生存而言是极为重要的，它使微生物在合成足量生命所必需的物质后，便能停止该物质的合成；而当该物质缺乏时，又能重新开始合成。这样，就节约了大量的能量和原料。

（2）分解代谢物阻遏

分解代谢物阻遏作用，主要发生在分解代谢途径中，其是指细胞在有优先可被利用的物质时，将会优先启动分解这些物质的代谢途径，并同时阻遏其他物质的分解途径。

例如，当培养基中同时存在葡萄糖和阿拉伯糖时，枯草芽孢杆菌会优先利用葡萄糖，并且只有当葡萄糖被利用完毕后，阿拉伯糖才能被利用。同样地，在大肠杆菌中也能观察到类似现象。当培养基中同时存在葡糖糖和乳糖时，大肠杆菌将优先利用葡萄糖。这就是“二次生长现象”（Diauxic growth）。

其原因有两方面：一是因为分解葡萄糖的酶系是组成酶，而分解乳糖、阿拉伯糖的酶系是诱导酶，故微生物会优先利用葡萄糖；二便是分解代谢物阻遏作用——葡萄糖的存在，会（间接）阻遏分解乳糖或阿拉伯糖的酶系的合成，从而阻断这些糖类的分解代谢途径。

分解代谢产物阻遏的生理意义在于：微生物不必将大量的能量消耗在合成那些效果不大的酶系上，它们能随着培养环境的变化，选择更加经济、有效率的生存策略。

3）酶合成调节的分子机制

酶合成调节，是在基因表达水平上的调节，其分子机制主要为操纵子（Operon）和全局调控（Global regulation）。

操纵子是特定基因的顺序排列，受调控区域调控。操纵子中包括编码酶类的结构基因、用以操纵结构基因表达的操纵基因以及用于与 RNA 聚合酶结合的启动子和编码调节蛋白（作用于操纵基因）的调节基因。当培养基中不存在诱导物时，阻遏蛋白与操纵基因结合，使 RNA 聚合酶不能与启动子结合，从而阻止结构基因的转录，故酶不能合成；而当培养基中存在诱导物时，诱导物可与阻遏蛋白结合，并引起阻遏蛋白的变构化，导致阻遏蛋白从操纵基因上解离，故结构基因可正常转录，酶亦能正常合成。这便是酶合成的诱导的操纵子学说。

另值得注意的是，以乳糖操纵子为例，当有葡萄糖存在，即使有诱导物（乳糖）存在，也无法诱导乳糖酶的合成。这是因为葡萄糖可导致细胞内 cAMP 水平下降，而 cAMP 是 RNA 聚合酶与启动子结合所必需的。但当葡萄糖被耗尽后，cAMP 水平上升，转录可正常发生，乳糖酶亦可正常合成。这便是酶合成阻遏（分解代谢物阻遏）的分子机制。这属于酶合成调节的另一种机制——全局调控。全局调控是微生物应对不利环境，在整个细胞水平上进行的一种调控机制，其涉及许多套基因的表达。除酶合成的阻遏外，磷酸盐调控、SOS 反应、热激反应等应激反应皆属于全局调控。

2. 酶活性的调节（细调）

酶活性的调节，就是通过活性酶数量的多少来控制代谢的速率，其是指通过激活剂或抑制剂的作用，来改变酶分子构象或结构，进而改变酶的活性，最终影响“具有活性的酶”的数量，并由此控制代谢的速率。

酶活性的调节是蛋白质分子水平上的调节，相比于酶合成的调节，其更加迅速并且精细。因此，把酶合成的调节常称为“粗调”，而酶活性的调节称为“细调”。

酶活性调节的模式，包括酶活性的激活和酶活性的抑制。

1）酶活性的激活

激活作用的实现，依赖于激活剂（Activator）。在微生物代谢调节中，具有激活酶活性的激活剂通常是某代谢途径中的代谢物。

酶活性的激活，主要包括“前体激活”和“反馈激活”两种方式。前者普遍存在于分解代谢中，是指在某条代谢途径中，后面一步反应的酶可被前面反应的产物所激活，例如，大肠杆菌的 EMP 途径中的中间产物果糖-1, 6-二磷酸可激活丙酮酸激酶的活性；而后者，并不多见，其是指前面一步反应的酶可被较后面的反应的产物所激活，例如果糖-1, 6-二磷酸可激活磷酸果糖激酶。

2）酶活性的抑制

抑制与激活相反，其是指由于抑制剂的作用，使酶活性降低。值得注意的是，在代谢调节范畴中，抑制作用是可逆的，即当抑制剂去除后，酶又恢复了活性。

酶活性的抑制主要通过反馈抑制（Feedback inhibition）来实现。这是一种通过末端产物对酶（往往是代谢途径中的第一个酶）活性的抑制作用。反馈抑制在生物体中普遍存在，例如，大肠杆菌在由苏氨酸合成异亮氨酸的途径中，当终产物异亮氨酸过量时，将会对途径中第一个反应的酶——苏氨酸脱氢酶的活性产生抑制作用；而当异亮氨酸浓度降低时，又可重新解除抑制。

反馈抑制对于微生物生命活动的调节具有重要意义，它在维持细胞正常代谢、经济有效地利用代谢原料，以及适应环境的变化上都有重要作用。

3）酶活性调节的分子机制

酶活性调节的机制主要有两种：别构酶调节和酶的共价修饰。

别构酶与普通酶不同，其分子上具有可与调节物结合的调节区域。当酶与调节物结合后，酶分子的构象发生变化，引起催化区域结构改变，从而导致酶的失活。

共价修饰，是酶分子在修饰酶的催化下，可与某些物质发生共价键的结合或解离，从而在活性形式与非活性形式之间相互转变，以控制代谢的速率。其主要包括磷酸化/脱磷酸化、腺苷酰化/脱腺苷酰化以及乙酰化/脱乙酰化对酶活性的调节等方式。

综上所述，微生物具有比其他任何生物更加灵活、精确的代谢调节能力，因此，微生物具有极强的环境适应力以及更强的生存能力。此外，微生物代谢调节系统可塑性较强，因此，在生产实践中，既可以利用微生物自身的代谢调节，亦可设法破除这种调节而按照人为意愿重新建立新的调节，从而使发酵原料的使用更经济合理，同时亦能高效率地生产大量有用代谢物（相关内容可见本书第五章第一节）。

第三章　微生物的生长繁殖

重点：常见微生物的繁殖方式；典型生长曲线中各时期的特点、产生原因和影响因素；微生物生长与代谢的内在联系；营养物质浓度、温度、pH值、氧气对微生物生长的影响；控制微生物生长的常见方法。

第一节　微生物的个体生长繁殖

一个微生物细胞在适宜的培养条件下，会不断从外界吸收营养物质，并按其自身的代谢方式不断进行新陈代谢。如果同化作用的速度超过了异化作用，则其原生质的总量（重量、体积或大小）就会不断增加，于是出现了个体的生长。但生长不可能这样无限进行下去，当个体生长到一定程度后，就会引起个体数目的增加，对单细胞的微生物来说，这就是繁殖（图3-1）。

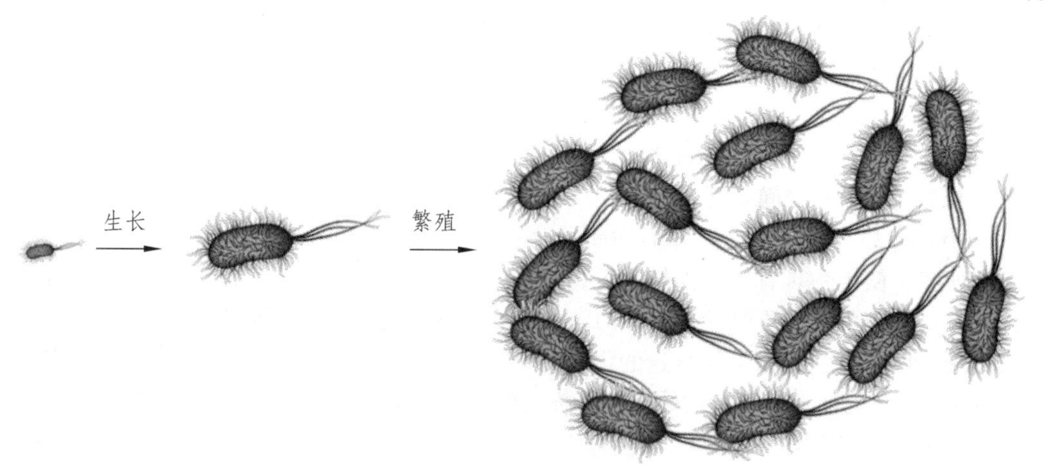

图3-1　生长与繁殖

值得注意的是，微生物个体太小，并且微生物是“以群制胜”的，因此，研究微生物个体的生长，不具有实际意义。本书将主要论述微生物个体的繁殖。

一、原核生物

原核生物属于低等生物，仅能进行无性繁殖，不能进行有性繁殖。下面主要介绍细菌和放线菌的繁殖。

（一）细菌的繁殖

当一个细菌生长在适宜条件下时，通过连续的生物合成和平衡生长，细胞体积、重量会不断增大，最终导致了繁殖。细菌的繁殖方式主要为裂殖，只有少数种类会进行芽殖。

1. 裂　殖

裂殖（Fission），是指一个细胞通过分裂而形成两个子细胞的过程。对杆状细胞来说，有横分裂和纵分裂两种方式，前者指分裂时细胞间形成的隔膜与细胞长轴呈垂直状态，后者则指呈平行状态。一般的细菌均采用横分裂方式进行繁殖。

1）二分裂

典型的二分裂（Binary fission）是一种对称的二分裂方式，即一个细胞在其对称中心形成一隔膜，进而分裂成两个形态、大小和构造完全相同的子细胞。绝大多数的细菌都借这种分裂方式进行繁殖（图 3-2）。

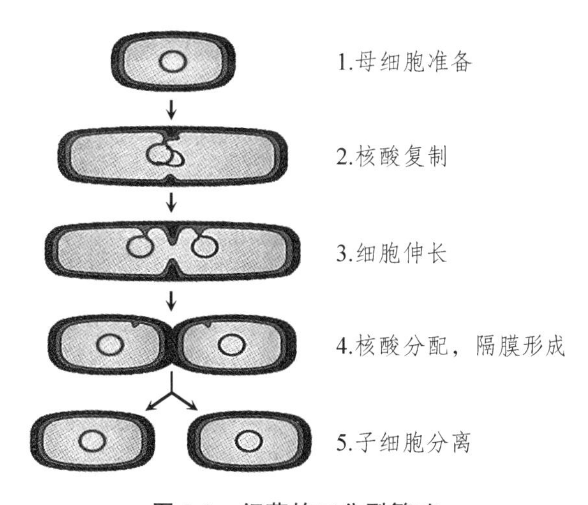

图 3-2　细菌的二分裂繁殖

在少数细菌中，还存在着不等分二分裂的繁殖方式，其结果是产生了两个在外形、构造上有明显差别的子细胞。

2）其他裂殖方式

包括三分裂（Trinary fission）和复分裂（Multiple fission）等。

如暗网菌属细菌，能进行三分裂，并形成松散、不规则、三维构造的、由细胞链组成的网状体。而蛭弧菌属细菌，则可进行复分裂，其在繁殖时，细胞多处同时发生均等长度的分裂，形成多个弧形的子细胞。

2. 芽　殖

芽殖（Budding），是指在母细胞表面（尤其在细胞的某一端）先形成一个小突起，待其长大到与母细胞相仿后，再相互分离并独立生活的一种繁殖方式。凡以这类方式繁殖的细菌，统称芽生细菌（Budding bacteria），其包括芽生杆菌属等 10 余属细菌。

（二）放线菌的繁殖

放线菌的繁殖方式主要有借孢子繁殖（Spore propagation）和借菌丝繁殖两种。

1. 借孢子繁殖

在自然条件下，多数放线菌通常是“借形成各种孢子”的形式进行繁殖的。放线菌的孢子的形成方式主要为横割分裂，过程概貌如图 3-3 所示。

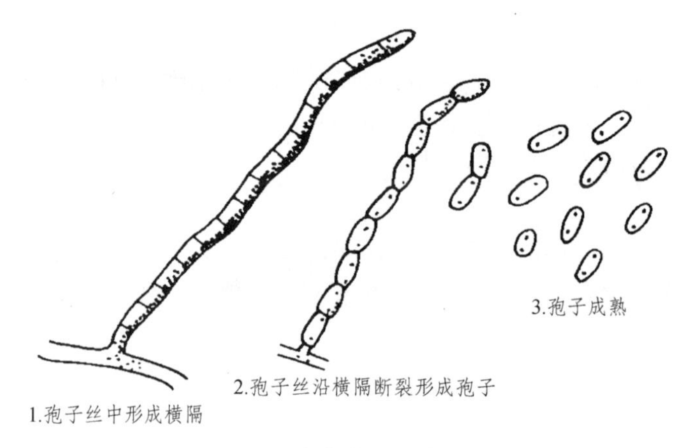

图 3-3　放线菌孢子的形成

2. 借菌丝繁殖

当放线菌处于液体培养时，很少形成孢子，但其可借助各种菌丝片段进行繁殖。放线菌的菌丝都具有繁殖潜力，这一特性对于在实验室中进行摇瓶培养和在大型发酵罐中进行液态深层搅拌式发酵来说，就显得十分重要。

关于放线菌的生活史，如图 3-4 所示。

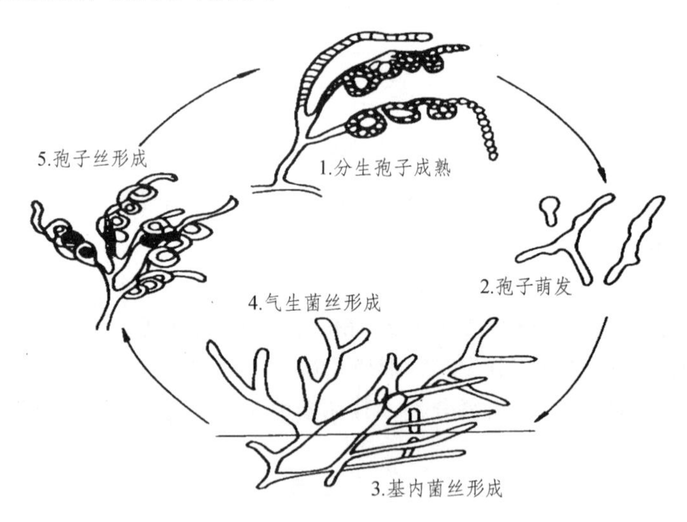

图 3-4　放线菌的生活史

二、真核微生物

真核微生物进化程度较高，既能进行无性繁殖，亦能进行有性繁殖。下面主要介绍酵母菌和霉菌的繁殖。

（一）酵母菌的繁殖

1. 无性繁殖

酵母菌的无性繁殖主要为芽殖和裂殖。

1）芽殖

芽殖是酵母菌最常见的一种繁殖方式。在良好的营养和适宜的生长条件下，酵母菌生长迅速，几乎所有的细胞上都可长出芽体，而且芽体上还可再形成新的芽体，于是在显微镜下可观察到呈簇状的细胞团。当它们进行一连串的芽殖后，如果长大的子细胞与母细胞不立即分离，其间仅以狭小的面积相连，则这种藕节状的细胞串就称为“假菌丝”（Pseudohypha）。

芽体的形成过程大致如下（图 3-5）：在母细胞上即将形成芽体的部位，会因水解酶的作用而使得细胞壁变薄；大量新细胞物质会堆积在芽体的起始部位上；待芽体逐步长大后，就在与母细胞的交界处形成一块由葡聚糖、甘露聚糖和几丁质组成的隔壁；成熟后，芽体与母体分离，并在母细胞上留下一个芽痕，而在子细胞上相应地留下了一个蒂痕。任何细胞上的蒂痕仅一个，而芽痕有一至数十个，根据它的多少还可测定该细胞的年龄。

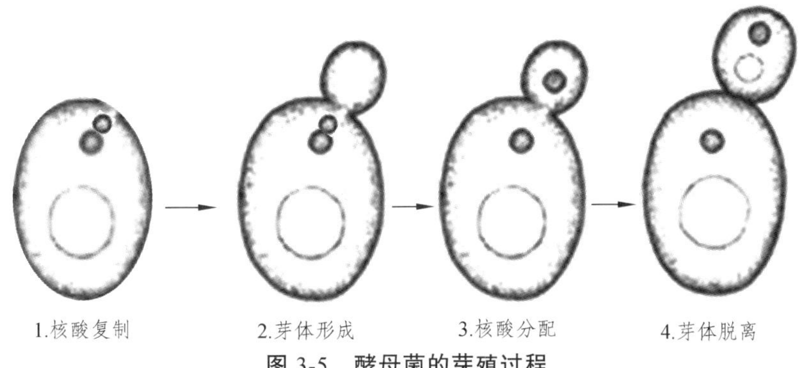

图 3-5　酵母菌的芽殖过程

2）裂殖

少数酵母菌，如裂殖酵母属酵母，具有与细菌相似的二分裂繁殖方式（图 3-6）。

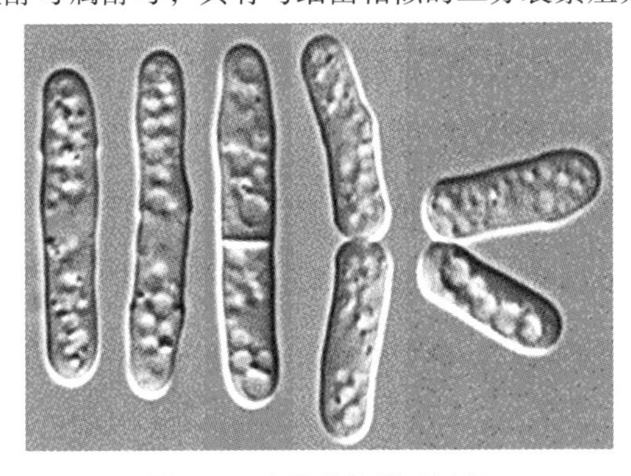

图 3-6　酵母菌的裂殖过程

2. 有性繁殖

酵母菌是以形成子囊（Ascus）和借子囊孢子（Ascospore）的方式进行有性繁殖的（图 3-7）。它们一般通过邻近的两个形态相同而“性别”不同的细胞各自伸出一根管状的原生质突起相互接触、局部融合并形成一条通道，再通过质配、核配和减数分裂形成 4 个或 8 个子核，然后它们各自与周围的原生质结合在一起，再在其表面形成一层孢子壁，这样一个个子囊孢子就成熟了，而原有的营养细胞则成了子囊。

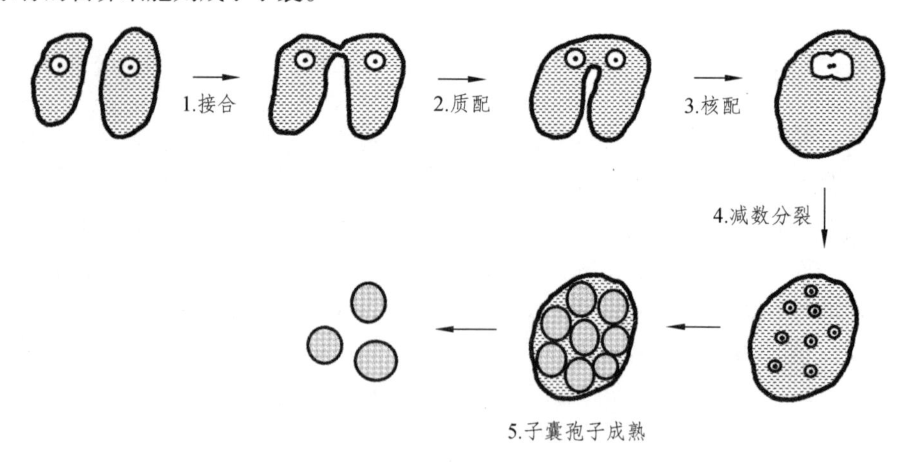

图 3-7　酵母菌子囊孢子的形成过程

（二）霉菌的繁殖

1. 无性繁殖

霉菌的无性繁殖主要为借无性孢子繁殖和借菌丝繁殖。

1）无性孢子

无性孢子，主要有分生孢子、节孢子和孢囊孢子。

（1）分生孢子（Conidiospore）。在菌丝顶端或分生孢子梗（Conidiophore）上，以类似出芽的方式形成单个或成簇的孢子。青霉、曲霉、木霉和交链孢霉等大多数霉菌均以分生孢子进行繁殖。其形成的过程概貌如图 3-8 所示。

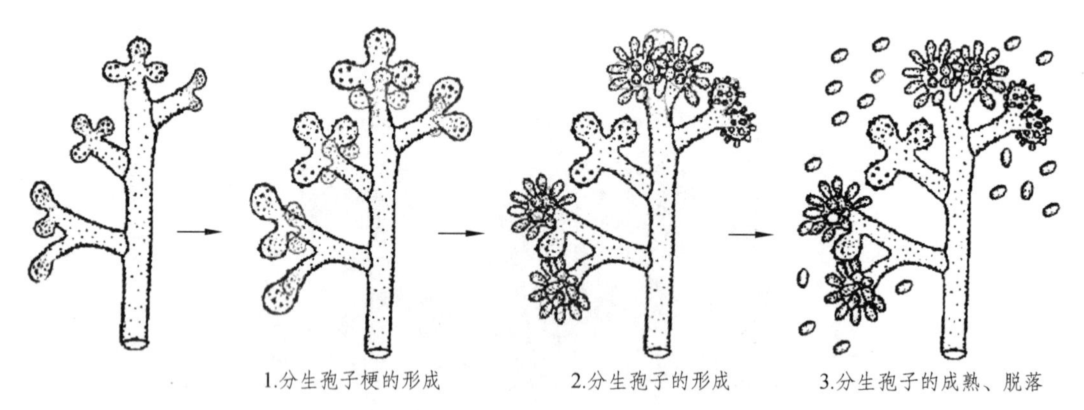

图 3-8　分生孢子的形成过程

（2）节孢子（Arthrospore）。由菌丝断裂形成。该繁殖方式常见于白地霉。

（3）孢囊孢子（Sporangiospore）。由气生菌丝或孢囊梗顶端膨大，并在下方生出横隔，与菌丝分开而形成孢子囊，最后在孢子囊内形成孢子。这种方式常见于根霉和毛霉。

2）借菌丝繁殖

在液体培养时，若环境条件适宜，霉菌的菌丝同放线菌菌丝一样，可繁殖成为新的个体。

2. 有性繁殖

霉菌借助各种有性孢子，可进行有性繁殖。

（1）接合孢子（Zygospore）。其是由两个相邻菌丝上的配子囊接合而形成，常见于根霉和毛霉。过程概貌如图 3-9 所示。

（2）卵孢子（Oospore）。其是先由菌丝分化成卵囊和精囊，再由所产生的精子和卵子配合形成，如德巴利腐霉。

（3）子囊孢子（Ascospore）。子囊菌纲的霉菌经有性配合后，形成子囊，并在子囊内产生孢子，如红曲霉。

值得注意的是，霉菌的有性繁殖不像无性繁殖那样普遍，其多发生于特定条件下，在一般的培养基中不常出现。

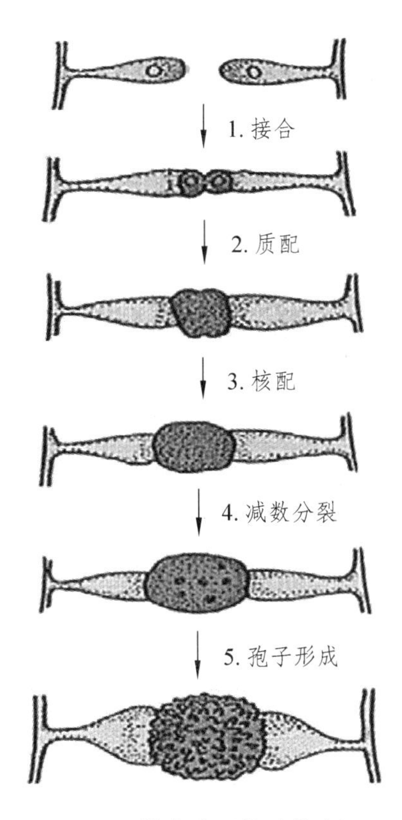

图 3-9　接合孢子的形成过程

三、病　毒

病毒几乎不存在生长的过程，仅进行繁殖（或复制）。下面以噬菌体为例，介绍病毒的繁殖。

（一）噬菌体的繁殖

噬菌体的繁殖过程分为五步：吸附（Adsorption）、侵入（Penetration）、生物合成（Biosynthesis）、子代装配（Assembly）和裂解释放（Lysis and release）（图 3-10）。

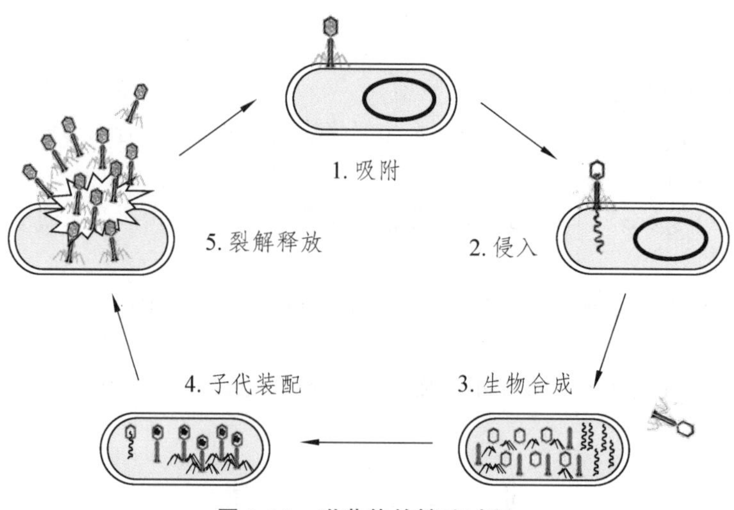

图 3-10 噬菌体的繁殖过程

1. 吸 附

吸附是噬菌体的吸附结构与宿主细菌表面受体发生结合的过程。这种结合具有严格的特异性——噬菌体吸附结构与宿主表面受体分子结构的严格互补性。

细菌表面的大多数构造，都是潜在的受体，如菌毛、性丝、糖被、外膜通道蛋白、Vi 抗原、脂多糖、肽聚糖和磷壁酸等；噬菌体的吸附结构，主要为尾丝、尾钉和基板等。

吸附作用受许多内外因素的影响，如噬菌体的数量、阳离子浓度、温度和辅助因子（色氨酸、生物素）等。

2. 侵 入

侵入是噬菌体核酸穿过细菌细胞外部结构而进入细胞内的过程。在侵入时，噬菌体裸露的、亲水性的核酸分子需穿越细菌的肽聚糖层，并抵御周质空间内限制性内切酶（Restriction endonuclease）的作用，以及克服细胞膜的疏水屏障。大多数噬菌体借其尾部尖端携带的裂解酶（Lysin），裂解接触处的肽聚糖，从而使尾部或尾管穿越细胞壁，以利侵入。

噬菌体头部的核酸可迅即通过尾管及其末端小孔注入宿主细胞中，并将蛋白质躯壳留在细胞外。从吸附到侵入的时间极短，如噬菌体 T4 仅需 15 s。

3. 生物合成

生物合成，包括噬菌体核酸的复制和蛋白质的合成。

当噬菌体 DNA 注入宿主细胞时，一些噬菌体内源蛋白可随之一同进入。这些蛋白对抵御宿主防御机制攻击和接管宿主代谢，具有重要意义。在有利于增殖的环境建立后，宿主 RNA 聚合酶识别位于噬菌体基因组上的强启动子，转录出早期 mRNA，进而翻译出早期蛋白。早期蛋白具有较强的个体特异性，主要为噬菌体 RNA 聚合酶（如噬菌体 T7）或更改蛋白（如噬菌体 T4）。随后，在早期蛋白的作用下，噬菌体完成次早期基因的表达，合成出次早期蛋白——主要为噬菌体 DNA 聚合酶和晚期 RNA 聚合酶。在次早期蛋白的作用下，噬菌体完成核酸的复制和晚期蛋白的合成。晚期蛋白主要是噬菌体头部蛋白、尾部蛋白、各种装配伴侣和裂解酶（Endolysin）等。

4. 子代装配

装配是形成成熟的、有感染能力的噬菌体的过程。主要步骤有：DNA 分子的缩合；通过衣壳包裹 DNA 而形成完整的头部；尾丝和尾部的其他“部件”独立装配完成；头部和尾部相结合后，最后再装上尾丝。

5. 裂解释放

当宿主细胞内的大量子代噬菌体成熟后，由于水解细胞膜的脂肪酶和水解细胞壁的裂解酶等的作用，促进了细胞的裂解，从而完成了子代噬菌体的释放。

（二）噬菌体的生活史

上述五步过程，称为裂解性循环（Lytic cycle）。实际上，依据噬菌体的生活史，可把噬菌体分为烈性噬菌体（Virulent phage）与温和噬菌体（Temperate phage）。将仅能经历裂解性循环的噬菌体，定义为烈性噬菌体。与此相对的是温和噬菌体，即既能经历裂解性循环，又能经历溶源性循环的噬菌体。

什么是溶源性循环？如图 3-11 所示。

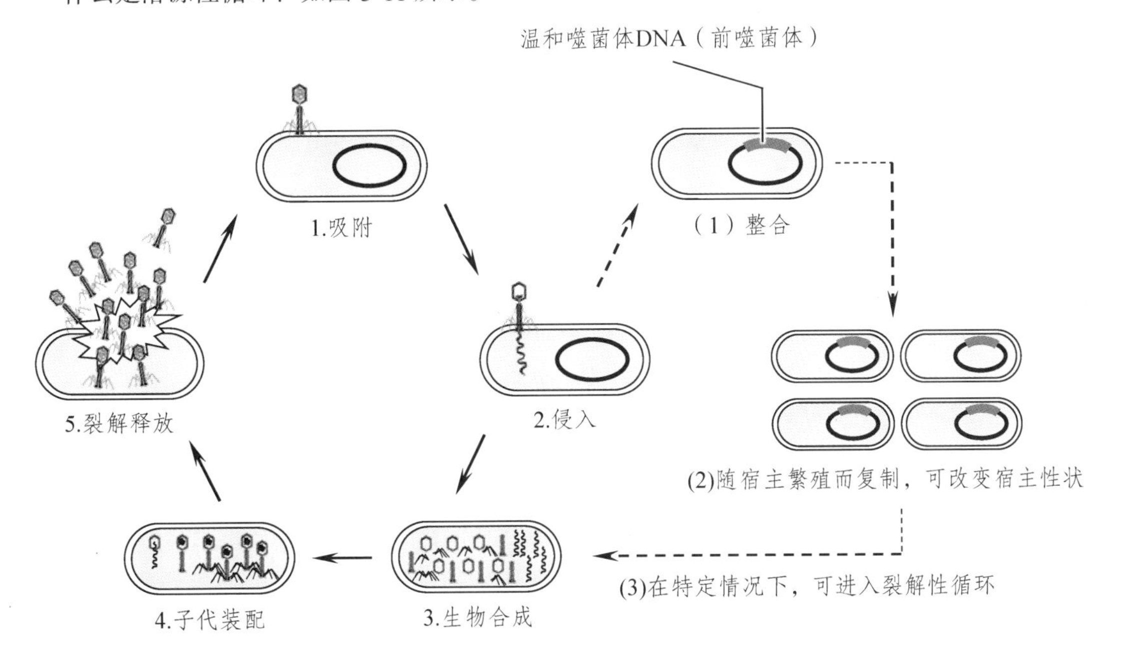

图 3-11 噬菌体的生活史

所谓溶源性循环（Lysogenic cycle），主要指温和噬菌体将自身核酸注入宿主后，并不立即开始生物合成，而是将自身核酸整合到宿主基因组上，并且，随宿主繁殖而复制，不引起宿主细胞的裂解。只有待条件适宜，温和噬菌体才进入裂解性循环。

但需注意的是，无论是烈性噬菌体还是温和噬菌体，其进行繁殖的方式均是裂解性循环。

在溶源性循环中，实际上并无成熟噬菌体子代的产生。其可看作是温和噬菌体的一种“休眠”方式，以此来抵御外界的不良环境。若从生态和进化的观点看，溶源性循环亦是噬菌体和细菌的一种“双赢的生活策略”，因为这种方式除了可保护噬菌体外，还可能使细菌获得有利于提升生存竞争力的“新性状”。这种由温和噬菌体导致的细菌基因型和性状发生改变的现象，称为溶源性转换（Lysogenic conversion）。目前发现，许多细菌的毒力因子皆由温和噬菌体贡献。如白喉棒状杆菌，当其被特定的温和噬菌体感染后，获得了产生白喉毒素的新性状。

最后，总结一下各种常见微生物的繁殖特点（表 3-1）：

表 3-1　常见微生物的繁殖特点

	细菌	放线菌	酵母菌	霉菌	噬菌体
最主要繁殖方式	二分裂	借孢子繁殖	芽殖	借孢子繁殖	裂解性循环
无性繁殖	√	√	√	√	√
有性繁殖	×	×	√	√	×
主要过程	1.母细胞进行核酸复制 2.核酸平均分配至子细胞 3.子细胞分离	1.孢子丝的横割分裂 2.孢子形成 3.孢子成熟	1.母细胞进行核酸复制 2.芽体的形成 3.核酸分配至芽体 4.芽体脱离母细胞	借有性孢子： 1.接合 2 质配 3.核配 4.减数分裂 借无性孢子： 1.孢子器的形成 2.孢子的形成 3.孢子成熟、释放	1.吸附 2.侵入 3.生物合成 4.子代装配 5.裂解释放

第二节　微生物的群体生长

群体生长（Growth of populations），是整个微生物群体的数量随时间变化的过程。其是微生物群体中所有个体的生长繁殖的总和，即群体生长 = $\sum$(个体生长 + 个体繁殖)。但值得注意的是，由于微生物个体的生长可以忽略不计，因此，群体生长实际主要受到个体繁殖的影响，即群体生长 = $\sum$(个体繁殖)。

微生物，不论在自然条件下，还是在人为条件下，都是“以群制胜”或“以量取胜”的。因为从菌种鉴定而言，微生物个体太渺小，不利于观察并做出快速鉴定，而其群体形态较易观察；从发酵生产而言，微生物个体产量低，不利于生产，因此，在发酵生产前必须通过扩大培养使菌群数量提升；若从致病性上讲，足够数量的病原体是感染建立的必要条件。可见，没有足够数量的微生物，就等于没有它们的存在和价值。

除了特定目的以外，在微生物的研究和应用中，“群体生长”才具有实际意义。因此，在微生物学中，凡提及“生长”时，一般均指群体生长，这一点与研究大型生物时有所不同。

学习和掌握微生物的群体生长规律，具有重要的实践意义。在熟知微生物群体生长的规律后，对于有益微生物，要设法“保障”其生长；对于有害微生物，要设法“抑制”其生长。

一、单细胞非丝状微生物

单细胞非丝状微生物，主要为细菌和酵母菌。下面以细菌为例，介绍单细胞非丝状微生物的生长规律。

细菌的生长规律，可用“典型生长曲线”（Typical growth curve）加以描述。由曲线可知（图3-12），细菌的生长可分为四个不同的生理时期：延滞期、指数期、稳定期和衰亡期。

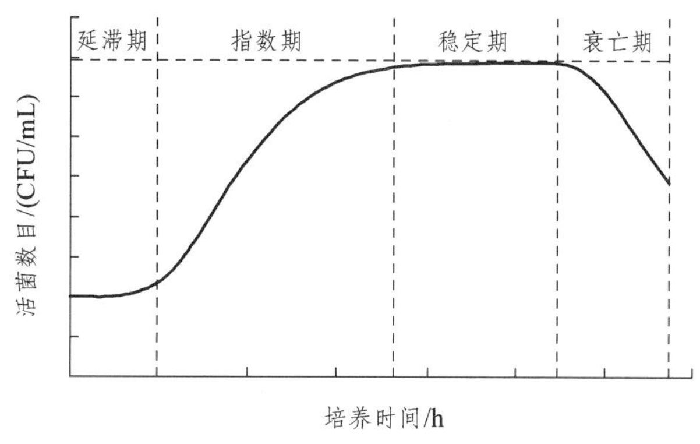

图 3-12　典型生长曲线

（一）延滞期

延滞期（Lag phase），又称停滞期、调整期或适应期，是少量单细胞微生物接种到新鲜培养液中后，在开始培养的一段时间内，因代谢系统适应新环境的需要，细胞数目没有增加的一段时期。一般而言，在适宜的培养条件下，大肠杆菌的延滞期为 1～4 h。

1. 特　点

（1）微生物处于调整、适应和准备的状态；

（2）群体生长速率为 0，但个体细胞仍在生长，只是未进行繁殖；

（3）代谢活跃，细胞积极在为下一阶段生长做准备；

（4）对外界不良条件较敏感。

2. 产生原因

（1）缺乏足够的酶或辅酶；

（2）缺乏充足的中间代谢物。

新的培养环境可能造成代谢底物的变化或某种中间代谢物的缺乏，故微生物将通过自身调节机制，相应地调整或改变代谢途径。然而，这种调整和改变需要花费一定时间。这里所指的酶，主要为诱导酶，显然，酶的诱导也需要花费一定的时间。这里所指的中间代谢物，主要是合成生长所需物质的关键前体代谢物，同样，这亦需要一定的时间。而这些时间的总和，便是延滞期。

3. 影响因素

影响延滞期长短的因素很多，除菌种本身和其他环境因素外，常见的主要有如下四种。

（1）接种龄（Cell age），指菌种或种子的生理年龄，是用来描述该种子处于典型生长曲线上的哪一个时期。实验证明，如果以指数期的菌种或种子进行接种，则子代培养物的延滞期就短；反之，如果以延滞期或衰亡期的种子进行接种，则子代培养物的延滞期就长；如果以稳定期的种子进行接种，则延滞期居中。

（2）接种量（Inoculum concentration），是种子与待接种培养基的体积之比（V/V）。接种量的大小会明显影响延滞期的长短。一般说来，接种量大，则延滞期短，反之则长。因此，在发酵工业上，为缩短延滞期、进而缩短生产周期，通常都采用较大的接种量（种子、发酵培养基之比 = 1∶10）。

（3）培养基成分，可分为两个层面，一是培养基的营养丰富度，二是接种前后培养基成分的一致性。接种于营养丰富的天然培养基中的微生物，要比接种到营养单调的合成培养基的延滞期短。而待接种培养基与种子培养基的成分越接近，延滞期越短；反之，则越长。

（4）种子受损伤程度。一般而言，长时间低温冷冻、高温处理或紫外照射，都会造成菌种受损，这会造成延滞期的显著增加。

（二）指数期

指数期（Exponential phase），又称对数期，是指在典型生长曲线中，延滞期过后的一段细胞数以几何级数增长的时期。

1. 特　点

（1）微生物细胞代谢活动和个体生长繁殖都极其旺盛；

（2）比生长速率（Specific growth rate）达到最大值，细胞数呈几何级数的增长；

（3）菌体平衡生长，形态非常典型，适合用于染色和观察。

2. 产生原因

（1）在延滞期已积累充足的中间代谢物；

（2）活跃的酶系；

（3）代谢废物的积累，还不足以对微生物细胞造成危害。

微生物细胞在经历了延滞期的适应和调整后，分解底物的酶已被诱导合成，并且代谢系统的高效运转使得合成代谢所需的原料已积累充足，因此，微生物将开启一段快速的生长时期。值得注意的是，代谢废物的不断积累，会影响微生物的生长。但此时，代谢废物的积累量还不足以引起危害。

3. 动力学

指数期是微生物的“黄金时期”，极具应用价值，因此，值得深入研究。关于指数期的微生物，有以下动力学规律（仅适用于处于指数期的单细胞非丝状微生物）：

$$X_t = X_0\, e^{\mu t} \tag{3-1}$$

式中，t 表示培养时间，单位 h；X_0 表示初始时刻的微生物浓度，单位 CFU/mL；X_t 表示某时刻的微生物浓度，单位 CFU/mL；μ 表示比生长速率，单位 h^{-1}。

式（3-1）是微生物活菌数随时间变化的函数。

比生长速率（Specific growth rate），是用来描述微生物生长速率的物理量。其定义为：单位时间内，微生物“单位量”的增加量。这个单位量，可以是微生物原生质量，亦可以是微生物的浓度或光密度。而若从几何学上讲，比生长速率则是典型生长曲线上过某一定点的切线的斜率。这有点类似于物理学上“路程-时间”曲线中的“瞬时速度”。

比生长速率越大，表明微生物生长越快。需注意的是，微生物处于指数期时，比生长速率达到最大，并且保持不变——即为一常数。因此，指数期的比生长速率，又称为最大比生长速率（μ_{max}）。

$$t_d = \frac{\ln^2}{\mu} \tag{3-2}$$

式中，t_d表示倍增时间，单位 h，也可用 min；μ 表示比生长速率，单位 h^{-1}。

倍增时间（Doubling time），亦可用于描述微生物的生长速率。其定义为：微生物的“量”变为原来两倍所需的时间。显然，倍增时间越短，微生物生长速率就越大。

4. 影响因素

影响指数期的因素有很多，凡影响比生长速率的因素，皆是影响指数期的因素。

1）内因

主要指菌种。不同微生物，受其遗传因素的影响，即使在同一培养条件下，比生长速率可能不同（表 3-2）。

表 3-2　常见微生物的比生长速率与倍增时间（李颖等，2013）

	μ/h^{-1}	t_d/min
大肠杆菌	2.31	18
沙门氏菌	1.39	30
乳酸菌	1.09	38
根瘤菌	0.38	110
酵母菌	0.35	120
蓝细菌	0.03	1380

*注：上述数据皆为各微生物处于最适生长温度下所测得。

2）外因

外因主要包括培养环境的温度、pH 值、氧气和营养物浓度等因素。

（1）温度。温度是影响一切生物生长最重要的环境因素之一。同一微生物，在不同温度下，比生长速率可能不同（表 3-3）。而关于温度对微生物生长的影响及其机制，详见本章第三节。

表 3-3　大肠杆菌在不同温度下的比生长速率与倍增时间

培养温度/°C	μ/h^{-1}	t_d/min
10	0.05	860
15	0.35	120
20	0.46	90
25	1.04	40
30	1.43	29
35	1.89	22

续表

培养温度/°C	μ/h^{-1}	t_d/min
40	2.38	17.5
45	2.08	20
47.5	0.54	77
50	不生长	不生长

可见，在一定范围内，温度越高，μ 越大。其机制及详情见本章第三节。

（2）pH 值。pH 值亦是最重要的环境因素之一。在最适 pH 值下，微生物的比生长速率最大。关于 pH 对微生物生长的影响及其机制，详见本章第三节。

（3）氧气。在最适氧气浓度范围内，微生物的比生长速率最大。关于氧气浓度对微生物生长的影响及其机制，详见本章第三节。

（4）营养物浓度。这里所述的营养物，主要指生长限制因子。当生长限制因子处于较低浓度水平时，随着生长限制因子浓度的增加，微生物的比生长速率也随之增大。但注意，生长限制因子不能混淆为生长因子，这是两个不同的概念。关于生长限制因子对微生物比生长速率的影响，详见本章第三节。

（三）稳定期

为什么细菌的生长不能永远处于指数期呢？因为生长限制因子终究会被耗尽。也就是说，一旦培养基中的生长限制因子被耗尽，细菌的生长将进入稳定期。

稳定期（Stationary phase），又称恒定期或最高生长期，是指在典型生长曲线中，指数期过后的一段菌群的比生长速率为零、培养液中菌体浓度达到最大值并保持不变的时期。

1. 特　点

（1）菌群的比生长速率为 0，生长与死亡达到动态平衡；

（2）培养物中菌群的数量达到最大值；

（3）菌群以积累次生代谢物为主；细菌开始积聚内含物；产芽孢细菌开始形成芽孢；

（4）细胞开始出现生理上的衰老。

2. 产生原因

（1）培养基中生长限制因子被耗尽；

（2）培养基中有害代谢物的大量积累，并对微生物细胞产生了毒害作用；

（3）营养物质比例失调（如 C/N 等）；

（4）培养环境的理化条件不适宜（如 pH 等）。

由木桶效应可知：一只木桶能盛多少水，并不取决于最长的那块木板，而是取决于最短的那块。同理，微生物的生长是各种代谢综合发挥作用的结果，当某一代谢途径中的某一反应不能正常进行时，整个新陈代谢乃至微生物的生长将受到影响。一般情况下，某种最初的分解代谢底物的缺乏，将导致该条途径不能正常进行，从而导致该途径中的中间代谢产物不能积累，最终影响能量的产生以及以此中间代谢物为原料所进行的合成代谢不能正常运转，并最终使得微生物生长受阻。

在培养基中，必定存在一种被首先消耗完毕的最初分解代谢底物，这便是“生长限制因子”。其对比生长速率会产生巨大影响。一旦生长限制因子被消耗完毕，微生物的比生长速率将会下降，直至为零，最终微生物的生长将进入稳定期。

另值得注意的是，某些代谢物的不断积累，例如，微生物代谢所产生的酸、醇或 H_2O_2 等，将会对微生物细胞产生毒害作用。若这种毒害作用持续进行，最终将导致微生物的大量死亡。当微生物死亡的数量与新生的数量相当时，比生长速率将为零，微生物的生长也将进入稳定期。相似地，营养物质的比例失衡、理化环境的不适宜，也会导致大量微生物的生长受阻乃至死亡，这也是稳定期产生的原因之一。

有趣的知识：为什么武松喝下十八碗酒后不醉倒？

在我国文学名著《水浒传》中，有一段传奇的描述，那便是武松喝下十八碗“白酒”后不醉倒，仍只身前往景阳冈，并最终赤手空拳降服凶猛的老虎。

实际上，在我国北宋时期，所酿造的酒并不是“白酒”，而是“黄酒”。黄酒的酒精度是比较低的，这也是武松不至于醉酒的原因。

为什么古人无法酿造出酒精度较高的白酒呢？那是因为：当时蒸馏技术还未应用于酿酒，谷物在被酵母菌发酵后，所产生的乙醇不断积累，最终对酵母菌细胞产生了毒害作用，并严重阻碍酵母菌的生长和发酵。通常，酵母菌能耐受的酒精浓度范围为 8%～10%，超过这一范围，即使继续进行发酵培养，所酿造出的酒的酒精度也无法继续提升。可以认为，当酒窖中的酵母菌因为乙醇的过度积累而进入稳定期或衰亡期后，酒精发酵便停止了。

当然，自唐朝以后，蒸馏技术的应用使得在酿酒过程中可以通过“蒸发”而不断排除“有害代谢物”——乙醇，从而保障酵母菌的生长长时间地处于指数期，并源源不断地发酵酒精。

3. 相关重要概念

1）生长限制因子

生长限制因子（Growth-limited factor），一般是培养基中首先被消耗完毕的营养物质。其定义为：处于较低浓度范围内就可明显影响微生物比生长速率的某种营养物。一般情况下，在培养基中必定存在一种生长限制因子，其会对比生长速率产生巨大影响。

不同微生物，在不同培养条件下，生长限制因子可能不同。不过，生长限制因子一般为碳源，如葡萄糖、乳糖等，而氨基酸、寡肽、氧气等也有可能成为生长限制因子。

2）最大菌量

稳定期时，微生物菌体数量或浓度将达到最大值。最大菌量，可用 Y_{max} 表示，单位 CFU/mL。

一般而言，培养基中生长限制因子浓度越高，Y_{max} 就越大，即二者呈正相关。而通常，细菌在一般培养液中的 Y_{max} 为 $10^8 \sim 10^9$ CFU/mL。值得注意的是，当生长限制因子的浓度达到某一水平后，便不再影响最大菌量。

3）生长得率

稳定期是收获大量菌体的“黄金时期”，为了评价营养物转化为菌体细胞组分的效率，提出了“生长得率”（Growth yield）这一概念，用 Y 表示。

$$Y = \frac{x - x_0}{c_0} \tag{3-3}$$

式中，Y 表示生长得率，单位为 1；x 表示稳定期时的微生物细胞干重，单位 g/mL；x_0 表示刚接种时的微生物细胞干重，单位 g/mL；c_0 表示刚接种时培养基中生长限制因子浓度，单位 g/mL。

据试验计算，产黄青霉菌在以葡萄糖为生长限制因子的培养基中生长时，其 Y 值为 1∶2.56，这表明：每消耗 2.56 g 葡萄糖，可以合成 1 g 菌丝体（干重）。

值得注意的是，上述所有公式[公式（3-1）、（3-2）和（3-3）]仅适用于单批次培养。

4. 影响因素

影响稳定期的因素，主要有两种。

（1）营养物（生长限制因子）。若生长限制因子一旦被耗尽，微生物的生长将由指数期进入稳定期。

（2）有害代谢物。微生物进行代谢时所产生的酸、醇、毒素或 H_2O_2 等有害代谢产物的不断累积，将严重制约微生物的生长。

（四）衰亡期

稳定期后，若不及时补充新鲜培养基，继续培养下去，则微生物繁殖数越来越少，死亡数却越来越多，并最终超过活菌数。将稳定期后总活菌数明显下降的时期，称为衰亡期（Decline phase）。此阶段的微生物，应用价值不高。

1. 特　点

（1）比生长速率为负值，菌群的死亡数大于新生数；
（2）微生物细胞继续积累次生代谢物；
（3）细胞严重衰老，形态发生变化，甚至出现了“自溶”现象；
（4）产芽孢细菌开始释放芽孢。

2. 产生原因

（1）培养基中营养物质几乎被完全耗尽；
（2）有害代谢物进一步发挥毒理作用；
（3）理化环境严重不适宜。

3. 影响因素

影响衰亡期的因素，主要有以下两种（相关机理同上述稳定期）：
（1）营养物（生长限制因子）；
（2）有害代谢物。

4. 微生物的死亡动力学

微生物死亡的规律，可用如下公式进行描述：

$$X_t = X_0 e^{-kt} \quad (3\text{-}4)$$

式中，t 表示处理时间，单位 s；X_0 表示初始时刻的微生物浓度，单位 CFU/mL；X_t 表示某时刻的微生物浓度，单位 CFU/mL；k 表示死亡速率常数，单位 s^{-1}。

公式（3-4）是用某种致死因子处理微生物后，微生物的活菌数随时间而衰减变化的函数。

公式（3-4），也被称为微生物死亡的对数残留定律。在这个定律中，k 值对于既定的微生物、致死因子、处理方法和处理对象而言，是一个常数。但对于不同微生物、致死因子、处理方法和处理对象，k 值并不相同。此外，可以发现：k 值越大，表明微生物对某种致死因子越敏感，微生物的死亡速率也越大；反之，k 值越小，表明微生物对某种致死因子的抗性越强，微生物的死亡速率也越小。

描述微生物死亡的规律，还可用如下公式：

$$D=2.303/k \tag{3-5}$$

式中，D 表示 1/10 衰减时间，单位 s；k 表示死亡速率常数，单位 s^{-1}。

1/10 衰减时间，定义为：微生物活细胞数减少到原来数目 1/10 所需的时间。相对于死亡速率常数，1/10 衰减时间可能更便于理解。这有点类似倍增时间与比生长速率的关系。

总之，k 和 D 都是比较实用的物理量，既可用于衡量和评价某种微生物致死因子的作用效果，也可应用于确定该因子的最佳使用剂量或使用方法。例如，公式（3-4）可用于计算最佳的灭菌条件。如表 3-4 所示，是试验所得的“某种芽孢细菌的热处理数据”。

表 3-4　某种芽孢细菌的热处理试验数据（李颖等，2013）

处理温度/°C	处理时间/s	残留百分数/%	k/s^{-1}	D/s
100	1.77	78	0.140	16.450
135	1.62	66	0.256	8.996
160	1.54	38	0.630	3.656
210	1.40	0.1	4.940	0.466
270	1.26	0.0036	8.120	0.284
330	1.15	0.000 000 175	17.500	0.131

表 3-4 中的残留百分数是通过试验所测得，而 k 和 D 都是通过计算所求得。由表可知，随着处理温度的升高，该芽孢细菌的残留百分数越来越低，即 k 值越来越大，D 值越来越小。在工业上，只需根据所得的 k 值，便可确定灭菌温度和灭菌时间。以表 3-4 为例，若采用 135 °C 进行灭菌，那么，根据公式（3-4）和所测得的 k 值（$0.256\ s^{-1}$），便可得：

$$X_t = X_0 e^{-0.256t}$$

但依据公式（3-4），在数学上要使 X_t 为 0 是不可能的；而在实际工业生产中，要使 X_t 为 0 亦是难于实现的。在实际生产中，通常 $X_t/X_0=1/1000$ 就足以满足灭菌的需求（10^{-3} 的灭菌失败概率）。因此，上式可改写为：

$$0.001 = e^{-0.256t}$$

于是可以求得 $t = 26.98$ s。因此，可以认为：在 135 °C 下，用该种方法处理某种物品 26.98 s，便可以将其中的此种芽孢细菌杀灭至符合工业要求。

若再以高压湿热灭菌为例，一般的芽孢细菌 k 值约为 $0.016\,7\ s^{-1}$，那么，依据以上，可求得 $t = 414.47$ s（约 6.91 min）。但在实际使用时，为保障灭菌效果，常采用 15 ~ 20 min 的灭菌时间（有关灭菌时间的计算，具体可参阅发酵工程等相关书籍）。

值得注意的是，公式（3-4）和公式（3-5）仅适用于单细胞非丝状微生物，多细胞丝状微生物则不适用。

总之，单细胞非丝状微生物在科研和生产中的应用极为广泛，掌握其生长规律尤为重要，毕竟，利用微生物进行生产，实际上就是利用微生物的生长。值得注意的是，上述规律皆为“单批培养”所得结论。所谓单批培养（Batch culture），就是指从开始培养至结束，仅向微生物一次性投入培养基，其间不再额外供给营养和排除代谢物。这与连续培养（Continuous culture）是明显不同的（详见本章第四节）。

最后，总结一下“单细胞非丝状”微生物的群体生长规律（表 3-5）。

表 3-5　单细胞非丝状微生物的生长规律

	延滞期	指数期	稳定期	衰亡期
生理年龄	幼	青	中	老
代谢活跃度	高	最高	中等	低
μ	0	μ_{max}	0	负值
主要代谢物	初生代谢物	初生代谢物	次生代谢物	次生代谢物
是否存在个体生长	√	√	√	√
是否存在个体繁殖	×	√	√	√
新生数与死亡数	—	生＞死	生=死	生<<死
细胞形态典型性	×	√	×	××
应用价值	×	√	√	×

二、丝状微生物

丝状微生物，主要包括放线菌和霉菌。

在进行单批培养时，丝状微生物的生长规律，可用“非典型生长曲线”（Atypical growth curve）加以描述。由曲线可知（图 3-13），丝状微生物的生长可分为三个生理时期：延滞期、快速生长期和衰退期。

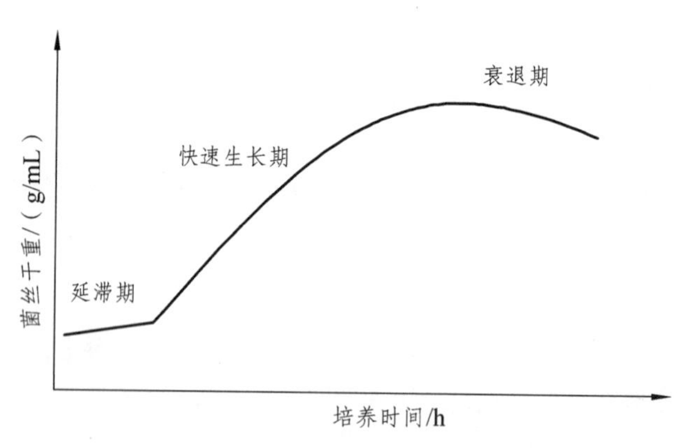

图 3-13　非典型生长曲线

在学习非典型生长曲线时，可类比典型生长曲线进行。

二者的延滞期的特点、产生原因和影响因素皆相似。但二者不同之处在于：① 非典型生长曲线中没有指数生长期，只存在“培养时间与菌丝体干重的立方根成线性关系”的一段快速生长时期，不过，快速生长期在特点、产生原因和影响因素等方面皆类似于典型生长曲线的指数期；② 非典型生长曲线中没有界限较为严格的稳定期和衰亡期，仅存在一个“包含了稳定期与衰亡期”的衰退期，但衰退期的前期可理解为典型生长曲线中的稳定期，后期则可理解为典型生长曲线中的衰亡期。

三、病　毒

关于病毒的群体生长，本书以噬菌体为例进行介绍。

噬菌体几乎不存在个体生长，其仅存在繁殖或“复制”。噬菌体的生长规律可用一步生长曲线（One-step growth curve）加以描述。由图 3-14 可知，噬菌体的生长可分为三个生理时期：潜伏期、爆发期和平稳期。

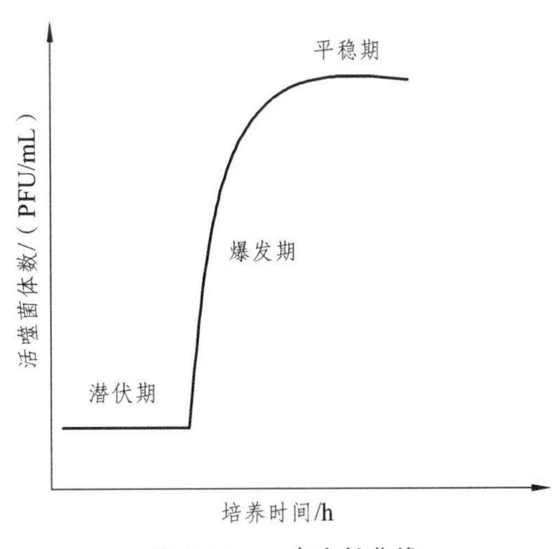

图 3-14　一步生长曲线

（一）潜伏期

潜伏期（Latent period），是指噬菌体的核酸侵入宿主细胞后至第一个成熟噬菌体粒子被释放出细胞前的一段时间。这段时间，相当于裂解性循环中的“吸附+侵入+生物合成+子代装配”（图 3-10）。不同噬菌体的潜伏期有所不同，短则数分钟，长则数小时。在适宜的培养条件下，大肠杆菌噬菌体的潜伏期为 10 ~ 20 min。

1. 特　点

（1）噬菌体的代谢非常活跃，其在宿主细胞内进行大量生物合成与子代装配；

（2）群体生长速率为 0，未有新生的噬菌体子代被释放出细胞。

2. 产生原因

噬菌体还处于吸附、侵入、生物合成和装配的阶段，因此，培养基内检测不到新生的子代噬菌体。

（二）爆发期

爆发期（Burst period），又称裂解期，其是紧接在潜伏期后的宿主细胞迅速裂解、培养基中噬菌体粒子急剧增多的一段时间。噬菌体或其他病毒粒子，因只有个体“复制”而不存在个体生长，再加上其宿主细胞裂解的突发性，因此，从理论上来分析，病毒的爆发期应是瞬间出现的。但事实上，因为宿主菌群中各个细胞的裂解不可能是同步的，故出现了相对较长的爆发期。爆发期，相当于裂解性循环中的“裂解释放”时期（图 3-10）。

1. 特　点

（1）群体生长速率极大，达到最大值；
（2）大量新生的子代噬菌体颗粒几乎同一时间全部被释放出细胞。

2. 产生原因

噬菌体处于“裂解与释放”的时期，细菌细胞内的子代噬菌体几乎同一时间冲出细胞。

（三）平稳期

平稳期（Plateau），指被噬菌体感染后的宿主细胞几乎全部被裂解，培养基中的噬菌体效价（Titer）达到最大值的时期。

1. 特　点

（1）群体生长速率为 0；
（2）噬菌体几乎停止繁殖。

2. 产生原因

培养液中的细菌几乎已经被噬菌体全部“噬尽”，噬菌体几乎已无可寄生的活细胞。

（四）相关重要参数

与一步生长曲线相关的，有两个重要参数，分别为潜伏期（时长）和裂解量（Burst size）。这是评价噬菌体繁殖能力的重要动力学参数。

1. 潜伏期（时长）

潜伏期（时长），是指从噬菌体投入细菌培养物中，至子代噬菌体开始释放所经历的时间。这包括噬菌体吸附、侵入、生物合成以及子代装配所花费的时间，可用以衡量噬菌体的增殖速度。

2. 裂解量

裂解量，又称爆发量，指平均每个受感染细菌所能产生的子代噬菌体数量。该参数用以衡量噬菌体的繁殖能力。其在数值上等于：平稳期噬菌体的平均效价÷潜伏期噬菌体的平均效价。例如，若某噬菌体的裂解量为 100，则表示平均一个该噬菌体侵染宿主后，可产生 100 个子代噬菌体。

四、微生物的生长繁殖与营养代谢的内在联系

从本书的章节排布中，不难发现，我们先学习了微生物的营养，进而学习微生物的代谢，再学习微生物的生长繁殖。之所以这样安排，是因为要遵循生物生长发育的基本逻辑：营养是代谢的前提，而生长则是代谢的结果，代谢是营养与生长之间的桥梁。

微生物不断从外界吸取营养，而营养物在进入微生物细胞后，通过新陈代谢作用可为生物合成提供能量以及小分子原料，最终被用于生长。可以说，生长的实质，就是营养物质在微生物体内的转化和沉积，而“转化”和“沉积”实质就是各种分解代谢和合成代谢。例如，微生物在摄取葡萄糖后，既可将葡萄糖中的化学能转化为生物能 ATP 并最终用于合成细胞物质，也可将葡萄糖的分解代谢物用于合成各种氨基酸并最终用于构建细胞结构。因此，营养和代谢，是生长的重要前提和保障，它们为生长提供了必要的能量和原料，对生长产生着重要影响。

科学地认识营养代谢与生长繁殖之间的内在联系，对于培养微生物以及利用微生物进行发酵生产，具有重要意义。微生物是“以量取胜”的，要想获得“量”上的优势，必须充分保障微生物的生长繁殖。而微生物的营养与代谢又对生长繁殖起着重要影响。因此，在培养微生物时，应充分掌握所培养微生物的营养和代谢特性，设计合理的培养基，并科学地进行代谢调控，才能使微生物“又好又快”地生长。

第三节　影响微生物生长的四大环境因素

事物并非孤立存在，而是被环境所包围，并深受其影响。特别是微生物，其代谢系统对环境的敏感性较高，因此，其生长极易受到环境因素的影响。

认识和掌握影响微生物生长的各种环境因素：有助于从侧面进一步揭示微生物的生长规律；有助于阐明微生物在自然界的分布；更重要的是，有助于更好的控制微生物的生长。

影响微生物生长的环境因素主要分为物理因素和化学因素：

（1）物理因素，包括温度、水分、水活度、辐射、压力、气体和超声波等。

（2）化学因素，包括营养物、酸、碱、氧化还原电位和化学药物等。

此外，还存在生物因素，如各种与微生物存在着寄生、互生、共生和拮抗等关系的生物所构成的生物环境因素。

下面，我们主要论述四大环境因素对微生物生长的影响，它们分别是：营养物浓度、温度、pH 值和氧气。

一、营养物浓度

需说明，营养物的种类和比例，同样严重影响微生物的生长，但此部分，已于前文所论述（本书第二章），故不再赘述。本节主要论述营养物质浓度对微生物比生长速率的影响。

1. 是否影响

营养物质浓度，特别是生长限制因子的浓度，严重影响微生物的比生长速率。

2. 如何影响

营养物浓度对微生物的影响，可用如下莫诺方程（Monod equation）描述：

$$\mu = \frac{\mu_{\max}[S]}{K_S + [S]} \tag{3-6}$$

式中，μ 表示比生长速率，单位 h^{-1}；$\mu_{\max}$ 表示最大比生长速率，为一常数，单位 h^{-1}；$[S]$表示生长限制因子的浓度，单位 mol/L；Ks 为莫诺方程常数，单位为 1。

通过公式（3-6），可得两条重要规律：

（1）当生长限制因子浓度很低时，$[S]$远远小于 Ks，故 $Ks+[S]\approx Ks$，从而可将公式（3-6）改写为公式（3-7）：

$$\mu = \frac{\mu_{\max}[S]}{K_S} \tag{3-7}$$

此时，$[S]$对生长速率影响比较大：$[S]$越大，则 μ 越大；$[S]$越小，则 μ 越小。二者呈正相关。

（2）当生长限制因子浓度很高时，或者说当生长限制因子浓度超过某一水平后，$[S]$将远远大于 Ks，故 $Ks+[S]\approx[S]$，从而可将公式（3-6）改写为公式（3-8）：

$$\mu = \mu_{\max} \tag{3-8}$$

此时，$[S]$对生长速率几乎无影响，即 $\mu = \mu_{\max}$，并且保持不变。

3. 为什么会影响

依据莫诺方程，从数学上很容易得出上述结论。但其背后的生物学意义是什么呢？或者说生长限制因子浓度影响微生物生长的机制是什么呢？

这与微生物的代谢密不可分。生长限制因子是微生物酶的催化底物。当生长限制因子浓度处于较低水平时，微生物的酶仍可以结合更多的生长限制因子，即处于未饱和的状态，此时，生长限制因子浓度越高，微生物能够有效利用的生长限制因子也越多，代谢也越活跃，从而比生长速率就越大。然而，当生长限制因子浓度达到某一水平后，在微生物的酶上能与生长限制因子结合的部位已全部被底物占满，即达到饱和状态，此时，微生物已无法再利用更多的生长限制因子，微生物的比生长速率将达到最大值。

值得注意的是，上述公式中的 Ks 被称为莫诺常数，又叫半饱和常数，其在数值上等于 $\mu=1/2\,\mu_{\max}$ 时培养基中生长限制因子的浓度（图 3-15 中的 Ks）；其生物学意义为：微生物（酶）对生长限制因子的亲和能力。Ks 因菌种和培养条件的不同而异（表 3-6），但在相同条件下：Ks 越小，表明微生物对某种生长限制因子的利用率越高，微生物的比生长速率也越大；反之，亦然。如图 3-15 中，尽管 1 和 2 拥有相同大小的 $\mu_{\max}$，但 Ks 却小于 $K's$，因此，只要 1 和 2 的比生长速率均未达到 $\mu_{\max}$，那么，在任意的$[S]$下，1 对生长限制因子的利用效率总是要高于 2，从而导致 1 的比生长速率总是大于 2 的。

总之，生长限制因子浓度对于微生物的生长具有重要影响。若在生产实践中对微生物进行培养，那么，合理供给生长限制因子将显得尤为重要。最佳的策略便是：提供充足并且经济的生长限制因子，使得微生物的比生长速率恰好达到最大值。那么，如何确定最佳的生长限制因子浓度呢（即求出 $\mu=\mu_{\max}$ 时所对应的$[S]$）？

这可以通过试验求得，即先测出一组处于生长中的培养物的生长限制因子浓度（$[S_1], [S_2], [S_3], \cdots, [S_n]$）和对应的比生长速率（$\mu_1, \mu_2, \mu_3, \cdots, \mu_n$），再结合 Monod 方程的双倒数式[公式（3-9）]，并通过作图计算（图 3-16），即可求出 Ks 和 μ_{max}，从而求得 $\mu=\mu_{max}$ 时所对应的[S]。

表 3-6　一些微生物的 Ks 和 μ_{max}

微生物	生长限制因子	Ks/（mg/L）	μ_{max}/h^{-1}
大肠杆菌	葡萄糖	2～4	0.8～1.4
大肠杆菌	乳糖	20	0.8
大肠杆菌	甘油	2	0.87
产气杆菌	葡萄糖	1～10	1.22
酿酒酵母	葡萄糖	25	0.5～0.6
热带假丝酵母	葡萄糖	25～75	0.5
某假丝酵母	O_2	0.045～0.45	0.5

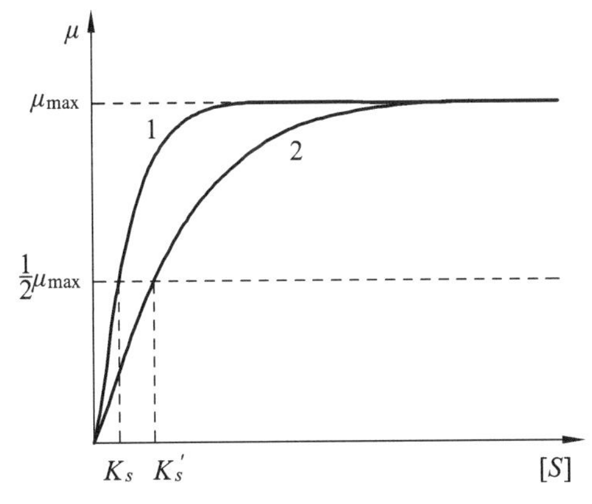

图 3-15　比生长速率与生长限制因子浓度的关系（1 和 2 分别代表不同的微生物）

$$\frac{1}{\mu}=\frac{Ks}{\mu_{max}}\cdot\frac{1}{S}+\frac{1}{\mu_{max}} \tag{3-9}$$

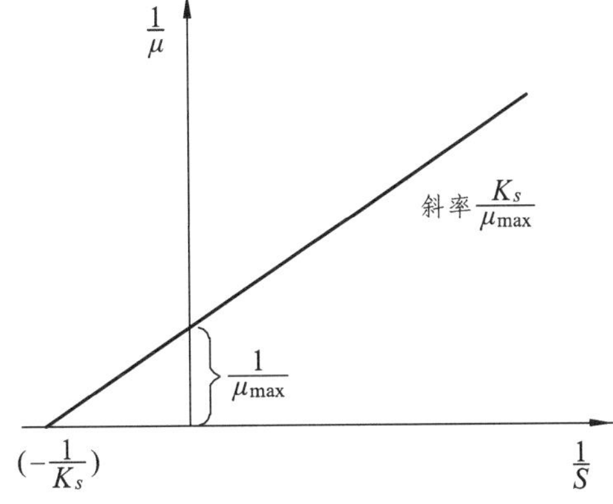

图 3-16　Monod 方程的双倒数式及其函数图

二、温　度

1. 是否影响

温度是影响微生物生长的首要环境因素。

温度主要影响微生物的酶活力与营养物的吸收能力。

2. 如何影响

对于任何微生物，都存在温度三基点：最适生长温度（T_{opt}）、最低生长温度（T_{min}）和最高生长温度（T_{max}）（图 3-17）。

当环境温度=T_{opt}时，微生物的比生长速率达到最大值，同时，倍增时间也最短。

当环境温度≤T_{min}时，微生物的比生长速率为 0，但微生物一般不会出现死亡。

当环境温度≥T_{max}时，微生物的比生长速率为 0，微生物通常出现大量死亡。

当 T_{min}≤环境温度≤T_{opt}时，随着环境温度的增加，微生物的比生长速率增大；反之，亦然。

当 T_{opt}≤环境温度≤T_{max}时，随着环境温度的增加，微生物的比生长速率减小；反之，亦然。

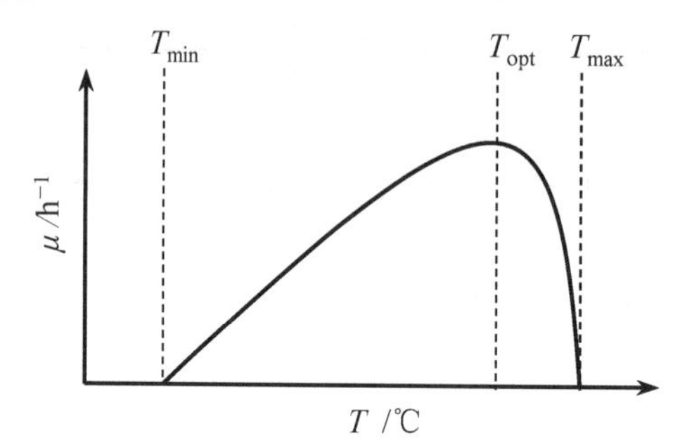

图 3-17　温度对比生长速率的影响

3. 为什么会影响

环境温度影响微生物生长的机制如下：

环境温度过高，会破坏微生物的酶的分子结构，从而影响酶的活性，进而影响微生物的新陈代谢，并最终影响生长。环境温度越接近酶的最佳催化温度时，微生物的比生长速率越大。

环境温度过低，会降低细胞膜的流动性，甚至使细胞膜呈凝固状态，这非常不利于物质的运输，会严重影响微生物对营养素的吸收，从而影响生长。当然，低温时，酶的活力亦会受到影响，使生长受阻。

4. 温度与微生物的分类

不同微生物，其温度三基点的具体数值不同，由此，可对微生物进行分类。温度对微生物的影响，也造成了微生物不同的生态分布（表 3-7）。

表 3-7　各类微生物的生长最适温度（周德庆，2011）

类别	温度范围/°C	最适温度/°C	典型分布	代表微生物
嗜冷微生物	−10～18	5～15	地球两极、深海、高山	南极细菌、深海嗜冷弧菌
耐冷微生物	0～42	25～40	冷库、冰箱、湖泊深处	李斯特菌、小肠结肠炎耶尔森菌
中温微生物	10～45	室温 10～28	土壤、植物体内外	根瘤菌、放线菌、酵母菌、霉菌
		体温 37～42	人体、动物	大肠杆菌、沙门氏菌、双歧杆菌
嗜热微生物	45～80	50～60	堆肥、发酵堆料、电热水器	耐高温放线菌
超嗜热微生物	68～105	80～100	热泉、火山口	古生菌

从表 3-7 可见，微生物的适应能力很强，从寒冷的两极，到高温的热泉，均有微生物栖息。在环境适应能力上，微生物明显胜过其他生物。那么，微生物耐受极端温度的机制是什么呢?

嗜冷、耐冷微生物耐低温机制：此类微生物的细胞膜富含不饱和脂肪酸，在低温时，其仍可维持较好的膜流动性；此外，这类微生物的酶的高柔韧性结构，在低温时仍对底物具有较高的亲和力，即 *Km*（米氏常数）较小。

嗜热微生物耐高温机制：此类微生物的细胞膜富含饱和脂肪酸、醚键或植烷，在高温时，其仍可维持细胞膜结构和功能的正常；此外，这类微生物的酶以特殊的方式折叠，能抵抗高温造成的变性。

5.“最适”生长温度

值得注意的是，最适生长温度是指微生物的比生长速率达到最大值时的环境温度，并不是微生物进行一切生理活动的最适温度。

具体来说，最适生长温度，并不等于生长得率达到最大值时的培养温度，也不等于发酵速率或代谢产物累积率达到最大值时的培养温度，更不等于累积某一代谢产物的最佳培养温度。例如，黏质沙雷氏菌的最适生长温度为 37 °C，但其合成灵杆菌素的最适温度却为 20 ~ 25 °C；黑曲霉最适生长温度为 37 °C，而其产糖化酶的最适温度则为 32 ~ 34 °C；乳酸链球菌最适生长温度为 37 °C，而其产乳酸的最佳温度为 30 °C。

三、pH 值

1. 是否影响

环境 pH 值，同样是影响微生物生长的重要环境因素之一。

pH 值，主要影响微生物的蛋白质活性、营养物质的可给态和物质的毒性。

2. 如何影响

同样，对于任何微生物，都存在着 pH 三基点：最适生长 pH（pH_{opt}）、最低生长 pH（pH_{min}）和最高生长 pH（pH_{max}）（图 3-18）。

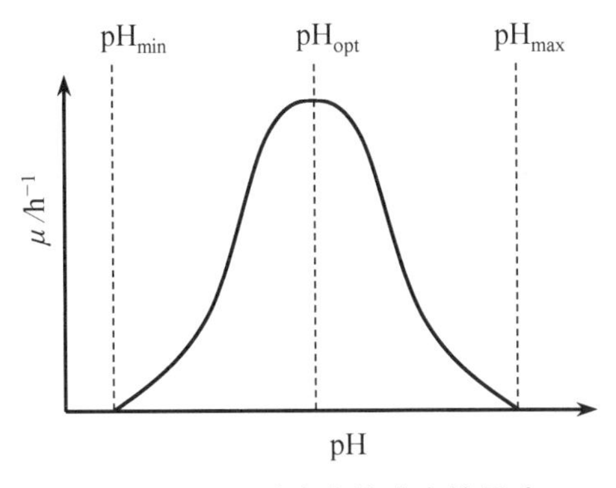

图 3-18　pH 对比生长速率的影响

当环境 $pH=pH_{opt}$ 时，微生物的比生长速率达到最大值，同时，倍增时间也最短。

当环境 $pH \leqslant pH_{min}$ 或当环境 $pH \geqslant pH_{max}$ 时，微生物的比生长速率为 0，微生物通常出现大量死亡。

当 pH_{min}≤环境 pH≤pH_{opt}时，随着 pH 值增加，微生物的比生长速率增大；反之，亦然。

当 pH_{opt}≤环境 pH≤pH_{max}时，随着 pH 值增加，微生物的比生长速率减小；反之，亦然。

3. 为什么会影响

环境 pH 值主要影响微生物的蛋白质活性、营养物质的可给态和物质的毒性。相关机制如下：

影响蛋白质活性：pH 值会影响菌体蛋白质和酶的结构与功能，过酸过碱，均会使蛋白质变性，从而导致蛋白质功能丧失。这将严重影响微生物的生长。

影响营养物质的可给态：营养物质的分子形式较离子形式更容易进入细胞；而不易解离的化合物较易解离的更容易进入细胞。pH 值会影响上述过程的电离平衡，从而影响营养物质的可给态，最终影响微生物的生长。

影响物质的毒性：非解离形式的弱酸、弱碱更容易进入细胞，并且其生理活性更强、毒性更大。pH 值会影响弱酸和弱碱的电离平衡，从而影响物质的毒性，并最终对微生物的生长产生影响。

4. pH 与微生物的分类

不同微生物，其 pH 三基点的具体数值不同，由此，可对微生物进行分类。pH 值对微生物的影响，也造成了微生物不同的生态分布（表 3-8）。

表 3-8 各类微生物的生长最适 pH

类别	最适 pH	典型分布	代表微生物
嗜碱微生物	10～11	极碱的苏打湖、碱湖等	古生菌
耐碱微生物	8～11	碱性土壤、海水等	放线菌
中性微生物	6～8	正常水体、蔬菜、水果等	大多数细菌、一般放线菌
耐酸微生物	4～7	酸性土壤等	酵母菌、霉菌
嗜酸微生物	1～4	酸矿、火山土、胃液等	古生菌

从表 3-8 可见，微生物的适应能力很强，甚至在极酸和极碱之地，都有它们的存在。微生物这种耐酸、耐碱的能力，远远超过其他生物。

嗜酸微生物的抗酸机制在于：此类微生物拥有特殊的细胞结构，使得高浓度的氢离子反而有利于其维持细胞膜的稳定性。

嗜碱微生物的抗碱机制在于：此类微生物拥有特殊的细胞结构，可阻止氢离子进入，或能将其不断地大量排出。

5. 细胞内的 pH 值

值得注意的是，任何微生物细胞内的 pH 值，都有如下特性：

（1）相对稳定性：虽然外界环境的 pH 值可能“千变万化”，但是，微生物细胞内的 pH 值却相当稳定，一般都接近中性，这是因为细胞内存在许多酸碱缓冲对，可以帮助微生物细胞维持酸碱平衡。

（2）存在极限性：微生物细胞维持 pH 值的能力存在极限，一旦被打破，微生物生命活动将受到严重影响。

6. 微生物生命活动对环境 pH 值的影响

值得注意的是，微生物的生命活动也会改变外界环境的 pH 值，这就是比较常见的、培养基的 pH 值会在微生物培养过程中时时发生改变的原因。

变酸与变碱，这两种过程，在一般微生物的培养中往往以变酸占优势，因此，随着培养时间的延长，培养基的 pH 值会逐渐下降。其原因在于：微生物的生命活动需消耗大量能量，而能量的产生通常源自糖类和脂肪的分解代谢，这两种物质在分解过程中常常产生大量酸性的中间代谢物（图 3-19）。

此外，pH 值的变化还与培养基的组分，尤其是 C/N，有着很大的关系。C/N 较高的培养基，例如培养各种真菌的培养基，经培养后，其 pH 值常会显著下降；相反，C/N 较低的培养基，例如培养一般细菌的培养基，经培养后，其 pH 值常会明显上升。引起这些现象的根本原因，同样是各类有机物的分解代谢物的酸性或碱性造成的（图 3-19）。C/N 较高的培养基，富含糖类，易产生酸性中间代谢物；而 C/N 较低的培养基，富含蛋白质，易产生碱性中间代谢物。

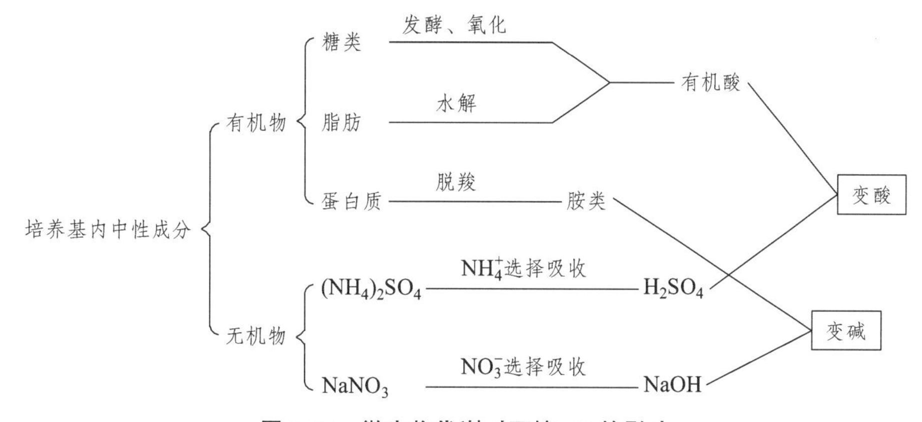

图 3-19 微生物代谢对环境 pH 的影响

在微生物培养过程中，pH 值的变化会对微生物本身及发酵生产带来不利的影响，因此，如何及时调控 pH 值就成了微生物培养和发酵生产中的一项重要措施。通过总结实践中的经验，调节 pH 的措施可分成“治标”和“治本”两大类，前者指根据表面现象而进行直接、及时、快速但不持久的表面化调节；后者则是指根据内在机制而采用的间接、缓效但可发挥持久作用的调节（表 3-9）。

表 3-9 调节培养物 pH 值的一般方法

策略	情况	方法
治标	过酸时	加 NaOH、Na_2CO_3 等碱液中和
	过碱时	加 H_2SO_4、HCl 等酸液中和
治本	过酸时	加适当氮源，如尿素、$NaNO_3$、NH_4OH 或蛋白质等
		提高通气量
	过碱时	加适当碳源，如糖、乳酸、醋酸、柠檬酸或油脂等
		降低通气量

四、氧　气

1. 是否影响

氧气，亦是影响微生物生长的重要环境因素之一。

氧气，主要影响微生物的生物氧化、细胞构造和自由基的生成。

2. 如何影响

氧气不存在明显的三基点，一般而言，对微生物仅存在最适生长氧气浓度（$O_{2\ opt}$）和非最适生长氧气浓度（$O_{2\ non\text{-}opt}$）（图 3-20）。

当环境中氧气浓度= $O_{2\ opt}$时，微生物的比生长速率达到最大值，同时，倍增时间也最短。

当环境中氧气浓度处于 $O_{2\ non\text{-}opt}$时，微生物的比生长速率会下降，甚至为 0，并出现微生物的死亡。

环境中的氧气浓度越接近 $O_{2\ opt}$，微生物的比生长速率就越大；越偏离 $O_{2\ opt}$，比生长速率就越小。

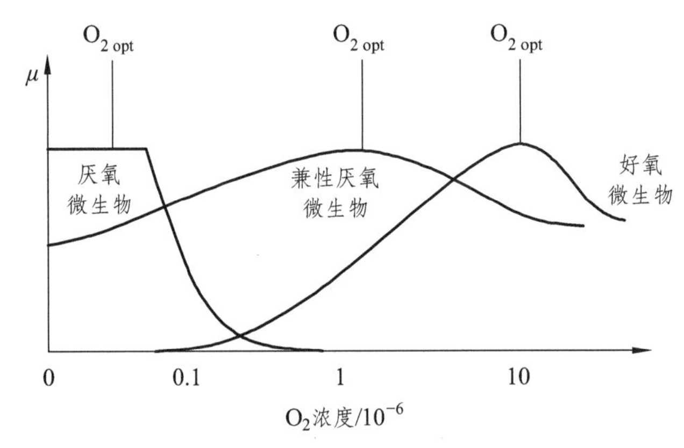

图 3-20　氧气浓度对比生长速率的影响

3. 为什么会影响

氧气，主要影响微生物的生物氧化、细胞构造和自由基的生成。

影响生物氧化：微生物进行有氧呼吸需要 O_2，适当增加 O_2 浓度，有氧呼吸的产能效率将会提高，从而促进生长；反之，亦然。

影响细胞构造：一些微生物的细胞构造具有高度的 O_2 敏感性，如固氮酶，O_2 的强氧化性会对这些构造产生严重的破坏作用，从而严重影响微生物生长。

影响自由基的生成：在 O_2 还原的过程中，会产生大量的过氧化物或自由基（Free Radical），这些物质具有较强的氧化性，会严重破坏细胞结构。不过，许多微生物体内的超氧化物歧化酶（SOD）和过氧化物酶（过氧化氢酶）可有效清除这些自由基，从而保护细胞免受氧化损伤。然而，许多厌氧微生物则不具备上述这种清除自由基的能力，因此，它们通常“遇氧即死”。

4. 氧气与微生物的分类

依据微生物对氧气的喜好及需求，可对微生物进行分类。氧气对微生物生长的影响，也造成了微生物不同的生态分布（表 3-10）。

表 3-10　各类微生物的氧气需求

类别		是否必需氧气	最适氧气浓度/10^{-6}	生物氧化类型	典型分布	代表微生物
好氧微生物	专性好氧	是	10	有氧呼吸	皮肤，尘土等	黄色微球菌
	微好氧	是	0.1～1	有氧呼吸	湖水等	螺旋菌
兼性厌氧微生物		否	1	有氧呼吸、无氧呼吸或发酵	哺乳动物肠道等	大肠杆菌
厌氧微生物	耐氧微生物	否	低于 1	专性发酵	上呼吸道	酿脓链球菌
	严格厌氧微生物	否	0	发酵 或 无氧呼吸	污泥，湖底沉积物等	产甲烷菌

第四节　微生物生长的控制

学习微生物生长的相关理论，最终目的是能够有效控制微生物的生长，使其能更好地为人类“服务”。控制，是指保障有益微生物的生长，抑制有害微生物的生长。

那么，如何控制？

实际上，控制微生物的生长，就是控制影响生长的各种外部因素——营养、温度、pH、氧气和水活度等。

一、有益微生物生长的控制

无论培养何种微生物，亦无论生产何种类型产品，使有益微生物能“又好又快”地生长，可采取如下思路及方法。

（一）基本思路

以单细胞非丝状微生物为例，其生长会表现出四个明显不同的生理时期。那么如何使微生物能“又好又快”地生长呢？在这四个时期中，指数期是微生物生长速率最快的时期，并且也是菌体活力最高的时期，因此，应该设法延长指数期；而延滞期过长，则会严重制约微生物的整体生长速度，从而延长整个培养周期，因此，应设法缩短延滞期；衰亡期的出现，不仅严重影响微生物的生长速率，并且严重影响菌体活力，因此，应设法避免衰亡期的出现。而稳定期则比较特殊，若从快速扩增微生物的角度上看，应设法避免稳定期的出现；但从积累次生代谢物的角度看，则应合理控制并延长稳定期，以收获大量次生代谢物。

此外，想要从整体上缩短微生物的培养周期，显然，设法提升指数期的生长速率是最合理且经济的，毕竟，指数期的生长速率是四个时期中最大的，也是对整个培养周期时长影响最大的。

综上所述，欲使所培养之微生物能“又好又快”地生长，可采取如下思路：

（1）缩短延滞期；

（2）延长指数期；

（3）控制稳定期；

（4）避免衰亡期；

（5）提升指数期的比生长速率。

（二）方　法

在确定了思路后，应找寻合适且经济的做法，以实现对微生物“又好又快”的培养。

1. 缩短延滞期

影响延滞期长短的因素很多，除了要选育优良菌种以及保障最适宜的培养条件外，在实践中可采取下列“见效迅速”的方法：

（1）接种指数期的微生物；

（2）增大接种量（一般不超过 10%）；

（3）避免菌种受损伤；

（4）保障接种前后培养条件一致（如温度、培养基养分和 pH 值等）。

2. 延长指数期

指数期是微生物生长的“黄金时期”，要延长指数期，实际上就得避免稳定期和衰亡期的出现。依据稳定期与衰亡期的产生原因，可在培养时采取如下方法。

（1）给予足量的生长限制因子；

（2）及时排除“有害”代谢物；

（3）保障培养基的理化适宜。

具体而言，可采取连续培养法。所谓连续培养，是相对单批培养而言的。

单批培养，是将微生物置于一定容积的培养基中，中途不补充任何营养物，最后再一次性收获培养物的一种培养方法。而连续培养，是在培养容器中源源不断地补充新鲜营养物质，并及时排出菌体以及代谢物的一种培养方法。连续培养可使培养中的微生物长时间地处于指数生长期，以保障微生物的生长速率和菌体活性。

连续培养法，又可分为两种方式——恒浊法（Turbidostat）和恒化法（Chemostat）（图 3-21 和表 3-11）。

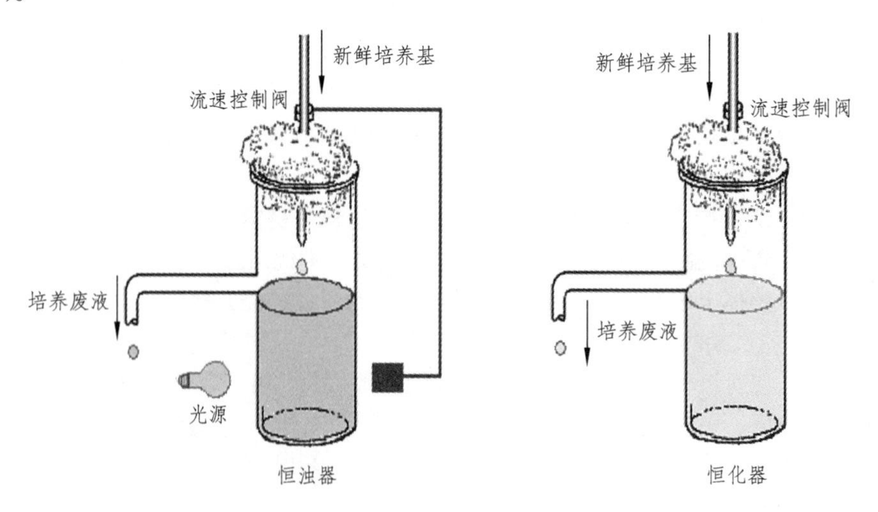

图 3-21　恒化法与恒浊法

表 3-11　恒化法与恒浊法比较

	控制对象	培养基	培养基流速	菌群生长速率	产物	应用
恒浊法	菌体密度	不存在生长限制因子	不恒定	等于 μ_{max}	大量菌体或与菌体生长偶联的代谢产物	生产
恒化法	营养物浓度	存在生长限制因子	恒定	低于 μ_{max}	不同生长速率菌体	科研

恒浊法，是通过不断调节新鲜培养基流入与培养废液流出的速率，来使培养物的浊度（菌体浓度）保持恒定的方法。而恒化法，则是通过保持新鲜培养基流入与培养废液流出的速率，来使培养液中某种营养物质的浓度保持恒定的方法。

在表 3-11 中提及的与菌体生长偶联的代谢产物，是什么意思呢？

实际上，微生物代谢物的生成，既可能与菌体生长同步，亦可能不同步。如图 3-22 所示，当某种代谢物的生成量随微生物的生长速率改变而变化时，并且，其合成时期始终贯穿微生物生长的全部时期，那么这种代谢物可称为生长偶联型代谢产物；而当某种代谢物的生成量并不完全随微生物的生长速率改变而变化，并且，其合成仅出现在微生物生长的某一时期，那么这种代谢物可称为非生长偶联型代谢产物。不难发现，初生代谢物属于生长偶联型产物，而次生代谢物则属于非生长偶联型产物。

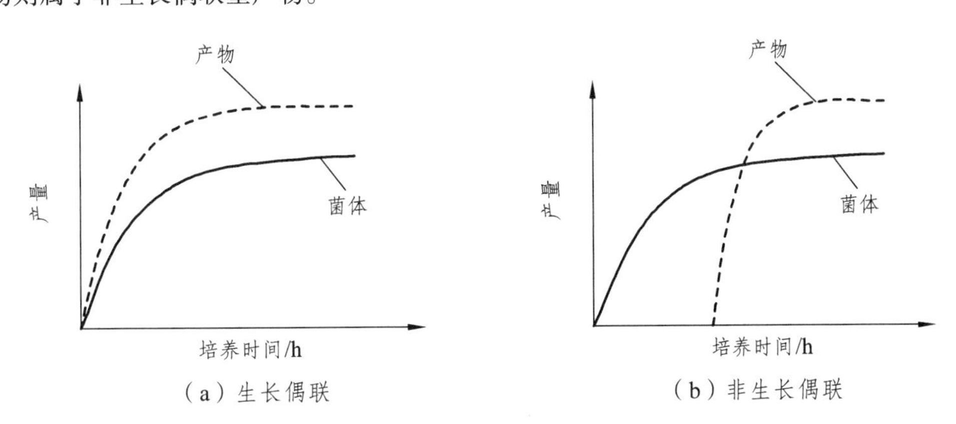

图 3-22　代谢物生成的生长偶联与非生长偶联现象

除了恒浊法和恒化法外，连续培养还包括单级连续培养（One-step continuous fermentor）和多级连续培养（Multi-step continuous fermentor）等。

3. 控制稳定期

稳定期的控制，主要是针对次生代谢产物的积累而言的，需因具体情况而采取合理的方法。但一般而言，可采取以下方法：

（1）使用迟效碳源或氮源物质；

（2）降低温度；

（3）添加诱导物；

（4）添加前体物质。

4. 避免衰亡期

方法可参考上文"延长指数期"。

5. 提升指数期的比生长速率

除了选育优良菌种外，提升指数期的比生长速率，主要是控制四大环境因素，其相关机制可参阅本章第三节。常用方法如下：

（1）给予足量生长限制因子；

（2）确保最适生长温度；

（3）确保最适 pH 值；

（4）确保最适 O_2 浓度。

二、有害微生物生长的控制

尽管微生物是人类最亲密的“伙伴”，为人类社会的发展做出了重要贡献。但是，人类也不应忘记鼠疫、流感等由致病微生物引起的传染病，曾经席卷全球，残害无数生灵；也不应轻视发酵罐被杂菌或噬菌体污染而造成的经济损失。有害微生物必须加以控制，否则，将会严重威胁人类健康或发酵生产。

（一）基本思路

依据作用效果，有害微生物的控制可分为抑菌和杀菌（表 3-12）。

抑菌（Bacteriostasis），是指仅抑制微生物的生长，使其数量无法增长，并被控制在较低水平，但实际上并未彻底杀灭微生物；而杀菌（Bacteriocidation），则是杀灭微生物营养体或芽孢，使其数量大幅下降，甚至为零。但值得注意的是，抑菌和杀菌仅是人为做出的界定，实际上，二者的区分并不严格。

选择抑菌还是杀菌，应当依据目的而定。通常，为保障彻底和永久地消除有害微生物造成的威胁，理应选择杀菌。

表 3-12　抑菌与杀菌

	类别	作用程度	作用对象	应用范围	方法举例
抑菌	防霉	抑制生长（短期）	霉菌	食品等有机质	防霉剂、冷藏等
	防腐		细菌		防腐剂、干燥等
杀菌	消毒	杀灭菌体（永久）	有害微生物	生物体表、物体表面、食品	75%乙醇、紫药水、漂白粉等
	治疗			生物体体内	抗生素等
	灭菌		一切微生物	培养基、设备等	高压蒸汽灭菌等

（二）方　法

在确立思路后，可采取合适的方法对有害微生物进行控制。一般主要采用物理法和化学法。但无论采取何种方法，应注意兼顾“作用效果”与“副作用”。通常，作用效果较强的方法，所产生的副作用也较大；而副作用较小的方法，可能作用效果相对有限。因此，在防控有害微生物时，除了要明确目的外，还应熟识作用对象的物化或生化特性，避免造成不必要的损失或损伤。

1. 物理法

物理法，其优势是作用效果好；缺点是较依赖设备，且设备一般造价比较高昂，使用技术门槛较高。常见的物理法如下：

1）高温法

高温法，是指利用加热的方式来杀灭微生物。

（1）原理

高温会破坏微生物的酶以及细胞蛋白类构造，从而使微生物丧失活性。

（2）分类

① 干热法。如火焰灼烧法、红外法和干热灭菌箱法等。

灼烧：其是一种最彻底的干热灭菌法，但因其破坏力很强，故应用范围仅限于接种环、接种针的灭菌或带病原菌的材料、动物尸体的烧毁等。

干热灭菌箱法：其一般是把金属器械或洗净的玻璃器皿等放入电热烘箱内，在 150 ~ 170 °C 下维持 1 ~ 2 h 后，可达到彻底灭菌（包括细菌的芽孢）。干热可使细胞膜被破坏、蛋白质变性和原生质干燥，并可使各种细胞成分发生氧化变质，从而杀灭微生物。

② 湿热法。包括高压法和常压法。

a. 高压法，又包括普通高压蒸汽灭菌法和连续加压蒸气灭菌法。

a）普通高压蒸气灭菌法（Autoclaving steralization）：其是一种利用高温（而非压力）进行湿热灭菌的方法，优点是操作简便、效果可靠，故被广泛使用。其原理是：将待灭菌的物件放置在盛有适量水的专用加压灭菌锅（或家用压力锅）内，盖上锅盖，并打开排气阀，通过加热煮沸，让蒸气驱尽锅内原有的空气，然后关闭锅盖上的阀门，再继续加热，使锅内蒸气压逐渐上升，随之温度也相应上升至 100 °C 以上。为达到良好的灭菌效果，一般要求温度应达到 121 °C（压力为 98 kPa），时间维持 15 ~ 20 min。有时为防止培养基内葡萄糖等成分的破坏，也可采用在较低温度（115 °C）下维持 35 min 的方法。加压蒸气灭菌法适合于一切微生物学实验室、医疗保健机构或发酵工厂中对培养基及多种器材或物料的灭菌。

b）连续加压蒸气灭菌法（Continuous autoclaving steralization）：在发酵行业里也称“连消法”。此法仅用于大型发酵厂的大批量培养基灭菌。主要操作原理是让培养基在管道的流动过程中快速升温、维持和冷却，然后流进发酵罐。培养基一般加热至 135 ~ 140 °C 下维持 5 ~ 15 s。优点：采用高温瞬时灭菌，既彻底地灭了菌，又有效地减少营养成分的破坏，从而提高了原料的利用率和发酵产品的质量和产量。在抗生素发酵中，它可比常规的“实罐灭菌”（120 °C，30 min）提高产量 5% ~ 10%。由于总的灭菌时间比分批灭菌法明显减少，故缩短了发酵罐的占用时间，提高了它的利用率。由于蒸气负荷均衡，故提高了锅炉的利用效率。适宜于自动化操作，降低了操作人员的劳动强度。

b. 常压法，如巴氏消毒法、沸煮法等。

a）巴氏消毒法（Pasteurization）：因最早由法国微生物学家 L. Pasteur 用于果酒消毒，故名。这是一种专用于牛奶、啤酒、果酒或酱油等不宜进行高温灭菌的液态风味食品或调料的常压消毒方法。此法可杀灭物料中的无芽孢病原菌（如牛奶中的结核分枝杆菌或沙门氏菌），又不影响其原有风味。巴氏消毒法是一种低温湿热消毒法，处理温度变化很大，一般在 60 ~ 85 °C 处理 15 s 至 30 min。具体方法可分两类：第一类是经典的低温维持法（Low temperature holding method，LTH），如用于牛奶消毒只要在 63 °C 下维持 30 min 即可；第二类是较现代的高温瞬时法（High temperature short time, HTST），用此法消毒牛奶时只要在 72 °C 下保持 15 s。

b）煮沸消毒法：采用在 100 °C 下煮沸数分钟的方法，一般用于饮用水的消毒。

c）间歇灭菌法：又称分段灭菌法或丁达尔灭菌法。适用于不耐热培养基的灭菌。方法是：

将待灭菌的培养基放在 80 ~ 100 °C 下蒸煮 15 ~ 60 min，以杀灭其中所有的微生物营养体，然后放至室温或 37 °C 下保温过夜，诱使其中残存的芽孢发芽，第二天再以同法蒸煮和保温过夜，如此连续重复 3 d 即可在较低的灭菌温度下同样达到彻底灭菌的良好效果。例如，培养硫细菌的含硫培养基就可采用此法灭菌，因其内所含元素硫在 99 ~ 100 °C 下可保持正常结晶形，但若用 121 °C 加压法灭菌，就会引起硫的熔化。

d）超高温瞬时法（Ultra-high temperature instantaneous sterilization，UHT）：其是采用 135 ~ 150 °C 的超高温，加热 2~8 s。该法主要用于食品生产领域，是一种较为先进的技术，既能有效杀灭病原体，又能最大限度地保持食品的原有风味、感官品质及营养。

2）其他物理方法

见表 3-13。

表 3-13　各类物理方法综述

		效果与结果	原理	应用举例
高温法	干热法	猛烈；灭菌	蛋白变性	玻璃器皿、金属、尸体等
	高压湿热法	猛烈；灭菌	蛋白变性	培养基、玻璃器具、金属等
	巴氏消毒法	温和；消毒	蛋白变性	食品、酒类等
低温法	冷藏（4 ~ 10 °C）	温和；防霉腐	抑制代谢	食品短期保鲜等
	冷冻（−20 ~ −15 °C）	温和；防霉腐	抑制代谢	食品长期保藏等
控制水活度法	干燥法	温和；防霉腐	抑制代谢	食品短期保藏等
	腌制法	温和；防霉腐	抑制代谢	食品短期保藏等
辐照法	紫外法	温和；消毒	破坏核酸	固体表面、室内空气等
	射线法	猛烈；消毒	破坏核酸	食品消毒等
防止法	滤除法	温和；消毒	机械去除	不耐热的活性物质等

2. 化学法

化学法，其优势是使用方便、价格便宜；缺点是可能存在残留性与安全性问题。常见的化学法如下：

1）消毒剂法

消毒剂法，是指采用各类醇、醛、酸、碱和酚等来杀灭有害微生物。

（1）醇

① 原理：其可使微生物细胞膜受损伤，并能使蛋白质变性。

② 概述：醇类对细菌芽孢无效。各类醇的作用效果为：丁醇 < 丙醇 < 乙醇 < 甲醇；虽然甲醇效果最好，但甲醇毒性大，故常使用乙醇；在乙醇溶液中，70%乙醇效果最好，但实际常使用 75%乙醇。醇类通常用于皮肤和机械表面的消毒。

（2）醛

① 原理：其可使微生物蛋白质变性。

② 概述：消毒时，常用 40%甲醛溶液（福尔马林）。醛类毒性极强，应避免与活体接触，故多用于尸体标本的保存；醛类还可用于熏蒸，但一般仅用于环境空间的消毒。

（3）酚

① 原理：其可破坏微生物细胞膜。

② 概述：酚类中，常使用苯酚（石碳酸）；在医院内，常闻到的消毒水味儿是“来苏尔”产生的，其主要成分是甲酚（来苏尔是用甲酚和肥皂水配制而成的）。酚类常用于皮肤、机械表面和空气的消毒。

（4）酸或碱

① 原理：其可使微生物蛋白质变性；或影响电离平衡，从而增强物质的毒理性，最终影响微生物生长。

② 概述：从作用效果上，有机酸要优于无机酸。酸碱法作用程度相对温和，某些有机酸可用于食品防腐，如乳酸和醋酸。

有趣的知识：腊肉为什么在制作过程中要用“烟熏”？

在我国南方地区，如贵州、四川和湖南等地，过年期间都有制作和食用“烟熏腊肉”的习俗。如贵州的“老腊肉”，就是经过长时间的烟熏，制作而成的一种风味食品。这种食品不仅拥有特殊的风味，还能长时间放置而不腐烂。那么，为什么烟熏能防腐呢？是水分的原因吗？

实际上，肉类在用木材或树枝烟熏时，粗纤维的不完全燃烧，可生成酚类、醛类和有机酸等物质，这些物质随熏烟附着于肉品上，可以起到抑制微生物生长的防腐功效。有趣的是，熏烟中还含有愈创木酚等具有特殊风味的物质，这也造就了“老腊肉”独特的味道。

（5）强氧化剂

① 原理：可作用于微生物蛋白质的巯基、氨基或酚羟基，从而使其失活。

② 概述：常用强氧化剂如漂白粉、高氯酸、高锰酸钾、卤素、过氧化氢和碘等。强氧化剂腐蚀性较强，在使用时需注意，一般不可用于生物体或不耐腐蚀的物品。

（6）重金属

① 原理：其可使蛋白质变性。

② 概述：常用的重金属消毒剂如汞、铅、银、铜和锌等。其用途较广，但受浓度影响，并且可能会表现出毒理性。

（7）碱性染料

① 原理：其所含阳离子可作用于微生物细胞物质上的羧基或磷酸基，从而妨碍新陈代谢。

② 概述：常用碱性染料如结晶紫和美蓝等。碱性染料效果有限，且副作用较大，故应用并不广泛。

（8）去污剂、表面活性剂

① 原理：其可降低表面张力，使微生物易从物体表面冲洗掉；还可破坏微生物的细胞膜结构。

② 概述：常用去污剂如肥皂、洗衣粉和洗洁精等。这类方法的作用程度较为温和，但效果有限。

2）防腐（霉）剂法

（1）原理：其可破坏微生物细胞成分（如蛋白质、核酸和脂质等）。

（2）分类

① 化学类：如山梨酸、丙酸和苯甲酸等；

② 天然类：如尼生素和壳聚糖等。

（3）用途

防腐（霉）剂尽管作用效果有限，但相对安全，其主要应用于食品中。

3）治疗剂法

（1）原理：如磺胺类药物可干扰微生物正常代谢；而抗生素类药物可作用或破坏微生物的细胞成分（如细胞壁、DNA、RNA 或核糖体等）。

（2）分类

① 抗代谢药物（磺胺类）;

② 抗生素。

（3）用途

治疗剂主要用于治疗体内、外的细菌感染。

总之，掌握微生物的生长繁殖规律，不仅有助于有效防控有害微生物，更重要的是，能更好地培养有益微生物。如今，在农业、工业、纺织、能源、医药和食品等产业中，以及在污染治理和生态修复方面，处处可见微生物的力量。随着科技的进一步发展，微生物在人类实践中可发挥的作用将越来越大；而从中，人类也将享受到微生物带来的巨大福利。然而，如果不能有效地培养微生物，使之充分发挥其生产潜能，那么，一切皆是空谈。

实际上，人类利用微生物，不过是在利用微生物的生长繁殖。

不管是生产微生物固氮菌剂、益生素或单细胞蛋白，还是进行酒精发酵、氨基酸发酵或抗生素发酵，微生物的生长繁殖都是这一切的前提。对于任何从事或拟从事微生物资源开发的工作者而言，应始终铭记微生物是“以量取胜”的，而要想获得“量”上的保障，那么，必须有效防控有害微生物，并充分保障有益微生物的生长繁殖。

第四章　微生物的其他生物学

重点： 质粒的概念及特点；常见突变株的表型；转化、转导和接合的概念；菌种衰退的原因。微生物在自然界和人类社会中的分布概况；微生物与其他生物的主要关系及特点。感染、传染病、病原体的概念；免疫系统的组成；免疫的过程概貌。微生物命名的方法和鉴定的一般过程。

关于微生物的其他生物学，本书主要简述微生物的遗传变异、生态特性、致病特性以及微生物的分类学相关内容。

第一节　微生物的遗传变异

遗传是微生物生长繁殖的必然结果，而变异则是微生物最普遍的生命现象。遗传保证了物种得以稳定延续，而变异则保证了物种得以适应不断变化的环境。

在生产实践中，遗传变异是进行优良菌种选育工作的理论基础。在学习本节相关内容后，凡从事微生物资源开发的工作者，至少要有一种意识：有益微生物，要使其正向变异；有害微生物，要控制其变异。

一、遗传变异的物质基础

关于遗传变异，有三个核心概念：

（1）遗传（Heredity），是指遗传信息复制和传递的过程。

（2）变异（Variation），是指在遗传过程中，遗传信息发生了可稳定遗传的改变。

从上述表述中不难发现，遗传信息处于整个遗传活动的最中心地位。无论是遗传还是变异，“主角”都是遗传信息。那么，什么是遗传信息？

（3）遗传信息（Genetic information），实质是基因组上碱基对的排列组合顺序。

1. 遗传物质

存储遗传信息的物质，称为遗传物质（Genetic material）。其化学本质是核酸（DNA 或 RNA）（图 4-1）。其特点为：稳定性高、可复制，并允许一定程度的改变。

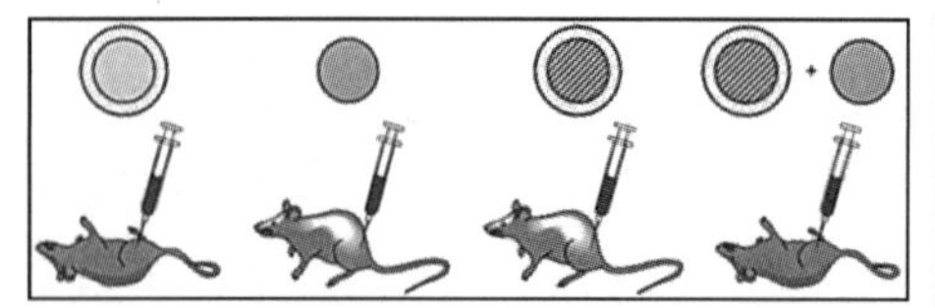

(a) 肺炎双球菌转化实验

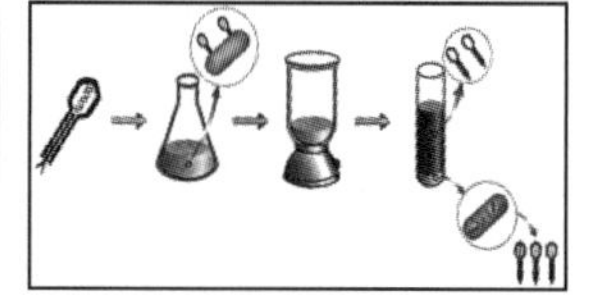

(b) 噬菌体感染实验

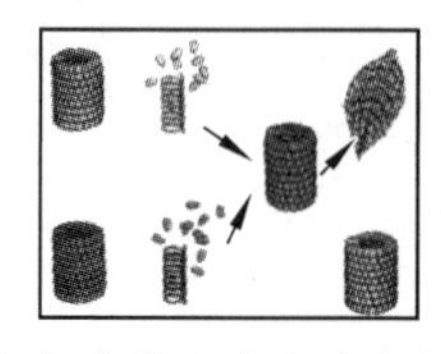

(c) 烟草花叶病毒重建实验

图 4-1　证明核酸是遗传物质的 3 大实验

2. 核内与核外遗传物质

从遗传物质所在细胞中的位置，可对遗传物质进行分类。如下：

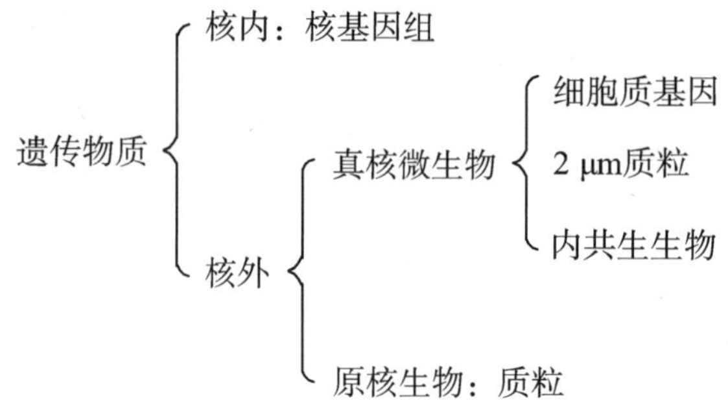

微生物细胞内的遗传物质，可分为核内遗传物质和核外遗传物质。值得注意的是，细菌的核外遗传物质——质粒（图 4-2），在基因工程领域具有很高的应用价值。

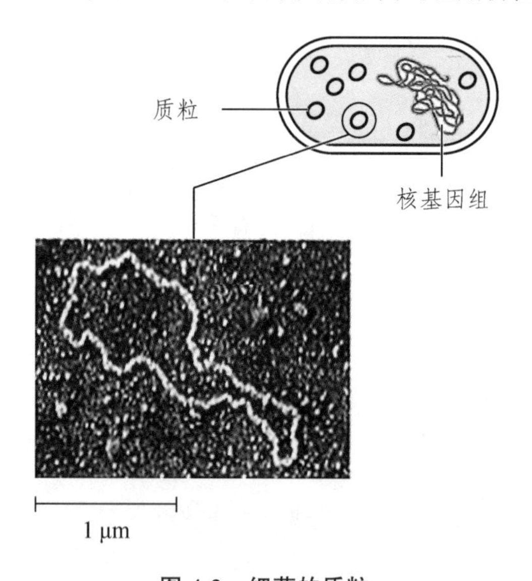

图 4-2　细菌的质粒

3. 质　粒

质粒（Plasmid），是游离于细菌核基因组外，具有独立复制能力、小型共价闭合环状、超螺旋结构的 DNA 分子。

质粒具有如下 9 个特点：

（1）质粒属于核外遗传物质。

（2）质粒是共价闭合环状、超螺旋的 DNA 分子（即 cccDNA）。

（3）质粒较小，其大小通常为 1.5 ~ 300 kb，仅携带 1 ~ 100 个基因（约占核基因组的 1%）。

（4）质粒在每个细胞中可能有一个或几个，甚至许多个；细胞中质粒的数目，称为拷贝数（如某质粒的拷贝数为 100，则表示该质粒在细胞中的数目一般为 100 个）。

（5）质粒能够独立地进行自我复制，可以不受核基因组的控制。

（6）质粒的复制，既可与核基因组同步，也可与核基因组不同步。与核基因组同步复制的质粒，称为严紧型质粒（Stringent plasmid）；不与核基因组同步复制的质粒，称为松弛型质粒（Relaxed plasmid）。

（7）某些质粒可以在不同菌株之间转移（如 F 质粒、R 质粒等）。

（8）某些质粒可以整合到核基因组上（如 F 质粒等）。

（9）质粒的存在，对微生物生存而言是非必需的。

质粒在细菌中普遍存在，种类非常多。常见质粒主要有 F 质粒、R 质粒、毒力质粒、降解性质粒、杀伤性质粒、大肠杆菌素质粒、诱癌质粒和载体型质粒等。

（1）F 质粒（Fertility factor），又称为致育因子，其存在于埃希氏菌属、假单胞菌属、嗜血杆菌属、奈瑟氏球菌属和链球菌属等细菌中；具有能决定“性别”和在不同菌株之间转移的能力。

有 F 质粒的细菌被称为雄性菌，其能长出性菌毛；无 F 质粒的称为雌性菌，无性菌毛。

F 质粒为双链 DNA，可编码 94 个中等大小的多肽，其中 1/3 的基因与接合作用有关；F 质粒还可整合到核基因组上。

（2）R 质粒（Resistance factor），又称为抗药性质粒，存在于大肠埃希菌属、沙门氏菌属、志贺氏菌属、克雷伯氏菌属等细菌中。R 质粒是一把“双刃剑”：其可引起细菌对抗生素的耐药性，危害极大；但又有抗性标记的使用价值，可用于菌种筛选或作为克隆载体。

R 质粒为双链 DNA，主要由抗性遗传和抗性决定相关基因组成。其可在一些有亲缘关系的细菌之间传递。

（3）毒力质粒（Virulence plasmid），其可编码与致病性有关的毒力因子，危害较大。如产肠毒素性大肠杆菌产生的耐热性肠毒素，就是由 ST 质粒（毒力质粒的一种）所编码；而该细菌用于黏附和定植至肠黏膜表面的黏附素，则是由另一种毒力质粒——K 质粒所编码。

（4）降解性质粒（Catabolic plasmid），其目前只在假单胞菌属中发现。该类质粒可编码降解环境中极难降解物质的酶（如分解樟脑、二甲苯、水杨酸、扁桃酸、萘或甲苯的酶等），因此，含有该类质粒的微生物在环境污染治理中具有较高的应用价值。

（5）载体型质粒（Plasmid vector），是一种以天然质粒为基础，经人工改造后、在基因工程中可用于克隆和表达的工具，如 T 质粒和 pET 质粒等。质粒用于基因工程的优点在于：（分子量小）易于操作、（共价闭合环状超螺旋分子）稳定性高、（拷贝数高）表达量高、（独立复制）不受干扰和（有抗性标记）易于筛选等。

质粒的发现和应用，极大地推动了基因工程的发展，使得几乎任何非微生物源的物质，在理论上都可以借用微生物进行生产。人胰岛素就是最典型的例子。很早以前，治疗糖尿病所用的胰岛素只能从活体动物（如猪或牛）上提取。这不仅产量少、成本高，更关键的是，动物胰岛素与人胰岛素仍存在较大差异，导致使用效果并不理想，还存在致敏的风险。随着质粒的应用以及基因工程制药的开展，如今，利用大肠杆菌或酵母菌，就可生产出大量高活性的人源性胰岛素（图 4-3）。

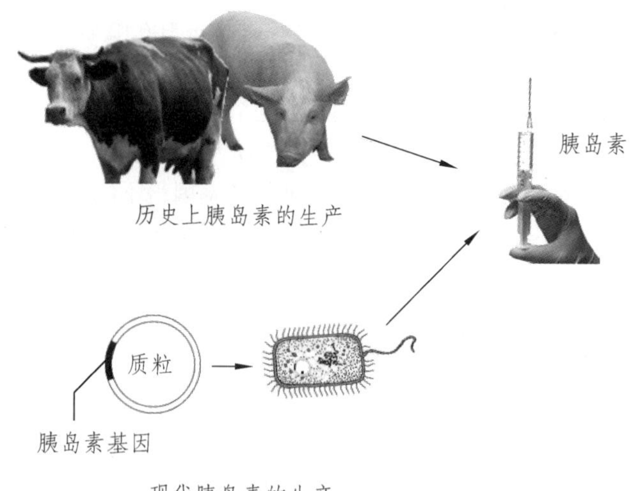

图 4-3　质粒的应用与胰岛素生产

二、基因突变

遗传信息在复制和传递的过程中，可能会发生改变。例如，基因在复制过程中可能会发生碱基的配对错误，或者两个独立的基因通过一定途径转移到一起并形成新的基因组合，这些均会导致遗传信息的改变。

这种改变就是变异。变异，主要包括基因突变和基因重组。前者主要指遗传信息“本身”发生了改变的一种变异方式；而后者所涉及的生物学过程，虽然在独立基因上没有发生遗传信息本身的改变，但也产生了新的遗传信息组合。

（一）基因突变概述

基因突变（Gene mutation），是指基因中碱基对的组成或排列顺序发生了改变。其类型主要包括：碱基置换、移码突变、缺失突变和插入突变。

基因突变的发生概率，可以用突变频率（Mutation frequency）来衡量。其有两种表示方式：一是突变次数/细胞分裂次数，二是突变个体数/菌群新增个体数。这两种表示方式，内涵完全一致。例如，若某微生物某基因的突变频率为 10^{-8}，这表示：一个微生物细胞在发生 10^8 次分裂的过程中，该基因仅有 1 次可能发生突变；或者，总数为 1×10^8 个的该微生物细胞在分裂为 2×10^8 个的过程中，仅有 1 个细胞中的该基因可能发生了突变。

基因突变具有以下特点：

（1）自发性。基因突变可自然发生，这也是菌种衰退的根本原因。

（2）可诱发性。基因突变也可通过人工的手段诱导发生，这也是诱变育种的理论基础。

（3）不对应性。导致基因突变的原因和就此产生的结果之间无对应性。例如，用紫外线诱导细菌突变，所出现的结果并不一定是产生了抗紫外线的突变体。

（4）稀有性。自发进行的基因突变的频率很低，一般在 $10^{-9}\sim10^{-7}$。

（5）稳定性。突变后的基因，可稳定遗传。

（6）可逆性。突变后的基因，可再次通过突变而恢复为原基因，这也是菌种复壮的理论基础。

（7）独立性。不同的基因，其突变的发生是独立、互不干扰的。

（二）基因突变的常见结果

绝大多数情况下，基因突变会导致微生物的死亡。但此外，也会产生一些有意义的突变株（Mutant strain），如下：

产量突变株、形态突变株、抗原突变株——非选择性突变株（不可用选择性培养基进行筛选）

抗性突变株、营养缺陷株、条件致死株——选择性突变株（可用选择性培养基进行筛选）

1. 产量突变株

产量突变株（Metabolite quantitative mutant），是指某微生物突变后，获得了代谢产物产量增加的表现型。例如，某产黄青霉菌菌株发生突变后，其青霉素的产量增加了；或某产柠檬酸的曲霉菌菌株突变后，柠檬酸的产量增加了。

产量突变株在发酵工业上有重要应用。通过人工诱变，可不断选育出代谢物产量较高的优良菌株，从而可提高发酵生产的效率。

2. 抗性突变株

抗性突变株（Resistant mutant），是指某微生物突变后，获得了抵抗某种理化因子的表现型。例如，某微生物突变后，可能会产生对抗生素的抗性、对高温的抗性、对强酸的抗性或对高渗透压的抗性等。

3. 营养缺陷突变株

营养缺陷突变株（Auxotroph），是指某微生物突变后，丧失了分解某种营养物的能力或合成某些物质的能力。例如，某微生物突变后，可能会丧失了分解乳糖的能力（无法合成乳糖酶）或丧失了合成维生素 B 的能力等。

营养缺陷株在发酵工业上应用较为广泛。通过筛选营养缺陷突变株，可大量积累与收获具有高应用价值的中间代谢产物。这是因为：在直线式的生物合成途径中，存在反馈抑制（详见本书第二章第四节），正常的菌株仅能积累最终产物，而不能积累中间产物或分支代谢物。但利用营养缺陷株，可切断下游反应并解除正常的反馈抑制，从而能够大量积累高价值的中间代谢产物。例如赖氨酸的生产。

赖氨酸在人类和动物营养上是一种十分重要的必需氨基酸，因此，在食品、医药和畜牧业上需求量很大。许多微生物都能以天冬氨酸作为原料，通过分支代谢途径合成出赖氨酸、苏氨酸和蛋氨酸。但在该途径中，由于苏氨酸对天冬氨酸激酶（AK）具有反馈抑制作用，因此，在正常细胞内，难以累积较高浓度的赖氨酸。为了解除正常的反馈抑制，以获得大量赖氨酸，工业上选育了谷氨酸棒杆菌的高丝氨酸缺陷型菌株作为赖氨酸的发酵菌株。其原理为：该突变株不能合成高丝氨酸脱氢酶（HSDH），故天冬氨酸半醛生成高丝氨酸的反应被切断，从而导致苏氨酸不能生成，并最终解除了苏氨酸对 AK 的反馈抑制。通过此法，在富含糖和铵盐的培养基上，就可以大量地生产赖氨酸（图 4-4）。

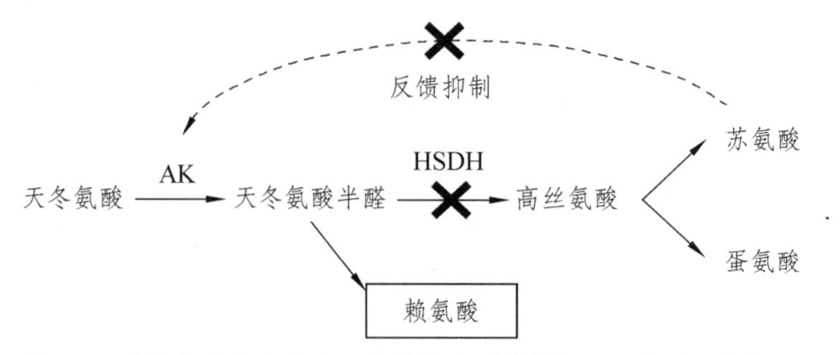

图 4-4　在赖氨酸生产中应用营养缺陷型菌株解除正常的反馈抑制

三、基因重组

在遗传物质本身不发生变异的情况下，仍可以通过另一种方式产生新的遗传型，那便是基因重组（Genetic recombination）。基因重组是指两个独立的基因通过一定途径转移到一起，形成稳定的新遗传型的过程。在生产实践中，基因重组是进行杂交育种的理论基础，相比于诱变育种，其定向性和可预见性更好。

（一）真核微生物的基因重组

真核微生物基因重组的方式包括有性杂交、准性杂交和原生质体融合。

1. 有性杂交

有性杂交（Sexual hybridization），是指不同遗传型的两性细胞之间发生接合后，随之进行基因重组，进而产生新的遗传型的过程（图 4-5）。有性杂交是利用有性生殖进行的一种基因重组。有性生殖是自然界最普遍存在的基因重组途径，一般有性生殖仅发生在真核生物界（真核微生物、植物和动物）。

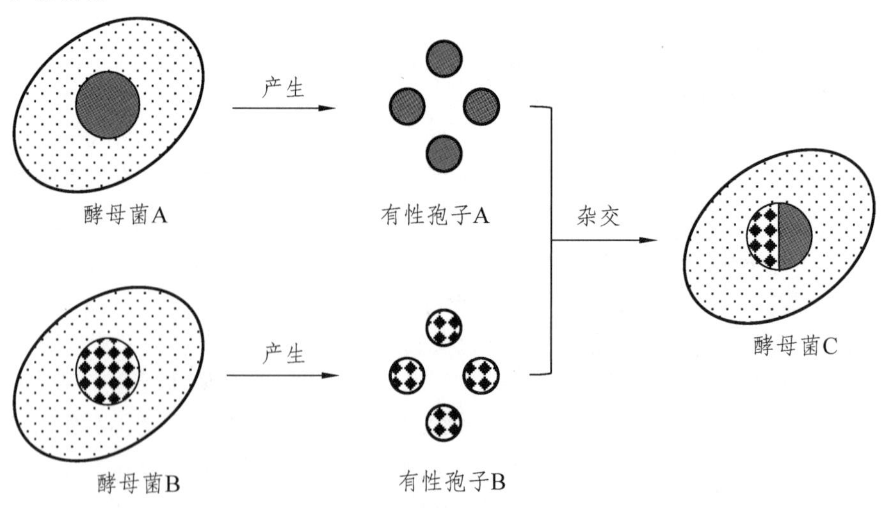

图 4-5　酵母菌有性杂交示意图

2. 准性杂交

准性杂交（Parasexual hybridization），就是利用准性生殖进行的一种基因重组。准性生殖，是一种“原始的有性生殖”。其与有性生殖的区别为：有性生殖，是两个“性”细胞之间发生的接合；准性生殖，是两个“体”细胞之间发生的接合。

也可以认为，准性生殖是在自然条件下，真核微生物体细胞间的一种自发性的原生质体融合现象。它在某些真菌，尤其在还未发现有性生殖的半知菌亚门（如构巢曲霉等）中最为常见。

准性杂交的过程大致包括：菌丝联结、异核体形成、核配、体细胞交换和单倍体化。

（二）原核生物的基因重组

原核生物基因重组的方式，主要有转化、转导和接合。

1. 转 化

转化（Transformation），是指受体菌直接吸收了来自供体菌的部分 DNA 片段，经过交换，再把该 DNA 片段整合到自己的基因组中从而获得部分新的遗传性状的过程（图 4-6）。

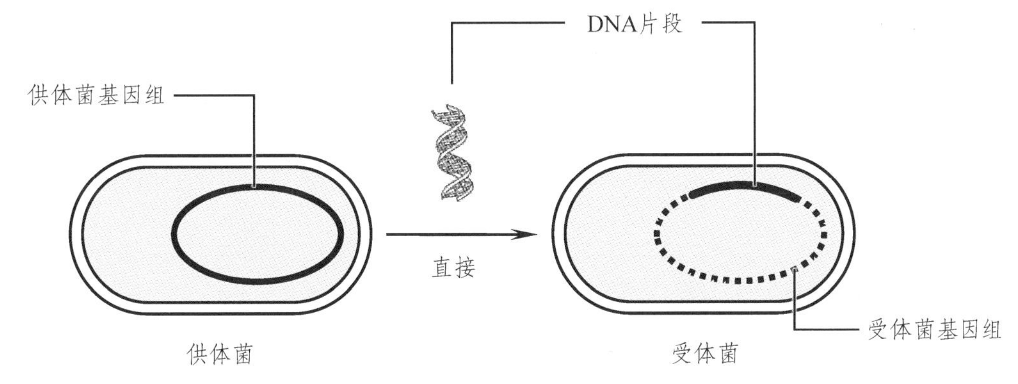

图 4-6　转化示意图

在上文中，所指的交换，是指供体菌的 DNA 片段同源性地替换了受体菌的 DNA 片段；所指的部分新性状，是指受体菌不能得到供体菌的全部遗传信息，其通常只能得到 15 个左右的基因。

转化的顺利进行，有两个必要条件：① 受体菌细胞处于感受态；② 参与转化的两株细菌的亲缘关系较近。

何为感受态？感受态（Competence）是细菌细胞的一种特殊生理状态。处于感受态的受体菌，拥有三件“法宝”（DNA 结合蛋白、核酸酶和细胞壁自溶素），可保障转化过程的顺利进行。

为何参与转化的两株菌要求亲缘关系较近呢？这是由于，如果亲缘关系较近，才能实现 DNA-DNA 的同源性互补配对（实质是碱基序列相似度较高）。

2. 转 导

转导（Transduction），即受体菌通过缺陷噬菌体介导，间接地吸收了来自供体菌的 DNA 片段，进而发生交换与整合，最终获得供体菌部分遗传性状的过程。转导，也可认为是通过缺陷噬菌体介导完成的一种转化（图 4-7）。

转导得以实现，必须借助缺陷噬菌体（Defective phage）。什么是缺陷噬菌体？

噬菌体在进行子代装配时，可能会发生下列三种情况：

（1）装入的完全是噬菌体自身的 DNA（正常噬菌体）；
（2）装入的完全是细菌的 DNA，不含自身 DNA（完全缺陷噬菌体）；
（3）装入的有一部分是细菌的 DNA 片段，还有一部分是自身的 DNA 片段（部分缺陷噬菌体）。转导是由后两种噬菌体参与完成的，而这两种噬菌体均被称为缺陷噬菌体。

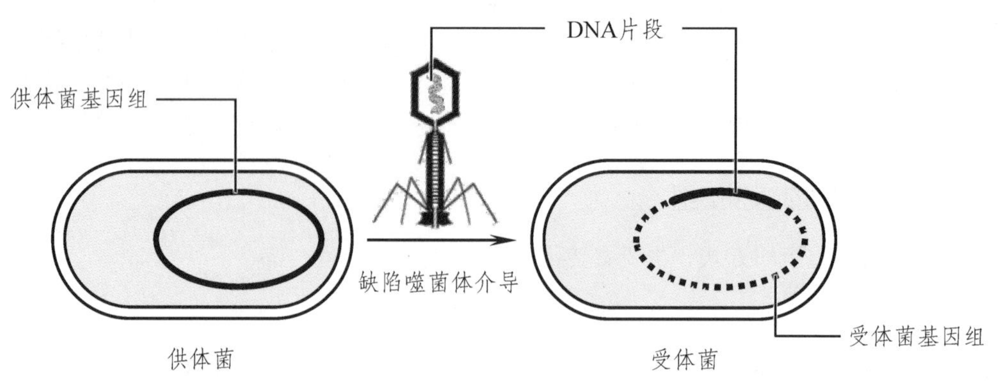

图 4-7　转导示意图

3. 接　合

接合（Bacterial conjugation），是指供体菌通过性菌毛与受体菌直接接触，把基因传递给后者，使后者获得新性状的过程（图 4-8、图 4-9）。

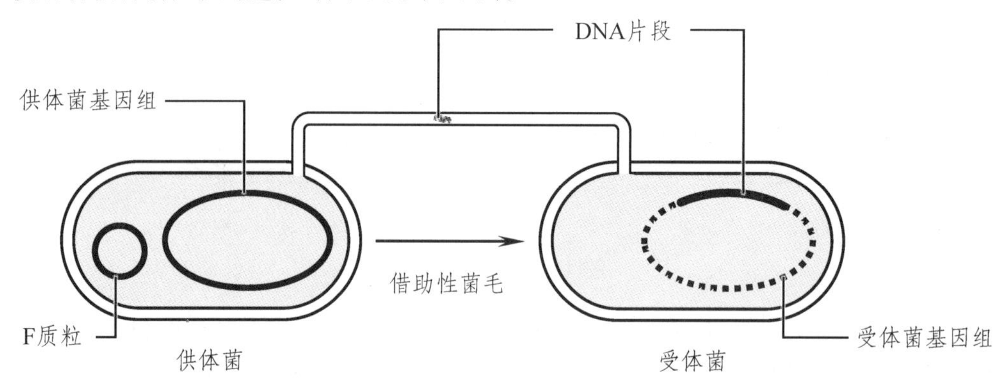

图 4-8　接合示意图

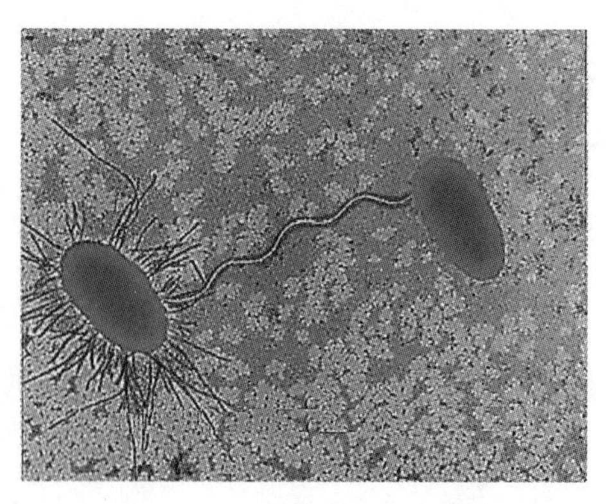

图 4-9　大肠杆菌的接合现象

关于原核生物的三种基因重组方式的比较，见表 4-1。

表 4-1　三种重组方式比较

	转化	转导	接合
DNA 提供者	供体菌		
DNA 接受者	受体菌		
DNA 传递载体	无（直接传递）	缺陷噬菌体	性菌毛
必要条件	1.感受态 2.亲缘关系	缺陷噬菌体	1.性菌毛 2.亲缘关系

四、菌种的衰退和复壮

变化是绝对的，而稳定则是相对的，正所谓“唯一不变的就是变化”。

对于任何物种而言，变异是普遍自然发生着的，并不以人的意志为转移。并且，退化性变异（负突变）通常是大量的，而进化性变异（正突变）则是少数的。

认识到变异的自发性和易退化性，是极为重要的，这将启示微生物学工作者理性看待菌种的衰退，并时时做好菌种防衰退和复壮工作。

（一）菌种的衰退

在对微生物进行培养和应用的过程中，菌种的衰退是普遍自然发生着的。若某发酵工业生产菌株长期不停地传代培养与利用，那么在一定时间后，最有可能出现的结果便是该菌株的生产性能严重下降。这非常不利于微生物资源的开发与利用。

1. 菌种衰退概述

菌种衰退（Degeneration of strains），是指某纯种微生物群体中的个别个体由于发生自发突变，而使整个群体原有的一系列性状发生衰退性量变或质变的过程。菌种衰退的根本原因是基因突变的自发性，这是不以人的意志为转移而客观存在的自然现象。

菌种衰退的常见征兆，有如下几种：

（1）菌株形态变得不典型；

（2）生长速率变慢；

（3）代谢物的生产能力下降；

（4）对外界不良环境条件的抵抗能力下降；

（5）对寄主的寄生能力下降。

若所使用的菌株出现上述征兆，应及时采取应对措施。

2. 防止衰退的措施

为保障优良菌株的优良性能得以稳定发挥，可采取如下常用的防衰退措施：

（1）控制传代次数；

（2）创造良好的营养条件；

（3）利用不易衰退的细胞进行传代；

（4）采用有效的菌种保藏方法（详见本书第五章第二节）。

应当注意，以上仅仅是预防措施。那么，若菌种已经出现衰退，该如何应对呢？

（二）菌种的复壮

一旦菌种已经出现衰退，应立即采取有效措施进行菌种的复壮。

菌种复壮（Rejuvenation of strains），是指从已衰退的微生物群体中挑选出未退化的个体（或逆向突变的个体），再以此个体为基础进行扩增繁衍，最终重新获得具有原性状的菌株的过程。

菌种复壮的常用措施有：

（1）进行纯种分离；

（2）通过在宿主体内进行选择性培养与分离；

（3）淘汰衰退的个体。

第二节　微生物的生态特性

认识微生物的世界应具有生态学的大视野。通过学习和研究微生物在自然状态下的生息繁衍：能更好地认识微生物的生物学特点，尤其能从生态学的角度对一些微生物的生命活动进行解释；此外，还有助于理解微生物在自然界物质和能量循环中所扮演的关键角色；最为重要的是，将有利于发掘优良的菌种资源，有利于益生菌的推广应用，以及有利于应用微生物来促进我们的环保事业。

一、微生物的生态分布

生态，源于古希腊语 οικos，原义为居住的地方，现指生物在自然条件下的生存状态。

生物体并非孤立存在，它与周围环境（生物环境和非生物环境）是一个有机的整体，并深受其影响。这种影响，不仅造成了微生物不同的生物学特性，也决定了微生物的自然分布。

微生物在自然界中的分布极为广泛，现举例常见环境进行简述。

（一）土　壤

土壤，是微生物种类最为丰富的自然环境，90%以上的微生物都能在土壤中发现。因此，土壤也被称为微生物的“大本营”或“菌种资源宝库”。

土壤中的微生物数量同样惊人。一般而言，土壤中的细菌数量为 $10^6 \sim 10^9$ 个/g，放线菌数量为 $10^5 \sim 10^8$ 个/g，霉菌数量为 $10^4 \sim 10^6$ 个/g，酵母菌数量为 $10^3 \sim 10^5$ 个/g。

那么，为什么土壤是自然界中微生物栖息的第一场所呢？有如下原因：

（1）存在利于附着的基质：土壤为微生物提供了良好、安定的着生基质；

（2）有丰富的有机物：动植物的活动及其残体，向土壤释放了大量有机物；

（3）有丰富的矿物元素：岩石风化过程中，向土壤释放了大量矿质元素；

（4）适宜的水分：土壤团粒内部结构含有适宜的水分；

（5）清新的空气：空气可以在土壤颗粒间流动；

（6）温度适宜：土壤温度变化低于气温变化，具有良好的保温能力；

（7）pH 值适宜：多数土壤的 pH 值在 5 ~ 8，非常适宜微生物的生长；

（8）渗透压适宜：土壤渗透压与微生物细胞渗透压相近。

值得注意的是，因不同土壤相关环境因素（如水分、养分、紫外、通气、温度和 pH 等）的差异，微生物在不同土壤中的分布有所不同。此外，微生物在土壤中的分布，还会随季节变化呈现出一定的分布规律。

（二）水体环境

水是生命之源。水体环境尽管非常适宜于微生物的栖息，但其营养丰富度一般不及土壤，因此，水体环境是自然界中微生物栖息的“第二场所”。

水体环境，可分为淡水环境和海水环境。微生物在二者中的分布存在明显差异。

1. 淡水环境

淡水环境，因有机物含量的差异，可分为低和高两种环境。

有机物含量低，为清水型淡水环境，以光能自养和化能自养微生物为主。在远离人群居住的湖泊、河流以及池塘等清水型淡水环境中，微生物的总量不高，一般为 $10 \sim 10^3$ 个/mL，其主要为各种蓝细菌。

有机物含量高，称为腐败型淡水环境，以化能异养微生物为主。在流经城镇的河水、下水道污水以及富营养化的湖水等腐败型水体中，微生物的数量较高，一般为 $10^7 \sim 10^8$ 个/mL，其主要为各种肠道杆菌、芽孢杆菌、弧菌和螺菌等。

2. 海水环境

海水一般含盐量为 3.2% ~ 4%，养分含量不高，pH 多偏碱性。海水环境中的微生物多为 G^- 菌，如假单胞菌属、弧菌属、黄杆菌属、生丝微菌属和微环菌属等。一般在河口、海湾等海水中，细菌数约为 10^5 个/mL；而远洋的海水中仅为 10 ~ 250 个/mL。酵母菌和霉菌仅有少数能适应海洋的生态条件。

微生物在海水环境中的分布，主要受海水渗透压、温度、压强、养分和光照等环境因素的影响。

（三）空　气

空气不适宜于微生物栖息，原因如下：

（1）缺乏附着的基质：空气中缺乏微生物着生的基质；

（2）缺乏营养：空气中养分极少；

（3）强光和紫外的照射：空气暴露于强光和紫外下，严重阻碍微生物的生长；

（4）变化剧烈的温度：空气保持温度的能力较低。

尽管空气不适宜于微生物栖息，但值得注意的是，空气中仍存在着一定数量的微生物（表 4-2），并且，这些微生物可随空气进行传播。通常，空气中的微生物是以气溶胶的形式存在，此外，微生物还可附着于空气中的尘埃或微颗粒中。这些物质可随空气流动，使微生物得以传播。一般而言，凡人类生产与生活等活动较为频繁的地区，由于尘埃等颗粒物质较多，故空气中微生物的含量也较多。

表 4-2 不同地点空气中的微生物数量（沈萍等，2006）

地点	微生物数量/（CFU/m^3）
北极（北纬 80°）	0
海洋上空	1 ~ 2
市区公园	200
城市街道	5 000
宿舍	20 000
畜舍	1 000 000 ~ 2 000 000

（四）生物体的体内、外

无论是人类、动物还是植物，其体表和体内都有大量微生物栖息。这些微生物不仅是它们机体环境的重要组成，还发挥着多样化的生理作用。

1. 人体及动物体的正常菌群

在人体或动物体的内、外部，栖息着为数众多的微生物。如人体的微生物，总数高达 1 000 000 亿左右，约为人体总细胞数的 10 倍。

生活在健康人类或动物各部位，数量大、种类较稳定，一般能发挥有益作用的微生物种群，称为正常菌群（Normal flora）。正常菌群之间、正常菌群与其宿主之间，以及正常菌群与周围其他因子之间，都存在着种种密切关系，这些关系的总和被称为微生态（Micro-ecology）。

人体共有五大微生态系统：消化道、呼吸道、泌尿生殖道、口腔和皮肤。其中，消化道是最大的微生态系统，其所含的微生物数量约占人体总携带量的 78.7%。以人体肠道为例，在那里经常生活着 60 ~ 400 种不同的微生物，总数可达数百万亿个；厌氧菌是最主要的类群，其可占肠道正常菌群的 99%，而其中的拟杆菌属、双歧杆菌属和乳杆菌属等更是优势菌群（表 4-3）。

表 4-3 人体消化道和粪便中若干代表菌的分布和数量（单位：CFU/g）（周德庆，2011）

菌属	胃	空肠	回肠	结肠	粪便
拟杆菌属	0	3.2×10^2	3.2×10^3	1.0×10^8	3.2×10^{10}
双歧杆菌属	0	2.0×10^2	10	1.0×10^7	3.2×10^{10}
乳杆菌属	0	10	0	3.2×10^6	1.0×10^4
肠杆菌属	0	0	2.0×10^3	1.0×10^7	1.0×10^6
肠球菌属	0	0	2.0×10^2	1.0×10^7	3.2×10^3
梭菌属	0	0	0	0	1.0×10^3
韦荣氏菌属	0	0	0	1.0×10^3	1.0×10^3
酵母属	0	10	2.0×10^2	0	10

一般情况下，正常菌群与人体保持着一个十分和谐的平衡状态，而菌群内部各微生物之间也相互制约，保持着稳定、有序的相互关系，这就是微生态平衡（Microecological balance）。微

生态平衡的建立，少不了正常菌群所做出的巨大贡献。正常菌群对宿主具有很多有益作用，如下：

① 营养作用。正常菌群可向宿主提供维生素、有机酸或消化酶等营养因子或促消化因子。

② 免疫作用。正常菌群的占位效应，可阻止病原菌对宿主的入侵。

③ 排毒作用。正常菌群可分解有毒或致癌物质（亚硝胺等）等体内有毒有害物质。

④ 协助机体发挥其他生理功能。

由于正常菌群所具有的保健生理功能，"益生菌剂"这一设想应运而生并已付诸实践。益生菌剂，通常是指一类分离自正常菌群，以大量活菌为主体，一般以口服或黏膜途径投入，有助于改善宿主特定部位微生态平衡并兼有其他若干有益生理功能的微生物制剂。

用于生产益生菌剂的优良菌种，主要是严格厌氧类的双歧杆菌属、耐氧类的乳杆菌属和兼性厌氧类的肠球菌属等。目前，这些菌种已被制成冻干菌粉、活菌胶囊或微胶囊形式的药剂或保健品并出售。

有趣的知识：我们为什么会长青春痘?

痤疮，俗称青春痘，是一种毛囊皮脂腺的感染性炎症。人体进入青春期后，体内雄激素特别是睾酮的水平迅速升高，促进皮脂腺发育并产生了大量皮脂。这便是产生青春痘的根本原因。

那么，青春痘产生的直接原因是什么呢？据估计，在人体皮肤表面，每平方厘米的面积上就约有 10 万个细菌。其中有一种细菌叫痤疮丙酸杆菌。原来，青春期时毛囊中的多种微生物，尤其是痤疮丙酸杆菌，可利用皮脂腺所分泌的大量皮脂而大量繁殖，这将会导致毛囊的感染和青春痘的产生。

因此，在青春期时做好面部的清洁工作十分重要，特别是要做好面部皮脂的清理。毕竟，痤疮丙酸杆菌的生长离不开大量"美味"的面部油脂。

2. 植物体的正常菌群

（1）根际微生物（Rhizospheric microorganism），是一类生活在根系邻近土壤，依赖根系的分泌物、外渗物和脱落细胞而生长，一般能对植物发挥有益作用的正常菌群。它们多数为 G^- 细菌，如假单胞菌属、农杆菌属、无色杆菌属和节杆菌属等。

根际微生物以多样化的方式有益于植物，如可去除 H_2S 对根的毒性，增加矿质营养的可溶性，合成维生素、氨基酸或生长素等。此外，根际微生物对潜在的植物病原体具有拮抗作用，并且还能产生抗生素，从而保护植物免于病害。

（2）根瘤菌（Nodule bacteria），是一类与豆科植物结成共生关系，并生存于二者形成的共生结构——根瘤（Root nodule）中的一种固氮细菌。根瘤菌能把大气中不能被植物利用的分子氮转化为植物可吸收利用的氨态氮，这对于增加土壤肥力和推动地球氮循环具有重要意义。

（3）根瘤放线菌（Actinorhizas），目前主要指弗兰克氏菌属，是一类能与非豆科植物建立共生关系，并能与其形成放线菌根瘤（Actinorhizae）的放线菌。该微生物具有较强的共生固氮能力，多与木本双子叶植物，如凯木、杨梅和沙棘等形成放线菌根瘤。

（4）菌根真菌（Mycorrhizal fungi），是一类能与植物建立共生关系，并能与其形成共生结构——菌根（Mycorrhiza）的真菌。该类微生物可以促进植物对氮、磷和其他矿物质的吸收，还能通过分泌"抑制物质"削弱来自其他植物体的生存竞争。

（5）附生微生物（Epibiotic microorganisms），是一类生活在植物地上部分的表面，主要借植物外渗物质或分泌物质为营养的正常菌群。其主要为叶面微生物。植物鲜叶表面一般含 10^6 CFU/g 的细菌，还有少量酵母菌和霉菌，放线菌则很少。

附生微生物具有促进植物发育（如固氮等）、提高种子品质等有益作用，但也可能引起植物腐烂甚至致病等有害作用。而一些蔬菜、牧草和果实等表面存在的乳酸菌、酵母菌等附生微生物，在泡菜和酸菜的腌制、饲料的青贮以及在果酒酿造时，还起着天然接种剂的作用。

（6）植物内生菌（Endophyte），是一定阶段或全部阶段生活于健康植物的组织和器官内部的微生物（主要为细菌、真菌和放线菌）。植物内生菌普遍存在于高等植物中，如木本、草本植物，单子叶植物和双子叶植物内均有内生菌。目前，将植物内生菌开发为微生物农药、增产菌剂或生防载体菌，被认为极具潜力。此外，由于植物内生菌可产生多种活性物质，故其有可能作为抗癌、抗氧化等药物或保健品的生产菌株。

（五）人类制造的产品

在人类所生产的各类产品中，亦存在着一定数量的微生物。一般而言，除特殊的产品（如发酵食品）外，在大多数产品中并不期望出现任何微生物，否则，将引起难以预计的危害。下面简要叙述工业产品、食品和农业产品中的微生物。

1. 工业产品

工业产品大都是直接或间接地以动植物为原料制成的，如木制品、纤维制品、革裘制品、橡胶制品、油漆、卷烟、感光材料、化妆品和中成药等。它们大都含有微生物生长所需的各种营养，因此，其上不但栖息着一定数量、种类各异的微生物，并且一旦遇适宜的气节，这些微生物还会大量生长繁殖，引起严重的霉腐、变质。

有趣的是，尽管某些工业产品是用无机材料制造的，例如钢缆、地下管道或其他金属制品等，但由于其上存在着可进行无氧呼吸的微生物，因此，它们同样会遭受微生物的破坏。

全球每年因微生物对材料造成的霉腐而引起的损失，是极其巨大又难以确切估计的，因此，有人称之为“菌灾”。有效防控工业产品的霉腐，尤为重要。在产品的生产、加工、包装、储运和销售等环节中，应尽可能保持无尘，并严格控制环境条件（如低温、干燥、无氧等）。

2. 食　品

因食品在加工、包装、运输、贮藏或销售等过程中，不可能做到完全的灭菌和严格的无菌操作，故其上会残留或沾染各种微生物。尽管许多食品上的本底微生物（Background microorganism）数量并不多，但这些微生物一旦遇到合适的条件，便会迅速生长繁殖，引起食品变质、霉腐甚至产生各种毒素或引发严重的食源性感染。毕竟，食品营养丰富，是微生物绝佳的培养基，而且，食品是人类的必需生活品，受众群体大，是传播微生物的绝佳媒介。

为防止食品的霉腐，以及有效控制食源性致病菌的传播，除在加工、包装和运输等过程中应严格进行消毒、控制环境条件外，还可在食品中添加少量无害的防腐剂。此外，食品的保藏方法也很重要，应采用低温、干燥或在密封条件下用除氧剂、填充惰性气体等措施来达到。

有趣的知识：罐头食品的诞生

18 世纪末，法国伟大军事家拿破仑常率军征战四方，但由于战线越拉越长，大批食品运到前线后便会腐烂变质，严重制约着军事行动。他迫切希望解决行军作战时食品保藏的问题，于是开出了巨额悬赏。

许多科学家为此苦思冥想，但幸运女神却偏偏眷顾了一位工人。他便是 N. Appert，曾在酸菜工厂、酒厂、糖果店和饭馆工作过的一位普通工人。Appert 偶然发现，密封在玻璃容器里的食品如果经过适当加热，便不易变质。经过十年的艰苦研究，Appert 终于在 1804 年获得成功。他将食品处理好，再装入广口瓶内，全部置于沸水锅中，加热 30～60 min 后，趁热用软木塞塞紧，再用线加固或用蜡密封，如此，就能较长时间地保藏食品而不会腐烂变质。这就是现代罐头技术的雏形。

Appert 获得了拿破仑颁发的巨额奖金。有趣的是，50 多年后，著名微生物学家 L. Pasteur 才揭示了食品腐败是由微生物所导致的。

3. 农产品

粮食、蔬菜和水果等各种农产品上天然地存在着大量的微生物，由此引起的霉腐以及食物中毒，危害极大。据估计，每年全球因霉变而损失的粮食就达总产量的 2%左右。引起粮食、饲料霉变的微生物以曲霉属、青霉属和镰孢霉属的真菌为主，而其中有些是可产生致癌的真菌毒素的种类。

在目前已知的大约 9 万种真菌中，有 200 多种可产生 100 余种真菌毒素（Mycotoxins），其中 14 种能致癌。由黄曲霉部分菌株产生的黄曲霉毒素（Aflatoxin）和一些镰孢菌产生的单端孢烯族毒素 T2 更是强烈的致癌剂。

黄曲霉毒素至少有 18 种衍生物，黄曲霉毒素 B1 的毒性甚至超过了 KCN，而其致癌性则比举世公认的三大致癌物还强得多。另值得注意的是，黄曲霉毒素即使在 205 °C 高温下也只能被破坏 65%，故农产品一旦被污染该毒素，就极难去除。在我国，消化系统癌症的发病率一直居高不下，这充分表明了“防癌必先防霉”的重要性。

（六）极端环境

在自然界中，存在着一些绝大多数生物都无法生存的极端环境，诸如高温、低温、高酸、高碱、高盐、高毒、高渗、高压、干旱或高辐射强度等环境。凡依赖于这些极端环境才能正常生长繁殖的微生物，称为嗜极菌或极端微生物（Extremophile），它们主要是古生菌。由于其在细胞构造、生命活动（生理、生化、遗传等）和种系进化上的突出特性，不仅在基础理论研究上有着重要的意义，而且在实际应用上有着巨大的潜力。因此，近年来倍受世界各国学者们的重视（详见本书第一章第四节）。

最后，小结一下微生物在自然界和人类社会中的分布规律：

从总体上讲，微生物适应能力强，广泛分布于自然界和人类社会中；甚至在极端环境下，仍有微生物栖息。微生物的生态分布，取决于该环境能否满足微生物生长所需六大营养素、温度、pH 值、空气、光照和渗透压等。

从各常见环境看，土壤是微生物栖息的第一场所，因为那里营养丰富、环境条件适宜；水体环境可排在第二；空气不适宜于微生物的生存，故空气中微生物分布量较少；而无论是在动植物的体表或是体内，都有大量微生物栖息，并且这些微生物还发挥着多样化的益生作用；此外，微生物还广泛存在于人类生产制造的各类产品中，并有引起霉腐及中毒的潜在威胁；而在绝大多数生物都无法生存的极端环境下，许多古生菌却可以“欢快地”生息繁衍着。

二、微生物与其他生物的关系

微生物并非独自居住在大自然中，它们还有许多“邻居”与其相伴。一般而言，微生物与其他生物之间，主要存在五种典型的关系：互生、共生、寄生、捕食和抗生。

1. 互　生

两种可独立生存的生物，当它们在一起时，可通过各自的代谢活动而有利于对方或偏利于一方的生活方式，称为互生（Metabiosis）。

这种关系的特点是：处于关系中的双方生物均不会受害，且至少有一方受益；双方生物的结合较为松散，可分可合，合比分好。

微生物与微生物之间的互生：在土壤微生物中，互生关系十分普遍，例如，好氧性自生固氮菌与纤维素分解菌。后者分解纤维素时所产生的有机酸，可作为前者进行固氮时所需的营养；而前者则通过生物固氮作用向后者提供氮素营养物。这种互生生存的好处可从一组数据的对比中看出：当纤维素分解菌独立生活时，其纤维素分解效率约为 38%；而当纤维素分解菌与好氧性自生固氮菌进行互生生活时，其纤维素分解效率可上升为 45%。

微生物与植物之间的互生：根际微生物与植物是最典型的互生关系。前者可从后者根系的分泌物、外渗物和脱落细胞等中获得营养，而后者则可“享受”到前者所发挥的一系列益生作用（可参见本节“植物体的正常菌群”）。

微生物与动物之间的互生：人体肠道中的正常菌群与人的关系，便是互生。人体可为正常菌群提供适宜于生存的环境，而正常菌群可发挥益生作用而有益于人体（可参见本节“人体及动物体的正常菌群”）。

有趣的是，在发酵生产中，混合发酵（Mixed fermentation）或混合培养（Mixed cultivation），也是互生的典型例子。例如，具有我国特色的二步发酵法生产维生素 C 的先进工艺，就是利用互生关系进行发酵的一个很好例证。试验证明，如单用氧化葡萄糖杆菌进行发酵，则不仅生长很差，且产生 2-酮基-L-古龙酸的能力微弱；而单用条纹假单胞菌时，则根本不产酸。反之，若把两个菌株进行混合发酵，就能将 L-山梨糖大量转化成维生素 C 的前体——2-酮基-L-古龙酸。实际上，在酸奶生产时，所用的两种菌株——德氏乳杆菌保加利亚亚种和嗜热链球菌也存在着互生的关系。

2. 共　生

共生（Symbiosis），是指两种生物共居在一起，相互分工合作，并且相依为命，有时甚至达到难分难解、合二为一的极其紧密的一种生态关系。

这种关系的特点是：处于关系中的双方生物均能受益，并且双方生物的结合非常紧密，不可分割，其一离开对方后一般难以独自生存。

微生物与微生物之间的共生：最典型的例子是菌藻共生或菌菌共生的地衣（Lichen）。前者是真菌（一般为子囊菌）与绿藻（Green algae）的共生；后者是真菌与蓝细菌的共生。在这种关系中，绿藻或蓝细菌通过光合作用，可为真菌提供有机养料；而真菌则能以其所产生的有机酸将岩石分解，从而为藻类或蓝细菌提供矿质元素。

微生物与植物之间的共生：最典型的例子便是根瘤菌与豆科植物的共生、根瘤放线菌与非豆科植物的共生，以及菌根真菌与植物的共生（可参见本节“植物体的正常菌群”）。

微生物与动物之间的共生：例如，在白蚁、蟑螂等昆虫的肠道中有大量的细菌与其共生。白蚁的后肠中至少生活着 100 种细菌和原生动物，并且数量极大（肠液中细菌含量为 $10^7 \sim 10^{11}$ CFU/mL）。它们可在厌氧条件下分解纤维素，以此向白蚁提供营养，而白蚁则可为这些微生物提供稳定的生存环境。再如，牛、羊、鹿、骆驼和长颈鹿等反刍动物，瘤胃中都存在着大量与其共生的瘤胃微生物。反刍动物可为瘤胃微生物提供纤维素和无机盐等养料，以及良好的理化条件和无氧环境，而瘤胃微生物则可将纤维素分解为有机酸以供瘤胃吸收。

3. 寄　生

寄生（Parasitism），一般指一种小型生物生活在另一种较大型生物的体内（包括细胞内）或体表，从中夺取营养并进行生长繁殖，同时使后者蒙受损害甚至被杀死的一种生态关系。在寄生关系中，小型一方生物称为寄生物（Parasite），而大型一方则称作寄主（Host）。寄生，又可分为细胞内寄生和细胞外寄生，或专性寄生和兼性寄生等形式。

寄生关系的特点是：处于关系中的小型生物受益，而大型生物受害。

微生物对微生物的寄生：最典型的例子是噬菌体对细菌的寄生。

微生物对植物或动物的寄生：主要为各种病原体对这些大型生物的侵染。

4. 捕　食

捕食（Predatism），一般指一种大型的生物直接捕捉、吞食另一种小型生物以满足自身营养需要的生态关系。

这种关系的特点是：处于关系中的大型生物受益，而小型生物受害。

自然界中的捕食现象十分普遍，如水体环境中原生动物对细菌和藻类的捕食，以及土壤中少孢节丛孢菌对线虫的捕食。

5. 抗　生

抗生（Antagonism），又称拮抗，是指某种生物通过所产生的特定代谢产物抑制其他生物生长繁殖甚至能将其杀死的一种生态关系。

这种关系的特点是：处于关系中的一方受益，另一方受害；不存在“吃掉对方”而获取营养的现象，发挥抗生效力的主要是受益方所产生的特定代谢物。

抗生的最典型例子便是青霉菌通过分泌青霉素而抑制金黄色葡萄球菌的生长。实际上，在民间的泡菜制作过程中，也存在着抗生关系：在密封容器中，当好氧菌和兼性厌氧菌消耗了其中的残存氧气后，就为各种乳酸菌的厌氧生长创造了良好的条件。乳酸菌在厌氧条件下通过产生乳酸，可对其他微生物，尤其是腐败微生物的生长产生明显的抑制作用。

最后，小结一下微生物与其他生物之间最典型的 5 种生态关系（表 4-4）：

表 4-4　微生物与其他生物之间最典型的 5 种生态关系

关系	主要特点
互生	利害：双方均无受害，且至少一方受益
	结构：松散，可分可合，合比分好
共生	利害：双方均受益
	结构：紧密，一般不可分，分开后难以独存

续表

关系	主要特点
寄生	利害：小型一方有利，大型一方受害
	结构：较为松散
捕食	利害：大型一方有利，小型一方受害
	结构：较为松散
抗生	利害：一方有利，一方受害
	结构：较为松散，通过代谢物发挥作用

三、微生物的地球化学作用

生命体皆是由各种元素所构成，如 C、N、H、O、S、P、Na、Ca、Cl 和 Fe 等。自然界蕴藏着极其丰富的各种元素，可谓“取之不尽用之不竭”。但如果不存在元素的循环，随着地球上生命的不断繁荣发展，每一个生命体都将永久的“霸占”这些元素，地球上的元素总有被耗尽的一天，届时，地球上将不再有任何新的生命，也最终不再有任何生机。

幸运的是，微生物发挥的地球化学作用（Geochemical action），不仅推动着生物界各种地球元素的循环，还在此过程中推动了能量的循环，使得生物圈得以繁荣昌盛的发展。下面以碳素循环和氮素循环为例，简述微生物的地球化学作用。

1. 碳素循环

碳元素是组成生物体的最主要元素，它约占有机物干重的 50%。自然界中的碳元素以多种形式存在着，其循环可见图 4-10。

微生物在碳素循环过程中发挥着最重要的作用：大气中的 CO_2 可通过微生物的光合作用而转化为有机碳形式。而这些有机碳，又可在微生物的呼吸作用、发酵作用、降解作用或甲烷生成作用下，被分解、矿化或重新以 CO_2 的形式回归大气。最终，生物圈在微生物的作用下处于一种良好的碳平衡状态。

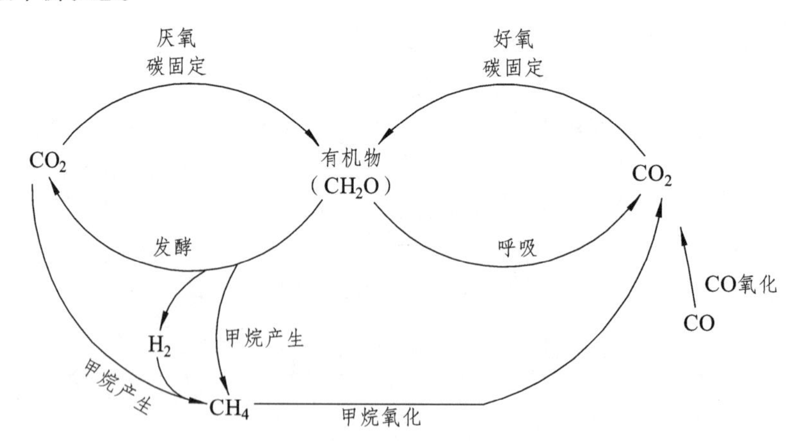

图 4-10　微生物与地球碳素循环（周德庆，2011）

2. 氮素循环

氮元素，是“生命活动的执行者”——蛋白质的重要组成，因此，氮元素在整个生物界中的地位，以及氮元素在自然界中的循环，都是极其重要的。氮元素的循环可见图 4-11。从图中可以看出，在氮素循环的 8 个环节中，有 6 个只能通过微生物才能推动（生物固氮、硝化作用、氨化作用、异化性硝酸盐还原作用、反硝化作用和亚硝酸氨化作用），尤其是为整个生物圈开辟氮素营养源的生物固氮作用，更是微生物的“专利”，因此，可以认为微生物是自然界氮素循环中的核心生物。

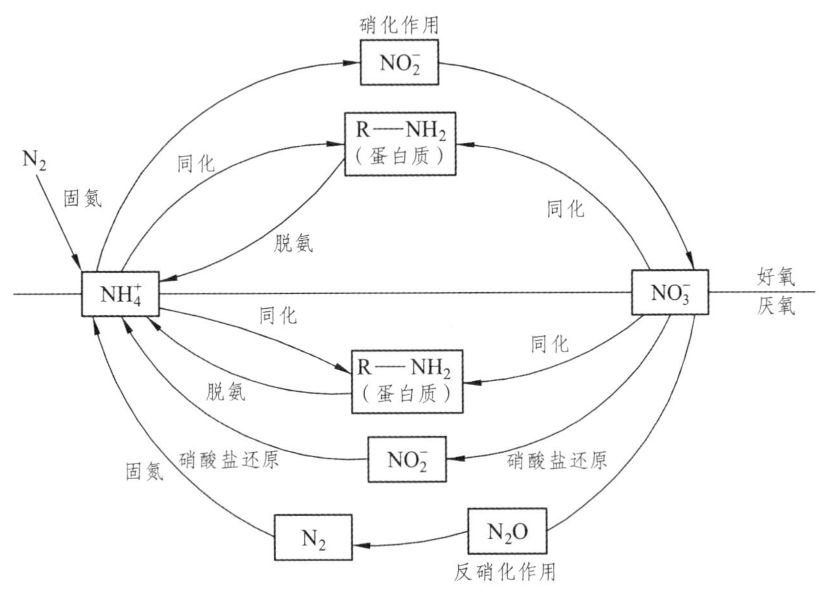

图 4-11　微生物与地球氮素循环（周德庆，2011）

氮元素在自然界中的形式非常多样，主要形式有氨及铵盐、亚硝酸盐、硝酸盐、有机含氮物和气态氮 5 类。微生物可首先通过生物固氮作用，将气态氮转化为氨及铵盐，而与此同时，某些微生物还可将这些氨或铵盐一部分转化为硝酸盐，甚至转化为亚硝酸盐。此后，上述这些不同形态的氮元素，可在绿色植物或微生物的同化作用下，转化为氨基酸，进而合成植物蛋白质。人类和动物，又可通过摄入这些植物蛋白质而转化生成自身的蛋白质。最终，一切生物体的含氮有机物又在微生物的氨化作用下，被分解为氨。氨又可在微生物的反硝化作用下，被氧化为气态氮，从而将氮元素重新归入大气。可见，生物圈在微生物的作用下处于一种良好的氮平衡状态。

第三节　微生物的致病特性

微生物的发现及其在农业生产、工业生产、食品制造、医疗保健、环境保护和科学研究等领域的应用，极大地造福了人类。微生物可谓是人类最亲密的伙伴和最得力的助手。自然界中绝大多数微生物都是对人类和动植物无害或有益的，甚至有些是必需的。但是，仍有少数微生物会引起人类和动植物的病害，甚至是“灾难”。我们应始终铭记鼠疫、流感等由微生物引起的传染病曾经席卷全球，残害无数生灵，也应高度重视近 30 年来陆续出现的许多新型传染病，如艾滋病、疯牛病、非典型性肺炎和埃博拉出血热等。

如果把微生物比作天使，那么，天使也许还有另一面——恶魔。

掌握微生物的致病特性，不仅有助于理性和冷静地认识病原体和传染病，避免不必要的恐慌，同时还有助于传染病的预防，以及在从事微生物资源开发过程中保障工作者的人身安全。

一、感染与传染病

微生物致病的先决条件就是感染。只有当感染建立后，微生物才能发挥致病作用，并引起病害。

感染（Infection），是指病原体突破宿主防线后，在宿主特定部位定植、繁殖和扩散，并产生毒害物质，最终引起宿主一系列病理或生理反应的过程。这里所指的宿主，可包括除病毒外的一切生物体。

病原体从一个宿主转移到另一个宿主，并引起感染的过程，称为传染（Communication）。当机体被病原体感染或传染后，所罹患的可传播的疾病，称为传染病（Infectious disease）。传染病有如下特点：

（1）有特定的病原体；

（2）有传染性；

（3）有一定的流行病学规律；

（4）宿主可对该病病原体产生免疫性；

（5）可以预防和治疗。

感染、传染和传染病，都是由病原体引起的。那么，什么是病原体?

病原体（Pathogen），指能感染生物体，并能引起传染病的生物。其主要是微生物，还包括一些寄生虫。若按物种对病原体进行分类，那么病原体可分为：细菌病原体、病毒病原体、真菌病原体、放线菌病原体和立克次氏体病原体等；若按来源（是来自体内还是体外环境）进行分类，可分为：内源性病原体和外源性病原体；若按致病特性进行分类，则可分为：专性致病性病原体和条件致病性病原体。

值得注意的是条件致病性病原体（Conditioned pathogen），如许多正常菌群（大肠杆菌），其在正常情况下不致病，只有在特定条件下（如寄居部位发生改变、宿主免疫力低下和菌群失调等）才会导致疾病。

二、感染的结局及其影响因素

当病原体欲入侵机体时，由于存在机体免疫系统的防御作用，因此，“入侵”并不意味着感染的建立。能否导致感染，是病原体与机体之间“博弈”的结果，而这种“博弈”又受到诸多因素的影响。正确认识感染的结局及其影响因素，不仅有助于传染病的预防，而且更有助于在从事微生物资源开发过程中避免不必要的感染。

（一）感染的结局

当病原体接触或开始入侵机体后，并不一定会导致感染或传染病的发生。一般而言，病原体入侵机体后，可能会产生 3 种结局，见表 4-5。

表 4-5 感染的 3 种结局

结局	隐性感染	带菌状态	显性感染
“获胜”方	宿主	无（宿主与病原体“打平”）	病原体
宿主结局	受到轻微伤害，短时间内恢复健康	受到伤害，但未出现病症，属于亚健康	受到严重伤害，出现严重的病症、甚至死亡
病原体结局	被彻底消灭、清除	仍存活在宿主体内，少量生长繁殖	大量生长繁殖

隐性感染（Inapparent infection）实际上可认为是“感染失败”，不出现或出现不明显的临床症状，对机体损害较轻，最终，机体能凭借自身免疫力将病原体彻底清除并恢复健康。只有显性感染（Apparent infection），才可算作“感染成功”，并最终会发展成为传染病。

值得注意的是带菌状态（Carrier state），这是一种成功但一般不会发展为疾病的感染，其是指病原体与宿主双方都有一定的优势，宿主无法彻底消灭该病原体，而病原体也无法大量繁殖，仅被限制于某一局部，最终两者长期处于相持的状态。这种长期处于带菌状态的宿主，称为带菌者（Carrier）。在隐性传染或传染病痊愈后，宿主有一定概率会成为带菌者，如不注意，就成为该传染病的传染源，十分危险。“伤寒玛丽”（Typhoid Mary）的历史必须引以为戒。“伤寒玛丽”真名 Mary Mallon，是一位美国女厨师。其在 1906 年受雇于一名将军，竟然在不到 3 星期的时间里就导致雇主全家 11 人中的 6 人患了伤寒。经检验，她是一名健康的带菌者，通过粪便连续地排出伤寒沙门氏菌。后经仔细研究，证实以往在美国 7 个地区多达 1500 名伤寒患者都是由她传染的。

（二）决定感染结局的 3 大因素

感染能否建立，决定因素有很多，概括起来主要有 3 大因素，分别为：病原体、宿主免疫力和环境因素。

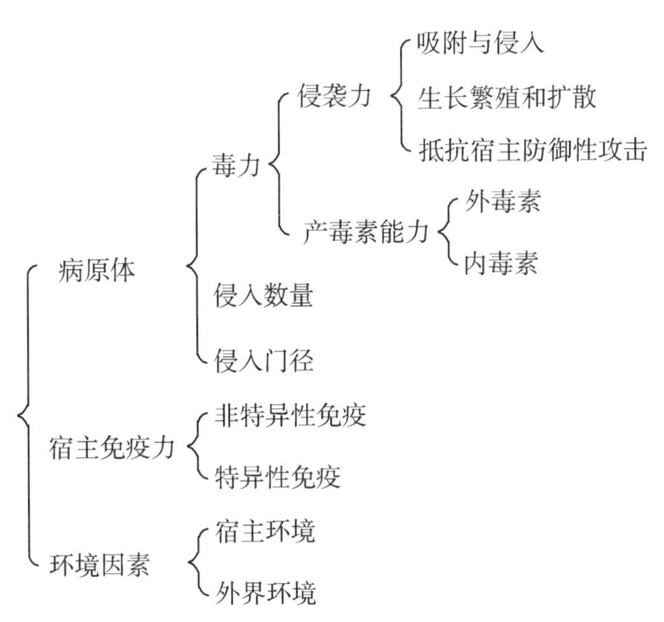

1. 病原体

病原体的毒力、侵入数量和侵入门径，是病原体层面上决定传染结局的最主要因素。细菌、病毒、真菌和原生动物等不同病原体的致病特性差别很大。现以细菌病原体为例，简述其致病特性。

1）毒力

毒力（Virulence），又称致病力，是用于表示病原体致病能力强弱的量。毒力越强，越易导致感染和传染病。对于细菌病原体而言，毒力主要包括侵袭力和产毒素能力。

（1）侵袭力（Invasiveness）

指病原体突破宿主防御，并在宿主体内进行生长繁殖和扩散蔓延的能力，包括：吸附与侵入能力、繁殖与扩散能力，以及抵抗宿主防御性攻击的能力。例如，沙门氏菌可通过其菌毛吸附在肠道上皮细胞表面，并能侵入细胞内。又如，许多葡萄球菌属的致病菌，可产生透明质酸酶，该酶能水解机体结缔组织中的透明质酸，引起组织松散和通透性增加，有利于病原体迅速扩散。又如，许多链球菌属的致病菌，可产生溶血素（Haemolysin），该毒素能抑制白细胞的趋化性，从而可有效抵御宿主免疫系统的攻击。

（2）产毒素能力

细菌毒素（Bacterial toxin），可分外毒素和内毒素两个大类。

外毒素（Exotoxin），是指病原细菌在生长过程中不断向外界环境分泌的一类毒性蛋白质。如由肠出血性大肠杆菌产生的志贺样毒素（Shiga-like toxin），是一种具有细胞毒性、肠毒性和神经毒性的外毒素，危害很大。

内毒素（Endotoxin），其实质是 G^- 细菌细胞壁外膜的组分之一——脂多糖。因它在活细胞中不会分泌到外环境，仅在细菌死亡自溶后或人工裂解时才会释放，故称内毒素。如沙门氏菌所产生的内毒素，会引起宿主强烈的发热反应、白细胞反应，甚至会导致宿主发生内毒素休克等严重症状。

2）侵入数量（Infective dose）

因不同致病菌的毒力、生长最适条件和侵入门径的差别，故引起其宿主患病所需的数量不同。例如，沙门氏菌经消化道的感染剂量为 $10^5 \sim 10^9$ CFU/宿主；霍乱弧菌约 10^6 CFU/宿主；而痢疾志贺氏菌仅为 7 CFU/宿主，鼠疫耶尔森杆菌也只要几个细胞即可导致某些易感宿主患病。

一般而言，细菌毒力越强、侵入位置越是处于机体要害部位，导致感染的侵入数量要求就越少。而侵入数量越多，则越易导致感染和传染病。

3）侵入门径（Entry point）

侵入门径，是指病原体最初接触机体的部位以及进入机体的途径。一般而言，病原体侵入位置越是处于机体的要害部位，则越易导致感染和传染病。常见的侵入门径主要有：消化道、呼吸道、皮肤创口、泌尿生殖道和其他途径（如垂直传播）等。

在上述门径中，消化道是各种病原体侵入人和动物宿主最常见的门径，引起的病例数也最多，故常言道“病从口入”。其次是呼吸道。而经皮肤创口和血液导致的感染，尽管病例数相对不高，但引起的危害却十分严重，尤其是经血液感染可导致全身性的急性感染，较难治愈。值得注意的是，有些病毒病如艾滋病毒和乙型肝炎病毒等病原体还可通过胎盘、产道等途径由母亲传给婴儿，称为垂直传播。

2. 宿主的免疫力

同种生物的不同个体，当它们与同样的病原体接触后，有的患病，而有的却安然无恙，其原因在于不同个体间的免疫力不同。宿主的免疫力越弱，越易发生感染和传染病。

1）免疫系统的组成

免疫（Immunization），简而言之，就是“识别自身，排除异己”。这个异己，狭义上就是病原体。因此，就本节内容而言，可把免疫理解为：使机体不被病原体感染，不患传染病。

那么，机体怎样才能不被病原体感染，不患传染病呢？这离不开免疫系统。

免疫系统（Immune system），是发挥免疫功能的器官、组织、细胞和因子的总称。其是人体的“万里长城”，包括两道防线：非特异性免疫系统和特异性免疫系统（图 4-12）。二者分别执行人体的非特异性免疫和特异性免疫。

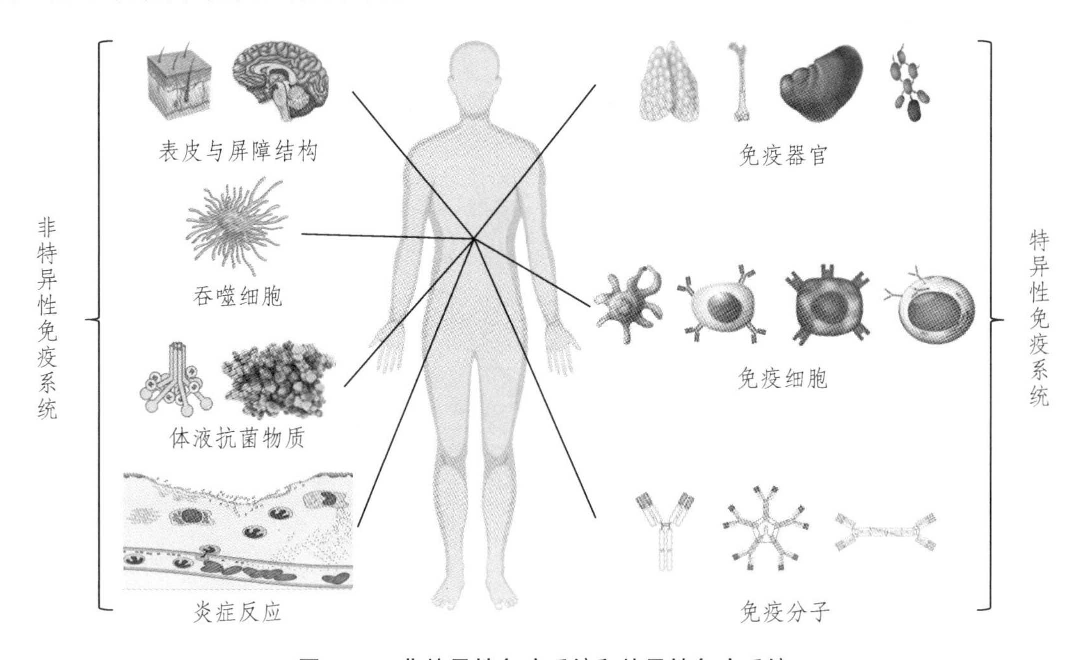

图 4-12　非特异性免疫系统和特异性免疫系统

非特异性免疫系统（Non-specific immune system），是机体的第一道防线，由表皮与屏障结构、吞噬细胞、体液抗菌物质和炎症反应共 4 个方面组成。非特异性免疫（Nonspecific immunity）是先天即有，无特殊针对性，作用迅速，个体之间差异小。

特异性免疫系统（Specific immune system），是机体的第二道防线，由免疫器官（如胸腺、骨髓、脾、淋巴结）、免疫细胞（如吞噬细胞、B 细胞、T 细胞）和免疫分子（如抗体、淋巴因子）共 3 个方面组成。特异性免疫（Specific immunity）是后天获得，有特殊针对性，作用相对较慢，个体之间差异大。

2）非特异性免疫的过程概貌

非特异性免疫系统负责执行人体的非特异性免疫，其过程概貌大致如下（图 4-13）：当病原体欲侵入机体时，表皮和屏障结构首先进行阻挡、拦截。若拦截无效，病原体欲进一步侵入组织或血液，则吞噬细胞出动，捕捉、吞噬和清除病原体。若仍无效，病原体仍进一步在体内扩散、生长繁殖，则机体内抗菌物质（如补体或干扰素等）可发挥作用，消灭病原体。若病原体仍无法得到控制，仍进一步扩散，此时，机体将启动炎症反应：血管扩张、血流增加、体液蓄积；吞噬细胞和抗菌物质抵达并聚集于感染部位；体温升高、感染部位氧气浓度下降等，在此综合作用下，最终将病原体杀灭。

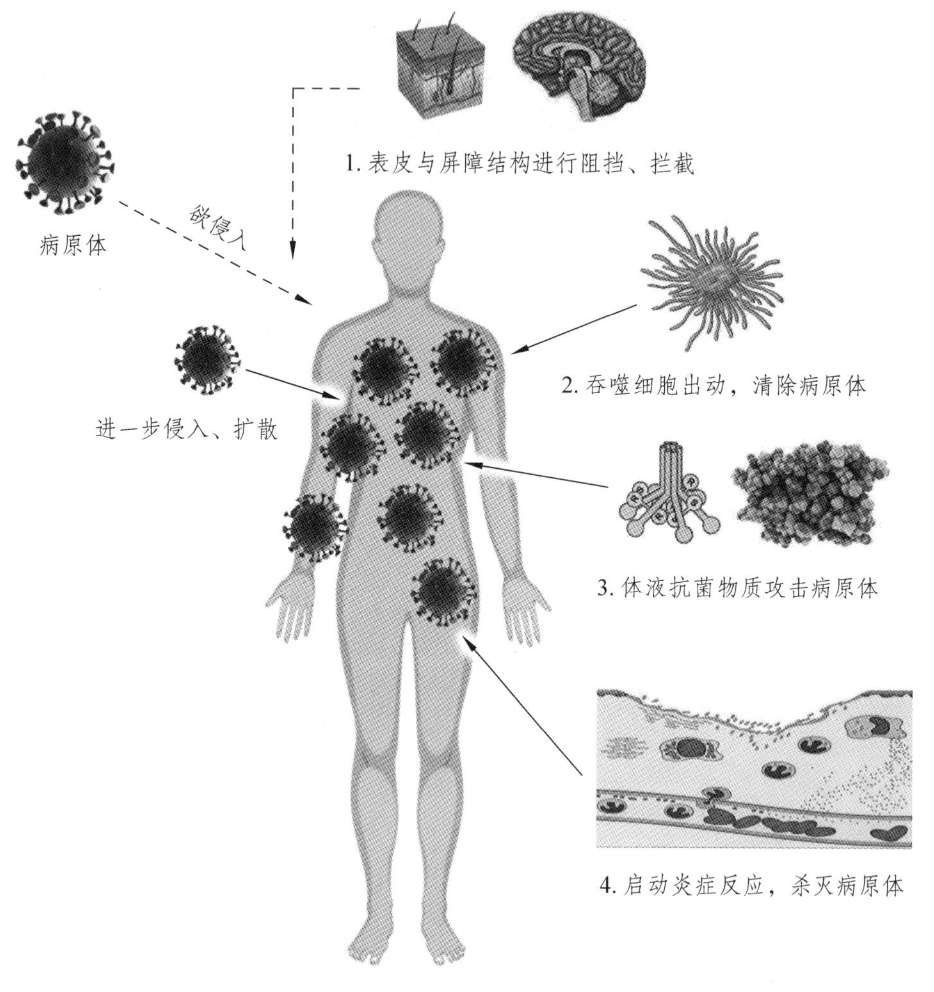

图 4-13　非特异性免疫过程概貌

3）特异性免疫的过程概貌

如果病原体突破了机体的第一道防线，那么，机体将启动特异性免疫来杀灭病原体。特异性免疫系统负责执行机体的特异性免疫，根据所参与的免疫细胞的不同，特异性免疫可分为体液免疫与细胞免疫。

（1）体液免疫（Humoral immunity）

体液免疫，一般主要针对细胞外感染。其过程大致如下（图 4-14）：病原体侵入机体后，可直接被免疫 B 细胞识别，或经抗原呈递细胞识别、加工处理后再交由 B 细胞进行识别。在 B 细胞识别病原体后，可分化、增殖为浆细胞和记忆细胞。浆细胞能产生抗体，抗体可直接作用于病原体；而当病原体再一次入侵机体时，记忆细胞可迅速增殖为浆细胞，进而产生抗体并作用于病原体。

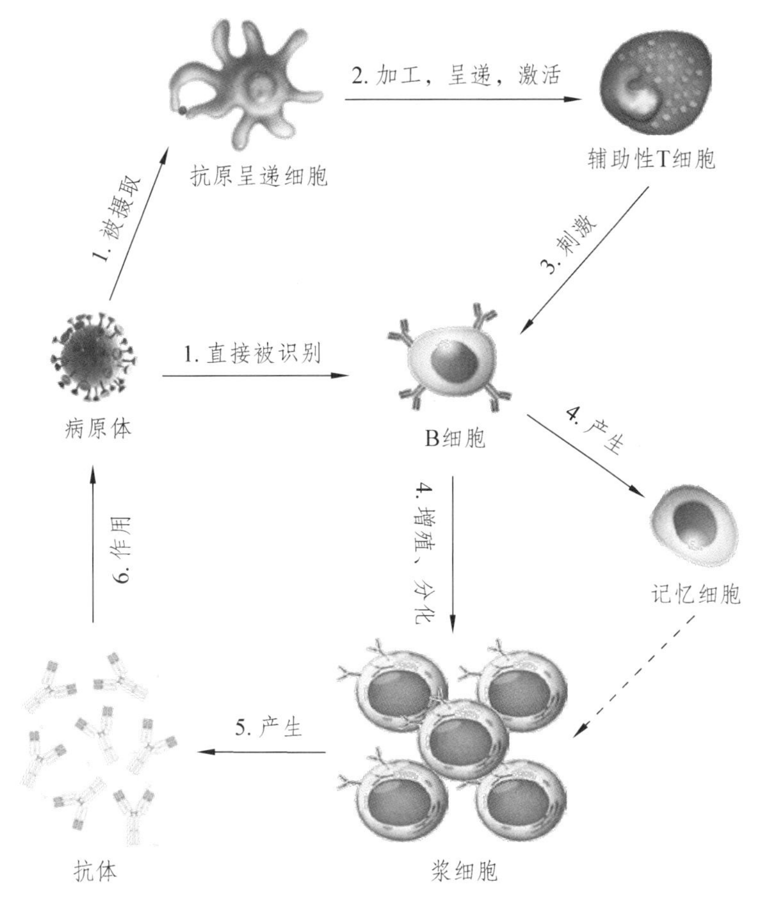

图 4-14　体液免疫过程概貌

（2）细胞免疫（Cell-mediated immunity）

细胞免疫，一般主要针对细胞内感染。其过程大致如下（图 4-15）：侵入机体内的某些病原体，可被抗原呈递细胞捕获，并且在被加工处理后，交由辅助性 T 细胞。接着，辅助性 T 细胞可刺激并激活杀伤性 T 细胞或迟发型 T 细胞。杀伤性 T 细胞被激活后，可直接杀伤被该病原体感染的细胞；迟发型 T 细胞被激活后，可释放细胞因子，吸引吞噬细胞至受感染细胞处，从而介导吞噬细胞杀伤被感染的细胞。

3. 环境因素

感染的发生与发展，除了取决于病原体的毒力、数量、侵入门径，以及宿主的免疫力外，还取决于对以上因素都有影响的环境因素。良好的环境因素有助于提高机体的免疫力，也有助于限制、消灭病原体和控制病原体的传播。

影响感染结局的环境因素主要包括宿主环境和外界环境。就宿主环境而言，除去先天的个体差异，营养水平、情绪和精神状态，以及体育锻炼等都会严重影响感染结局，这也是常说的“乐观的情绪，良好的营养以及强健的体魄，不容易生病”。就外界环境而言，自然环境和社会环境均会影响感染的结局，这不仅是影响机体的健康状态，也会影响病原体的繁殖与传播。例如，许多食源性疾病通常在夏季暴发，这是因为夏季的气温更有利于病原菌的繁殖，并且人们在夏季可能会更多地食用凉拌菜，而凉拌菜是一种在食用前无须高温处理的食品，这无疑增大了致病菌在食物中残留的概率。

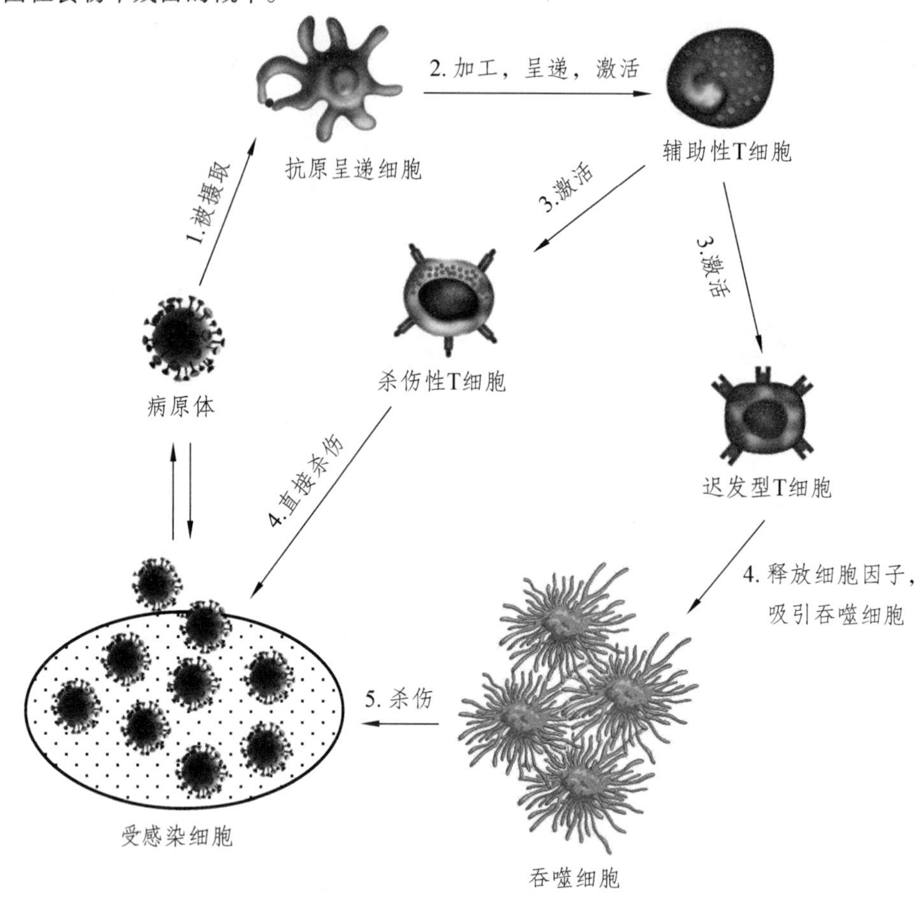

图 4-15　细胞免疫过程概貌

宿主环境
- 先天：遗传素质，年龄等
- 后天：营养、精神、内分泌状态，药物、电离辐射等的影响，体育锻炼等

外界环境
- 自然环境：气候，季节，温度，湿度，地理环境等
- 社会环境：社会制度，居住环境，医疗环境等

第四节　微生物的分类学

生物学中所指的分类，是人类认识生物界的一种基本方法，好比将浩瀚的文书典籍从杂乱无章的堆砌状态，进行重新整理，并建立一个资料全面、类别清晰、配备有系统性目录的图书馆的过程。

分类学（Taxonomy），是一门专门研究生物分类理论和技术方法的科学，主要涉及三项具体工作：分类、命名和鉴定。

分类（Classification），是根据一定的原则（特征的相似性或系统发育的相关性）对微生物进行系统地分类归群；而命名（Nomenclature），是根据命名法则，给予某个分类群特定的专有名称。鉴定（Identification），则是通过各种方法，将新发现的或未明确分类地位的微生物归入所应归属的分类群的过程。

在微生物资源开发利用的过程中，尽管没有开展分类学系统研究的必要性，但仍有必要对相应的菌种进行分类，因为这不仅有助于我们科学、系统地认识该微生物，为后续的开发工作奠定理论基础；更能在菌种鉴定后，仅通过查阅文献就可获得大量与该菌种相关的生物学特性信息，从而缩短研发周期、提高资源开发的效率。

一、微生物的分类

（一）国际正式的分类单元及其等级

分类单元（Taxon），是指具体的分类群，如真菌界（Fungi）、甲烷球菌科（Methanococcaceae）、八孢裂殖酵母（*Schizosaccharomyces octosporus*）等都分别代表一个分类单元。每一个分类单元中，都包含着许多生物学特征相似或进化关系相近的微生物。

不同分类单元之间存在一定的等级次序，称为分类等级（Rank）。某个分类等级较高的分类单元下面，常包含许多分类等级较低的分类单元。微生物的分类等级同其他生物一样，共分为八级，由高至低依次为：

界（Kingdom）
门（Phylum）
纲（Class）
目（Order）
科（Family）
属（Genus）
种（Species）
亚种（Subspecies）

例如大肠杆菌，其归属于：原核生物界（Prokaryota），变形菌门（Protobacteria），发酵细菌纲（Zymobacteria），肠杆菌目（Enterobacteriales），肠杆菌科（Enterobacteriaceae），埃希氏菌属（*Escherichia*），大肠埃希氏菌种（*Escherichia coli*）。

（二）微生物的“种”及“亚种”

种（Species），即“物种”，是生物分类单元的最基本单位，位于国际正式的分类等级中的倒数第二级。学术界关于种的定义历来存在争议、难于统一，故至今尚无一个公认、明确的定义。在高等生物中，种可被定义为一个具有共同基因库、与其他物种存在生殖隔离的生物类群。显然，这种定义难以概括如原核生物等不存在有性生殖的微生物的种。

一般认为，微生物的种，是一大群表型特征高度相似、亲缘关系极其接近、与同一个属内的其他种之间有着明显差异的一大群菌株的总称。

值得注意的是，由于种内的不同菌株之间，还存在着某种程度的差异，甚至是较为明显的差异，为利于研究和交流，避免产生错误，于是人为规定了：微生物的某个种通常用该种内的一个典型菌株（Type strain）作为具体代表，而该典型菌株就被称为该种的模式种（Type species）。例如，在两歧双歧杆菌（*Bifidobacterium bifidum*）这一“种”所包含的一大群菌株中，人们将ATCC 29521菌株选作模式种，也就是说，ATCC 29521菌株就代表了两歧双歧杆菌这一物种，其生物学特性也就被当作该物种的典型生物学特性。可见，在微生物学中，种还只是一个抽象的概念，有待进一步研究和发展。

而微生物的亚种（Subspecies），是进一步对种进行细分时所用的分类单元，其一般指同一个种内，大部分生物学特征都与模式种相同，但仍存在少数明显而又可稳定遗传的变异特征的一群菌株。亚种也是在国际正式的分类单元中，分类等级最低的一个分类单元。

（三）非正式的“分类单元”和术语

1. 非正式的“分类单元”

由于微生物易变异，通常，其种内（或亚种内）的不同菌株之间，既存在着某种程度的差异，但又具有一定的相似性。此时，国际正式的分类单元并不能很好地归纳和概括这些微生物，因此，在种或亚种以下，提出了两个非正式的分类单元——型和株。

种（Species）

　　亚种（Subspecies）

　　　　型（Form）

　　　　　株（Strain）

型（Form），即变异型，其是进一步对亚种进行细分时所用的非正式分类单元。常见的型，包括生物变异型（Biovar）、形态变异型（Morphovar）、致病变异型（Pathovar）、噬菌变异型（Phagovar）和血清变异型（Serovar）等。其含义见表4-6。

表4-6　常见型的含义（沈萍等，2006）

名称	含义（变异特征）
生物变异型	具有不同的生理生化特征
形态变异型	具有不同的形态学特征
致病变异型	具有不同的致病性特征
噬菌变异型	具有不同的噬菌体裂解反应特征
血清变异型	具有不同的表面抗原特征（可诱导产生不同的抗血清）

例如，沙门氏菌属的肠道沙门氏菌亚种（*Salmonella enterica subsp. enterica*）中的微生物，因表面抗原（O抗）和鞭毛抗原（H抗）等的不同，可划分为多达2600余种不同的血清型，如肠炎沙门氏菌（*Salmonella* Enteritidis）、鼠伤寒沙门氏菌（*Salmonella* Typhimurium）、伤寒沙门氏菌（*Salmonella* Typhi）、海德尔堡沙门氏菌（*Salmonella* Heidelberg）和德比沙门氏菌（*Salmonella* Derby）等。

而菌株或毒株（Strain），或分离株（Isolate），或克隆（Clone），是指某一个种、亚种或型内与其他微生物个体具有某种生物学性状差别的，或来源不同的微生物个体。菌株是微生物学中分类等级最低、最具体的单位，在同一种的不同菌株之间，作为鉴定用的一些主要性状上虽个个相同，但不作为鉴定用的一些“小”性状却可能存在很大差异，尤其是一些生化性状、代谢产物（抗生素、酶等）的产量性状等。

2. 常用的非正式分类学术语

为便于交流或开展实际工作，在描述某微生物时，常使用一些非正式的分类学术语或名词。这些术语尽管易于理解和方便使用，但通常不能准确地去描述或概括“某微生物”的进化与分类地位。详见表 4-7。

表 4-7　常用的非正式分类学术语

术语	含义	举例
类群（Group）	具有某种相似特征的微生物大群体	真核微生物（Eukaryotic microorganisms）、细菌（Bacteria）、酵母菌（Yeast）、病毒（Virus）、大肠菌群（Coliforms）、乳酸菌、单细胞微生物（Single cell microbes）等
菌种（Culture）	泛指一定时间和空间内，某一来源、某一类群的微生物的细胞群或个体集合	目标菌种、液体菌种、固体菌种等
培养物（Culture）	同菌种，但主要是指经人工培养后而获得的微生物的细胞群或个体集合	斜面培养物、平板培养物、摇瓶培养物等
分离株（Isolate）	同菌株，但主要是指通过一定方法而获得的特定来源的菌株	北京地区分离株、人源性分离株等
纯培养物（Pure culture）或纯种（Pure isolate）	指在人工采取的措施下，由某菌株的一个个体繁殖而来的培养物	大肠杆菌 K12 纯培养物、沙门氏菌 ATCC13076 纯培养物等
菌落（Colony）	在固体培养基上，由某菌株的某个细胞繁殖而来、一堆肉眼可见、有一定形态特征的子细胞的集团	细菌菌落、放线菌菌落、霉菌菌落等
菌苔（Lawn）	大量菌落密集相连所形成的呈“线状”或“片状”的微生物菌落集合	细菌菌苔、酵母菌菌苔等
噬菌斑或病毒噬斑（Plaque）	由噬菌体或病毒的一个毒株在其宿主细胞的平板培养物上所形成的、肉眼可见的、有一定形态特征的子代的集合	大肠杆菌噬菌体噬菌斑、赤羽病病毒噬斑等
菌悬液或病毒悬液（Suspension）	液体介质中的培养物	细菌菌悬液、噬菌体悬液等

二、微生物的命名

微生物的名称分为两种：一是俗名（Vernacular name），其具有大众化和简明等优点，但含义往往不够确切，不能用于正式场合的学术交流。例如，大肠埃希氏菌俗称为“大肠杆菌”，铜绿假单胞菌俗称为“绿脓杆菌”，结核分枝杆菌俗称为“结核杆菌”，而用于酸奶生产的菌种——保加利亚乳杆菌，实际上是德氏乳杆菌保加利亚亚种（*Lactobacillus delbrueckii subsp. bulgaricus*）

的一个俗称而已。

另一类则是学名（Scientific Name），这是国际上统一使用的规范名称，其是用拉丁词或拉丁化的词组成的。

1. 微生物“种”的命名

种，是微生物最基本的分类单元，与其他生物一样，微生物“种”的命名，采用双名法。双名法（Binominal nomenclature），指一个物种的学名，由前面一个属名（Generic name）和后面一个种名加词（Specific epithet），共两部分组成。属名的词首须大写，种名加词的字首须小写。属名和种名加词都必须采用“斜体”。而当前后有两个或更多的学名连排在一起时，若它们的属名相同，则后面的一个或几个属名可缩写成一个、两个或三个字母，并在其后加上一个点。

例如：

属名　种名加词

大肠埃希氏菌，写作：*Escherichia* *coli*

可简写为：*E. coli*

值得注意的是，在开展菌种鉴定时，某菌株的属很容易确定，当遇到只知其属而未知其种时，若要进行学术交流或发表论文，该菌株的学名应表示为“属名+sp.”。如 *Escherichia* sp.表示“某一埃希氏菌属菌种”。其中，“sp.”要书写为正体。

2. 微生物“亚种”的命名

亚种，是微生物正式的分类等级中最低级的分类单元，其命名采用三名法（Trinominal nomenclature）。即：亚种名=属名+种名加词+ subsp.+亚种名加词。其中，除 subsp.用正体外，其余均为斜体。而 subsp.还可省略。

例如：

属名　种名加词　亚种名加词

德式乳杆菌保加利亚亚种，写作：*Lactobacillus* *delbrueckii* subsp. *bulgaricus*

3. 微生物“属”的命名

属名，是一个表示微生物主要特征的名词，单数，斜体书写，第一个字母大写。如 *Salmonella*（沙门氏菌属）、*Escherichia*（埃希氏菌属）、*Shigella*（志贺氏菌属）和 *Pseudomonas*（假单胞菌属）等。

“属名+sp.”，可表示该菌属中的某一种菌；“属名+spp.”，则表示该菌属中的某些种菌。例如，*Salmonella* sp.表示“某一种沙门氏菌”，而 *Salmonella* spp.表示“某一些沙门氏菌”。

4. 微生物“属以上”的命名

界、门、纲、目、科等分类单元的学名，正体书写，第一个字母大写。如 Prokaryota（原核生物界），Protobacteria（变形菌门），Zymobacteria（发酵细菌纲），Enterobacteriales（肠杆菌目），Enterobacteriaceae（肠杆菌科）等。

5. 微生物“菌株”的命名

菌株的名称，无统一规定，可随意自行命名，但一般应便于查阅和利于交流。通常可用字母加编号表示，如 K12、ATCC13076、CMCC98001、BPS11Q3 等。

字母一般多表示实验室、保藏机构、来源地、血清型或其他特征等的名称；编号则表示序号等。

三、微生物的鉴定

微生物的鉴定，不仅是微生物分类学研究的重要组成部分，更是微生物资源开发过程中的必需环节。当从自然界中分离到具有一定应用价值的微生物后，我们只有知道“它是什么”“它有什么基本的生物学特性”，才能更科学合理地安排后续的开发与利用。

（一）鉴定指标

对所分离的微生物进行鉴定，就是要回答两个问题：它是不是属于某种已知的微生物？它到底是什么微生物？

要对这两个问题进行回答，首先需要找到一种能将不同微生物之间的差异或亲缘关系明显表示出来的指标。这就是鉴定指标（Taxonomic characteristics），或称为分类特征，其实质是在分类鉴定时能够对不同生物进行专一性区分，并具有遗传稳定性的生物学特征。微生物的鉴定指标，主要分为经典指标和分子生物学指标两个大类。

1. 经典指标

经典指标（Classical characteristics），包括微生物的形态学指标、生理生化指标、生态学指标以及生活史、繁殖方式、血清型和噬菌体敏感性等指标（表 4-8）。

表 4-8 常用于微生物鉴定的经典指标及测定项目

常用指标	常测定的项目	举例
形态学	个体形态	单细胞非丝状微生物（杆状、球形、卵圆形、弧形、螺旋状等）、病毒（球形、杆形、蝌蚪形等）、丝状微生物（孢子形态、孢子丝形态、子实体形态、营养菌丝体的特化形态等）等
	个体大小	纳米级、微米级、毫米级等
	染色反应	革兰氏阴性、革兰氏阳性、抗酸性等
	细胞构造	鞭毛（有无、数量、着生位置等）、芽孢（有无、形状、着生位置等）、孢子（形状、数量、着生位置、颜色等）、荚膜（有无、厚度、成分等）、细胞内含物（异染颗粒、聚 β-羟丁酸、液泡、伴孢晶体等）、菌丝（有隔或无隔等）等
	群体形态（培养特征）	菌落特征（形状、大小、颜色、含水量、表面状态、质地、隆起程度、气味等）、半固体培养基中的培养特征（能否运动等）等
生理生化	营养类型	光能自养型、光能异养型、化能自养型、化能异养型或兼性营养型等
	碳源谱	单糖（葡萄糖、果糖、甘露糖、半乳糖等）、双糖（麦芽糖、蔗糖、乳糖等）、多糖（淀粉、纤维素等）、醇类、有机酸等
	氮源谱	天然蛋白质、变性蛋白质、蛋白质降解产物、氨基酸、含氮无机盐、非蛋白氮、氮气等

续表

常用指标	常测定的项目	举例
生理生化	生长因子需求	维生素、氨基酸、碱基、甾醇、卟啉及其衍生物、胺类、$C_4 \sim C_6$ 脂肪酸等
	产酶特性	淀粉酶、蛋白酶、纤维素酶、过氧化氢酶、氧化酶、DNA 酶、酯酶、尿酶、β-半乳糖苷酶等
	代谢产物	抗生素、色素、有机酸、醇类、酯类、H_2S、某些关键中间代谢物、关键终产物等
生态学	需氧性	专性好氧、微好氧、兼性厌氧、耐氧、厌氧
	最适温度	嗜冷、耐冷、中温、嗜热、超嗜热
	最适 pH	嗜酸、耐酸、中性、耐碱、嗜碱
	抗逆性	抗生素耐药性、其他抑菌物质敏感性、盐耐受力、水活度偏好、抗辐射等
	与某种生物的关系	互生、共生、寄生等
其他	繁殖方式	无性繁殖（裂殖、芽殖、无性孢子等）、有性繁殖（有性孢子）等
	生活史	溶源性循环或裂解性循环、营养体以几倍体的形式存在等
	遗传特性	重组（转化、转导、接合）的可能性等
	血清学反应	与某种抗血清反应呈阳性或阴性
	噬菌体敏感性	对某种噬菌体敏感或不敏感
	致病性	致病性高或低、专性致病或条件致病等

经典指标主要是一些表型生物学特征，尽管在客观性和精准度上有所欠缺，但对其开展测定工作相对容易进行，一般不依赖于造价高昂的设备，也不涉及过多技术门槛较高的方法，利于快速、简便地完成鉴定工作。

在微生物资源开发过程中，对所分离菌种的鉴定，往往以实用为主，因此，可先依据经典指标来进行初步鉴定。一般而言，依据形态学、生理生化和生态学等经典指标，通常可将待测微生物快速、简便地分类鉴定至已报道过的“属”一级。

2. 分子生物学指标

分子生物学指标（Molecular characteristics），包括微生物的 DNA、RNA 和蛋白质指标等（表 4-9）。

分子生物学指标是以前沿的分子生物学技术方法为基石、以“生物信息即生命本质”为理念应运而生的遗传型生物学特征。相比于经典指标，其能更客观和准确地反映微生物之间的差异或亲缘关系。这些特征，尽管在进行测定时技术门槛相对较高，但其在鉴定微生物新属或新种时应用极为广泛。一般而言，依据分子生物学指标，至少可将待测微生物分类鉴定至已报道过的“种及以下”分类单元。

值得注意的是，关于鉴定指标的选用，不同的微生物往往有自己不同的重点鉴定指标。一般而言，在鉴定形态特征较丰富、细胞体积较大的霉菌或蕈菌时，常以其形态特征为主要指标；在鉴定放线菌和酵母菌时，往往形态特征与生理生化特征兼用；而在鉴定形态特征较简单的细菌时，则须使用生理生化和分子生物学指标；在鉴定病毒时，除使用形态学和分子生物学指标外，还要以致病性、血清型、宿主谱等指标为辅。

表 4-9　常用于微生物鉴定的分子生物学指标及测定项目

常用指标	常测定的项目	举例
DNA	碱基比例	（G+C）mol%值等
	酶切位点和 DNA 长度	细胞总 DNA 酶切片段图谱、基因组 DNA 酶切片段图谱等
DNA	序列相似性	核酸杂交的互补配对率、随机扩增 DNA 片段图谱、rDNA 的相似性、看家基因序列的同源性、全基因组序列的同一性等
RNA	序列相似性	rRNA 寡核苷酸相似性等
蛋白质	蛋白质大小和种类	全细胞蛋白质、可溶性蛋白质、核糖体蛋白质、同工酶的电泳图谱等
	氨基酸序列	经生物信息学预测的氨基酸序列的相似性、经试验测定的氨基酸序列的相似性等

有关鉴定指标的测定方法，可见本书第五章第二节。

（二）鉴定的一般过程

尽管不同微生物在生物学特性上差异较大，所选用的鉴定指标和方法不尽相同；并且，分类鉴定的目的不同（菌种是用于系统研究还是用于生产），鉴定工作需要进行的程度也不用。

但无论鉴定何种微生物，其一般过程都是：① 获得该菌种的纯培养物；② 测定一系列必要的鉴定指标；③ 对该菌种进行分类。

在对某菌种进行分离并获取其纯培养物时，已能获得该菌种的一部分生物学特征。此时，应在此基础上查阅相关的权威性菌种鉴定手册，大致判断出该菌种的所属类群。此后，按权威性手册上所提供的该类群微生物的鉴定指标，对该菌种进行指标的测定。待测定结果出来后，再次查阅权威性的手册，对该菌种进行进一步的归类。此后，可依据鉴定目的，进行“查阅鉴定手册→确定指标→测定指标→查阅鉴定手册”的循环工作，并逐步缩小该菌种的归属范围，直到将该菌种分类鉴定至目标等级的分类单元。

值得注意的是，在进行鉴定指标的选择和对某菌种进行分类时，必须参考国际权威性的菌种鉴定手册，否则，结果很难被国际上承认。在分类鉴定时，原核生物通常参考《伯杰氏系统细菌学手册》（*Bergey's Manual of Systematic Bacteriology*）；真菌通常参考《安・贝氏菌物词典》（*Ainsworth and Bisby's Dictionary of Fungi*）；而病毒，则可参考国际病毒分类委员会（International Committee on Taxonomy of Viruses, ICTV）的最新权威报告。

此外，有关新物种的发现以及新名称的发表，应在公开发行的权威刊物上进行。如果是细菌的话，需发表在《国际系统与进化微生物学杂志》（*International Journal of Systematic and Evolutionary Microbiology*）上，否则，结果很难被国际上承认。而在发表新名称时，应在新名称之后加上所属新分类等级的缩写词，如新属“gen. nov”、新种“sp. nov”等。例如，*Pyrococcus furiosus* sp. nov，表示该菌——猛烈火球菌是一个新发表的种。

下　篇

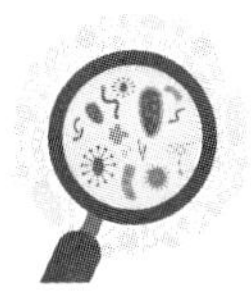

微生物资源开发利用

第五章　微生物资源的开发利用概论

重点： 微生物产品的类型；微生物资源开发的一般程序；样品采集与菌种分离；微生物资源利用的一般程序；菌种扩大培养的方法；人工代谢调控的方法；发酵控制的方法；产物分离的方法；无菌操作、灭菌、接种、分离培养、选择性培养、鉴别性培养、菌种保藏、菌种选育、菌种鉴定和微生物的生物量测定的技术方法要点。

回顾近现代史，科技的进步使得生产力飞速发展，人类创造出了比以往任何时期的全部生产总和都要多的物质财富，这也使得人类享有了更高品质的生活、更好的医疗保健，人类平均寿命也在不断提高。然而，在享受着现代化所带来的成果的同时，我们也注意到，人类社会正面临着粮食危机、能源短缺、资源耗竭、生态恶化和人口剧增等一系列生存危机。而这些，正是“掠夺地球”而造成的恶果。

要克服这些前所未有的挑战，人类不得不从利用有限矿物资源的旧时代，转向利用无限生物资源的新时代；不得不从高污染、高能耗的化学反应器型生产，转向绿色环保、低能耗的生物反应器型生产；不得不从占地面积多、生产效率低的传统农业，转向生产空间小、生产效率高的现代农业。

上述这些转变的实现，也许将离不开微生物资源的开发利用。

微生物是一种十分神奇和独特的生物，它们种类多样、数量惊人，而且无处不在、再生能力强，可以认为，微生物资源是一种非常易于获取，并且“取之不尽用之不竭”的可再生资源。微生物也是一种“令人惊讶”的生物，其具有明显不同于其他生物的五大特性，而这些特性，也赋予了微生物无与伦比的应用价值，因此，将微生物用于生产实际，具有绿色环保、生产效率高、生产空间小、易于改良改造、可变废为宝等诸多优势。再者，因微生物在生态系统中十分重要的分解者地位，其不仅天然地胜任着“垃圾清理者”的工作，还在污水处理、城市垃圾处理以及其他有害物处理中发挥着关键作用。未来，微生物凭借得天独厚的优势，还将在污染治理和生态修复等领域进一步发挥巨大潜力。此外，在清洁、高效、可再生的生物能源（如沼气、生物乙醇、生物氢、生物柴油和生物电池等）的生产方面，微生物都发挥着重要作用，这对于解决传统能源的日益枯竭问题，具有重大意义。

综上所述，微生物资源是大自然馈赠给人类的一笔宝贵财富，人类应当充分挖掘微生物资源的应用潜力，将其更好地进行开发利用，这不仅有助于解决人类社会所面临的一系列生存危机，更有助于进一步提高人类的生活和医疗水平。

最后，再次重温 Perlman 对微生物的精辟概述：“微生物总没有错，它是你的朋友和微妙的伙伴。愚蠢的微生物是没有的，微生物善于和乐于做任何事，它们比任何化学家、工程师更机灵、更聪明和精力充沛。如果你学会照顾这些小家伙，那么，它们也会照顾你的未来。”

第一节 微生物资源开发利用的一般程序

微生物资源的应用潜力是非常巨大的，而微生物资源开发利用的内涵又是无限丰富的。这对于微生物资源开发工作者的启示是：从事微生物资源开发利用，大有可为！

但进行微生物资源的开发与利用绝非易事，这不仅需要扎实的微生物学理论基础、熟练的微生物学相关操作，还需要掌握一定的经济学、营销学、企业管理学等知识，以及熟知必要的国家相关政策、法规。这也时刻提醒着微生物资源开发工作者，从事开发利用工作应是一个不断学习、研究和探索的过程，只要坚定信念，一切均可以克服。

除此外，具有一个清晰的思路和一个清醒的认识，亦十分重要。

开发与利用是不可分割的，因为开发是利用的前提，而利用是开发的目的。但如果把微生物资源开发利用的过程拆分为开发与利用两个层面来解析，那么，开发（Exploitation）更侧重于研究和探索，即如何获得目标微生物资源，如何将其用于生产并最终实现产业化。而利用（Utilization）则更侧重于生产和应用，即如何将已获取的微生物资源一步步转化为具有一定用途和使用价值的产品（或工具等）。

因此，开发的主要内容是微生物遗传资源（包括具备生物遗传功能的微生物种及种以下分类单位、细胞、染色体、核酸片段或基因等）的分离、筛选和鉴定等工作，以及该微生物及其生物质（包括微生物有机体及其成分、代谢产物、排泄物、伴生物或衍生物等）的相关应用研究和产业化开发。而利用的主要内容，则是将微生物遗传资源或微生物生物质作为生产要素或某种工具，通过一定的工艺和技术方法最终生产出有应用和商业价值的产品。

鉴于微生物的多样性，以及应用途径的广泛性，不同微生物资源的开发利用过程必然存在诸多差异。本节将以探讨性的方式，以经典的菌种资源（即具备生物遗传功能的微生物种或种以下分类单位）为例，总结和归纳微生物资源开发与利用的一般程序，并选择其中要点进行论述，以供读者在进行微生物资源开发利用时参考。

一、微生物产品的类型

微生物资源开发利用的最终目的，就是要利用微生物资源生产出各种对人类有价值的、无形或有形的产品。在对微生物资源进行开发利用前，明确所生产产品的类型十分重要。因为不同类型产品的生产菌株，在进行开发时所采用的策略和方法有所不同，明确产品类型将有助于有针对性地开展工作。

尽管微生物产品种类多样，用途和功能也各异，但主要可概括为以下四大类：

1. 微生物菌体类

微生物菌体类产品，其主要成分是各类微生物的有机体，如细菌菌体、真菌菌体、病毒颗粒、孢子或芽孢等。

这类产品，又可分为活菌类和非活菌类。

（1）活菌类产品，其有效成分是各类微生物的活有机体，包括有活性的营养体、细菌芽孢以及孢子等。此类产品如：微生物肥料、益生素、细菌杀虫剂、真菌杀虫剂、病毒杀虫剂、污染物处理剂以及各类发酵剂（Starter culture）等。其最大特点是具有活性——通过微生物的生命活动来实现产品功能的发挥，并且还可凭借产品中微生物的生长繁殖来放大作用效果，理论上不受剂量的制约，可“一次投入而永久受益”。但正因这类产品具有活性，不仅保藏条件相对严格，而且其中微生物的生长及代谢易受到使用环境的影响，故在实际使用时常表现出效果不稳定或对环境有一定选择性。

（2）非活菌类产品，其主要成分是各类经不同工艺处理后的、一般不具繁殖能力的微生物营养体。此类产品如微生物菌体蛋白、各类食用菌、发菜、螺旋藻、冬虫夏草和茯苓等。其本质上与大多数以动植物为原料的工农业产品、食品等相同。

2. 微生物代谢物类

微生物代谢物类产品，其主要成分是各种微生物的代谢产物，包括各种初生和次生代谢物。初生代谢物，如乙醇、乙酸、乳酸、柠檬酸、多糖、甘油、维生素和氨基酸等；次生代谢物，如抗生素、色素、生物碱和生长刺激素等。近30年来，随着基因工程和生物工程技术的不断发展，微生物还能够生产出许多外源性代谢物，如人胰岛素、生长激素、干扰素、白细胞介素、尿激酶原和抗凝血因子等。

微生物代谢物类产品，又可分为生物功能性类和非生物功能性类。

（1）生物功能性类产品，主要成分是抗生素、生长激素、胰岛素、细胞因子、干扰素、食用菌多糖或甾体化合物等，其具有特殊的生物学功能活性，使用价值较高，并且大多数不能通过化工合成或利用其他生物进行生产，为微生物所独有。但其在储存和使用时，有一定的条件要求，否则容易失活或无效。

（2）非生物功能性类产品，主要成分是传统的各种有机酸、醇类、多糖、氨基酸或维生素等，其理化性质相对稳定，并易于规模化的工业生产。

若从资源开发的难易程度而言，代谢物类产品在微生物各类型产品中开发难度相对较大，因为这类产品一般对其主要成分有纯度的严格要求，在开发利用过程中将涉及技术门槛相对较高的一系列发酵调控和下游工程技术。

3. 微生物酶制剂类

微生物酶制剂类产品，其主要成分是微生物所产生的各种酶，如淀粉酶、糖化酶、脂肪酶、蛋白酶、肽酶、纤维素酶、溶栓酶以及各种嗜极酶等。其特点是具有高效的生物学催化活性，用于生产实际可比传统物理、化学方法的能耗低、反应条件温和、绿色环保，并且绝大多数仅能通过微生物进行生产，也属于微生物所独有。但其在储存时易受环境因素影响而失活，并且在实际使用时也对环境条件有一定的要求。

4. 微生物发酵物类

微生物发酵物类产品，其主要成分既不是微生物有机体，也不是微生物的某一种具体的代谢产物，而是经微生物生物转化后的生产原料。此类产品如微生物堆肥、发酵食品（酸奶、腐乳、豆豉、老北京豆汁、泡菜、酱油、白酒等）、发酵中药（六神曲、淡豆豉、半夏曲等）和发酵饲料（青贮玉米、发酵豆粕、发酵秸秆等）等。以发酵食品为例，如酸奶，其主要成分是“牛乳”而不是乳酸菌或乳酸，只不过这种“牛乳”并不是原来的牛乳，而是经微生物生物转化后的、具有酸香味的、呈固态的“牛乳”。

微生物发酵物类产品的特点是原料在经过微生物生物转化后，其原本的性质和功能已发生了一定程度改变；此外，该类产品一般生产工艺较为传统，多采用自然接种和固态发酵，并且许多产品成分复杂、主体成分不明、功能不确切。

二、微生物资源开发的一般程序

对微生物资源进行开发的过程，实际上是一种“科学研究+商业开发”的过程，其最终目标是实现微生物资源的生产化、应用化乃至产业化。

如果拟开发的微生物是一种尚未被报道或尚未被深入研究过的新种类，那么在开发过程中，不仅需要自行分离菌种，并且科学研究的比重将会加大，风险也随之增大，但可能投资回报率较高；如果拟开发的微生物的相关研究已较为成熟，并已有一定的或类似的生产化或应用化先例，则既可以参照文献进行菌种分离，也可通过购买或向特定机构索取相关菌种，再进行必要的应用研究和商业开发，就能相对容易地实现生产化和应用化。

但无论开发何种微生物资源，也无论开发目的为何，微生物资源开发的过程，主要涉及具备生物遗传功能的微生物种（或种以下单位）的分离、筛选和鉴定等工作，以及该微生物、微生物有机体及其成分、代谢产物、排泄物、伴生物或衍生物等的相关应用研究和商业化开发等工作。

微生物资源开发的一般程序可归纳为：

总体设计→菌种分离→筛选鉴定→应用研究→专利申报→生产报批→正式投产

详见图 5-1。

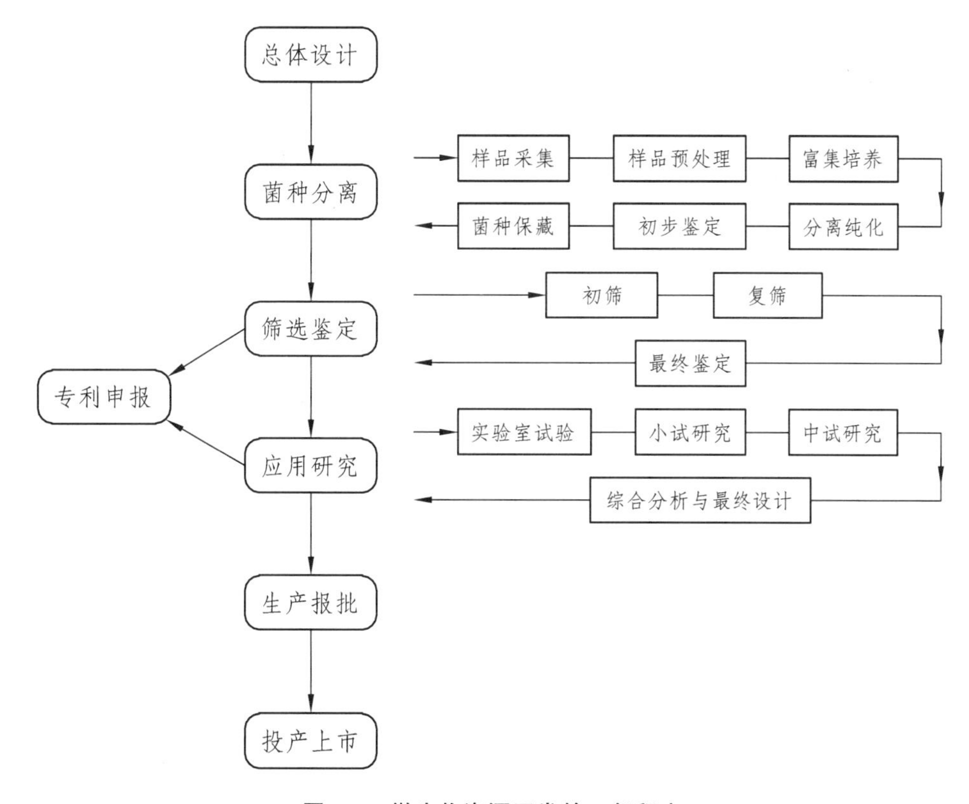

图 5-1 微生物资源开发的一般程序

（一）总体设计（Overall design）

开发工作，是把抽象的概念最终转化为具体的产品的过程。这一切的实现，必须要有科学、可行和具体的总体设计作为行动前提和指南。而微生物资源开发，尽管需要进行探索和科学研究，但其绝非是一般的科研活动，其目的和核心均是市场。因此，微生物资源开发应当是一种借助科研技术方法而进行的以市场为核心的商业活动。

在进行总体设计时，应将市场机会（Marketing opportunity）、目标市场潜力、投资需求（Investment demand）、风险、同类型或用途类似的产品的优缺点、产品竞争力、前期工作基础、技术可行性、生产能力、收益性、国家政策法规等一系列信息综合起来进行分析，从而明确开发目的，提出产品概念，进行产品初步设计和拟定产品开发框架等，并最终形成详细、具体的开发方案。而在最终决定之前，还可预先进行小规模的试验和调查，以对某些观点和方法进行验证和修正。

值得注意的是，创新始终是微生物资源开发的灵魂。这种创新，可以具体体现在菌种资源本身或其用途的"新"、微生物代谢物本身或其生物活性的"新"、技术方法或生产工艺的"新"等。但从某种意义上讲，也不必刻意或无奈地去追求所谓的"创新"。首先，"新"不一定就具有市场竞争力，这与学术研究不一样，所以一定要跳脱出科研思维，一切从市场出发；其次，因为微生物资源开发的真正兴起不过几十年，而目前人类对整个微生物资源的认识和利用还不到1%，故从某种意义上讲，在当前时代背景下，凡从事微生物资源开发几乎就等同于创新。

总之，进行总体设计是开展微生物资源开发工作的前提和指南，这既要借鉴科学研究的技术方法，又要以市场为核心，跳脱出科研思维。总体设计一旦确定，应始终贯彻执行。

（二）菌种分离（Strains isolation）

在微生物资源开发过程中，菌种的分离不仅是源头性工作，更是核心的环节。因为无论是生产微生物类产品，还是将微生物作为一种特殊用途的工具，菌种都是最主要和最直接的生产者或执行者。如果无法获取符合开发目的的菌种，并将其作为资源保藏起来，那么一切将是空谈。

菌种分离，就是依据开发目的和产品设计，找寻和获取能满足生产或应用所需的目标菌种，并使其成为在遗传水平上稳定的菌种资源。而这一工作，主要包括样品采集、样品预处理、富集培养、分离纯化、初步鉴定和菌种保藏等环节。

1. 样品采集（Sample collection）

样品采集，是指从自然或社会环境中采集可能含有目标菌种的样品的过程。

微生物无处不在。微生物的这一特点，尽管暗示了微生物资源的易获得性，但同时也提醒着微生物学工作者，就某一具体的目标菌种的挖掘工作而言，"无处不在"反而使工作容易"摸不着头脑"。

该从何处寻找与采集目标菌种呢？

若不知从何下手，最实用的一条经验便是：从土壤中挖掘。土壤是微生物的"大本营"和"资源宝库"，土壤中几乎含有绝大部分种类的微生物。因此，若不知从何处进行采样分离，不妨从土壤环境入手。

当然，这样的经验应当少用，毕竟定向性较差、随机性太强。关于在目标菌种分离时，环境样品的选择与采集，可酌情采取如下策略：

1）在富含微生物目标作用对象的环境中进行采样

这主要适用于如微生物酶制剂、微生物发酵剂、益生素、微生物肥料、微生物杀虫剂、降解污染物菌剂和细菌冶金菌剂等产品的生产菌的采样。因为这类产品中的微生物或其代谢物，往往具有比较明显和特定的作用对象，在富含这些特定作用对象的环境中，如果有目标菌种存在，其势必在以这些可作用对象为选择压力的长期自然选择下，会成为该环境中的优势菌群，故能较容易地从此类环境中采集到含有目标菌种的样品。

例如，酶制剂生产菌所产的酶，往往有特定的目标底物，因此，在目标底物含量较为丰富的环境下，往往容易采集到含有目标菌种的样品。例如，欲分离纤维素酶生产菌，可选择富含木质纤维素的森林枯枝落叶层、腐木聚集地等环境进行采样；欲分离淀粉酶生产菌，可从粮食加工厂、糖厂、饭店等周围富含淀粉的环境中进行采样。

而如微生物肥料、微生物杀虫剂、降解污染物菌剂和细菌冶金菌剂等产品中的微生物，也往往分别具有特定的目标作用植物、害虫、污染物和难选冶矿石（Refractory concentrate mine），因此，可从这些植物或害虫大量栖息、污染物大量堆积、或难选冶矿石含量丰富的环境中进行采样。

2）依据微生物的生物学特性进行采样

这主要适用于已掌握了目标菌种一定的分类信息和生物学特性的情况。而生物学特性，则包括生态、营养、代谢、生长和致病等特性。

例如，欲分离放线菌，可依据其喜好生长在含水量较低、有机物较丰富、C/N 相对较高、pH 呈微碱性、含氧量较高的表层土壤中的生态特性，进行采样分离；欲分离噬菌体，可依据其专性活细胞寄生的营养特性，在其相应寄主大量栖息的环境中进行采样分离；欲分离厌氧菌，可依据其厌氧代谢特性，在厌氧的环境下进行采样分离；欲分离嗜极微生物，可依据其偏好生长在各种极端环境下的生长特性，在各种极热、极寒、强酸、强碱、高盐或强辐射等环境下进行采样。

3）在人类较少涉足的环境下进行采样

这主要适用于分离新化合物或新功能活性物质的产生菌。因为目前人类已从各类微生物中发现并描述了两万多种化合物，想要分离出新的化合物或具有新功能的活性物质，已是非常困难。这就需要另辟蹊径，从人类较少涉足的环境下进行采样。

近年来，已有许多研究表明，从热带地区、海洋、植物体内、湖底污泥等人类较少涉足的环境中，以及从各种极端环境下，大都能分离到新化合物或新功能活性物质的产生菌，因此，应尝试从这些环境中采样进行分离。

2. 样品预处理（Sample pretreatment）

在样品采集完成后，为防止目标菌种在运输过程中失活，应采取有效的措施来暂时保藏菌株。一般而言，将样品置于低温、避光和厌氧等条件下保藏是十分必要的。

值得注意的是，目标菌种在离开其自然生境后，因对某种突然变化的环境因素的不适应，很可能会出现应激反应（Stress）；而样品如果在运输过程中未能进行妥善保存或保藏时间过长（包括长时间的冷冻等），还可能会造成微生物的亚致死性损伤（Sublethal cell injury）。上述两种情况，尽管不一定会造成微生物的直接死亡，但很有可能使微生物进入“存活但不可培养”（Viable but non-culturable, VBNC）状态。处于 VBNC 状态下的微生物在生理上会发生明显的变化，尽管其仍具有代谢活性，但用常规培养方法不能使其生长。可以认为，在现有的培养技术水平下，处于这种状态的微生物实际上已经“死亡”，显然，这十分不利于菌种的分离。因此，不仅要对所采样品进行妥善保藏，尽快进行处理亦是十分必要的。

关于样品的预处理，为利于开展后续的富集与分离工作，对于非液体形式的样品，可用适量缓冲液将微生物从样品中洗脱出来，并收集为液体形式，即匀质处理。而样品中的大颗粒杂质，可通过过滤或低速离心等处理方式去除掉。

3. 富集培养（Enrichment）

在进行菌种分离时，往往面临这样的事实：一是样品中通常混杂有大量杂菌，二是目标菌种的数量通常较低。这显然不利于目标菌种的高效分离。因此，在对样品进行分离培养之前，先进行富集培养，使目标菌种成为样品中的优势菌群，则可大大提高菌种分离的成功率。

富集培养（Enrichment culture），又称为加富性选择培养，是指对目标菌种进行“投其所好”的培养，具体为：将样品置于适于目标菌种而不适于其他微生物生长的条件下进行培养，最终使目标菌种被快速扩增并成为混菌培养物中的优势菌种（图 5-2）。

进行富集培养，实际上是对培养条件（培养基成分、温度、pH 值和氧气量等）进行有针对性的控制。一般而言，选用合适的加富性选择培养基（详见本书第二章第一节）就可较为简便地开展富集培养了。有关富集培养的具体方法，详见本书第五章第二节。

值得注意的是，在进行富集培养时，应采用液体培养的方式，这有利于目标菌种的快速扩繁。

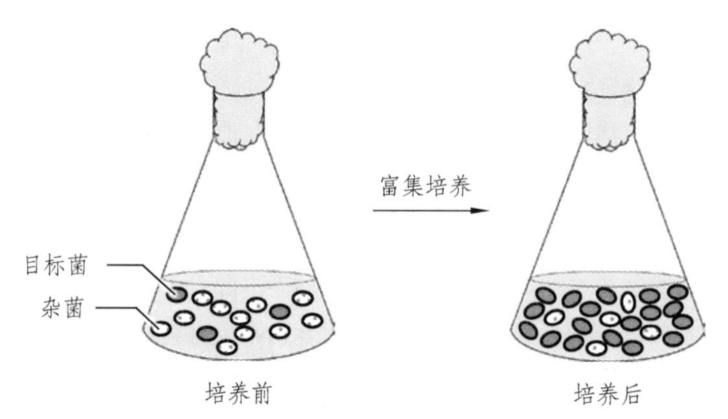

图 5-2　富集培养示意图

4. 分离纯化（Isolation and purification）

微生物在自然界中常呈现出种间杂居混生的状态，而又因其形体过于微小、群体外貌不显，故很难从样品中直接将目标菌种通过肉眼挑选、分离出来。然而，开展一切微生物研究或相关生产实践，一般都要求获得微生物的纯培养物。这就意味着，必须采用一种科学且简便的方法，彻底排除一切杂菌，才能获得“纯种”的目标菌种。

1）通过抑制性选择和鉴别性培养进行分离纯化

在之前对样品进行富集培养时，尽管能直接提高目标菌种的数量，并能间接地减少杂菌的数量，但仍达不到彻底去除杂菌的效果，故所得培养物仍然“不纯”。因此，在富集培养之后，应采用选择强度更高的抑制性选择培养法来对目标菌种进行分离纯化。

抑制性选择培养（Inhibited selected culture），是指对混杂于目标菌种中的杂菌进行“投其所恶”的培养，具体为：将样品置于不适于杂菌生长而又不影响目标菌种生长的条件下进行培养，最终使杂菌生长受抑制或直接被致死，理论上仅有目标菌种存活（图 5-3），从而可收获较为纯种的目标菌。

尽管作用原理不同，但实际上，抑制性选择培养同富集培养一样，也是对培养条件进行有针对性的控制，那么，可否将富集培养同抑制性选择培养“合二为一”“一步到位”地开展呢？

在实际的分离过程中，通常并不采取“合二为一”的方式，原因主要有两点：

（1）在进行抑制性选择培养时，通常采用的是固体平板培养的方式，因为这比较有利于通过单菌落来挑选和分离目标菌种。而富集培养，通常采用的是液体培养的方式，以求能快速对目标菌种进行扩繁。故培养基物理形态不同，不能“合二为一”。并且，在未进行富集培养前，样品中目标菌种的数量水平通常是比较低的，如果直接采用固体平板分离培养，一般很难出现明显的目标菌的孤立单菌落。

（2）抑制性选择培养虽然在理论上仅针对杂菌，但实际上，很难设计出一种仅对杂菌产生抑制作用而又对目标菌种完全没有负面影响的完美培养条件。特别是考虑到在未进行富集培养前，样品中目标菌种的数量水平通常是比较低的，如果贸然直接开展抑制性选择培养，很可能会对目标菌种造成亚致死性损伤，最终导致目标菌种难以被分离培养出，甚至还可能使其进入 VBNC 状态。故在实践中，应先开展富集培养，再进行抑制性选择培养。有关抑制性选择培养的具体方法，详见本书第五章第二节。

值得注意的是，在进行抑制性选择培养时，通常需要联合鉴别性培养，以提高目标菌种的分离效率。鉴别性培养（Differential culture），是指利用鉴别性培养基（详见本书第二章第一节）对样品中的微生物进行“染色培养”，具体为：在培养基中加入特殊的营养物与特定的显色剂，使目标菌种经过培养后可长出具有特定颜色的菌落，从而只需用肉眼观察就能方便地鉴别并挑选出目标菌种。

将抑制性选择培养与鉴别性培养二者联合的原因在于：在实际的分离过程中，抑制性选择培养很难百分之百地抑制杂菌的生长，平板上仍会出现少数杂菌，这将给分离纯化工作带来严重干扰。但如果联合鉴别性培养，那么即使平板上混有杂菌，仍可通过菌落颜色来快速鉴别并挑选出目标菌种，从而大大提高分离纯化的准确率和效率（图 5-3）。

总之，通过抑制性选择培养和鉴别性培养，便可从样品中将目标菌种有效分离出。此后，再将所得的目标菌种通过数次的平板划线（或其他方法）转接，直至所得平板上所有单菌落的菌落特征一致，并且符合目标菌种的菌落特征，即可认为获得了目标菌种的纯培养物。当然，为求严谨的结果，还应进行显微镜观察和鉴定，在菌落纯的基础上实现细胞纯。

2）菌种驯化培养

值得探讨的是，是否必须进行纯培养分离和获得纯种？不可否认，在微生物学发展历程中，纯培养分离曾经是一个巨大的进步，而现代发酵工业又几乎都是采用易于工艺控制的纯种发酵。似乎开展纯培养分离和获取纯种，是一项必须做的工作。

但在某些情况下，微生物资源的分离也许并不需要进行纯培养分离，也不要求获得纯种。例如，发酵食品生产菌、污染物降解菌或难选冶矿石处理菌等资源微生物的分离，就属于这种情况。这是因为，在进行发酵食品生产、环境污染物处理或难选冶矿石氧化预处理时，通常要求多菌种的协同以及多菌酶系的互补（详见本书第八章和第十章）。可以说，丰富的微生物多样性和合理的菌群群落结构，是有效完成这些工作的必要条件。如果贸然开展纯培养分离工作，即使获得了许多菌株的纯种，但想通过人工重建这种多菌协同体系，恢复这种多酶互补体系，往往是十分困难的。这不仅是因为人类对微生物协同作用的许多机制，目前仍掌握较少；更因为自然界中 96% ~ 99%的微生物都是处于 VBNC 状态，目前仍难以进行人工培养和分离。因此，对于这类用途的微生物而言，进行纯培养分离并获取某些菌株的纯种，不仅不具有实际意义，反而还可能造成某些菌种资源的丧失。

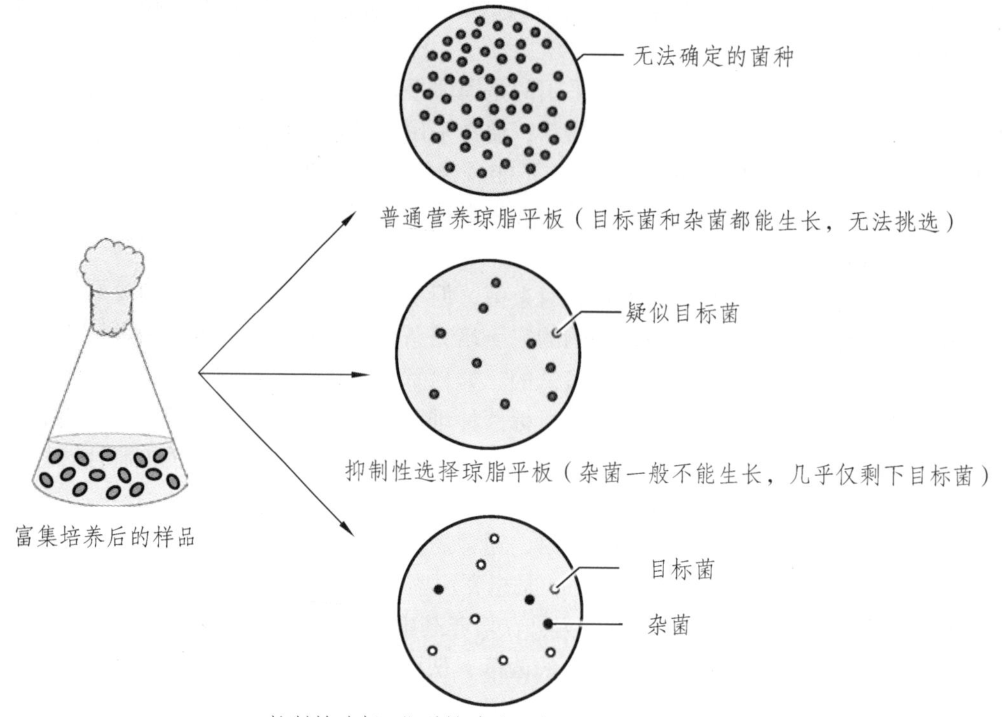

图 5-3　抑制性选择培养与鉴别性培养的联用效果示意图

那该如何获取这类微生物资源呢？最佳的策略便是进行菌种驯化。

菌种驯化（Strains domesticating），或菌种驯养，是指通过人工措施使微生物逐步适应某一条件，从而可实现定向选育和获取目标菌群的一种方法。通常，在采集到拟含目标菌群的样品后，可以以目标菌群的目标作用对象作为选择压力，对样品进行驯化培养，从而获得有效力的目标菌群。例如，许多酿造食品所用的“曲”、处理污染物所用的菌剂等，都是通过这种方法获得的（详见本书第八章和第十章）。而此后，还可根据实际需要，借助于宏基因组学（Metagenomics）等现代分子生物学技术，将驯化后的目标菌群中的优势菌种纯培养分离出来，并将其开发为一种强化型菌剂，以便在日后使用时可辅助或增强原目标菌群的作用效果。

3）利用现代分子生物学技术进行“菌种”分离

另值得探讨的是，究竟有没有必要获得菌种（微生物遗传种资源）？或者说，当常规技术无法分离获取目标菌种时，是否还能利用其开展目标代谢物的发酵生产？

随着宏基因组学及其相关技术的兴起和发展，通过直接从环境样品中提取全部微生物的 DNA，就可构建一个庞大的宏基因组资源宝库。而通过对所有基因组进行生物信息学（Bioinformatics）分析，找出可表达目标代谢物的基因，再对其进行克隆、重组和外源性表达，就有潜力实现“目标代谢物的无菌种化生产”。这对于微生物资源的开发，特别是对处于 VBNC

状态的微生物而言，将是一种充满潜力的技术方法。

5. 初步鉴定（Preliminary identification）

不同于微生物分类学的系统性研究，在微生物资源开发过程中，对菌种的鉴定往往以实用为主。尤其在菌种分离阶段，由于分离到的菌株可能有十几株甚至上千株，为节省资源并提高整体开发的工作效率，仅仅开展初步的鉴定即可。

初步鉴定，是要回答一个问题：所分离的菌种到底是不是我们所找寻的目标菌?

实际上，在之前进行的样品采集、富集培养和分离纯化过程中，由于采取了有针对性的措施，如针对目标菌种的相关特性进行了样品采集，又针对目标菌种的营养特性进行了富集培养、再针对目标菌种的生理生化特性进行了抑制性选择培养和鉴别性培养，因此，若已获得了具有目标菌种特征的微生物，那么，基本上可认为已经分离到目标菌种。

如为保障结果的严谨性和准确性，可依据目标菌种的主要生产性状（而不完全是鉴定指标），对所分离菌株的纯培养物（因为在前期的分离过程中，菌种往往易受污染，故一定要使用纯培养物）进行测定。例如，若目标菌的主要生产性状是分泌抗生素，则可通过简便的方法，快速测定所分离菌株是否具备此性状。

如有条件，也可依据易于测定的形态学、生理生化、生态学等鉴定指标，采用简便的方法，快速对所分离菌株进行常规的鉴定。这也有助于在分类后通过文献查阅而获得更多所分离菌种的生物学特性，能更科学合理地安排后续的开发工作。一般模糊地将其分类至“科”或“属”一级的分类单元即可。

6. 菌种保藏（Culture preservation）

保藏，除了字面上所具有的“保护”的意义外，在微生物学中还有其他重要的意义。由于微生物易变异、形体微小、外貌不显，为防止菌种衰退、丢失或受污染，将来之不易的原始菌种进行妥善保藏，尤为关键。否则，不仅会导致前期分离工作前功尽弃，还会对后续工作产生严重影响。特别是欲将某微生物作为一种资源进行利用，更是要保障其遗传稳定性。

所谓菌种保藏（Culture preservation），就是通过科学合理的方法，使菌种“不死、不衰、不乱、不污染”，特别是要保持其原有的生物学性状、生产性能的稳定。

开展菌种保藏工作要遵循如下原则：① 选用性能优良、有应用价值或具有生物学研究意义的菌株进行保藏；② 人工创造条件，在防止微生物死亡的基础上，抑制微生物的生长、代谢活动，以防止其变异；③ 如有条件，应选用菌种的孢子或芽孢等代谢活动水平较低、环境抗逆性强，但又具有繁殖潜力的构造进行保藏。

菌种保藏的方法有很多，可依据保藏目的进行合理的选择。一般有定期转接保藏法、液体石蜡保藏法、沙土管保藏法、甘油保藏法等、真空冷冻干燥保藏法和液氮超低温保藏法（详见本书第五章第二节）。

（三）筛选鉴定（Screening and identification）

优良的菌株，不仅能生产出高性能的产品，更能提高生产效率以及易于进行工艺控制。因此，菌种筛选是一项极为重要的前期工作。

所谓菌种筛选（Strains screening），就是对分离获得的纯培养菌株进行生产相关性能（表 5-1）的测定，从中挑选出性能优秀、符合生产要求、安全性高的菌株。

表 5-1 微生物菌种资源的生产相关性能概述

类别	拟生产的产品类型	生产相关性能举例
主要生产性能	菌体类产品	菌体的目标生物学活性功能（如固氮菌的固氮能力、真菌杀虫剂的杀虫能力与作用范围、益生菌的定植生长能力、发酵剂的发酵效率等）、菌体的目标营养与保健功效（如饲用酵母的细胞蛋白含量、食用菌菌体的营养成分或活性物质含量）等
	代谢物类产品	目标代谢物的质量与产量（如抗生素的杀菌效果与产量，有机酸、醇类、维生素、氨基酸、多糖等的质量与产量等）等
	酶制剂类产品	目标酶的效力与产量（如淀粉酶的活性与产量、纤维素酶的活性与产量等）等
	发酵物类产品	目标产物的发酵效果（如酸奶、腐乳或青贮饲料等的感官品质与成品速率等）
次要生产性能	所有类型	菌体的生长繁殖能力（进行培养时快速产生营养细胞、孢子或芽孢等的能力）、廉价培养原料的耐受性（培养时菌种对廉价营养物、低营养水平培养基、无生长因子培养基的适应与利用的能力）、环境抗逆性（如抗高温、耐酸碱、抗噬菌体、耐受高浓度代谢终产物等抗不良因素的能力）、遗传稳定性（不易突变、易于保藏的能力）、易改良性（对诱变剂敏感、易于基因操作等的性能）、产副产物能力（是否会产生非目标性的发酵副产物）等
安全性能	所有类型	致病性（是否具有感染人或其他生物的能力）、产毒害物质能力（是否会产生威胁生物健康或破坏生态环境的有毒有害物质）、致敏性（菌体或产物是否会引起人或动物的病理性过敏反应）、毒理性（菌体或其产物与机体接触后是否会产生急性或慢性毒理作用）等

筛选是一项工作量巨大的工作。因为经过前期的分离纯化，往往可以获得十几株甚至数千株的目标菌种。但如果对每一株都进行全面和精确的生产性能测定的话，不仅费时费工，还会造成资源的浪费。因此，从效率和经济上考虑，菌种的筛选应分为初筛和复筛两步进行。而最终，还要对“精挑细选”而得的具有应用或商业价值的优良菌种或其代谢物等进行一系列必要的鉴定。

1. *初筛*（Preliminary screening）

初筛，是一种相对“粗放”的筛选，是对所有分离株仅进行最主要生产性能的测定，进而从中挑选出10%～20%的潜在优良菌株。

科学的初筛，一定要抓住分离株最主要的生产性能（表 5-1），而暂时“舍弃”其他性能；并且，测定的方法应具有快速、灵敏和经济的特点。如何做到省时省工的初筛呢？有一种极佳的策略便是：利用和创造一种“形态-生理-性能”之间三位一体的筛选指标。因为形态性状是最方便测定的，其通过观察甚至是肉眼观察就可以完成，故如果能找到形态与其他两者之间的相关性，甚至设法创造两者之间的相关性，则可大大提高初筛的效率。

例如，利用鉴别性培养的原理，就可以有效地把原先肉眼无法观察的生理性状和性能性状（包括质量和产量性状）转化为肉眼可见的形态性状。例如，利用鉴别性琼脂平板，仅通过观察和测定某分离株菌落周围蛋白酶水解圈的大小、淀粉酶变色圈（用碘液显色）的大小（图 5-4）、氨基酸显色圈（将菌落用打孔机取下后转移至滤纸上， 再用茚三酮试剂显色）的大小、柠檬酸变色圈（在厚滤纸片上培养，用溴甲酚绿做指示剂）的大小、抗生素抑菌圈（Bacteriostatic ring）

的大小（图 5-4）、指示菌生长圈的大小（测定生长因子产生）或纤维素酶水解圈（用刚果红染色）的大小，就可分别判断出这些不同类型分离株的优良与否。

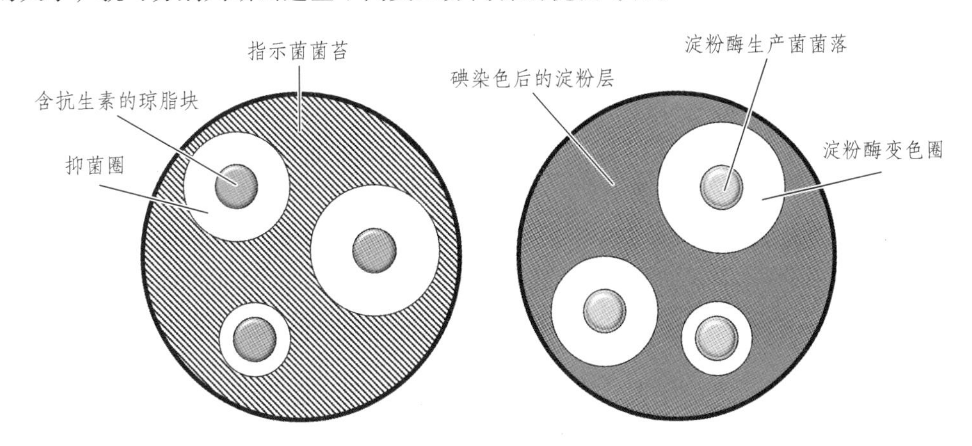

图 5-4 “抑菌圈”（左）与“变色圈”（右）（抑菌圈或变色圈直径越大，表明性状越优良）

再以抗生素生产菌株为例进行说明。在进行初筛时，可采用易于操作、相对灵敏的琼脂块-平板抑菌圈法（图 5-4）。该法是将分离株的菌悬液或孢子悬液稀释后涂布在营养琼脂平板上，待长出稀疏的小菌落后，用打孔器取出长有单菌落的琼脂小块，并将其移入灭过菌的空培养皿内，在合适的温湿度下继续培养一段时间，然后再把小琼脂块转移到已涂布有供试菌种（Test organism）的大琼脂平板上。经过培养，在大琼脂平板上小琼脂块所占区域可能会出现抑菌圈，此时，分别测定不同分离株的小琼脂块所产抑菌圈的直径，就可判断其抗生素效价（抑菌圈越大，可认为效价越高），最后再择优对菌株进行挑选。

实际上，在抗生素开发过程中，还可通过建立筛选模型，来提高菌种筛选的效率。筛选模型（Screening model），就是在药物筛选实验中所应用的药理实验模型，包括整体动物模型、动物组织模型、动物细胞模型、生物化学模型、化学模型和微生物学模型等。通过模型，能够简单、快速、灵敏地筛选出性状优良的分离株，这几乎可“毕其功于一役”，而不用先后开展初筛与复筛。随着科技的发展，目前还发展出了已趋于成熟的高通量筛选（High throughput screening）技术和极具潜力的虚拟筛选（Virtual screening）技术，二者都能规模化、快速地进行高效筛选。尤其是后者，通过利用计算机上的分子对接（Molecular docking）软件模拟目标靶点与候选药物之间的相互作用，计算两者之间的亲和力大小，就可在不进行费时费力的实验的情况下快速完成筛选工作。总之，这些都是在对其他类型微生物资源进行筛选时值得借鉴的思路和方法。

值得注意的是，若拟生产菌体类产品，特别是活菌类制品，菌种安全性也是极为重要的初筛指标。因为无论生产性能多么优越，只要存在安全性隐患，也必须淘汰掉。相对而言，生产其他类型产品时，可将安全性放在复筛阶段进行考虑。

2. 复筛（Secondary screening）

复筛，则是一种全面而又精细的筛选，是对初筛后的分离株进行一系列主要和次要生产性能以及安全性的测定，最终从中挑选出 1 ~ 5 株具有应用或商业价值的优良菌株。

科学的复筛，首先要对分离株的主要生产性能进行严格、精确的测试。这必须进行大量设置有平行样品和重复试验的培养、分离、分析、测定和统计等工作。尽管不允许“偷懒”，必须保障测定结果的准确性，但也应该尽可能采用或创造高效的筛选方法。值得注意的是，既然复筛的最终目的是筛选出具有应用或商业价值的优良菌株，这就意味着，不能局限于实验室环境下开展试验，还应当在产品预期的生产和使用的实际环境条件下进行必要的试验。例如，要验证某微生物氮肥生产菌的生产性能，除了先在实验室内模拟实际环境进行固氮能力等测试外，还应在田间进行试验，并逐步扩大试验范围，最终完成对其生产性能的“实践”检验。

其次，也要兼顾次要生产性能（表 5-1）。尤其如菌体的生长繁殖能力、廉价营养原料的耐受能力、环境抗逆性等性状，这些不仅会影响发酵周期、发酵成本、生产效率以及工艺的控制，还可能会影响如活菌类等产品的实际使用效果。例如，在生产固氮菌剂时，尽管菌种的生物固氮能力和作物选择性才是最主要的生产性能，但菌种的生长繁殖能力却会影响菌体的生产周期，对廉价培养原料的利用能力会决定发酵成本，而环境抗逆性则会影响实际使用时菌种效果的发挥。因此，在择取主要生产性能优良的菌株的同时，对这些菌株进行次要生产性能的测定和进一步筛选尤为重要。

最后，一定要进行安全性能（表 5-1）的筛选，这不仅关系到生产者的人身安全问题，更关系到消费者的人身安全以及生态环境的安全（Ecological safety）。生产菌株至少不能是致病菌或在系统发育（Phylogeny）上与病原菌具有较近的亲缘关系，并且不产生毒害物质等。如有必要，还应开展动物实验，以确认菌株的安全性能。

筛选出的优秀菌种一定要妥善保藏，待最终鉴定后，应及时进行专利的申请以获得知识产权保护。

3. 最终鉴定（Identification and characterization）

最终鉴定，是指在完成菌种筛选后，对具有应用或商业价值的优良菌种或其目标代谢物等进行一系列必要的鉴定。

所谓“必要”，是指在进行专利申报或生产许可证申请时，都需要提供必要的菌种分类学信息或代谢物理化性质、结构、作用机制等信息。特别是进行生产许可证申请时，要求较为严格，故应遵照相关法规、政策，做好相应的鉴定工作。

（四）应用研究（Application research）

在经过筛选而获得优良菌种后，便可着手进行一系列应用研究。应用研究，是一种针对特定的应用目的而开展的科学研究。在微生物资源开发过程中，其是指为实现利用所得菌种生产出符合预期的产品而进行的一系列必要的研究工作。

应用研究在整个微生物资源开发过程中占有极为重要的地位，其是科研通向生产的桥梁、概念转化为产品的途径。尤其是当所面临的开发对象是一种尚未被深入研究过的新种类微生物时，进行应用研究更显得格外重要。此外，应用研究的结果，也是日后进行生产许可证申请时需提供的一系列必要支撑材料的重要来源，因此，做好应用研究才能实现产品的最终投产上市。

应用研究要一切以市场为核心、一切从实用出发，其内容应包括实验室试验、小试研究、中试研究和综合分析与最终设计等。

1. 实验室试验（Laboratory Studies）

一个开发研究项目，是否能实现生产化，所筛选的菌种，能否用于生产实际，都需要预先在实验室条件下进行验证和研究。在微生物资源开发中，实验室试验的主要任务，除了开展必要的科学研究（如所分离菌种的目标功能的作用效果、作用范围和作用机制等）外，便是依据之前的总体设计，研究并确定：① 产品生产的主要原理；② 生产过程的核心环节；③ 生产时需应用的生化反应、微生物生命活动、化工反应等。并最终对试验产品的性能进行评价和研究，为日后产品设计和工艺设计奠定基础。

以益生菌片剂（微生物菌体类产品）的生产为例，生产的主要原理应有：① 利用高温对培养基和发酵设备等进行灭菌；② 利用微生物的生长繁殖来产出大量益生菌菌体；③ 利用离心或超滤的方法实现菌体细胞的浓缩；④ 利用冷冻干燥技术实现菌体细胞的固化；⑤ 利用压片机冲头产生的压力完成物料的制片。生产过程的核心环节应有：① 培养基及设备的灭菌；② 菌体的发酵（培养）；③ 菌体细胞的浓缩；④ 菌体的冷冻干燥和压片。而所应用的微生物生命活动便是微生物的生长繁殖，所涉及的生化反应主要为有氧呼吸。

再以燃料乙醇（微生物代谢物类产品）的生产为例，相比于菌体类产品的生产，其主要是多了目标代谢物发酵和产物分离这两个重要环节。其生产的主要原理应有：① 利用高温对培养基和发酵设备等进行灭菌；② 利用液化酶及糖化酶将淀粉原料水解为葡萄糖；③ 利用微生物的生长繁殖产出大量酵母菌菌体；④ 利用同型酒精发酵途径实现乙醇的生产；⑤ 利用蒸馏的方法收集乙醇；⑥ 利用渗透汽化（Pervaporation）法进行乙醇的脱水。生产过程的核心环节应有：① 培养基及设备的灭菌；② 淀粉的糖化；③ 酵母菌菌种的扩大培养；④ 酵母菌厌氧酒精发酵；⑤ 乙醇的收集；⑥ 乙醇的脱水。而所应用的微生物生命活动有微生物的生长繁殖和厌氧代谢，所涉及的生化反应主要有酵母菌的有氧呼吸和发酵、细菌淀粉酶的糖化反应、霉菌糖化酶的糖化反应。

当确定了上述最主要的生产元素后，便可将它们科学合理地“串联”起来，拟定一套概念性的生产流程，在实验室条件下完成试验产品的生产。以益生菌片剂为例，生产流程可设计为：培养基及设备灭菌→菌种扩大培养→菌体发酵→冷冻离心浓缩菌体→菌体冷冻干燥→压片；而以燃料乙醇为例，流程可设计为：培养基及设备灭菌→淀粉糖化→菌种扩大培养→酒精发酵→乙醇收集→乙醇脱水。

最后，还要对试验产品的性能进行评价（可酌情参考表 5-2 内容），看是否符合总体设计的预期。若不符合，需及时开展研究以解决问题；若符合预期，则可进入小试研究阶段。

2. 小试研究（Bench experiment）

所谓小试研究，就是根据上述实验室试验的结果，在实验室或小试车间内进行放大生产试验（通常放大 10 ~ 100 倍）。

如果说在开展实验室试验时，还可以不计生产成本、生产周期、劳动量、产品可加工性、生产可控制性等的话，那么在进行小试时绝不能如此任性而为。在进行小试研究时，不仅要将试验场所由实验室转变到车间，更是要将上一阶段的生产流程逐步转变为生产工艺。

以上述益生菌片剂的生产为例，在小试阶段，培养基不宜再使用价格昂贵的合成培养基，应使用价格便宜的农副产品等天然培养基原料；灭菌、离心、压片、发酵等设备也不能再采用科研仪器，应根据生产原理和工艺设计的一般原则进行合理选择或自行开发；操作人员也不应再如实验室试验阶段那般手忙脚乱，应建立一套各环节的协调机制以及管控机制等；并且为了缩短生产周期，应考虑加入预先制备发酵剂的环节；而更为重要的是，为符合预期的产量，还要对一系列技术方法和生产设备进行科学合理的选择和确定。

因此，在进行小试时，一定要先设计出概念性的生产工艺，充分考虑工艺的合理性、经济性、可操作性和可控制性等各个方面，并且在拟定好工艺流程后，对工艺参数和工艺配方等进行确定。以益生菌片剂生产为例，工艺可设计为：“培养基及设备灭菌→斜面种子培养→摇瓶扩大培养→种子罐扩大培养→发酵剂生产→发酵罐发酵生产菌体→冷冻离心浓缩菌体→冷冻干燥→辅料加入→搅拌→粉碎→压片”。

此外，还应遵照国家有关法规以及生产许可证的申请要求等进行设计，对于像工艺流程的环保性、资源的可回收利用性等国家重点关切的问题，要纳入设计考虑。若以上述燃料乙醇的生产为例，如果采用玉米作为发酵原料的话，可考虑将发酵醪脱水、脱油后加工成饲料原料，这样既能减少发酵废渣的排放，又能加强资源的可回收利用率。实际上，这便是美国全干法燃料乙醇生产时的一个工艺环节。在此工艺中，发酵醪就被制成了一种价格实惠、能量及蛋白含量较高的饲料原料——玉米干酒糟及其可溶物（Distillers dried grains with solubles, DDGS）。

最后，同样要对小试产品的性能进行评价和优化。若产品符合预期，便可进入中试阶段。

3. 中试研究（Pilot-scale experiment）

如果说前面所有工作都可在实验室或研发室内完成的话，那么，接下来的工作便必须要在生产车间内开展。尤其是中试，应在专门的中试基地或中试车间内进行。

中试研究，是产品正式投产前所进行的生产试验。其是科技成果最终转化为生产力的必要环节。一般而言，科技成果经过中试，产业化成功率可达 80%；而未经过中试，产业化成功率只有 30%。故可以认为，科研成果产业化的成败主要取决于中试的成败。

通过中试，不仅要对前期实验室所取得的结果进行验证，更要为产品日后的投产上市“铺桥搭路”。中试研究的主要内容，便是生产工艺设计和中试产品性能的评价与优化。

1）生产工艺设计与研究

凡从事微生物资源开发，应清晰地认识到，微生物类产品绝不是在实验室内进行生产的，即便不是在企业性质的大型工厂内进行规模化制造，至少应在作坊性质的中小型车间内完成生产。否则，微生物资源开发利用也就失去了它的实际意义和社会意义。

进行生产，就先要有工艺。生产工艺（Production technology），是指生产产品的总体流程的方法，包括工艺流程、工艺参数和工艺配方等。劳动者只有遵照特定的生产工艺，利用生产设备对原材料、零部件或半成品等进行加工，才能生产出特定的、符合预期要求的产品。

如果说在小试研究中，所拟定的生产工艺还带有浓厚的概念性色彩的话，那么，通过中试研究一定要将抽象转化为具体，最终形成一套可用于实际生产的工艺。

因产品类型、生产菌种、生产者水平、生产条件等的不同，生产工艺可能不同。但在设计时，应遵循以下原则：① 遵守国家有关法规；② 根据总体设计规定的产品类型、性能、产量等要求进行设计；③ 依据生产菌种的生物学特性进行设计；④ 借鉴和参考已有的、成熟、先进的工艺进行设计；⑤ 选择技术先进、经济合理的加工方法和设备；⑥ 充分考虑生产周期、成本、安全性和环境保护；⑦ 适度的机械化、自动化装备水平；⑧ 方便施工、安装，方便生产、维修；⑨ 注意工艺的可塑性和可发展性。

生产工艺设计，一般包括工艺流程设计、工艺参数确定和工艺配方制定。

（1）工艺流程设计与研究

在工艺设计中，最先进行的便是工艺流程设计。工艺流程（Technological process），是生产工艺的主心骨，是指在生产过程中，劳动者将各种原材料、半成品等按照一定顺序、通过一定方法和利用一定设备连续进行加工，最终将原料转化为成品的总体方法与过程。

工艺流程，具有多样性和可变性的特点。不同类型的产品，不同性能的生产菌种，不同生产水平的生产者，甚至是上述皆相同但生产时期不同，工艺流程皆可能不同。这一特点，既表明了设计工艺流程时一定要具体情况具体分析，可借鉴成熟的经验，但也不可盲目照搬；又表明了创新突破的机会很多，尽管困难重重，需综合考虑方方面面，但大有可为。实际上，在工艺流程设计领域有着“百花齐放”的盛景，诞生了许多伟大的发明，如具有我国特色的、利用微生物之间的互生关系原理而设计的二步发酵法生产维生素 C 工艺流程。

在工艺流程设计过程中，要综合考虑流程的合理性、经济性、可操作性和可控制性等各个方面，确定由原料到成品的各个加工环节和顺序，以此绘制工艺流程图，同时注明每个环节中的关键信息，如物料和能量发生的变化及流向，所应用的生化反应、微生物生命活动或化工过程，所采用的关键方法技术和设备等。如图 5-5，为益生菌片剂的工艺流程图。

在设计好初稿后，还要不断开展“测试→评价→研究→优化”的循环工作，使所设计的流程能符合国家相关政策法规规定，能满足产品的性能与产量指标，并且具有合理性、经济性、可操作性、可控制性和安全性。值得注意的是，我国越来越重视工艺流程的环保性问题，因此，在设计时尽量考虑减少“三废”排放量，有完善的“三废”治理措施，并做好“三废”的回收和综合利用。

此外，还要研究和制定好生产工艺流程管理方案，这主要是建立生产工艺流程的优化机制、各环节的协调机制以及管控机制等。

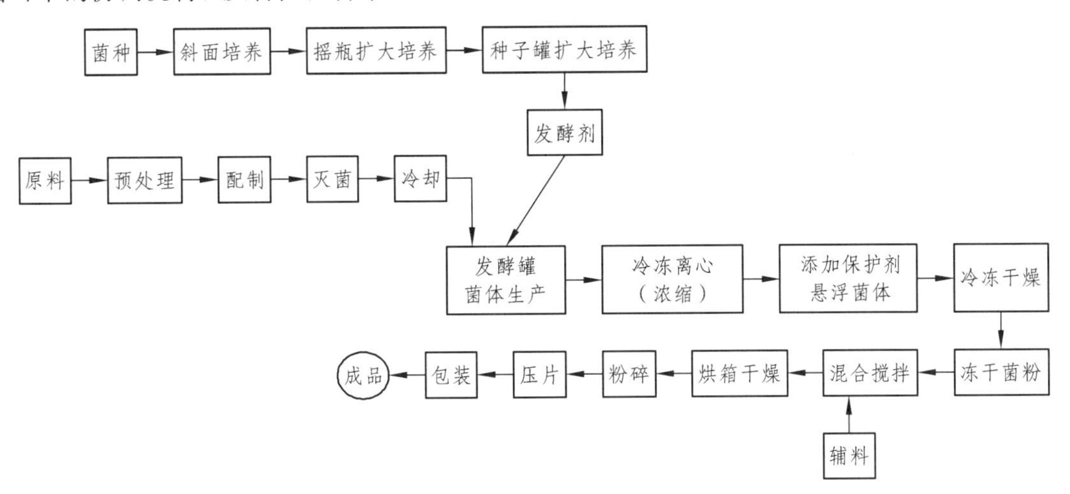

图 5-5　益生菌片剂的工艺流程图

（2）工艺参数的确定

工艺参数（Technological parameter），是指在工艺流程中进行某项操作或使用某种设备时必要的一系列基础数据或指标。以图 5-5 为例，在发酵罐内进行菌体发酵生产时，就有诸多参数，如菌种的接种量为 4%，培养温度为 37 °C，培养时间为 10 h，终点酸度为 85 T；在冷冻离心时，参数如菌液 pH 值调整至 6.0，温度为 4 °C，离心力为 8000g，时间为 15 min；干燥时的参数如烘箱干燥温度为 75 °C，时间为 15 min；压片时，参数如压片压力为 3.5 kN。

在生产过程中，只有确定了工艺参数，才能顺利地实施生产；只有确定了科学合理的工艺参数，才能生产出符合预期的产品；只有确定了可量化、精准的工艺参数，才能保障生产的稳定性以及产品质量的稳定性；只有不断对工艺参数进行研究和优化，才能生产出性能卓越的产品。可见，对工艺参数进行研究和确定，意义重大。

一旦设计好工艺流程后，就要着手开展工艺参数的确定。工艺参数的确定，也是一个“测试→评价→研究→优化”的循环工作。其中，要特别对会严重影响产品性能的关键参数，不断地进行研究和优化。如果遇到参数不能精确地确定，也必须要做好质量风险评估（Quality risk evaluation），最终确定一个参数的合理可变区间，以作为一种可行的替代方案。

（3）工艺配方设计

工艺配方（Technological formula），则是指在工艺流程中，所涉及的一切需要配制后才能被投入生产的复配物的配料种类信息、比例与含量信息以及配制方法信息等关键信息的总和。对于一些复方类、复剂类以及配方类产品而言，这也是一项极为重要的商业机密。以图 5-5 为例，在配制菌种扩大培养的培养基时，就会涉及工艺配方之一的培养基配方（如采用脱脂奶粉 12%、酵母提取物 0.2%、葡萄糖 2%、番茄汁 12%、菊粉 1.5%、乳清粉 6%、双歧因子 0.2%）；在进行混合搅拌时，则会涉及产品配方（如以 1 kg 产品计，菌种冻干粉 50 g、全脂奶粉 400 g、脱脂奶粉 105 g、白砂糖 100 g、硬脂酸镁 15 g、麦芽糊精 150 g、奶精 180 g）；而在进行菌种冻干粉制作时，还可能涉及复合菌剂的配方（如采用两歧双歧杆菌和嗜酸乳杆菌进行 1∶1 配制）。

优秀的配方不仅能提升产品的性能，还能在不影响生产质量的情况下降低生产成本，因此，也应当对工艺配方不断进行评价、研究和优化，最终设计出优秀的工艺配方。

2）中试产品的性能评价、研究与优化

产品性能（Product performance），即我们常说的性价比中的“性”，其是指产品实现预定目的或者规定用途的能力。首先，产品要具有规定要求的性能，才能称为合格品，也才能被权威机构批准生产。其次，产品性能越强，使用效果就越好，市场竞争力也就越强，这也是进行微生物资源开发所不懈追求的终极目标。

产品性能，包括产品的功能和质量两个方面。

（1）每一种产品都有其特定用途的功能，称为产品功能（Product function）。消费者对产品的需求，实际上是对产品功能的需求；消费者购买产品，实际上是购买产品的功能。例如，购买冰箱实际是购买食品保鲜的功能，购买空调实际是购买调节气温的功能，购买微生物氮肥实际是购买可向农作物提供可利用氮的功能，购买抗生素实际是购买抗菌治病的功能；购买纤维素酶实际是购买降解纤维素的功能，购买豆豉实际是购买能满足味觉需要的功能。

（2）产品质量（Product quality），并不完全是指产品“结实”“经久耐用”，还包括产品能实现其功能，以及在使用期内保持其功能的程度。产品质量高，则意味着产品的功能能够得到更好的实现与发挥，同时产品不易受损、失效。结合上述例子，如抗生素质量好，即说明其抗菌治病的效果好，并且不易失效。

由上述可知：① 产品性能是产品的核心，进行微生物资源开发，首先要确保能利用微生物生产出性能合格的产品，这将最终决定是否能被获批生产许可；② 产品性能更是决定销量的最主要因素之一，进行微生物资源开发，要努力追求生产出性能卓越的产品，这将最终决定生产者的盈利情况。因此，针对产品性能不断开展研究，尤为重要。

在完成工艺设计后，可依据之前拟定的总体设计方案，在中试车间内完成中试产品的生产，并对其性能进行“评价→研究→优化”的循环工作，先确保中试产品性能合格并具有上市的可能性，再不断优化，最终提升产品性能。

产品性能的评价，就是对产品进行一系列性能指标的测定（表 5-2）。值得注意的是，某些指标虽然可自行采取有效的方法进行测定，并在实验室与实际环境下开展试验，但如产品质量等指标，一定要参考权威机构颁布的国际、国家、行业或企业的“产品质量标准”、“药典”等相关标准进行测定，并且某些指标还必须委托权威的第三方机构进行检测。

表 5-2　与产品性能相关的主要指标

一级指标	二级指标	产品类型	举例
使用性能	功效	菌体类	如微生物肥料的土壤增肥与作物增产效果，微生物杀虫剂的田间杀虫效果，益生素对人体的益生效果，发酵剂的发酵效果与效率，单细胞蛋白饲料对动物的增重效果，螺旋藻产品对人体的保健效果，食用菌产品的主要营养成分及生物学利用率等
		代谢物类	如抗生素药物、胰岛素制剂、干扰素制剂等的临床效果，红曲色素的染色效果，有机酸、醇类、维生素、氨基酸、多糖等的实际使用效果等
		酶制剂类	如饲用酶制剂对动物耐粗饲料、增重、抗病等的效果，纺织酶制剂用于织物退浆、牛仔布整理和真丝脱胶等的效果，食品酶制剂用于糖化、重构肉块、果汁提取等的效果，医用酶制剂用于溶血酸、抗菌、抗癌等的临床效果等
		发酵物类	如白酒、食醋、酱油、豆豉、腐乳、泡菜、老北京豆汁等食品满足消费者口感的效果，发酵中药的临床效果，发酵饲料对动物增重的效果等
	质量	菌体类	如微生物肥料的外观、菌种，有效活菌数、水分、细度、有机质、pH、杂菌数、有效期和成品无害化指标（蛔虫卵死亡率、大肠杆菌值和有害重金属含量等）等
		代谢物类	如青霉素钠的性状、含量、水分、结晶性、酸碱度、溶液澄清度、溶液颜色、吸光度、干燥失重、可见异物含量、不溶性微粒、残留溶剂、细菌内毒素和无菌性等
		酶制剂类	如糖化酶制剂的理化要求（酶活力、pH 值、干燥失重、细度和容重等）、卫生要求（重金属含量、菌落总数、大肠菌群数、沙门氏菌数和致泻大肠埃希氏菌数等）和净含量等
		发酵物类	如白酒的感官要求、理化指标（酒精度、总酸、固形物等）和卫生指标（甲醇、杂醇油、铅等含量）等
其他性能	技术性能	所有类型	产品的可加工性、可装配性、工艺性等
	经济性能	所有类型	产品设计、制造、使用等的成本
	社会性能	所有类型	产品使用时对人体健康及其他生物的影响、对生态环境的污染等，产品生产时对资源的可持续利用、是否满足绿色制造要求等

如果出现中试产品性能指标不符合之前总体设计的预期，甚至达不到权威部门做出的规定和最低要求，那么必须及时开展相关研究，找出影响产品性能的因素（包括工艺、生产菌株、劳动者、管理机制等），不断进行改进和优化。最低目标是产品性能符合权威部门的相关要求，顺利通过产品的审批程序、获取生产许可证；最高目标便是超越竞争对手的同类型产品，取得优势明显的市场竞争潜力。

值得注意的是，无论是何工艺，也无论是何人进行操作，微生物都是微生物类产品不争的第一生产者，其生产性能将直接决定和影响产品性能。这意味着，要优化产品性能，除了要不断改进工艺等外，更应当不断进行生产菌种的改良。而在这方面，微生物显然具有天然优势——易变异，故对其进行遗传改良、基因改造，进而提高其生产性能，并最终实现产品性能的优化，可完成性较高。有关菌种改良、改造的内容及方法，详见本书第五章第二节。

另值得注意的是，相比于植物或动物，微生物似乎具有天然的“不良”公众印象。如细菌、病毒等词汇，在公众印象里，即便不是负面的，至多算作中性的。的确，从人类对微生物世界的认识历程来看，在早期，微生物多半与“疾病”“腐烂”等有害现象相联系，而鼠疫、天花和流感等由微生物引起的灾难性疾病，也确实给予人类重创，并使人类留下了难以磨灭的痛苦回忆。即便是在科技高度发达、受教育程度普遍较高的今天，也并非所有人都乐于接受这样的科学事实：人体内竟然存在数百万亿的细菌，并且每天与我们朝夕相处。

这也意味着，更应加强微生物类产品的安全性研究，不仅要对产品使用时可能对人体健康及其他生物造成的影响、对生态环境造成的污染或其他影响等进行系统的评价和研究，还要追溯到生产菌种本身，其至少不能是致病菌或在系统发育上与病原菌有较近的亲缘关系，并且不产生毒害物质等。特别是涉及“入口”“治疗”“保健”类的产品，必须开展相应的动物实验，甚至是临床试验，并接受相应的权威部门的监督和管控。

4. 综合分析与最终设计（Comprehensive analysis and final design）

在顺利完成中试后，基本可认为目前已具备了生产预期产品的能力，此时，应依照最先的总体设计方案，再一次进行综合分析规划，以最终完成产品设计和工艺设计，并确定整个生产系统的布局。

综合分析规划，就是要再一次结合已有的基础，将市场机会、目标市场潜力、投资需求、风险、同类型产品优缺点、产品竞争力、技术可行性、生产能力、收益性、国家政策法规等一系列信息综合起来进行分析，并制定日后的规划。可以说，在此之前进行的所有工作更像是科学研究，是一种产品研发，而此后将正式步入商业色彩更浓的“产品开发”阶段（图 5-6）。微生物资源开发=产品研发+产品开发。

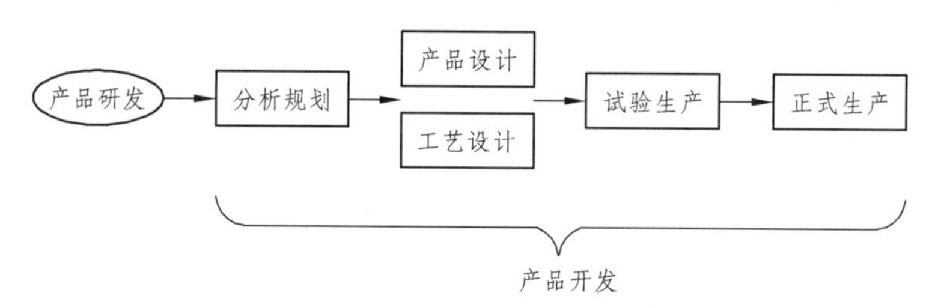

图 5-6　微生物资源开发的宏观过程

值得注意的是，前期的大部分工作都是在实验室或生产车间内完成的，尽管这是必要的，但不应是全部。既要能生产产品，更要能卖出产品。因此，不能一味地“闷”在实验室或车间里，要走进市场，并开展必要的营销学研究。营销学（Marketing），是一门研究经营与销售活动的学科，其包括市场调研、选择目标市场、产品开发、产品促销等一系列与市场有关的商业活动的研究。实际上，市场营销绝不能单纯地理解为“如何卖东西”，它还包括指导产品设计、改进生产等重要内容。故应根据营销学的研究结果，以市场为导向进行产品和工艺的最终设计。

产品设计（Product design），是指以满足消费者使用需求为第一要务，以满足生产者经济效益为最终目的而对产品用途、功能、理念、结构和外观等进行确定的过程。其是进行产品开发的源头性环节，具有“牵一发而动全局”的重要意义。产品的设计除了要满足消费者和生产者的需求之外，还必须符合生产工艺的要求（即能实现经济、合理的批量化生产）以及满足社会发展的需求（例如满足节能减排、绿色制造；推动科技进步等）。

产品设计的一般步骤为：市场研究→分析策划→概念提出→各项设计→试验验证→最终确定。

而关于工艺的设计，如前文所述是一个“测试→评价→研究→优化”的循环工作。在此阶段，应根据前期的工艺设计研究以及最终的产品设计，不断进行调试和优化，最终形成一套可用于报批和增量生产的合格工艺。

（五）专利申请（Patent application）

专利（Patent），是一种保护知识产权的形式，是由政府机关或权威组织根据申请而颁发的一种文件，这种文件不仅记载了发明创造的相关内容，还在一定时期内具有这样的法律效力：对于受到专利保护的知识，专利权人（Patentee）将享有独占实施权；如果他人欲使用或实施某项专利，必须得到专利权人的许可，否则将受到法律的制裁。

微生物资源开发本就是一项具有创造性的活动，因此，在此过程中可能会获得新的菌种或化合物，发明创造出新的技术方法、生产工艺、产品配方、产品外观等。这些都是极有可能创造出巨大经济效益的知识，理应申请专利以获得法律保护。特别是考虑到资源开发又是一项极为艰巨、资金与精力投入均很大的工作，在竞争日益激烈的当今市场，资源开发工作者必须运用好专利这个法律手段，以保障自己的劳动成果，并最终促进微生物资源开发工作的健康发展。

如图 5-1，在微生物资源开发过程中，专利申请的时机可在筛选鉴定或应用研究之后。在我国，专利分为发明专利、实用新型专利和外观设计专利三种类型。在进行申请时，应依据所申请的类别和内容，遵照相关法规准备申报材料。在我国，必须遵照《中华人民共和国专利法》进行相关申请活动，而专利授予的唯一合法机构就是中华人民共和国国家知识产权局（以下简称“国知局”）。

发明专利的申请流程一般为：确认技术交底材料→撰写申请文件→提交“国知局”→“国知局”受理→初步审查→专利公开→实质审查→专利授权→发放专利证书。而其他类型专利的申请流程一般为：确认技术交底材料→撰写申请文件→提交“国知局”→“国知局”受理→专利授权→发放专利证书。

其中，菌种专利是比较特殊的。专利法规定，动物和植物品种不授予专利权，但微生物菌种却不在此之列，故可以进行申请。但不是任何新分离的、未被报道过的“新发现”菌种都可以申请专利。能授予专利的菌种，首先必须是纯培养物；其次，菌种必须具有工业实用性或具有一定的应用价值，即一般是能用于生产的生产菌种；再次，通过不具有重现性的方法获得的菌种，例如，必须从非常特定的自然环境下分离的菌种或通过人工诱变获得的突变株等，除非申请人能够给出充足的证据证实这种方法可以重复实施，否则不予受理；最后，对于公众不能得到的菌种，必须在指定的机构进行保藏后，才能授予专利。我国国家知识产权局指定的保藏单位有：中国微生物菌种保藏管理委员会普通微生物中心（China General Microbiological Culture Collection, CGMCC）和中国典型培养物保藏中心（China Center for Type Culture Collection, CCTCC）。

化合物（微生物代谢物）专利，既可以是基本专利（新的化学物质）、从属专利（组合物等），也可以是方法专利（制备或生产方法）或用途专利（新物质的新用途或已知物质的新用途）等。其中，基本专利是核心，如果一个化合物本身已受到专利保护或专利还未到期，那么他人通过任何方法制备、生产得到该物质后，均不能进行销售等商业行为。

生产工艺专利，即产品专利，如果一种产品的生产工艺取得了专利，我们也常说该产品是一种专利产品。工艺专利，是指专利申请人要求保护产品的生产制备方法，包括工艺流程、工艺参数和工艺配方等，以确保法律范围内专利权人“垄断”该产品生产的权利。生产工艺通常只有取得发明专利（而不是其他类型的专利）后，才能得到有效保护。在微生物资源开发过程中，一旦取得了某种生产工艺或技术方法的新突破，理应申请专利保护。

值得注意的是，专利并不是“无坚不摧”的保护盾，其实质是通过公开以换取保护，并且需要受到充分保护的地方就必须充分公开，这意味着必然存在技术泄露的风险。特别是社会的发展日新月异，而法律的条文并不一定能迅速地做出适应和调整，专利也就不能百分之百地保障专利权人的所有权利。因此，在微生物资源开发过程中，所取得的某项重要核心技术，要么不申请专利而另求他法保护；要么在申请专利时，在符合法规的情况下不公开最为核心的内容，毕竟，不要求保护的地方，就可以不公开，这合理合法——符合专利授予的适度揭露（Adequate disclosure）性原则。另值得注意的是，因专利授予时要依据新颖性和创造性原则，故某项研究成果若已经以学术论文的形式公开发表过后，一般将不能被授予专利。

（六）生产报批（Production licenses）

经过前期的努力，虽然已经具备了生产某种产品的能力和条件，但并不意味着就具有生产的资格。对一些不能通过消费者自我判断、企业自律和市场竞争等机制有效保证产品质量安全的产品，为保障其质量和消费者权益，国家实施了“生产许可证”制度，并制定了相关目录。如果企业拟生产目录内的某种产品，就必须先要取得相应的生产许可证，否则，将不具有生产的资格。若进行无证生产的话，将被追究法律责任、承担严重的法律后果。

生产许可证（Production license），是国家对于具备某种产品的生产条件并能保证产品质量的企业，依法授予的、许可生产该项产品的凭证。在我国，农业用途产品的生产许可证，由中华人民共和国农业部总实施，如肥料生产许可证、农药生产许可证、兽药生产许可证和饲料生产许可证等；工业用途产品的生产许可证，由中华人民共和国国家质量监督检验检疫总局（简称“质检总局”）总实施，如全国工业产品生产许可证；食用、药用或保健用途产品的生产许可证，由中华人民共和国国家食品药品监督管理总局总实施，如药品生产许可证、食品生产许可证、保健食品生产许可证等。

无论何种类型的微生物产品，要想取得生产资格，都必须以上述用途的产品形式进行报批。但产品具体以何种用途形式进行申报，既要依据生产目的，也要考虑客观生产条件和生产水平。一般而言，食品、药品和保健品等产品，审批较为严格，周期也较长，尤其是在国际、国内未曾销售过的新产品，过审难度更大。

生产许可证申请的流程一般为：准备和确认材料→撰写申请→提交→相关机构受理→现场审查→产品样品检验→专家论证→汇总审定→发证。而申请者除了需要提交必要的材料外，还必须在之前就已取得营业执照、环保、卫生证明等证件。

当获取生产许可证等必要生产资格证明，并办理好一切经营手续后，便可进行生产试运行。生产试运行时，要在生产实践中对生产工艺、管控及协调机制以及产品性能等不断进行评价和优化。当一切已顺利完成，便可正式投产上市。

三、微生物资源利用的一般程序

从宏观上讲，微生物资源开发的最终目的，就是实现微生物资源的有效利用。那么，在取得了具有应用化潜力的目标菌种后，如何通过一定的途径实现微生物资源的有效利用呢？

利用微生物资源生产出有使用价值的产品或完成某项特定任务，便是对微生物资源有效利用的最佳途径。尽管微生物种类繁多，生物学特性差异较大，生产目的也不相同，但对微生物资源进行利用的原理却是相同的——利用微生物的某项生命活动来生产有用产品或执行某项任务。

例如，进行益生素生产，原理是利用益生菌的生长繁殖，将培养基等原料在发酵罐内转化为大量有益生作用的菌体细胞；抗生素生产，原理是利用生产菌株的次生代谢活动，将培养基等原料在发酵罐内转化为大量有抗菌效果的次生代谢物；酶制剂生产，原理是利用生产菌株遗传信息的“复制→转录→表达”这一分子生物学中心活动，将培养基等原料转化为有特定催化功能的酶；发酵乳制品生产，原理是利用乳酸菌的同型乳酸发酵，将牛乳等原料加工为特定风味的产品；进行污水处理，原理是利用各种活性污泥微生物的呼吸作用，将受污染的水转化为清洁的生活用水；而进行细菌冶金，原理则是利用微生物的生物氧化作用，对难选冶矿石进行氧化预处理，以析出金属矿。

也可见，微生物资源利用的实质，是将微生物作为一种生物转化器（Biotransformer）、生物反应器（Bioreactor）或生物工具（Biotool），利用微生物的某项生命活动将低价值的劣质资源生产加工（生物转化）为高价值的优质产品，或执行某项特殊任务的过程。而这些过程中所利用的微生物生命活动，主要是微生物的各种代谢以及生长繁殖活动。

综上所述，对微生物资源进行利用的过程，实际上包含了对微生物进行培养、发酵、产物分离和产物应用等过程。那么，无论微生物资源以何种目的、形式和方法被利用，微生物资源利用的一般程序可概括为：

菌种活化→扩大培养→发酵控制→产物分离→产物应用

具体过程如图 5-7 所示。

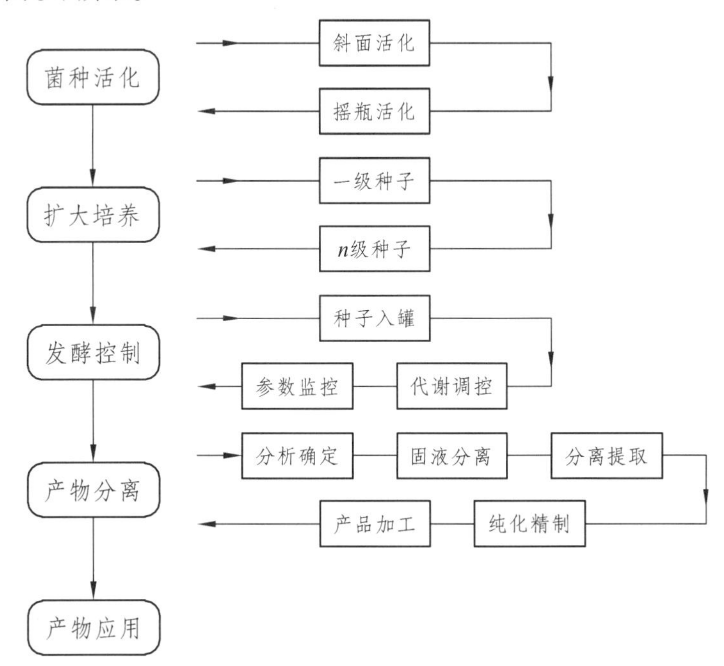

图 5-7　微生物资源利用的一般程序

（一）菌种活化（Activating culture）

在经历了前述的微生物资源开发后，已获得了不少具有应用价值或商业价值的菌种，但为了防止失活和变异，这些菌种往往都会通过一定的方法保藏起来。而在保藏过程中，菌种因长期处于生命活动受抑制状态，若将其取出后立即投入生产或使用，其生产性能往往难以得到有效发挥。因此，如果要对所保藏的菌种进行有效利用的话，第一步便是通过菌种活化培养使其得以复苏和活化。

菌种活化，是将待使用的菌种先用小型培养器具进行小规模活化培养的过程。其一般在实验室内完成，主要目的是使被长期保藏过后的生产菌种恢复活力和生产性能。

菌种一般都是通过冷冻进行保藏，将其取出后，可先进行斜面菌种活化培养（图 5-8）。一般而言，在进行斜面培养时，细菌多采用 C/N 较低的培养基，有机氮源常用牛肉膏、蛋白胨或酵母细胞浸提物等；培养温度多为 37 °C，也有部分为 28 °C；培养时间一般为 1 ~ 2 d，但产芽孢细菌则可能需要培养 5 ~ 10 d。

放线菌多采用 C/N 较高，但碳源、氮源物质限量（碳源约 1%，氮源约 0.5%）的培养基，因为碳、氮源物质过于丰富，不利于孢子的形成；培养基可用麸皮、豌豆浸汁、蛋白胨等作为原料进行配制；培养温度多为 28 °C，部分为 30 °C 或 37 °C；放线菌的培养时间一般较长，多为 4 ~ 7 d，而有些则需要 14 d 左右。

而霉菌的斜面活化培养基一般采用 PDA 培养基或察氏培养基，亦可采用大米、小米、玉米、麸皮、麦粒等 C/N 较高的农产品或副产品作为天然培养基，直接进行培养；培养温度一般为 25 ~ 28 °C，培养时间为 4 ~ 14 d 不等。

酵母菌的活化培养则可采用 PDA 或麦芽汁培养基，培养温度一般为 20 ~ 30 °C；酵母菌在四大常见微生物中生长速度一般仅次于细菌，其培养时间多为 1 ~ 3 d。

待进行斜面活化培养后，可根据菌种的生物学特性，进行第二代斜面培养或进行摇瓶（液体）培养。一般而言，对于产孢子且产孢子能力较强的微生物（如霉菌等），可采取二代斜面培养的方式来收获大量孢子（图 5-8），并以此孢子作为种子，进行后续的扩大培养。这种方式的优点是操作简便、不易污染杂菌（实质是容易通过菌落判断是否被杂菌污染）。

对于不产孢子或产孢子能力不强的微生物（如细菌、酵母菌和放线菌等），可采用摇瓶液体培养的方式（图 5-8）以达到快速扩繁菌体的目的。这种方式的优点是扩增效果好，但不易判断培养物是否被杂菌污染。在进行摇瓶培养时，所使用的液体培养基应营养全面且丰富，尤其是氮源物质应丰富一些，这有利于细胞的繁殖或菌丝的生长。

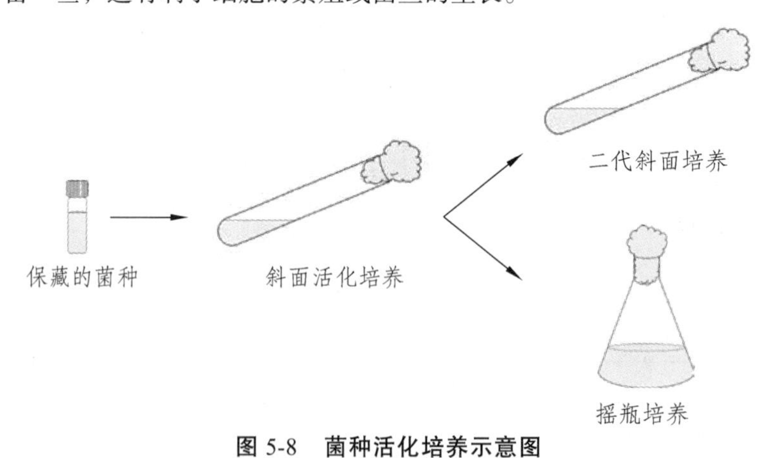

图 5-8　菌种活化培养示意图

（二）扩大培养（Large scale culture）

如本书第三章所述，微生物是“以量取胜”的。设想只将一个微生物细胞投入发酵罐内进行发酵生产，不仅其代谢物产量非常有限，而且在正式进行发酵前，其还需要先消耗掉大量时间与发酵原料来完成菌体的适应和增殖，这无疑延长了发酵周期、严重影响了发酵效率、还降低了发酵原料的转化率，最终将导致生产成本增加。而最理想的发酵，应是在发酵之前，先将菌种培养成为一群活力极高、数量庞大的“生产大军”，待将其接入发酵罐内后，便不再额外进行菌体繁殖或菌群细胞更新，从而不再浪费发酵原料和时间，纯粹地、一次性地将发酵原料转化为大量目标产物。

因此，要想充分发挥微生物的生产潜能和生物转化效率，就必须在发酵前获取足够数量的高活力菌种，这便是进行菌种扩大培养的目的所在。菌种的扩大培养（Expanding culture），也称为种子的制备，或发酵剂的制备，其是指在正式的发酵生产之前，将预先活化过的菌种在较大型的培养器具内进行大规模培养，以获取大量高活力菌种的过程。

进行扩大培养，不仅可以使生产菌种达到预期发酵规模的数量要求，从而提升发酵效率、缩短发酵周期、降低生产成本，还能够通过预先给予菌种适应和调整的时机，使菌种的新陈代谢被彻底激发，从而各项生产性能到达最佳状态、生物转化效率提升。此外，扩大培养还有助于接种后的菌种迅速成为发酵体系中的优势菌群，这可大大减少杂菌污染而造成的危害。因此，无论将微生物资源应用于何领域，在对其应用前都应当先进行扩大培养，或在实际使用前先给予其一段自我扩繁的时间。

菌种的扩大培养，由于规模与工艺的要求，应在生产车间内完成。可将活化培养后的菌种（图 5-8）直接接入大型的培养器具内进行扩大培养。此阶段的培养，所采用的培养器具一般称为种子罐（Culture tank）或增殖罐（图 5-9）。较为专业和先进的种子罐，其容积一般在 50 ~ 20 000 L 不等；采用不锈钢或碳钢材料封闭式制成；在罐顶上装有培养基进料和补料管接口、接种用的接种管接口、监测罐内气压的压力表接口等，在罐身上有加热装置、散热用的冷却水进出口装置、监测温度变化的温度计的接口（先进的种子罐还配置有监测 pH 和溶解氧的电极）和取样监测用的取样口等，罐的底部还有放料口等；若是进行好氧培养（绝大多数用于生产的菌种都是可以进行好氧培养的），则还有通入灭菌空气的通气管接口、排出废气的排气管接口，以及极为重要的、驱使氧气与菌体充分接触的搅拌器。并且，种子罐还配备有可通过蒸汽的灭菌装置，可进行带罐灭菌。

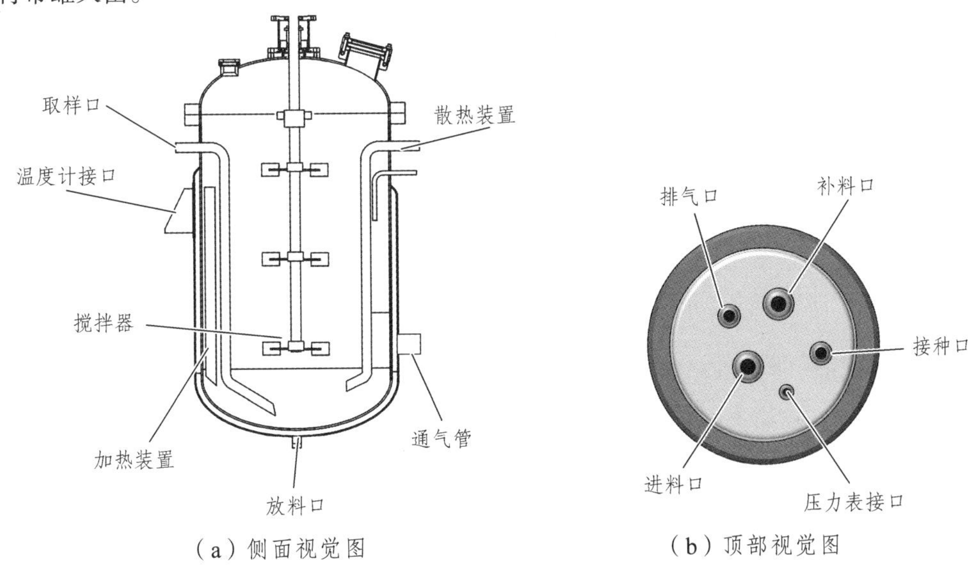

图 5-9　种子罐结构示意图

通常，在较为先进的生产工艺中，种子罐与发酵罐相邻相连（图 5-10），方便菌种经扩大培养后通过管道接种而直接输入发酵罐内进行发酵，这不仅能减少人员操作、缩短生产周期，更重要的是可以保障发酵液不受杂菌污染。

在进行扩大培养时，既可采取单级，亦可采取多级种子罐扩大培养的方式。进行种子罐扩大培养的次数，称为种子罐级数。仅在种子罐内进行一次菌种扩大培养，然后便将扩大培养后的菌种接入发酵罐内，称为单级种子罐扩大培养[图 5-10（a）]，而该种子罐称为一级种子罐或就称为种子罐，该种子罐内的菌种则称为一级种子。若将一级种子接入较大体积的种子罐内继续进行扩大培养，则称为二级种子罐扩大培养，所得菌种即为二级种子。以此类推，将前一次扩大培养后的种子继续接入较大体积的种子罐内进行扩大培养，还可得到三级、四级……直至 *n* 级种子[图 5-10（b）]。种子罐级数每增加一级，则所得菌种数量可翻数十至数百倍，这有利于增大接种量。接种量大，不仅意味着可在发酵时减少因菌体适应和生长而浪费掉的非合成目标产物的时间，最终缩短发酵周期，还可以因菌种数量的增多以扩大发酵的规模，最终增大产量。

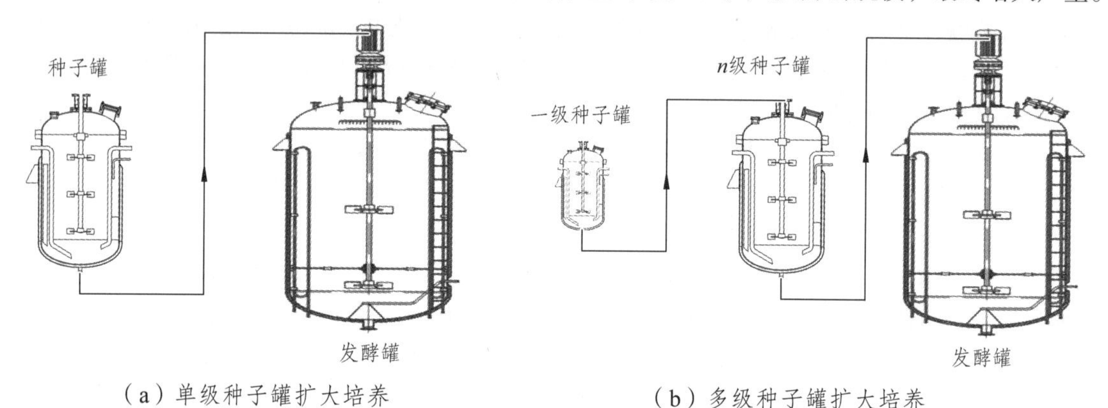

（a）单级种子罐扩大培养　　（b）多级种子罐扩大培养

图 5-10　种子罐与发酵罐连接示意图

这种多级放大培养，尤其适用于那些生产菌种生长缓慢但又要求产出大量目标产物的发酵生产。如大多数放线菌（尤其是链霉菌）生长极为缓慢，为提升发酵效率，通常采用二级或三级扩大培养。然而，扩大培养的级数过多，也会使工艺复杂化，不利于操作和控制，并且还增大了受杂菌污染的可能，以及在总体上增加了生产时间。所以，不能盲目地提高种子罐级数，要结合生产目的、生产规模、生产菌种特性等合理地选择种子罐级数。例如，大多数细菌和酵母菌因生长速度较快，采用单级扩大培养即可；而霉菌一般采取一级或二级扩大培养即可。

关于如何对菌种进行“又好又快”的培养，可参阅本书第三章第四节有关内容。总之，要尽可能地缩短延滞期，延长指数期和避免衰亡期，同时，不断监测和调整，确保菌种获取足量的生长限制因子，并处于最适生长温度、pH 值和氧气浓度的培养环境之下。

（三）发酵控制（Fermentation control）

不难发现，本书绝大多数地方所述的“发酵”，绝非微生物生物氧化类型之一的发酵，而是广义上的发酵——泛指利用微生物的生命活动或其酶的催化反应进行产品生产或执行某项特殊任务的过程。这既包括利用微生物的各种代谢活动进行某种目标代谢物的生产，也包括利用其生长繁殖进行微生物有机体的生产、利用其基因的“复制→转录→表达”进行酶制剂的生产、利用其生命活动对某原材料进行加工改造、对受污染的环境进行修复、对有毒有害物质进行处理、对矿石进行冶炼等。

可以说，发酵是微生物资源利用的最核心环节，对微生物资源的利用，实际上是对发酵的利用。那么，该如何进行发酵呢?

首先，需要将扩大培养后的生产菌种置于专门的场所内进行发酵；其次，需要对微生物代谢进行人为调控，以确立目标发酵方向和产物；最后，要不断对发酵过程进行监测，并对各参数进行控制，以保障发酵的顺利进行。

1. 发酵的场所

发酵的类型很多，用途也非常广泛。因此，进行发酵的场所也非常多样。例如，生产白酒，可于酒窖内进行固态发酵；生产啤酒，可于大型发酵罐内进行液态发酵；生产泡菜，可于封闭土坛内进行厌氧发酵；进行污水处理，可于曝气池内进行好氧发酵；进行细菌冶金，可于矿石槽内进行自然发酵；生产抗生素，可于中型发酵罐内进行纯培养发酵等。

尽管发酵目的不同、生产条件不同，所采用的发酵方式及场所不同，但随着发酵工程学及生物工程学的迅速发展，随之发展起来的液态深层纯培养发酵技术，凭借其易于工业化控制、原料利用率高、发酵周期短、劳动生产率高、劳动强度低、占地面积少等优点越来越被广泛应用。进行微生物资源的利用，不仅要利用，更要高效、产业化的利用，否则将失去它的经济和社会意义。因此，对微生物资源进行利用，应不断吸纳较为先进的理念和技术。下面将以液态深层发酵为例，对本部分知识进行论述。

发酵罐（Fermentation tank）是进行液态深层发酵生产的专门场所（图 5-11）。其在材质和结构上与种子罐相似，容积一般在 50 ~ 2 000 000 L 不等。根据微生物对氧气的偏好，可分为好氧型和厌氧型发酵罐。好氧型发酵罐，罐底部安装有通气装置，可用于通入微生物发酵所需的无菌空气（氧气），并在罐的中轴位置装有搅拌装置，用于驱使氧气与菌体充分接触。厌氧发酵罐，一般不具有通气装置，即使具有通气装置但不通入氧气，而通入氮气等惰性气体，以驱逐氧气并保持罐压平衡；厌氧发酵罐也常设置有搅拌装置，但搅拌仅起混匀物料等的作用。

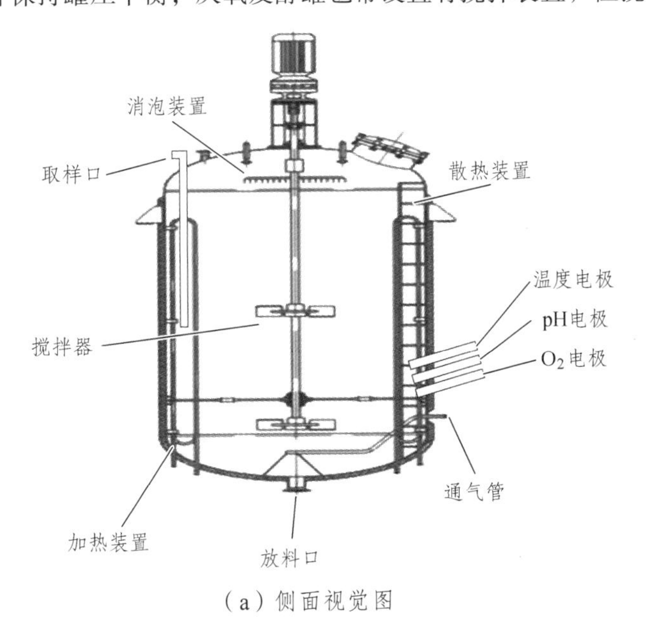

（a）侧面视觉图

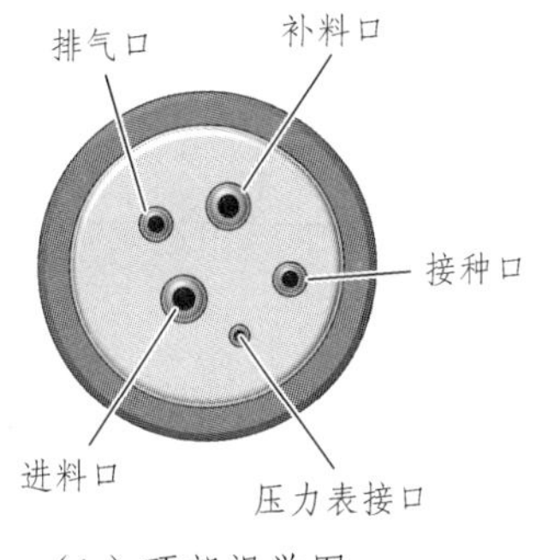

（b）顶部视觉图

图 5-11 发酵罐结构示意图

而发酵罐的其他构造，与种子罐相似，同样具有培养基进料和补料管接口、接种用的接种管接口、监测罐内气压的压力表接口、加热装置、散热装置、排出废气的排气管接口、消除泡沫的消泡装置、取样用的取样口，以及监测温度、pH 和氧气变化的电极等。

在将生产菌种进行扩大培养后，便可将其接入发酵罐内，进行目标产物的生产。那么，微生物会“乖乖地”自觉生产出目标产物吗？比如，给予酿酒酵母一定量的葡萄糖，它便能自觉地生产出酒精吗？显然不会。因为，微生物有自己的“行事方式”，并不会完全按照人类的意愿进行生产。这便需要进行发酵的人为代谢调控了。

2. 发酵的人为代谢调控

代谢调控，可分为微生物自身的代谢调控（详见本书第二章第二节）与人为的代谢调控。在发酵生产中，如果不对微生物进行“指挥”，那么将难以生产出符合预期的目标产物。

1）人为调控微生物代谢的基本原理

微生物在长期的进化过程中，形成了一整套灵敏、精确、可塑性强的代谢调节系统。其可以通过自身的调节，使细胞内的各种代谢途径相互协调与平衡，经济合理地利用与合成所需的各种物质，通常不会过量地积累某种代谢产物，也不会过量积累微生物有机体。

但在生产中，往往需要超量积累某种目标代谢产物或微生物有机体，以实现产品的生产。为达到这一目的，就必须打破微生物原有的自身代谢调控系统，人为地使微生物建立新的代谢方式，从而高浓度地积累人们所期望的目标产物。

因此，人为代谢调控的原理就是：打破原有机制，建立符合生产目的的新机制。只不过，新的机制仍然要以微生物的原有机制为基础，并且深受其制约。

打破和重建原有机制的方法，既可以通过人工育种或基因工程改造，以改变微生物的遗传特性（如筛选营养缺陷突变株、组成型突变株或抗分解阻遏突变株），从根本上改变微生物的代谢方式；也可通过调控发酵环境中的各个因素，表征性地改变微生物的代谢方式。在生产实践中，应将这两种方法有机地结合使用，以实现对微生物发酵的“指挥”。相对而言，后一种方法尽管调控范围和效果有限，但具有明显的实用性、便捷性和易操作性。下面将简述除菌种改良外的人为代谢调控方法。

2）人为调控代谢的方法

人为调控代谢，是通过一定的方法，对发酵的方向和产物的种类进行调控，以确保微生物按照既定的目标进行生产，这便是定性地调控；对菌体生长速率和目标产物生成速率进行调控，以提升发酵的效率和缩短发酵的周期，这便是定量地调控。这二者尽管本质是相同的（产物不能合成，可看作合成速率为零），但在理解上，应对其加以区分。

（1）调控培养基成分

① 定性调控

在培养基中采用迟效碳、氮源，或加入诱导物或前体物，可实现对发酵方向和产物种类的调控。

速效碳源、氮源，尽管生物学利用效率较高，有助于提升发酵效率，但其通常会引起分解代谢阻遏效应，导致许多酶的合成受阻，从而使代谢被阻断，目标产物无法生成。例如，在利用荧光假单胞菌发酵生产纤维素酶时，若以半乳糖（速效碳源）为培养基碳源的话，将因为分解代谢物阻遏作用使纤维素酶的合成受抑制，这显然不利于生产。因此，可用甘露糖（迟效碳源）替代半乳糖，以解除阻遏作用，使纤维素酶得以正常合成。

而许多酶制剂的原料，如分解蛋白质、糖类或脂肪的酶，大都是诱导酶。微生物一般不会自行合成这些酶，因此，在发酵过程中，需加入相应的诱导物，以“指挥”微生物合成这些酶类。例如，在培养基中加入苯乙酸，便可诱导大肠杆菌产生目标产物——青霉素酰化酶。但值得注意的是，所添加的诱导物应是诱导酶的天然底物类似物，而不应是天然底物。否则，同样可能引起分解代谢物阻遏作用。

而在某些氨基酸、核苷酸和抗生素的发酵中，必须添加前体物质后才能有效获得目标产物。这是因为微生物的反馈阻遏作用，会使得这些目标产物几乎不能合成。但通过添加这些产物的前体物，可“绕过”微生物自身的反馈阻遏。例如，在色氨酸发酵中，加入其前体物质邻氨基苯甲酸，尽管反馈阻遏作用仍然存在，但其合成却可以几乎不受影响地、源源不断地进行，从而可以大量地积累色氨酸。

② 定量调控

在培养基中合理搭配速效和迟效碳、氮源，以及动态地调控营养物浓度，可实现对菌体生长和产物生成的速率的调控。

如将迟效碳源甘油与速效碳源果糖进行合理搭配，对嗜热脂肪芽孢杆菌进行培养，既不会对菌体的生长造成明显影响，还可以使淀粉酶的产量提高 25 倍以上，这大大提升了发酵效率、缩短了发酵周期。

还可通过动态地调节葡萄糖的浓度，实现菌体生长和产物合成的平衡。例如，在青霉素发酵时，常采用前期添加高浓度葡萄糖以满足青霉菌的快速生长，而后期限制葡萄糖的用量并添加乳糖，以利于青霉素的大量合成。

（2）调控发酵条件

发酵条件，一般是指除了培养基主要成分以外的一切理化因素，尤其是指对发酵影响最大的温度、pH 值和氧气等。

① 定性调控

同一种微生物，在同样的培养基中进行发酵时，通过调控不同的发酵条件，就有可能获得不同的代谢产物。例如谷氨酸生产菌在进行发酵时：当发酵液 pH 值偏酸性时，发酵朝着生成谷氨酰胺和 N-乙酰谷氨酰胺的方向进行，当 pH 值为中性或弱碱性时，发酵朝着生成谷氨酸的方向进行；当溶解氧浓度适量时，发酵朝着生成谷氨酸的方向进行，当溶解氧浓度不足时，发酵朝着生成乳酸或琥珀酸的方向进行。而相似地，酿酒酵母在厌氧条件下发酵葡萄糖可产生乙醇，但在有氧条件下则会产生二氧化碳和水；金色链霉菌在发酵温度低于 30 °C 时大量合成金霉素，当温度高于 35 °C 时则几乎停止合成金霉素，转而合成四环素。

不同的发酵条件，也可能获得不同的代谢产物组合。如黄曲霉在 20 °C 时所产生的黄曲霉毒素 G1 与 B1 的比例为 3∶1，而在 25 °C 时比例为 1∶2，30 °C 时为 1∶1。

此外，某些化学物质也能影响发酵的方向及产物的生成。如加入过量的 NH_4^+ 可使谷氨酸生产菌大量积累谷氨酸，而降低 NH_4^+ 浓度则会导致生成 α-酮戊二酸；加入亚硫酸氢钠，可使酿酒酵母不产生乙醇而生成甘油。

② 定量调控

发酵条件也会影响菌体生长和产物生成的速率。以温度为例，温度不仅会影响微生物酶的活力，从而影响微生物的生长繁殖和酶促反应速率（代谢物生成的速率），还会影响发酵液的物理性质（如发酵液的黏度，基质或氧在发酵液中的溶解度和传递速率等），进而影响发酵的动力学特性和发酵周期。因此，这就需要通过不断研究以确定最适温度，保障菌体生长和产物生成。

然而，目标产物生成的最适温度往往不是菌体生长的最适温度。如产黄青霉菌菌体的最适生长温度为 30 °C，而青霉素合成的最适温度仅为 24.7 °C。故在对发酵条件进行调控时，应平衡好菌体生长与产物生成之间的对立统一关系。最佳的方式便是依据菌体生长的规律以及代谢物生成的特点，将发酵过程划分为不同的阶段，从而进行动态调控。如对梅岭霉素发酵进行调控时，发酵前期（0 ~ 76 h）可将温度控制在 30 °C，以满足菌体大量生长的需要；中后期（约 76 h 后）将温度调低至 28 °C，不仅可以维持菌体的正常生长，还能使产物合成速率大大提高。

（3）调控细胞质膜通透性

如果目标产物不能及时排出，大量地积累于细胞中，则最终会因微生物的反馈作用而几乎不能合成。

可通过加入适量的膜通透剂（如青霉素、表面活性剂等），使目标产物迅速地被渗透到细胞外，以解除反馈阻遏。如在谷氨酸生产中，加入适量的生物素，便可有利于谷氨酸从细胞内大量被分泌出；在用里氏木霉发酵时，加入吐温 80 可增加细胞膜通透性，从而可提高纤维素酶的产量；还可通过控制 Mn^{2+}、Zn^{2+} 的浓度，以干扰细胞膜或细胞壁的形成，从而有利于产物的及时排出。

（4）发酵与分离过程耦合

在发酵中，过量的末端产物会引起微生物细胞的反馈调节，从而限制产物产量和原料的利用效率。如果在发酵的同时不断地把发酵产物分离出去，使发酵体系中的末端产物始终处于低浓度水平，就可有效解除过量的末端产物引起的反馈调节作用，使发酵畅通无阻地进行下去。

目前，与发酵过程耦合的方法有膜分离、吸附分离、离子交换分离以及萃取等，其具有分离效率高、抗污染、易于重复使用等优点。

3. 发酵过程的监测及控制

发酵过程的实质，是微生物（生产者）利用培养基（生产原料）进行新陈代谢和生长繁殖活动（生产），并最终产生代谢产物、酶、菌体或发酵物（产品）等的过程。可见，这不仅是一个生物学过程，更是一个生产管理范畴的过程。如何顺利地实施生产？如何保障产品的性能和质量？如何实现最佳投入产出比？这便需要进行有效的发酵控制（Fermentation control）。

然而，微生物的发酵体系是一个复杂的、多相共存的动态系统，在此系统中，微生物细胞同时进行着上千种不同的生化反应，它们之间相互交织、相互促进，又相互制约，如何才能及时地掌握发酵进行的情况呢？而微生物代谢又具有高度的环境敏感性，因各种外因而导致的培养条件的任何微小变化，都有可能影响这些生化反应，并对发酵过程产生严重的影响，如何才能对这些不断变化的因素进行控制呢？

尽管这表明了发酵过程是极其复杂而又难于彻底掌握并进行控制的，但同时也给予我们启示：发酵的控制，只不过是需要“照看”好各种变化因素，然后“静观”微生物进行代谢罢了。

这些多变的因素，就是发酵过程中的各种关键工艺参数。在完成了菌种的扩大培养，以及通过人为调控确立了菌种的代谢方向后，便可将菌种投入发酵罐内进行发酵。此时，只需时时监控发酵过程中各种参数的变化，并采取有针对性的措施对其进行控制。

1）发酵过程的关键参数及其监测

发酵过程中，微生物的生长及代谢变化可通过各种状态参数反映出来。根据参数的性质特点，与微生物发酵有关的参数可分为物理参数、化学参数和生物参数三类（表 5-3）。

表 5-3　发酵过程中重要参数及检测（蒋新龙，2011）

参数类型	参数名称	单位	测定方法
物理参数	温度	°C	水银或电阻温度计、热电阻检测器
	罐压	Pa	压力表、压力信号转换器
	空气流量	m^3/h	流量计或热质量流量传感器
	搅拌转速	r/min	磁感应式或光感应式检测器
	黏度	Pa · s	涡轮旋转黏度计
	发酵液体积	m^3 或 L	压差或荷重传感器，液位探针
	泡沫	L	电导或电容探头
化学参数	pH		复合 pH 电极
	溶氧量	mmol/L	覆膜氧电极
	基质浓度	g/L	化学分析法
	产物浓度	μg/mL	高效液相色谱
	溶二氧化碳量	mmol/L	二氧化碳电极
	加料速度	kg/h	流量计或蠕动泵
	尾气氧气量	%	磁氧分析仪、质谱仪
	尾气二氧化碳量	%	二氧化碳电极
	氧化还原电位	mV	氧化还原电位电极
生物参数	生物量		浊度法、干重法、荧光法
	细胞形态		摄像显微镜

（1）物理参数及其监测

物理参数主要包括温度、压力、空气流量、搅拌转速、搅拌功率和黏度等。

温度是发酵过程中最重要的参数之一，其直接影响微生物的生长繁殖、生物合成、代谢产量和溶解氧浓度等。发酵温度的监测可采用各种感温元件（热电阻）或二次仪表。

而在发酵生产过程中要求发酵罐内维持一定的压力，这不仅是为了防止“失稳”事故的发生，更为了防止杂菌污染。罐内压力可通过罐上的压力表直接读出，也可通过压力信号转换器测试出。

在好氧深层发酵中，空气流量十分重要，这将直接影响供氧的效果。空气流量可通过压力表及流量计进行监测。

其他物理参数的监测可见表 5-3。

（2）化学参数及其监测

化学参数主要有 pH 值、溶解氧浓度、基质浓度、产物浓度、氧化还原电位、尾气中的氧及二氧化碳含量等。

发酵液的 pH 值，是发酵过程中各种生化反应的综合结果，它是发酵工艺的最重要参数之一，严重影响发酵生产的正常运行。其可用复合 pH 电极或 pH 测量仪进行监测，并可与计算机相连，自动进行调控。

而溶解氧，是好氧菌发酵的必备条件。利用溶解氧参数可以了解生产菌对氧的利用规律，反映发酵的情况，也可作为衡量设备供氧能力的指标。溶解氧含量可用电极元件进行监测。

基质浓度（如糖和氮浓度等）和产物浓度，对生产菌的生长和产物的合成有着重要的影响，是发酵产物产量高低、代谢进行正常与否的重要参数，同时也是终止发酵时间的依据。二者难以直接通过仪表设备直接读出，需通过化学分析或利用高效液相色谱仪进行监测。

其他化学参数的监测可见表 5-3。

（3）生物参数及其监测

生物参数主要指菌体浓度和菌丝形态。菌体浓度与发酵阶段、发酵液黏度、耗氧量、营养消耗量、产物产量等密切相关，将严重影响发酵的质量、效率和周期。在发酵过程中，要根据生产菌种的生长规律，随时监测其变化，根据菌体浓度来决定适合的补料量和供氧量，以保证生产达到预期的水平。可采用浊度法、干重法、荧光法等简便迅速的方法对菌体浓度进行监测。

对于难以进行个体数计量的丝状微生物而言，可用菌丝形态作为衡量种子质量、区分发酵阶段、控制代谢变化和决定发酵周期的指标和参数。菌丝形态可利用与电脑相连接的摄像显微镜进行监测。

以上参数都能直接反映发酵过程中的微生物生理代谢状况，属于直接状态参数。

除直接参数外，根据发酵的菌体量、单位时间的菌体浓度、溶解氧浓度、糖浓度、氮浓度和产物浓度等直接状态参数进行计算所求得的参数，称为间接状态参数，如菌体的比生长速率、氧比消耗速率和产物比生成速率等。这些参数同样是控制生产菌的代谢、决定补料和供氧的主要依据，多用于发酵动力学研究，以建立能定量描述发酵过程的数学模型，并借助现代过程控制手段，为发酵生产的优化控制提供技术和条件支持。

相比较而言，直接状态参数，能直接反映发酵过程中的微生物生理代谢状况；间接状态参数，更能反映发酵过程的整体状况。

2）发酵参数的控制

在发酵过程中，微生物的快速生长和代谢物的大量合成，都需要一定的最适条件范围，但如果这些条件不断变化，不断偏离最适条件，最终将严重影响发酵的过程。因此，不仅仅要对影响发酵的各种条件参数进行监测，更为重要的是要对其进行有针对性的及时控制。这其中，尤其要对温度、pH 值和溶解氧浓度这三大参数进行控制。

（1）参数的变化

① 温度

发酵罐中的总热量等于“生物热 + 搅拌热 - 蒸发热 - 辐射热”。

生物热，是微生物在生长繁殖过程中产生的热量，其源于消耗培养基营养物质而产生的代谢热；搅拌热，是搅拌装置带动发酵液做机械运动，造成液体之间、液体和设备之间的摩擦而产生的热量；蒸发热，是指空气进入发酵罐，与发酵液广泛接触后，引起水分蒸发所散失的热能；辐射热，是指因存在罐内、外温差，使发酵液通过罐体向外散失的热量。

引起发酵液温度上升的主要原因有：a. 培养基营养成分过于丰富（特别是速效碳源），生物热产生过多；b. 微生物生长处于指数期，代谢旺盛，营养物质消耗大，生物热产生过多；c. 搅拌速度过快，摩擦产热过多。

引起发酵液温度下降的主要原因有：a. 微生物菌体严重衰老、死亡，代谢不活跃，生物热产生较少；b. 蒸发量过大；c. 发酵罐外温度过低，向外失热过多。

② pH 值

在发酵过程中，影响发酵液 pH 值变化的主要因素有：菌种遗传特性、培养基的成分和培养条件。

引起发酵液 pH 上升的主要原因有：a. 培养基中 C/N 不当，氮源过多，氨基氮被大量释放；b. 有生理碱性物质的大量生成，如红霉素、洁霉素、螺旋霉素等抗生素；c. 补料液中氨水或尿素等碱性物质加入过多；d.乳酸等有机酸被大量消耗。

引起发酵液 pH 下降的主要原因有：a. 培养基中的 C/N 不当，碳源过多（特别是葡萄糖过量），有机酸大量生成；b. 消泡油加入量过大（产酸过多）；c. 有生理酸性物质的大量存在，如微生物通过代谢活动分泌大量有机酸（如乳酸、乙酸、柠檬酸等）；d. 通气量减少，氧化不完全，使有机酸、脂肪酸等物质积累；e. 一些生理酸性盐，如（NH_4）$_2SO_4$，其中 NH_4^+ 被菌体利用后，残留的 SO_4^{2-} 就会引起发酵液 pH 值下降。

综上所述，凡是导致酸性物质生成或释放、碱性物质的消耗，都会引起发酵液的 pH 下降；反之，凡是造成碱性物质的生成或释放、酸性物质的消耗，将使发酵液的 pH 上升。

③ 溶解氧浓度

发酵所用的微生物，多数为好氧菌，其生长和代谢都需要消耗氧气。在好氧微生物发酵过程中，溶解氧往往最易成为生长限制因子。

影响溶解氧变化的因素主要有微生物生命活动、温度、培养基浓度和供氧设备等。

引起发酵液溶解氧下降的主要原因有：a. 污染好氧杂菌，大量的溶解氧被消耗掉（甚至短时间内下降至零附近）；b. 菌体代谢发生异常，需氧要求增加；c. 供氧设备或工艺控制发生故障；d. 温度过高；e. 培养基浓度过高。

引起发酵液溶解氧上升的主要原因有：a. 污染烈性噬菌体，使生产菌群呼吸受到抑制；b. 微生物菌体衰老破裂，完全失去呼吸能力（溶解氧突然直线上升）。

（2）参数的控制

① 总体思路

发酵的过程，是动态的。这也是各种参数不断变化的综合体现。这些变化，既有微生物本身引起的，又有发酵液成分、发酵设备以及外环境所引起的。但无论如何，微生物仍是发酵过程的主体，由上述可知，其生命活动对这些参数变化的影响是最大的。

之所以微生物生命活动会引起发酵环境的改变，根本原因在于微生物在不断地生长。当微生物接入发酵罐后，一般会先经历一段短暂的延滞期，随后将进入菌体的快速生长期，再接着便进入目标产物的生成时期，而最后菌体将衰老而亡，发酵停止。可见，在发酵过程中，即使已进行过扩大培养，但微生物并非一直进行着“纯粹的发酵”以及目标产物的生成，其是分阶段进行着“发酵”。不同阶段，微生物代谢和生长情况不同，对营养物的利用、代谢产物的生成也不同，这些均会对发酵环境造成不同的影响，并使发酵参数产生不同的变化。

因此，对发酵参数进行控制，要分生理阶段地进行控制。

并且，大多数目标产物生成所需的最适条件，也与菌体生长所需的最适条件不同，因此，要动态地进行控制。

综上所述，在对发酵参数进行控制时，要分阶段地、动态地进行控制。在发酵前期，以满足微生物的快速生长为目的进行参数的设置，并对这一生理过程可能引起的参数变化采取有针对性的控制措施；而在目标产物生成时期，以满足微生物的代谢需要为主要目的、同时不影响菌体生长进行参数的设置，并同样对这一生理过程可能引起的参数变化采取有针对性的控制措施。例如，对梅岭霉素发酵过程进行控制时，发酵前期（0 ~ 76 h）可将温度控制在 30 °C，增强供氧，以满足菌体大量生长的需要；中后期（约 76 h 后）将温度调低至 28 °C，不仅可以维持菌体的正常生长，还能使产物合成速率大大提高。

此外，单就某一参数进行控制时，还应充分考虑参数之间的相互影响，避免“牵一发而动全身”，造成不必要的损失。例如，温度可影响溶解氧含量，如果盲目升温，可能会导致菌种严重缺氧。

② 温度的控制

总体而言，发酵前期由于菌体的快速生长而大量产热，应适当采取降温措施，将温度控制在菌体生长的最适温度，以保障菌体的良好生长；发酵中后期由于菌体生长减速、产热减少，应适当采取升温措施，将温度控制在产物生成的最适温度，既保障产物的大量积累，又不影响菌体的生长。

关于升温、降温的措施，一般而言专业的发酵罐都配有换热装置，可以较好地自动完成控温，因此不必额外采取措施。并且，因发酵产热的关系一般不需要进行升温，至多需要进行降温。若降温效果不佳时，应修建冷冻站或采用冷冻盐水进行降温。

③ pH 的控制

总体而言，发酵的过程是微生物菌体生长与目标产物生成这两个生物学过程综合的结果，pH 值的变化也是这两个过程综合作用的结果。不同微生物，其最适生长 pH（pH_μ）和目标产物生成最适 pH（pH_Q）之间的关系不同（图 5-12）。

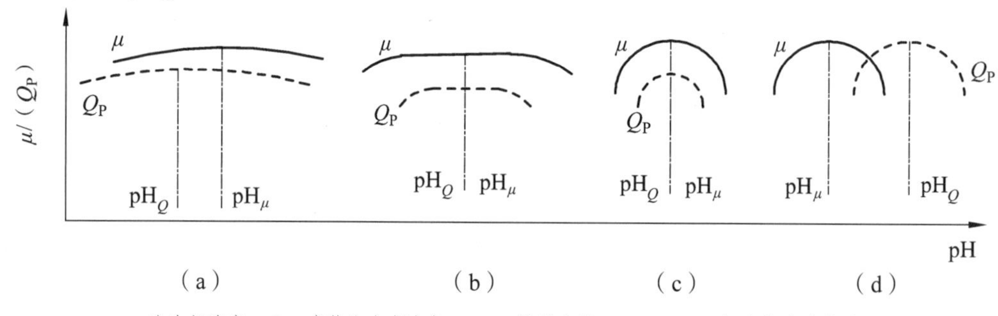

μ—比生长速率；Q_P—产物比生成速率；pH_μ—最适生长 pH；pH_Q—目标产物生成最适 pH

图 5-12　$pH\mu$、pH_Q 与 μ、Q_P 之间的几种关系模式（曹卫军，2007）

图（a）表示 pH_μ 和 pH_Q 不同，但在相似且较宽的范围；图（b）表示 pH_μ 与 pH_Q 相同，但前者较宽，后者范围较窄；图（c）表示 pH_μ 和 pH_Q 相同，但二者范围都较窄；图（d）表示 pH_μ 和 pH_Q 不同，并且二者范围都较窄。

如图 5-12（b）和（c）情况中，pH_μ 和 pH_Q 是相同的，这也意味着，在发酵过程中只需将 pH 值控制在同一范围即可；而 d 情况中，pH_μ 和 pH_Q 是完全不同的，故在发酵过程中应分阶段对 pH 进行动态调控；图（a）情况，尽管 pH_μ 和 pH_Q 是不同的，但二者较为相似，且适应范围都较宽，故在发酵过程中同样可采取将 pH 值控制在同一范围。此外，图（c）和（d）情况，菌体生长与目标产物对 pH 的变化都较为敏感，因此，应严格并精确地对 pH 进行控制。

关于 pH 值的调节方法，既可采取治标法，也可采取治本法，相关内容可见本书第三章第三节。

④ 溶解氧浓度的控制

总体而言，发酵前期由于菌体的快速生长而耗氧量大，应适当加强供氧，将溶解氧浓度控制在菌体生长的最适范围（通常比临界氧浓度略高一点），以保障菌体的良好生长；当出现二次生长时（微生物开始利用迟效碳源，溶氧量往往出现从低谷处逐渐上升，再突然开始下降），应适当加强供氧，避免影响菌体的二次生长；而发酵中后期由于菌体生长减速、耗氧量减少，将溶解氧浓度控制在产物生成的最适范围即可，不必对供氧采取额外措施。

溶氧量调节的方法，如下：

加强供氧与控制氧损耗：a. 加大通气量，提高设备氧传递的效率；b. 改善搅拌条件；c. 避免温度过高；d. 降低发酵液的黏度；e. 防控杂菌污染。

限制溶解氧浓度：a. 减少通气量；b. 通入惰性气体。

（四）产物分离

进行发酵的目的，便是获取目标产物。然而，发酵体系是一个非常复杂的、多相共存的系统，在此系统中，微生物细胞同时进行着上千种不同的生化反应，随之而生成的不同种类的产物也非常多；并且，即便是已进行了有效的代谢调节和发酵控制，甚至是菌种选育，但因微生物本身的遗传特性，也不能完全阻止副反应的发生以及副产物的生成。这意味着，分离目标产物将是一项艰巨的任务。

实际上，在微生物发酵中，目标产物浓度一般都很低，仅占发酵液的 0.1%～4%，这意味着95%以上都是杂质。而在抗生素、乙醇、柠檬酸等的实际生产中，分离和精制环节可占企业投资费用的 60%，而在基因工程菌的发酵生产中，纯化蛋白质的费用可占整个生产费用的 80%～90%！

发酵的结束并不意味着微生物资源利用的完结，分离和纯化才是最终获得产品的关键环节。如何对目标产物进行有效的分离，将尤为重要。

1. 产物分离的一般程序

因生产目的、生产菌种、产物类别等的不同，发酵产物的分离过程和方法有所不同，但其一般程序可概括为：

分析确定→固液分离→分离提取→纯化精制→产品加工

具体过程如图 5-13 所示。

1）分析确定

首先，需要确定生产目的。这主要包括：① 产品的用途（农用、工用、食用、药用或保健用等）；② 微生物产品的类型（菌体类、代谢物类、酶类或发酵物类等）；③ 产品的预期性能（功能和质量）；④ 市场定位等。

其次，要确定目标发酵产物的性质。这主要包括：① 来源（是胞外还是胞内物质）；② 水溶性（是水溶性还是非水溶性）；③ 其他理化性质（酸碱性、pK 值和 pI 值、沸点、沉淀反应性质等）；④ 稳定性（是否能耐受猛烈的处理方式等）等。

最后，还要对发酵液中目标产物的浓度，杂质的主要种类和性质等进行确定。

将上述信息进行综合分析后，便可设计出分离方案，选择科学合理、经济、简便的方法对目标产物进行分离。

2）固液分离

一般而言，目标产物不外乎三种：微生物有机体、胞内产物和胞外产物。而这些产物也不外乎可溶于水，或不可溶于水。因此，可采取固液分离的策略，先对目标产物进行粗分离。

在进行固液分离前，可采取适当的方法（如加热、调节 pH、活性炭脱色、絮凝剂絮凝等）对发酵液进行预处理，以改善发酵液的处理性能，提升后续分离的效果。

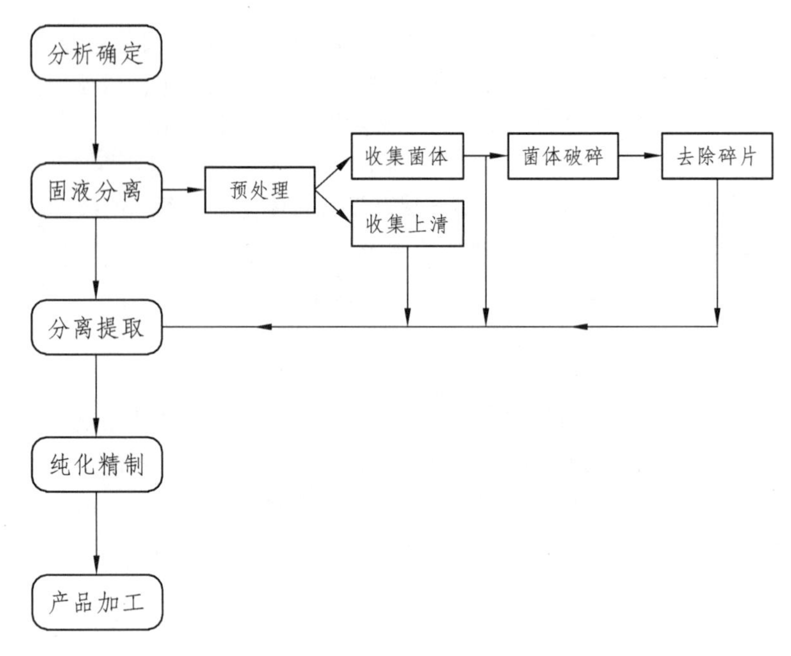

图 5-13　产物分离的一般程序

随后，便可采取离心或过滤的方法，实现固、液两相的分离。目标产物若不在固相，则必然在液相；反之，亦然。

目标产物若是微生物菌体，则在固液分离后便可立即收集不溶于水的菌体，之后可进行下一步；若是胞外产物，则可先收集上清液，之后便进行下一步；若是胞内产物，则需先进行细胞破碎，并再次通过固液分离的方法收集目标产物，最终再进行细胞碎片杂质的去除，便可开展下一步工作。

3）分离提取

分离提取，是指除去与目标产物性质差异很大的杂质的过程，以实现目标产物的浓缩。常用的分离方法有沉淀、吸附、萃取和超滤等。相对而言，此部分的工作容易进行，但应采用温和的方式，避免对目标产物造成破坏；此外，还应避免带入新的杂质。

4）纯化精制

纯化精制，是除去与目标产物性质相近的杂质的过程。这也是整个产物分离工作中最为艰巨的任务，此项工作的成败将直接影响最终产品的性能和价值。通常采用对目标产物有高度选择性的分离技术，如层析、电泳、离子交换等方法。而通过结晶，特别是重结晶，通常也能获得纯度较高的产物。

5）产品加工

产品加工，是以精制后的目标产物为原料，依据产品设计和国家相关法规、标准等对产品进行生产的过程。这也是整个微生物开发与利用的最终环节，理应做好收尾工作。

2. 产物分离的原理及方法概述

用于目标产物分离的技术方法，大都是根据混合物中不同组分分配律的差异，将其分配于可用机械方法分离的两个或几个物相中（如溶剂提取、盐析、结晶等），或将混合物置于某一物相中（主要是液相），外加一定的作用力，使各组分分配于不同的区域，从而达到分离纯化的目的（如电泳、超离心、超滤等）。

除了小分子物质如氨基酸、脂肪酸、固醇类及某些维生素外，几乎所有有机体中的大分子物质都不能融化和蒸发，只限于分配在固相或液相中。因此，要人为地创造一定的条件，让这些大分子物质在这两相中交替转移，“溶解→沉淀→溶解”或“沉淀→溶解→沉淀”，使目标产物与杂质分开，最终实现目标产物的分离纯化。

表 5-4 列举了各种主要的分离纯化方法及其操作原理。

表 5-4　常用的产物分离方法及其原理（杨玉生等，2013）

序号	技术名称	原理	设备	优点	缺点
1	絮凝	利用电荷中和及大分子桥联作用形成更大的粒子	连续式、分批式	使固形颗粒增大，容易沉降、过滤、离心，提高固液分离速度和液体澄清度	条件严苛，引入的澄清剂可能干扰后续分离纯化
2	离心	在离心产生的重力场作用下使颗粒沉降速度加快而沉淀	高速冷冻离心机	适用颗粒小，热不稳定的颗粒回收，实验室常用	容量小，持续操作困难，工业应用性差
			碟片式离心机	适于工业应用，可连续、批量操作，稳定性较好，易放大推广	半连续或批量式操作时出渣清洗复杂；连续操作时会使固形物含水量高，分离效率低
			管式离心机	批量式操作，转速高，固形物分离效果好、含水低，易放大推广	容量有限，处理量小，拆装频繁，噪声大
			倾析式离心机	连续操作，稳定，易放大，工业应用	对很小固形物回收困难，设备投资高
			篮式离心机	离心作用下的过滤，适用于大颗粒固形物的回收，操作简单，稳定，易放大和工业化	批量式或半连续效果差，设备投资高，操作繁重，成本高
3	过滤	依据过滤介质的空隙大小进行分离	板框式过滤机，平板（真空）过滤机，真空旋转过滤机，管式过滤机，蜂窝式过滤器，深层过滤器，涂层过滤器	设备简单，操作容易，适用于大规模工业生产	分离速率低，分离效果受物料性质变化的影响大，劳动强度大
			微孔过滤：平板、卷曲、中空纤维、管式过滤器	主要分离细胞，可无菌操作，效果好，适用性好，易放大，用于粗分离，脱盐、浓缩更换缓冲系统，可无菌、批量式或连续操作适用性好，易放大	较易污染，分离效果与操作技巧密切相关，不适合精确分离，需精心保养、清洗

续表

序号	技术名称	原理	设备	优点	缺点
3	过滤	依据过滤介质的空隙大小进行分离	超滤：平板、卷曲、中空纤维、管式滤器	主要用于无盐、无热原水的制备和小分子物质的浓缩	膜易污染，分离效果与物料处理及性质密切相关，需精心保养、清洗
4	膜分离	依据被分离的分子大小和膜孔径进行分离	反渗透：平板、卷曲、中空纤维膜滤器	主要用于无盐、无热原水的制备和小分子物质的浓缩	需要高压操作，对设备要求高，其他同上
			电渗透：半透膜型、离子半透膜型	平板式设备，使用广泛，可连续进行带电荷的物质分离，也可用于纯水的制备	电渗透过程产生热量，对生物活性有影响
5	细胞破碎	X-press：压力释放时对液团剪切	压力破碎机	操作简便，可持续操作，适用于不同细胞	放热对活性物质不利，破碎率低，压力不稳定，需反复破碎
		珠磨破碎：固体剪切	细胞珠磨破碎机	操作简便稳定，可连续、批量式操作，磨碎率可控制，易放大，可工业化应用	放热需要高效冷却，不同细胞的破碎条件不同
		超声波破碎：超声造成空穴产生压力冲击	超声破碎仪	操作简便、可连续、批量式操作	产热需冷却，破碎率低，需反复破碎，应用面窄
6	渗透休克	有机溶剂法：渗透压突变造成细胞内压力差，引起细胞破碎	—	适用于位于胞间质的产物释放，细胞破碎率低，产物释放率好，纯度较高。	操作复杂，条件严格，适用于小量处理，费用高
		表面活性剂法：改变细胞壁或细胞膜的通透性，使产物释放	—	方法简单，细胞内含物释放少，纯度高，可大规模应用	只适合对有机溶剂，表面活性剂稳定的产物
		碱或酶处理法：经碱或酶使细胞壁或细胞膜破坏，使产物释放	—	方法简单，可大规模应用	只适用于对碱或酶稳定的产物
		有机溶剂萃取：依靠水和有机溶剂中的分配系数差异进行分离	搅拌混合或柱混合-离心分相机，离心萃取机，逆流萃取仪	适用于有机物及结合有脂质或非极性侧链蛋白质，反胶团系统较适用于生物活性物质的萃取	萃取条件严格，安全性低，活性收率低
		双水相萃取：依靠分离物在不相容的高分子水溶液中形成的两项的分配系数不同而分离	—	可连续或批量式萃取，设备简单，操作稳定，易放大，适合大规模应用，将离子交换基团，亲和配基、疏水基团结合到高分子载体上形成的萃取剂可改进分配系数和萃取专一性	成本较高，纯化系数较低，适合粗分离

续表

序号	技术名称	原理	设备	优点	缺点
6	渗透休克	超临界萃取：利用某些液体在高于其临界压力和临界温度时具有很高的扩散系数和很低的黏度，但具有于液体相似的密度的性质，对一些液体或固体物质进行萃取的方法	超临界萃取机	萃取能力大，速度快，可通过控制操作压力和温度，使其对于某些物质具有选择性，已应用于生物工程中	设备条件要求高，规模较小
7	沉淀	有机溶剂法：破坏蛋白质分子的水化层，使其聚集成更大的分子团	—	沉淀各种蛋白质，分级沉淀达到粗分和浓缩的目的，简便可广泛规模应用	需低温进行，沉淀时会发生蛋白质变性失活
		盐析：破坏蛋白质分子的水化层，电荷中和，使其聚集成更大的分子团	—	蛋白质分级沉淀或沉淀，粗分离或浓缩，保护活性，简便，可广泛大规模应用	蛋白质回收率一般，产生的废水含盐高，对环境有影响
		化学沉淀：通过化学试剂与目标产物形成新的化合物，改变溶解度而沉淀	—	针对目标产物进行沉淀	适用性差，需分离沉淀才可回收目标产物
8	层析	离子交换：利用被分离的各组分的电荷性质及数量不同，与离子交换剂的吸附和交换能力的不同而达到分离的目的	—	适用于大、中、小电荷及生物活性或非生物活性物质的分离纯化，纯化效率较高，可实验室和工业生产应用，可柱式、搅拌式操作	操作复杂，测试消耗量大，成本高，有稀释作用，难放大，离子交换剂需要再生后才能使用
		吸附层析：依靠范德华力，极性氢键等作用将分离物吸附到吸附剂上，改变条件洗脱，达到纯化目的	—	吸附剂种类繁多，可选择和应用范围广，吸附解析条件温和，不需复杂的再生，可柱式、搅拌式操作	选择性低、柱式操作困难
		亲和层析：依据目标产物与专性配基的相互作用进行分离	—	选择性极高，纯化倍数和效率高，可从复杂的混合物中直接分离目标产物	成本高，配基亲和稳定性差，使用寿命有限，亲和材料制备复杂，难度大
		染料亲和层析：依据染料分子与目标产物间的结合专一性进行分离	—	选择性高，成本低，使用稳定好，寿命长	有染料配基污染目标产物的可能性，难放大
		疏水层析：依靠疏水相互作用进行分离	—	应用广，选择性较好，稳定性好	成本较高，放大困难，需严格控制条件以保证活性效率

续表

序号	技术名称	原理	设备	优点	缺点
8	层析	凝胶层析：依据分子大小进行分离	—	适合生物大分子的分离纯化，分离条件温和，活性收率较高，选择性和分辨率高，应用广，可工业应用	难放大，稀释度较高，操作不易掌握
		反相层析；以有机溶剂为固定相，含水的溶剂为流动相，进行分离	—	可用来分离非极性、极性和离子化合物，分离效果好，速度快，后处理较方便	易造成蛋白质构象的变化和失活，因采用乙醇、甲醇等价格高且有一定毒性的试剂，使其应用受到限制
9	干燥	真空干燥：在一定真空度下增加溶剂分子挥发速度	真空干燥器	适合生物活性物质干燥，干燥物形状较差	耗能高、慢
		真空冷冻干燥：在高真空度下加速固态水的挥发进行干燥	真空冷冻干燥机	适合生物活性物质干燥，产物不起泡，不黏性，蓬松，易溶，活性收率高	能耗高、过程需严格控制，操作复杂，设备投资高
		流化床干燥：在热气流吹动下固形物半悬浮状态连续干燥	流化床干燥器	干燥速度快，易于规模化使用，适于制备颗粒状产物	不适合热稳定性差的产物，设备投资高
		喷雾干燥：依靠喷雾形成的含目标产物的小液滴，在热气流中迅速干燥	喷雾干燥机	干燥速度快，部分生物活性物质可以干燥，可大规模生产	干燥能力小，占地面积大，产品密度低，粒度小，耗能高

第二节　微生物资源开发利用的关键技术方法

从事微生物资源开发利用，不仅需要具备扎实的微生物学理论基础，还应掌握各种与开发利用相关的关键技术。唯有如此，才能真正将理论转化为实际。

在微生物资源开发利用过程中，会涉及各种各样具体的工作。开展这些工作所使用的方法，尽管会因具体工作的不同而异，但均是以“无菌操作”“灭菌”“培养”和“显微观察”这四大微生物学核心技术为基础的。掌握这四大核心技术，是有效开展微生物资源开发利用的前提和保障。

一、无菌操作

凡从事微生物学相关工作，必须要将一种观念深深根植于脑海中，那就是“处处有菌”。微生物无处不在，并且看不见也摸不着，为保障工作的顺利进行与人员安全，任何与微生物相关的操作，都必须注意，时刻防止杂菌污染和病菌感染。要实现这一点，唯有掌握无菌操作。

无菌操作（Aseptic technique），就是在无菌的环境下，利用无菌的器具和设备，并在始终采取一切防止杂菌污染和人员感染的措施下所进行的一系列微生物学操作。

进行无菌操作有四个最基本要求：

（1）保证操作环境、器具和设备的无菌；

（2）始终具有防范杂菌污染的意识，并采取相应的措施进行污染防控；

（3）始终具有防范病菌感染的意识，并采取相应的措施进行感染防控；

（4）一系列必要、规范的操作。

要实现操作环境的无菌，就需要使用专业的设备和场所，如超净工作台（Clean bench）、生物安全柜（Biosafety cabinet）以及无菌室（Sterilizing room）（图 5-14）。

（a）超净工作台

（b）生物安全柜

（c）无菌室

图 5-14　无菌操作环境

值得注意的是，始终具有防范杂菌污染和病菌感染的意识，远比拥有先进的设备更重要。

二、消毒与灭菌

开展绝大多数微生物学工作，不仅要求在无菌的环境下进行，还要求对相关材料、器皿、培养基和器具等进行严格地消毒或灭菌处理，方可使用。尤其是培养基，如果不进行有效的灭菌而放任杂菌丛生，不仅无法获得纯培养物，还将导致大量原料被浪费。

关于微生物消毒与灭菌的基础方法，本书已于第三章第四节进行过论述，此处仅主要介绍生产中常用的灭菌方法。

1. 发酵培养基的灭菌

生产中所使用的培养基，不仅量大，而且要保障其在运输中不受污染，难度较大。故不同于实验室灭菌方法，生产中培养基的灭菌常用分批灭菌和连续灭菌的方法。

分批灭菌（Batch sterilization），是指带罐灭菌，即将配置好的培养基输送至种子罐或发酵罐后，连同这些设备一起进行灭菌。而连续灭菌（Continuous sterilization），是指不带罐灭菌，即将培养基在入罐前先经过专业设备灭菌并冷却后，再连续不断地输送至种子罐或发酵罐内。

上述两种方法，均是采用高压蒸汽灭菌的原理。但二者不同之处在于灭菌温度和时间。连续灭菌为高温短时（如 130 °C，5 min），而分批灭菌所使用的温度要低于连续灭菌（105 ~ 121 °C），而所持续的时间也要长于连续灭菌（20 ~ 30 min）。

与分批灭菌相比，连续灭菌具有很多优点，尤其是进行大生产规模时，可提高发酵罐的利用率。其优点有：

（1）可采用高温短时灭菌，培养基受热时间短，营养成分破坏少，有利于提高发酵产率；

（2）发酵罐利用率高；

（3）蒸汽负荷均衡，灭菌效果好；

（4）采用板式换热器时，可节约大量能量；

（5）可进行自动控制，劳动强度小。

但分批灭菌也有工艺简单、设备造价相对低廉、不易污染杂菌等优势。

通常分批灭菌适合小规模生产，连续灭菌适合大规模发酵。在食用菌栽培和白酒的酿造中，培养基的灭菌，相当于分批灭菌。

2. 空气的除菌

绝大多数生产菌种都是好氧菌，在对其进行培养时，都需要不断向种子罐或发酵罐内输入大量洁净无菌的空气。

尽管空气中微生物含量不多，但也许只要一个杂菌或噬菌体，就足以导致发酵的失败。况且，人类活动较频繁的生活或生产区环境，空气中通常含有大量的微生物。如何制备无菌的空气，显得尤为重要。

不同菌种、不同生产目的，对空气洁净度的要求不同，灭菌的方法也不同。但一般均以小于 10^{-3} 的染菌概率作为空气灭菌的标准（即进行 1000 次发酵培养，仅允许 1 次由于空气灭菌不彻底而导致杂菌污染），进行方法的选择。适用于发酵生产中对大量空气进行灭菌或除菌的方法常有以下 3 种：

（1）加热灭菌。空气在进入发酵体系前，可用压缩机压缩，提高压力，进而达到升温的目的。一般的工艺中，加压后空气的温度可达 200 °C 以上，如果继续保持一定的时间，便可将微生物杀灭，从而可制备得到无菌空气。

（2）静电除菌。其是利用静电引力来吸附空气中的带电粒子而达到除尘、灭菌的目的。当空气通过高压直流电场时，由于电场强度很大，可使空气分子电离为带正电荷和带负电荷的空气离子，并分向两极运动。而这些离子在运动过程中，可使空气中的灰尘和微生物等带上电荷，并向沉降电极移动，最终被除去。

（3）过滤除菌。其是让空气通过特定过滤介质，以滤除空气中所含有的微生物，从而获得无菌空气。该方法也是目前最常使用的一种常规方法。其优点是在除菌的同时还可使空气有足够的压力和适宜的温度，但缺点是无法去除空气中所含的病毒（特别是噬菌体）。

按照除菌机制的不同，过滤除菌可分为两种：绝对过滤除菌和介质过滤除菌。

绝对过滤，是指由于空气中的微生物大于介质之间的空隙，当空气通过过滤介质时，空气中的微生物被过滤介质阻拦，从而被去除掉。此法一般多在小型发酵中使用。

介质过滤，主要是指利用惯性冲击作用、拦截滞留作用、布朗扩散作用、重力沉降作用或静电吸引作用等方法去作用和截留空气中的微生物，以达到除菌的目的。此法一般多在大型发酵中使用。

3. 生产车间消毒

对于空间较大、比较开放的生产车间环境，一般做到消毒即可。而消毒的方法，主要是利用紫外线和各种化学消毒剂。

三、菌种培养

菌种培养是微生物四大核心技术中最重要的技术，上述的无菌操作与灭菌，均是为菌种培养做准备的。

除了最常规的接种培养外，在微生物资源开发过程中，还需要进行菌种分离、筛选和鉴定等重要工作，而这些工作都需要以特定功能性的培养方法为基础，才能顺利开展。这些特定功能性的培养，主要是分离培养、选择性培养以及鉴别性培养，它们堪称微生物学中最重要的三大培养技术。

（一）接种培养

所谓接种（Inoculation），实际上就是给微生物“搬家”——把微生物从一种培养基质中转移到另一种培养基质中的过程。例如，从所采集的环境样品中将目标菌接种至人工培养基中，将种子罐中的生产菌种接种至发酵罐中，或者将斜面培养的食用菌菌种接种至袋料中进行栽培等，这些均属于接种培养。

1. 接种的方法

根据接种目的、培养基质的不同，接种的方法可主要分为以下几种，（图 5-15）。

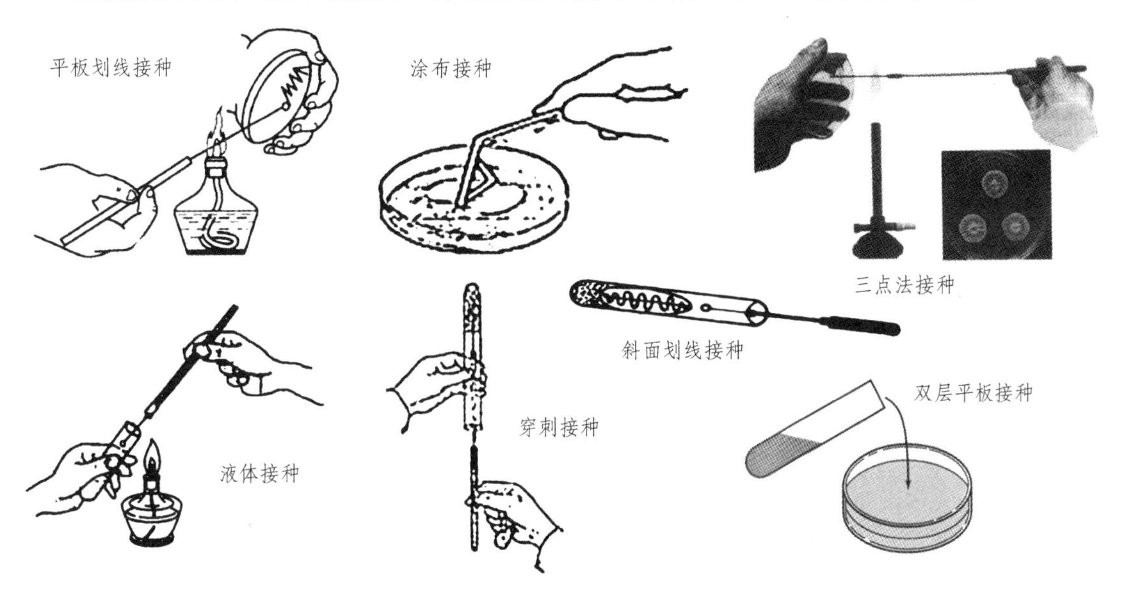

图 5-15 各种接种方法示意图

（1）斜面划线法，是指通过使用接种环不断连续划“Z”线的方式，将菌种接种至试管斜面培养基上的一种接种方法。常用于菌种的活化培养以及菌种的短期保藏。

（2）平板划线法，是指通过使用接种环不断连续划“Z”线的方式，将菌种接种至平板培养基上的一种接种方法。是进行菌种分离时，最常使用的方法。

（3）液体接种法，是指先使用接种环挑取单菌落（单孢子）或使用移液器吸取菌悬液，再将它们接种至液体培养基中的一种接种方法。其是进行富集培养和摇瓶活化培养时，最常使用的方法。

（4）涂布接种法，是指先使用移液器吸取菌悬液，再将菌悬液滴加在平板培养基表面，并用涂布棒涂布均匀的一种接种方法。其是进行平板菌落计数时，最常使用的方法。

（5）三点接种法，是指使用接种针蘸取孢子后，在平板培养基上点三个位置如同等边三角形三个顶点的接种点的一种接种方法。该方法主要用于观察和鉴定霉菌的菌落。

（6）穿刺接种法，是指使用接种针蘸取单菌落后，穿刺扎入半固体试管培养基中的一种接种方法。该方法主要用于观察和鉴定细菌的运动性。

（7）双层平板法，是指将噬菌体与其宿主、适量半固体培养基混合后，一起浇筑、平铺于平板培养基表面的接种方法。其主要用于噬菌斑的观察，以及噬菌体的分离和效价测定。

（8）工业接种法，如微孔接种法、火焰接种法和压差法接种等。此类方法主要用于发酵生产中。

2. 接种器具

在接种时，实验室常用的接种器具有：接种环、接种针、涂布棒和移液器等（图 5-16）。

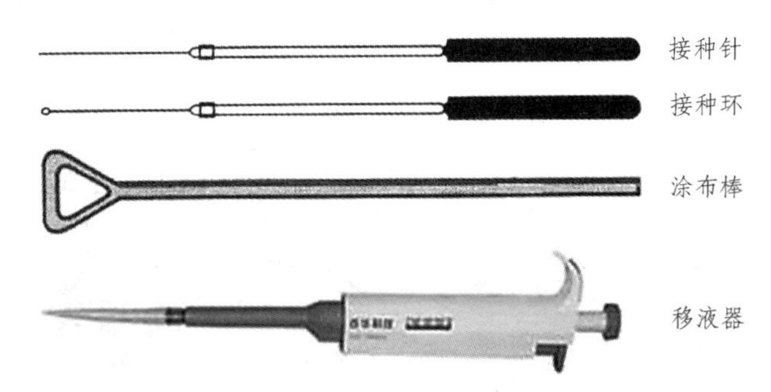

图 5-16　实验室常用的接种器具

（二）分离、选择和鉴别培养

由于微生物个体微小、外貌不显，并且在自然界中各类微生物常常杂居混生，因此，很难通过肉眼将目标菌种从环境中直接分离、挑选出来。这便需要使用一套专门的技术方法，才能实现有效的分离。

分离培养、选择性培养和鉴别性培养，便是这套专门的方法。在菌种分离时，三者常相互配合使用，以提高目标菌种的分离效率。

1. 分离培养

分离培养（Isolated culture），是将不同微生物个体通过一定方法分散或分离开来，并在相对独立的区域进行培养的一种培养方法。在分离培养时，首要任务便是将不同微生物个体分散开来，既可以通过液体稀释的方式将细胞打散分开，也可以通过接种环划线的方式将细胞剥离分开。因此，分离培养的方法，又可分为液体稀释涂布法和平板划线法。

1）液体稀释涂布法

液体稀释涂布法（Liquid dilution method），是利用缓冲液（如生理盐水或磷酸盐缓冲液）先将培养物进行适当稀释（一般是十倍梯度稀释），再将其接种至平板培养基上，并在涂布均匀后进行培养（图 5-17）。

如果稀释得当，不仅可将微生物个体或细胞分开，还能使其经过培养后在平板上长出各自所形成的孤立菌落，进而可通过肉眼观察，挑选出不同的单菌落以实现微生物个体的分离。但如果稀释过度，则平板上无菌落形成；稀释不充分，则平板上各种菌落相连，导致无法进行分离。

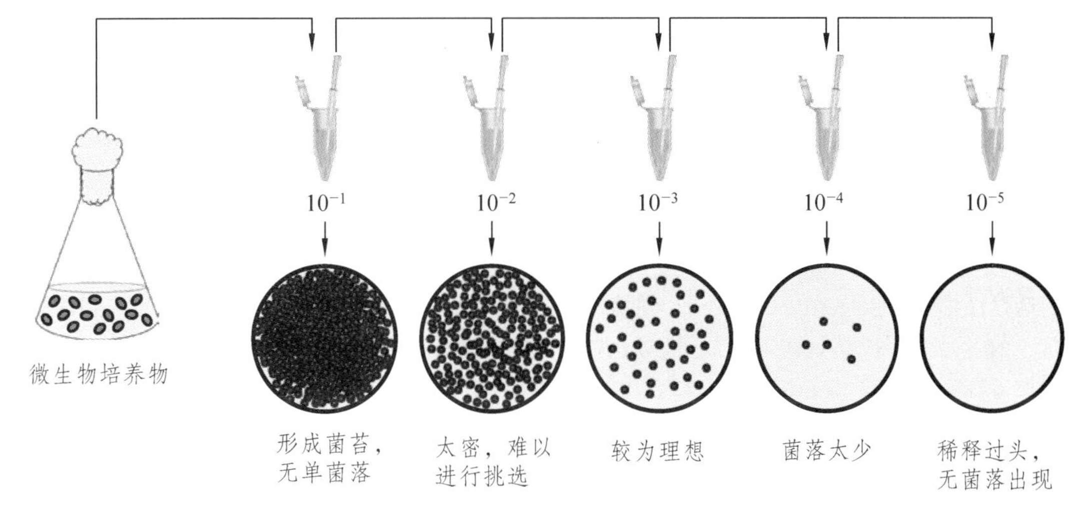

图 5-17　液体稀释涂布分离培养法的过程示意图

2）平板划线法

平板划线法（Streak plate method），是使用接种环进行单次取样后，再将培养物以不断连续划“Z”线的方式接种至平板培养基上，随后进行培养的一种分离培养方法（图 5-18）。

在该过程中，由于仅对培养物进行单次取样，故通过连续不断地划线，可使接种环上的培养物逐渐被“消耗”在培养基上。待划线过程进行至末端时，接种环上的微生物已非常稀少，这相当于对培养物进行了稀释，而同时，通过接种环接种至平板培养基上的微生物，由于数量较少的缘故也易被分散开来，故经过培养后可在划线的末端区域长出大量孤立的单菌落。此后，便可通过肉眼观察，将这些单菌落挑出，以实现微生物个体的分离。

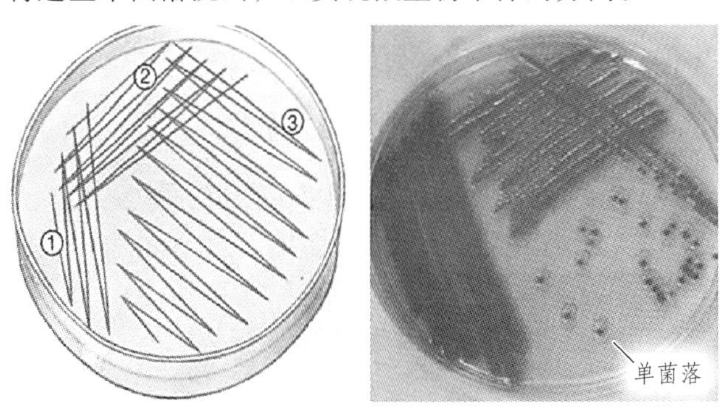

图 5-18　平板划线分离培养法过程示意图

相比较而言，平板划线法由于过程简单，可取样后直接接种至培养基上，不必经过预先的稀释，故在进行菌种分离时较常采用此法。但此法对操作者技术要求较高，操作不规范将导致无孤立单菌落产生、分离失败。而液体稀释涂布法尽管过程相对复杂，但具有精度高的优点，故其更多地被使用于微生物的计数。

值得注意的是，上述两种方法都只能实现菌落分离，而不能实现严格意义上的细胞分离，故只能用于微生物的粗分离。此外，上述两种方法都不具有选择性，它们都只是一种最基本的方法，只能对不同微生物个体而不是不同微生物进行分离，因而无法实现对目标菌的有效分离。如欲从混菌培养物中分离目标菌，则必须采用选择性培养和鉴别性培养。

2. 选择性培养与鉴别性培养

选择性或鉴别性培养，都是以上述分离培养为基础的，其同样采用了细胞稀释和分散的原理，只不过在进行培养时采取了一系列更有针对性的控制原理，从而可将目标菌从杂菌中分离出来。

尽管选择性培养和鉴别性培养的原理和具体方法有所不同，但在实际进行菌种分离时，常将二者有机结合起来，以提高菌种分离的效果。

1）原理

选择性培养（Selective culture），因培养目的不同，又可分为加富性选择培养和抑制性选择培养。前者是为了提高目标菌的数量，后者则是为了抑制杂菌的数量。

加富性选择培养（Enrich culture），也叫富集培养，是指对目标菌进行“投其所好”地培养，即将样品置于适于目标菌而不适于其他菌生长的条件下进行培养，使目标菌被快速扩增并成为混合培养物中的优势菌种（图 5-2），最终有利于将目标菌分离出。抑制性选择培养（Inhibited selected culture），其是指对混杂于目标菌中的杂菌进行“投其所恶”地培养，即将样品置于不适于杂菌而又不影响目标菌生长的条件下进行培养，使杂菌生长受抑制或直接被致死，理论上仅有目标菌存活（图 5-3）。

而鉴别性培养（Differential culture），是指利用目标菌与杂菌的代谢方式差异，对样品中的微生物进行染色培养，即在培养基中加入特殊的营养物与特定的显色剂，使经过培养后的目标菌的菌落被染上特定的颜色，从而只用肉眼观察就能方便地鉴别并挑选出目标菌（图 5-3）。

在实际的菌种分离过程中，常采用“样品→加富性选择培养→抑制性选择培养+鉴别性选择培养→目标菌”的工作程序。一般先单独进行加富性选择培养，待目标菌数量提高后，再同时进行抑制性选择培养和鉴别性选择培养。相关原因和过程具体可见本章第一节。

2）方法

通常，采用如下方法，可实现选择性或鉴别性培养。

（1）控制培养基的成分

一般而言，对培养基成分进行控制，主要是对培养基碳源或氮源物质进行控制。

从整体上看，尽管微生物的代谢类型非常多样，可利用的碳源或氮源范围都非常广，但就某一类或某一种微生物而言，其可利用的碳源或氮源物质差异较大，并且种类有限。例如，洋葱伯克氏菌可利用的碳源多达 100 余种，而产甲烷菌仅能利用 CO_2 和少数 $C_1 \sim C_2$ 化合物；另有一些甲烷氧化菌则仅能利用甲烷和甲醇；又如大肠杆菌可以代谢乳糖产酸，而沙门氏菌和志贺氏菌均不能代谢乳糖产酸。

因此，若要加富性选择培养纤维素酶生产菌，那么在设计培养基时，可在培养基中以纤维素作为唯一的碳源物质。按此法培养后，能分解利用纤维素的微生物便可增殖为优势菌群，而不能利用的则成为劣势菌群，甚至被“饿死”。若要分离固氮菌呢？那么便可对培养基氮源物质进行控制——在培养基中不添加任何的氮源物质，制成“无氮培养基”。按此法培养后，固氮菌由于可利用空气中的氮气作为氮源，故仍能在无氮培养基上正常生长，而非固氮菌则一般无法生长。实际上，常见的伊红美蓝培养基，也是通过控制培养基成分的方法而制成的一种鉴别培养基，即在培养基中添加乳糖，通过微生物对乳糖不同的代谢方式，使微生物产生不同颜色的菌落，最终实现鉴别性培养。

综上所述，对培养基成分的控制，主要是控制碳源或氮源。既可以是添加，也可以是去除（不添加）；既可以是唯一添加，也可以是不唯一添加。至于采取何种方案，则需要依据分离目的进行具体分析。

但通常，进行加富性选择培养，一般是采取唯一添加某种碳源或氮源物质的方法，并且该物质最好仅能被目标菌种利用；而进行抑制性选择培养，一般是采取不添加某种碳源或氮源物质的方法，以限制杂菌的生长；鉴别性培养基，则可以采取不唯一添加碳源或氮源的方法，但一定要添加一种特殊的碳源或氮源物质，使得目标菌与杂菌能因代谢方式的不同，最终被染成不同的颜色。

（2）控制培养条件

培养条件，主要是指培养过程中一切会对菌种培养造成影响的环境因素，尤其是指温度、pH 和氧气等。

微生物的生长离不开适宜的环境条件，而培养环境的温度、pH 值和氧气浓度等均会对微生物的生长产生明显影响（详见本书第三章第三节）。例如，中偏碱的环境（pH 值 7～8）一般有利于细菌和放线菌的生长，酸性环境（pH 值 4～6）则一般有利于霉菌和酵母菌。因此，通过控制培养基 pH 值，便可有效地进行选择性培养。又例如，同为肠道微生物，双歧杆菌是严格厌氧菌，而乳杆菌则是兼性厌氧菌，因此，通过控制氧气浓度，如进行好氧培养，便可选择性培养出乳杆菌。实际上，我们熟知的茅台酒，其发酵菌种也是通过用控制培养条件的方法选择性培养分离出来的，而所“控制”的条件便是温度——酒曲原料在高温焙制过程中，可产芽孢的生产菌因能耐受高温而成为优势菌群，杂菌则被高温灭活。

值得注意的是，通过控制培养条件一般比通过控制培养基成分，选择强度要高，但其精度却相对较差。

（3）加入抑制因子

通过向样品中加入特殊的抑制因子，也可以实现选择性培养。

一般而言，加入的抑制因子主要是抗生素。抗生素具有一定的抗菌谱，除广谱抗生素外，大多数抗生素仅能作用于某一类微生物，故具有一定的选择性。因此，可合理选择一种既能有效作用于杂菌，又不至于影响目标菌生长的抗生素。对混菌样品进行抑制性选择培养时，常用的抗生素或试剂可见表 5-5。

表 5-5　进行抑制性选择培养时常用的抗生素或试剂

目标菌种	抗生素或试剂	受抑制微生物
一般细菌	放线菌酮，杀真菌素、抗滴虫霉素、优洛制霉素	霉菌、酵母菌
G^+ 菌	原虫霉素、嘌呤霉素	原生动物
G^- 菌	放线菌酮	G^+ 菌
肠道细菌	青霉素、硫酸化烷盐	G^+ 菌
沙门氏菌	胆汁酸	大肠杆菌
硝化细菌、小单孢菌属	庆大霉素	G^- 菌
链霉菌属、诺卡氏菌属	土霉素、竹桃霉素	细菌
霉菌	孟加拉红和链霉素	细菌、放线菌

值得注意的是，所加入的抑制因子尽管在理论上不会对目标菌的生长产生抑制作用，但实际上仍会对其生长造成一定程度的影响。并且，这种影响与抑制因子的添加剂量有关。如 50 μg/mL 的放线菌酮对一般细菌无害，故可在分离细菌时用于去除霉菌和酵母菌等杂菌。但 100 μg/mL 的放线菌酮，却可抑制 G^+ 菌的生长。故在实际使用时，应加以考虑。

总之，应根据培养目的，以及微生物的营养与代谢特点、生长特性而合理地选用上述方法。一般而言，在实际中常将上述几种方法有机结合起来、同时进行使用，以提升分离效果。

除上述方法外，还可采用分批与连续培养和生化反应分离等新技术进行目标菌种的分离。

（三）厌氧培养

尽管目前用于生产的生产菌种，大都为好氧菌，但仍有不少极具应用价值的微生物，属于严格的厌氧菌，如生产益生素的双歧杆菌，发酵丁酸和丁醇的丁酸梭菌。此外，某些微生物尽管属于兼性厌氧菌，但在生产某些特定代谢物时，也需要进行厌氧培养，如酵母菌发酵生产乙醇。

因此，掌握厌氧培养的基本方法，亦是必要的。

不过，相比于好氧培养，厌氧培养是难于开展的。因为空气无处不在，空气中的氧也就无处不在，而绝大多数厌氧菌由于缺乏超氧化物歧化酶或过氧化氢酶等，对氧气极其敏感，几乎“遇氧即死”。可见，开展厌氧培养，尤其是对厌氧菌进行培养，必须在任何环节都要保障无氧。

1. 基本原理

要保障厌氧环境，主要有三种原理。

（1）对氧气进行“消耗”，如利用焦性没食子酸与 KOH 溶液、碱性邻苯三酚、黄磷、金属铬和稀硫酸等试剂进行化学除氧，或在培养基中加入还原剂（如 0.1%的巯基乙酸钠盐、0.01%的硫化钠和维生素 C 等）等。

（2）对氧气进行“驱逐”，如利用氮气、二氧化碳、氢气、氩气等气体将空气中氧气排出，或通过煮沸将培养基中的溶解氧排出等。

（3）对氧气进行“隔绝”，如采取密闭式的发酵罐或种子罐，全封闭的器皿、仪器或设备，或加入矿物油密封等。

2. 常见方法

微生物资源开发利用的内容，不仅涉及实验室工作，还最终涉及生产应用。在进行不同工作时，采用的方法也不同。下面简述实验室和生产中常用的厌氧培养法。

1）实验室方法

在实验室中开展厌氧菌的分离和培养，常用的方法有亨盖特滚管法、厌氧罐法和厌氧手套箱法。

（1）亨盖特滚管法（Hungate roll-tube technique）是厌氧菌微生物学发展历史中的一项具有划时代意义的创造，最早用于瘤胃微生物区系和产甲烷菌等的分离和研究。其主要原理是：利用可除氧的铜柱来制备高纯氮气，再用此氮气去驱除培养基配制、分装过程中各种容器和小环境中的氧气，使培养基的配制、分装、灭菌和贮存，以及菌种的接种、稀释、培养、观察、分离、移种和保藏等操作的全过程始终处于高度无氧条件下，从而保证了各类严格厌氧菌的存活。其主要操作过程为：铜柱系统除氧→预还原培养基及稀释液的制备→厌氧滚管培养。此法的优点是各环节均能达到严格厌氧，试管内壁上的琼脂层有很大的表面积可供厌氧菌长出单菌落。

但缺点是操作烦琐，技术要求极高。

（2）厌氧罐（Anaerobic jar）法是一种较常使用，但厌氧效果不是很好的一种方法。原因在于：其除了能保证培养时的厌氧环境外，其他环节（培养基配制、接种、观察、分离和保藏等）均难以保障严格厌氧。其厌氧培养的主要原理是：利用一个密闭的罐体以隔绝氧气，再通过外源或内源法供氮、二氧化碳和氢以驱逐氧气，并设置一个氧指示剂随时进行监测。其主要操作过程为：放样入罐→紧闭罐盖→抽气供气→恒温培养。其优点是设备价廉，操作较简便。但缺点是无法保障除培养以外的其他环节严格厌氧。

（3）厌氧手套箱（Anaerobic glove box）是迄今为止国际公认的厌氧操作和培养的最佳方法，各个环节均能保障严格厌氧（图 5-19）。其主要原理是：以氮取代空气，残留的氧则用氢去除；配置有交换室，可防止连接环节渗入氧气。从外形上看，厌氧手套箱与普通超净工作台极为相似，但其主要是在超净台的基础上增加了密封设备、供气设备、交换室，以及将培养箱置入其中，可使接种与培养在同一环境下开展。其主要操作过程为：放样入交换室→抽气供气→换气接种→恒温培养。其优点是各环节均能达到严格的无氧，但缺点是设备昂贵，操作和维护均较麻烦。

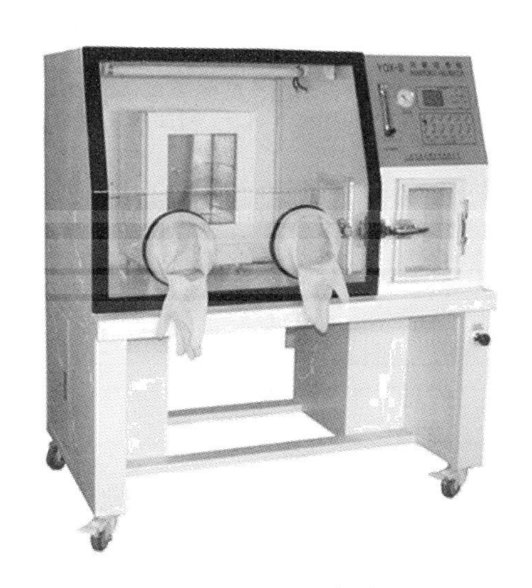

图 5-19　厌氧手套箱

2）生产实践中的方法

在我国，进行大规模固态厌氧培养的生产活动，主要是传统白酒生产。一般采用厌氧堆积培养法，即采用大型、深层的地窖来装载固态发酵原料，并经过适当密封后，进行堆积式的固态发酵。此法简单、易行，对酵母菌的酒精发酵和己酸菌的己酸发酵等都十分有利，但隔氧效果一般。此外，在农村进行的沼气发酵，也属于厌氧堆积培养法。

在如啤酒生产等大型液态厌氧发酵中，常使用不通气、不搅拌，或通入氮气，或不通气、但搅拌的大型发酵罐进行发酵的方法。

四、显微观察

绝大多数微生物的大小都远远低于肉眼观察的极限（图 5-20），因此，必须借助显微镜才能对其进行放大观察。此外，微生物本身是没有颜色的，一般需要对其进行染色后，才能使菌体与背景形成明显的色差，从而能清楚地对其形态和构造进行观察。

（一）常见的显微镜

欲进行显微观察，必借助于显微镜设备（图 5-20）。依据成像原理和分辨率的不同，显微镜可分为光学显微镜、扫描电子显微镜和透射电子显微镜三大类。

在依据观察目的选择好合适的显微镜设备后，便可按照设备的要求进行样品的制备和染色。之后，便可进行实际操作，完成对微生物的观察。

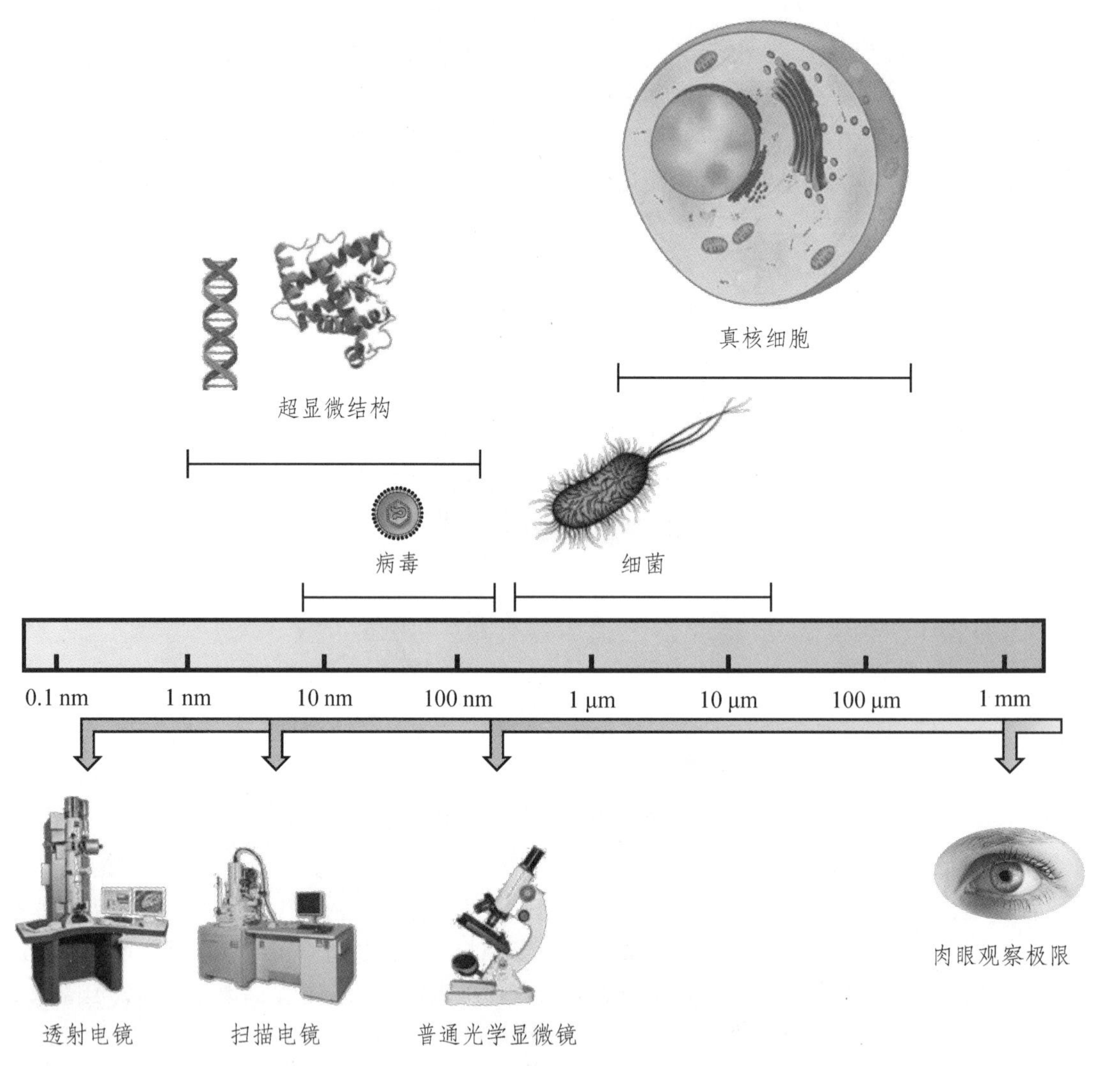

图 5-20　显微观察与常用显微镜

1. 光学显微镜

光学显微镜（Optical Microscope）是利用光学原理，把人眼所不能分辨的微小物体进行放大成像的光学仪器。

在各类光学显微镜中，以普通光学显微镜（Ordinary optics microscope）使用最为频繁（图

5-21）。其利用目镜和物镜两组透镜系统来将样品进行放大成像，并还可以进行特殊的油镜（Oil immersion lens）操作以提升分辨率。

普通光学显微镜的分辨率一般在 0.18 ~ 2.3 μm，适用于观察绝大多数细菌、放线菌、酵母菌和霉菌等细胞型微生物的细胞形态。借助于染色方法，还可观察到一些特定的细胞构造。尽管普通光学显微镜具有使用简便、设备便宜、占地面积小等诸多优点，但由于其分辨率不高，难以完成对病毒或较小型原核生物的观察，并且，还无法观察到微生物的亚细胞结构（Subcellular structure）。

除普通光学显微镜外，光学显微镜还包括暗视野显微镜（Dark-field microscope）、相差显微镜（Phase contrast microscope）和荧光显微镜（Fluorescence microscope）等。

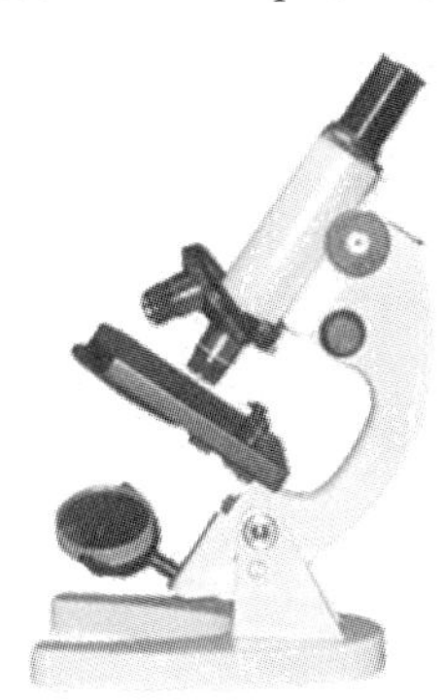
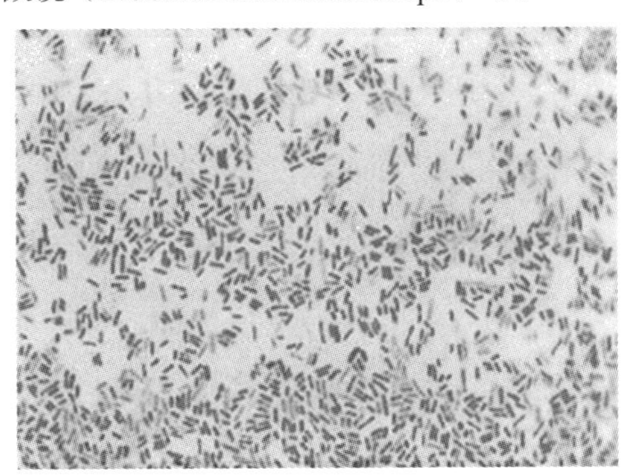

图 5-21　普通光学显微镜与油镜下的大肠杆菌

2. 扫描电子显微镜

扫描电子显微镜（Scanning electron microscope）是利用二次电子信号来对样品表面进行成像的一种电子显微镜（图 5-22）。其原理是利用极狭窄的电子束去扫描样品，样品表面被扫描到的地方就会放出二次电子，二次电子再被探测器收集，最终转化为电压信号后可被计算机处理为图像。

扫描电镜的分辨率一般可达到 5 ~ 10 nm，因此，几乎可对所有的微生物进行清楚地观察。然而，扫描电镜仅仅能对样品表面及其结构进行观察，不能观察内部结构，故应用范围受限。

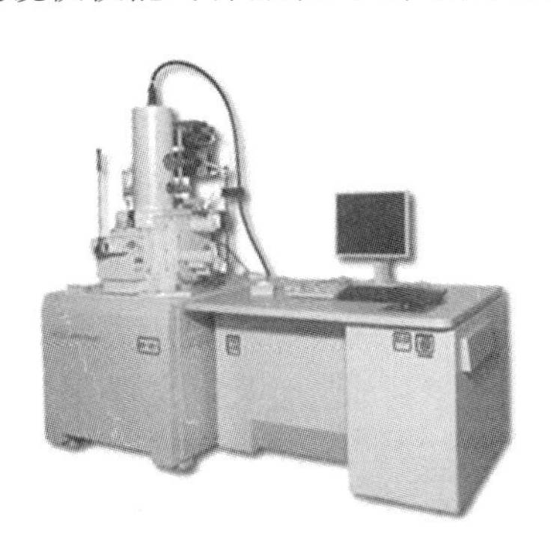
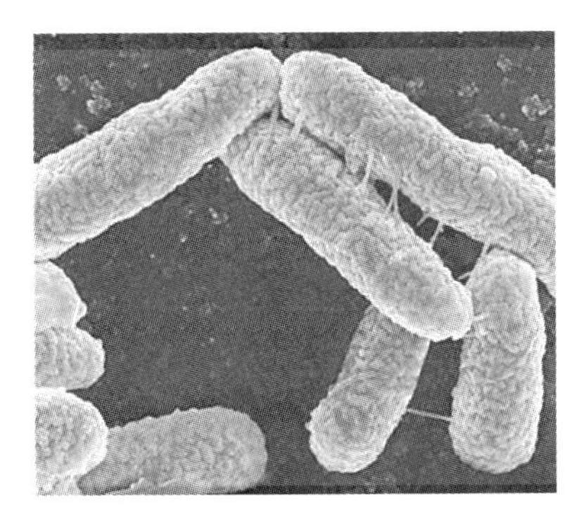

图 5-22　扫描电子显微镜与扫描电镜下的大肠杆菌

3. 透射电子显微镜

透射电子显微镜（Transmission electron microscope）是以电子束为“光源”的一种电子显微镜（图 5-23）。其与光学显微镜的成像原理基本相同，不同的是它以波长更短的电子束作为“光源”，并用电磁场做透镜。

透射电镜的分辨率非常高，一般可达到 0.2 ~ 1 nm，因此，不仅可对微生物的个体形态进行非常清楚地观察，还能观察到微生物的核酸、蛋白质、核糖体等超显微结构（Ultrastructure）。不过，由于电子束的穿透力很弱，用于透射电镜的标本一般须制成厚度 100 nm 以下的超薄切片，故其制样较为麻烦。

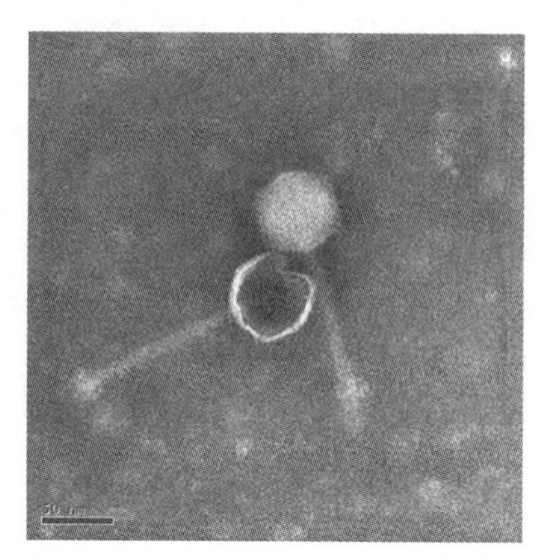

图 5-23 透射电子显微镜与透射电镜下的噬菌体（噬菌体透射电镜图由本书作者提供）

（二）显微观察的一般程序

不同观察目的、不同类型设备，所采取的方法有所不同，但进行显微观察的一般程序都是：

适当培养→取样→制样→观察→记录

一般而言，待观察的微生物如果数量太少或浓度过低，不利于在显微镜视野下寻找到目标物象，尤其是待观察的微生物个体非常微小，并且又拟采用较高分辨率的显微镜时。例如，在利用透射电镜对噬菌体进行负染法观察时，常要求噬菌体的浓度在 10^{10} PFU/mL 以上。因此，可对待观察的微生物先进行适当的培养，以提高其数量。此外，若是对芽孢或孢子等细胞构造进行观察，还需进行专门的培养。

不同的显微镜设备，对样品的处理和制备方法有所不同。

1. 光学显微镜

若拟采用光学显微镜进行观察，既可直接进行活体观察，亦可染色后再进行观察。

活体观察主要用于研究微生物的运动能力、摄食特性以及生长过程中的形态变化，如细胞分裂、芽孢萌发等动态过程。其可采用压滴法、悬滴法或菌丝埋片法等在普通光学显微镜的明视野、暗视野下，或在相差显微镜下对微生物活体直接进行观察。

染色观察则是通过一定的染色方法，对微生物染色后再进行观察。细菌的常用染色法有：简单染色法、革兰氏染色法、抗酸性染色法、芽孢染色法、吉姆萨染色法、荚膜染色法、活菌美兰染色法等；真菌的常见染色法有：吕氏美蓝染色法、乳酸酚棉兰染色法、六胺银染色法和银氨液浸染染色法等。微生物经过染色后能明显提升光学显微镜下的观察效果，但大多数染色液都具有细胞毒性，故染色后一般无法观察微生物的生命活动。

2. 扫描电子显微镜

若拟采用扫描电镜进行观察，则必须对微生物样本进行固定、脱水和干燥，并使其表面能够导电。

可采用戊二醛、四氧化锇等对样品进行固定，并采用乙醇、丙酮等对样品进行脱水。

在干燥时，可采用自然干燥、真空干燥、冷冻干燥或临界点干燥等方法对微生物进行处理，但需注意因干燥过程而造成的样品形态变形。其中，临界点干燥法效果最好，同时能很好地保持样品的形态。

在完成干燥处理后，还需要对样品表面喷镀金属导电层，以使微生物表面具有导电性，从而能够在被电子束扫描后发出二次电子以进行成像。之后，便可正式进行观察。

3. 透射电子显微镜

若拟采用透射电镜进行观察，同样必须对样品进行固定和干燥。但待观察的微生物不同，可选用的制片方法不同。

一般对病毒、离体细胞器以及蛋白质、核酸等生物大分子进行观察，可采用简便易行的负染法。其是利用电子密度高、本身不显色、与样品不反应的物质（如磷钨酸或醋酸铀等）对样品进行染色，随后将染色好的样品滴加至有支持膜的载网上，自然干燥后便可装入电镜内进行观察。

但对于除病毒外的其他绝大多数微生物而言，必须制成 100 nm 以下的超薄切片，才可用于观察。超薄切片制作的过程一般为：取样→固定→脱水→浸透与包埋→切片→捞片→染色。

五、其他重要技术方法

除了上述微生物学四大核心技术方法外，在微生物资源开发与利用过程中，还会涉及许多重要的技术方法，主要包括菌种保藏、菌种选育、菌种鉴定以及生物量测定等方法。

（一）菌种保藏

所谓菌种保藏（Culture preservation），就是通过科学合理的方法，使菌种“不死、不衰、不乱、不污染”，特别是要保持其原有的生物学性状、生产性能的稳定。

菌种保藏的方法有很多，可依据保藏目的进行合理地选择。一般有定期转接保藏法、液体石蜡保藏法、沙土管保藏法、甘油保藏法等、真空冷冻干燥保藏法和液氮超低温保藏法。

1）定期转接保藏法

定期转接保藏法，是将菌种接种于适宜的斜面、平板或液体培养基中，待其生长成为数量大、活力高的菌群后（一般为指数期或快速生长期的末期），再将其放置于 4 °C 冰箱内进行保藏，并每间隔特定时间，重新进行转接、移植。

此法是最早进行使用且至今仍然普遍采用的方法。这种方法简单易行，方便随时对菌种进行取用，但保藏效果不佳、保藏时间有限，菌种容易衰退，而且很容易在频繁取用或定期转接的过程中受污染。

定期转接保藏法属于一种临时性的保藏法，其保藏期一般仅为 1 ~ 6 个月。

2）液体石蜡保藏法

液体石蜡保藏法，是在生长良好的斜面培养物的表面覆盖一层无菌液体石蜡（一般石蜡液面高出培养基 1 cm 左右），然后保存于 4 °C 冰箱中。

此法的优点是可以用液体石蜡防止水分蒸发，隔绝氧气，故能比定期转接保藏法的保藏期要长。但此法不能用于可利用石蜡油做碳源的微生物的保藏，并且取用和运输均不方便。

液体石蜡保藏法的保藏期为 1 年左右。

3）沙土管保藏法

沙土管保藏法亦是较常被采用的一种方法。其过程是：取河沙过 24 目筛，用 10% ~ 20%的盐酸浸泡除去有机质，洗涤，烘干，分装入安瓿瓶，加塞灭菌；对于需要保藏的菌种，先经斜面划线培养后，再用无菌水制成菌悬液或孢子悬液，并滴加 10 滴左右的悬液进入盛装有上述河沙的沙管内，使菌体或孢子吸附于沙土中；再将此沙管放到干燥器中进行干燥，随后用火焰熔封管口；此后，既可以进行室温保藏，也可低温保藏。

此法的优点是能给予被保藏的菌种一个干燥、低温、缺氧、无营养物的保藏环境，但此法的制作过程相对复杂，保藏效果不稳定，并且一般不能用于保藏不产孢子或芽孢的微生物。

沙土管保藏法比较适合于产孢子或芽孢的微生物，其保藏期一般为 1 ~ 10 年。

4）甘油保藏法

甘油保藏法是将制备好的高浓度菌悬液与 10% ~ 30%的灭菌甘油混匀，分装至保藏管内，随后进行冷冻保藏。而在冷冻时，又可分为低温冷冻（−20 ~ −5 °C）和超低温冷冻（−80 ~ −70 °C）。

此法的优点是制作简便、取用方便，并且适用于几乎所有种类的微生物。但缺点是保藏效果仍然有限，并且若进行超低温冷冻保藏的话，需依赖专业的超低温冰箱。

甘油保藏法，在进行低温冷冻保藏时，保藏期一般为 1 ~ 2 年；超低温冷冻保藏时，保藏期一般为 5 ~ 10 年。

5）真空冷冻干燥保藏法

真空冷冻干燥保藏法，是目前较常用的、也较理想的一种方法。其是将菌悬液先与保护剂（脱脂牛奶或血清等）混合，并放置于特制的安瓿管内，−35 °C 下预冻 15 ~ 120 min，随后低温下用真空泵抽干，最后将安瓿管真空熔封，并于低温下保藏。

此法的优点是同时具备干燥、低温和缺氧的优良保藏条件，保藏效果好，不易发生变异，并且对各种微生物都适用，因此其应用较为广泛。但此法需要借助一定的设备，且技术要求比较严格。

真空冷冻干燥保藏法的保藏期一般可达 5 ~ 15 年。

6）液氮超低温保藏法

液氮超低温保藏法，被公认为当前保藏效果最好的菌种保藏方法。其是将高浓度的培养物先与保护剂（如 10% ~ 30%甘油）混合，再装入由能耐受较大温差的材料制成的保藏管内，并于预冷后放入液氮中。

此法的优点是保藏温度低（−196 °C），远远低于微生物新陈代谢作用停止的温度（−130 °C），理论上不会出现变异；并且不仅适用于一切微生物，还适用于多种培养形式的微生物（孢子或菌体、液体培养物或固体培养物）。但此法需不断补充液氮，成本较高，并且菌种取用不方便。

液氮超低温保藏法，理论上可永久保存微生物。

如有条件，可以将菌种送至专业的保藏中心进行保藏。如国外有：ATCC（美国标准菌种保藏中心）、CSH（美国冷泉港研究室）、IAM（日本东京大学应用微生物研究所）、NCTC（英国国立标准菌种保藏所）等。国内有：CCGMC（普通微生物菌种保藏管理中心）、CICC（中国工业微生物菌种保藏管理中心）、CMCC（中国医学细菌保藏管理中心）等。

（二）菌种选育

在微生物资源开发利用过程中，为提高菌种的生产性能以及改进产品的功效与质量，除了要不断分离性状优良的新菌种、不断优化生产工艺外，还应当有效利用遗传学技术进行菌种选育，筛选出性能优异的变异菌株。

菌种选育的技术方法，主要有：诱变育种、杂交育种和基因工程育种。

1. 诱变育种

诱变育种（Breeding by induced mutation），是以基因突变为原理的一种菌种选育方法。其是利用诱变剂处理均匀分散的微生物细胞群，促使其突变率大幅度提高，然后采用简便、快速和高效的筛选方法，从中挑选出符合育种目的的突变株。

在进行诱变育种时，由于基因突变大多是负向的衰退性突变，正向突变较少，故常采用两轮诱变处理。诱变育种的主要流程为：出发菌株→第一轮诱变处理→初筛→复筛→潜在优良突变株→第二轮诱变处理→初筛→复筛→优良突变株。

在对菌种进行诱变育种时，为高效地开展工作，应遵循以下原则：① 挑选性状优良的菌株为出发菌株，以获得较好的育种基础；② 选择简便、有效的诱变方法，包括合适的诱变剂、最适的剂量，以及合理组合不同的诱变方法，以发挥协同效应；③ 处理单细胞或单孢子悬液，使每个细胞均匀地接触诱变剂，并防止长出不纯菌落；④ 设计高效的筛选方案，以提高育种的效率。

常用的诱变方法有物理诱变法、化学诱变法、生物诱变法和复合处理法。物理诱变法，如利用紫外线、X 射线、γ 射线、快中子、电场、磁场和激光等对菌种进行诱变处理；化学诱变法，如利用碱基类似物（2-氨基嘌呤、5-嗅尿嘧啶、8-氮鸟嘌呤等）、可与碱基反应的物质（如硫酸二乙酯、亚硝基胍、亚硝酸等），以及可在 DNA 分子中插入碱基或导致碱基缺失的物质（如吖啶类物质和吖啶氮芥衍生物）等对菌种进行诱变处理；生物诱变法，如利用噬菌体或转座子将遗传物质 DNA 片段载入细胞内，使其在复制过程中嵌入新的信息，由此获得突变株；复合处理法，是将上述方法以两种或两种以上组合的方式先后处理菌株。实践证明，复合处理法比单一处理法突变率要高 3 ~ 4 倍，金色链霉菌的高产菌株就是利用紫外线和乙烯亚胺复合处理后筛选而得。

关于突变株的筛选，与进行微生物资源开发时目标菌种的分离筛选相似，可参考本书第五章第一节。

总之，诱变育种因操作简单、快速、效果好，可产生新的性状，是目前最被广泛使用的育种方法。在生产中，所使用的大多数生产菌株，也都是通过诱变育种而获得。不过，诱变育种的随机性和不确定性较高，不能定向地实现菌种的选育，并且，其过程还会涉及劳动量极大的筛选工作。

2. 杂交育种

杂交育种（Breeding by hybridization），是以基因重组为原理的一种菌种选育方法。其是通过有性生殖、准性生殖和原生质体融合等方式，让两个表型不同的菌株之间进行基因重组，使亲本的优良性状组合到一起，从而得到性能提升的新菌株。

在杂交育种中，常采用原生质体融合的方式进行育种。微生物细胞壁被酶解剥离后，剩下的由原生质膜包围的原生质部分，称为原生质体（Protoplast）。原生质体融合技术（Protoplast fusion technique），则是通过人工方法，使遗传性状不同的两个细胞的原生质体发生融合，并产生重组子的过程。原生质体融合技术，也是继转化、转导和接合等微生物基因重组方式之后，又一个极其重要的基因重组技术。原生质体融合技术的运用，使细胞间基因重组的频率大大提高，基因重组亲本的选择范围也得以扩大，可以在不同种、属或科，甚至更远缘的微生物之间进行。这为利用基因重组技术培育更多更优良的生产菌种提供了可能。

原生质体融合的主要流程为：优良的亲本菌株→遗传标记选择→酶解剥离→融合→再生→目标融合子选择→测试与筛选。

以优良的菌株作为亲本进行杂交，是获取具有优良性状融合子的必要条件。而在选择亲本时，所用的亲本菌株通常要有一定的遗传标记，以便于日后的融合子分离。而获得遗传标记的方法，除了利用亲本菌株自身所具有的外，还可采用常规的诱变育种法取得抗药性菌株或营养缺陷突变株等。在剥离细胞壁时，细菌主要用溶菌酶，酵母菌和霉菌一般用蜗牛酶或纤维素酶处理；剥离后，为了防止制备好的原生质体破裂，应把原生质体置于高渗缓冲液或培养基中暂时保存。进行融合时，常使用聚乙二醇或电场诱导的方法对两个亲本原生质体进行处理。融合后，要将融合子涂布于专门的再生培养基中进行培养，才能使细胞恢复活力与原有形态、结构。最后，根据遗传标记进行合适的选择性培养，将目标融合子挑选出来，并对其进行性能测定和筛选。

总之，以原生质体融合为主的杂交育种，具有较好的可预测性和定向性，并且还不必耗费大量的时间和精力进行筛选工作，这些均是诱变育种无法比拟的。目前，原生质体融合技术已被广泛应用于细菌、放线菌、霉菌和酵母菌的育种工作中。不过，杂交育种因其原理，往往不能获得新的性状，只能组合已有的性状，这也大大制约了其应用的范围。

3. 基因工程育种

20 世纪 70 年代出现的基因工程技术，实现了基因的“操控”，给微生物育种带来了革命性的变化。

基因工程育种（Genetic engineering breeding），是以分子遗传学的理论为基础，综合分子生物学和微生物遗传学的重要技术而发展起来的一种可事先设计和可控制的育种技术，并可以完成超远缘杂交。

基因工程育种的过程，一般为：目的基因的克隆→构建重组载体→重组载体导入表达细胞→工程菌→目的基因的表达→目标产物鉴定。

首先，可通过设计特异性的引物并利用聚合酶链式反应（Polymerase chain reaction, PCR）技术将目的基因从特定来源的生物的 DNA 分子上克隆下来（也可采用逆转录或化学合成的方法获得目的基因）。随后，便可选择合适的基因载体（Vehicle），如质粒或病毒，并利用 DNA 连接酶将目的基因与载体相连，获得重组载体。之后，将重组载体导入生产性能较为优良的受体细胞或表达细胞中，并通过选择性与鉴别性培养分离获取工程菌（Engineered strain）。最后，使携带有目的基因的工程菌在适宜的条件下表达出目的产物，并对其进行鉴定，以确认育种工作是否顺利完成。

总之，基因工程育种是最前沿、也最有前途的育种方法。其所创造的新物种，几乎是自然演化中不可能发生的；并且，其具有的可设计性、可预见性和可控制性，以及不必耗费大量时间和精力进行筛选工作，这些均是传统的育种方法所不能比拟的。

不过，由于基因工程的实施首先需要对生物的基因结构、序列和功能等有充分的认识，而目前对基因的了解还十分有限，蛋白质类以外的发酵产物（如糖类、有机酸、核苷酸及次生代谢产物）的生成，往往受到多个基因的控制，尤其是还有许多发酵产物的代谢途径没有被发现，所以就目前而言，基因工程的应用仍存在着很大的局限性，基因工程产品也主要是一些较短的多肽和小分子蛋白质。不过，这仍不能影响基因工程技术在微生物生产中所发挥的巨大作用。

（三）菌种鉴定

菌种鉴定，在微生物资源开发过程中是一项必要的工作，不仅是确认所获取的分离株是否为目标菌的唯一途径，更是获取目标菌除生产性能以外的生物学特性的有效途径。

在微生物资源开发过程中，菌种的鉴定往往以实用为主，不必盲目追求分类学研究中的一些前沿方法技术。

常用的鉴定方法主要有经典法、快速自动化法和现代分子生物学法。

1. 经典法

经典法，是参考权威菌种鉴定手册，对经典指标（表 4-8）进行测定的一系列方法（表 5-6）。其操作相对简便，易于在实验室内自行开展，但工作量较大，对操作者有一定的技术要求。

表 5-6　常用于微生物鉴定的经典指标及经典测定方法

常用指标	常测定的项目	主要方法
形态学	个体形态	显微镜观察法（光学显微镜、扫描电镜、透射电镜等）、各种染色观察法（革兰氏染色法、抗酸性染色法、荚膜染色法、吉姆萨染色法、吕氏美蓝染色法、乳酸酚棉兰染色法等）等
	个体大小	显微测微尺测定法、电镜标尺测量法等
	染色反应	革兰氏染色法、抗酸性染色法、荚膜染色法等
	细胞构造	电子显微镜观察法等
	群体形态（培养特征）	鉴别性培养法、肉眼观察法等
生理生化	常规生理生化指标	糖发酵试验法、IMViC 试验法、硫化氢试验法、明胶液化试验法、葡萄糖酸氧化试验等
	碳源谱	生长谱法等
	氮源谱	
	生长因子需求	
	产酶特性	各种酶水解试验法
	代谢产物	抑菌圈法、气相色谱法、高效液相色谱法等
生态学	需氧性	需氧性试验法
	最适温度	生长温度测定法
	最适 pH	生长 pH 测定法
	抗逆性	药敏纸片法、最小抑菌浓度法、盐浓度试验法、溶菌酶抗性试验法等
	与某种生物的关系	宿主谱试验法等
其他	繁殖方式	显微观察法等
	血清学反应	血清学测试法
	噬菌体敏感性	斑点法、双层平板法等
	致病性	急性毒性试验法、慢性毒性试验法等

2. 快速自动化法

快速自动化法，是以微生物生理生化特征为鉴定指标而设计的一种快速、自动化的技术，如 API 细菌数值鉴定系统、Enterotube 系统（肠管系统）和 Biolog 细菌鉴定系统等。

以肠管系统为例进行简介。肠管系统由一条有 8 ~ 12 个分隔小室的划艇形塑料管制成，每一小室中装有能鉴别不同生化反应的固体培养基。所有小室间都有一孔，由一条接种用金属丝纵贯其中。接种丝的两端突出在塑料管外，使用前有塑料帽遮盖着。当鉴定某一未知菌时，先把两端塑料帽旋下，用一端的接种丝蘸取待检菌落，接着在另一端拉出接种丝，然后再恢复原状，以使每个小室的培养基都接上菌种。培养后，依据每个小室的显色反应，可与数据库进行比对，从而获得鉴定结果。

快速自动化法具有简便、快速、微量、自动化和工作量小等诸多优势；但其较依赖于设备，设备造价较高。

3. 现代分子生物学法

现代分子生物学法，是以分子生物学技术为核心的一种可信度较高的方法，其主要是对核酸或蛋白质进行分析，通过同源性或亲缘性比较对微生物的分类地位进行判断。

常用的现代分子生物学法可见表 5-7。

表 5-7　常用于微生物鉴定的分子生物学指标及测定方法

常用指标	常测定的项目	主要方法
DNA	（G+C）mol%值	解链温度法、浮力密度法、高效液相色谱法等
	酶切位点和 DNA 长度	酶切片段图谱法等
	序列相似性	全基因限制性片段长度多态性、随机扩增多态性 DNA、脉冲电场凝胶电泳、单链构象多态性、核酸分子杂交法、聚丙烯酰胺变性梯度凝胶电泳、基因测序法、生物信息学分析法等
RNA	序列相似性	rRNA 寡核苷酸编目分析
蛋白质	蛋白质大小和种类	SDS-聚丙烯酰胺凝胶电泳、Westen blot 等
	氨基酸序列	生物信息学分析法等

（四）微生物生物量的测定

由前文可知，对微生物资源进行利用，实际上是对微生物的生命活动进行利用，如利用其生命活动来完成产品的生产或处理某种原料。这其中，最重要的工作便是对微生物的培养与发酵。

为了保障微生物的生长和代谢，需要不断监测培养液或发酵液中微生物的生长情况。如何进行生长的测定呢？实质上，微生物的生长就是微生物生物量的变化——生物量随时间的变化。因此，如何有效测定微生物的生物量，就显得尤为重要。

1. 微生物生物量的各种表示方式

生物量（Biomass），是一个内涵很丰富的概念，原是生态学术语，意指某一时空范围内实际存活的生物的量。现在一般泛指某种生物在某一特定时刻、某一单位空间内的个体数或质量等。可见，生物量中的“量”，既可以表示数量，也可以表示质量。

关于微生物的生物量，常用的表示方式有：

① 菌体浓度（密度），是指单位体积（面积、质量）内微生物个体的数量。由于丝状微生物难以进行个体数量的测定，故菌体浓度主要是指单细胞非丝状微生物或病毒等微生物的个体浓度，如细菌浓度（单位：CFU/mL、CFU/cm^2、CFU/g、个/mL 或个/g 等），噬菌体浓度（单位：PFU/mL、PFU/cm^2、PFU/g、个/mL 或个/g 等）等。

② 菌体干重密度，是指单位体积（面积、质量）内，微生物有机体去除掉全部自由水后的重量。在微生物学中，菌体干重密度主要是指丝状微生物的菌丝的干重密度，如霉菌菌丝干重密度（单位：g/mL 或 g/L 等）。

③ 光密度，即浊度，通常是指菌悬液或代谢物溶液的吸光度，并常被简写为“OD”（Optical density）。依据朗伯-比尔定律，光密度实际上是反映溶液浓度的量。

④ 其他。还可以通过微生物有机体中某一成分的量来表示其生物量，如细胞氮含量、碳含量、核酸含量、矿物质含量，菌体产酸量、产气量、产热量等。

一般而言，上述生物量若随时间而增加，则表明微生物正在进行生长；反之，则表明微生物正在经历衰退。在进行培养或发酵时，可灵活选择上述其一进行测定，以实现对生长的监测。

2. 测定方法

1）菌体浓度的测定

在对微生物的菌体浓度进行测定时，由于体积或空间一般是既定或已知的，因此，仅需要测定出菌体的数量即可。在测定时，单细胞非丝状微生物一般以细胞数或菌落数作为测定指标，病毒一般以病毒粒子数或噬斑数为指标。而放线菌和霉菌等丝状微生物，一般不对其进行个体数量的测定，如若需要进行测定，可以孢子数作为指标。

菌体浓度的测定方法，可分为直接法和间接法。

（1）直接法

直接法，是指利用计数板（如血球计数板）在光学显微镜下直接观察微生物，并对其进行计数的方法。此法十分常用，且便于操作，但通过此法获得的数据，是活菌体与死亡菌体的总数。

如需区分微生物菌体的“活”与“死”，可用特殊染料对菌体进行染色，再借助光学显微镜进行观察和计数。例如，用吕氏美蓝溶液对酵母菌染色后，其活细胞为无色，而死细胞则为蓝色；细菌经吖啶橙染色后，在紫外光显微镜下可观察到活细胞发出橙色荧光，而死细胞则发出绿色荧光，由此可分别对活菌与死菌进行计数。

由直接法测得的微生物菌体浓度，单位用个/mL 或个/g 等。

（2）间接法

间接法，是一种仅对微生物“活体”进行计数的方法。

间接法是依据只有活菌或具有感染能力的病毒能在固体培养基上形成菌落或噬斑的原理而进行计数的，即：一个活菌能形成一个菌落，一个具有感染性的病毒粒子能形成一个噬斑，通过对菌落或噬菌斑进行计数，就可间接地测得样品中的微生物活体数。

对于单细胞非丝状微生物，最常用的间接法是平板菌落计数法；对于噬菌体而言，则是双层平板法（Double-plate method）。

平板菌落计数法（Plate-counter method）（图 5-24），又可分为浇筑平板法和涂布平板法。其主要操作是：将待测样品经适当的十倍梯度稀释后，取样并通过浇筑平铺或涂布棒涂布的方式，使微生物细胞一一分散至平板培养基上；经过培养后，每一个活细胞就会形成一个单菌落，此时对菌落进行计数，就可间接地测得样品中微生物的活菌数。

由平板菌落计数法测得的微生物菌体浓度，单位用 CFU/mL 或 CFU/g 等。CFU 即菌落形成单位（Colony forming unit，CFU）。

此法应用非常广泛，适用于各种细菌和酵母菌等单细胞非丝状微生物的计数。将平板上形成的菌落数乘以稀释倍数，就可测算出样品中的活菌体数，再除以已知的体积，便可得浓度。

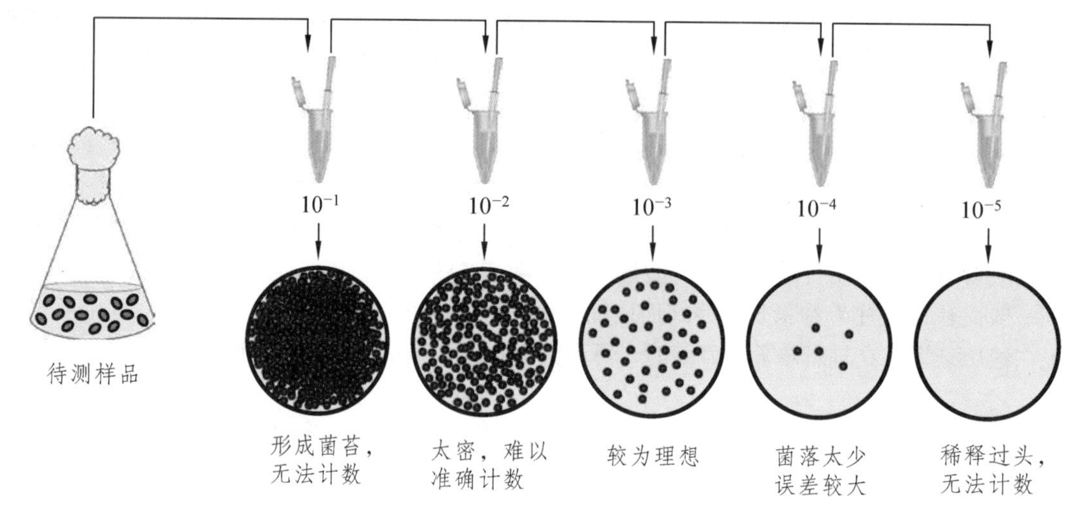

图 5-24　平板菌落计数法过程示意图

2）菌体干重密度的测定

一般主要对难以计个体数的丝状微生物进行菌体干重密度的测定。同样地，由于体积或空间一般是既定或已知的，因此，仅需要测定出菌丝体的干重即可。

菌丝体干重测定的操作过程是：取一定量的样品放入离心管中离心，弃干上清液后，取菌丝体沉淀进行干燥，再测定其干重。或者，取样后对样品进行过滤，再取滤纸上的湿菌丝体进行干燥，最后测定其干重。

由此法测得的菌体干重密度，单位用 g/mL 或 g/L 等。

3）光密度的测定

可用比浊法进行样品光密度的测定。比浊法，需借助分光光度计，其操作过程是：取一定量的样品放入比色皿中，选择 450 ~ 650 nm 波段（细菌常用 600 nm），随后进行光密度测定，并直接可获得读数。若要连续跟踪某一培养物的生长动态，可用带有侧臂的三角烧瓶进行原位测定。

第六章　农业微生物资源的开发利用

重点： 微生物肥料、微生物堆肥、微生物农药和微生物饲料的概念、种类、用途及开发利用要点。

我国是农业大国，国民经济的 80%都依赖于农业。但目前，我国大部分农业耕地中，80%缺氮、50%缺磷、30%缺钾，某些土壤中有机质含量不足 1%，土壤资源存在严重退化的现象。此外，滥用化肥和农药造成的污染，已严重威胁人类健康和环境质量，氮污染、磷污染以及食品农药残留等问题，屡见报端。

另一方面，对动物性产品需求的激增，也使得养殖规模越来越大。在我国，动物生产行业水平参差不齐、普遍较低，盲目地发展规模化，不仅使“人畜争粮”问题愈发严重，还导致了人畜共患病的大量暴发、抗生素耐药菌株的大量流行、肉类产品中兽药的大量残留以及动物粪便的大量滥排滥放。

我国人口日益增加，人民生活水平不断提高，这不仅对农产品的产量提出了新要求，更对其质量和安全提出了高要求。要实现农产品的高质高量和安全，必须从传统农业向现代农业转变，特别是要从排污型农业转向生态型农业。

因此，寻求和开发出高效、绿色、环保、安全的肥料、农药、饲料和兽药等，尤为重要和迫切。

而农业微生物资源的开发利用，可能助于上述问题的解决，并促进“新农业革命”的发展。

所谓农业微生物资源（Agro-microbiological resources），是指可被开发和应用于农业生产中的微生物资源，利用其所生产的产品，主要包括微生物肥料、微生物农药、微生物堆肥、微生物饲料以及微生物兽药等。本章将对农业微生物资源的利用和开发进行介绍和必要论述。

第一节　微生物肥料

农作物的生长发育，离不开肥沃的土壤。土壤中含有丰富的有机质、矿物质和各种植物必需的元素，植物可吸取这些营养，并通过自身的生物转化作用，最终生产出各种农产品。

然而，绝大多数耕地土壤本身的肥力是难以满足作物高产的需求的，因此，在农业生产中，常通过人工施肥以提高土壤肥力。施肥中的肥，即肥料，它们是植物生长发育所必需的“食物”，更是农作物高产的保障。

传统肥料，主要是指有机肥和无机肥。无机肥，即我们常说的化肥，如氮肥、磷肥、钾肥和复合肥等。在历史上，化肥的发明和应用，大大提升了耕地土壤的肥力，实现了农作物的高产增收，促进了农业的飞速发展。然而，化肥因其产品本身的缺点而导致的土壤养分失调、土壤板结、土壤酸化、重金属和有毒元素残留、微生态系统被破坏等问题正越来越严重，加上化肥的滥用，氮污染、磷污染等化肥污染问题已严重威胁人类健康和环境质量。另一方面，传统有机肥尽管具有绿色、环保的优势，但因其肥效慢、肥效较差等缺点，也难以满足现代化农业生产的要求。

因此，寻求和开发出高效、绿色、环保、安全的肥料，尤为重要和迫切。

而微生物肥料，正是基于上述背景兴起和发展起来的。

一、微生物肥料概述

微生物肥料（Microbial fertilizers），也叫生物肥料、菌肥、菌剂或接种剂等，是一类含有大量活体微生物的特定制品，能应用于植物生产（Plant production），主要功能是将农作物不能利用的物质转化为可被吸收利用的营养素，并兼有改善土壤理化性质、刺激植物生长、促进植物对养分的吸收以及具有一定生物防治的功效。

简而言之，微生物肥料并不直接向农作物提供营养物质，而是通过其所含的活体微生物的生长繁殖及代谢活动，来提高土壤肥力并实现对作物抗病促生长的作用。所以，微生物肥料是典型的微生物活菌类产品。

微生物肥料的兴起和应用，起始于根瘤菌的接种。在大豆种植中，为保障根瘤的形成和最终的大豆高产，人们将根瘤菌剂与大豆种子进行混合、拌种，再一起播种。实践表明，这一措施有效保障了“豆科植物-根瘤菌”共生固氮体系的建立，并使得大豆的产量大幅提升。根瘤菌剂的成功，大大激起了人们对于研究和开发这类“细菌肥料”的热情。如 1895 年，法国学者 Nobbe 成功研制出世界上第一种根瘤菌制剂——Nitragin，并在欧美推广使用。

在此后的 100 多年间，微生物肥料的研究和开发取得了极大的进展，不仅逐步揭示了微生物肥料的多种作用机制，还成功研制出了各具功能的产品。目前，微生物肥料已展现出较好的应用效果，尤其在豆科作物的生产方面（图 6-1），大有超越化肥的趋势。

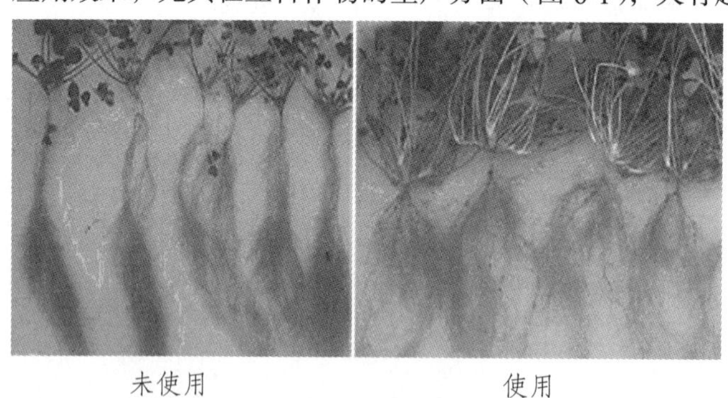

未使用　　使用

（a）豆科牧草

未使用　　使用

（b）大豆

图 6-1　根瘤菌肥的使用效果

（一）微生物肥料的种类

微生物肥料的种类较多，可按其制品中特定的微生物类群进行分类，亦可按其功能或作用机理进行分类。一般可分为如下几类：

1）微生物氮肥

其主要包括根瘤菌肥和固氮菌肥，产品功能主要为增加土壤氮素、促进农作物对氮素的吸收。其作用机制主要为微生物的生物固氮作用。产品中常用的微生物为各类根瘤菌或自生固氮菌、联合固氮菌。

2）分解释放型菌肥

其主要包括解磷微生物肥料和解钾微生物肥料等，产品功能主要为增加土壤中植物可利用磷元素或钾元素的含量。其作用机制主要为利用微生物的生命活动，将植物不可利用的矿质元素形态，分解转化为可利用的矿质元素形态。产品中常用的微生物为各类解磷菌或解钾菌。

3）促生抗病型菌肥

其主要为各种植物根际促生细菌菌剂，产品功能主要为促进农作物生长发育，并兼有调理土壤微生态环境、生物防治病害和降解农田污染物等功效。其作用机制主要为通过分泌植物促生物质促进植物的生长发育，以及通过占位排斥、分泌抗生素等来抑制病菌的生长，通过降解性质粒分解农田有害物等。产品中常用的微生物有气单孢菌、以葡糖杆菌、阴沟肠杆菌、普城沙雷菌、芽孢杆菌和假单胞菌等。

4）抗生素肥料

其主要为各种放线菌肥料，产品功能主要为抑制植物病原菌生长、抗病保健。其作用机制主要为利用微生物分泌的各种农用抗生素，来抑制植物病原菌生长或治疗植物的感染。产品中常用的微生物为各类放线菌，如细黄链霉菌。

5）光合细菌肥料

其主要为各种光合细菌菌剂，产品主体功能尚不明确，但主要为促进土壤物质转化、改善土壤结构、提高土壤肥力，并兼有抗病保健的功效。其作用机制主要有光合作用、生物固氮作用、难利用养分或农田污染物的生物转化、分泌抗菌物质等。产品中常用的微生物主要为红螺菌目的各种细菌。

6）复合微生物肥料

其主要是将上述某些产品进行组合而制成的含有复合菌种的产品，或在上述某种产品的基础上添加各种营养元素或增效剂而制成的产品。其功能、作用机制和产品中主要微生物，同上述某种产品或几种产品的组合。

除上述种类外，还有以丛枝状菌根（Arbuscular mycorrhiza, AM）真菌为有效成分的 AM 真菌肥料、以纤维素分解菌为有效成分的分解作物秸秆制剂以及以各类芽孢杆菌为有效成分的芽孢杆菌制剂等微生物肥料。

（二）微生物肥料的功能和作用机制

不同微生物肥料，因其所用菌种不同，故作用机制和功能有所不同。但概括起来（图 6-2），微生物肥料的功能主要有：增强土壤肥力、促进植物营养吸收、促进植物根系生长、抑制植物病原菌、调节土壤微生态平衡、提高农作物产量以及可有效处理农田污染物等；而其作用机制，主要为：

（1）通过生物固氮、光合作用或将植物难以利用的物质（如难溶性磷、难溶性钾和纤维素等）转化为可利用的养分，以增强土壤肥力，最终实现农作物的增产；

（2）通过分泌吲哚乙酸等生长激素，以促进植物的生长发育，最终实现农作物的增产；

（3）通过分泌赤霉素等植物激素，以促进根系的生长，进而促进植物的营养吸收，最终实现农作物的增产；

（4）通过分泌抗菌物质或利用种群优势，以抑制植物病原菌的生长、调节土壤微生态平衡，最终实现农作物的增产；

（5）通过降解性质粒产生的各种降解酶，将污染物分解，以实现农田污染物的有效处理。

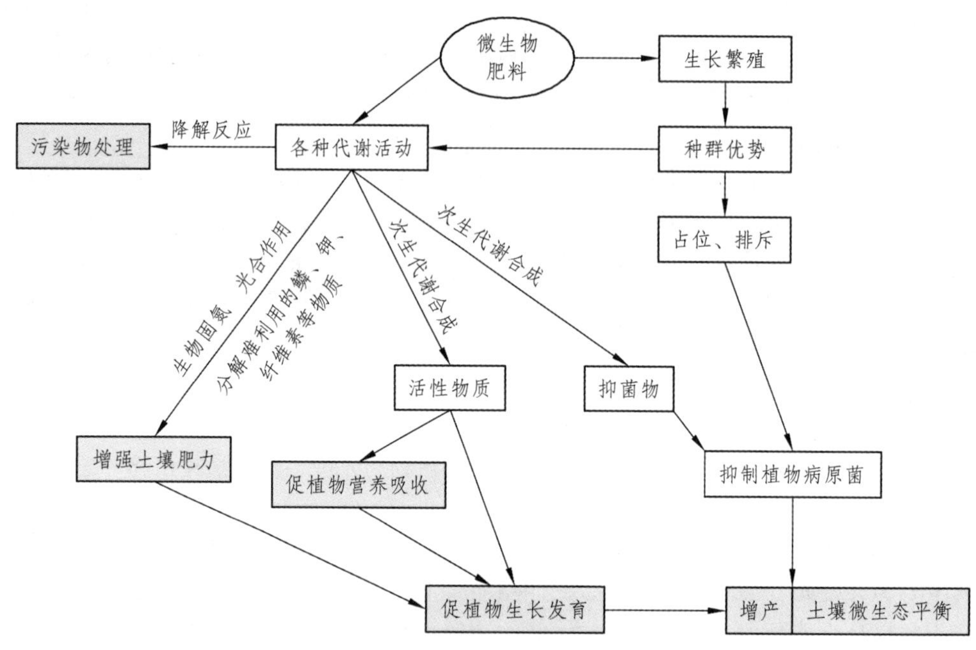

图 6-2　微生物肥料的功能和作用机制

注：灰色底方框内文字表示微生物肥料的功能。

（三）微生物肥料的特点

由上可知，微生物肥料的作用机制与传统肥料是截然不同的，因此，其具有一些明显不同于传统肥料的特点。

最大特点：具有活性。这是微生物肥料与传统肥料的最大区别，同时也是微生物肥料的最大特点。微生物肥料中含有大量微生物活体，当其被施用于特定环境中时，便能在条件适宜的情况下快速生长，并通过其各种代谢活动发挥产品的功能。

1. 优　点

（1）用量少，肥效长。由于微生物肥料具有活性，因此，仅少量施用（通常每亩仅用 0.5～1 kg，而化肥通常 10～50 kg），便可借助微生物自身的生长繁殖而自动放大剂量。此外，当肥料中微生物被施入农田后，可长期定居于根系或根际土壤中，长期发挥效果。这些均是传统化肥所不能比拟的，毕竟，化肥是“死的”，不具有可再生性，用一次，被消耗一次。

（2）除能增强土壤肥力外，还具有防病促生长的功效。微生物肥料的功能并不限于增强土壤肥力，其所含有的微生物，不少都能分泌植物生长激素或抗生素，从而可促进农作物对营养元素的吸收、刺激农作物的生长发育、对土壤有害微生物产生拮抗作用等。而传统肥料一般功能单一、肥效单一，不具有防病促生长的功效。

（3）生态环保，不会破坏土壤结构。肥料微生物，本就来源于自然环境，也本就是生态系统和土壤中的固有成员，因此，使用微生物肥料不仅不会造成环境污染、不会破坏土壤结构，并还可以调节土壤微生态平衡。而传统化肥却常引起土壤养分失调、重金属和有毒元素残留、酸化、微生态被破坏等问题，甚至其长期滥用，还会引起各种污染，严重威胁人类健康和生态平衡。

（4）生产成本低、无污染。相比于化肥生产，微生物肥料的生产工艺流程简单，可用低廉的农副产品等为原料进行发酵，并且发酵周期短，不需要造价高昂的大型化工设备，故生产成本相对较低。此外，微生物肥料的生产条件温和、无有毒有害物质产生和排放。而化肥生产，通常会产生大量废气、废液和废渣，严重污染环境。

2. 缺　点

（1）对农作物具有选择性。微生物肥料中的许多微生物，往往只能与特定的植物结成互生或共生关系，如根瘤菌通常仅与豆科作物结成共生固氮体系，这无疑会限制微生物肥料的应用范围。

（2）效果不稳定，易受土壤条件和环境因素的影响。相比于化肥，微生物肥料略显“娇气”。这是由于微生物肥料功能的发挥，必须依赖微生物的生长繁殖和各种代谢活动，而微生物的代谢和生长又极易受到环境的影响。在土壤环境中，有机质、矿质元素、水分、pH、通气量、温度、光照、紫外线等因素，均会对微生物肥料的效果产生明显影响。若环境条件不适宜，微生物难以较好地进行生长和代谢，微生物肥料的效果也难以发挥，甚至还可能出现无效。

（3）不宜与化学农药共用。在农业生产中，往往可将某些肥料与农药混合后一同进行施用，以节省劳动力。但由于微生物肥料功能的发挥，是凭借微生物的生命活动而实现的，化学农药（杀虫剂、除草剂，特别是杀菌剂）中的成分，可能会抑制甚至杀死肥料微生物，故将二者同时使用，可能造成微生物肥料的失效。

（4）保藏条件要求高、有效期短。由于微生物肥料中含有大量微生物活体，因此，需保存在低温环境下（0 ~ 10 °C）。但在生产实际中，很少具备这样的保藏条件，通常只能进行室温保藏。而微生物肥料在室温下的有效期为 1 ~ 8 个月（视剂型不同而论，一般液体制剂有效期较短，固体较长），超过有效期使用，效果大大降低，甚至无效。而化肥的有效期则相对较长，一般的复合肥通常在 2 年左右。

二、微生物肥料的应用及开发

下面将对微生物肥料的应用和开发进行一般介绍和必要论述。

（一）各类微生物肥料概述

微生物肥料种类繁多，此部分内容将选取三种功能和作用机制明显不同，但具有代表性的微生物肥料（微生物氮肥、分解释放型菌肥和促生抗病型菌肥）进行介绍。

1. 微生物氮肥

微生物氮肥，主要包括根瘤菌肥和固氮菌肥。这类肥料的功能主要为增加土壤氮素、促进农作物对氮素的吸收。其作用机制主要为微生物的生物固氮作用。常用的微生物为各类根瘤菌或自生固氮菌、联合固氮菌。

1）根瘤菌肥

根瘤菌肥，是以共生固氮菌为有效成分的一种微生物氮肥，应用于农、牧业中已有 100 多年历史，是研究最早、应用时间最长、应用最广泛、生产量最大、产品效果最稳定的微生物肥料。目前，在美国、巴西等大豆种植的主要国家，根瘤菌接种率几乎达到了 100%，而在其他豆科作物上，根瘤菌接种的应用也在逐步推广。

根瘤菌肥的作用机制是：根瘤菌可侵入特定的宿主豆科作物的根部，并与其形成根瘤结构，从而建立“豆科作物-根瘤菌共生固氮体系”（图 6-3）。随后，共生固氮体系可利用根际土壤中的氮气，通过生物固氮作用，将分子氮转化为氨。所产生的氨，还可不断被宿主作物的氨同化系统转化为谷氨酰胺等植物可利用的氮，并被输送至茎、叶等器官中。而此过程中产生的多余氮素，还能通过根瘤分泌到土壤中。因此，此类肥料的功能是可增强土壤氮元素的利用效率、增加土壤氮肥。据估计，借助于根瘤菌的共生固氮作用，平均每亩豆科作物可从空气中摄取 3 ~ 12 kg 的氮，这相当于 15 ~ 60 kg 硫酸铵（化肥）的肥效。显然，空气中的氮是可免费索取，并且“取之不尽用之不竭”的，故利用根瘤菌肥进行生产，不仅大大降低了生产成本和劳动量，还具有绿色环保的意义。

值得注意的是，根瘤菌肥尽管在总体上有效提升了豆科作物的生产效率、降低了生产成本、减少了化肥污染，但由于其对作物具有选择性——一种根瘤菌只能在特定的一种或几种豆科植物根部结瘤、固氮，故应用范围受到极大地制约。目前，某些根瘤菌肥只能用在一些特定种类的豆科作物上，而某些豆科作物也只能受用于一些特定种类的根瘤菌肥；将根瘤菌肥用于其他作物，特别是产粮主力军——禾本科作物（小麦、稻米、玉米、大麦和高粱等）上，暂时难以实现。

虽然非豆科作物的共生固氮问题还未突破，根瘤菌肥在豆科作物生产中的潜能也还未被充分释放，但这也意味着，根瘤菌资源大有研究和开发的前景。

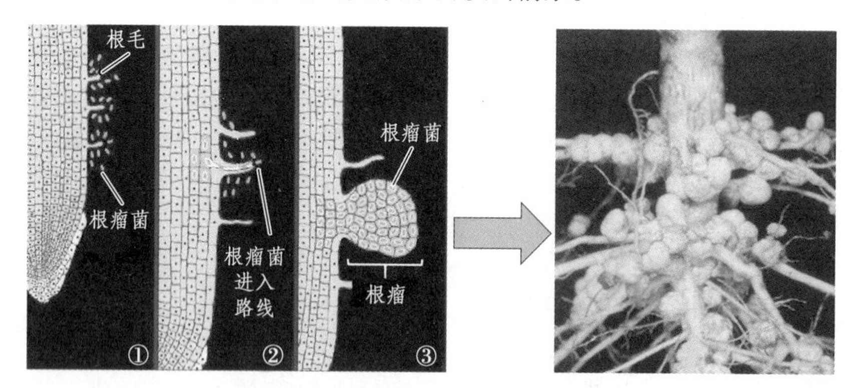

图 6-3　根瘤的形成

2）固氮菌肥

固氮菌肥，是由能进行自生固氮或能与禾本科作物进行联合固氮的微生物为有效成分的一种微生物氮肥（图 6-4）。

此类氮肥，最大的优点便是可用于非豆科作物（多为禾本科作物），没有明显的作物选择性（有的甚至可用于小麦、玉米、高粱、甘蔗、谷子等多种作物；但也有的为小麦专用或为水稻专用等），因此，应用范围相对较广。然而，其应用效果并不稳定，固氮效果比根瘤菌肥差（其固氮量仅有根瘤菌的几十分之一，甚至几百分之一）。

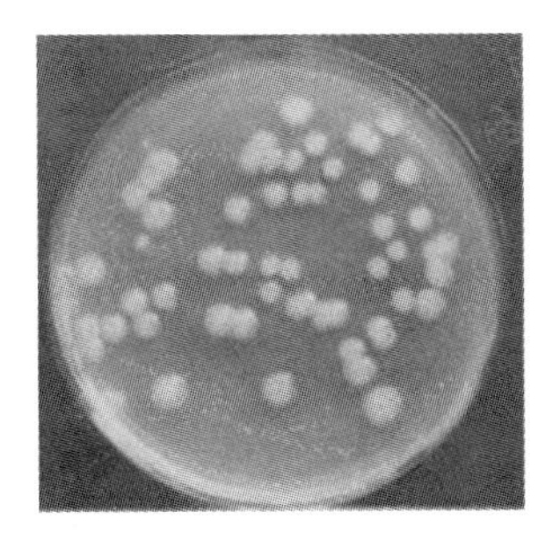
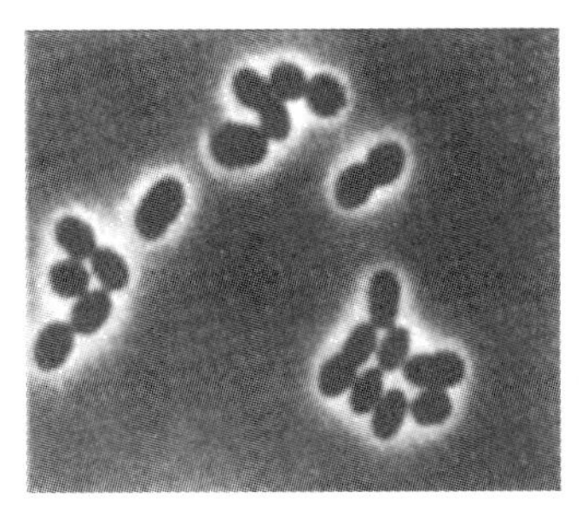

图 6-4　固氮菌肥中常用的微生物之一——圆褐固氮菌

固氮菌肥的固氮能力之所以较差，正是其作用机制决定的：首先，自生或联合固氮微生物均不能与宿主作物形成根瘤，故无法获得可保障其生长和固氮的稳定环境，其固氮作用极易受到环境变化的影响（特别是氧气和土壤中氮元素的含量）。其次，与根瘤菌共生的豆科作物，由于具有氨同化系统，能够把生物固氮产生的氨不断转化并运走，故根瘤内的氨浓度始终很低，不会对固氮酶系统造成毒害作用，固氮作用能一直不停地进行；但自生或联合固氮微生物，以及它们的宿主植物，均缺乏这样的机制，故这类微生物所固定的氮，在能够满足自身需求后，便无法再提高，这大大制约了生物固氮的产量。最后，自生或联合固氮微生物几乎不会把自身多余的氨分泌到细胞外，其固氮后生成的氨，只有在菌体死亡、自溶后被释放出来，才可被植物利用，这也严重制约了固氮菌肥的肥效。

可见，固氮菌肥尽管应用范围可能较广，但其固氮能力相对较差，易受环境因素影响，效果不稳定、肥效差。

然而，在实际生产中，固氮菌肥的使用仍展现出了明显的增产效果，并也得到了一定的认可。这是什么原因呢？研究表明，某些自生或联合固氮微生物，除了能进行生物固氮外，还能产生许多有利于植物抗病和进行生长发育的活性物质，如生长激素、维生素、氨基酸、抗菌多糖等，这些均有利于实现最终的增产。

2. 分解释放型菌肥

分解释放型菌肥，主要包括解磷微生物肥料和解钾微生物肥料等。产品功能主要为增加土壤中植物可利用磷元素或钾元素的含量。

1）解磷微生物肥料

磷是农作物生长发育必需的三大营养元素之一，然而，自然界土壤中 95%的磷为无效形式，植物很难吸收和利用。当缺磷严重时，在田间可见到水稻出僵苗、坐蔸，小麦形成小老苗，玉米果穗秃尖增多，果树花果脱落，薯类作物的薯块变小和耐储藏性变差。

可见，磷不可或缺，缺乏后将严重影响生产；土壤中也许本不缺磷，但却缺乏可利用的磷。

既然土壤中本不缺磷，实际上不需要额外施用大量含磷化肥，否则，不仅徒增生产成本，还可能造成严重的化肥污染。那么，可否通过一定的方法将土壤中不可被植物利用的磷分解释放出来，转变为可利用的磷呢？

解磷微生物肥料，正是基于上述认识才兴起和逐渐发展起来的。解磷微生物肥料，其有效成分是大量可解磷、溶磷的微生物（解磷微生物）活体，将其施入田间后，可提高土壤中可利用磷元素的含量，有助于实现农作物的丰收增产。目前，此类产品中的微生物多为芽孢杆菌、假单胞菌、硫氧化硫杆菌和霉菌等微生物中可解磷、溶磷的菌株。

解磷微生物肥料的作用机制为：解磷微生物可产生各类有机酸（如乳酸、柠檬酸、草酸、甲酸、乙酸、丙酸、琥珀酸、酒石酸、α-羟丁酸、葡萄糖酸等）或无机酸（如硝酸、亚硝酸、硫酸、碳酸等），这些酸性物质可降低土壤环境的 pH 值，从而使植物不可利用的难溶性磷酸盐转化为可利用的可溶性磷酸盐（图 6-5）；而解磷微生物产生的某些有机酸，还可螯合闭蓄态的 Fe-P、Al-P、Ca-P 等，使其释放有效磷供植物利用；此外，某些解磷微生物所产胞外酶，则可催化磷酸酯或磷酸酐等不可利用的有机磷转变为可利用的有效磷。有试验表明，与施用化学磷肥相比，使用解磷微生物肥料可使小麦增产 18%；当用解磷微生物肥料代替 50%～70%的化学磷肥时，玉米可增产 12%～14%。

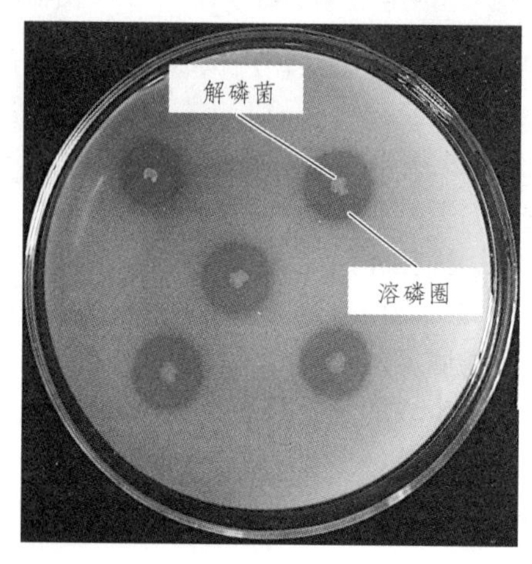

图 6-5　解磷微生物的解磷作用（图片由贵州师范学院化学与生命科学学院李剑峰博士提供）

图 6-5 所示的培养基中含有大量难溶性磷，当在培养基中接种解磷微生物并经过培养后，该微生物菌落周围会形成肉眼可见的一层透明圈，即为“溶磷圈”。

值得注意的是，解磷微生物肥料的研究和应用都较早，但发展不快，应用不普遍。原因是多方面的，包括：解磷微生物种类太多，解磷机制不尽相同，且都比较复杂，许多解磷微生物及其作用机制至今仍未被研究清楚；而此类产品施入土壤后，其中微生物的生长繁殖、消长动态和解磷作用的实际发挥效果等，均难以进行研究和彻底掌握；此外，土壤环境因素对解磷微生物的生长、代谢和解磷作用的影响，至今未能被详细阐明。这些均严重制约了解磷微生物肥料的开发和应用。

不过，大力发展绿色环保的解磷微生物肥料，仍对发展生态型农业具有重要意义，至少在减少化学磷肥的使用方面，具有重要的现实意义。

2）解钾微生物肥料

钾亦是农作物必需的三大营养元素之一。钾虽然不参与植物体组成，但其在植物代谢中发挥着重要作用，可促进植物生长发育，增强植株抗寒、抗旱、抗倒伏的能力，提高农作物的品质和产量。

然而，土壤里总钾量的 98%是难溶性钾，它们不能被植物直接利用。

因此，与解磷微生物肥料的兴起和发展类似，解钾微生物肥料也是在这样的背景下应运而生的。

解钾微生物肥料的作用机制，目前尚未被详细阐明，但同解磷微生物肥料相似，也是将植物不可利用的钾形式，转化为可利用的钾形式。即解钾微生物能对土壤中的云母、长石、磷灰石等含钾矿物质进行分解，使不可利用的难溶性钾转化为可利用的可溶性钾。而这种解钾作用，被认为与解钾微生物胞外多糖的形成、低分子量酸性代谢物（如柠檬酸、乳酸等）的产生等有关。

有研究表明，将此类肥料施用于各种喜钾作物，如甘薯、烟草、水稻、棉花和小麦等，均有显著的增产效果。另有研究表明，每亩施用 1 kg 解钾微生物肥料（约 6 元）的增产效果，与施用 15 kg 硫酸钾（约 48 元）或 30 kg 过磷酸钙（约 24 元）相当。

不过，与解磷微生物肥料相似，此类肥料同样存在着作用机制不明，在非缺钾地区或对非喜钾作物的施用效果不确定等问题。并且，此类肥料主要以胶质芽孢杆菌为主要菌种，其作用对象主要是钾长石（铝硅酸盐矿物质），因此，其也被业界认为是一种硅酸盐菌剂（肥），而非真正意义上的解钾微生物肥料。

3. 促生抗病型菌肥

促生抗病型菌肥，主要是以各种植物根际促生细菌为有效成分而制成的一种微生物肥料。该类产品的功能主要为促进农作物生长发育，并兼有调理土壤微生态环境、生物防治病害和降解农田污染物等功效。

植物根际促生细菌（Plant growth promoting rhizobacteria, PGPR），历来都是微生物肥料领域研究的热点。根际（Rhizosphere），是指受植物根系活动的影响，在物理、化学和生物学性质上不同于一般土壤的根系周围土壤。在植物根际，天然存在着大量微生物（图 6-6），其中 80% ~ 90%是中性微生物，8% ~ 15%是有害微生物，仅有 2% ~ 5%是有益微生物。但正是这些少量的有益微生物，对植物的生长发育起着关键作用。而这些有益微生物，便是 PGPR。

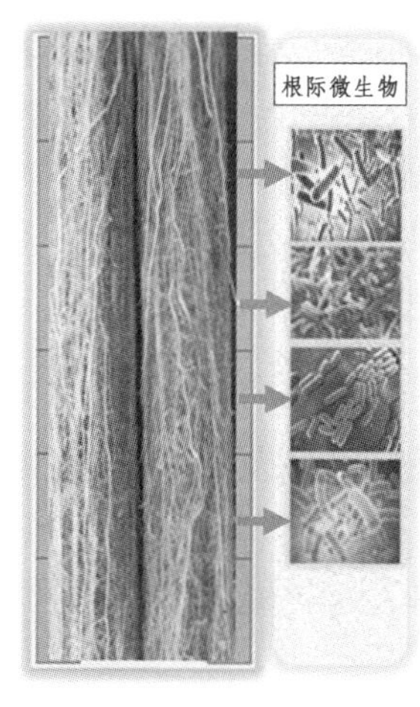

植物根际是微生物的乐土

植物根际解剖面

图 6-6　根际微生物示意图

PGPR 是一大类微生物的总称。在这些微生物中，既有可进行生物固氮的，亦有可分泌植物生长激素或抗生素的，还有可降解农田污染的，等等。但目前报道较多的植物根际促生细菌，主要为：气单胞菌、葡糖杆菌、巴西固氮螺菌、巨大芽孢杆菌、多黏芽孢杆菌，枯草芽孢杆菌、阴沟肠杆菌、荧光假单胞菌、恶臭假单胞菌、普城沙雷菌、普利茅斯沙氏菌、豌豆根瘤菌、三叶草根瘤菌、苜蓿根瘤菌、根癌农杆菌以及一些自生固氮菌等。

可见，PGPR实际上包含了上述微生物肥料产品中的某些微生物，因此，促生抗病型菌肥，或多或少也具有前述产品的一些功能，并且有着类似的作用机制。

促生抗病型菌肥的作用机制和功能为：通过 PGPR 分泌的植物激素或类似活性物质，可促进植物的生长发育，促进根系的生长，促进出芽作用，促进豆科植物的结瘤等；通过 PGPR 分泌的抗生素等抗菌物质、通过其大量生长繁殖后产生的优势菌群效应或通过其介导的诱导系统抗性（Induced systemic resistance），来抑制土壤有害微生物的生长；通过 PGPR 的联合固氮作用，向作物提供一定的氮元素；通过 PGPR 分泌的甲酸、乙酸、丙酸、乙醇酸、延胡索酸等有机酸，降低植物根际土壤 pH 值，使不溶性的磷转变成可溶性的磷，供植物吸收和利用；通过某些 PGPR 的降解性质粒所表达的降解性酶，将农田污染物进行分解。

目前，以 PGPR 为核心的促生抗病型菌肥已在农业生产中已取得了较好的应用效果，并且，其凭借多元化的功效，特别是可减少化肥和农药使用、减低农田污染等功能，还将在生态农业的建设中发挥更大的作用。不过，由于其成分比较杂，主体功能不明确，因此往往会导致消费者不明其用途，不易接受，或购买后难以合理使用，更难以使其效果有效发挥。更重要的是，其作用机理、最佳作用条件、是否具有作物选择性，以及应选用的菌种及菌种组合等，仍需要进一步加强研究，否则，其同样面临着使用效果不稳定、应用范围小等严重制约其发展的重要问题。

（二）微生物肥料的开发利用

目前，微生物肥料尽管存在诸如使用效果不稳定、对农作物具有选择性等缺点，但其在豆科作物生产中的广泛应用以及明显的增产和降低成本等效果，仍展现出光明的应用前景。特别是其所具有的绿色天然、无污染、可抗病害、可调节土壤微生态平衡、可降解农田污染物等诸多优势，都是未来发展生态型农业的重要依靠。

因此，对微生物肥料不断进行研究和开发利用是十分必要的，既要在此过程中通过大量试验和深入研究来有效解决当前存在的问题，更要进一步地进行推广应用，充分发扬其绿色环保的优势。

1. 微生物肥料开发的一般程序

微生物肥料的开发，其一般程序类似于其他微生物资源的开发，详情可见本书第五章第一节。此处仅针对一些具体工作进行必要论述。

生产微生物肥料所需的微生物，主要来源于土壤，尤其是目标施用对象的根际或其营养器官（根、茎、叶等）、繁殖器官（花、果实、种子等）等处。

在进行菌种分离、鉴定和筛选时，可依据预期产品功能，来开展有针对性的工作。如拟开发微生物氮肥，则需分离可进行固氮的微生物，可利用无氮培养基进行选择性培养，以快速、初步分离出目标菌。在分离解磷菌时，可通过三点接种法将疑似目标菌的所有分离株接种至含有难溶性磷酸盐（如磷酸钙等）的平板培养基上，再通过能否产生溶磷圈以及溶磷圈的直径（图 6-5），将目标菌初步分离、筛选出来。而在分离 PGPR 时，可同时对其促生长、抑菌、根际定植等性能分别开展工作，如可利用培养皿或营养钵种子萌发试验以初步验证其促生能力，抑菌圈试验以初步验证其抑菌能力，种子侵染与根部测菌试验以初步验证其根际定植能力，从而可将目标 PGPR 快速分离出。值得注意的是，由于土壤中微生物种类丰富，而具有固氮、解磷、促生等性能的微生物亦比较多样，故在分离时可能会获得致病菌，如假单胞菌、克雷伯氏菌或肠杆菌科菌等微生物中的一些致病性菌株。因此，在开展鉴定时，应将这些菌株淘汰。

而在进行应用研究时，应在实验室试验阶段先开展必要的科学研究，尤其要针对目前微生物肥料中存在的诸多缺点与应用受限问题，如具有作物选择性、作用机制不确定、环境因素对使用效果影响较大等问题开展试验和进行深入的研究，不可盲目、急于求成地进入小试和中试。待有了可靠的结果，便可按部就班地进行后续工作。相对而言，由于微生物肥料属于菌体类产品，不涉及代谢物发酵和下游工程等技术门槛较高的工作，故其工艺设计和实际生产相对容易进行。

2. 微生物肥料的生产

微生物菌肥的生产，既可采用液态发酵，也可进行固态发酵，其生产流程可见图 6-7，发酵车间与设备见图 6-8。

在进行菌种活化、扩大培养后，若采用固态发酵，则可使用扁瓶进行培养，待大量菌落长出后，可用无菌水将菌落刮下，制成菌悬液后再进行浓缩和后续工作。但目前，固态法已不适应大规模生产的要求，其发酵效率和对发酵原料的利用率均非常低，发酵周期长，容易造成污染，故基本不采用。

若采用液态发酵，因绝大多数肥料微生物都是好氧微生物，故可进行好氧通气发酵。培养基应选用廉价的农副产品为原料，可适当加入葡萄糖、酵母粉等。发酵温度和发酵周期应视菌种而定，但一般为 28 ~ 30 °C，24 ~ 72 h；接种量一般为 5% ~ 10%。

发酵好后，可通过离心或超滤的方法浓缩菌体，再用保护剂重悬菌体。若生产液体剂型微生物肥料，则可用菌悬液进行分装，适当加工后可包装、成品。但由于液体剂型不易保藏和运输，现已不大采用。若生产固体剂型，则可将高浓度菌悬液与吸附剂（如草炭、蛭石等）混匀进行加工，亦可采用冷冻干燥技术生产冻干粉。

微生物肥料的使用，无论是固体型，还是液体型，主要是将其在播种前先与作物种子进行混合，然后进行拌种，最后连同种子一起播种。

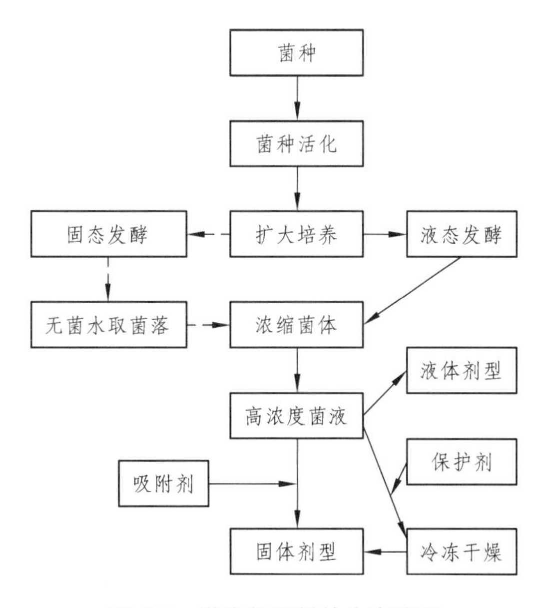

图 6-7　微生物肥料的生产流程

图 6-8 微生物肥料的发酵车间与设备

第二节 微生物堆肥

禽畜养殖业的高速发展，在满足了人们对畜禽产品需求的同时，却也不幸使得禽畜粪便造成的环境污染愈发严重。我国每年有 30 多亿吨畜禽粪便及大量有机废弃物产生，据估算，到 2020 年，全国畜禽粪便的排放量每年将达 42 亿吨。另有调查发现，90%的规模化养殖场缺乏必要的污染治理设施，周边环境已受到严重污染。而大量被乱堆砌、焚烧处理的农作物秸秆，更是由来已久的老问题，其所引起的污染及资源的浪费，难以估量。

常言道，“世界上没有真正的垃圾，只有放错位置的资源”。能否实现变废为宝？在治理污染的同时，又创造良好的经济效益？

实际上，大有可为。农作物秸秆和禽畜粪便都是“宝”。以畜禽粪便为例，其是一种多种有机物的复合体系，主要成分为可溶性有机物、蛋白质、脂肪、纤维素、半纤维素和木质素等。20 世纪 80 年代初期，日本等发达国家利用生物技术，以禽畜粪便作为原料，加入矿质肥和多种微生物后，制成了优质有机肥。微生物有机肥的应用，不仅成功替代了一部分化肥的使用，最大限度减少了因化肥施用而造成的土壤退化和环境污染，还有效解决了粪便的污染和资源的回收利用问题。这非常值得借鉴。

一、微生物堆肥的概念

堆肥（Composting），也叫微生物堆肥，其是以动物粪便、秸秆、落叶等为主要原料，并与少量泥土混合堆制，最后再经好氧微生物发酵而成的一类有机肥料（图 6-9）。

微生物堆肥中含有丰富的营养，如可供植物生长和生产之用的氮、磷、钾，以及各种有机质。尤其是后者，可提高土壤有机质含量，有利于促进土壤固体颗粒结构的形成，能增加土壤保水、保温、透气、保肥的能力。

可见，微生物肥料和微生物堆肥是有本质不同的：前者是属于微生物活菌体类产品，核心是“菌”，通过微生物的生命活动间接地向农作物提供养分；后者是属于微生物发酵物类产品，核心是“肥”，可直接向植物提供营养物。

图 6-9 微生物堆肥及其生产

二、堆肥的微生物发酵原理和过程

微生物堆肥的制作或生产过程比较简单，其最核心的环节便是发酵。微生物堆肥的发酵采用“好氧堆肥法”，其是一种好氧发酵外加固态发酵的方法。这不仅是生产有机肥的一种方法，更是有效处理畜禽粪便和其他固体废弃物、垃圾等的有效方法。

发酵原料中的有机物料在微生物的作用下，先被分解成无机物及简单有机物，这一过程又叫矿质化过程。矿质化过程中的中间产物可进一步脱水缩合成一些复杂、稳定的棕色大分子有机物，此过程称为腐殖化过程。并且，在堆肥发酵过程中，还可杀灭大量致病菌和寄生虫等有害生物。具体如下：

在堆肥的制作过程中，原料的 C/N 是在逐渐降低的。

在堆肥堆制的初期，主要是中温好氧性微生物的旺盛生长期，其可将堆积物中容易分解的有机物质（简单糖类、淀粉、蛋白质等）迅速分解，同时产生大量的热，逐步使堆肥内的温度升高。这时的微生物主要包括无芽孢细菌、芽孢细菌（如枯草芽孢杆菌、地衣芽孢杆菌和环状芽孢杆菌等）、根霉、毛霉、白腐真菌、嗜温性地霉菌等。

数日后，堆肥内温度可升至 50 °C 以上，对纤维素、半纤维素、果胶类物质具有强烈分解能力的嗜热性微生物（主要是真菌和放线菌），逐步代替中温性微生物。其中，嗜热真菌，如嗜热性烟曲霉、担子菌、子囊菌、橙色嗜热子囊菌等；嗜热放线菌，如嗜热链霉菌、单孢子菌、诺卡氏菌、普通嗜热放线菌等。

当温度上升到 60 °C 时，嗜热性真菌停止活动，但嗜热性放线菌仍然活跃，同时细菌中的嗜热性芽孢杆菌和梭菌成为优势种群。这时纤维素、果胶类物质继续被强烈地分解。如放线菌可以分解纤维素和木质素，其比细菌能够忍受更高的温度和 pH 值。尽管放线菌降解纤维素和木质素的能力并没有真菌强，但它们在高温期是分解木质纤维素的优势菌群。

随着微生物持续进行旺盛的代谢活动，使热量不断积累，堆肥温度可上升到 70 °C 以上，此时，大多数耐热性微生物开始死亡或进入休眠状态。但由于死亡菌体内的酶仍能继续发挥作用，故复杂有机质的腐解作用仍能持续进行一段时间。堆肥内的高温状况可维持数十天。

当纤维素、半纤维素及果胶类物质被分解将尽时，微生物的活动强度减弱，产热量减少，堆肥温度也逐渐降低。当温度下降到 40 °C 以下时，中温微生物将再次替代嗜热微生物，成为优势种类。这时可人为将堆肥压紧形成厌氧状态，抑制好氧性微生物的分解活动。再经过一段时间后，由于厌氧微生物的作用，堆肥物质就成为一种与土壤腐殖质类似的物质，即堆制成熟的微生物堆肥。

三、微生物堆肥开发

下面以取材较容易、生产过程较简便的畜禽粪便堆肥为例，介绍微生物堆肥的开发利用。

1. 堆肥微生物的分离

传统上，微生物堆肥的生产是采用自然发酵，即不经人工接种，而采用土著微生物（Indigenous microorganism）。但这已不适应现代生产的要求（如产量和发酵周期等），更无法有效保障产品效果的稳定性和质量。因此，可采用人工接种的方式进行发酵。许多研究表明，接种微生物堆肥菌剂可促进堆肥的发酵腐熟，缩短生产周期，保障产品质量，促进堆肥产品的无害化，并且还能增加原料的转化率，如菌剂中的某些微生物可分解羽毛等通常难以被土著微生物分解的物质。

发酵鸡粪所需的微生物，是由蛋白分解菌、纤维分解菌、酵母菌、光合细菌、乳酸菌等多种微生物组成。可从传统堆肥生产处，或未成熟的堆肥中将这些微生物分离出来。既可分别进行纯培养分离，也可进行混菌驯化培养。两种方法各具优势，前者有利于日后生产中的控制以及保障产品质量的稳定性，而后者具有菌群之间互生或共生所带来的协同效应，有利于更好、更彻底地完成发酵。

一般而言，发酵堆肥过程中涉及的微生物种类主要有：乳杆菌属、芽孢杆菌属、假单胞菌属、固氮菌属、微杆菌属、木霉属、曲霉属、白腐真菌、裂殖酵母属、链霉菌属和高温放线菌属等。这可于分离时进行参考。

2. 堆肥微生物的生产

如图 6-10 所示。可从养殖场处收集畜禽粪便等为原料进行堆肥的发酵。粪便在经过适当处理和干燥后，可采用“自然发酵+人工接种发酵剂”的方式进行发酵，这可促进堆肥的发酵腐熟，缩短生产周期，保障产品质量，促进堆肥产品的无害化，并且还能增加原料的转化率。菌剂的接种量一般为 0.1% ~ 5%，发酵周期一般为 14 ~ 21 d。值得注意的是，在接种菌剂时，还可加入适量的营养添加剂，以提高菌种的接种存活率以及活性。

腐熟后的堆肥即可进行后续加工。一般现代化的堆肥产品均采用颗粒型，而过筛或制粒后余下的废渣还可利用于制作粉状肥。在成品后，还要依据相关国家标准对产品进行质检，不仅包括常规的养分含量等，还应包括无害化检测（如致病菌、重金属以及有毒有害物质含量等）。

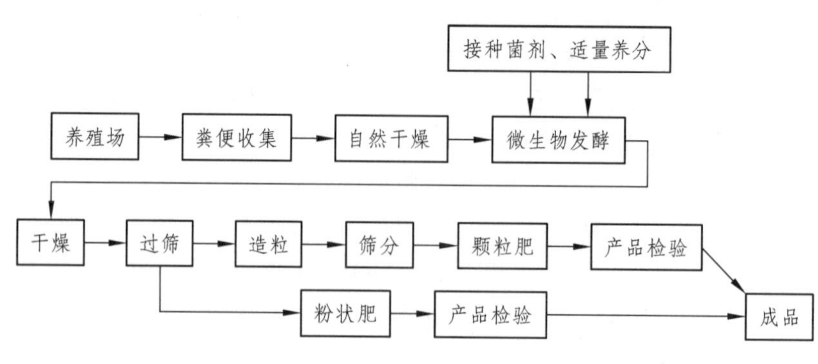

图 6-10　鸡粪堆肥的生产过程

课外阅读：农家肥

农家肥的开发，也能算作微生物资源开发的范畴。尽管这只是一种原始和初级的开发，但其也具有促进环境保护和加强资源有效回收利用的现实意义。

农家肥是农村中就地取材、就地积制的自然肥料的总称。它由含有大量生物物质、动植物残体、排泄物、生物废物等原料堆积发酵而成，包括堆肥、沤肥、厩肥、沼气肥、绿肥、作物秸秆肥、泥肥、饼肥等。

农家肥养分全。农家肥中含有大量种类丰富的有机质，经微生物作用后，可形成腐殖质类似物，能改良土壤结构，使其疏松绵软，透气良好。这不仅有利于作物根系的生长发育，而且有助于提高土壤的保水、保肥能力。

但农家肥肥效慢。若将农家肥和微生物肥料、化肥等配合施用，就能取长补短、互相调剂，充分发挥这几种肥料的作用。化肥可以供给微生物活动需要的速效养分，加速微生物生长和代谢活动，从而促进农家肥分解，并使其释放出大量的有机酸，有利于土壤中难溶性养分的溶解。

农家肥的种类主要有沤肥、厩肥、沼气肥、绿肥、作物秸秆肥、泥肥、饼肥和泥炭等。

第三节　微生物农药

尽管农药的发明和应用极大地促进了农业的发展，尤其是保障了农业生产的稳定性，避免了因大量病虫害而造成的农作物大面积减产，甚至绝收等问题，但是目前，化学农药的大量使用、滥用，已造成了严重的环境污染，并且还导致了农产品中有毒农药的大量残留。人类健康和环境质量都面临着极大的威胁。从排污型农业逐步转向生态型农业，既要保障农产品的产量，更要保障其安全性，已成为全人类的共识。

对微生物农药进行研究、开发和应用，也许有助于实现排污型农业向生态型农业的转变。

微生物农药（Microbial pesticide），又称生物农药，其是由微生物所生产的、具有防治病虫害或除杂草功能的一大类制品的总称。其主要包括微生物杀虫剂、农用抗生素和微生物除草剂等。

微生物农药具有绿色环保、专一性强、安全性高等传统农药所不具备的优势，是发展绿色生态型农业的理想选择农药（图 6-11）。将其应用于农田生物防治，极具前景。

图 6-11　绿色环保的微生物农药

一、微生物杀虫剂

植物虫害问题历来严重威胁农业生产，在我国，每年都会发生大量虫害的暴发和流行，导致农作物大面积减产，甚至绝收。

为保障生产的稳定性，同时也为保障农产品安全性和保护生态环境质量，绿色环保、极具应用潜力的微生物杀虫剂越来越受到关注和重视。

微生物杀虫剂（Microbial insecticide），是以能致病或致死农业害虫的微生物活体为有效成分的一种生防杀虫剂。其作用机制是利用产品中的杀虫微生物（Insecticidal microorganism）对特定害虫进行感染，再通过这些微生物的生长繁殖与代谢活动最终将害虫杀死，从而实现生物防治的功效。可见，微生物杀虫剂也属于微生物活菌类产品，必须借助微生物的生命活动来实现产品功能的发挥。

常见的微生物杀虫剂，主要包括病毒杀虫剂、细菌杀虫剂和真菌杀虫剂等。

（一）病毒杀虫剂

提及病毒，在人们的脑海中往往会浮现出许多令人恐惧和不安的画面：感染、疾病、死亡、天花、艾滋病、禽流感、埃博拉出血热……的确，病毒是一种感染性、致病性和致死性均非常强的生物，在历史上，由病毒所引起的传染病曾给予人类重创，并使人类留下了许多难以磨灭的痛苦回忆。甚至可以认为，病毒均是“有害”的。

之所以认为有害，是因为病毒是一种专性活细胞寄生型生物，它的生存，必是以损害寄主为代价的。但病毒却具有非常严格的寄主专一性，特定的病毒通常只能感染特定种类的寄主，这表明，病毒对非寄主是无害的。

既然病毒具有如此恐怖的致病性，又具有严格的寄主专一性，人类可否善加利用呢？比如说，既然是害虫引起了农作物“生病”，那可否让害虫也“生病”呢？

病毒杀虫剂正是基于上述认识而兴起和发展起来的。目前，已发现的昆虫病毒有1690多株，这是一笔宝贵的资源财富，应善加利用和开发。

1. 病毒杀虫剂的作用机制和特点

病毒杀虫剂的作用机制，可见图6-12。当病毒被喷洒至农田中后，可被农田害虫摄入。病毒则借机通过消化道感染其特定的寄主，并在寄主体内大量繁殖，最终导致寄主死亡。而新生的子代病毒还可继续感染新的寄主，并最终引发昆虫流行病（Epidemic disease），造成寄主害虫的大面积死亡。

1）病毒杀虫剂的优点

（1）致病力强。病毒繁殖能力极强，并可凭借自身不断的繁殖来放大作用效果。

（2）专一性强，安全可靠。病毒仅对特定的寄主害虫进行感染，不会感染人、动物和植物，以及害虫的天敌。

（3）使用量小，持久性强。理论上，少数几个病毒就可凭借自身的增殖而自动扩大剂量，并且，其杀灭害虫的同时又能产生大量的子代病毒，这些后代又可继续感染其他害虫，如此周而复始，理论上一次施用，就可永久发挥效果。

（4）扩散、传播能力强。由于病毒粒子微小、质量轻，故可以“随风飘扬”而到处散播，通常可引起寄主害虫的流行病。

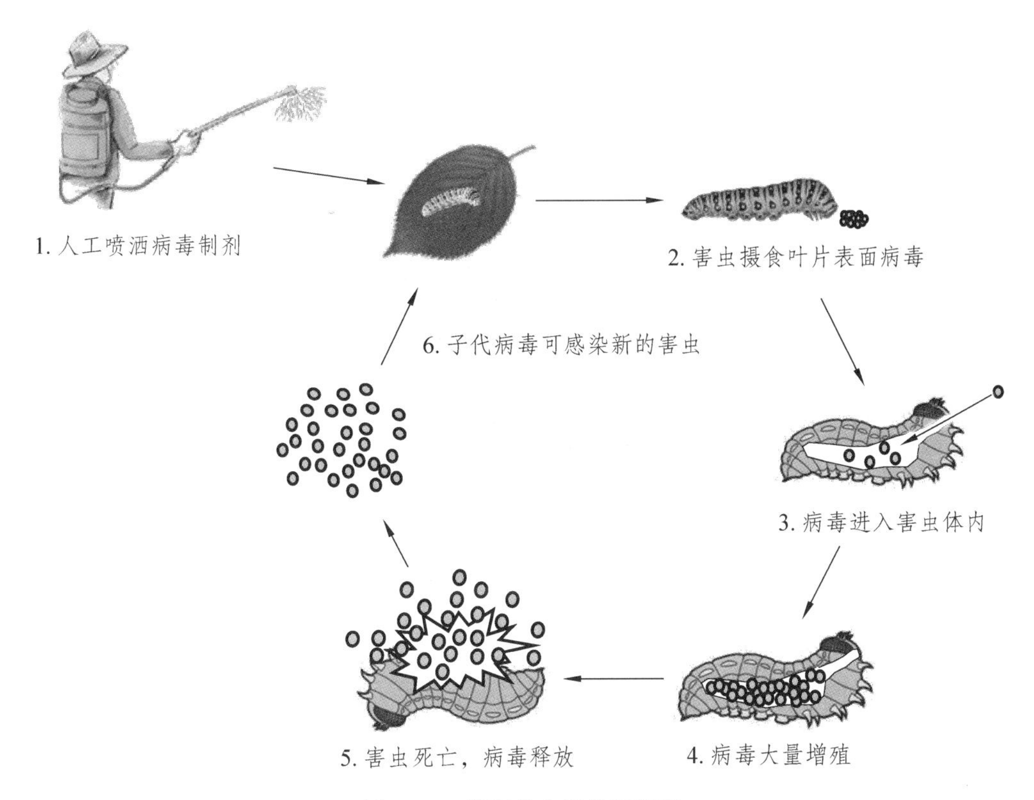

图 6-12　病毒杀虫剂作用机理

（5）不易受环境影响，抗逆性较强。相比于细胞型微生物，病毒不易受外界环境的影响，也不易在保藏和使用过程中失活。这不仅是因为病毒本身可获得其坚实的衣壳结构的保护，还因为大多数昆虫病毒都可形成包涵体（Inclusion body），其具有保护病毒免受不良环境影响的作用。

（6）绿色环保。杀虫病毒本就取自自然界中，而非人类化工合成，因此其具有绿色天然性。此外，病毒杀虫剂的生产和使用均不会造成环境的污染。

2）病毒杀虫剂的缺点

（1）杀虫谱较窄。由于一种病毒只能感染一种或少数几种害虫，故杀虫谱较窄。

（2）作用速度慢。尽管病毒的繁殖能力和致病性均比较强，但目前所分离的大多数杀虫病毒对害虫的致死时间一般要 10 ~ 20 d（化学农药几乎是立即见效）。

（3）易受紫外线灭活。尽管病毒对其他的环境因素都具有较好的耐受性，但紫外线或强光确是病毒的“天敌”。

（4）会产生耐药性。尽管与化学农药相比，害虫不易对病毒杀虫剂产生耐药性，但研究表明，害虫在接触低剂量的病毒后，经过 30 ~ 40 代的繁殖，仍会产生耐药性（化学农药一般为 15 ~ 20 代）。

（5）不易工业化大量生产。传统的病毒杀虫剂生产需要利用活体昆虫进行繁殖，这不仅劳动量大、生产周期长、成本较高，并且难以实现规模化生产。

2. 常见的杀虫病毒

常见的杀虫病毒，主要有核型多角体病毒（NPV）、质型多角体病毒、颗粒体病毒和 DNA 重组病毒等。

其中，开发和应用均比较成熟的是 NPV（图 6-13）。这也是一种被世界卫生组织和粮农组织推荐使用的杀虫病毒，具有杀虫谱广，对人、动物、植物和害虫天敌无害，杀虫效应具有流行性和持续性等诸多优点。我国已有棉铃虫 NPV 商品问世，棉铃虫的幼虫在食入 NPV 后，NPV 可侵染棉铃虫中肠的上皮细胞，受感染的棉铃虫将会因细胞病变而死亡。

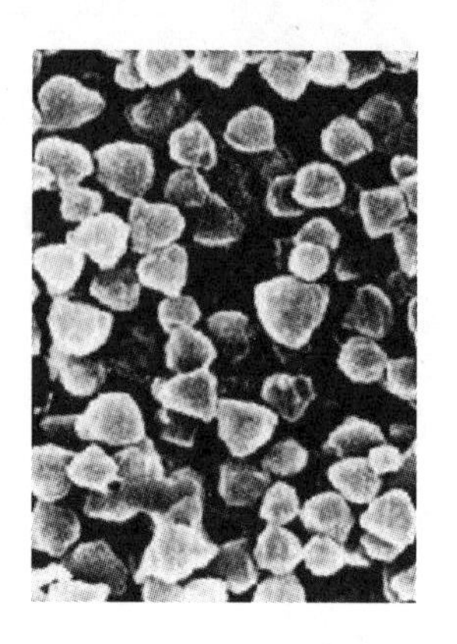

图 6-13　核型多角体病毒（NPV）

3. 病毒杀虫剂的开发和生产

在进行开发时，可依据病毒对寄主具有专一性，来分离杀虫病毒：一是可以从目标害虫虫体，特别是患病或死亡的虫体上采样进行病毒的分离；二是可从目标害虫泛滥之处的环境土壤、水体或农作物等处采集样品，并利用细菌滤器对样品进行过滤，再将滤液与目标害虫反应，从而可从被滤液致死的害虫体内分离到目标病毒。

关于病毒杀虫剂的生产，可见图 6-14。在生产时，既可采用“体内法”（利用寄主害虫的活体进行病毒的繁殖），亦可采用“体外法”（利用寄主害虫的离体细胞进行病毒的繁殖）。前者生产成本低、病毒遗传稳定性较好，但劳动强度大，容易污染，并且无法实现规模化生产；后者生产效率高、生产周期短、易于工业化控制、可规模化生产，但投资较高，技术门槛较高，且易发生病毒株的突变。

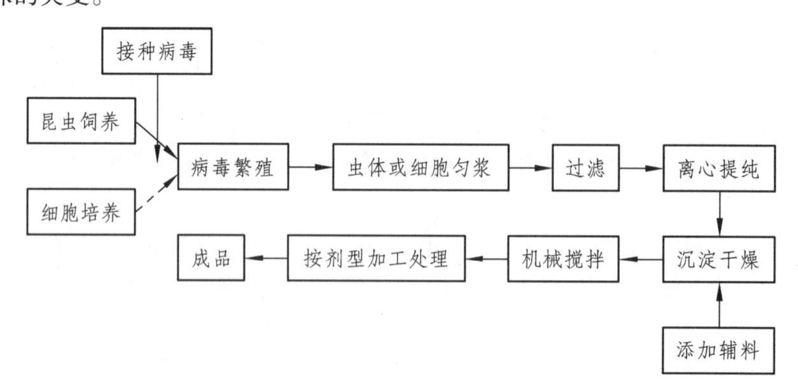

图 6-14　病毒杀虫剂的生产过程

值得注意的是，由于病毒杀虫剂的专一性较强，故其应用范围较窄。为扩大杀虫谱，除了可不断分离筛选新的广谱型病毒株以及进行育种或基因工程改造外，还可以通过将寄主不同的多种病毒进行复配和组合，从而实现产品杀虫谱的扩大。

（二）细菌杀虫剂

除病毒外，细菌也可用于生物防治农田害虫。实际上，细菌杀虫剂的兴起和应用要早于病毒杀虫剂，其也是目前工业化水平最高，应用最多、最广泛的一种微生物杀虫剂。

在目前已发现的 100 多种杀虫细菌中，已有 30 多种被商业化开发。常见的杀虫细菌主要有苏云金芽孢杆菌（Bt）、蜡状芽孢杆菌、地衣芽孢杆菌、球形芽孢杆菌、荧光假单胞菌和类产碱假单胞菌等。

其中，Bt 是目前商业化最好、应用最广的细菌杀虫剂。其产量可占微生物杀虫剂总产量的 80%左右，其制剂可用于防治 150 多种害虫，被广泛用于防治农、林、储藏害虫和医学昆虫等。

Bt 的杀虫机制可见图 6-15。其主要依靠 δ 毒素来完成对害虫的快速致死：δ 毒素存在于 Bt 的伴孢晶体中，当 Bt 芽孢被害虫摄入后，该毒素可造成害虫肠道的“穿孔”，进而使害虫肠道内容物、肠道中的 Bt 和 Bt 芽孢等同时被释放入血管腔，很快害虫便因患败血症而死亡。

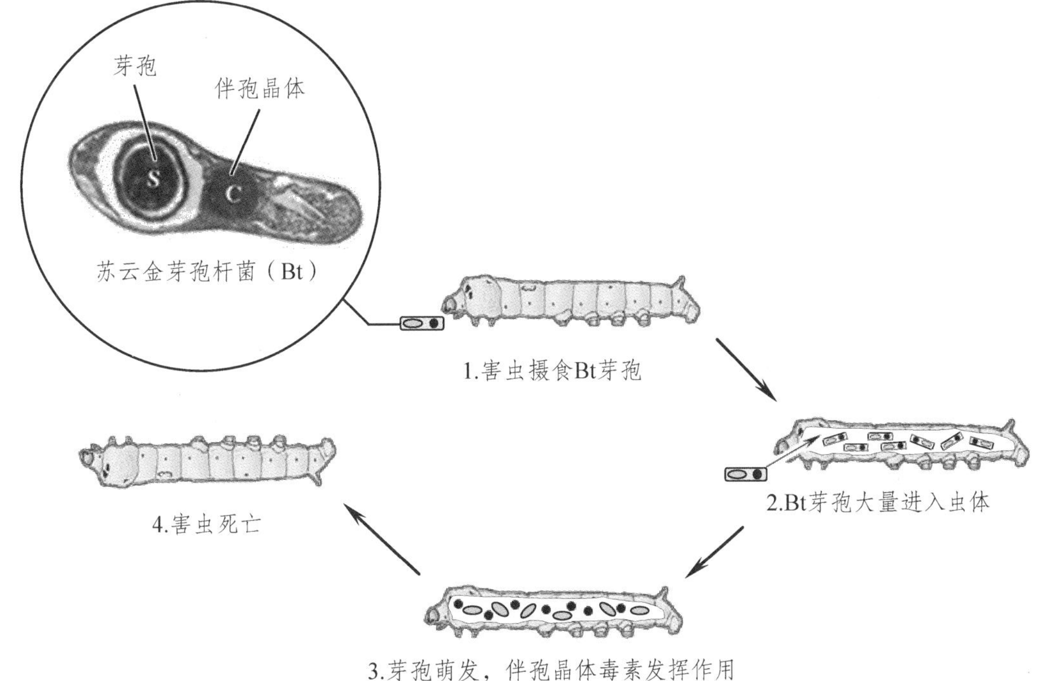

图 6-15 苏云金芽孢杆菌（Bt）作用机制

与病毒杀虫剂相比，细菌杀虫剂具有杀虫谱广、杀虫速度相对较快（产毒素类杀虫细菌）、易于保存（芽孢杆菌类产品）、易于工业化生产等优势，但其传播扩散能力差、一般不能引起寄主害虫的流行病，并且作用效果易受环境条件的影响（如 Bt 一般在 30 °C 以上才能很好地发挥杀虫作用），不能与杀菌剂混合使用。

关于杀虫细菌的分离，方法与杀虫病毒相似，也是通过从寄主或寄主周围环境的土壤、水体和农作物等处采样进行分离。而关于细菌杀虫剂的生产，以产芽孢类为例（图 6-16），目前，主要采用液态深层发酵来进行大量生产。产芽孢类杀虫细菌一般对营养要求不高，故使用一般的农副产品为原料进行发酵即可。但值得注意的是，产芽孢类细菌杀虫剂主要以芽孢而不是以菌体为有效成分，因此，在进行发酵时应适当延长发酵时间，以促使菌体老熟和产芽孢。当发酵液中芽孢形成率不再增加，并有 20%芽孢脱落时，一般就可进行收获；此外，还需在后续加工中尽可能滤除掉菌体，同时收集大量芽孢。

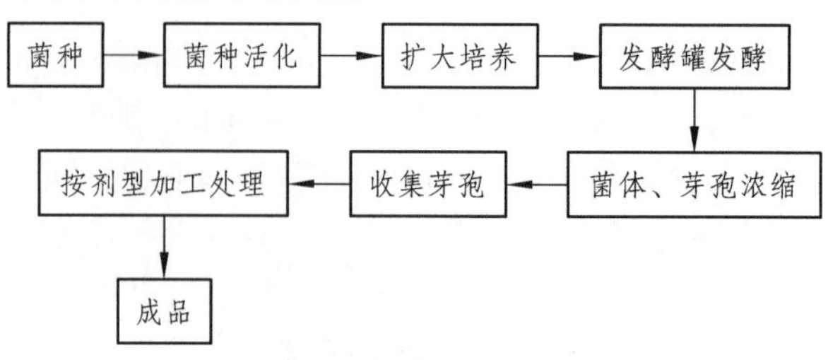

图 6-16　产芽孢类细菌杀虫剂的生产过程

（三）真菌杀虫剂

同样地，真菌（霉菌）也可用于农业害虫的生物防治。实际上，杀虫真菌是发现得最早的一种杀虫微生物，早在 19 世纪，人们就已发现了金龟子绿僵菌可感染奥地利金龟子的现象，并将其试验性用于杀灭象甲幼虫。尽管后来真菌杀虫剂的发展不如细菌杀虫剂，但不可否认，在所有昆虫病原微生物中，真菌是目前种类最多的微生物，约达 750 种。

这是一笔非常宝贵的微生物资源，值得大力开发。并且，杀虫真菌还具有其他杀虫微生物所不具备的优点：

（1）杀虫谱广。多数种类专一性不强，寄主较广泛，能防治多种害虫。

（2）感染途径多。除了通过消化道途径进行感染外，多数种类还可从害虫体壁、气孔等处进行感染；而杀虫病毒和细菌通常仅能从消化道进行感染。

（3）抗逆性强。真菌孢子具有较强的抗逆性，易于保存。

（4）可引起昆虫流行病。真菌孢子质地轻柔，比细菌芽孢易于传播和扩散。

（5）易于引种定居。即使无寄主可供寄生，杀虫真菌仍可独立进行腐生生活，这有利于种群的定植和延续；而病毒只能专性寄生，离体后无繁殖能力。

关于三种重要的微生物杀虫剂的比较，可见表 6-1。

表 6-1　三种重要的微生物杀虫剂的比较

杀虫剂类型	主要优点	主要缺点	资源与开发应用情况
病毒	1.专一性强，安全性高 2.包涵体抗逆性强 3.可引发昆虫流行病 4.用量小	1.杀虫范围较窄 2.需用活体或活细胞进行生产	1690 多株，许多已商品化
细菌	1.不少种类可产毒素，杀虫速度较快 2.杀虫范围广 3.芽孢抗逆性强，易于保存 4.易于工业生产	1.一般不可引发昆虫流行病 2.某些已产生抗性	100 多种，许多种类商业化程度较高，应用广泛
真菌	1.杀虫谱广且对某些害虫有特效 2.感染途径多 3.可引发昆虫流行病 4.便于引种定居 5.害虫抗性发展缓慢 6.孢子抗逆性较好	1.杀菌速度较慢 2.作用效果易受环境影响 3.不能完全实现深层液态发酵	750 多种，部分已批量生产

在各种杀虫真菌中，较常应用的主要是白僵菌、绿僵菌、拟青霉、曲霉、座壳孢菌、多毛菌、虫霉和镰孢霉菌等。

其中，白僵菌是发展历史较早、普及面积大、应用最广的一种杀虫真菌（图 6-17）。其主要用于防治玉米螟和松毛虫，但其寄主种类可达 15 目 149 科 521 属 707 种，还可寄生 13 种螨类；其杀虫机制主要为：白僵菌的孢子在附着于寄主害虫表皮后，可萌发并产生大量营养菌丝，这些菌丝可穿透害虫表皮并在其体内生长、吸取营养，同时，白僵菌还可产生大量毒素，导致寄主中毒。最终，在菌丝体的不断侵染和毒素的持续毒理作用下，害虫被杀灭。此外，白僵菌的部分菌丝还可穿出虫体外，并产生孢子，这些孢子可借风传播，继续感染新的寄主害虫（图 6-18）。

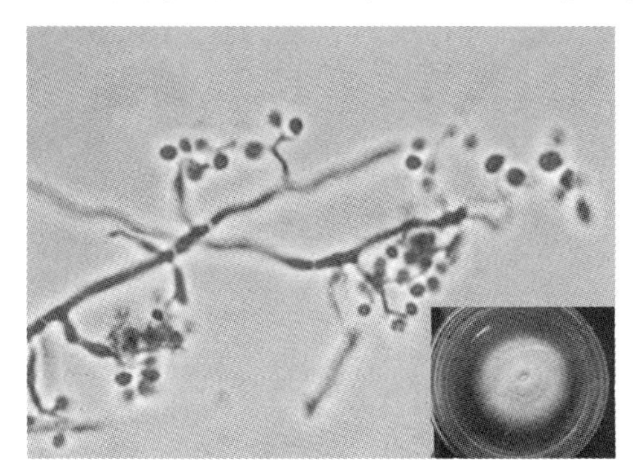
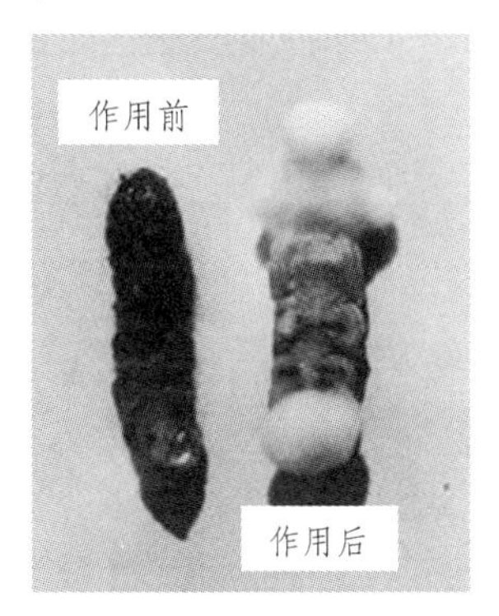

图 6-17　白僵菌（左）及其作用效果（右）

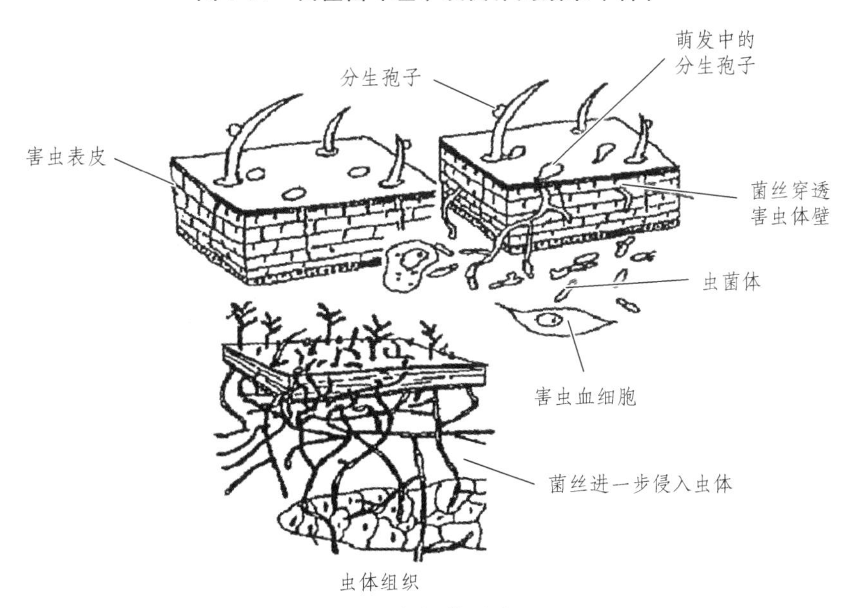

图 6-18　白僵菌杀虫机制

许多研究均表明，白僵菌在实际使用时不仅生物防治效果好，并且在田间存留时间长，可持续性发挥作用，这些均是其他大多数微生物杀虫剂难以比拟的。不过，其仍存在孢子萌发和生长繁殖极易受环境因素影响，使用效果不稳定，杀虫速度较慢等缺点。

关于杀虫真菌的分离，可参见杀虫病毒和细菌。而关于真菌杀虫剂的生产，由于其有效成分是孢子，故为收获大量孢子，必须进行固态发酵，否则，液态发酵仅能收获大量菌丝体和少量液生孢子。但纯固态发酵（传统曲盘发酵）不仅发酵周期长（15 d 以上）、产量低（10^9 个/g

左右），而且极易受杂菌污染，因此，目前大都采用较为先进的液-固双相发酵法进行真菌杀虫剂的生产（图 6-19）。该法主要是先通过发酵罐进行通气液态发酵，以快速产生大量菌丝体和液生孢子（或芽生孢子），然后再转至固体培养基上进行固态发酵，以产生大量孢子。此法可缩短发酵周期（约缩短至 10 d 以内），并且不易污染，孢子产量高（可达 10^{10} 个/g 以上）、质量好。

关于微生物杀虫剂的使用，一般都是将其进行适当稀释后，通过人工、机械或飞机在田间进行喷洒和使用（图 6-20）。

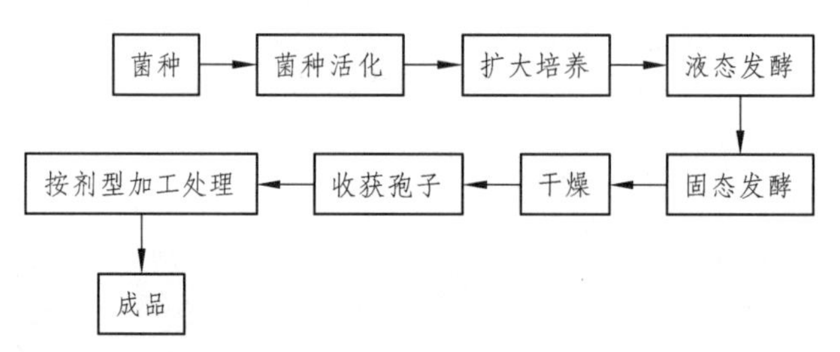

图 6-19　真菌杀虫剂的生产过程

图 6-20　各类微生物杀虫剂的使用

二、农用抗生素

利用微生物资源开发出新型、无污染的农用抗生素，亦是有效解决农业病虫害以及农田环境污染问题的一种策略。

农用抗生素（Agro-antibiotic），是一类由微生物发酵产生的、具有农药功效的抗生素。其按用途可分为杀菌剂、杀虫剂、杀螨剂、除草剂和植物生长调节剂等。相比于化学农药，其具有活性高、用量小、专一性强、毒性小、易被降解等优点。

我国是农用抗生素生产大国和应用大国，也是农用抗生素研究开展得较早的国家。从 20 世纪 50 年代起，我国就已开展相关研究和开发工作，在 20 多年里，陆续投产了赤霉素、灭瘟素、春雷霉素、多抗霉素和井冈霉素等产品。其中产量最大的是井冈霉素，其也是防治水稻纹枯病首选的、安全有效的药剂。2002 年底，我国微生物农药的年产量约 12 万吨，其中农用抗生素的产量达 8 万多吨，占总产量的 70%左右，可见其应用之广泛。目前，我国还在不断进行农用抗生素的研发，而俄罗斯、美国、日本等国，也都已把农用抗生素的研究列入了国家的重点规划。

尽管农用抗生素相比于化学农药具有诸多优势，但其本质上与其他微生物农药不同，仍是一种化学类农药，并且同样存在着细菌耐药性、对人畜有毒性和农产品残留性等问题。这些均需要不断开展深入研究与分离新生产菌种来加以解决，否则，农用抗生素仍有可能成为下一个化学农药。

第四节　微生物饲料

随着社会的发展，人类对于动物性产品的需求越来越大，这本是养殖业蓬勃发展的大好机遇。然而，农产品价格的上涨、疫病的大量暴发，已导致动物生产（Animal production）的成本越来越高，养殖业也屡受沉重打击、发展艰难。而消费者不仅需求难以获得满足，更还面临着由动物粪便大量滥排滥放、抗生素耐药菌株大量流行、人畜共患病大量暴发以及动物性产品有毒有害物质大量残留等问题所造成的一系列生存和环境危机。

尤其是由来已久的“人畜争粮”问题，不仅严重制约养殖业的发展，更使得消费者最终将为由此而引发的一系列问题买单。实际上，将许多精粮，如玉米、小麦、水稻、高粱和大豆等用作饲料，不仅是一种很大的浪费，而且还大大增加了饲料的成本。但目前，许多低廉的农副产品，如麸皮、米糠、各类饼粕等，因其消化率差、生物学利用效率低而无法大量应用于实际生产，更难以完全替代上述精粮。

饲料，是动物生长发育所必需的“食物”，更是进行动物生产的重要原料，其品质将直接决定动物性产品的产量和质量。而在动物生产中，饲料成本一般可占生产总成本的70%以上，可谓“牵一发而动全身”。

因此，寻找和开发廉价、品质好、非精粮的新型饲料，已成为共识。这不仅是解决上述问题的一种有效方法，更是消费者享用到大量价格低廉、质量和安全性均有保障的动物性产品的根本途径。而微生物饲料的研究和开发，也许将有助于上述问题的解决。

一、微生物饲料及其种类

微生物饲料（Microbial feed），是一类具有满足动物生产所需的营养，以及可提高饲料消化率、促进动物生长、增强动物免疫力或具有抗菌防病等功能的一大类微生物制品。

微生物饲料按其功能，可分为营养性类和功能性类。

（一）营养性类微生物饲料

这类饲料，主要功能是为动物提供生长发育和生产所需的各类营养物，如碳水化合物、脂肪和蛋白质等。其用量较大，一般可占动物配合饲料的10%~20%，即动物生产中常说的“大料”。

常见的营养性类微生物饲料，有以下几类：

1. 发酵饲料

发酵饲料，是利用自然或人工接种的方式，将青饲料、粗饲料、农副产品或废弃物等经过微生物发酵后而制成的一种饲料。

这类饲料在进行制作时，常选用各类农作物秸秆、青刈农作物、饼粕、糠渣、树叶、木屑以及畜禽粪便等廉价、低质的物质为原料。这些原料在经过微生物发酵后，可使原本含有的不利于动物消化的抗营养因子（Anti-nutrient factor）被有效去除，许多有毒有害物质、有害微生物等也可被去除，并且还可使原料变得酸香、味甜、质地熟软、适口性好、动物爱吃，最终使原料的营养价值大大提高。

从理论上讲，只要方法和工艺科学合理，微生物可把这些粗粮变成精粮，甚至能将常被焚烧处理的秸秆、废弃处理的粪便彻底地“变废为宝”。这不仅可大大降低动物生产的成本，还能有效解决“人畜争粮”问题，更为重要的是，还能大大降低环境污染和提高废弃资源的回收利用率。

然而，目前还无法完全实现上述理论，应用较多的发酵饲料也只是诸如青贮饲料、发酵豆粕、发酵米糠等传统饲料。这些传统发酵饲料在营养价值上还难以媲美精饲料，更难以完全取代精饲料。为实现真正意义上的“变废为宝”，还需加强对原料特性、发酵微生物种类及其作用机制的深入研究。不过，上述文字也表明：大力开发和发展发酵饲料，前景光明、大有可为。

2. 菌体饲料

菌体饲料，是利用微生物的菌体而制成的一种饲料。非病原性的细菌、酵母菌、霉菌、蕈菌和蓝细菌等，都可以作为菌体饲料的制作原料。

微生物细胞通常含有丰富的营养，并且易于生产（生产速度快、原料来源广泛、培养方式简单等），将其开发为饲料，历来是研究和开发领域的热点。

开发和应用较早的，是单细胞蛋白（Single cell protein, SCP）饲料，如酵母菌 SCP。酵母细胞营养丰富，易于生产，将其开发为 SCP 用于动物生产，可为动物补充大量廉价高质的蛋白质营养。特别是近代石油微生物学的发展，大量石油酵母被研究和描述。该类酵母可从石油工业脱蜡过程的废液中大量免费获取，不必额外进行生产，并且其营养丰富：蛋白质含量约占干重的 55%，超过豆饼、接近鱼粉；脂肪占 20% ~ 25%，能值很高；含有丰富的维生素和动物易于吸收的矿物质。这为廉价、高质饲料的开发以及资源的有效回收利用，又开辟了一条新途径。

而许多光合细菌，同样营养丰富，其干重粗蛋白含量通常在 60%以上，并且，还可以利用工业废渣、废液进行培育、生产，这既改善了生态环境，又可大量生产出廉价、高质的饲料。

总之，菌体饲料还有着很大的发展空间和应用潜力，目前，还有许多富含多不饱和脂肪酸的海洋微生物正待开发利用。不过，也应当清楚地认识到，大多数菌体饲料尽管营养丰富，但其主要是为动物提供蛋白质，无法提供大量能量；而动物生产中用量最大的实际上是能量饲料，通常可占配合饲料的 60% ~ 70%，并且多以玉米、小麦等易引发“人畜争粮”问题的精粮为原料。此外，菌体蛋白饲料尽管蛋白含量很高，但其消化率不高，并且氨基酸组成不平衡，动物的生物学利用率实际并不高。因此，仍有必要进一步加强研究和开发，既要不断分离新的生产菌种，也要结合人工育种和基因工程改造的方法来克服这些严重制约其应用的问题。

（二）功能性类微生物饲料

这类饲料，实际上是一类饲料添加剂（Feed additive）产品，其是添加于饲料中或配合饲料进行使用，本身不含营养物质，但具有提高饲料消化率、促进动物生长、增强动物免疫力或抗菌防病等功能的一类微生物制品。

常见的功能性类微生物饲料，有以下：

（1）饲用益生素。其是一种通过直接或配入饲料中进行饲喂，以改善和调理动物肠道微生态平衡，并具有促消化、促生长、预防疾病、除臭气等功效的活菌制剂。此类产品中常用的菌种有各类乳酸菌、芽孢杆菌和酵母菌。

（2）饲用酶制剂。其是一种通过配入饲料中进行饲喂，可提高饲料利用率的一类微生物酶制剂。

其作用机制是：利用微生物所产的各种酶，① 将植物细胞壁破坏，使饲料中原本难以被消化酶接触的养分被有效释放出来；② 消化饲料中难以被动物本身消化的大分子物质，以供动物吸收利用；③ 将饲料中不可被动物利用的矿质元素形式转化为可利用的形式，以提高矿物质的利用效率并可减少饲料中矿物质的添加量；④ 分解或转化饲料中的抗营养因子，以提高饲料的消化率；⑤ 补充内源酶，提高幼龄动物的消化能力等。

饲用酶制剂是一种极具前景的微生物制剂，其不仅可以提升饲料的利用率，还可以扩大饲料原料的选择范围，将原本用量很少或几乎不被使用的粗饲料等有效加以利用。因此，饲用酶制剂值得进行大力研究和开发（关于酶制剂的开发可见本书第七章）。

常用的饲用酶制剂主要有各类蛋白酶、脂肪酶、淀粉酶、糖化酶、纤维素酶、木聚糖酶、甘露聚糖酶、植酸酶以及复合酶等。

（3）抗生素饲料。其又叫饲用抗生素，是一种通过配入饲料中进行饲喂，能防控有害细菌并预防动物疾病、促进生长发育的一类微生物制剂，如金霉素、杆菌肽锌、硫酸黏杆菌素等。目前，由于抗生素的耐药性以及残留性等问题，国家已不提倡在饲料中使用，并且依据欧美等国的经验，下一步国家将很有可能禁止在饲料中添加任何抗生素。

（4）其他。如维生素饲料添加剂、真菌饲料添加剂等。

二、微生物饲料的开发利用

下面以青贮饲料为例，简述微生物饲料的开发利用。

青贮饲料（Silage），属于一种发酵饲料，其是将青刈作物（Soiling crop）经微生物发酵后所制成的一种饲料。其主要用于饲喂反刍动物，也可少量用于饲喂部分非反刍动物。

饲料原料在经过青贮处理后，比新鲜原料耐储存，营养物质利用率更高，并且适口性更好。

（一）青贮饲料的发酵原理和过程

青贮饲料的发酵，既可以采用自然接种，也可辅以人工接种。总之，在微生物的作用下，青刈作物中的可溶性碳水化合物转化生成乳酸、乙酸等有机酸，使青贮料的 pH 值降低，从而可促进动物对饲料的消化，抑制腐败菌生长、使饲料可长期保存，并使饲料变得酸香、味甜、质地熟软、适口性好、动物爱吃。

1. 发酵菌种

自然状态下，青刈农作物表面附生有大量的土著微生物，这是青贮发酵菌种最主要的来源。而来自土壤的微生物，或在作物收割、切割过程中带入的微生物，也都是青贮发酵的菌种来源。

尽管因作物和环境的不同，发酵菌种可能会有差别，但在青贮饲料的制作过程中，最主要的发酵菌种都是乳酸菌。尽管它们在自然界的植物表面含量非常少（一般 10^2 CFU/g），仅占细菌总数的 0.01% ~ 1%，但最终它们能通过自身的代谢活动成为发酵体系中的优势菌种。

常见的青贮乳酸菌，主要为植物乳杆菌、粪肠球菌、嗜酸乳杆菌以及其他乳杆菌属、肠球菌属和片球菌属的微生物等。

为提高发酵效率、缩短发酵周期，以及为有效调控发酵体系和促进粗纤维的转化，在青贮发酵时常进行人工接种青贮菌剂。青贮菌剂（Silage inoculant）主要由一种或多种乳酸菌为有效成分，同时添加有辅助剂，如营养添加剂、酶制剂或杂菌抑制剂等。实践证明，人工添加青贮菌剂可有效提高青贮饲料的品质，并能缩短发酵周期。

2. 发酵过程

青贮发酵，是一个复杂的、由多种微生物参与的生物质转化过程，根据微生物优势菌群及代谢活动的变化，一般将青贮过程分为 3 个阶段：

1）有氧呼吸阶段

在青贮初期，青贮窖内残留有少量空气，植物细胞可继续进行有氧呼吸，同时，发酵体系中的好氧或兼性厌氧微生物（细菌、酵母菌和霉菌等）也都竞争性利用氧气和植物表面的营养成分，快速地进行生长繁殖。

随着各种代谢活动的进行，青贮窖内氧气逐渐消耗，最后变成厌氧环境，植物细胞的呼吸作用和好氧微生物的代谢活动由此受到限制而终止。该阶段一般仅经历数小时。

2）发酵产酸阶段

当氧气被耗尽后，各种厌氧或兼性厌氧微生物，包括乳杆菌、肠球菌、梭菌和酵母菌等开始活跃。其通过竞争性利用植物表面的可溶性碳水化合物（主要是糖类）和其他营养物质而实现自身的快速生长。对于管理水平较高的发酵体系，乳酸菌将会迅速生长，并很快成为优势菌群，同时产生大量乳酸和乙酸，使发酵体系 pH 值迅速降低，从而抑制梭菌、酵母菌等腐败微生物的生长（图 6-21）。

此阶段乳酸菌的生长状况，将直接决定着青贮饲料的质量，故此阶段也是青贮发酵的关键时期。该阶段所需要的时间因青贮作物不同而有差异，一般经历几天至几个月。

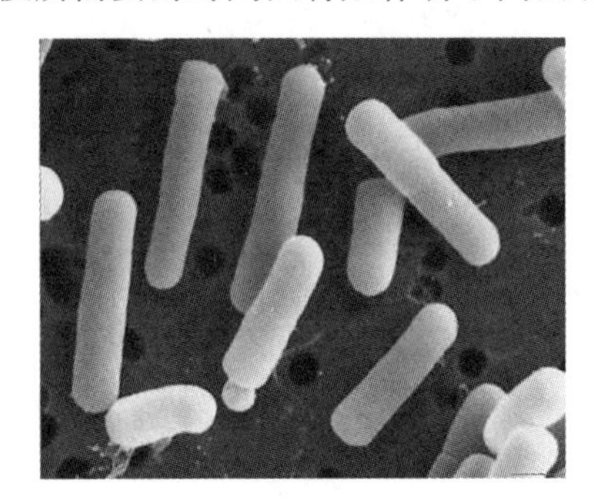

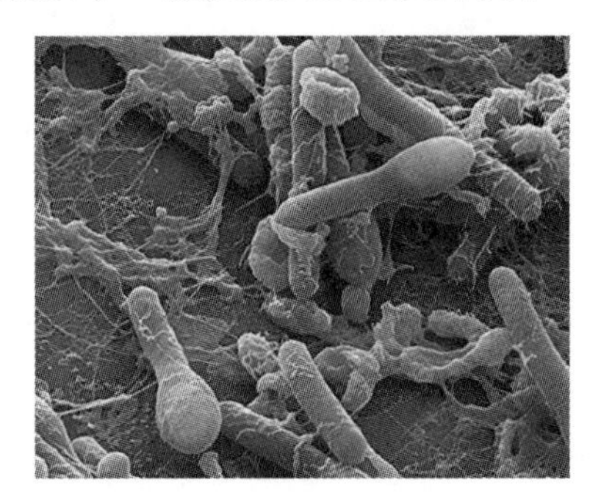

图 6-21　青贮发酵中的乳酸菌（左）和腐败梭菌（右）

3）稳定阶段

在经历了上一阶段后，存活下来的微生物种类已非常少，几乎全是产酸性和耐酸性很强的乳酸菌，如布氏乳杆菌，其在极低的 pH 值下仍能很好存活。存留的少量酵母菌，因缺氧而处于不活跃状态。而厌氧性杆菌、梭菌由于受到较低 pH 值的影响，多以芽孢形式存在并处于休眠状态。

此阶段，可溶性碳水化合物将被耗尽，部分植物性蛋白被植物或微生物酶分解成肽、氨基酸、胺和氨等。该阶段一般可维持几个月至一年，直到开窖收获为止。

3. 青贮饲料的生产

青贮饲料的生产过程比较简单，可见图 6-22。

首先，原料的选择尤为重要。应适时进行收割（一般全株玉米应在霜前蜡熟期收割，收果穗后的玉米秸秆，应在果穗成熟后及时抢收茎秆；禾本科牧草以抽穗期收割为好；豆科牧草以开花初期收获为好），并控制好水分（玉米、高粱和牧草青贮的适宜含水量为 65% ~ 75%）。

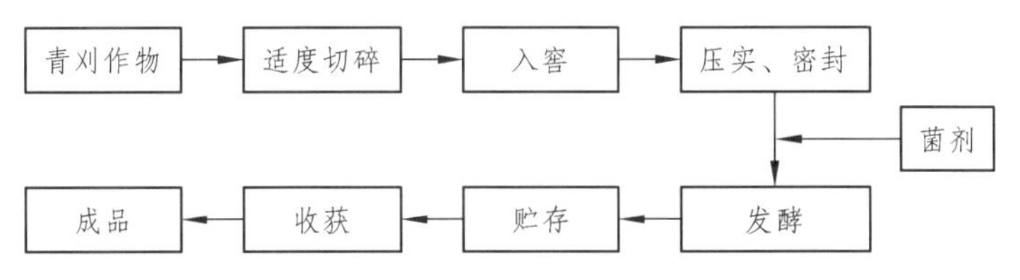

图 6-22　青贮饲料的生产过程

而切碎的程度，应按饲喂动物的种类和原料的特性来进行确定。玉米、高粱和牧草一般以 0.5 ~ 2 cm 为宜。

根据青贮设备的不同（图 6-23），可采用人工或机械的方法使原料压实。随后进行密封。如有必要，可人工接种菌剂。

地下式青贮池

半地下式青贮池

地上式青贮池

现代青贮塔

图 6-23　各类青贮设备

进行青贮发酵时，一般不需要进行过多的管理，只需定期检查密封效果和环境条件即可。

青贮饲料一般需要经过 40 ~ 50 d 的厌氧发酵后才可使用。开封取用后要妥善保存，注意防霉。

值得注意的是，在发酵过程中，乳酸菌的数量将是衡量青贮饲料酸化程度的指标，也是判断青贮饲料品质的重要依据。在发酵阶段，乳杆菌数量快速达到 10^9 ~ 10^{11} CFU/g，是生产高质量的青贮饲料的必要条件。而稳定阶段发酵体系的 pH 值，则是判断青贮饲料质量的另一个重要依据。高品质的青贮饲料一般要求 pH 值低于 4.2。

成品后的青贮饲料及其应用，可见图 6-24。

图 6-24　优质青贮饲料（左）及其应用（右）

第七章　工业微生物资源的开发利用

重点： 发酵、发酵生产、发酵工程、自然发酵、纯培养发酵、固态发酵、液态发酵、分批发酵、连续发酵、补料分批发酵的概念与联系区别；发酵生产的一般流程；微生物发酵的应用；微生物酶制剂的开发要点。

工业，是衡量一个地区现代化发展水平的重要指标，在国民经济中亦具有不可替代的重要地位。历史上，工业，尤其是化学工业——这位“点石成金”的“魔术大师”，为人类创造出了前所未有的巨大的财富，满足了人们越来越高的生活要求。尤其是从 20 世纪 50 年代起，石油工业的迅速发展极大地推动了化学工业的飞速发展，化学工业也正式步入以石油和天然气为主要原料的石油化工时代，并开启了新的辉煌，极大地推动了生产力的发展，满足了人们对高品质生活的产品需求。

然而，各种无机、有机污染，废气、废水和废渣也随之而来。1953—1979 年间，日本熊本县水俣湾地区，化工污染导致了“水俣病”的暴发，受害人数高达到 1004 人，死亡 206 人。而大量化工废气的排放，更是导致了“温室效应”现象、“雾霾”以及酸雨的大量出现。另有报道称，至 2050 年，全球塑料垃圾将超 130 亿吨！这些由化工生产而带来的“白色污染”，人类将如何应对？

也许光靠人类自身是无法解决这些问题的。庆幸的是，人类有一位最亲密的伙伴——微生物。

微生物学家早就预言：对于每一种自然界中的化合物，总存在一种微生物能合成和分解它。而应用微生物学家 Perlman 也认为：微生物比任何化学家、工程师更机灵、更聪明和精力充沛。的确，微生物具有非常卓越的生产性能，它们生产效率高、生产周期短，原料来源广、产物种类多，节约土地、能有效利用空间，最关键的是，利用它们进行生产：条件温和、能耗低，不产生“三废”，可谓安全、节能、环保。

如今，微生物已被大量应用于工业生产，许多原来必须依靠化工合成才能生产出的产品，现在大都可以利用微生物进行发酵生产，如乙醇、丁醇、丙烯酰胺、环氧化合物、乙烯、异丁烯、丙酮和甘油等。而传统的发酵生产，如各类有机酸、醇类、抗生素、酶制剂、活菌制剂、氨基酸、维生素等发酵，也已在发酵工程学技术的不断发展中，取得了产量和质量的极大提升，其产品也被大量应用于农业、工业、医药、食品、环保和能源等领域。而随着基因工程技术的应用，微生物还可生产许多外源基因产物，如人胰岛素、生长激素、干扰素、乙肝疫苗、白细胞介素等，这再次提升了微生物的应用价值。

未来，大力研究和开发工业微生物资源，并将其应用于生产，不仅能满足人类对高品质生活必需品的追求，更能使人类走向一条节能、环保、资源可回收利用的工业化发展新道路。

第一节　工业微生物资源与发酵生产

工业微生物资源（Industrial microbial resources），泛指可用于工业化生产的微生物资源。

而要有效利用微生物资源进行工业化生产，就必须要利用发酵工程学的原理和技术，进行现代化的发酵生产。

发酵生产（Fermentation production），是利用微生物群体的生长代谢来批量加工或制造产品的过程。现代发酵生产，具有能耗低，反应条件温和，原料来源广泛，易于调控，产量大，周期短，无污染等诸多优势；并且其产品种类非常丰富，如有机酸、醇类、氨基酸、维生素、抗生素、酶制剂、活性菌体、基因工程产品等，还可被用于农业、食品、轻工、医药、冶金、环保和高技术研究等领域。

因此，利用工业微生物资源进行发酵生产，具有巨大的应用潜力和广阔的发展空间。

一、发酵生产中的基本概念

1. 发酵与发酵工程

发酵（Fermentation）在微生物生理学中，是指底物脱氢后将脱下的氢直接交给内源性中间代谢物的一种生物氧化类型。而广义的发酵，则是泛指利用微生物的生命活动或其酶的催化反应，进行产品生产或执行某项任务的过程。

发酵工程（Fermentation engineering），是指利用生物细胞的特定性状，通过现代工程技术手段，在反应器中生产各种特定的有用物质，或者把生物细胞直接用于工业化生产的一种工程技术系统。其内容包括菌种的选育、最佳发酵条件的选定和控制、生化反应器的设计和发酵产品的分离和精制等。

在理解上，发酵、发酵生产和发酵工程的关系应当是：发酵泛指利用微生物进行一切生产，而发酵生产则是利用发酵工程的原理和技术进行规模化的发酵。

2. 自然发酵和纯培养发酵

自然发酵（Natural fermentation），或称混合发酵、混菌发酵、天然发酵，其是通过自然接种的方式，利用发酵原料中的本底微生物、土著微生物或其他自然来源的微生物进行发酵的方法。

纯培养发酵（Pure fermentation），或称纯种发酵，其是通过人工接种的方式，利用已知菌种的纯培养物进行发酵的方法。

在历史的长河中，人类很早便利用微生物进行发酵——自然发酵。大约 9000 年前，人类已开始利用谷物进行“酿酒”。直至后来我国许多的传统工艺，如生产酱油、醋、腐乳、泡菜等的工艺，都是自然发酵的典范。然而，进行这些发酵时所用的微生物，均是来源于原料本身自带的或在生产过程中无意识带入的——并非人工接种，而是自然接种。尽管它们种类和数量均未知，但都是利用自然环境变化规律，辅以人工创造适宜的条件而选择性培养出来的微生物菌群。可以说，它们既是未知的，却又是特定的。如在进行泡菜发酵时，人们通过创造厌氧的环境，将植物表面附着的乳酸菌选择性“培养”出来，最终，乳酸菌大量生长，不断产酸，抑制其他微生物而成为优势菌群，同时，泡菜也发酵成熟。然而，在此过程中，人们却只知乳酸菌，而不知是何乳酸菌（乳酸菌是一大类可产乳酸的革兰氏阳性菌，目前至少有18属，200多种）。

而纯培养发酵，则是在西方微生物生理学的高速发展下诞生的重要技术，其发明和应用是发酵工业历史上的一个重要转折点。现代工业发酵大多采用纯培养发酵，其大大缩短了发酵周期，并且产品纯度高、质量稳定。

关于自然发酵和纯培养发酵的比较，可见表7-1。在实际生产中，应结合生产目的和生产条件，来对二者进行合理选用。

表7-1　自然发酵和纯培养发酵的比较

类别	特点	主要优点	主要缺点	主要应用
自然发酵	1.自然接种 2.多菌种的发酵体系 3.菌种种类和数量不确定，但主要类群可确定 4.一般为常温发酵 5.不分阶段进行发酵	1.多菌共生，酶系互补，可提升发酵效果 2.工艺和设备简单，节能 3.不易受杂菌污染，即使污染，引起的危害较小 4.生产成本低	1.不易进行控制，产品质量不稳定 2.发酵周期长 3.副反应多，产品成分复杂 4.难于规模化和工业化	对风味要求较高的发酵食品（白酒、酱油、醋、腐乳、豆豉、酱料等）的生产
纯培养发酵	1.人工接种 2.一般为单一菌种的发酵体系，但也可多菌发酵 3.菌种种类和数量均能被确定 4.严格控制发酵条件 5.分阶段进行发酵	1.易于进行控制，产品质量稳定 2.副反应少，产物单一且纯度好 3.发酵周期短 4.易于规模化和工业化	1.对设备和技术要求高 2.工艺复杂 3.受杂菌污染后，引起的危害大 4.菌种长期使用易衰退	对纯度要求高的产品（酶制剂、抗生素、氨基酸、乙醇、柠檬酸、益生素等）的生产

3. 固态发酵与液态发酵

固态发酵（Solid state fermentation），或称固相发酵、固体发酵，其是将菌种直接置于固体原料上，或将菌种与固体原料一同置于固体支持物（载体）上进行发酵的方法。一般包括浅层发酵、转桶发酵、厚层通气发酵等。

液态发酵（Liquid state fermentation），或称液相发酵、液体发酵、深层发酵，其是将菌种置于发酵罐或液体介质中进行发酵的方法。

固态发酵是一种传统的发酵方法，其主要应用于发酵食品的生产，特别是白酒酿造。而液态发酵，特别是液态深层通气发酵，则是现代发酵工业中进行大规模生产的主要发酵方法。

关于固态发酵和液态发酵的比较，可见表7-2。同样，在实际生产中，应结合生产目的和生产条件，来对二者进行合理选用。

4. 分批发酵、连续发酵与补料分批发酵

分批发酵（Batch fermentation），或称间歇发酵、单批培养，其是指在一个密闭的发酵体系内，一次性加入有限量的培养基，并一次性收获产品和发酵液，中途不与外界有任何物料交换的一种发酵方法。

表 7-2　固态发酵和液态发酵的比较

类别	特点	主要优点	主要缺点	主要应用
固态发酵	1.在固体介质中进行发酵 2.不需严格无菌 3.适合开展自然发酵	1.不依赖设备，设备简单，技术门槛低 2.能耗低，生产成本低 3.后期处理较方便 4.可产生特殊形态的产物（如孢子或子实体等）	1.不易进行控制 2.发酵周期长 3.原料利用率低 4.不易开展下游工程 5.难于规模化和工业化	发酵食品（白酒、酱油、醋、腐乳、豆豉、酱料等）、发酵饲料（青贮饲料、发酵豆粕等）、真菌杀虫剂、红曲等的生产
液态发酵	1.在液体介质中进行发酵 2.严格无菌 3.适合开展纯培养发酵	1.易于进行控制 2.发酵周期短 3.原料来源广泛，原料利用率高 4.易于开展下游工程 5.易于规模化和工业化	1.较依赖于设备，工艺复杂，技术门槛高 2.能耗相对较高 3.不能培养孢子或子实体	绝大多数微生物产品

连续发酵（Continuous fermentation），或称连续培养，其是指在一个半开放的发酵体系内，以一定的流速不断向发酵罐内添加新鲜培养基，同时以相同的流速排出发酵液，从而使发酵罐内的液量维持恒定的一种发酵方法。其又可分为单罐连续发酵和多罐串联连续发酵等。

补料分批发酵（Fed-batch fermentation），或称半连续发酵、补料分批培养，其是指在分批发酵过程中，以某种方式、某一时刻向发酵体系中补加一定量的培养基，但并不同时向外放出发酵液，只有在特定的时刻才放出的一种发酵方法。

分批发酵是目前较常采用的一种传统发酵方法；而连续发酵则是一种比较新的技术，多用于菌体细胞的发酵；补料分批发酵则是上述二者的结合。关于三者之间的比较，可见表 7-3。

表 7-3　分批发酵、连续发酵和补料分批发酵之间的比较

类别	特点	主要优点	主要缺点	主要应用
分批发酵	1.一次性投入物料，中途不再补料 2.一次性收获发酵液 3.发酵体系中的微生物将经历生长曲线上的所有时期	1.工艺和设备简单，技术门槛低 2.不易受杂菌或噬菌体污染 3.对培养基的利用程度较高 4.不易导致菌种退化 5.发酵液中产物浓度高，易于开展分离	1.人力、物力、能源消耗较大 2.生产效率低 3.生产周期长	一般的发酵皆适用，多用于厌氧发酵
连续发酵	1.连续补充物料 2.连续补料的同时收获发酵液 3.发酵体系中的微生物一般长时间处于指数期或稳定期	1.可以提高设备的利用率和单位时间产量 2.便于自动控制 3.可较好地保障菌种的旺盛生长和代谢	1.较依赖于设备，工艺复杂，技术门槛高 2.对培养基的利用程度较低 3.易发生污染 4.易发生菌种退化	多用于菌体生产

续表

类别	特点	主要优点	主要缺点	主要应用
补料分批发酵	1.中途适当补料 2.补料后不同时，但于特定时刻收获发酵液 3.发酵体系中的微生物一般可较长时间处于指数期或稳定期	兼具上述二者的部分优点	兼具上述二者的部分缺点	各类发酵皆适用，应用范围广

除上述外，发酵的方法还有好氧发酵与厌氧发酵，人工控制发酵与自动控制发酵，搅拌发酵与静置发酵等。

二、发酵生产的一般过程

现代发酵生产，主要是采用纯培养发酵和液态发酵，其过程主要包括菌种活化、种子扩大培养、发酵控制和产物分离等（图 7-1）。详细内容可参考本书第五章第二节“微生物资源利用的一般程序”。

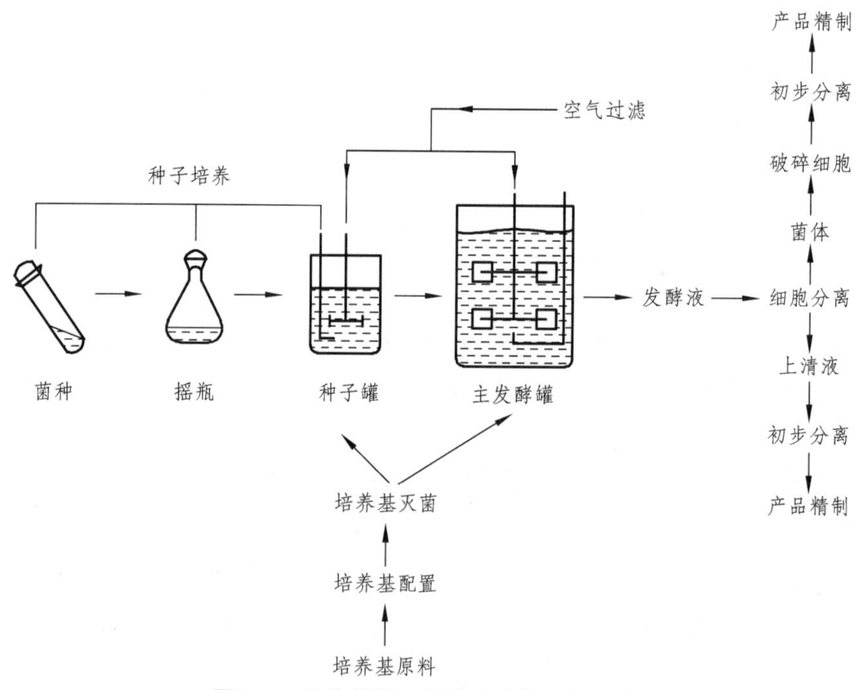

图 7-1　纯培养液态发酵生产的一般过程

第二节　微生物发酵的应用

微生物发酵的应用非常广泛：在医药领域，可利用微生物发酵生产抗生素、维生素、胰岛素、乙肝疫苗、干扰素和透明质酸等；在食品工业，可生产微生物蛋白、氨基酸、新糖原、饮料、酒类、食品添加剂、天然色素等；在能源领域，可生产乙醇、沼气等；在轻化工领域，可生产各种化工原料，如乙醇、丙酮、丁醇等；在冶金领域，可用于黄金开采和铜、铀等金属的浸提等；在农、牧业中，可进行微生物肥料、微生物杀虫剂和微生物饲料等的生产；在环境保护中，可对污染物进行降解或转化。

现举例对一些重要发酵进行介绍。

一、乙醇发酵

1. 乙醇及其用途

乙醇，商品名酒精，结构式为 CH_3CH_2OH，是一种具有特殊香味而又刺鼻的无色透明液体。

乙醇是非常重要的轻化工原料，300 种以上产品的生产均需要以乙醇为原料；乙醇也是重要的有机溶剂，其主要用于医疗卫生用品、药品、洗涤剂、工业加工溶剂、专用溶剂、稀释剂、表面涂料溶剂等；乙醇还是酒精饮品的基本成分，白酒、黄酒、啤酒、葡萄酒中均含有不同浓度的乙醇；此外，乙醇还是一种节能环保的新型能源，多年来，国内外都一直在致力于燃料酒精的开发。

2. 生产菌种

发酵法生产乙醇，原材料不同，对菌种的要求也不同。但菌种皆需要具备：营养要求不高，繁殖速度快、发酵能力强，较好的乙醇耐受能力、高渗透压耐受能力（利于浓醪发酵而产生更高浓度的乙醇），对杂菌抵抗力强等性能。

在生产非食用乙醇时，一般采用酿酒酵母，也可采用粟酒裂殖酵母、克鲁维酵母或运动发酵单胞菌（细菌酒精发酵，可见本书第二章第二节）等。而在生产白酒时，多以经自然接种而培养出的酒曲为菌种。

3. 乙醇的发酵生产

随着石油化工的迅速发展，利用化工法进行乙醇生产，产量很大，极大地保障了各行各业对乙醇的需求。但此法污染较大，并且所生产的乙醇中常夹杂着对人体有毒有害的物质，不能作为酒类、食品、医疗卫生品、香料等的生产原料。我国目前已大量采用微生物发酵生产乙醇，以替代传统化工法。

发酵生产乙醇，所采用的原料主要是各类富含淀粉的农产品，如玉米、稻米、马铃薯、甘薯和木薯等，还可采用含糖较高的加工副产品，如糖蜜等。

以酵母菌为菌种进行发酵法生产的主要原理和过程为：先利用淀粉酶对淀粉原料进行液化处理，使淀粉被分解为麦芽糖；再利用糖化酶进行糖化处理，使麦芽糖被分解为葡萄糖；随后，利用酵母菌的同型酒精发酵，将葡萄糖在厌氧状态下转化为乙醇。

此外，在上述过程中，可不必独立进行糖化，可边糖化边进行发酵。而若以含糖量较高的原料进行发酵时，可不必进行液化和糖化处理。

二、有机酸发酵

1. 有机酸及其用途

有机酸，是指一些具有酸性的有机化合物。最常见的有机酸是羧酸，其酸性源于羧基（—COOH）。目前，利用微生物发酵法生产的有机酸种类非常多（表 7-4）。

有机酸的应用范围非常广：在食品和饮料中，有机酸可作为酸味剂；在水果罐头、果冻、果酱中，有机酸可用于产品保色和防腐；在医药领域，柠檬酸及其钠盐是优良的抗凝剂，而葡糖酸钙则可用于人体补钙；在化学工业中，有机酸可用于洗涤剂脱锈；此外，有机酸还可用于化妆品、洗涤剂、显影剂、卷烟生产、纤维处理以及无毒电镀等。

表 7-4　由微生物发酵生产的常见有机酸

有机酸	主要生产菌
柠檬酸	黑曲霉、假丝酵母
葡糖酸	黑曲霉
乙酸	醋酸菌
乳酸	米根霉、乳杆菌属
α-酮戊二酸	假丝酵母菌
衣康酸	土曲霉、衣康酸曲霉
水杨酸	铜绿假单胞菌
丙酸	谢氏丙酸杆菌
丙酮酸	木醋杆菌、单胞杆菌
草酸	多种真菌
延胡索酸	黑曲霉
苹果酸	米曲霉、黄曲霉、寄生曲霉、短乳杆菌
酒石酸	无色杆菌
曲酸	米曲霉、黑曲霉
γ-亚麻酸	深黄被孢霉
二十碳五烯酸	高山被孢霉
二十二碳六烯酸	破囊壶菌科

2. 生产菌种

在柠檬酸生产中，以淀粉为原料时，主要以黑曲霉（变种）为生产菌种；以烃类为原料时，常用假丝酵母。在乳酸生产中，米根霉可生产纯度较高、杀菌效果强、人体可利用的 L-乳酸；而乳杆菌可生产 D-，D, L-或 L-乳酸。

其余可见表 7-4。

3. 有机酸的发酵生产

下面以应用潜力较大的二十二碳六烯酸的生产为例，简介有机酸的生产。

二十二碳六烯酸（Docosahexaenoic Acid, DHA），是一种可提高脑细胞活性、增强记忆力和思维能力、极具应用价值的多不饱和脂肪酸。其也常被加入婴幼儿食品中，以促进婴幼儿脑部的发育。传统上，深海鱼油是 DHA 的主要来源，但从鱼油中提取 DHA，不仅生产成本高、生产效率低、鱼腥味重，并且随着渔业资源的日渐紧缺，过度的捕捞还会造成生态的破坏。实际上，这些深海鱼体内之所以富含 DHA，原因在于它们常以富含 DHA 的微生物为食。破囊壶菌就是这种微生物之一。显然，利用微生物发酵生产 DHA，不仅效率高、周期短，更重要的是可在不进行过度捕捞、不破坏生态平衡的条件下，大量获得低成本的 DHA。

DHA 发酵法生产的主要原理和过程为：对破囊壶菌进行扩大培养后，入罐内发酵，使其快速产出大量菌体；待发酵结束，可通过离心以收集菌体；由于富含 DHA 的油脂主要存在于菌体细胞内，因此，可通过物理或化学的方法对菌体细胞先进行破壁处理，之后再采用萃取法、直接酯化法或超临界流体萃取法等将油脂提取出来；再利用低温结晶法、银离子络合法、分子蒸馏法或脂肪酶催化法等提取和纯化 DHA。

三、氨基酸发酵

氨基酸是一类含有碱性氨基和酸性羧基的有机化合物，其也是组成蛋白质的基本单位，具有十分重要的生理功能。

氨基酸用途十分广泛，在食品领域，其可用作甜味剂、酸味剂和鲜味剂等；在医药领域，其可为病人补充营养，还可用于降低血氨、纠正血浆氨基酸失衡、调节胃液酸度、治疗脂肪肝或消化管溃疡、改善脑出血后遗症、护发等；在农业领域，赖氨酸、蛋氨酸、苏氨酸等可用作饲料添加剂，为动物补充极易缺乏的限制性氨基酸。

传统的氨基酸生产方法主要是抽提法、酶法和化学合成法，这些方法不仅生产效率低，某些还会导致环境污染。目前，已有数十种氨基酸可采用微生物发酵法进行生产，如谷氨酸、赖氨酸、甲硫氨酸、异亮氨酸、苏氨酸等。

最经典的氨基酸发酵是谷氨酸发酵。谷氨酸（L-谷氨酸单钠盐）是味精的主要成分，我国从 1964 年开始采用发酵法生产谷氨酸，现年产量 160 多万吨，居世界首位。常用的谷氨酸生产菌，主要有谷氨酸棒杆菌、乳糖发酵短杆菌和黄色短杆菌等。

谷氨酸的发酵是一种典型的人工代谢调控式发酵，需通过调控培养基成分、发酵条件、细胞质膜通透性等方法对生产菌种进行“指挥”，才能收获大量谷氨酸。谷氨酸的生物合成途径大致是：葡萄糖经 EMP 途径或 HMP 途径生成乙酰-CoA，随后进入 TCA 循环，生成 α-酮戊二酸。由于谷氨酸生产菌多用营养缺陷型菌株（α-酮戊二酸脱氢酶活性丧失或弱化），此时，后续 TCA 循环被切断而封闭进行乙醛酸循环，使 α-酮戊二酸在 NH_4^+ 存在的条件下由谷氨酸脱氢酶催化而生成谷氨酸。

此过程中，尤其要控制好发酵体系的温度、pH 以及溶解氧、NH_4^+、磷酸盐和生物素的浓度，否则，不仅难以积累谷氨酸，还会因大量副反应而导致产物严重不纯。

关于谷氨酸的生产，其原料来源广泛，可用富含淀粉的谷物或含糖量高的糖蜜，也可用乙酸、乙醇、液体石蜡、尿素或氨水等。若以淀粉为原料，其生产过程大致如下：先通过酶解法将淀粉液化、糖化为葡萄糖，随后，将扩大培养后的生产菌种与发酵原料在发酵罐中进行液态深层通气式搅拌发酵，待发酵结束，先利用等电点法、离子交换法、离子交换膜电渗析法或旋转真空膜过滤法等提取谷氨酸，再加入 Na_2CO_3 溶液中和，生成谷氨酸钠，再经脱色、过滤、浓缩、结晶等即可制得成品谷氨酸钠——味精。

四、酶制剂发酵

酶制剂（Enzyme preparation），是指将各种来源的酶，经过提纯、加工后所制成的具有催化功能的一类生物制品。目前，已发现的微生物来源的酶近千种，已商业化的酶有几十种。这些微生物酶制剂，也已被广泛应用于农业、工业、食品和医药等多个领域（表 7-5）。

有关酶制剂的开发和生产详见本章第三节。

表 7-5　常见微生物酶及其用途

酶制剂	主要生产菌	作用原理及用途
α-淀粉酶	枯草芽孢杆菌，米曲霉	液化淀粉（乙醇、氨基酸、抗生素生产，酒类酿造、澄清果汁，纺织品退浆）
β-淀粉酶	芽孢杆菌	分解淀粉（制造麦芽糖浆）
糖化酶	黑曲霉、根霉	糖化淀粉（乙醇、氨基酸、抗生素生产，酒类酿造）
葡萄糖异构酶	放线菌	葡萄糖转化为果糖（甜味剂生产、制造高果糖浆）
纤维素酶	木霉、黑曲霉	水解纤维素（造纸、纺织、洗涤剂、饲料、果汁提取、中药加工、酿酒、酱油酿造）
半纤维素酶	木霉、曲霉	分解半纤维素（造纸、饲料、大豆提油、速溶咖啡生产、面包生产）
果胶酶	黑曲霉	分解果胶（造纸、纺织、酿酒、果蔬汁加工）
蛋白酶	霉菌、细菌、放线菌	分解蛋白质（皮革脱毛、明胶生产、洗涤剂、制药、生产蛋白水解物、肉类加工、酿酒、酱油酿造、甜味剂生产、鱼油脱腥）
脂肪酶	细菌、放线菌、酵母菌	水解脂肪（皮革脱脂、造纸、纺织、生产化工用品、饲料、制药、肉类加工、乳品加工、焙烤食品加工、植物油加工）
链激酶	链球菌	溶解血凝块（治疗静脉栓）
透明质酸酶	链球菌	水解透明质酸（治疗心肌梗死、处理水肿和渗出液）
尿酸氧化酶	芽孢杆菌	氧化尿酸（治疗痛风等高尿酸症）
L-天冬酰胺酶	大肠杆菌	催化 L-天冬酰胺合成（治疗白血病）
植酸酶	细菌、霉菌	分解植酸及其盐（动物饲料）

五、微生物多糖

微生物多糖（Microbial polysaccharide），是细菌、真菌、蓝细菌等微生物在代谢过程中产生的、对微生物有保护作用或特殊生物活性功能的大分子高聚物。

按照来源，微生物多糖可分为细菌多糖、真菌多糖、蓝细菌多糖和食用菌多糖等；按照化学结构，微生物多糖可分为同多糖和杂多糖；而从所处的细胞位置，可分为胞外多糖和胞内多糖，而胞内多糖还可再分为胞壁多糖和非胞壁多糖；若按照功能分类，微生物多糖可分为结构多糖和功能性多糖。

如今，微生物多糖在许多领域都具有重要的应用（表 7-6）。除了传统的作为食品、化妆品、纺织品等的生产原料外，许多具有生物学活性的食用菌多糖越来越受到关注。它们具有增强免疫力、抗癌、抗氧化、抗菌、抗病毒、降低血液胆固醇等功效，在医药保健领域有着巨大的应用潜力。

实际上，除了微生物多糖外，人类早已开始研究并开发动植物多糖。但利用微生物生产多糖，具有原料来源丰富、廉价，生产周期短，不受气候和地理环境条件限制，易于人工控制等优势，加上微生物多糖的潜在用途不断被揭示，因此，微生物多糖的开发和应用，比动植物多糖更具前景。

微生物多糖的发酵过程，主要是将生产菌经扩大培养后接入发酵罐内进行大规模发酵。若是生产胞外多糖，则以调控代谢和积累产物为主要工艺进行生产；若是胞内多糖，则以快速培养菌体细胞为主要工艺。发酵结束后，经过分离、提取、干燥等环节，便可获得纯度较高的微生物多糖，

表 7-6　常见微生物多糖及其用途

多糖	主要生产菌	主要作用原理及用途
黄原胶	野油菜黄单胞菌	增稠、悬浮、乳化、稳定作用（食品、医药、采油、纺织、陶瓷、印染、香料、化妆品等）
结冷胶	伊乐藻假单胞杆菌	增稠、稳定作用（固体培养基，食品加工等）
热凝胶	粪产碱杆菌	稳定、凝固、增稠作用（食品加工等）
生物絮凝剂	芽孢杆菌	产生絮凝作用（污水处理、冷却水处理、废水脱色等）
葡聚糖	肠膜明串珠菌	增强免疫力（医药、食品、化妆品等）
透明质酸	链球菌	润滑，调节物质扩散，调节血管通透性（美容、医药等）
短梗霉多糖	出芽短梗霉	成膜、成纤维、阻氧、黏结作用（医药、食品、化妆品、烟叶制造、农业种子保护、工业废水处理等）
海藻糖	酵母菌	保湿、保护细胞、保护生物大分子、降低表面张力（医药、美容、食品）
食用菌多糖	各类蕈菌	增强免疫力、抗氧化、抗癌、抗菌、抗病毒、降低血液胆固醇（医药、食品、饲料等）

六、其他重要发酵

（1）维生素发酵。维生素，既不参与细胞的构成，也不作为能量来源，但却在代谢过程中起着非常重要的调节作用。其是维持机体健康所必需的一类有机化合物。

目前，许多维生素都可以通过微生物发酵生产。例如，三孢布拉霉、链霉菌和黄杆菌等都可利用谷物原料发酵生产 β-胡萝卜素；酿酒酵母、产黄青霉菌、谷氨酸棒杆菌或假单胞菌等可生产生物素；黄杆菌、巨大芽孢杆菌、假单胞菌、普通变形菌等可生产维生素 B_{12}；丙酮丁醇梭

菌、假丝酵母、德巴利酵母或球拟酵母等可生产维生素 B_2；而点青霉、斜卧青霉或产黄青霉菌等可发酵葡萄糖生产维生素 C。

（2）化工原料的发酵生产。丙烯酰胺、环氧化合物、乙烯、异丁烯、丙酮、丁醇、甘油、2, 3-丁二醇、丁酸和丁醇等，都是极为重要的化工原料。传统的石油化工生产法，不仅“三废”排放严重，还可能加速石油资源的枯竭。目前，这些产品都可以通过微生物进行绿色、环保的发酵生产。如丁酸梭菌可利用淀粉厌氧发酵生产丁醇；酵母菌可利用葡糖糖生产甘油；青枯假单胞菌或基因工程大肠杆菌则可利用氨基酸生产乙烯。

（3）聚 β-羟基丁酸发酵。聚 β-羟基丁酸是一种天然高分子聚合物，其可作为生物可降解塑料的生产原料。目前，可利用真养产碱杆菌或基因工程大肠杆菌等以单糖为原料发酵生产聚 β-羟基丁酸。

（4）其他。例如，抗生素、基因工程药物、益生素、单细胞蛋白饲料、防腐剂等都可通过微生物发酵进行生产。

第三节　工业微生物资源的开发利用

——以酶制剂生产菌为例

由上可知，能应用于工业化生产的微生物资源非常多，受限于篇幅，下面以酶制剂生产菌为例，介绍工业微生物资源的开发利用。

一、微生物酶制剂

微生物酶制剂（Microbial enzyme preparation），是将来源于普通微生物或基因工程菌的酶，经过提纯、加工后所制成的具有催化功能的一类微生物制品。

实际上，最初的酶制剂，并不是用微生物进行生产，而是以动植物为原料进行提取法生产，如从牛胃中提取凝乳酶、胰脏中提取胰酶、血液中提取凝血酶或从木瓜中提取木瓜蛋白酶等。显然，这种方法不仅成本高、产量少、生产周期长、纯度和活性得不到保障，并且原料的利用率极为低下，常造成大量动植物活体的浪费。此外，由于动植物代谢类型和方式都比较单一，所产酶的种类不丰富，难以满足各行各业对酶功能性的要求。因此，在很长的一段时期内，酶制剂的研究和开发，进展极为缓慢。

直到 1894 年，日本的高峰让吉博士成功利用米曲霉生产出淀粉酶，大大推动了酶制剂的发展。此后，酶制剂的研究和开发工作进展迅速，并且，人们越来越认识到微生物酶制剂及其发酵法生产的诸多优势。

微生物酶制剂的优点如下：

（1）种类和功能多样。由于微生物的代谢类型和方式非常多样，因此，酶的种类和功能也非常多样。许多酶，甚至被微生物所“垄断”，如分解纤维素、木质素、石油、天然气以及许多难降解化合物等的酶。而随着基因工程技术的发展，微生物还能生产许多源于其他生物的酶。

（2）价格便宜，质量好。利用微生物发酵法生产，由于具有生产效率高、生产周期短、原料廉价等优势，故生产成本低，产品便宜；此外，纯培养液态发酵和发酵工程技术的应用，使得酶制剂的纯度和活力都得到了极大的保障。

（3）环境耐受能力强。微生物的环境适应能力很强，故它们的酶也具有较强的环境耐受能力。而许多嗜极微生物所产的嗜极酶，更是在各种极端环境下仍能保持较高的活力。

目前，许多微生物酶制剂都已被广泛应用于各行各业（表 7-5），甚至在许多领域，离开了酶制剂几乎“寸步难行”。随着社会的进一步发展，在人类追求高品质生活的要求下，在加强资源可回收利用的鞭策下，以及在减少排污和改善环境质量的压力下，生产业将不断迎来革新，而微生物酶制剂作为一种非常重要的生产工具，将乘着这股改革浪潮不断向前发展，因此，不断研究和开发微生物酶制剂，将大有可为、前景光明。

二、酶制剂生产菌的开发利用

酶制剂生产菌开发利用的一般程序，可参见第五章“微生物资源开发利用的一般程序”，下面针对具体工作，就一些要点进行论述。

1. 菌种分离

由于酶具有专一性，因此，可利用这一特性开展样品的采集工作。一般而言，存在目标酶作用底物或潜在作用底物的环境，便是目标酶生产菌首选的采样地。例如，若需分离淀粉酶生产菌，可从粮食加工厂、食品厂、饭店等周围环境土壤或排污管道污泥中进行采样；欲分离纤维素酶生产菌，可选择森林枯枝落叶层、腐木富集之处。此外，如目标酶为嗜极酶，则可于极端环境下进行样品采集。在这些极端环境中，自然栖息着的微生物往往具有不同寻常的生存机制，有很大概率能发现新酶或具有特殊稳定性的酶。PCR 技术中常用的 Taq DNA 聚合酶，便是源自美国黄石国家公园 100 °C 热泉中的水生栖热菌。但值得注意的是，此类微生物可能不易开展人工培养。

在之后的富集培养和分离纯化时，都应当向培养基中加入目标酶的底物，以此来提高选择强度。而在分离和初步鉴定时，要利用好各种平板培养基上的颜色反应或水解圈来挑选出目标菌。如蛋白酶生产菌可形成蛋白酶水解圈、淀粉酶生产菌可形成淀粉变色圈、纤维素酶生产菌可形成纤维素水解圈等。值得注意的是，若是胞外酶生产菌，可直接将其接种于“底物培养基”上进行颜色反应或水解圈的测试；若为胞内酶生产菌，则必须将其细胞破碎离心后，再取含酶的上清液进行测试。

在所产酶的性质和性能大体相同的情况下，应选择胞外酶生产菌及其胞外酶。这是因为，与胞内酶相比，胞外酶具有以下优点：① 便于回收，不必破碎细胞，也不必进行去除核酸、细胞内容物等工作；② 不会在细胞内大量积累而受到“饱和”效应限制，容易得到较高的酶产量；③ 活性显现的最适条件，与产酶菌株的最适生长条件往往一致，这有利于菌株在最适生长温度下进行发酵的同时，提高酶的产量并保障酶的活性不受影响。

2. 酶制剂的生产

酶制剂的生产过程可见图 7-2。在酶的发酵阶段，也是将生产菌先进行活化、扩大培养，再接入发酵罐内进行发酵（亦可采取固态发酵，并在发酵后采用浸提等方法从发酵醪中收集胞外酶或细胞）。在液态发酵时，可采取调控培养基成分的方法，特别是添加诱导物的方法，来对生产菌进行代谢调控，以获取较高的酶产量。这是因为酶制剂中的酶，尤其是各种分解酶，几乎都是诱导酶，适当添加诱导物，可促进酶的合成。如在利用木霉发酵生产纤维素酶时，加入槐糖可诱导纤维素酶的大量合成。但值得注意的是，所添加的诱导物应是诱导酶的天然底物类似物，而不应是天然底物，否则，可能会引起分解代谢物阻遏效应，以至于酶的合成受到严重阻遏。

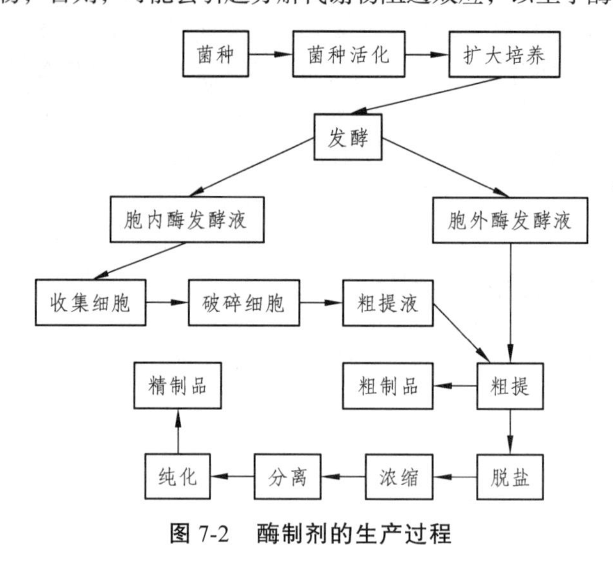

图 7-2　酶制剂的生产过程

发酵结束后，若是胞外酶，则可直接收集发酵液进行酶的粗提；若是胞内酶，则需收集生产菌细胞，并在将其破碎后对酶进行回收。

酶的粗提，可采用盐析、有机溶剂沉淀（如乙醇沉淀）或直接喷雾干燥等方法，如此，便能制得酶制剂粗制品。在工业生产中，对酶的用量一般都很大，纯度要求也不高。因此，若是生产工业酶制剂，则可将这一粗制品在适当加工后，包装成品即可。

而其他用途的酶制剂，往往要求精制。可采用透析或凝胶过滤等方法对粗制品进行脱盐，采用超滤、凝胶干燥或离子交换浓缩等方法进行浓缩，采用离子交换层析或凝胶色谱层析等方法进行分离，最后可采用亲和层析或等电聚电等方法进行纯化并获得酶的结晶。

第八章　食品微生物资源的开发利用

重点： 发酵食品、食用菌的概念；发酵食品特点和种类；发酵食品中的常用微生物；曲的概念；制曲的一般过程；常见发酵食品的生产过程；食用菌的应用价值、一般开发过程和生产过程。

民以食为天，食品不仅仅是人类生存繁衍的必需品，随着经济和社会的发展，“美味”更成为高品质生活中不可或缺的元素。

实际上，我们极富智慧的祖先，早就懂得利用微生物来产生美妙的味道，如面包、酸奶、腐乳、火腿、酱油、醋、白酒。从谷物到蔬菜、乳类、豆制品和肉类，任何食材，仿佛经过微生物魔术师般的手法后，都能变得更加别具风味。

而这些发酵食品，除了风味独特，还含有丰富的营养，并具有一定的保健功效。例如，腐乳中含有丰富的蛋白质、氨基酸、钙和维生素等，而酸奶则具有促进消化、调理肠道菌群、降低胆固醇、防癌等功效。此外，某些食品在经微生物作用后，原本所含的有害因子可被去除掉。例如，一部分人群患有乳糖不耐症，不能完全消化乳糖，他们在大量饮用牛乳后，常发生腹泻等症状；但牛乳在经微生物发酵后，乳糖可被分解为乳酸，当这类人群饮用这种发酵过的牛奶——酸奶时，不再会出现乳糖不耐症。

除上述发酵食品外，白酒、黄酒、啤酒和葡萄酒等酒精饮料，酱油、食醋、味精和甜面酱等调味剂，也都是微生物的“杰作”。它们不仅丰富了人们的饮食生活，更是食品工业的重要支柱。

另值得关注的是食用菌。食用菌，是继植物性、动物性食品之后的第三类食品——菌物性食品。其味道鲜美、组织脆嫩，富含高品质蛋白质，并含有多种氨基酸、微量元素和维生素等，是一类高蛋白、低脂肪、营养丰富的食品，也被公认为天然的健康食品。此外，许多食用菌还以抗癌、降脂、增智以及提高免疫力等功效而成为首屈一指的保健食品，国际食品界也已将其列为 21 世纪的八大营养保健食品之一。

可见，微生物资源是大自然恩赐予人类的一笔宝贵的财富，其不仅能应用于农业、工业和医药等领域，还能为我们的生活增添美妙的味道，以及促进我们健康长寿。因此，大力研究和开发食品微生物资源，不断创造出美味、营养、健康的食品，这对于提高我们的生活质量和健康水平，具有十分重要的意义。

第一节　发酵食品

发酵食品（Fermented food），是原料经过微生物或微生物酶的作用后，加工制成的一种食品，如馒头、腐乳、酸奶、泡菜、火腿、酱油、醋、白酒、红茶等。发酵食品具有独特的风味，丰富了人们的饮食生活；并还具有一定的保健功能，促进了人体的健康。

若论及发酵食品生产的历史和杰出成就，中国可谓当仁不让。据考古研究，早在新石器时代晚期（距今4000多年），我国古人就已经开始酿酒。而在先秦时期的《周礼》中，就已有“醢”（hǎi）和“醯”（xī）的记载，这两种发酵食品就是我们今天所说的“酱”和“醋”。在后来的北魏时期，《齐民要术》中大量记载了多种发酵食品的生产工艺，包括12种制曲法、23种酿醋法、20多种酿酒法和多种制酱、制豉、腌渍泡菜等的方法。至今，我国仍保留着这些传统的工艺，并每天用于生产各式各样的发酵食品，以满足现代人对美味和丰富多彩的饮食生活孜孜不倦地追求。而这些发酵食品，也将不断向前发展，并继续推动世界饮食结构和饮食文化的多样化发展。

一、发酵食品概述

（一）发酵食品的类型

发酵食品的种类非常丰富，按生产原料，可将发酵食品分为以下种类：

（1）发酵谷物制品：如馒头、面包、发面饼、发糕、酸粉、酒酿等。

（2）发酵豆制品：如腐乳、豆豉、纳豆、臭豆腐、老北京豆汁等。

（3）发酵乳制品：如酸奶、酸性奶油、马奶酒、干酪等。

（4）发酵蔬菜：如泡菜、酱腌菜、渍酸菜、发酵蔬菜汁等。

（5）发酵肉制品：如火腿、西式发酵香肠、虾酱、鱼露、臭鳜鱼、泡椒风爪等。

（6）发酵调味品：如酱油、醋、豆瓣酱、甜面酱、酸辣椒、酸汤等。

（7）发酵饮品：如白酒、黄酒、果酒、啤酒、发酵茶类等。

（二）发酵食品的功能和特点

不同于前文所述的农用、工用、医用或环保用途等的微生物产品，发酵食品的主要功能是满足人类对味觉和丰富的饮食生活的需要，此外，还具有补充营养和保健的功效。

而发酵食品也不同于普通食品，其除了是经过微生物发酵外，还具有以下特点：

（1）具有特殊风味。发酵食品，常常具有某种特殊、浓烈的味道，如酸味、臭味、鲜味、酱味、酒味等。这是发酵食品最大的特点，并且也是评价发酵食品产品性能的主要指标。

（2）原有性质发生改变。原料食材在经过微生物作用后，通常在形态、色泽、风味等方面都已发生较大的改变。如牛乳原本为液态，而酸奶为固态或浓稠的胶态；豆腐原本为豆香味，而臭豆腐却带有浓烈的臭味。

（3）保存期长，食用安全。由于在发酵过程中，发酵食品微生物生长成为优势菌群，并通过代谢活动抑制了大量腐败菌和致病菌的生长，故发酵食品一般不易腐败变质，也不易引发食源性感染（Food-borne infection）。

（4）营养价值高。在微生物的作用下，原料食材中不易被人体消化的物质（如纤维素等）可被转化为易消化吸收的物质，而具有抗营养作用的物质（如抗性淀粉、乳糖等），也可被有效消除。此外，微生物还能产生许多新的营养物（如维生素增加），可丰富原料食材的营养。因此，发酵食品具有较高的营养价值。

（5）具有一定的保健功效。由于微生物的代谢活动可产生许多有益于身体健康的物质，如乳酸、醋酸、必需脂肪酸、必需氨基酸、微生物多糖等，故发酵食品具有一定的保健功效。例如，酸奶具有促进消化、调理肠道菌群平衡、降低胆固醇、防癌等功效；醋具有抗菌、美容、增智、预防心脑血管疾病（川芎素）等功效；而黄酒则在《本草纲目》中是69种药酒的主要成分，并被认为具有通血脉、厚肠胃、调肌肤、养脾气、护肝、祛风下气等功效。

（三）发酵食品微生物

发酵食品微生物（Microorganism for fermented food）是用于或参与制作发酵食品的所有微生物的总称。

发酵食品微生物是发酵食品的“灵魂”，但由于发酵食品生产工艺的特殊性和传统性，这些微生物通常并不源于纯培养物，而是自然栖息于发酵食品生产原料或生产环境中的、通过利用自然环境变化规律并辅以人工创造适宜条件的方法而选择性培养出来的一大类微生物。

常见的发酵食品微生物，主要为细菌、酵母菌和霉菌三个类群。它们是发酵食品生产中的主力菌，几乎所有的发酵食品都跟它们有关。

1. 细　菌

1）乳酸菌

乳酸菌（Lactic acid bacteria），并不是一个分类单元和系统分类学名词，其是指一类能够利用糖类发酵产生大量乳酸、不产芽孢的革兰氏阳性菌。这是一类相当庞杂的细菌群体，目前至少可分为18属，200多种。

在发酵食品生产中，常见的乳酸菌主要有植物乳杆菌、嗜酸乳杆菌、德氏乳杆菌保加利亚亚种、肠膜明串珠菌、嗜热链球菌、干酪乳杆菌、副干酪乳杆菌、两歧双歧杆菌、短双歧杆菌、乳酸片球菌、乳酸乳球菌等（图8-1）。

乳酸菌可谓发酵食品生产中的第一大细菌，作用十分重要。具有酸味的发酵食品，几乎都有乳酸菌参与发酵。其在发酵食品生产中，主要发挥着下列作用：①产乳酸、乙酸、琥珀酸等有机酸；②产多种维生素；③产细菌素、乳酸等抗菌物质；④产胞外多糖；⑤产丁二酮、乙醛、乳酸乙酯、醋酸丁酯等风味物质；⑥凝乳，增稠等作用。

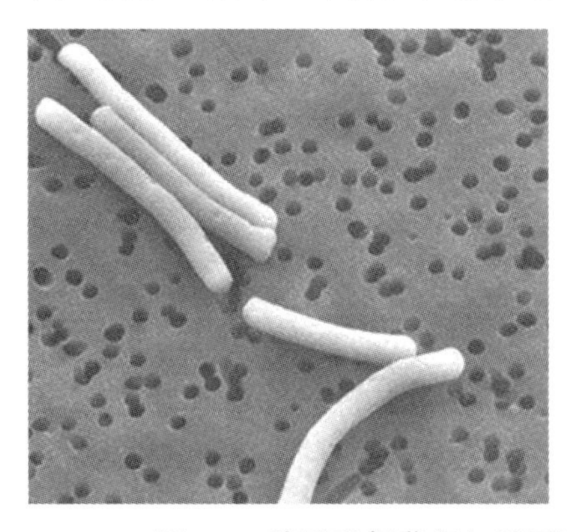
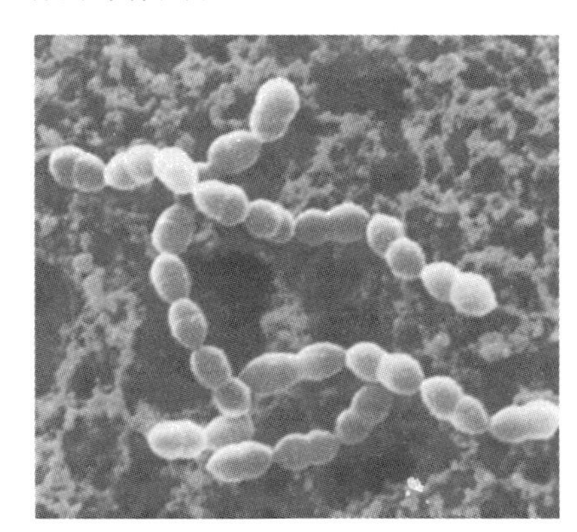

图8-1　德氏乳杆菌保加利亚亚种（左）与嗜热链球菌（右）

2）醋酸菌

醋酸菌（Acetic acid bacteria），也不是分类学名词，其是指能以氧气为终端氢受体，并能氧化糖类、糖醇类和醇类生成相应的糖醇、酮和有机酸的革兰氏阴性菌的总称。为便于理解，也可将醋酸菌简单认为是一类可氧化乙醇而产生乙酸的细菌。

在食醋生产中，最主要的醋酸菌是醋酸杆菌。而在该属中，又以奥尔良醋杆菌和巴氏醋杆菌最为常见。它们在食醋发酵过程中，可催化乙醇生成乙酸，并且具有较强的耐酸性和耐受乙醇的能力。

而氧化葡萄糖杆菌虽然仅有微弱的产酸能力，但其在食醋生产中可生成醇和醛，能增加风味。

3）芽孢杆菌

芽孢杆菌在多种发酵食品的生产中都发挥着重要作用，如发酵乳制品、白酒、腐乳、豆豉等。常见的发酵食品芽孢杆菌有：凝结芽孢杆菌、地衣芽孢杆菌、枯草芽孢杆菌等，它们主要具有产蛋白酶、淀粉酶、糖化酶、纳豆激酶，以及产风味物质和可改善乳品质构特性等功能。

4）其他细菌

在发酵食品生产中，参与其中的细菌非常之多，除了上述细菌外，主要还有：

（1）谢氏丙酸杆菌，其可产丙酸，并促进牛奶凝固；其还能产生脂肪酶和蛋白酶等，并在干酪成熟过程中，对于香味和风味物质的形成起着重要作用。

（2）葡萄球菌。肉葡萄球菌和木糖葡萄球菌，可分解蛋白质和脂肪，产生风味物质，还具有保持发酵肉制品色泽、增强食用口感等功能。香料葡萄球菌，则可在酱油发酵前期产有机酸，以调节酱醅的 pH，并还参与酯类物质形成、分解天门冬氨酸产生具有甜味的丙氨酸。

（3）梭菌。丁酸梭菌和科氏梭菌在白酒酿造中可产己酸、棕榈酸乙酯、2, 4-二叔丁基苯酚等风味物质。

2. 酵母菌

1）酿酒酵母

酿酒酵母，又叫啤酒酵母、面包酵母等，其是与人类关系最密切的一种酵母菌。在馒头、面包、白酒、啤酒、食醋等的生产中，酿酒酵母都是最核心的成员。

在馒头和面包的制作中，酿酒酵母可利用面团中的糖类，通过有氧呼吸产生 CO_2 使面团膨松；并发酵产生乙醇、小分子有机酸、酯类等挥发性化合物，使面团具有发酵风味。

在白酒、啤酒和食醋的酿造中，酿酒酵母可利用葡萄糖发酵产生乙醇；在白酒酿造过程中，其还可生成高级醇、芳香杂醇、酸类、酯类、萜类、呋喃类等风味物质。

2）生香酵母

生香酵母（Aroma-producing yeast），是一类在发酵食品生产中具有生香作用的酵母菌的俗称。

在白酒生产中，汉逊酵母、异常威客汉姆酵母（旧译异常汉逊酵母）以及库德里阿兹威毕赤酵母等可产酯类、醇类、有机酸类、萜类等风味物质；而在酱油生产中，易变假丝酵母和埃切氏假丝酵母等可产 4-乙基愈创木酚、4-乙基愈创苯酚等重要香气物质；鲁氏接合酵母，则可在酱油和腐乳生产中将糖类转化为高级醇及芳香杂醇类物质，对风味物质的形成起着重要作用；而汉逊酵母还可在火腿制作中发挥生香作用。

3. 霉　菌

1）曲　霉

曲霉属真菌，是发酵食品领域的“明星”，其可产生各种胞外酶，如淀粉酶、糖化酶、纤维素酶、果胶酶、蛋白酶和多酚氧化酶等，并具有超强的发酵能力，被广泛应用于各种发酵食品的生产中。

在曲霉中，黑曲霉、米曲霉主要应用于白酒、酱油、食醋、腐乳和发酵茶的生产；黑茶琉球曲霉主要应用于白酒生产；酱油曲霉则多用于酱油生产；而塔宾曲霉主要用于发酵茶的生产。

2）毛霉与根霉

在腐乳生产中，常常可见原料豆腐上长满了一层“毛”。这些“毛”，实际上是毛霉科真菌的菌丝体。

毛霉科中的毛霉属和根霉属真菌，是腐乳生产中的最主要微生物。它们都是一类低等真菌，菌丝无隔；前者营养菌丝体可特化假根，但无匍匐菌丝，后者营养菌丝体可特化为假根和匍匐菌丝（图 8-2）。

它们都具有较强的产胞外蛋白酶的能力，能将豆类蛋白分解为氨基酸等鲜味物质以及各种香气物质。此外，它们也有着较强的糖化能力，可被广泛用于其他发酵食品的生产。

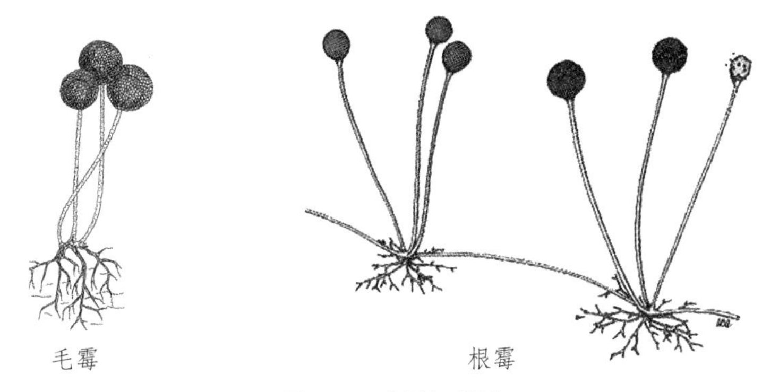

图 8-2　毛霉与根霉

（四）“曲”

1. 曲的概念

在许多传统的酿造食品中，如白酒、黄酒、酱油和食醋等，都必须使用“曲”才能完成生产（图 8-3）。

图 8-3　常见的“曲”

曲，是中国发酵技术中的一项伟大发明，国内外曾高度评价：“曲给中国乃至世界的发酵业带来了极其广泛而深远的影响”。日本著名酿造专家板口谨一郎先生也认为，曲的发明，堪比中国“四大发明”。

那么，曲究竟是什么？早在 2500 多年前，《尚书·说命篇》中就有记载：“若作酒醴，尔惟曲蘖”。这是关于曲最早的文字记载，其意为：如欲酿造甜酒，需用必不可少的“发霉谷物”。

可见，曲是指发霉的谷物。那为什么发霉的谷物可以酿酒呢？因为发霉的谷物中含有大量的霉菌，霉菌可用于酿酒。但是，光有霉菌就可以酿酒了吗？实际上，由于古人无法显微观察微生物，更不可能进行化学分析，他们仅仅看到了霉菌的菌丝体和孢子，无法看到在发霉的谷物中，还大量存在着多种细菌、酵母菌，以及它们丰富的酶系。因此，“曲”由于含有大量的发酵食品微生物，故可用于发酵和酿造。

综上所述，曲是一种发酵剂、菌剂或酶制剂，其实质是由各种发酵食品微生物及其丰富的酶系所组成的一种具有生物催化功能的制剂。

曲中的微生物，包括细菌（如芽孢杆菌、乳酸菌、梭菌等）、酵母菌（如酿酒酵母、生香酵母等）、霉菌（如曲霉、毛霉和根霉等）等；曲中的酶，则包括各种微生物的淀粉酶、糖化酶、蛋白酶、脂肪酶、纤维素酶等。在这些微生物和酶的协同作用下，发酵原料能被有效地转化为各类醇、有机酸、酯等目标产物。

2. 制　曲

曲是酿造的“灵魂”，没有曲，就无法实现生产。因此，在原料进行发酵前，必须先进行曲的制作。

培养可用于食品发酵的生产菌种的过程，称为制曲（Starter-making）。制曲的实质，是将多种微生物通过自然接种的方式接入制曲原料中，随后人工控制培养条件，使其竞争生存，能适应制曲原料和制曲环境的，便能存活下来，并可大量生长繁殖，成为优势菌群，同时，产生大量代谢物和丰富的酶系。按现代发酵工程学的观点看，制曲即菌种的分离筛选和扩大培养。但值得注意的是，随着科技的发展，在现代酿造工艺中，制曲还可采用人工接种纯培养物方法，即纯种曲，如食醋酿造中的糖化曲（黑曲霉纯培养物），酱油酿造中的酱油曲（米曲霉纯培养物）等。

制曲的一般过程可见图 8-4。

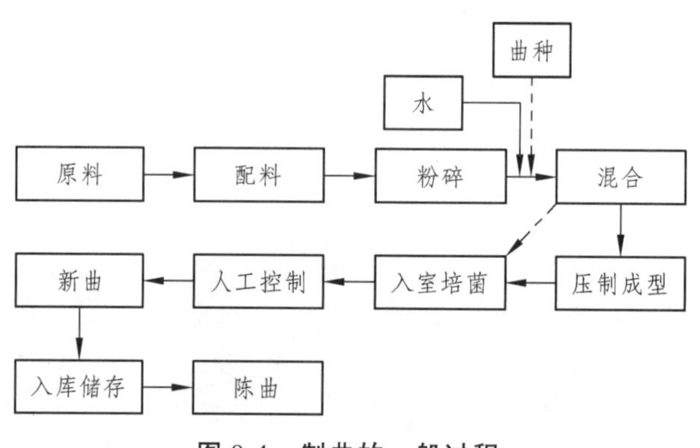

图 8-4　制曲的一般过程

制曲原料的选择尤为重要，因为这不仅是一种选择培养基，更是发酵食品微生物的主要来源。制曲原料一般为谷物或农副产品，如白酒大曲的制曲原料一般为小麦，也可辅以大麦、豌豆等；白酒小曲是以大米粉或米糠为原料，并添加少量中草药；酱油曲可用麸皮和小麦为原料；食醋酿造中的糖化曲，可用麸皮等为制曲原料。

在制曲原料加工好后，一般需进行压制，制成块状的“曲坯”（也可不压制，呈粉状，如麸曲）。可将制曲原料与适量水混合，通过人工踩曲或机械压曲等方式将制曲原料压制成一定形状。如果是自然接种法制曲，则可将曲坯直接转入曲室内进行培菌；若是人工接种法制曲，则在制曲原料与水混合时，加入相应的曲种即可。曲种，既可以是以往制作好并保存下来的含有混合菌群的曲（老曲），也可以是某种微生物的纯培养物。

在曲室进行培菌时，要人工控制好培养条件，以保障目标菌种的生长。在传统制曲工艺中，主要是对肉眼可见的霉菌进行培养，一般可分为孢子萌发期、菌丝生长期、菌丝发育期和孢子成熟期四个阶段进行培养。而所谓人工控制，主要是依据上述四个阶段的生理特点，控制好温度、水分和通风等，并做好翻曲工作。翻曲，即将曲坯上下对调、左右对调，其目的是疏松曲料，并调节水分、氧气和温度等。值得注意的是，尽管表面上只对霉菌进行了培养，但实际上，许多肉眼不可见的细菌和酵母菌等微生物也都同时获得了培养。

最后，当曲坯培养好后，可依据具体的生产工艺进行后期处理。可直接使用，也可储存一段时间再用，即陈曲。

（五）发酵食品生产中的其他常见名词

由于发酵食品的生产具有一定的地域性、民族性和传统性，因此，也产生了许多内涵相同、但称呼不同于发酵工程学术语的名词。这些常见名词有如下：

（1）曲种。曲种，就是曲，只不过专指提前制备好、储存过一段时间的曲。

（2）酒母（Distiller's yeast）。酒母同曲一样，也是一种发酵剂，但主要是指富含酿酒酵母纯培养物的一种发酵剂，功能是将发酵原料中的葡萄糖在厌氧条件下转化为乙醇。

（3）糖化剂（Sacchariferous agent）。糖化剂，也被称为糖化曲，是曲的一种类型，主要富含各种可产淀粉酶和糖化酶的微生物，功能是将发酵原料中的淀粉液化为麦芽糖，并再将麦芽糖糖化为葡萄糖。

（4）糖化发酵剂（Saccharifying and fermenting starter）。糖化发酵剂，也被称为糖化发酵曲，是曲的一种类型，主要富含各种可产淀粉酶、糖化酶，以及可发酵葡萄糖产生酒精的微生物，功能是将发酵原料中的淀粉液糖化为葡萄糖，再将葡萄糖转化为乙醇。

（5）醅（Fermented grains）。醅，是指固态发酵中，发酵体系内未发酵的原料、发酵后的原料、发酵菌种、目标产物等的总称，如醋醅、酱醅、酒醅等。这相当于液态发酵中的发酵液。

（6）醪（Dreg）。醪，是固态发酵后，不包括目标产物的醅，相当于液态发酵中的发酵“废液”。如酒醪，即酒糟，指酒醅蒸馏后剩下的不含白酒的“废渣”。

二、发酵食品微生物资源的开发与发酵食品的生产

我国发酵食品，是世界发酵工业和饮食文化中一朵亮丽的奇葩。其大多采用传统的自然发酵和固态发酵，能充分发挥“多菌共生，酶系互补”“菌种不易衰退”“发酵不易受杂菌污染，即使污染，引起的危害较小”等优势，并且工艺和设备简单，生产成本低。

尽管从现代发酵工程学的角度看，这种非纯培养式发酵，工艺不易控制，生产周期长，也难以适应规模化和工业化生产的要求，但是，对于发酵食品这种对口感与风味要求极高的产品而言，传统工艺也许才是最适合的。我国工业微生物学开拓者和奠基人、纯种曲种创始人陈騊声教授在晚年也说道：“虽然采用纯培养发酵能大大缩短酿造时间，但产品风味终究不如老法”。更有诗云：“纯菌代黄衣，天然高效率。可惜酱油香，难与古法匹”。诗中的“黄衣”，正是曲中多种天然微生物及其酶。

因此，对于微生物资源的开发与利用，一定要依据开发目的和生产目的而开展工作，不可

盲目、思维惯性式地就急急忙忙去开展纯种的分离、筛选等工作。对于发酵食品微生物资源的开发，既要结合传统的制曲——人工控制条件，选择性培养出混合菌群；也要利用现代技术，对优势菌群进行分析，将其中性能优良、发挥主要作用的菌种纯培养分离出来，待日后生产时，可作为补充或辅助性质的发酵剂使用。

（一）酱油酿造

“开门七件事，柴米油盐酱醋茶”。酱油，在我国人民生活中具有极为重要的地位，早在3000多年前，周朝就有制作酱的记载了，其不仅是一种美味的调味品，更是一种饮食文化的重要载体。

酱油（Soy sauce），是以大豆、豆粕等为主要原料，或辅以麦麸、小麦、玉米等，通过使用蛋白质分解能力较强的霉菌（米曲霉）进行好氧发酵而制成的一种调味品。

酱油的鲜味，主要源于蛋白质被霉菌蛋白酶水解后生成的各种氨基酸（尤其是谷氨酸和天门冬氨酸）；酱油的甜味，主要源于淀粉被霉菌淀粉酶水解后生成的葡萄糖和麦芽糖，其次来源于甜味氨基酸（如甘氨酸等）；此外，酱油中还含有各种有机酸（主要是乳酸和少量琥珀酸）和芳香类物质（酯类、醛类、酸类、呋喃类、吡啶类等200多种），使得酱油具有特殊的“酱香”味。而酱油的“酱色”，是葡萄糖与氨基酸发生美拉德反应（Maillard reaction）以及糖类的焦糖反应（Caramel reaction）所形成的。

我国目前主要采用“低盐固态发酵”酿造酱油，原料主要为大豆（或豆粕、豆饼）、麸皮、麦片等，发酵曲种主要是米曲霉和黑曲霉。其酿造流程可见图8-5。

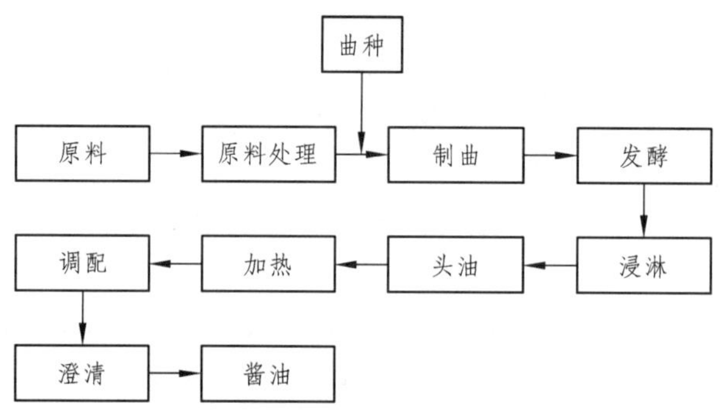

图8-5　酱油的酿造流程

原料的处理主要包括原料的粉碎、调配、浸润、蒸料与冷却。蒸料的目的是使淀粉糊化和蛋白质变性，这有利于酶接近底物催化位点，提高催化效率；同时，也为了杀灭原料中的杂菌。

在酱油生产中，除了要预先进行曲种的制作外，还要将发酵原料连同曲种一起再次进行制曲，即制作“成曲”。实际上，这可理解为在发酵原料中进行了一次菌种的扩大培养，以提高发酵效率，缩短发酵周期。制曲培菌的时间一般在24 ~ 72 h。

之后，将成曲与盐水混合，制成固态酱醅，便可入缸或池进行发酵（图8-6）。低盐固态发酵法的发酵温度，前期在45 °C左右，后期为55 °C左右；发酵时间相对比较短，一般在15 ~ 30 d，故实际上发酵不充分，产品稍欠风味、味道不醇和（日本酱油所采用的高盐稀态发酵，发酵时间一般要3 ~ 4月，甚至1年，但产品风味浓郁）。

待原料发酵结束后，可用清水多次浸淋酱醅，将“粗酱油”——头油提取出来，在85 ~ 90 °C高温灭菌。之后，可依据需要，加入辅料进行调制（如可加入鲜味剂肌苷酸等），再放入大罐自然沉淀、澄清，即可获得成品酱油。

图 8-6　酱油发酵缸（左）与发酵池（右）

（二）醋酿造

醋，同样在我国人民生活中具有极为重要的地位，有“无酸不成味”之说，其也是我国各大菜系中均会被使用的一种传统调味品。醋不仅美味，而且还具有诸多保健功效，如抗菌、促进消化、美容、增智、预防心脑血管疾病等。

醋（Vinegar），也称食醋，是以粮谷或酒精为主要原料，成品中至少含有 4%乙酸以及少量酯类、糖类、乙醇和盐的一种调味品。

醋的酸味，主要源于淀粉被醋酸菌作用后生成的乙酸，其次来源于乳酸、丙酮酸、苹果酸、柠檬酸等；醋的甜味，主要源于未被氧化成酸的糖类，如葡萄糖、蔗糖、果糖等，其次来源于甜味氨基酸（如甘氨酸等）；醋的香味，主要源于各种酸类、酯类、醛类、酚类、酮类等芳香物质；而醋的黑色，主要是醋在储藏后熟期间，羰氨反应和酚类氧化缩合后产生的类黑素。有趣的是，白醋并不是酿造出的，而是用食用级乙酸勾兑而成，所以它没有颜色。

我国醋的品种非常多，酿造工艺也非常多样，但主要为固态发酵。固态发酵中又可分为大曲醋和小曲醋。前者以山西陈醋为代表，以高粱等做原料；后者以镇江香醋为代表，以糯米、大米等为原料。而液态发酵，则是直接用酒精进行发酵。

下面以经典的固态法为例，简述醋的酿造。其酿造流程可见图 8-7。

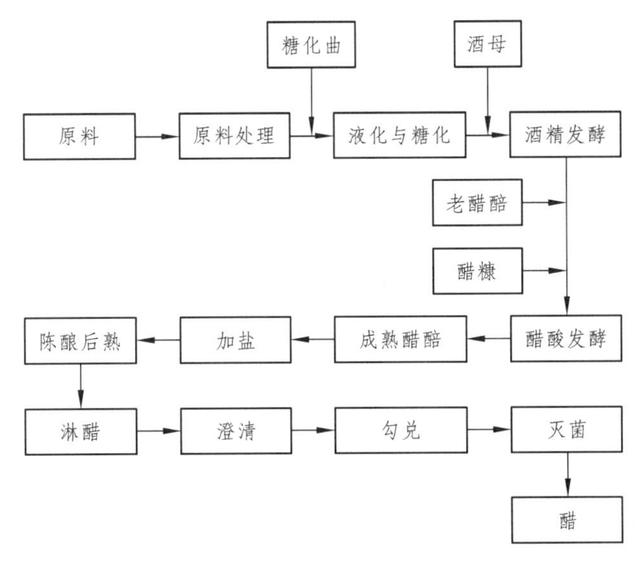

图 8-7　醋的酿造流程

在醋的酿造中，发酵前的一系列处理与酱油酿造相似，只是不必进行“成曲”的制作。原料处理好后，接入糖化曲（黑曲霉），进行淀粉的液化与糖化处理。

醋的发酵，最大特点便是要分为两个完全不同的阶段进行。前期是厌氧的酒精发酵，利用酒母发酵原料中的葡萄糖产生乙醇；该过程温度一般控制在 38 °C 左右，发酵时间一般为 5 ~ 7 d；发酵结束时乙醇浓度可达 8%左右。后期则是好氧的醋酸发酵，由富含高活力醋酸菌的培养物（老醋醅）氧化上一阶段产生的乙醇，生成乙酸；该过程温度一般控制在 39 ~ 41 °C，发酵时间一般 12 d 左右；此外，此阶段需进行补料，一般可加入醋糠（谷糠）。

发酵成熟后所得的醋醅中，要加入食盐，目的是防止乙酸的氧化。之后，进行陈酿、后熟，以提高醋的风味。而后续的工序，与酱油生产相似，也是将醋浸淋出来，并进行澄清、勾兑、灭菌，即可得成品醋。

（三）白酒酿造

我国是世界上酿酒最早的国家之一，同时，也是酒文化的发源地。酒，尤其是白酒，在人民生活与国家经济中，占有十分重要的地位。而在中国数千年的文明史中，文化的发展更是与酒不可分割。

白酒（Baijiu 或 Chinese spirit），是以粮谷为主要原料，以酒曲（或酒曲加酒母）为发酵剂，并经过蒸馏而制成的一种蒸馏酒。白酒是中国所特有的一种蒸馏酒，也是世界六大蒸馏酒之一[其余为白兰地（Brandy）、威士忌（Whisky）、伏特加（Vodka）、金酒（Gin）、朗姆酒（Rum）]。

1. 白酒的种类

白酒的种类非常多，可按酿造原料、生产工艺、香型和酒精度等进行分类。

1）按酿造原料分类

（1）粮食酒。以大米、高粱、玉米、小麦、稻谷等粮食为主要原料酿制而成。

（2）薯类酒。以鲜薯、薯干为原料酿制而成。

（3）代粮酒。以野生淀粉原料或含糖原料酿制而成。

2）按生产工艺分类

（1）固态法白酒

固态法白酒，是采用固态液化与糖化、固态发酵及固态蒸馏等传统工艺酿制成的白酒。这也是我国白酒的最主要酿造方式。按所使用的酒曲不同，固态法白酒又可分为如下几类：

① 大曲酒。以大曲为糖化发酵剂而酿造成的白酒，如茅台酒、五粮液、泸州老窖等。大曲所酿的酒，品质较好，许多名酒都是大曲酒。

② 小曲酒。以小曲为糖化发酵剂而酿造成的白酒，如四川高粱小曲酒等。南方白酒多是小曲酒。

③ 麸曲酒。以麸曲为糖化剂，以酒母为发酵剂而酿造成的白酒，如北京二锅头等。麸曲酒发酵时间短、生产成本低、产量大，但质量一般。

④ 混曲酒。以大曲、小曲或麸曲等酿制而成的白酒，如贵州董酒等。此类酒品质比较优秀，口味独特。

⑤ 其他糖化剂酒。以糖化酶为糖化剂，加活性干酵母酿制而成的白酒，如内蒙古河套白酒等。

（2）半固态法白酒

半固态法白酒，是采用固态培菌与糖化、半固态发酵，或始终在半固态下发酵而制成的白酒。如桂林三花酒和广东玉冰烧等。

（3）液态法白酒

液态法白酒，是采用液态发酵、液态蒸馏而制成的白酒。可分为如下类别：

① 一步液态法白酒。以大米等为原料，在液态下加入糖化发酵剂，采用边糖化边发酵和液态蒸馏工艺而制成的白酒，如台湾 Amylo 法酒。

② 串香白酒。以液态法生产的食用酒精为酒基，利用固态发酵法的酒醅（或特制的香醅）进行串香（或浸蒸）而制成的白酒，如山东坊子白酒等。

③ 固液勾兑白酒。以液态法生产的食用酒精为酒基，与固态法白酒进行勾兑而制成的白酒。

④ 调香白酒。以液态法生产的食用酒精为酒基，加入生香物质进行调香而制成的白酒。

3）按香型分类

（1）酱香型白酒

以贵州茅台酒和四川郎酒为代表，主体香味成分至今尚未明确，但初步认为是一组高沸点物质。其风格特点是：颜色微黄、酱香突出、幽雅细腻、酯香柔雅、回味悠长、杯中香气经久不散。

（2）清香型白酒

其以山西汾酒和衡水老白干为代表，产品主体香味是乙酸乙酯。其风格特点则是：清香纯正、口感柔和、绵甜爽净、一清到底。

（3）浓香型（也称泸型）白酒

其以泸州老窖特曲和五粮液为代表，产品主体香味是己酸乙酯。其风格特点则是：浓郁、绵甜爽净、香味谐调、余味悠长。这类白酒，又分为单粮型（如泸州老窖特曲）和多粮型（如五粮液、剑南春）等。

（4）其他香型白酒

如以桂林三花酒为代表的米香型，以贵州董酒为代表的药香型，以湖北白云边酒为代表的兼香型，以陕西西凤酒为代表的凤香型，以广东玉冰烧为代表的豉香型，以江西四特酒为代表的特香型，以山东景芝白干酒为代表的芝麻香型等。

4）按酒精度分类

（1）高度酒：一般酒精体积分数在 55%以上。

（2）降度酒：一般酒精体积分数在 40% ~ 54%。

（3）低度酒：一般酒精体积分数在 39%以下。

2. 白酒的酿造

我国白酒的酿造工艺非常多样，且工艺复杂，各种工艺间差异明显，令人惊叹，但这也充分体现了我国劳动人民杰出的生产智慧。

白酒酿造的主要原理为：发酵原料中的淀粉在糊化后，先被霉菌或细菌等在有氧条件下糖化为葡萄糖；随后，葡萄糖在酵母菌等的厌氧发酵下转变为乙醇；而同时，发酵原料也在各种微生物的作用下，形成许多芳香物质；最后，利用蒸馏技术，将酒醅中的乙醇、其他醇类、酸类、醛类、酯类等白酒中的主要成分分离出来，从而制得白酒。

下面以酱香型大曲白酒——贵州茅台酒酿造时所采用的“高温大曲-固态法”，介绍白酒的酿造。

1）高温大曲的制作

大曲，是以小麦为主要原料、形状较大、含有多菌多酶的一种曲。而这种大曲，若是在高温下进行培菌，则被称为高温大曲。高温大曲也是我国酿酒业的一朵亮丽奇葩，与传统的其他曲种不同，其是以耐高温细菌为绝对优势菌群的曲种，并且培菌时间（40 ~ 50 d）和入库储存时间（2 ~ 6 个月）均较长，这些均是白酒产生酱香味的重要原因。

制曲的一般过程可见图 8-4，下面就高温大曲的制作要点进行必要论述。

在制曲时，制曲原料的配制尤为重要。科学合理的配料，大曲中微生物生长良好，对产酒和生香均有利。高温大曲一般可采用纯小麦，或以小麦为主，适量加入大麦和豌豆。

在原料粉碎时，一定要注意粉碎的粗细度，理想的粉碎效果为“心碎皮不碎”。“心碎”则可充分释放淀粉，“皮不碎”则可保持一定的通透性。如果粉碎过粗，制成的曲坯不易成型，且曲坯中物料空隙大，水分蒸发迅速，热量散失快，不利于微生物生长；如果粉碎过细，则曲坯黏性大，坯内空隙小，水分、热量均不易散失，同样不利于微生物生长。

在制作曲坯时，可向粉碎后的原料中加入以往制作好的、优良的曲种（添加量一般为 6%左右），并与适量的水混合（一般 38%左右），拌匀，理想的效果为“手能捏成团而不粘手”。之后，便进行压制，将前述混合好的曲料压制成块状的曲坯。压制时，可采取人工踩曲或机械制曲。前者虽操作简陋，劳动强度大，但踩出的曲块质量较好（图 8-8）；后者压制效率高，劳动强度低，但质量不如前者。

图 8-8 人工踩曲

之后，可将制作好的曲坯转入曲室内进行培菌。在培菌前，还要进行定曲（图 8-9），即将曲坯摆放合理，并使曲坯之间保持一定距离，以利于曲坯的保温、保湿、排潮、散热，且互不影响。

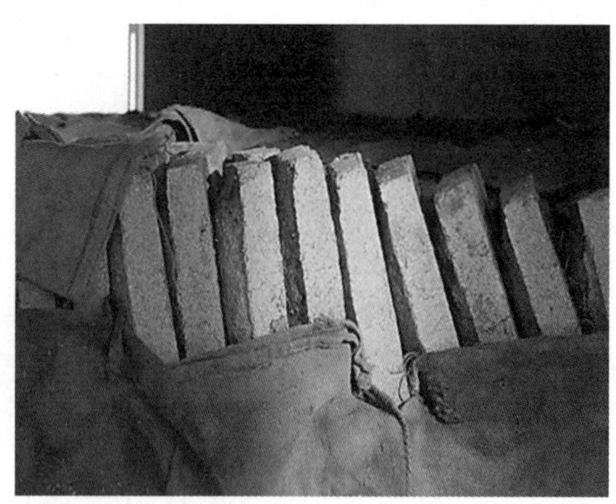

图 8-9 定曲

培菌，则是决定大曲质量的最关键环节，必须控制好温度、水分和氧气等。特别是要定期进行翻曲，保持曲坯温度在 60 ~ 65 °C。翻曲，就是将曲坯内外对调、上下对调，其目的是疏松曲料，并调节水分、氧气和温度。每当曲坯温度上升至 60 ~ 65 °C 时，进行一次翻曲，直至曲坯成熟。高温大曲在曲室培菌的时间一般为 40 ~ 50 d。当曲坯的品温下降并接近室温、大部分已干燥时（水分不超过 15%），说明微生物的快速生长期已结束，曲坯已成熟，可移出曲室。

成熟后的大曲，不能立即使用，需在储存室经过 2 ~ 6 个月的储存，后熟成为陈曲后才能使用。

2）酱香型大曲白酒的酿造

酱香型大曲白酒的酿造流程可见图 8-10。

酱香型白酒的酿造工艺，最大特点除了三高（高温制曲、高温发酵、高温流酒）以外，便是两次投料，多次发酵。两次投料，即除了刚开始进行投料外，还要再加入一次原料，并且加入时要与第一次发酵后所得的酒醅一同入甑进行蒸酒。多次发酵，就是将上一轮蒸馏后剩下的酒醪与所蒸出的新酒，再一次同酒曲混合，并入酒窖进行发酵。这是因为，酱香型的酿酒原料粉碎度比较粗，且固态法酿酒的发酵效率较低，原料发酵不充分，必须多次入窖反复进行发酵（一般重复 7 次），才能酿造出酒精度高、香味浓郁的白酒。

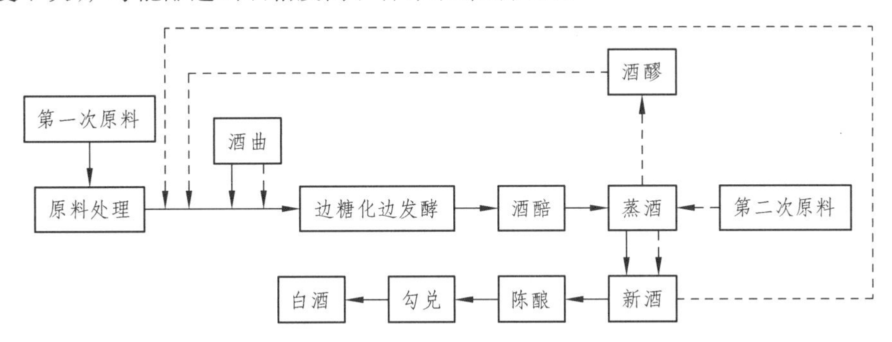

图 8-10　酱香型大曲白酒的酿造流程

在酱香型白酒酿造时，酿酒原料的选择尤为重要。白酒界有“高粱产酒香、玉米产酒甜、大麦产酒冲、大米产酒净、小麦产酒糙”的说法。酱香型白酒主要以高粱为原料。

原料的处理主要包括原料的粉碎、润粮、配料、蒸粮和冷却。之后可加入酒曲，入窖进行第一轮发酵。发酵均在酒窖内进行（图 8-11），酱香型白酒酿造采用边糖化边发酵的发酵方式。此阶段要做好密封措施，以利于酵母菌的厌氧发酵。发酵时间一般为 30 d，发酵温度在 35 ~ 43 °C。

图 8-11　酒窖

第一轮发酵好后，开窖取酒醅进行蒸酒，此时，要将准备好的新原料与酒醅一同入甑蒸酒。之后，将蒸酒后所剩酒醪、蒸出的新酒再一次与酒曲混合，并再一次入窖发酵。发酵结束后，按“取酒醅→蒸酒→取酒醪→混合→入窖发酵”重复7次，即可开窖取酒醅，进行最后一次蒸酒。

蒸出的新酒，有辛辣味、不醇和、口感不佳，只能算作半成品，不适合饮用。因此，需进行陈酿。一般陈酿3~5年后，适当勾兑，便可制得成品白酒。

（四）酸　奶

酸奶（Yoghourt），是牛乳经乳酸菌发酵后而制成的一种发酵乳制品。据传，早在5000多年以前，居住于土耳其高原的古代游牧民族就已经制作和饮用酸奶了。而在我国《齐民要术》中，也有涉及酸奶制作的方法。如今，酸奶凭借独特的口感，已风靡全球，备受消费者青睐。

除风味独特外，酸奶还具有很高的营养价值和一定的保健功效。其富含乳蛋白、乳脂、丰富的维生素，并且适合乳糖不耐症人群饮用，还具有促进消化、抗菌、调理肠道微生态平衡、降低胆固醇、预防癌症、美容等功效。20世纪初，俄国微生物与免疫学家E. Metchnikoff在研究“保加利亚人为什么长寿者较多”时，发现这些长寿者都有一个共同的习惯——爱喝酸奶。

酸奶的生产，与前述几种发酵食品不同，其是采用纯培养发酵。目前，最常用的生产菌种是德氏乳杆菌保加利亚亚种和嗜热链球菌。酸奶的发酵原理是：乳酸菌发酵牛乳中的乳糖产生乳酸，使牛乳pH值下降（一般从6.6下降至4.5），从而使牛乳中酪蛋白（占乳蛋白的85%）变性凝固，最终使整个牛乳呈现凝乳状态并具有酸香味。

依据生产工艺的不同，酸奶可分为凝固型酸奶和搅拌型酸奶。前者即为老酸奶，是指牛乳在接种乳酸菌后立即进行包装，并在包装容器中完成发酵；后者是指牛乳在发酵罐中进行发酵，凝固后经过搅拌，再分装和包装。

凝固型酸奶的制作流程，可见图8-12。

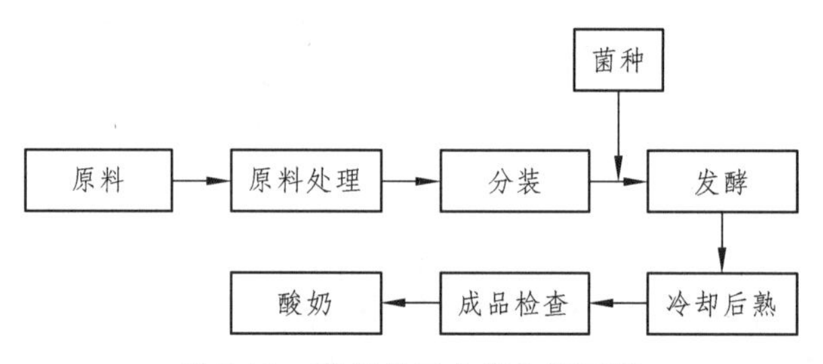

图8-12　酸奶的工业化生产工艺

原料处理包括原料乳的抗生素检测、标准化、调配、灭菌等。抗生素检测的目的，除了保障食品安全性外，还在于避免因原料乳中残留的抗生素而严重抑制乳酸菌的生长，导致发酵失败。而灭菌，通常采用湿热法，一般90 °C，5 min（或85 °C，30 min；135 °C，2~3 s）。其目的，除了可以杀灭杂菌外，还可利用高温使蛋白质的变性，以利于后期的牛乳凝固。

灭菌后，可将牛乳分装至包装容器内。待牛乳冷却至45 °C以下，再接入扩大培养后的菌种。常用的菌种为德氏乳杆菌保加利亚亚种和嗜热链球菌，二者混合发酵比单独发酵效果好；前者在酸奶发酵中有着提升酸味的功用，后者则有增稠的作用；二者一般比例为1∶1或2∶1；总接种量为3%~5%。发酵需在厌氧条件下进行，温度一般为40~43 °C，时间一般3~5 h。待发酵至凝固，无乳清析出，即可停止发酵。

发酵后的酸奶要置于5~10 °C冷却，并在此期间使香味物质充分生成，完成后熟。随后，酸奶应保存于2~7 °C，一般货架期为7~14 d。值得注意的是，在人工停止发酵后，并不意味着发酵的终止，乳酸菌仍能继续产酸。若产酸过度，将严重影响口味，故要控制好储存温度。

关于成品的检查，以所制作的酸奶“结实均匀、无乳清析出、无气泡、表面光滑、酸味悦人”为佳品。

（五）腐　乳

腐乳（Fermented bean curd），又名霉豆腐，是我国独具特色的一种发酵食品，早在1500多年前就有记载。其是豆腐经多种毛霉科真菌或芽孢杆菌等作用后，所制成的具有特殊色香味的豆制品。

在腐乳发酵过程中，蛋白质被分解为胨、多肽和氨基酸类似物等鲜味物质，以及酸类、醇类、酯类等风味物质。

腐乳的制作过程大致如下：豆腐→切坯→豆腐坯→自然接种（常温发酵7 d）→毛坯→加入辅料→装坛→后发酵→成品。

（六）泡　菜

泡菜（Pickle），是世界三大名酱腌菜之一，在我国有悠久的历史，早在1400年前，《齐名要术》一书就有记载泡菜的制作方法。

泡菜的主要发酵菌种是乳酸菌。在泡菜制作过程中，乳酸菌可来源于原料蔬菜表面，不需要人工接种。泡菜制作的原理是：在高盐（2.25%～8%）、缺氧的环境下，乳酸菌生长占优，产生大量乳酸，抑制其他微生物生长，同时，乳酸与发酵过程中生成的氨基酸等鲜味物质、乳酸乙酯等芳香物质可一起将蔬菜浸泡入味，最终使泡菜具有酸香、鲜嫩的口味，广受人们喜爱。

在进行泡菜制作时，可选质地脆嫩、肉质肥厚而不易软化的新鲜蔬菜为原料，如萝卜、白菜、莲花白、豇豆、大蒜等。其制作过程大致如下：冲盐卤（8 kg盐/100 kg水）→选菜（清水洗净）→泡制（菜入坛至满，稍留空隙，封盖勿漏气，坛口水槽内盛入冷开水）→发酵数日（可加菜续泡，加盐调咸，加酒调酸，严防生水入坛）→取食。

第二节　食用菌

食用菌，是继植物性、动物性食品之后的第三类食品——菌物性食品。其味道鲜美、组织脆嫩，富含高品质蛋白，并含有多种氨基酸、微量元素和维生素等，是一类高蛋白、低脂肪、营养丰富的食品，也被公认为是天然的健康食品。许多食用菌品种还以突出的抗癌、降脂、增智及提高机体免疫力等功效而成为首屈一指的保健食品，国际食品界也将其列为21世纪的八大营养保健食品之一。目前，我国食用菌的生产量和出口量居世界首位，产品深受消费者青睐。

一、食用菌概述

（一）概　念

食用菌（Edible Fungi），广义上是指一切可以食用的真菌，它们不仅包括大型真菌（蕈菌），还包括小型真菌，如酵母菌、霉菌等。而狭义的食用菌（Edible mushroom），是指可供食用的蕈菌，主要包括担子菌纲和子囊菌纲真菌中的一些种类（大约有 90%的食用菌属于担子菌，而少数属于子囊菌），如侧耳（又称为平菇或冻菌）、香菇、银耳、黑木耳、猴头菇、灵芝、美味牛肝菌、竹荪、茯苓、冬虫夏草等（图 8-13）。

图 8-13　各种美味的食用菌

目前，世界上已发现的食用菌有 2000 多种。而据估计，自然界中潜在的食用菌可达 5000 多种。我国是世界上拥有食用菌资源最多的国家之一（估计有 1500 种），优越的地理环境和多样化的生态类型，孕育了大量具有珍稀保护价值和经济价值的野生食用菌；已有记载的食用菌数量为 980 多种，其中具有药用功效的约有 500 种；已人工驯化栽培和利用菌丝体发酵培养的达数百种，形成规模化生产的有 30 多种。

（二）食用菌的营养价值与保健功能

1. 营养价值

食用菌的营养价值，可概括为“高蛋白、低脂肪，含有丰富的氨基酸、维生素和矿物质，并富含膳食纤维”。

高蛋白，并不是指食用菌的蛋白质含量很高，实际上，食用菌蛋白质仅占鲜重的 3%～4%（占干重的 30%～40%），介于肉类和蔬菜之间。“高蛋白”的真正含义是“高营养价值蛋白”，因为食用菌的蛋白质不仅富含人体所需的多种必需氨基酸，而且氨基酸之间的比例与人体需要的比值非常接近，故食用菌蛋白质的生物学利用率非常高。每天摄入 25 g 干品食用菌，就足以满足人体对蛋白质和氨基酸的需求，这相当于摄入 50 g 肉、75 g 鸡蛋或 300 g 牛奶。

食用菌的脂肪含量较低，平均仅为干重的 4%，故能值较低，即使大量摄入，也不会导致肥胖。值得注意的是，食用菌尽管脂肪含量较低，但其脂肪中不饱和脂肪酸的比例却很高，多在 75%以上。并且，在这些不饱和脂肪酸中，又有 70%以上为亚油酸、亚麻酸等必需脂肪酸，对人体有着极为重要的营养和保健价值。

食用菌还含有丰富的维生素，如维生素 B_1、维生素 B_2、维生素 B_5、维生素 D、维生素 C、维生素 E 等，其维生素含量是蔬菜的 2～8 倍。此外，食用菌还含有丰富的矿质元素，如：钾、磷、硫、钠、钙、镁、铁、锌、铜等，而一些食用菌还含有大量的锗和硒。

2. 保健功能

食用菌除了具有较高的营养价值外，还具有多种保健功能。这是因为，食用菌中含有许多生理活性物质，如多糖类、三萜类、核苷类、甾醇类、生物碱类、多肽类、呋喃类等化合物，以及一些必需脂肪酸和长链烷烃等。尽管许多保健功能的具体机制目前还未被有效阐明，但不少研究均表明，这主要是食用菌多糖（Mushroom polysaccharide）在发挥重要作用。

食用菌的保健功能主要有如下：

（1）增强机体免疫力。许多食用菌多糖，如香菇多糖、灵芝多糖、猴头菇多糖、银耳多糖、黑木耳多糖等，都有免疫调节的功能，能增强免疫细胞的活性，促进抗体、干扰素和细胞因子的产生，从而可提高机体免疫力。

（2）抗癌作用。目前，已知有50多种食用菌具有一定的抗癌作用。食用菌中具有抗癌作用的主要成分是食用菌多糖，如灵芝多糖、香菇多糖、茯苓多糖和金针菇多糖等。这些多糖虽然不能直接杀灭肿瘤细胞，但均被报道具有抑制肿瘤细胞生长的作用。

（3）抗菌、抗病毒作用。据报道，冬虫夏草中所含的虫草素，可抑制葡萄球菌、结核分枝杆菌、肺炎链球菌等致病菌的生长。其他许多食用菌也能分泌一定的抗菌物质，如牛舌菌素、食用菌抗生素等。而另有许多研究表明，食用菌多糖等物质可有效对抗病毒感染。如香菇多糖对带状疱疹病毒、腺病毒、流感病毒等具有抑制作用；而香菇中所含的双链核糖核酸（ds RNA），可抑制病毒的增殖。

（4）调节血脂作用。据报道，香菇中含有的酪氨酸氧化酶，具有降血压作用；而香菇嘌呤，则具有降低血液中胆固醇的作用。其余如金针菇、木耳、毛木耳、银耳和滑菇等多种食用菌，也被报道具有促进血液胆固醇代谢的作用。

（5）抗氧化作用。许多食用菌多糖，如香菇多糖、虫草多糖、毛木耳多糖、灵芝多糖、猪苓多糖、云芝多糖和猴头菇多糖等，都具有清除自由基、提高抗氧化酶活性和抑制脂质过氧化等作用。故经常食用食用菌，可抗衰老、抗疲劳。

（6）其他作用。食用菌除了具有上述保健功能外，还具有一定的止血消炎、清热解毒、润肺益气、健脾益胃、补肾利尿、强精护肤、健脑等保健功能。而有些食用菌，还被认为具有抗辐射、抗突变、预防肥胖症和糖尿病等功效。

二、食用菌资源的开发与利用

食用菌不仅味美、营养丰富、具有保健功效，更重要的是，食用菌生产具有不与农争时，不与人争粮、不与粮争地、不与地争肥；比种植业占地少、用水少；比养殖业投资小、风险小等诸多优势，其也被誉为是现代有机农业和特色农业的典范，正逐步成为一个颇具生命力的朝阳产业。

开发食用菌资源，大兴食用菌生产，不仅可使人类享用到味美、营养丰富、可促进健康的食用菌产品，也对农业资源的综合利用，特别是对废弃纤维素资源的有效利用，以及对缓解人畜争粮问题、节约耕地等均具有积极的作用。

然而，目前已被人工驯化、栽培或利用菌丝体发酵、形成规模化生产的食用菌品种仅有几十种，自然界中还有几千种食用菌尚未被开发利用。我国又是世界上拥有食用菌资源最多的国家之一，优越的地理环境和多样化的生态类型，孕育了大量具有珍稀保护价值和经济价值的野生食用菌。应不断加强对食用菌资源的分离和研究，并将其开发为食品、医药保健品等，不可白白浪费了大自然馈赠予人类的这笔宝贵资源财富。

（一）食用菌的分离获取

食用菌具有许多不同于其他微生物的生物学特点，看起来似乎更像是植物，因此，食用菌资源的开发，具有不同于其他微生物资源的特殊之处。

关于食用菌菌种资源的获取，既可通过购买或向友好单位索要已商品化的菌种，并进一步对其开发利用；也可通过调查和采集，从自然界分离新的种类，并通过不断研究、驯养，最终将其开发为一种可商业化栽培的品种。

关于野生食用菌的采集和分离，在思路和方法上有别于其他微生物资源。

首先，蕈菌不同于那些肉眼不可见的细菌、放线菌或酵母菌等微生物，也不像其他微生物那样在自然界中多呈杂菌混生状态、难以开展纯种分离，其子实体一般大而明显、相对独立，并具有典型的特征，因此，分离纯种食用菌相对容易。

其次，食用菌并不像其他大多数微生物那样“无处不在”，其分布具有明显的营养学、生态学以及季节和气候等方面的规律，并常常集中栖息于某一狭小的地域环境中。因此，食用菌尽管易于开展纯种分离工作，但并不容易被发现和采集。在采集食用菌前，明确采样地点尤为重要。通常主要依据食用菌的营养学和生态学特征进行采样。食用菌的营养类型虽然可分为腐生性、寄生性和共生性，但大部分食用菌主要是腐生性的，包括木腐生、土腐生和粪草腐生等。因此，可选择枯立树木、倒落树干等处，土壤腐烂树叶层、杂草丛、朽根等处，或动物粪便、腐熟堆肥、厩肥、腐烂草堆、有机废料堆积等处，进行腐生性食用菌的采集。此外，食用菌偏好于偏酸性的环境（pH 4 ~ 6）；喜好湿润的环境（相对湿度在 80% ~ 95%有利于子实体生长）；菌丝生长一般不需要光线，而子实体生长需要一定光照，但仅要求散射光线（“三阳七阴”或“四阳六阴”的光照）；几乎为绝对好氧性；大多数在 21 ~ 32 °C 能较好地生长，但不同菌种对温度要求不同；大多数尤其喜好“乍晴乍雨”“三晴两雨”的山区气候。这些均是采集食用菌时的重要依据。但值得注意的是，一些寄生性蕈菌，如冬虫夏草等，则需要参考其寄主的生态特性进行菌种的采集；而一些名贵的共生性真菌，如松茸、美味牛肝菌、鸡枞菌等，则可依据其结伴共生的生物的生态特性进行菌种的采集。

关于纯种菌种的分离，一般有三种方法：孢子分离法、组织分离法和基内菌丝分离法。孢子分离法（Spore isolation），是在无菌环境下，通过分离食用菌孢子并将其接入培养基中进行培养，从而获得纯种菌种的方法；该方法比较适用于产孢子能力较强的食用菌。组织分离法（Tissue isolation），是通过分离食用菌子实体、菌核、菌索等组织而获得纯种菌种的方法；食用菌子实体的离体组织，一般都具有很强的再生能力，因此，只需切取绿豆大小的一小块菌体组织，并把它移植到培养基上，最终就能产出大量菌丝体并可获得纯种菌种；组织分离法操作简便、后代不易发生变异，能保持原菌株的优良特性，故使用较为广泛。而基内菌丝分离法（Substratemycelium isolation），则是利用食用菌的生长基质作为分离对象，从中选取生长良好的菌丝体，将其移植入培养基内进行培养而获得纯种菌种的方法。此方法主要适用于不宜采得的子实体的食用菌。

关于食用菌的鉴定，由于蕈菌具有明显的形态学特征，因此可通过形态观察，并查阅相关鉴定手册，就可初步对其进行分类。在分类后，还应查阅相关资料，并开展必要科学研究，以对其生物学特性和营养、保健等价值有一个比较充分的了解，为日后的开发和生产奠定基础。

值得注意的是，一定要对所采蕈菌及时做出毒性方面的判断。民间常有许多鉴别毒蕈的经验，如颜色艳丽、不生虫子，“头戴帽（菌盖）、腰系裙（菌环）、脚穿鞋（菌托）”，子实体带有腥、辣、苦、麻、臭等气味，子实体受损伤后会变色，蒸煮时遇银器、大蒜、米饭等会变黑。这些经验，尽管有一定的科学依据，或对一些种类的毒蕈是适用的，但事实证明，这不能作为鉴定的科学指标。例如白鹅膏，其颜色并不鲜艳，子实体受伤后也不变色，也不能使银器、大蒜变黑，然而它确是剧毒之物。到目前为止，还没有一个万能的法则能够有效鉴别出毒蕈，并且，许多毒蕈引起的中毒还无法解救，因此，为保障安全性和避免不必要的工作量消耗，尽可能不去开发那些未曾报道过的菌种。若进行开发，应当做好前期的一系列研究工作，包括动物试验研究。

（二）引种驯化

引种驯化工作，是整个食用菌开发项目中的最重要的环节之一，也是进行食用菌生产的必要条件。许多来自科研院所或高校的菌种，或来源于自然界的野生菌种，最终能否实现产业化，都取决于引种驯化的研究结果。

在进行菌种的引种驯化时，首先需要通过查阅资料或开展试验，对所分离菌种的生物学特性有一个全面而深入的认识，如菌种的系统发育地位、营养学特性、生态学特性、生活史、是否具有毒性等。其次，需要研究和评价菌种的生产性能，如菌体的营养与保健价值、发菌速度、出菇周期、营养谱、抗逆性、抗杂菌或抗病虫害的能力以及菌体的耐贮性等。

此后，可参考本书第五章第一节“微生物资源开发的一般程序”，陆续完成“实验室试验→小试→中试”的研发工作。

值得注意的是，如果拟开发的菌种营养与保健价值较高，但生产性能不佳，为能最终实现产业化以及确保产品的质量，有必要开展一定的育种工作。食用菌尽管子实体生长阶段相似于植物，但其菌丝生长阶段却是典型的微生物。因此，应利用好食用菌作为微生物的优势——生长繁殖快、易变异等，高效、快速地完成优良菌种的选育。关于微生物育种方法，可参阅本书第五章第二节。

另值得注意的是，许多名贵的食用菌都是专性共生性蕈菌，如松茸、白牛肝菌、鸡油菌等，其需要与特定的植物形成可相互输送与交换物质的共生结构——菌根（Mycorhiza）才能很好地生长，并发育出子实体，故此类菌在人工培养条件下较难被驯养成功。还有如鸡枞菌等偏利共生型蕈菌，其需要借助假根从白蚁巢穴中吸取营养才能生存，故驯养难度也非常大。不过，随着科技的发展，这些名贵的食用菌也能半人工栽培，如羊肚菌、块菌、松茸等。这其中，关键是要对子实体形成的条件开展深入研究，并采取有效措施进行催蕾（详见下文）。因为食用菌菌丝体的生长对营养要求不高，绝大部分食用菌都可在人工培养基中完成菌丝体的生长，但子实体的形成却需要特殊的条件（如环境条件的骤然变化、植物激素的作用、伴生微生物的诱导等）。目前，随着生活水平的提高，上述这些“珍品食用菌”需求量也越来越高，仅靠野外采集，不仅难以满足消费者日益增长的需求，更可能对大自然造成难以修复的破坏。因此，不断研究和大力开发这些名贵野生菌资源，是十分具有意义和前景的。

（三）食用菌的生产与利用

食用菌的生产和利用，主要有两种形式：一是将食用菌如同植物那样进行栽培，并将其子实体作为食品或其他产品的加工原料；二是将食用菌孢子或菌丝体如同其他微生物那样进行液态发酵，并收获发酵液或菌丝体，作为有用代谢物提取以及保健品生产等的原料。

1. 食用菌栽培

食用菌是一种比较特别的微生物，其菌丝生长阶段，具有微生物的典型特征；而子实体生长阶段，又具有植物生长发育的一些特点。因此，食用菌的栽培，前期要采用许多微生物学的技术方法，而后期则又需要借鉴许多农学或园艺学的技术方法。

不同种类的食用菌，其栽培方法具有一定的差异。下面以常见的袋式栽培法，介绍食用菌栽培的一般流程和方法（图 8-14）。

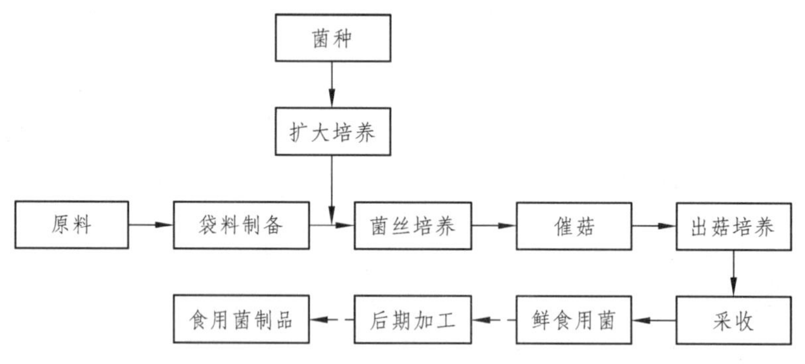

图 8-14　食用菌袋式栽培的一般流程

食用菌的栽培方法有很多，但主要为段木栽培法和袋式栽培法两种（图 8-15）。段木栽培法（Bedlog cultivation method），是把适于食用菌生长的树木砍伐后，将其枝、干截成段作为培养基质，再进行人工接种，并对段木上的菌种进行培养和管理的方法。而袋式栽培法（Plastic bag cultivation），是指将食用菌栽种于人工配制的袋装培养基中进行栽培的方法。

段木栽培法，尽管具有所产菌菇品质较好、投入产出比较高等优点；但此法会破坏林木资源，并且生产周期长、原料利用率低、不适于规模化生产和工业化管理等，现已不推荐使用。而袋料栽培法，因可利用大量廉价，甚至常被废弃的原料作为培养基质，并且具有易于管理、不易受地域或环境制约、生产周期短、原料利用率高、产量高、收益大等优点，故已被广泛采用。

图 8-15　段木栽培法（左）与袋式栽培法（右）

1）播种期选择

除了选定方法外，在食用菌的栽培中，播种期的选择亦尤为重要。因为食用菌的培养，特别是子实体的培养，不像培养其他小型微生物那样容易对环境条件进行控制，其更相似于植物，故必须选择适宜的“播种期”，才能有效保障子实体生长所需的节气。

因此，应当根据当地的气候条件，并结合食用菌的生长规律，特别是结合营养体生长（菌丝生长）和子实体生长这两个阶段的生理特点，来合理选择的播种期。一般而言，播种期的推算方法为：出菇培养最适宜的月份-菌丝培养所需的时间。例如，香菇出菇（子实体分化生长）的最佳季节是在冬季月份，那么减去菌丝体培养所需的 2～3 个月，则最佳的播种季节是秋季。

2）袋料和菌种制备

在食用菌栽培过程中，袋料的制备主要包括选料、配料、装袋和灭菌等。由于食用菌都具有很强的纤维素分解能力，因此，培养基原料可选用大量富含纤维素的廉价农副产品，如麸皮、米糠、棉籽壳、玉米芯、花生壳等，还应大量采用常被废弃处理的木屑、农作物秸秆、甘蔗渣等。在配料时，可根据菌种的营养特性，适当补充氮源（如尿素、铵盐、豆饼等）、矿物质（如磷、钾、镁等）以及重要的生长因子（对于某些共生性食用菌，需加入特殊的生长因子）等，还要调节好袋料的 pH 值（pH 多为 4～6）。而袋料的灭菌，一般是置于 100 °C 下湿热灭菌数十小时。

食用菌栽培所用的栽培种，同样需要由扩大培养而获得。培养流程是："一级菌种（母种）→二级菌种（原种）→三级菌种（栽培种）"（图 8-16）。可用菌种瓶培养基先对母菌种进行的活化，以获得原种；原种再经过袋料培养基扩大培养，以获得栽培种。

图 8-16　食用菌菌种的扩大培养

3）接种与菌丝培养

当栽培所用的袋料培养基和栽培种准备完毕后，便可在无菌环境下进行接种（图 8-17），一般可采用穴接法进行接种。接种后，将含有菌种的栽培袋转至菇房内，进行菌丝培养。

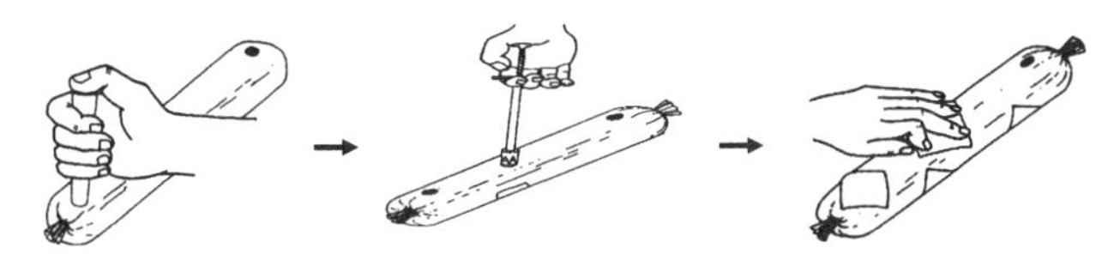

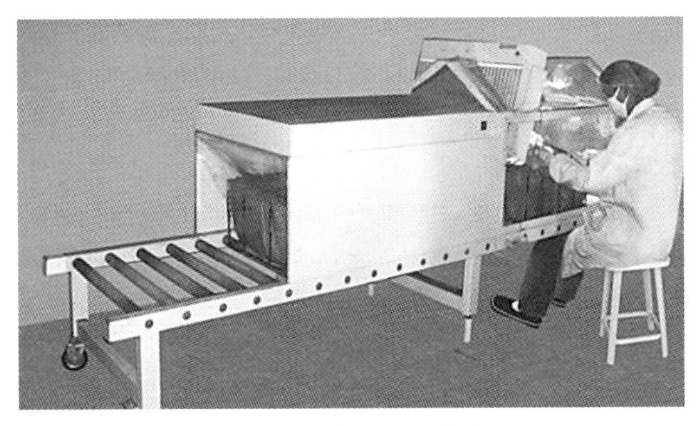

图 8-17　食用菌的接种

菌丝培养，要按照食用菌的生长阶段进行管理，并做好温度、湿度、通风和光照等的调控，以确保菌丝能够旺盛的生长。如香菇的菌丝生长期一般为 60 ~ 120 d，分为萌发定植期、菌丝生长期和菌丝成熟期三个时期。每个时期都应当依据菌丝生长发育的特点来进行管理（表 8-1）。一般而言，菌丝生长越是进入旺盛期，越是需要更多氧气，并且其代谢产热量大，需要适当降低菇房温度。此外，在此期间一定要防控杂菌污染或其他病虫害，并且需要避光遮阳（光照会抑制大多数食用菌菌丝体的生长）。

表 8-1　香菇袋式栽培时菌丝培养期的管理工作一览（吕作舟，2006）

时期	培育时间/d	生长状况	环境条件要求			操作要点
			温度/°C	相对湿度/%	通风	
萌发定植期	1 ~ 4	接入后的菌种开始定植，“吃料”	25 ~ 27	70	超过 28 °C 立即通风	28 °C 以下关门发菌
菌丝生长期	5 ~ 15	菌丝呈绒毛状向外放射式生长	25	70	早晚各一次，每次 10 min	避光遮阳，严防高温
	16 ~ 20	菌丝体向四周大幅扩展	23 ~ 25	70	每日 2 ~ 3 次，每次 2 ~ 3 h	防止杂菌污染
	21 ~ 25	穴间菌圈连接	23 ~ 24	70	早晚通风	翻袋散热
	26 ~ 35	菌丝填满袋料，洁白粗壮	24	70	每日多次通风，通风时间延长	打开口袋，疏袋散热
菌丝成熟期	36 ~ 50	菌丝扭结瘤状凸起	22 ~ 23	70	加强通风	在袋上打孔通风
	51 ~ 60	2/3 袋料出现瘤状凸起	20 ~ 22	70	加强通风	在袋上打孔通风

4）催　菇

待菌丝体生长成熟，食用菌即将由营养体生长转入繁殖体生长——即经历“菌丝体→菌丝扭结→原基→子实体”的过程。子实体，即食用菌的繁殖体，也是食用菌生产中最终需要收获的部分。但绝大多数食用菌的成熟菌丝体，如果一直处于恒定环境条件下进行培养，是无法生长分化为子实体的；其必须受到一定的刺激，才能“结出”子实体。这也是在自然界中“乍晴乍雨，阴晴交替”容易出菇的原因，也是许多名贵野生菌无法离开其寄主、共生植物或伴生微生物的原因。

这些刺激，既可来自如温度、湿度、光照、氧气和二氧化碳等环境因素的骤然变化，也可来自植物激素的刺激或有益微生物的诱导。这便是进行催菇的理论依据。

催菇（或催蕾、催耳），是指当袋料中菌丝体生长成熟后，给予一定的人工刺激，使菌丝体从菌丝扭结生长的阶段转向原基形成、子实体生长分化的阶段。常用的催菇措施主要有搔菌、温差刺激、增大湿度、加大光照、加强通风、施用植物激素或添加有益菌等。其中，搔菌是指剥去袋料表面老去的菌皮，使袋料中的新生菌丝体充分接触空气，并获得适宜的温度、湿度和光照等条件，以利于原基形成的一种催菇方法。

5）出菇培养

此阶段的食用菌，已全面从菌丝体生长阶段转入子实体生长阶段，其所需要的环境条件也不同于菌丝培养阶段。一般而言，应将栽培袋由菇房转入专门的出菇室，以便对环境条件采取更有针对性的控制。

相比于菌丝生长阶段，食用菌在子实体生长阶段通常需要一定的光照、较高的湿度（一般在 85% ~ 95%）、相对较低的温度（一般 15 ~ 20 °C）。此外，子实体的生长需要大量氧气，且二氧化碳浓度不能过高，因此，应做好通风换气的工作。

6）采收与后续加工

当子实体逐渐生长成熟后，应适时进行采收，特别要统筹好早收影响产量与迟收影响质地之间的关系。

所栽培的食用菌若作为鲜品上市，则不用专门进行后续加工；若作为其他产品的加工原料，则可依据目的进行保鲜、干制、罐藏、盐渍、糖制等；或直接加工为调味品、饮料等，以及对其活性成分进行提取等。

2. 食用菌菌丝体的液态发酵

食用菌除了味道鲜美、营养丰富外，还具有许多生物活性成分，尤其是食用菌多糖。如果采用栽培的方式来收获大量菌体，再通过烦琐的方法去提取这些生理活性成分，显然，这不仅效率低、周期长、成本高，更关键的是还会造成大量鲜品食用菌的浪费。

自 20 世纪 40 年代末期，人类就已开始尝试食用菌的液态深层发酵。如今，已有许多食用菌已通过菌丝体液态发酵来生产诸如食用菌多糖、有机酸、氨基酸和酶等有用代谢物，以及生产蛋白食品、饲料、饮料、保健品等深加工产品。

利用液态发酵，可使食用菌充分发挥自身作为微生物的优势，这不仅可以不受环境和气候制约、生产效率高、生产周期短、劳动量小、易于控制，还能收获大量纯度较高、活性有保障的代谢物类产品。

下面以食用菌多糖的生产为例，介绍食用菌菌丝体发酵的一般过程（图 8-18）。

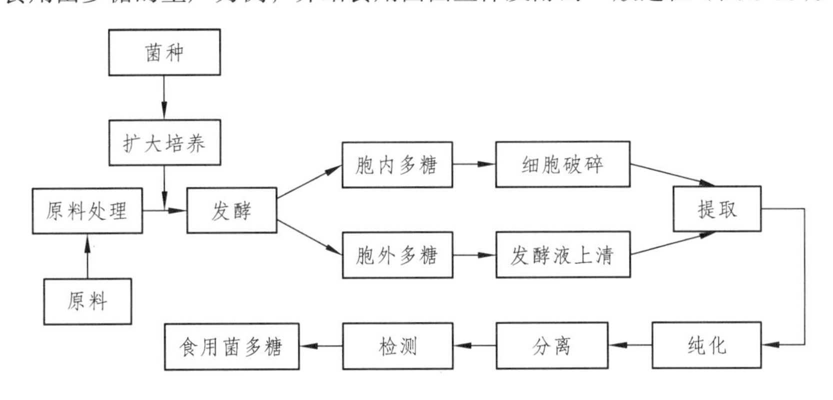

图 8-18　食用菌多糖的发酵生产过程

在进行液态发酵时，培养基不宜再使用含有大量难溶性成分的木屑、谷糠或麦麸等，而需使用葡萄糖、蔗糖、酵母粉、麦麸汁、玉米浆、豆饼汁等可溶性物质为原料。尽管这似乎比进行栽培时的原料成本高，但实际上，由于液态培养时菌体对营养的吸收能力比固态要高效、原料转化率也更高，故原料的实际用量并不高（如葡萄糖、玉米浆、酵母粉、豆饼汁等一般仅添加 1% ~ 2%）。

在将试管斜面菌种经过逐级活化和扩大培养后，可接入发酵罐内进行通气搅拌式培养。一般食用菌菌丝的生长速度要慢于细菌或霉菌细胞，故发酵时间一般需要数日甚至是数十日。在此期间内，需控制好温度、pH、溶解氧、泡沫等发酵参数，还应做好补料和代谢废物的排放。

由于食用菌的生物活性多糖既有胞外，亦有胞内形式，因此，发酵结束后，可先对发酵液进行离心或过滤处理。对于胞内多糖，可在离心后收集菌丝体沉淀进行细胞破碎，以回收胞内多糖；对于胞外多糖，则可取发酵液上清液，并在适当处理后直接开展提取工作。

食用菌多糖的提取方法有很多，大体可分为物理法、化学法和生物法。物理法，如超声波辅助提取法、微波辅助提取法、加压液体提取法以及超临界流体萃取法等；化学法，如热水浸提法、酸碱浸提法以及有机试剂（如乙醇等）浸提法等；而生物法，主要是酶解法等。一般而言，生物法反应条件温和，有利于保持多糖的活性，但其目前还仍处于研究和发展阶段，提取效果不如其他方法；而化学法尽管效果较好，但由于反应条件相对比较剧烈（如酸碱法），且可能引入有毒试剂，故应谨慎选择；物理法，如加压液体提取法和超临界流体萃取法等均具有较好的提取效果，且不易破坏多糖活性，但其比较依赖设备，设备成本相对较高。

待提取获得粗多糖后，由于其中往往含有色素、蛋白质、低聚糖和无机盐等杂质，故可采用吸附、酶解法、离子交换、透析等将其除去。如欲进一步将混合多糖分离为单一多糖，还可依据多糖的性质，采取盐析法、分步沉淀法、季铵盐沉淀法、纤维素柱色谱法、凝胶柱色谱法、亲和色谱法、电泳法和超滤法等进行分离。

最后，可对产物的总糖含量、还原糖含量、多酚类物质含量等进行测定，以评估多糖提取质量。

第九章　医药微生物资源的开发利用

重点：微生物制药、微生物医药保健品的概念；微生物医药保健品的种类和用途；抗生素开发和生产的过程要点；临床试验的概念；噬菌体防治细菌感染的优势及潜力。

医药产业，是保障公众健康和生活质量等关乎人类切身利益的重要产业。人类前进的历史，同时也是一部与疾病不断斗争、不断战胜病魔的“战争史”，而医药产业和微生物制药在这一系列战役中，始终扮演着最重要的角色。

1347年，一场鼠疫几乎摧毁了整个欧洲，约2500万人（近欧洲1/3的人口）死于这场灾难；1918—1920年间，西班牙型流感造成了全球约10亿人感染，2500万～4000万人死亡（当时世界人口约17亿人）；而自1882年R. Koch发现结核分枝杆菌以来，肺结核已在全球造成了数亿人死亡；天花，更是被史学家们称为“人类历史上规模最大、不是靠枪炮而实现的大屠杀”！

这些灾难性的疾病，给予人类重创，并使人类留下了难以磨灭的痛苦回忆。庆幸的是，人类终究凭借坚定的信念、顽强的意志、不懈的努力，以及依靠一位最亲密“战友”的并肩作战，不断战胜这些病魔。而这位“战友”，正是微生物。

日本学者尾形学曾说过：“在近代科学中，对人类福利贡献最大的一门科学，要算是微生物学了。”一个半世纪以来，微生物学工作者通过在医疗保健战线上发起的“六大战役”（外科消毒术的建立、人畜传染病病原体的分离鉴定、免疫防治法的发明和广泛应用、化学治疗剂的普及、多种抗生素的筛选及应用、基因工程药物的问世及应用等），使许多原先猖獗一时的疾病得到了有效的防治。

1979年10月，世界卫生组织宣布人类成功消灭天花。而有人估计，自从免疫防治法问世以来，人类平均寿命至少提高了10岁；另有报道称，抗生素广泛应用后，人类平均寿命至少又提高了10岁。

这些都足以表明：微生物及微生物学工作者，功不可没！随着医药产业的继续发展，人类越来越认识到微生物对于防治疾病和保障人类健康的巨大作用。据美国国家癌症中心（2001）统计，已进入市场的药物中，有45%属于微生物次生代谢物；50%以上的药物先导化合物，均源于微生物；而微生物药物，可占据整个药物市场价值的一半，约达500亿美元。随着微生物制药研究的不断发展，这一比例还将继续扩大。

然而，人类前进的脚步从未停止，疾病也仍未消失。在人类逐步战胜许多老对手的同时，新出现的许多疾病又开始大肆横行。肝炎、艾滋病、禽流感、“超级细菌”感染、癌症、糖尿病、心脑血管疾病等，正严重威胁人类健康，甚至是生存发展。在面临如“超级细菌”这般顽强而又“凶残”的对手时，如果医药产业不能继续保持高速发展，人类不仅将面临无药可治的局面，甚至有可能难逃灭亡的厄运。

因此，人类应从以往战胜各种疾病的经历中汲取成功的经验，并始终保持自信，继续加大对医药微生物资源的研究、开发和应用。有理由相信，在与微生物并肩作战的过程中，人类终将克服一切困难、战胜一切疾病，并再次重温 1928 年青霉素发现时的巨大喜悦以及 1979 年彻底消灭天花时的无比自豪。

第一节　医药微生物资源与微生物制药

医药微生物资源（Medicinal microbe resources），是可应用于制药或用于其他医疗保健用途的微生物的总称。

历史上，免疫防治法的发明和广泛应用、多种抗生素的筛选及应用、基因工程药物的问世及应用等，都是医药微生物资源研究与开发工作的伟大成果。人类利用微生物制造出了多种抗生素药物、疫苗制剂、基因工程药物，以及各种保健品等。这些微生物制品，不仅保障了人类的基本健康，更保障了人类得以享有高品质和健康长寿的生活。

尽管疾病终究无法被彻底消灭，但人类必须始终保持信心、不断朝前努力，确保医药产业的持续发展，否则，从新兴疾病流行的速度来看，人类恐难以匹敌。微生物制药在医药产业的发展中一直发挥着巨大推动作用，人类应当充分发挥微生物得天独厚的优势，将医药微生物资源不断开发并应用于医药产业，那么，战胜艾滋病、癌症、糖尿病、“超级细菌”感染等超级病魔终究不是梦。

一、微生物制药与微生物医药制品

1. 微生物制药的概念及发展

微生物制药（Microbial pharmaceutics），是利用微生物技术和高度工程化的新型综合技术，通过微生物在生物反应器内的生长及代谢来产生有用产物，并将产物进行分离、纯化和精制，最终制成医药保健产品的一种制药方法。

自从 1796 年人类第一次成功使用疫苗，再到 1940 年第一次成功地通过微生物制备出纯净的青霉素，在此后的 70 多年里，微生物制药一直保持着高速发展。尤其是抗生素药物的研究和开发，始终都是微生物制药领域最活跃的部分。

从 1874 年 W. Roberts 报道微生物能对周围其他生物产生拮抗作用以来，1928 年发现了青霉素，1940 年发现了放线菌素，1943 年发现了链霉素，1947—1950 年间又陆续发现了氯霉素、金霉素和土霉素，1952—1957 年间还发现了红霉素、白霉素和卡那霉素。截止到 1959 年底，已发现和应用化的抗生素分别达到 1000 多种和 40 余种。这些抗生素的发现和应用，有效地治疗了许多从前难以被治愈的细菌感染，保障了人们的健康，促进了人类的长寿。

进入 1960 年以后，半合成抗生素又获得了迅猛的发展，这使得抗生素的治疗效果和临床使用范围进一步得到提升。如今，已发现的、半合成或合成的抗生素已达两万余种，而临床使用的也有数百种。

在很长一段时间内，抗生素生产几乎就是微生物制药的代名词。然而，随着微生物学、发酵工程学、生物工程学等的发展，人们逐步认识到微生物在医药领域的潜能还远远未被释放。近年来，除了抗生素外，医用酶制剂、各种新型疫苗、微生物多糖、甾体激素、医用氨基酸，以及保健用途的益生素、维生素、多不饱和脂肪酸等，都在微生物制药技术的发展下获得了大量生产与广泛应用。并且，随着基因工程技术的不断发展，许多外源性基因产物也都能利用微生物进行生产，并制成基因工程药物。

目前，微生物制药已在世界医疗卫生领域经取得了卓越的成绩。未来，其凭借产品种类多、产量大、产品纯度高、生产周期短、不易受环境和土地制约、原料来源广、生产无污染、易于控制、菌种易于人工育种和基因改造等诸多优势，还将继续获得飞速发展，并为推动医药产业的持续发展、保障人类健康贡献巨大力量。

2. 微生物医药制品及其种类

微生物医药制品（Microbial medical products），泛指通过微生物制药生产出的或以微生物为基础所开发的医疗保健用品的总称。其主要包括抗生素、疫苗、医用酶制剂、基因工程药物、甾体激素、发酵中药、微生物多糖、益生素、多不饱和脂肪酸、医用氨基酸和维生素等（表 9-1）。

值得注意的是，尽管抗生素历来都是微生物医药制品的重要组成部分，但近年来，非抗生素类微生物医药制品的种类和数量也在不断上升，这也使得医药微生物资源的应用范围和前景更加广阔。

表 9-1 常见的微生物医药制品

制品	主要生产菌	举例	主要作用原理及用途
抗生素	主要为各类放线菌（尤其是链霉菌），亦有真菌和细菌	青霉素、链霉素、庆大霉素、头孢菌素、多黏菌素、万古霉素等	干扰微生物代谢、破坏微生物细胞成分等（防治细菌感染，也可防治其他微生物感染或抗癌等）
疫苗	各类病原体，基因工程菌	各类弱毒活疫苗、死疫苗、类毒素、基因工程疫苗、DNA 疫苗等	诱导机体产生免疫应答等（预防各类病原体的感染，艾滋病、癌症的治疗等）
医用酶制剂	各类微生物，基因工程菌	链激酶、尿激酶、透明质酸酶，葡萄糖脑苷脂酶，β-酪氨酸酶，溶菌酶，各种消化酶、抗氧化酶、抗癌酶等	酶的生物学催化作用（治疗心脑血管疾病、帕金森症、高歇氏病、各种感染、抗癌等）
基因工程药物	基因工程菌，哺乳动物细胞	细胞因子药物、蛋白质类激素、医用酶制剂，DNA 药物、反义 RNA 药物等	调节免疫、调节代谢、调节生理机能、纠正突变基因等（治疗糖尿病、心血管疾病、类风湿性关节炎、病毒性感染，抗肿瘤等）
甾体激素	霉菌	性激素、孕激素、皮质激素等	调节代谢、调节生理机能等（治疗风湿病、心脑血管疾病、皮肤病、内分泌失调、老年性疾病，抗肿瘤等）
发酵中药	多种微生物	六神曲、淡豆豉、半夏曲等	调节代谢、调节生理机能（健脾和胃、消食调中；除烦、宣郁、解毒；化痰止咳、消食宽中等）
微生物多糖	细菌、真菌、蓝细菌等	结冷胶、黄原胶、葡聚糖、海藻糖等；食用菌多糖等	多种作用机制（医疗保健品生产；提高免疫力、抑制肿瘤、抗菌、抗病毒、调节血脂、抗氧化等）

续表

制品	主要生产菌	举例	主要作用原理及用途
益生素	乳酸菌、芽孢杆菌、酵母菌等	乳杆菌制剂、双歧杆菌制剂、芽孢杆菌制剂、酵母菌制剂等	向宿主提供营养、分泌促消化物质与抗菌物质、占位排斥作用、排出毒素等（医疗保健品生产；调理肠道菌群平衡、提高免疫力、促进消化吸收等）
多不饱和脂肪酸	海洋蓝细菌、藻类，食用菌等	亚油酸、α-亚麻酸、花生四烯酸，二十碳五烯酸、二十二碳六烯酸等	保持细胞膜功能正常、降低血液胆固醇、增强脑细胞活性等（医疗保健品生产；提高免疫力、抗心脑血管疾病、抗癌、抗氧化、抗炎症，促进大脑发育等）
医用氨基酸	多种微生物	谷氨酸、赖氨酸、苏氨酸、蛋氨酸、异亮氨酸等	供给营养、调节代谢等（医疗营养液；治疗脂肪肝、治疗记忆障碍、纠正血浆氨基酸失衡、调节胃液酸度等）
维生素	多种微生物	维生素 C、维生素 B_2、维生素 B_{12}、β-胡萝卜素等	调节代谢（医疗保健品生产）

二、各类微生物医药制品概述

（一）抗生素

抗生素（Antibiotic），狭义上是指在低剂量下就可选择性抑制或杀灭其他病原菌的一类微生物次生代谢产物。而广义上的抗生素，则不仅包括了微生物产生的，还包括了一些植物、动物产生的，以及由人工合成或半合成的具有抑制或杀灭病原菌、病毒、癌细胞等的一大类化学治疗剂。

抗生素在医药领域有着重要应用，其也被誉为 20 世纪最伟大的发现之一，甚至被认为将人类平均寿命提高了 10 年。自从 1928 年 A. Fleming 发现青霉素以来，抗生素的研究和开发工作一直从未停歇。目前，已发现的、半合成或合成的抗生素已达两万余种，而临床使用的也有数百种。这些抗生素不仅对人类防治细菌感染做出了巨大的贡献，也在抗癌、促进动物生长、防治农作物病害等方面发挥着积极作用。

1. 抗生素的种类

抗生素的种类非常多，可按来源、化学结构、作用机制、合成途径等对其进行分类。

1）按抗生素来源进行分类

抗生素按照来源可分为如下种类：

（1）放线菌源抗生素。在目前发现的抗生素中，几乎有一半以上是由放线菌产生的（表 9-2），并且最主要是链霉菌属放线菌产生的（约占 96%），而诺卡氏菌属、小单孢菌属次之。常见的放线菌源抗生素主要有链霉素、四环素、卡那霉素、红霉素、制菌霉素和放线菌素 D 等。

（2）真菌源抗生素。真菌所产生的抗生素尽管远少于放线菌，但在微生物中是第二多的（约占 30%）。产抗生素的真菌主要是青霉属、头孢菌属和曲霉属等，如青霉素、头孢菌素 C 和米托洁林等。其次为担子菌纲，而藻菌纲和子囊菌纲真菌产生的抗生素很少。

（3）细菌源抗生素。细菌所产生的抗生素在微生物中是最少的（约 18%），而产抗生素的细菌主要为假单胞菌属细菌和枯草芽孢杆菌、短芽孢杆菌、多黏芽孢杆菌等芽孢杆菌，其分别可产生假单胞菌酸、吩嗪、硝吡咯菌素等；杆菌肽、短杆菌肽和短杆菌酪肽、多黏菌素等。

（4）植物或动物源抗生素。植物和动物产生的抗生素不多。植物源抗生素，如植物溶菌酶、植物总黄酮、愈创木酚、儿茶素、原花色素、蒜素等；动物源抗生素，如鱼素、抗菌肽等。

（5）半合成抗生素（Semisynthetic antibiotics）。半合成抗生素，是指以微生物合成的抗生素为基础，在对其进行结构改造后得到的新化合物。相比于原抗生素，其具有更广的抗菌谱、更强的抗菌活力、副作用小、不易产生耐药性等优势，以及获得了药代谢动力学、稳定性等的改善。常见的半合成抗生素有氨苄青霉素、阿莫西林、亚胺培南、头孢曲松、头孢克肟、利福平、泰利霉素等。

（6）合成抗生素（Synthetic antimicrobial agents）。合成抗生素，亦称为合成抗菌药，是用化学合成的方法制成的抗菌药物，主要包括磺胺类、喹诺酮类、呋喃类等。常见的合成抗生素有磺胺甲恶唑、磺胺二甲嘧啶、氧氟沙星、环丙沙星、呋喃妥因、呋喃唑酮等。

表 9-2　微生物产生的生物活性物质（姜怡等，2007）

类群			抗生素种类	非抗生素活性物质种类	总合计
细菌	真细菌	芽孢杆菌	795	65	860
		假单胞菌	610	185	795
		其他细菌	765	330	1095
	黏细菌		400	10	410
	蓝细菌		300	340	640
	合计		2900（18%）	900（15%）	3800（17%）
放线菌	链霉菌		8366	1080	9446
	稀有放线菌		334	320	654
	合计		8700（53%）	1400（23%）	10 100（45%）
真菌	小型真菌	青霉属/曲霉属	1000	950	1950
		其他小型真菌	2770	1730	4500
	担子菌		1050	950	2000
	酵母菌		105	35	140
	蕈菌		30	30	60
	合计		4900（30%）	3700（62%）	8600（38%）
总合计			16 500	6000	22 500

2）其他分类

抗生素的其他分类方式可见表 9-3。

表 9-3 抗生素的其他分类方式

分类依据	种类	举例
化学结构	β-内酰胺类	青霉素类、头孢菌素类等
	氨基糖苷类	链霉素、庆大霉素、卡那霉素等
	大环内酯类	红霉素、白霉素、麦迪霉素等
	四环素类	四环素、土霉素、金霉素、强力霉素等
	多肽类	杆菌肽、多黏菌素、万古霉素等
	蒽环类	阿霉素、柔红霉素等主要用于抗癌的抗生素
	喹诺酮类	氧氟沙星、环丙沙星
作用对象	广谱抗生素	氯霉素、氨苄青霉素、金霉素等
	抗 G^+ 菌抗生素	青霉素、林可霉素、杆菌肽等
	抗 G^- 菌抗生素	多黏菌素、链霉素、新霉素等
	抗真菌抗生素	两性霉素 B、制菌霉素、氟康唑等
	抗病毒抗生素	较少，主要是核苷类合成药物
	抗癌抗生素	丝裂霉素、放线菌素 D、阿霉素等
合成途径	糖代谢延伸途经类	核苷类、糖苷类、糖衍生物类抗生素
	莽草酸延伸途经类	氯霉素等
	氨基酸延伸途经类	多肽类、β-内酰胺类、氨基酸衍生类抗生素等
	乙酸延伸途经类	大环内酯类、四环素类抗生素等

2. 抗生素的抗菌机制

抗生素的抗菌机制，主要有抑制细菌的细胞壁合成、干扰细胞膜、抑制蛋白质合成、抑制核酸合成、抑制 DNA 复制和抑制 RNA 转录等（图 9-1）。

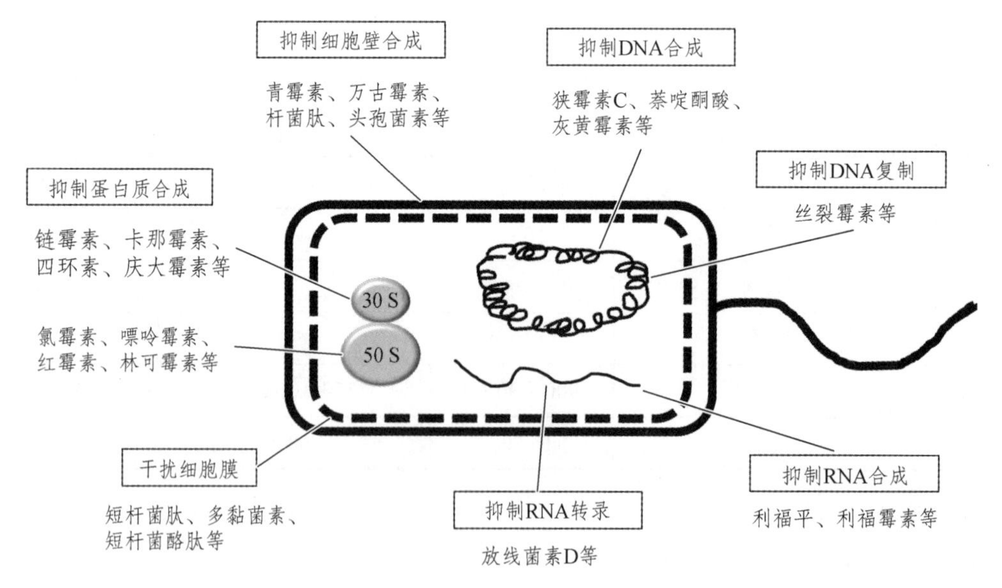

图 9-1 抗生素的抗菌机制

3. 抗生素的应用与耐药性

抗生素因具有较强的抗菌能力和迅速的作用效果，而被广泛应用于医疗、养殖和种植等领域。在医疗领域，抗生素是许多细菌性或真菌性感染的特效药（表 9-4），其既可治疗局部或系统性感染，也可用于治疗急性或慢性感染；既可外敷、口服，也可静脉、腹腔、肌肉注射等。

表 9-4 抗生素在临床治疗上的应用（参考：国家卫生计生委，2015 版《抗菌药物临床应用指导原则》）

常见感染	常见致病菌	可选药物
急性咽炎及扁桃体炎	A 族链球菌等	青霉素类、头孢菌素类等
急性细菌性鼻窦炎	肺炎链球菌、流感嗜血杆菌等	青霉素类、头孢菌素类等
急性气管-支气管炎	肺炎支原体、百日咳博德特菌、肺炎衣原体等	大环内酯类、氟喹诺酮类等
尿路感染	大肠埃希氏菌等	呋喃妥因、头孢氨苄、哌拉西林等
急性感染性腹泻	沙门氏菌、大肠埃希氏菌、志贺氏菌等	环丙沙星、左氧氟沙星、头孢菌素类等
皮肤及软组织感染	金黄色葡萄球菌等	苯唑西林、多西环素、莫匹罗星软膏等
眼部感染	流感嗜血杆菌、肺炎链球菌、金黄色葡萄球菌等	氧氟沙星、红霉素、四环素等
阴道感染	念珠菌（假丝酵母菌）等	制霉菌素、咪康唑、克霉唑等

除临床应用外，农用抗生素还可用于防治农作物的各种微生物性病害；而在养殖业中，兽用抗生素可用于治疗畜禽的各类细菌性感染。

值得注意的是，自从 1946 年 Moore 等研究发现在饲料中添加抗生素可促进肉鸡生长，抗生素作为饲料添加剂（或抗生素生长促进剂，Antibiotic growth promoters）在养殖业中的应用，也拉开了帷幕。据估计，从 1950 年至今的 60 多年时间里，有 60 余种抗生素被应用于养殖业；而全球抗生素产量的一半以上，甚至更多，均被用于饲料中。这些抗生素的应用，有效防控了动物疾病、保障了动物健康、促进了动物的生长，极大地推动了养殖业的发展，也大大保障了动物性产品的供应。

然而，抗生素作为饲料添加剂，长期亚治疗剂量（Subtherapeutic dose）地被使用在饲料中，可能会导致大量细菌耐药突变株从突变选择窗（Mutant selection windows）中被选择出来；而抗生素的滥用、超量违规使用，更有可能导致耐药性细菌的大量爆发。

实践证明，上述推论是有事实依据的。多重耐药性细菌（Multidrug-resistant bacteria）——“超级细菌”的频频出现，不断威胁公众健康。而国内外学术界和有关国家政府，已取得比较统一的认识，都将不断涌现的耐药性细菌及其流行和暴发等问题主要归因于养殖业在饲料中长期亚剂量使用，甚至是滥用抗生素。1986 年，瑞典率先禁止抗生素生长促进剂的使用；2006 年，欧盟全面禁止在饲料中使用抗生素；而美国在 2014 年也宣布将在未来的三年逐步禁止使用促生长抗生素；我国农业部也已逐年限制或禁止部分抗生素生长促进剂的使用，并计划未来可能将全面禁止在饲料中使用抗生素。

抗生素，这一往昔药到病除的灵丹妙药，为人类的健康长寿和向前发展做出了巨大的贡献，而如今，尽管耐药性细菌的不断出现已导致许多抗生素几乎完全失效，但抗生素凭借其出众的临床效果，在相当长的一段时期内仍然难以被替代。不过，作为微生物学工作者应保持冷静和清醒，既要意识到耐药性细菌的威胁，并极力避免未来无药可治的局面产生，更要不断研究和阐明细菌耐药的机制，以及加大力度开发新的抗生素和新的药物。唯有如此，才能更好地将微生物资源真正用于造福人类社会，也才能更好地推动微生物资源的开发与利用。

（二）疫　苗

疫苗（Vaccine），是一类用于预防传染病的抗原制剂。早在公元 10 世纪，我国宋朝就已有接种“人痘”来预防天花的记载，这也是世界历史上人类第一次通过免疫防治法来预防传染病。而到了 17 世纪，英国医生 E. Jenner 从挤奶工身上获得灵感，并发明了“牛痘”法预防天花。自此，人类真正意义上开启了免疫防治法预防传染病。

但实际上，疫苗的发明和发展，却真正始于世界著名微生物学家 L. Pasteur。其在 1885 年成功研制出世界上第一剂用于人体的疫苗——狂犬疫苗，成功挽救了一位本已被医生宣布生存无望的小男孩，并从此掀起了第一次“疫苗革命”——传统疫苗（完整病原体）的制造。此后伤寒、霍乱、鼠疫等疫苗也先后被研制成功，使得原先猖獗一时的许多传染病得到了有效的防控。再到 20 世纪，卡介苗、百日咳、流感、破伤风、腮腺炎、水痘、甲肝等疫苗也陆续问世，公众健康得到了极大的保障。而在 1979 年 10 月，世界卫生组织宣布人类成功消灭天花的那一刻，人类深感，正是疫苗的问世才使得许多不治之症得以攻克，才使得无数生存无望之人得以幸存。而疫苗，也被誉为“人类医学最伟大的发明”。

随着基因工程技术和生物学技术的发展，20 世纪 70 年代，人类又开启了第二次“疫苗革命”——亚单位疫苗的制造。而紧接着，90 年代，第三次“疫苗革命”也爆发了，这便是基因疫苗的问世。

如今，疫苗已不完全是当年的预防针，其在治疗艾滋病、癌症等绝症方面也展现出巨大潜力。未来，随着科技的进一步发展，免疫接种的进一步普及，以及基因治疗（Gene therapy）的研究成熟和推广应用，有理由憧憬，人类还将继续消灭许多疾病，并一次次重温 1979 年战胜天花时的那般喜悦与自豪。

有关疫苗的种类及特点，可见表 9-5。

表 9-5　常见的各种疫苗

大类	小类	概念	优点	缺点
传统疫苗	弱毒活疫苗	用人工方法使病原体减毒，或从自然界筛选某病原体的无毒株或微毒株所制成的具有活性的微生物制剂	进入机体后能继续繁殖，一般接种剂量低，作用持久，效果较好	不易保存，有安全性隐患
	灭活疫苗	用灭活后、但仍保留原有免疫原性的病原体而制成的疫苗	使用安全，保存容易	使用剂量较大，须多次接种，持续时间短
	类毒素	用经过甲醛脱毒后、仍保留原有免疫原性的细菌外毒素而制成的疫苗	针对性强，作用持久	需配合免疫佐剂使用，不能预防感染
亚单位疫苗	基因工程重组疫苗	利用基因工程构建重组 DNA，并用它表达的免疫原性较强、无毒性的多肽制成的疫苗	特异性强，效果好，副作用少，安全	免疫原性相对较低，需要配合佐剂使用
	化学疫苗	利用化学方法获取病原体有效免疫成分而制成的疫苗		
	多肽疫苗	用人工合成的高免疫原性多肽片段制成的疫苗		
基因疫苗	DNA 疫苗等	一种用编码抗原的基因而制成的，并将其接入人体后可诱导免疫应答的疫苗	特异性最强，效果好，作用最持久，还可用于基因治疗	效果不稳定，存在安全性隐患

（三）医用酶制剂

微生物酶制剂，除了可应用于制革、造纸、纺织、食品、发酵、农业等领域外，还在医药卫生领域有着重要应用。

我国每年约有 60 万人死于冠心病，约 120 万人死于脑梗死、脑出血；而美国每年约有 15 万人死于中风，约 80%的病例是由于血管血凝块而导致的突发性死亡。心脑血管疾病严重威胁人类健康，疏通血管、使血流通畅已成为医学界的重要课题。近年来，具有溶血栓作用的微生物酶制剂，已开始临床使用，取得了较好的效果。常见的“溶栓酶”如链激酶、尿激酶、纳豆激酶、葡激酶等，它们可以激活血液中的纤维蛋白酶原，使其转换为有活性的纤维蛋白酶，从而可实现对血栓的溶解。

而在癌症治疗方面，微生物酶制剂也展现出巨大潜力。如天冬酰胺酶，其能破坏可促进癌细胞增殖的天冬酰胺，故可用于治疗白血病；而 L-精氨酸酶、L-组氨酸酶、L-蛋氨酸酶和谷氨酰胺酶等，也都具有治疗血癌的应用潜力。

此外，酪氨酸酶可用于治疗帕金森症；而葡萄糖脑苷脂酶可治疗高歇氏病；超氧化物歧化酶和过氧化氢酶，则可用于清除自由基、抗衰老；而噬菌体裂解酶，具有治疗“超级细菌”感染的潜力。

目前，医用酶制剂凭借特异性高、副作用小、作用迅速等优点，越来越被广泛关注和认可。未来，随着基因工程技术的进一步发展，更多的人源性酶也可利用微生物进行大量生产，这对于许多因酶合成不足或关键酶无法表达的重症患者而言，是一个十分积极的信号。

（四）基因工程药物

曾几何时，侏儒症患者因生长激素分泌障碍而不得不承受身心的巨大伤害，不得不面临几乎无药可治的局面；曾几何时，糖尿病患者因胰岛素分泌障碍而不得不忍受无情现实所带来的巨大痛苦，不得不放弃许多生活的基本权利，甚至还面临着发展为肝癌的巨大风险；而高歇氏病患者因缺乏葡萄糖脑苷脂酶，不及时救治甚至活不过 10 年。这样的例子还有很多。

人类也从未放弃找寻治愈之道。例如，从大量尸体中提取生长激素来治疗侏儒症，从大量活宰动物体内提取胰岛素来控制糖尿病症状，从人类胎盘中提取葡萄糖脑苷脂酶来治疗高歇氏病……

但显然，这些均不是有效的方法。值得庆幸的是，如今，450 L 大肠杆菌发酵液所产的生长激素，就相当于解剖 6 万具尸体所获的激素产量；原来需要 2000 ~ 8000 个胎盘才能提取出葡萄糖脑苷脂酶的一个剂量，现在通过小小的基因工程菌就能大量生产出；而过去需要宰杀大量动物才能获取的、价格高昂、存在免疫排斥反应的动物胰岛素，如今通过小小的发酵罐就可大量、相对廉价地生产出。

这一切都是微生物制药，尤其是基因工程制药与基因工程药物的功劳。

基因工程药物（Genetic engineering drugs），是将可表达药用蛋白的基因，经基因工程技术转入表达细胞内进行发酵生产，最终再经过制药技术所制造出的一种生物药物。

传统上的基因工程药物，如胰岛素、胰高血糖素、生长激素、甲状旁腺激素、降钙素、促卵泡素等蛋白质类激素，如干扰素、白细胞介素、肿瘤坏死因子、生长因子、趋化因子等细胞因子，如尿激酶、链激酶、葡激酶、尿酸氧化酶、葡萄糖脑苷脂酶、超氧化物歧化酶等医用酶制剂，以及各种基因工程疫苗、可溶性补体、血红蛋白、白蛋白等。它们中的大部分已在临床上获得了应用，并取得了良好的效果，为许多难治性疾病的最终治愈或有效控制，发挥了巨大作用。

随着科技的进一步发展，基因工程药物也已从原先通过原核表达而生产出的第一代产品，逐步转向以真核微生物或哺乳动物细胞为表达载体的第二代产品，这有效克服了高等生物基因在低等的原核生物中不能被表达或表达产物不具有活性等问题。而目前，基因工程药物也将从以往的蛋白质药物逐步发展为第三代药物——核酸药物（如 DNA 药物、反义 RNA 药物、RNAi 药物和核酶等），并从药物治疗的时代逐步走向基因治疗的时代。这不仅可以省去吃药的麻烦，还可使作用效果更持久。此外，核酸药物的问世，对于如癌症、艾滋病等绝症的最终治愈或有效控制，也将具有重要意义。

（五）甾体激素

甾体激素（Steroidhormone），又称为类固醇激素，其是具有共同的环戊烷多氢菲核结构，在维持生命活动、调节性功能、调节免疫、治疗疾病以及控制生育等方面具有重要作用的一类激素，如性激素、皮质激素、孕激素等。

医用的甾体激素，最初是从动物组织中提取或经过复杂的化学合成而制得的。这两种方法都是生产成本极高、生产周期非常长的，并且得率非常低。如 1949 年，在发现松皮质激素对风湿性关节炎具有明显的抗炎症活性后，人们从胆汁中提取脱氧胆酸为原料，历时两年之久，经过 30 多步化学反应才最终制得产品乙酸可的松；并且，61.5 kg 原料才能获得 100 g 产品，得率仅为 0.16%。

而在 1952 年，美国科学家 Peterson 等首先发现利用少根根霉和黑根霉，仅用一步转化反应就能使黄体酮转化为 11α-羟基黄体酮，收率达 85%以上。这一发现为甾体激素药物的生产开辟了一条新的途径——微生物转化。

现在，许多甾体激素药物都是经过微生物转化并适当结合化学方法而生产出的。常见的甾体转化类微生物主要是霉菌，如根霉属、弯孢属、镰孢霉属和曲霉属等。例如，犁头霉可利用莱氏化合物 S 为原料，并利用自身所产的 11β-羟基化酶和 11α-羟基化酶引入 11β-羟基，从而可制得产品氢化可的松。该产品在治疗肾上腺皮质功能不足、自身免疫性疾病以及某些感染方面具有重要应用。

（六）微生物多糖

有关微生物多糖的内容，可见本书第七章和第八章。

在医药领域，值得关注的除了传统的葡聚糖、结冷胶、黄原胶、海藻糖等可用于医疗卫生品制造的多糖外，近年来，具有增强免疫力、抗癌、抗氧化、抗菌、抗病毒、降低血液胆固醇等功效的食用菌多糖，越来越受到关注。尤其是通过菌丝体液态发酵（详见本书第八章第二节），还可快速、大量、低成本地生产出纯度较高的食用菌多糖。

目前，已有不少食用菌多糖被应用于临床，而日本及一些欧美国家也开发出许多相关的药品和保健品。食用菌多糖的市场潜力很大，应不断研究并加大开发力度，使其真正实现产业化，为促进人类健康长寿发挥应有的作用。

（七）益生素

益生素（Probiotics），是一种可通过改善肠道微生态环境而对人体健康有益的微生物活菌制品。早在人类揭示肠道正常菌群与提出微生态平衡的理念之时，“益生菌剂”，即现在所称的益生素，就已被提上了开发日程。

如今，益生素类药品或保健品已比较常见，它们多以各类乳酸菌（如嗜酸乳杆菌、副干酪乳杆菌、两歧双歧杆菌、婴儿乳杆菌、粪链球菌等）、芽孢杆菌或酵母菌等微生物为生产菌种，具有提高人体免疫力，促进消化吸收，促进人体排毒，预防疾病，提供维生素、小分子有机酸等保健功能。特别是在治疗因长期服用抗生素而导致的肠道菌群失调症（Dysbacteriosis）时，益生素具有不可替代的作用。

然而，益生素尽管是研究比较早、开发较为成熟的一类微生物制品，但其目前在产品效果的稳定性方面仍需要加强。其主要是存在诸如菌种定植效果不佳、益生作用不确定、外源性菌种可能受拮抗等问题。因此，应进一步加强对现有菌种作用机制的研究，并不断分离和开发新的种类，同时，也有必要配合益生菌的食物及促生长剂——益生元（Prebiotic）一同使用，或者将二者有机结合、开发为合生元（Synbiotics）产品。

（八）多不饱和脂肪酸

多不饱和脂肪酸（Polyunsaturated fatty acid），是指含有两个或两个以上双键，且碳链长度为 $C_{18} \sim C_{22}$ 的直链脂肪酸。其具有重要的生理功能，可保持细胞膜生理功能的正常、降低血脂及胆固醇、改善血液微循环、促进脑细胞发育等；其应用于医疗保健领域，可防治心脑血管疾病、抵抗炎症、预防癌症、预防肥胖症、抗氧化、调节免疫、保障婴幼儿健康发育等。

在各种多不饱和脂肪酸中，比较重要的是二十碳五烯酸（Eicosapentaenoic acid, EPA）和二十二碳六烯酸（Docosahexaenoic acid, DHA）。前者具有清理血管中垃圾（胆固醇和甘油三酯）的功能，被誉为“血管清道夫”；而后者具有软化血管、健脑益智、改善视力等功效，被誉为“脑黄金”。

传统上，EPA 和 DHA 的获取方法有两种：一是从植物油或富含不饱和脂肪酸的食品（如坚果、蔬菜、水果、蛋黄等）中提取，二是从深海鱼油中提炼。显然，这两种方法不仅周期长、成本高、工艺复杂、产率低，并且从深海鱼中进行提取，还有可能因过度捕捞而造成渔业资源的日渐枯竭。

实际上，在这些深海鱼体内之所以富含多不饱和脂肪酸，原因在于它们常以富含此类脂肪酸的微生物为食。破囊壶菌就是这种微生物之一。显然，利用微生物发酵生产多不饱和脂肪酸，具有较多的优势。有关 DHA 的发酵法生产，可见本书第七章第一节。

（九）发酵中药

发酵中药（Fermented traditional Chinese medicine），是将天然中药材或其提取液经微生物发酵而制得的药物。

中药是中华民族的瑰宝，在我国人民与疾病斗争的历史中发挥了重要作用。但在近代，中药的现代化进程较慢，除了中医理论与现代科学理论不能很好地接轨外，中药的加工处理也是问题之一。炮制（Processing crude drugs），在中药制备中非常重要，其是提高药效、改变药性、降低毒副作用等的关键工序。微生物有着非常强大的生物转化能力，并能产生丰富的、具有生物活性的代谢产物。因此，通过微生物的生命活动来炮制中药，可能会比传统的物理或化学方法更能有效提高药效、改变药性、降低毒副作用、扩大适应症等。

实际上，发酵本就是传统中药加工炮制的重要方法之一，如片仔癀、建神曲、沉香曲、淡豆豉、半夏曲、红曲等也都是通过发酵而制成的发酵中药。如片仔癀，就是三七的微生物发酵物；而红曲，则是红曲霉以大米为原料，发酵而制成的一味具有健脾消食、活血化瘀功能的中药。

但是，这些传统中药的发酵均是采用自然发酵，目的性和定向性不强、不能依据药材特性和适应证来进行发酵，也不能将药材的药用潜能充分释放；并且还不易控制，极有可能落入有害菌而出现安全性隐患。

因此，未来应不断分离有益菌，并利用纯培养发酵的方式来有目的性的炮制中药，使中药的药用潜能被充分释放。这也有利于进一步发展和推广中医以及中医文化，使我中华民族的这一古老智慧得以绽放出新的光彩。

第二节　医药微生物资源的开发

历史上，医药微生物资源的开发，开启了微生物制药的时代。抗生素、疫苗、医用酶制剂、益生素、基因工程药物等微生物医药制品的产业化生产与广泛应用，离不开微生物资源开发工作者的辛勤付出。尽管医药微生物资源的开发工作已取得了巨大的成就，也将许多原先猖獗一时的疾病有效控制并逐步消灭，但目前仍有诸多疾病尚未攻克，并且又出现了许多新的疾病。不断地研究和开发新型药物，以应对不断出现的新威胁，始终是医药微生物资源开发的中心思想。

下面以抗生素生产菌的开发利用，以及较为前沿和热点的抗生素替代物——医用噬菌体资源的开发为例，介绍医药微生物资源开发的相关内容。

一、抗生素的开发与生产

自从 1928 年青霉素的发现以来，截止到 2005 年，人类已从微生物中发现了约 16 500 种抗生素（表 9-2），目前，要想再分离出新的抗生素是越来越困难。并且，在这些被发现的抗生素中，也仅有不足 1%的最终获得了应用，可见研发难度之大，工作之艰巨。实际上，自从 20 世纪 80 年代中期以来，用于防治细菌感染的传统抗生素就已很少被发现；而截止到 2009 年，也仅有 8 种抗生素制剂正处于后期研发阶段，何时能上市并获得临床应用仍是未知数。

另一方面，不断涌现出的耐药细菌，已使得许多抗生素在临床上几乎完全失效。特别是在 2015 年，科学家宣布曾被称为“最后一道防线”的多黏菌素，也出现了耐药性，这无疑使得具有这种耐药性（携带 mcr-1 耐药基因）的碳青霉烯类耐药肠杆菌科细菌（Carbapenem-resistant Enterobacteriaceae, CRE）将成为“无法可约束”的“自由杀人魔”。这也是继第一代“超级细菌”——耐甲氧西林金黄色葡萄球菌（*Methicillin*-resistant *Staphylococcus aureus*, MRSA）之后，最令人恐惧的一种“无敌细菌”。

因此，即便是困难重重，分离新的抗生素，也是一件极其必要与紧迫的任务。

（一）抗生素生产菌的分离

不同于其他资源微生物的分离，由于目前已经较难分离出新的抗生素，故抗生素生产菌的分离要求新。因为“新”的生产菌，才有可能产生“新”的抗生素；而“新”的抗生素，也才有可能杀灭已耐药的细菌。因此，当前形势下，抗生素生产菌的分离，几乎等同于去发现新物种，难度是可想而知的。

关于在分离抗生素生产菌时样品的采集，可参考表 9-6 中的一些策略。

表 9-6　在分离抗生素生产菌时可采取的采样策略

策略	说明
以分离放线菌为主	放线菌在抗生素生产中具有重要地位，几乎一半以上的抗生素都是由放线菌产生的。尽管目前还无法科学合理地解释放线菌的代谢产物为何如此多样，但还是应当遵循这一事实规律
以分离稀有放线菌为主	鉴于目前已知的放线菌源抗生素主要来自链霉菌（约 96%），已较难再从中分离出新的抗生素，故应充分挖掘稀有放线菌资源。如庆大霉素、红霉素、利福霉素、万古霉素等都是从稀有放线菌中发现的，说明其具有很大的挖掘价值
从土壤中采样	土壤是陆生性较强的放线菌的“大本营”；在中偏碱性的土壤和较为表层的土壤（0~20 cm）中，放线菌的分离率较高
从人类涉足较少的环境下采样	鉴于“常规”环境下已较难分离到新的生产菌，故应从人类涉足较少的环境下采样。如庆大霉素生产菌就是从湖底陈年沉积土中发现的，故应从一些不寻常的环境中采样和寻找
从热带地区环境采样	热带地区因自然环境复杂、多变，使生存其中的生物极具多样性。例如，热带雨林只占地球总面积的 3.3%左右，却生存着现有物种的 50%以上
从海洋环境中采样	海洋是占地球面积最大的一片区域，物种丰富，生物量大；同时，海洋也是人类踏足较少的一片领域，因此，海洋中微生物资源的挖掘价值很大。已有不少研究表明，从海洋微生物中可获取许多新颖的抗菌活性物质，而这些物质很多都是在陆生性微生物中从未被发现的。此外，近年来也已从海洋中分离出许多稀有放线菌，如盐生孢菌、皮生球菌、戈登氏菌等
从极端环境下采样	极端环境中可能蕴藏着种类丰富的微生物，而目前已知的却非常少，因此，极有可能发现新的种类；此外，极端环境下生存的微生物通常具有非常特殊的生物学特性，因此，极有可能发现具有新特性的抗生素。而近来有研究表明，我国云南腾冲热泉中存在有尚未被分离的新种类放线菌
从植物体内采样	许多研究已表明，植物体内可能蕴藏着丰富的内生菌资源，并且这些菌种可能都是从未被描述过的；此外，有研究表明从植物内生菌中分离到的活性物质，约有 51%是新的化合物。如 Pullen 等从卫矛科树木中分离出桑氏链霉菌，其可产生能有效作用于多重耐药细菌的氯吡咯

由表 9-6 可知，就目前的形势而言，应从人类涉足较少的环境下，特别是从许多从未踏足过的热带地区、海洋环境、极端环境等处的土壤或其他介质等处去分离稀有放线菌，同时，也应从植物体内去分离内生菌。

关于抗生素生产菌的分离，下面以土壤放线菌的分离为例进行简介。

为提高分离率，可在富集培养前先对所采集样品进行有针对性的预处理。例如，放线菌的孢子一般比较耐受干燥，因此，可以采用风干的方法以增加土样中产孢子放线菌的检出概率，而一般的细菌因不耐干燥通常能被大量除去；还可适当对样品进行干热加热处理，因为放线菌对干燥的耐受常常伴随着对干热的耐受，故将风干后的土样在干燥状态下适当加热亦可去除掉大部分细菌而保留放线菌；也可采用湿热法，但由于放线菌孢子对湿热比较敏感，故土样悬浮液加热的温度一般不超过 40 ~ 50 °C。此外，化学法处理，也是一种有效的措施。其他常用方法可见表 9-7。

表 9-7　富集特定放线菌时可采用的土样预处理方法（参考：姜成林等，2001）

方法	具体措施	适用对象
物理法	风干（40 ~ 50 °C，2 ~ 14 h）	绝大多数放线菌
	干热（120 °C，1 h）	小双孢菌属、链孢子囊菌属
	湿热（110 °C，10 min）	链霉菌属
	湿热（55 °C，6 min）	链霉菌属、红球菌属、小单孢菌属
	干燥→湿润→干热（120 °C）	链霉菌属
	用力振荡，捕集飞扬的孢子粉	链霉菌属、小多孢菌属、高温单孢菌属、高温放线菌属等
	差速离心	链霉菌属、弗兰克菌属
	过滤	链霉菌属、高温放线菌属
	浮选	链霉菌属、红球菌属、高温放线菌属
	悬浮→干燥→水悬	游动放线菌属
化学法	低分子醇	诺卡氏菌属、红球菌属
	正链烷烃	诺卡氏菌属、红球菌属
	石蜡	星状诺卡氏菌
	2 mol/L KCl	游动放线菌属
	花粉、角蛋白等	游动放线菌属、指孢囊菌属
	苯酚	绝大多数放线菌
	氯气	链霉菌属
	季铵盐	红球菌属
	SDS	链霉菌属、小单孢菌属、小双孢菌属、小四孢菌属
	碳酸钙	动孢菌属

在分离放线菌时，还可在培养基中加入放线菌源抗生素，如链霉素、氯霉素、庆大霉素、制菌霉素、两性霉素等，以抑制细菌或真菌的生长。此外，还应充分利用放线菌产孢子的特性进行分离，如可采用干土喷射法或孢子飞扬法等。干土喷射法，又叫干法分离，是利用一种特制的喷土器将研碎的干土样直接喷射到分离平板上；而孢子飞扬法，是将土样置于瓶口刚好能倒扣一个分离平板的特制瓶中，并剧烈振荡使孢子飞扬，撞在分离平板上。另外，还应充分利用放线菌“原核丝状微生物”的这一特性进行分离。如可采用微孔滤膜法，其是在分离培养基表面覆盖孔径为 0.45 μm 的微孔滤膜，随后将稀释后的样品接种至滤膜上进行培养。由于细菌和真菌等微生物均不能通过滤膜，而放线菌的菌丝却可以穿过滤膜并深入培养基中生长，故可有

效分离出放线菌。

（二）筛　选

相比于其他资源微生物，抗生素生产菌在进行分离时往往随机性和非定向性较大，因此，通常会获得数量很多的分离株（数百至数千株）。设计出高效的筛选方案，以及选用合理的筛选模型，显得尤为重要。

在进行初筛时，可利用简单易行的方法来处理大量样品，如可采用平板纸片抑菌圈法。此法是将分离株的培养物经过离心后取上清液，再利用酒精或丙酮等试剂对上清液进行萃取；随后，将拟含抗生素的萃取液制作成药敏纸片，再将纸片贴入涂布有细菌或其他微生物培养物的平板培养基上进行培养，并观察和测量可能出现的抑菌圈。为分离出有临床价值的“新”抗生素，在采用上述方法时，可直接选用临床上流行性较强的耐药细菌菌株，特别是一些危害较大的多重耐药菌株作为受试对象。一旦发现有效果，则可挑选出作为复筛的对象。

在进行复筛时，除了要对活性代谢产物进行粗提取，以及开展更为严格的抗菌活性测试等外，还要注意对该物质进行初步鉴别或排重，把前人已发现的化合物及早淘汰，避免做更多的无用功。可利用层析谱法、生物活性谱法、显色反应法、拮抗物质法等来对新分离化合物与已知化合物进行比较。

（三）应用研究

在进行实验室试验研究时，应首先将分离获得的抗生素进行提纯，随后再进行全面的物理、化学、生物学、生物化学性质以及稳定性和化学结构等研究，并再次确认是否具有开发价值。此后，应开展一系列毒理学、药效学、药理学以及药代谢动力学等临床前期研究，还应进行特殊毒性，如致癌、致突变、致畸形、抗原性、成瘾性等的研究。

如果所分离的抗生素在稳定性、毒理学、药效学或药代动力学等方面不能通过临床前期研究测试，则应考虑进行化学修饰，半合成出各种衍生物，以扩大抗菌谱、增强抗菌活力、降低毒副作用、改善稳定性与药代学性能等。

如果确认所分离的抗生素为新的化合物，或在开发过程中半合成出了一种新化合物，应考虑及时申请专利，以获得知识产权保护。毕竟，目前开发抗生素的难度越来越大，可能对 1 万株菌进行筛选才有可能获得 1 ~ 5 个新化合物；并且，抗生素开发的耗时越来越长（一般 10 年以上），需要的资金也越来越多（一般需要数十亿美元）。

在完成了实验室试验研究后，可逐一开展小试和中试研究，并最终完成产品设计和工艺设计。

（四）临床试验

临床试验（Clinical trial），是指以人体（病人或健康志愿者）为受试对象、以确定试验药物的疗效、药代学性能、安全性等为目的而开展的一种药物系统性研究。

临床试验的开展，不得擅自执行，必须向相关部门申请，并遵照国家相关法规和伦理道德原则进行设计，同时接受相关部门的监督。

依据国家食品药品监督管理总局《药品注册管理办法》（局令第 28 号）规定，新开发的抗生素必须进行Ⅰ ~ Ⅳ期临床试验。而临床设计的试验，可参考国家食品药品监督管理总局 2015

年发布的《抗菌药物临床试验技术指导原则》。

下面简介各期临床试验及其主要目的。

1. Ⅰ期临床试验

Ⅰ期临床试验，主要是指对新药进行初步的临床药理学、药代动力学和安全性评价试验。其一般以健康志愿者为受试对象，试验组病例数最低要求为 20 ~ 30 例，目的是评价和研究人体对药物的耐受程度，并掌握药物在人体内的吸收、分布、消除等规律，为制订合理的给药方案提供依据，亦为下一步的治疗试验奠定基础。

2. Ⅱ期临床试验

Ⅱ期临床试验，是一种初步评价新药疗效的试验研究。其必须以目标适应证患者为对象，试验组病例数最低要求为 100 例，目的是初步评价药物对患者的治疗作用和安全性，为 Ⅲ 期临床试验的设计以及给药方案提供科学依据。

此阶段的试验研究，可在遵照有关规定的前提下，结合具体目的自行进行设计，但为保障结果的客观性与公正性，应采用随机盲法对照试验（Randomized blind controlled trial）。

3. Ⅲ期临床试验

Ⅲ期临床试验，是对新药治疗作用进行最终确证的阶段。其也必须以目标适应证患者为受试对象，试验组病例数最低要求为 300 例，目的是最终验证药物对患者的治疗作用和安全性，并评价利益与风险的关系，从而为新药注册与生产报批准备必要与详实的资料。

该期试验要求具有足够样本量的随机盲法对照试验，更多样本量有助于获取更丰富的药物安全性和疗效方面的资料，并且也有助于确定合理的给药方案。

该阶段也是整个临床试验中最重要一环，只有通过了Ⅲ期临床试验，所开发的抗生素才能最终获得注册、生产和上市。

4. Ⅳ期临床试验

Ⅳ期临床试验，是新药上市初期进行的一项临床试验，其目的是考察在广泛使用条件下新药的疗效和不良反应，评价在普通或者特殊人群中使用的利益与风险关系，从而对给药方式、剂量等进行改进。Ⅳ期临床试验的试验组最低病例数，要求为 2000 例。

如果批准上市的新药在这一阶段被发现存在之前未被发现的严重不良反应，则新药将会被监管部门强制要求下架。

（五）抗生素的生产

青霉素的成功，也许不仅仅在于挽救了无数生命，它还掀起了第二次发酵技术革命。

由于第二次世界大战时期迫切需要大规模地生产青霉素，而传统的固态表面法发酵，根本无法保障青霉素的有效供应，故在各方的努力下，液态深层通气搅拌发酵技术终于在 1943 年问世，这使得青霉素的产量和质量均大幅度提高。而这一技术，也被其他许多发酵所采用，发酵工业自 1863 年开启的纯培养发酵技术时代，正式步入了通气搅拌发酵技术时代。

如今，发酵工业在经历了“代谢控制发酵技术时期”和“基因工程技术时期”后，抗生素的发酵工艺已经日臻完善，许多抗生素的生产规模也越来越大，单罐发酵体积一般可达 10 万升，甚至更大。

下面以常见的放线菌或霉菌的抗生素发酵为例，介绍抗生素的生产过程（图 9-2）。

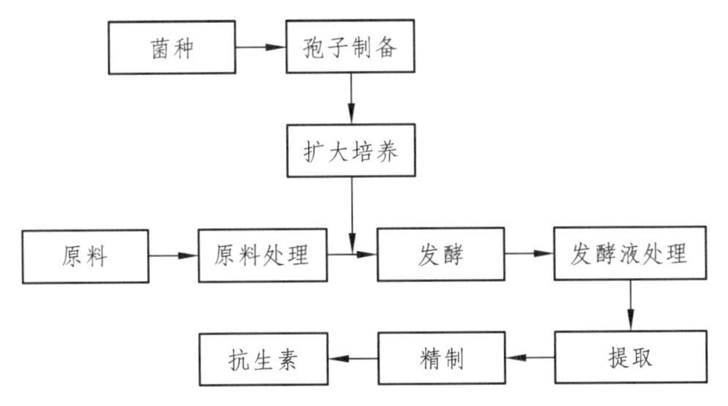

图 9-2　放线菌或霉菌的抗生素发酵生产过程

在抗生素生产中，一般需大量健壮的菌丝体用于发酵，故必须先制备大量孢子来实现菌丝体的扩大培养。孢子制备，是将菌种接种于固态培养基上（一般使用茄子瓶固体培养基），经过 5～7 d 或 7 d 以上的培养后收获大量孢子。而在进行扩大培养时，可将上述制备好的孢子接入种子罐内进行 2～3 级的扩大培养，以收获大量健壮的菌丝体。

发酵的培养基，可选用大量廉价的农副产品，但在发酵前期，一般应补充一定量的速效碳源（葡萄糖），以利于菌丝的生长。而在发酵中后期，还应适当加入前体物质（大多数抗生素的发酵都需要加入前体物质），“绕过”微生物自身的反馈阻遏，使微生物直接利用这些化合物来合成抗生素，从而有利于产量的大幅度提升。如在青霉素发酵中，常加入苯乙酸及其衍生物；而在链霉素发酵中，则可加入葡萄糖胺或精氨酸作为前体物质。

关于发酵控制，主要是做好温度、pH 值、溶解氧和泡沫等的控制。温度的控制应采用变温控制，一般抗生素的发酵温度大都是“前高后低”。前期温度稍高，以利于菌丝体的快速生长；后期稍低，以控制代谢速率，有利于延长产物的合成期、提高产物的积累量。而 pH 值的控制，则需注意产物的稳定性。例如青霉素在碱性条件下易水解，应避免 pH 值超过 7。另一方面，由于抗生素发酵是好氧发酵，故应保障溶解氧的供应。此外，还应加入消泡剂以控制泡沫。

发酵结束后，由于绝大多数种类的抗生素均存在于发酵液中，故可采用真空过滤机过滤、除渣离心机离心或倾析器处理等方法来去除菌体和杂质，同时收集发酵液。

在提取抗生素前，一般需先对发酵液进行适当处理和杂质去除，以利于提高提取效率。例如，可加入草酸或磷酸等以去除无机离子；可通过调节 pH 值或适当加热以去除蛋白杂质；还可加入絮凝剂以去除带电荷的胶体粒子。

关于抗生素的提取，可采用溶媒萃取法、离子交换法或沉淀法等，而抗生素的精制，应按照《药品生产管理质量规范》（GMP）的要求而采取合理的方法。一般可采用活性炭吸附法进行脱色和去除热源物质；采用变温结晶、等电点结晶、成盐剂结晶、“溶解-析出”结晶等方法来制备抗生素高纯品。

二、医用噬菌体资源的开发利用

传统意义上的微生物资源开发，主要是指细菌、放线菌、真菌等常见微生物的开发，但实际上，在地球上有一种数量最庞大，并且几乎与我们“形影不离”的微生物，却常常被我们忽视，甚至还被认为是“有害的”。它便是噬菌体，一种在地球上有约 10^{31} 个的数量，在未受污染的水体中密度约达 10^8 PFU/mL，在根际及土壤环境中约为 1.5×10^8 PFU/g，在健康人体、动物体和食品中均易被检测出的一种微生物。

然而，这位无处不在并与我们朝夕相处的微生物“伙伴”，似乎过于“低调”。通常，我们也仅能在分子生物学或遗传学研究中见到它的“身影”，也仅能在发酵工业预防噬菌体污染时听闻它的“劣迹”。

究竟什么是噬菌体？为什么它在地球上所有生物中的数量是最多的？为什么它会在健康人体内出现？又为什么它可以作为一种医药微生物资源呢？下面将简介噬菌体资源的开发利用。

（一）噬菌体及其生物学

噬菌体（Phage），是一类能感染细菌、放线菌和古生菌等原核微生物的病毒。其结构简单，通常由蛋白衣壳和核酸组成；其形态同样简单，仅有三种基本形态：蝌蚪形、球形和丝状（图 9-3）。

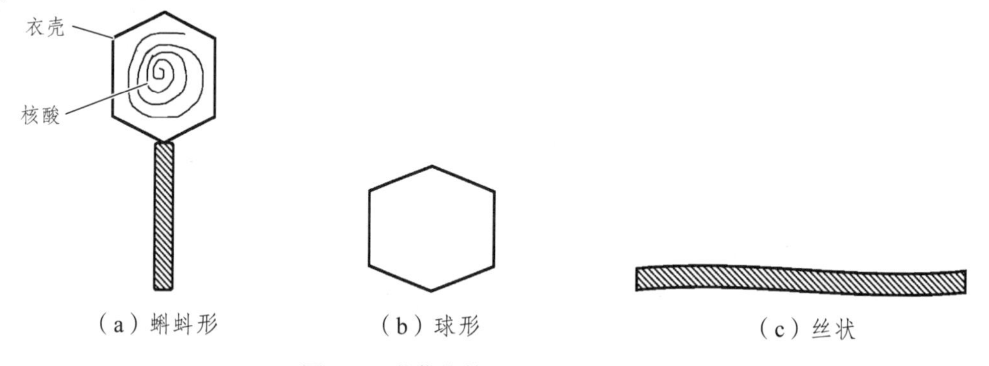

图 9-3　噬菌体的形态及结构示意图

根据国际病毒分类委员会（International Committee on Taxonomy of Viruses, ICTV）第九次报告，噬菌体可分为 1 目 13 科。目前，已有将近 6000 多株噬菌体经电镜描述，5000 多株经核酸类型鉴定，2000 多株经基因测序。这其中，超过 96%的噬菌体属于有尾噬菌体目；而在有尾噬菌体目中，长尾噬菌体科、肌尾噬菌体科和短尾噬菌体科噬菌体分别约占 61%、25%和 14%。而已描述的其余 3%～4%的噬菌体，则分属于另外 10 科。一般较为人们所熟知的 T4、λ、T7、M13 噬菌体，则分别属于肌尾、长尾、短尾和丝状噬菌体。

噬菌体是专性活细胞寄生型生物，离开寄主细胞，其仅是一个具有感染能力的生物大分子；只有在感染相应的寄主后，其才能进行生命活动和增殖，也才能完成其生活史。依据噬菌体的生活史，噬菌体可分为烈性噬菌体和温和噬菌体。烈性噬菌体仅能经历裂解性循环，而温和噬菌体既能经历裂解性循环，又能进行溶源性循环。有关噬菌体的增殖及生活史，详见本书第三章第一节。

关于噬菌体的发现，早在 19 世纪就有报道。最早是在 1896 年，Hankin 发现印度某河水中存在一种可杀灭霍乱弧菌的活性物质，但他并未深入研究。直到 1917 年 D’Herelle 从痢疾患者粪样中分离到一种可裂解志贺氏菌的生物，才将其正式命名为噬菌体。而此后，D’Herelle 立即开展了一系列噬菌体防治细菌感染的研究。他在 1919 年利用噬菌体成功治愈一名患有严重痢疾的男孩，自此，噬菌体作为抗菌剂使用及其产业化的帷幕也就此拉开。而这比世界上第一种抗生素的发现，早了近 10 年。

（二）噬菌体作为抗菌剂使用的历史

1. 早期噬菌体治疗研究及其临床应用

实际上，早在抗生素发现并广泛应用前，人类就已经开始尝试利用噬菌体来防治细菌感染，称为噬菌体治疗（Phage therapy）。

1919 年，噬菌体的发现者 D'Herelle 利用噬菌体成功治愈了一名痢疾患者。而在 1921 年，R. Bruynoghe 等又报道了噬菌体可有效治疗皮肤金黄色葡萄球菌性感染。

在当时，细菌性感染几乎无特效药可治，市面上也仅有如阿司匹林等消炎药或止痛药可用。D'Herelle 等的发现，激起了许多研究者的兴趣，他们纷纷投身于噬菌体治疗研究中。之后，许多公司也活跃于研发噬菌体制剂。在当时，较为最著名的是巴黎欧莱雅公司所开发的多种噬菌体抗菌剂，以及美国礼来制药所生产的 7 种噬菌体制剂。这些产品可有效针对葡萄球菌、链球菌和大肠埃希氏菌等引起的化脓、刀枪伤、乳腺炎、阴道炎、痢疾、呼吸道等感染，尽管引起过疗效与安全性的争议，但仍然是抗生素出现前最有效的抗菌剂之一。

苏联和东欧地区的研究者们也贡献了宝贵的噬菌体临床治疗经验。尤其是创建于 1923 年的苏联 Eliava 研究所，曾是世界上最大的噬菌体研究和生产机构，每天可生产数吨的噬菌体制剂，主要针对葡萄球菌、假单胞菌及肠道致病菌等引起的感染。这些噬菌体制剂在临床治疗外伤感染时取得了良好的效果，其也是第二次世界大战时期苏联红军用于治疗刀枪伤感染的特效药。

在 20 世纪 50 ~ 60 年代，中国也依据苏联经验开展了一些噬菌体治疗的研究，甚至还独创性地结合中医方法成功治疗小儿和成人痢疾。而最值得关注的，是我国科学家成功利用噬菌体治愈了一名已面临截肢风险的重度耐药细菌感染者。此事后来还被拍摄成电影《春满人间》，并一时间传为佳话。

不过，在 20 世纪 40 年代抗生素广泛应用后，噬菌体治疗研究及其应用逐渐进入低谷期，尤其是到了 70 年代，除苏联和东欧地区仍坚持临床使用噬菌体外，几乎再未有噬菌体治疗研究的报道。而我国在发现了庆大霉素后，也逐渐放弃了噬菌体治疗。自此，世界上有关噬菌体的报道，多来自逐步发展起来并成为热点的分子生物学研究领域。在这一领域，噬菌体是极其优良的模式生物，被用于研究和揭示各种生命和代谢规律。

除了抗生素的广泛使用外，学术界也总结了一些噬菌体治疗被放弃的其他原因：① 对噬菌体生物学机制缺乏了解，误把温和噬菌体用于治疗，导致疗效降低甚至无效；② 噬菌体具有严格的寄主特异性，临床应用受限；③ 当时工艺及设备较落后，噬菌体制剂纯度不高，制剂中混有大量内毒素，在临床使用过程中出现了许多副作用；④ 噬菌体的制剂稳定性较差，有效期也较短；⑤ 缺乏系统的药理学、药效学、药动学等研究，仅凭经验给药与确定剂量，常导致治疗效果不稳定或几乎无效。

2. 近现代噬菌体治疗研究及其应用

就在人们几乎将噬菌体治疗彻底遗忘时，20 世纪中后期，陆续出现了多则抗生素耐药性的报道。在危机意识的推动下，噬菌体治疗研究逐渐走上了被学术界称为的“复兴之路”。20 世纪 80 年代，W. Smith 等开展了一系列噬菌体治疗的动物试验，不仅证明了噬菌体治疗细菌感染的可行性和巨大应用潜力，还向学术界和人类社会传出了一个积极的信号——噬菌体具有治疗耐药细菌感染的巨大潜力。

此后，越来越多的研究者们投身于噬菌体治疗研究领域，针对临床上危害较大、流行性较强的致病菌开展了数百项动物试验研究，结果均表明了噬菌体防治细菌感染有着巨大潜力。特别是在面对耐甲氧西林金黄色葡萄球菌、耐万古霉素肠球菌（*Vancomycin-resistant Enterococcus*, VRE）、耐多药肺炎链球菌（*Multidrug-resistant Streptococcus pneumoniae*, MDRSP）和多重抗药性结核杆菌（Multi-drug resistant *Tuberculosis bacillus*, MDR-TB）等“超级细菌”时，噬菌体展现出了较强的抗菌活性。

而实际上，苏联和东欧地区的研究者们一直都未放弃过噬菌体治疗研究，只是因为文化和政治等方面原因，未将结果发表于国际期刊上。而直到21世纪初，这些地区的研究者们才将自20世纪80年代以来所开展的大量临床试验研究结果公之于众。数据显示，噬菌体不仅可有效针对耐药细菌，还具有相当乐观的临床疗效。

随着耐药细菌的大量流行，威胁与日俱增，人类寻求抗生素替代物的步伐也必须要越来越快。在临床医学领域，噬菌体已越来越被认为是一种最有效的抗生素替代物之一。而在21世纪初，许多制药公司也加入噬菌体制剂的研究和开发中。他们中不少已开展了大量志愿者试验和临床试验研究，均取得了较为理想的结果。尽管目前还没有一种医用噬菌体制剂被注册或批准生产，但是在2006年，却传来一件鼓舞人心的事件——美国食品药品监管局正式批准了一种可用于即食食品的噬菌体抗菌剂，并授予一般公认安全（Generally recognized as safe, GRAS）认证。而此后，多种类似产品均获注册并上市。这将为噬菌体治疗研究的发展注入极大的动力。

随着基因工程技术的发展，噬菌体在医学领域的应用范围还进一步扩大。基因工程噬菌体（Genetically modified phage）、噬菌体药物载体（Phage delivery vectors）、噬菌体菌影疫苗（Bacterial ghost vaccine）等相继被报道，而最值得关注的还有噬菌体裂解酶（Lysozyme）——噬菌体所编码的一种细菌细胞壁降解酶。2001年，Fischetti 等首次报道重组噬菌体裂解酶可以有效控制大鼠A族链球菌感染，此后，有将近80多个重组裂解酶相继被报道。它们杀菌效率较高，作为抗菌性医用酶制剂的应用前景被普遍看好，更被誉为是一种可有效替代抗生素的酶生素（Enzybiotics）。

2017年，正好是噬菌体发现的第100个年头，而噬菌体治疗研究与实践也已走过了98年历史。在抗生素出现前，噬菌体曾是最有效的抗菌剂之一，尽管其间一度引起过争议并被放弃，但随着抗生素耐药性问题越来越严重，可有效作用于耐药细菌的噬菌体及其治疗研究再度兴起。随着大量临床试验的开展，以及一些食品抗菌用途的噬菌体制剂获批上市，学术界已普遍看好噬菌体作为最理想的抗生素替代物之一。未来，应不断加强对医用噬菌体的研究及开发，并乘着现代生物技术的发展浪潮，大力研发噬菌体裂解酶型医用酶制剂，这对于有效控制耐药细菌的威胁以及保障公众健康，具有重要意义。

（三）噬菌体的抗菌机制及优势

当噬菌体侵染相应寄主细菌后，便可在其细胞内快速增殖，当噬菌体子代装配完毕并成熟后，在噬菌体裂解酶等裂解因子的作用下，细菌细胞被破坏，从而被致死。这便是噬菌体抗菌的机制。值得注意的是，用于抗菌的噬菌体要求必须是烈性噬菌体，温和噬菌体不能完全杀死寄主细菌，还可能引起转导和溶源性转变现象，以致耐药基因在细菌间水平转移或向寄主细菌贡献毒力因子。

噬菌体可谓细菌的“天敌”，随着噬菌体治疗研究的深入和发展，噬菌体作为抗菌剂使用的优势也越发突出，如下：

（1）可作用于耐药细菌。由于抗菌机制与抗生素完全不同，噬菌体能有效作用于耐药细菌，甚至是多重耐药细菌。已有诸多动物试验研究表明，噬菌体可实验性地防治如 MRSA、VRE、MDRSP、MDR-TB 等“超级细菌”导致的致死性感染。

（2）杀菌效果强。噬菌体增殖速度较快，一般几分钟至十几分钟内便可致死细菌；并且，其还可凭借自身增殖不断放大药效。许多研究表明，噬菌体的杀菌能力普遍优于抗生素。

（3）安全性高。大量的动物毒理学试验、人体临床试验，以及早期噬菌体的应用，均表明噬菌体不会对人或动物造成危害；而美国食品药品监管局也已对多种含有活性噬菌体的制剂给予了 GRAS 安全认证。近年来，许多研究还揭示了人体内源性噬菌体（Endogenous phage）的存在，这些噬菌体是人体微生态环境的固有成员，其长期存在于人体内，不仅不会威胁健康，反而还具有抵抗病原菌感染、调节免疫、控制炎症反应等诸多有益作用。

（4）针对性强。噬菌体具有严格的寄主特异性，一般特定的噬菌体仅能感染特定种或特定株系的细菌，故针对致病细菌的噬菌体，其使用不会破坏人体正常菌群，也不会破坏其他有益菌群。

（5）具有治疗难治性感染的巨大潜力。细菌生物膜（Bacterial biofilm）或致病菌细胞内感染（Intracellular infection）导致的难治性感染，常常是医学界较为棘手的问题。而许多研究表明，噬菌体可通过尾丝携带的降解酶而有效作用并清除细菌生物膜；另有一些研究表明，噬菌体可通过一定的方法进入人体细胞内，具有治疗如结核分枝杆菌等胞内感染菌感染的潜力。

（6）应用范围广。噬菌体除可用于医学领域治疗细菌感染外，目前，有多种噬菌体食品抗菌剂和饲料抗菌剂已通过审批并上市。此外，噬菌体还有潜力作为基因治疗与化疗药靶向治疗的药物载体、兽用抗菌剂，以及用于临床致病菌诊断等。

（7）易于分离，开发成本低。噬菌体无处不在，在地球上，其数量可达 10^{31} 个左右，可谓资源丰富。并且，一般认为每一个细菌周围都有 10 个左右的噬菌体存在，因此，只要从噬菌体特定寄主栖息的环境中进行分离，就能相对容易地获得目标噬菌体。另有一些制药公司表明，开发噬菌体的成本远远低于抗生素。

不过，噬菌体作为抗菌剂使用也存在诸如抗菌谱较窄、血浆半衰期较短、因生理性屏障而无法接近靶细菌、细菌会产生抗性、可能会介导普遍转导现象的发生、具有不良公众印象、制剂难获得知识产权保护等缺点。这些均有待于不断深入研究而加以解决。

（四）噬菌体资源的开发

当下，抗生素不仅耐药性问题愈发严重，并且开发新的抗生素越来越困难，找寻有效、安全的抗生素替代方案，尤为迫切和重要。

噬菌体是细菌的天然克星，其不仅具有可作用于耐药细菌、杀菌效果强、安全性高、针对性强、应用范围广等诸多优势，并且还易于分离、开发成本低。因此，应善用这笔宝贵的微生物资源，以应对越来越严重的耐药性问题以及人类所面临的前所未有的健康威胁。

关于噬菌体的分离，相对容易进行。可在噬菌体靶细菌栖息的环境下采样进行分离。如拟分离沙门氏菌噬菌体，则可于沙门氏菌较多的养殖场、生活污水排放处、医院污水排放处等环境下采样进行分离。在分离噬菌体时，可先对样品进行粗过滤、离心和微孔过滤，以分别去除大颗粒杂质、小颗粒杂质和细菌等。之后，可用靶细菌的培养物作为富集培养基，将噬菌体富集出来，并通过双层平板法和噬菌斑，将噬菌体分离出来。

值得注意的是，学术界目前已普遍达成共识，认为任何拟使用于治疗的噬菌体至少应满足下列条件：

（1）必须是烈性噬菌体。

（2）必须通过全基因组测序和生物学信息分析，证明噬菌体不含任何溶源性相关基因、细菌毒力因子基因、抗生素耐药性基因、食品过敏原基因等有害基因。

（3）寄主范围较广，可作用于多种血清型致病菌。

（4）能顺利通过动物药效学、药力学、毒理学等试验。

（5）能顺利通过临床试验。

（6）环境耐受性较强。

上述均是在进行噬菌体筛选和应用研究时值得参考的。

另值得注意的是，尽管在食品和养殖领域，已有一些活性噬菌体产品通过审批并已上市，但目前，还没有一种可用于临床治疗的产品获准注册。这有待于多方共同努力、共同推动。我国已于 2014 年成立了由农业部授权的、江苏农业科学院牵头建设的国际噬菌体研究中心（International Phage Research Center, IPRC），并已开始收集和保藏来自全世界的噬菌体资源，也开展了多项国际合作和企业合作。这对于推动噬菌体治疗研究以及噬菌体资源的产业化具有十分积极的意义。

第十章　环境微生物资源的开发利用

重点： 微生物处理污染物的优势、主要机制；微生物对常见污染物的处理；常见环境微生物技术；环境微生物资源的开发利用。

日新月异的科技和高速发展的经济，给予人们富足的物资与高品质的生活。但是，更多时候，高速发展的经济却是以牺牲环境为代价的。在过去的30多年里，我国取得了经济增长的辉煌成就，但同时，生态环境却遭到了前所未有的巨大破坏。有资料表明，2011年我国二氧化硫年排放量高达1857万吨，烟尘1159万吨，工业垃圾8.2亿吨，生活垃圾1.4亿吨；42%的水体不能用作饮用水源，36%的城市河段为劣5类水质，75%以上的湖泊富营养化加剧；每年流失的土壤总量达50多亿吨，荒漠化面积还以每年2460 km^2的速度增长……

环境保护和被污染环境的治理与修复，是21世纪全球性的一项战略任务。

将微生物资源应用于生产，即“绿色生产”，是一种有效的环保措施。例如，微生物肥料和微生物农药的生产及应用，可极大地减少化肥、化学农药的生产及使用而造成的环境污染；用发酵法取代一部分产品的化工法生产，也可极大地减少“三废”的排放量。

但这还远远不够。人类的“掠夺地球”行动，已造成了环境的严重破坏，在当前形势下，不仅要保护环境，更要治理和修复被污染的环境。

微生物在地球生态系统中扮演着极为重要的“分解者”角色，它们凭借独特的生物学特性、降解性质粒以及共代谢作用，将在环境污染治理中发挥关键和不可取代的作用。例如，污水中的有机污染物可被好氧微生物彻底分解为无害的物质；极难降解的有机氯杀虫剂等可被芽孢杆菌、棒杆菌、诺卡氏菌等降解；而土壤或水体中的重金属（如汞、铅、砷和镉等），可在微生物的转化作用下变为无毒或低毒状态；还有工业废气，也可被微生物转化为无毒气体。

目前，微生物已在污水治理、城市垃圾处理以及污染监测等领域获得了一定的应用，尤其是固体垃圾的微生物处理，不仅有效治理了环境污染，更可“变废为宝”——污染物在产甲烷菌的作用下转变为沼气，或在其他微生物的作用下被制成堆肥。

但这同样还远远不够。因此，应不断研究和大力开发环境微生物资源，将其广泛应用于环保和污染治理，充分发挥它们的优势，这不仅对于保障人类健康和环境质量具有重要意义，更对人类日后的生存和发展具有重大意义。

第一节　环境微生物资源与污染治理

环境微生物资源（Environmental microbial resources），主要是指可用于治理被污染环境和监控环境污染的微生物的总称。

历史上，人类的“掠夺地球”行动虽然换来了经济和社会的高速发展，但却使生态环境受到极大的破坏。各种污染物大量被排入环境中，引起了一系列的生态危机和自然灾害。

环境虽然具有一定的自净能力（Self-cleaning capacity），但由于人类源源不断地排放污染物，远远超过了环境的自净能力范围。因此，人工开展污染治理、环境修复以及不断监控污染，尤为迫切和重要。

近年来，环境微生物学发展迅速，将微生物用于污染治理、环境修复以及监控污染，也越来越得到关注与认可。相比于物理和化学的技术方法，微生物治理污染技术具有反应条件温和、反应速率快、反应专一性强，不易引入二次污染，成本较低，可进行原位修复等诸多优势。只要条件适宜，微生物几乎可将环境中的所有垃圾统统“吃掉”，还以自然界和人类一片净土。这便是微生物的力量。

一、微生物在污染治理中的优势

为防止引入二次污染，也为避免剧烈的反应条件而造成环境的破坏等，采用生物法治理污染以替代传统的物理和化学法，已越来越成为共识。但在众多生物中，为什么偏偏选中微生物呢？这是因为相比于其他生物，微生物用于污染治理有着明显的优势：

1. 拥有独特的生物学特性

首先，微生物无处不在，它们广泛分布于陆地、海洋、空气以及各种极端环境中，并对低温、高温、高压、强酸碱、高盐、强辐射等环境具有极强的适应能力，这使得微生物能在各种环境下执行污染治理的作业任务。

其次，微生物营养类型和代谢方式非常多样，只要条件适宜，它们几乎能“消化掉”任何一种环境污染物。例如，有一种假单胞菌能消除如甲基汞、氰化物、有毒酚类化合物等 90 种以上的毒害物质。

再者，微生物生长快、繁殖旺，它们能迅速将污染物降解、转化或富集，这非常有利于在短时间内完成环境污染物的清除。

最后，微生物易变异且结构简单，这有利于通过开展人工育种、驯化或基因工程改造来提高微生物处理污染物的能力。

2. 拥有降解性质粒

降解性质粒，是微生物所独有的一种治污工具。通过降解性质粒所编码的降解酶，微生物可降解樟脑、辛烷、二甲苯、水杨酸、扁桃酸、萘、甲苯等通常极难被降解，并且会对人类健康造成极大威胁的毒害物质。这是其他生物所不具备的条件。

3. 具有共代谢作用

环境中的许多污染物，如 3, 4-二氯苯胺、1, 3, 5-三硝基甲苯、甲草胺、3-三氟甲基苯甲酸等，并不是天然存在的物质，而是由人工化学合成的。这类污染物，不仅大多具有非常强的毒性，并且很难在自然界中被任何生物降解，故属于难降解物质。

虽然单个微生物也不能将这类物质降解，但通过微生物的共代谢作用，却可实现有效降解。

共代谢（Co-metabolism），又称为协同代谢，是指原本不能被降解的物质，可伴随着另一种物质的代谢而被降解的现象。例如，某种假单胞菌尽管不能降解三氯乙酸，但其可在有一氯乙酸存在的情况下，通过一氯乙酸的代谢而将三氯乙酸进行降解；或者，脱硫弧菌和假单胞菌尽管在单独培养时都不能降解苯甲酸，但当二者混合培养时，却可通过共代谢作用而彻底将苯甲酸降解。

这是为什么呢？虽然共代谢作用的机制非常复杂，目前尚未被完全揭示，但主要有下列两种可能的机制：

（1）某些诱导酶的专一性较差，可作用于多种底物。例如，某微生物本不能降解难降解物质 A，但在加入其可利用的物质 B 后，B 可被代谢而产生中间代谢物 C，C 又可诱导 C 的分解酶 m 的生成。而酶 m 由于专一性较差，既可作用于 C，又可作用于 A，故 A 最终能被降解掉。通常，学术上将物质 B 称为“第一基质”，是指可作为微生物唯一碳源或能源的物质；而把与 C 结构相似的 A 称为“第二基质”或“共代谢基质”。

（2）不同微生物之间的酶系互补。例如，微生物 A 和 B 在独立生存时都不能将难降解物质 c 进行降解：A 虽然具有酶 e，可将 c 代谢为不完全降解产物 d，但由于后续反应所需的酶缺乏或受到 d 抑制，故最终都不能使 c 被降解；而 B 则由于缺乏代谢 c 所需的酶 e，故根本无法降解 c。但是，由于 B 可产生酶 f，f 可将 d 进行彻底分解，故当 A 和 B 在共同生存时，A 和 B 的酶系相互配合，最终可将 c 彻底降解。

总之，通过人工添加适宜的第一基质，或者将特定的几种微生物进行混合培养，都可实现共代谢。而这种微生物所特有的共代谢作用，也是微生物在污染治理中，特别是在难降解污染物的治理中的最大优势。

4. 可降解石油烃类化合物和木质纤维素

在自然界中，石油烃类化合物和木质纤维素的降解能力，被微生物所垄断。尤其是木质纤维素这一地球上储量最丰富、最未被得到有效利用的能源物质，在微生物的作用下却可“变废为宝”——不仅消除了木质纤维素由于焚烧或填满而引起的环境污染，还能生产出堆肥、沼气、燃料酒精、许多化工原料以及功能性糖等高附加值的产品。

二、可用于污染治理的微生物类群

微生物在污染治理中有着巨大的优势，而可用于污染治理的微生物种类也非常多样，可见表 10-1。

其中，细菌由于营养类型和代谢方式非常多样，能降解或转化许多难降解物质、有毒有害物质，故是污染治理中的主力菌，常见的治污细菌主要有假单胞菌属、芽孢杆菌属、不动杆菌属、产碱杆菌属、黄杆菌属、甲基球菌属、莫拉氏菌属、埃希氏菌属、肠杆菌属、气单胞菌属、弧菌属、梭菌属、硫杆菌属、脱硫杆菌属以及一些化能自养细菌等。

而在放线菌中，可用于污染治理的主要是诺卡氏菌属、链霉菌属、放线菌属、高温放线菌属、棒杆菌属、节杆菌属、分枝杆菌属、红球菌属和小单孢菌属等。

在各种真菌中，常见的治污酵母菌如假丝酵母属、酵母属、丝孢酵母属、红酵母属等；治污霉菌如白腐菌、曲霉属、青霉属、木霉属、根霉属、毛霉属等。

值得注意的是，无论是土著微生物，还是人工添加的菌剂，单一菌种是难以完成污染物处理的。污染物的处理，通常依赖于多种微生物的酶系互补和共代谢作用才能实现，并得以高效的完成。

表 10-1　可用于污染治理的常见微生物类群

污染物	主要危害	常见微生物类群
石油烃类化合物	使人和动物中毒，降低水中溶解氧，致癌等	假单胞菌属、无色杆菌属、微球菌属、球衣菌属、产碱杆菌属、肠杆菌属、短杆菌属、弧菌属、芽孢杆菌属、莫拉氏菌属、不动杆菌属、甲基球菌属、棒杆菌属、分枝杆菌属、黄杆菌属、节杆菌属、诺卡氏菌属、放线菌属、克雷伯氏菌属、假丝酵母菌属、红酵母属、青霉属、小克银汉霉属、轮枝孢属、白僵菌属、被孢霉属、茎点霉属等
氰类化合物	对人和动物有剧毒作用等	假单胞菌属、诺卡氏菌属、腐皮镰孢菌、绿色木霉、裂腈无色杆菌、黏乳产碱杆菌等
多氯联苯	可使人和动物中毒等	假单胞菌属、无色杆菌属、不动杆菌属、产碱杆菌属、节杆菌属、诺卡氏菌属、日本根霉等
苯酚	对人和动物具有毒性，致癌性等	假单胞菌属、不动杆菌属、根瘤菌属、产碱杆菌属、反硝化细菌等
塑料	难降解，有一定的毒性等	一般不能被降解，但假单胞菌属、节杆菌属、棒杆菌属、沙雷氏菌属等可降解这类产品中的低分子增塑剂、润滑剂和稳定剂等
合成洗涤剂	难降解，对致癌物多环芳烃有增溶作用，可造成水体富营养化等	芽孢杆菌属、假单胞菌属、邻单胞菌属、黄单胞菌属、产碱杆菌属、微球菌属等
化学农药	对人和动物有剧毒作用等	假单胞菌属、枝动菌属、黄杆菌属、沙雷氏菌属、棒杆菌属、节杆菌属、气杆菌属、黄单胞菌属、欧文氏菌属、无色杆菌属、根癌农杆菌、巴氏梭菌、生孢噬纤维菌属、诺卡氏菌属、绿色产色链霉菌、黑曲霉、酵母属、绿色木霉等
木质纤维素	焚烧、掩埋等处理方式将造成环境污染	噬纤维黏菌属、纤维杆菌属、纤维放线菌、梭菌属、假单胞菌属、双芽孢杆菌属、微球菌属、诺卡氏菌属、链霉属、高温放线菌属、里氏木霉、绿色木霉、根霉属、青霉属、曲霉属、白腐菌、褐腐菌、软腐菌
粪便污染物	破坏空气质量、导致病原菌滋生等	假单胞菌属、芽孢杆菌属、高温放线菌属、链霉菌属、诺卡氏菌属、单孢子菌、酵母菌、白地霉、烟曲霉、微小毛霉、嗜热子囊菌等
恶臭污染物（硫醇类、硫醚类、醛类、吲哚类、胺类等）	破坏空气质量，使人不愉悦	芽孢杆菌属、链霉菌属、青霉属、曲霉属、木霉属等
重金属	可使人和动物中毒，甚至死亡等	假单胞菌属、芽孢杆菌属、大肠杆菌、假丝酵母属、曲霉属、毛霉属、根霉属、青霉属等
无机废气（H_2S、NH_3等）	对人和动物产生毒害作用	绿菌科、着色菌科、黄单胞菌属、硫杆菌属、脱硫杆菌属等

三、污染治理的微生物法及其作用机制

1. 污染治理的微生物方法

污染治理，是指通过一定的方法对受污染环境中的污染物进行消除的过程。尤其是当污染

物的排放量远远超过环境的自净能力时，开展污染治理更显得尤为必要和迫切。

利用微生物方法对污染物进行治理，主要涉及微生物对污染物的吸附、转化或降解等。

（1）吸附，是指微生物将污染物吸附并固定于细胞中。但这并不能从根本上将污染物消除，仅能减少污染物在环境中的暴露和可能引起的危害。一般利用微生物吸收和富集污染物后，需配合其他方法才能将污染物清除。

（2）转化，是指微生物通过自身代谢和一系列生化反应，将污染物从有毒性的形式转化为无毒或低毒的形式。为了与下文中的降解相区别，其一般是指污染物分子不发生碳链的断裂及碳原子数目的明显减少的一种生物转化作用。转化同样不能将污染物从环境中彻底清除，但能大大减少污染物所造成的危害。

（3）降解，是指微生物将复杂的污染物大分子通过其生命活动转变为简单小分子的过程。其一般伴随着碳链的断裂及碳原子数目的明显减少。如果微生物能将污染物彻底分解为无害的小分子无机物（如 CO_2、H_2O、NO_3^-、SO_4^{2-} 等），则称为终极降解或矿化（Biomineralization）。显然，只有降解作用才能将污染物彻底消除。

值得注意的是，降解作用仅能在有机污染物上发生，无机污染物（主要是重金属）是无法实现降解的，其仅能被吸附和转化。

2. 可生物降解性

可生物降解性（Biodegradability），是指有机污染物大分子能够被分解为简单小分子的可能性。不同有机污染物的生物可降解性不同，由此，可将有机污染物分为两大类：

（1）易降解性物质（Biodegradable substance）。其可被绝大多数微生物作为唯一碳源或氮源物质，并且微生物个体凭借自身的代谢就能将其分解并获得能量和有用中间代谢物，还能将其用于生长繁殖等生命活动。这类物质如单糖、淀粉、蛋白质、核糖等常见有机物，其主要来自人畜排泄物以及动植物残体。

（2）难降解性物质（Recalcitrant substance）。其又可分为持久性物质（Persistent substance）和外生性物质（Xenobiotics）。前者是指如腐殖质、木质纤维素等天然聚合物，其一般很难被绝大多数微生物降解或降解速率非常慢，在环境中停留的时间非常久；后者是指如塑料、尼龙、许多农药等非天然性、人工合成的物质，其一般不能被微生物用作唯一碳源或氮源物质，并且它们之中有些能被降解而有些几乎不能被降解，可降解的，必须依赖于微生物的共代谢作用才能被降解，而降解后所产生的能量和中间代谢物，不能用于微生物的生长繁殖。

3. 微生物处理污染物的作用机制

微生物处理污染物的过程十分复杂，涉及许多生化反应和多菌种之间的相互协作。其作用机制目前尽管仍未被全部阐明，但主要涉及微生物对污染物的吸附、转化或降解等作用（图10-1）。

对于有机污染物，微生物在将其吸收后，可通过酶促分解反应或共代谢作用，将其彻底降解为无害的小分子无机物，即矿化作用；或者，微生物可利用这些有机污染物的分解代谢中间产物，以合成自身细胞物质，从而将有机污染物固定于细胞中；此外，微生物还可通过内源呼吸（Endogenous respiration）作用，将这些源于有机污染物的细胞物质分解为无害的无机物或内源呼吸残余物，但一般而言，这些残余物均是微生物不可再降解的物质。

对于无机污染物，主要是重金属，其可在被微生物吸附或吸收后，直接被固定和富集于细胞中，从而可大大减少其直接暴露于环境中而造成的危害；此外，微生物尽管无法降解重金属，但可通过一系列生物转化作用将有毒重金属脱毒或钝化，使其转化为无毒或低毒的状态而不至于危害环境质量和人类健康；微生物还可通过沉淀或溶解作用，将重金属转化为相对无害的形式。

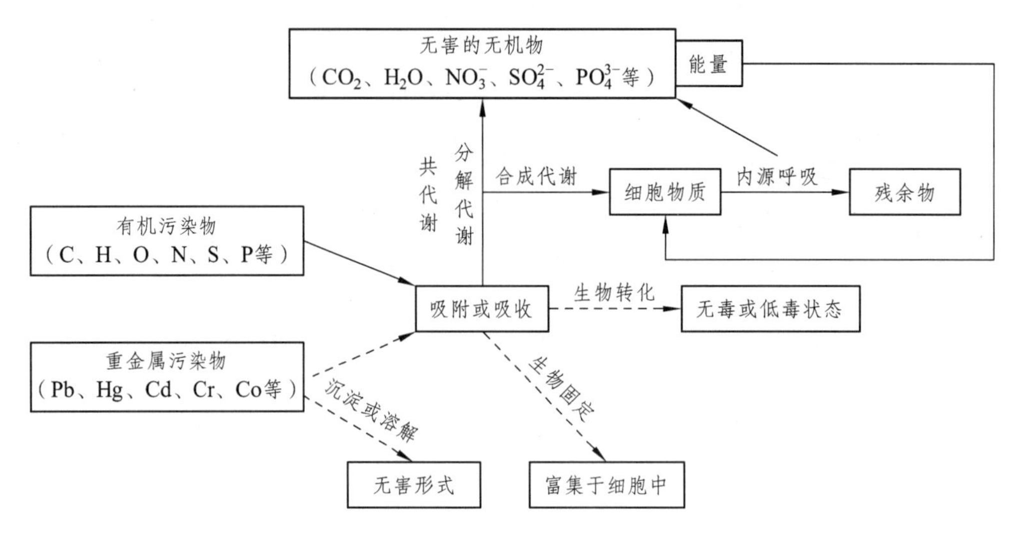

图 10-1　微生物处理污染物的作用机制

4. 污染治理的环境微生物技术

自 20 世纪中后期以来，环境污染和生态破坏的愈演愈烈，也助推了环境微生物学的飞速发展。许多以微生物为基础的污染治理技术也在不断兴起和发展。下面简要介绍一些常见的环境微生物技术，如表 10-2 所示。

表 10-2　可用于污染治理的常见环境微生物技术

名称	举例	说明	治污应用
污水生物处理技术（Biological treatment）	活性污泥法（Activated sludge process）、生物膜法（Biofilm process）、稳定塘法（Stabilization）、厌氧处理法（Anaerobic treatment process）、光合细菌处理法等	利用各种好氧或厌氧微生物的生命活动消除污水中的污染物，以实现水体的净化。其技术比较成熟，处理效果较好	处理各种工业、农业、医院和城市生活污水
固体废弃物生物处理技术	堆制法（Composting）、卫生填埋法（Sanitary landfill）、沼气发酵法等	利用各种好氧或厌氧微生物的生命活动来杀灭固体废弃物中的致病菌，并降解污染物，还可生产出堆肥或沼气。其技术比较成熟，处理效果较好	处理人畜粪便、农作物秸秆、工业废弃物、有毒废弃物、城市生活垃圾等固体废弃物
废气生物反应器处理技术	生物过滤法（Biofiltration）、生物洗涤法（Bioscrubbing）等	将微生物置于专门的设备内，吸附并降解有毒有害的废气。其技术比较成熟，处理效果较好	处理各种有污染性的废气

续表

名称	举例	说明	治污应用
环境微生物制剂法	Biolyte 菌剂、LLMO 菌剂、有效微生物（Effective microorganisms, EM）菌剂、ENVICAS-PD 菌剂等	将人工驯化和分离获得的各种降解性微生物制成菌剂，用于清除环境污染物。其已实现产业化，但效果不稳定，有待提高	应用范围广，可用于工业废水池、水产养殖场、受石油污染海洋、畜禽粪便堆放处等环境中
“超级菌”技术	各种基因工程菌	通过基因工程技术，将各种降解性质粒、降解酶、抗逆性基因等导入工程菌中并制成菌剂，用于处理环境污染物。其处于研发阶段，还未实现应用化	用于各种受污染环境
微生物絮凝剂技术	各种絮凝剂	将微生物所产生的具有絮凝功能的高分子有机物制成制剂，用于沉淀水中一般难以沉淀的固体悬浮颗粒。其已获得一定程度的应用，有较好的潜力	用于生活水、废水、污水、发酵液等的处理
微生物酶制剂技术	各种降解酶、氧化酶等	通过基因工程技术，将具有降解功能或其他处理污染物功能的酶重组表达并制成制剂，用以消除污染物。其目前还处于研发阶段	用于各种受污染环境
生物强化处理技术（Bioaugmentation）	多种菌剂、微生物营养物、表面活性剂等	通过加入表面活性剂、营养物和菌剂等，提高土著微生物对污染物的处理能力。其已获得一定程度的应用，但效果有待提高	用于各种受污染环境
固定化微生物技术（Immobilized microorganism technology）	吸附法、交联法、包埋法等	通过一定的方法将游离的微生物细胞或其酶固定于限定的空间内，可反复处理污染物。其已获得一定程度的应用，但效果有待提高	主要用于污水处理
生物修复技术（Bioremediation）	原位修复（In-situ remediation）、异位修复（Ex-situ remediation）；生物通气法（Bioventing）、生物注气法（Biosparging）、生物冲淋法（Bioflooding）、土地耕作法（Land farming）、堆制法、泥浆相处理（Slurry phase treatment）等	狭义上是指在人工控制下，通过土著微生物或人工添加的特定微生物的生命活动来富集、转化或降解污染物并最终消除环境污染、修复受损生态环境。其仍处于不断发展阶段，但已获得一定程度的应用，是一种备受关注和推崇的综合性技术	用于各种受污染环境；既可在受污染环境中直接进行原位修复，亦可将受污染环境的水土转移至专门的场所内进行异位修复
生物炼制技术（bio-refinery）	玉米芯炼制、麦秸炼制等	利用农业废弃物、植物基淀粉和木质纤维素等材料为原料，生产各种化学品、燃料和生物基材料（Biobased materials）等产品。其已获得一定程度的应用，具有光明的发展前景	主要用于处理各种农作物秸秆等木质纤维素含量较高的废弃物

四、微生物对各种污染物的处理

20 世纪初，一位英国记者曾报道：“伦敦在燃烧”。他劝人们走出房间，看看外面的天空。人们惊讶地发现，天空确实是一片火红，但不是夕阳，更不是朝霞，而是工业废气污染的“杰作”。在同时期的巴黎，居民们也发现，那条曾经孕育了许多杰出的诗人、音乐家的塞纳河，如今却变成了臭水沟。这是工业废水的“功劳”……

自工业革命以来，人类的“掠夺地球”行动已经弄得自然界千疮百孔，不堪入目。当今，全球十大环境问题：大气污染、臭氧层破坏、全球变暖、海洋污染、淡水资源紧张及污染、土地退化及沙漠化、森林锐减、生物多样性减少、环境公害（Environmental hazard）、有毒化学品及危险废物的排放，无一不与人类活动有关。

保护环境和治理污染，是一项极其紧迫的任务。

随着环境微生物学的兴起和发展，微生物在环境污染治理和生物修复中的可行性和优势，越来越被关注和广泛认可。下文将介绍微生物对几种重要污染物的处理概况。

1. 石油烃类污染物的降解

石油素有“工业血液”之称，其作为目前最重要的能源物质和化工原料，已是经济建设和人类生活的必需品，并且尚未有理想的替代品能将其完全替代，因此，石油的需求量仍然很大，每天仍在不停地开采、运输和加工。但是，在石油的开采、储存、运输、加工和石化产品的生产等过程中，由于漏油以及突发性泄油事故的不断发生，已导致大量的石油进入环境中，并造成了严重的污染。

由于石油主要是链烷烃、环烷烃、芳香烃等烃类化合物所组成的一种混合物，故石油对环境的污染，主要是烃类化合物的污染。而其危害，主要表现在：① 严重影响土壤的透气性和渗水性，并导致土壤板结、肥力下降；② 使水中溶氧量急剧下降，造成水生生物的大量死亡，破坏水生生态环境和渔业资源；③ 污染地下水源，严重影响居民用水和农田灌溉；④ 使人和动物中毒，并还具有致癌作用。因此，对石油烃类污染物进行降解，尤为重要。

能降解石油烃类污染物的微生物非常多（表 10-1），有 100 余属，200 多种。其中，细菌是种类最多的，并且降解能力要普遍强于其他微生物。可降解石油烃的细菌主要有无色杆菌属、不动杆菌属、黄杆菌属、芽孢杆菌属和假单胞菌属等。放线菌则主要是诺卡氏菌属、放线菌属和链霉菌属。而真菌中，主要是毛霉属、小克银汉菌属、曲霉属、假丝酵母属等。但值得注意的是，一般而言，一种微生物只能对特定的石油烃具有降解能力或具有一部分降解能力，故往往需要多菌种配合，甚至是共代谢作用，才能将石油烃彻底降解。

关于石油烃的降解机制，不同烃类化合物，不同的微生物类群，也存在着不同的降解机制，但主要为酶促氧化反应。具体如下：

（1）链烷烃（直链和支链烷烃）。链烷烃一般是在有氧条件下先被微生物氧化为醇，然后在醇脱氢酶的作用下被氧化为醛，再经过醛脱氢酶的作用氧化为脂肪酸，脂肪酸则通过 β-氧化和 TCA 循环被彻底氧化为二氧化碳和水。

（2）环烷烃。环烷烃在石油中所占比例较大，但其一般难于被微生物降解，故通常需要共代谢作用才能将其彻底降解。环烷烃的降解一般是在有氧条件下先被微生物氧化为环醇，再脱氢氧化为环酮，环酮可进一步氧化为酯或直接开环氧化为脂肪酸，而酯再进一步氧化为脂肪酸后，可通过 β-氧化被彻底氧化分解。

（3）芳香烃（单环和多环芳香烃）。芳香烃是石油重要的组成成分，由于其对生物具有很强的毒性（尤其是多环芳香烃），故一般均是优先考虑降解的对象。芳香烃的降解一般是在有氧条件下先被微生物氧化为二醇，再进一步氧化为二酚，此后，不同芳香烃可继续氧化为不同的 TCA 循环中间代谢物，并最终被彻底氧化分解。

上述三类石油烃除了在有氧情况下可通过微生物有氧呼吸作用被降解外，近年来，还发现这些石油烃可在以硝酸盐、硫酸盐、二氧化碳或铁离子等为最终电子受体的情况下，通过微生物无氧呼吸而被降解掉。

关于微生物法降解石油烃，近年来已获得了一定程度的应用。

例如，在石油化工有机废气的处理方面，可采用生物滴滤法去除石油烃以及其他挥发性有机化合物。该法是在已成熟的微生物废水处理技术基础上发展起来的一种有机废气处理方法，其是将可降解石油烃等的微生物附着在多孔、潮湿的特定介质上，并让有机废气通过这一介质，使微生物将废气中的石油烃等物质作为生命活动的能源或养分，最终将这些有害物彻底进行降解或生物固定于细胞内。

而在海洋石油污染的生物修复中，通常采取原位修复的方法，并主要采取下列两种措施来实现对石油烃的降解：① 投加表面活性剂（其能促进石油污染物的解析与溶解）、电子受体或营养物质等促进剂，提高土著微生物对石油烃的降解效率；② 投加可高效降解石油烃的菌剂，使其与土著微生物协同，提高降解速率。

此外，在受石油污染的土壤中，也可利用可降解石油烃的微生物进行原位或异位生物修复。其中原位修复法，是在受污染区设置注水井、地下水积水管、通气管等设施，将微生物菌剂、水和营养物等注入土层中，再通入空气，并保持可循环的状态，如此便可利用微生物的代谢活动来降解土壤中的石油烃。而异位修复法，主要包括生物堆积、土壤堆肥处理、生物反应器处理等方法，其是将受污染土壤转入专门的处理场地内，利用土著微生物以及人工加入的高效菌剂，在人工控制下完成石油烃的降解。

除上述外，微生物降解石油烃技术还可应用于石油化工废水的处理、受石油污染的地下水的生物修复等领域。

2. 化学农药的降解

人类自 20 世纪 40 年代开始广泛使用化学农药以来，极大地保障了农业生产的稳定性，避免了大规模的减产，甚至是“绝收”，每年可挽回总产量约 15%的损失。但是，由于长期滥用化学农药，已造成了严重的农药污染。我国是农药生产和使用的大国之一，每年施用的农药量高达 50 万～60 万吨，其中约 80%直接进入环境。而这些农药又几乎都是有毒有害物质，因此，将严重威胁人体健康和破坏生态系统。

引起污染的农药，主要是有机氯类、有机磷类、有机氮类、菊酯类、磺酰脲类等。其中，有机氯类造成的污染和危害最严重。其尽管目前已被包括我国在内的许多国家禁用和生产，但由于使用时间最久、最广泛，并且毒性大、不易降解，故仍是“头号威胁”。

可降解农药的微生物较多（表 10-1），细菌中有代表性的是假单胞菌属，放线菌中则是诺卡氏菌属，而真菌中则是曲霉菌属。而同样地，由于农药的种类繁多，微生物的降解作用一般又具有特异性，故在利用微生物进行农药降解时，需要多菌种配合。

关于农药降解的机制，本质是酶促反应，即农药通过一定的方式进入微生物细胞内，然后在各种酶的作用下，经过一系列的生化反应，最终将农药完全降解，或转化为无毒或毒性较小的化合物。其中主要包括四种类型的生化反应：

（1）氧化反应。农药分子被插入氧原子，如羟化反应（芳香族羟化、脂肪族羟化、*N*-羟化），环氧化，*N*-氧化，*S*-氧化，氧化性脱烷基、脱卤、脱胺基、脱羧基、醚键开裂等。

（2）还原反应。某些农药在厌氧条件下被还原，包括硝基还原、还原性脱卤、醌类还原等。

（3）水解反应。农药在微生物的作用下，其酯键和酰胺键等被水解。

（4）缩合和共轭形成。缩合包括将整个农药分子或一部分与另一有机化合物相结合。

上述这四种反应均能使农药去毒或钝化。不过，某些微生物仅能进行上述反应中的一部分或仅能将反应进行至一定程度，故只能将农药去毒而不能降解；而某些微生物却可以进行多个反应或在共代谢作用下完成上述多个反应，故能将农药彻底降解为无害的小分子无机物。例如，某种假单胞菌可利用农药阿特拉津为唯一碳源，并将其最终降解为 CO_2 和 NH_3。

目前，微生物降解农药技术在整体上还处于应用研究阶段，尽管国内外已有一些产品上市（如南京农业大学所开发的可降解有机磷类、氯氰菊酯类、除草剂类农药的产品），但还未被广泛应用。不过，目前也已经发展出了许多可行的方法，如采用降解菌菌剂或基因工程菌所产降解酶制剂进行原位或异位生物修复；采用固定化细胞或固定化酶技术对受农药污染的水土进行处理；或采用降解菌菌剂、降解酶等，联合土著微生物进行生物修复；以及采用微生物表面技术来构建全细胞生物催化剂等。

3. 木质纤维素的降解与利用

在石化燃料资源日渐枯竭、环境污染日趋严重的今天，能源危机和环境危机已经成为世界各国亟待解决的两大难题。实际上，地球上天然存在着一种巨量、可再生、但又未被有效利用的能源物质——木质纤维素（Lignocellulose），其也许就是解决这两大危机的关键所在。

木质纤维素是农作物秸秆、畜禽粪便和城市生活垃圾等有机固体废弃物的主要成分，主要由纤维素（约 40%）、半纤维素（20% ~ 30%）和木质素（20% ~ 30%）构成。但传统上，这些富含木质纤维素的废弃物常被焚烧或填埋处理，不仅不能有效利用木质纤维素资源，而且还会造成严重污染环境。因此，为解决能源危机和环境污染问题，木质纤维素的降解与资源化利用势在必行。

可降解木质纤维素的微生物有很多（表 10-1），在纤维素的降解中，细菌以噬纤维黏菌属和纤维杆菌属等为主，放线菌以纤维放线菌、诺卡氏菌属和链霉菌属等为主，真菌则以绿色木霉、里氏木霉和白腐菌等为代表；在半纤维素的降解中，细菌以芽孢杆菌等为主，放线菌以卷须链霉菌、浅青紫链霉菌、橄榄绿链霉菌等为主，真菌则以木霉属和曲霉属等为代表；而在木质素的降解中，细菌以梭菌属、假单胞菌属、双芽孢杆菌属、微球菌属等为主，放线菌以链霉菌属、高温放线菌属、诺卡氏菌属、高温单孢菌属等为主，而真菌则以白腐菌、褐腐菌和软腐菌等为代表。

在所有可降解木质纤维素的微生物中，真菌的降解能力普遍强于其他微生物，放线菌又普遍强于细菌。而真菌中的白腐菌，则是目前公认的降解能力最强、应用潜力最高的微生物。

关于木质纤维素的降解机制，微生物都是先吸附于木质纤维素表面，随后分泌各种纤维素、半纤维素和木质素的降解酶，最终将木质纤维素降解为单糖、低聚糖、醇类或有机酸类等物质。酶促降解反应，则是最根本的机制，这其中主要有三类酶来完成木质纤维素的降解：

（1）纤维素酶。纤维素酶是所有参与降解纤维素的酶的总称，主要有外切葡聚糖酶、内切葡聚糖酶和 β-葡萄糖苷酶三种酶，它们相互协同以降解纤维素。纤维素降解的一般过程为：首先，内切葡聚糖酶从纤维素分子内部随机切割糖链，从而生成长短不一的短链。随后，外切葡聚糖酶从糖链末端进行水解，生成 D-葡萄糖；或者，外切葡聚糖纤维二糖水解酶水解短链葡聚糖生成 D-纤维二糖，最后，β-葡萄糖苷酶再将这些短链纤维素（尤其是纤维二糖）水解生成葡萄糖。

（2）半纤维素酶。由于半纤维素是由几种不同类型单糖构成的异质多聚体，故相应地，半纤维素酶也是由可作用于这些不同单糖聚体的各种酶所组成。常见的半纤维素酶，如木聚糖酶、甘露聚糖酶、阿拉伯聚糖酶、阿拉伯半乳糖酶和木葡聚糖酶等。在多种酶的协同作用下，半纤维素可被降解为单糖（如木糖、甘露糖、阿拉伯糖等）或以此单糖为单元的低聚糖（如低聚木糖、低聚甘露糖等）。

（3）木质素降解酶。与木质素降解相关的酶，主要有木质素过氧化物酶、锰过氧化物酶、漆酶以及一些辅助酶等。由于木质素是苯丙烷类聚合物，非常难于被降解；其降解过程非常复杂，但大体上是在上述三种酶的作用下，通过侧链氧化、去甲基化和芳香环断裂等反应，使木质素被降解为一些芳香族残余物，并还可进一步被降解为醇类或有机酸类物质。

关于微生物生物降解木质纤维素，目前，已在一些领域获得了较好的应用，如造纸行业中的生物制浆（Bio-pulping）、燃料乙醇的生产、堆肥的生产、粗饲料的消化处理等。但最引人注目、最能有效实现综合利用和联合生产的是生物炼制（表 10-2）。如图 10-2 所示，其是由山东大学所开发的，以玉米芯（或玉米秸）为主要原料，以微生物生物降解为主要技术，以功能糖（木糖、木糖醇等）、燃料乙醇、木素和电热能为主要产品的生物炼制技术路线。这一技术，可有效实现对全国每年产生的、常被焚烧或废弃处理的数千万吨玉米芯的利用，并生产出数百万吨的燃料乙醇和木糖及其相关产品，创造巨大产值，增加农民收入和城镇就业。同时，该技术还可进一步推广，把原料扩大到其他木质纤维素材料（如其他各种秸秆等），并扩大"多联产"产品的种类（如生产丁醇、丁二酸、丁二醇、乳酸、油脂、饲料酵母蛋白等），有潜力发展成为可逐步替代部分石化产业的生物炼制巨型产业，真正实现人类社会的可持续发展。

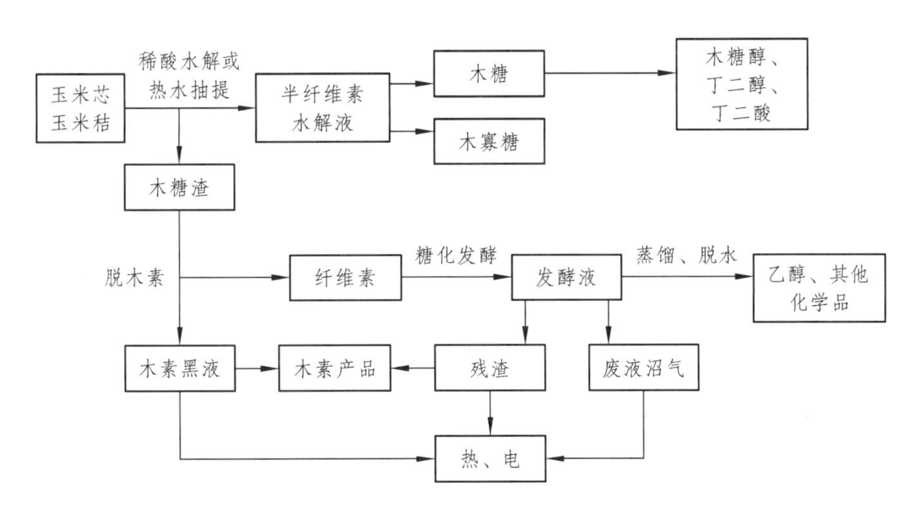

图 10-2　玉米芯（或玉米秸）生物炼制技术过程示意图（引自曲音波，2011）

4. 重金属的脱毒

重金属对水体和土壤等环境的污染，已成为全球最突出的环境问题之一。20世纪50年代，因Hg污染水体环境而导致的震惊世界的“水俣病”，仍使人记忆犹新；而近年来，我国受Cd、As、Pb、Hg、Zn等重金属污染的耕地面积至少约2000万公顷，约占总耕地面积的1/5，1200万吨粮食也因此而遭到污染；2009—2011年间，我国发生重金属污染事件超过30起，其中2010年的“血铅事件”和2011年的“铬渣污染事件”影响极为严重。

重金属污染，主要来源于工业“三废”、交通尾气和生活垃圾等。这些重金属元素，在进入环境或生态系统后便会存留、不断积累和迁移，最终引起严重的危害。如Hg可对大脑、神经和视力等造成极大破坏；而Cd会破坏骨骼和肝肾，并还会引起心脑血管疾病；而Pb则是重金属中毒性较大的一种，一旦进入人体将很难排除，能直接伤害人的脑细胞，特别是胎儿的神经系统，可造成先天智力低下；As更是剧毒物质，其是砒霜的组分之一，可迅速致人死亡！因此，清除环境中重金属污染，是一项极为迫切和必须的任务。

可处理重金属污染的微生物有许多（表10-1），但研究和描述得较多的主要是细菌和真菌。其中，细菌由于营养类型和代谢方式多样，是重金属脱毒中的“主力部队”。

关于重金属污染的微生物治理机制，由于重金属元素无法被微生物降解，故只能将其脱毒——通过微生物的沉淀、溶解、吸附或转化等作用，使重金属从有毒性或可引起危害的形式转化为无毒或低毒，或不易引起危害的形式。具体如下：

（1）沉淀作用。沉淀作用是指微生物通过向胞外分泌某些物质，使环境条件发生改变，从而使重金属离子发生沉淀而减少对环境的危害。如一些假单胞菌和芽孢杆菌等可通过释放多糖、脂类、蛋白质等胞外分泌物来沉淀（络合）重金属离子；而沉淀的另一种方式，则是微生物通过分泌物来改变环境pH值，使重金属离子在有SO_4^{2-}、CO_3^{2-}、OH^-和HPO_4^{2-}等阴离子存在时，生成磷酸盐、碳酸盐或氢氧化物等沉淀物，从而减少对环境的危害。

（2）溶解作用。溶解作用与沉淀作用正好相反，其主要是通过微生物向胞外分泌的各种小分子有机酸，使重金属化合物或重金属矿发生溶解，从而减小对环境的危害。

（3）吸附作用。吸附作用主要是指微生物菌体将环境中的重金属吸附，并使其被固定和富集于细胞，从而不易引起对环境和生态系统的危害。大多数细菌、霉菌和酵母菌都对重金属具有较强的吸附能力。而吸附的机制，主要包括离子交换、表面络合、氧化还原和无机微沉淀等。

（4）转化作用。不同于上述机制仅能减少重金属在环境中的暴露或减小造成的危害，转化作用可真正意义上实现重金属毒性的转变。转化作用，主要是指微生物通过氧化还原、甲基化等生化反应将重金属由高毒性形式转化为低毒性形式。其中，氧化还原反应是最主要的作用形式，其又可分为同化和异化氧化还原反应。同化氧化还原反应，包括厌氧或兼性厌氧微生物通过无氧呼吸作用将重金属还原，以及自养微生物通过有氧呼吸作用将重金属氧化。但一般重金属在高化合价态时毒性较强，故重金属的脱毒主要是通过微生物的无氧呼吸作用。而在异化氧化还原反应中，重金属并未直接参与微生物代谢，而是间接地参与氧化还原。此外，也有研究发现重金属发生甲基化反应后，毒性可大大降低，例如，一些假单胞菌可使硒被甲基化，从而被脱毒。

（5）菌根真菌的作用。除上述机制外，菌根真菌还可通过分泌有机配体、激素等来增强植物根系对重金属的吸收和螯合，使重金属的危害减少。

关于重金属的微生物脱毒技术，目前还处于应用研究阶段，但许多研究的结果，已表明其具有较大的应用潜力。

五、微生物对环境污染的监控

微生物除了可用于污染治理，还可用于污染监控。这主要得益于微生物与环境的亲密性，以及微生物代谢的多样性和敏感性。

微生物监测（Microbial monitoring），是利用微生物对环境污染所引起的环境条件改变而进行测试，从而可对污染的原因和程度进行判断的一种方法。利用微生物监测环境污染，比传统的化学分析方法简便迅速、成本低廉，并还可以反映环境受污染的历史状况。但其也存在灵敏度有所欠缺，应用范围较窄等缺点。

在开展微生物监测时，常需要使用指示菌。指示菌（Indicator microorganism），是用以指示环境样品污染性质与程度，并评价环境卫生状况的代表性微生物。所选择的指示菌，必须在一定范围内能通过自身形态、生化反应、数量、种类和种群等的变化，来反映环境的特征。

目前，应用较为成熟的微生物监测技术主要有以下：

（1）总细菌数与水体有机物污染。总细菌主要是指好氧或兼性厌氧性异养细菌，它们的生存离不开有机营养物。因此，可通过总细菌的数量来评价水体有机物的污染状况：水体样品中总细菌数越多，则有机物含量就越多，水体环境受有机物污染就越严重；反之，亦然。我国规定：1 mL 自来水中的总细菌数不得超过 100 CFU（37 °C，24 h 培养）。

（2）大肠菌群数与水体肠道致病菌污染。大肠菌群不是正式的分类单元，其是一类兼性厌氧、能分解乳糖产酸产气的革兰氏阴性无芽孢杆菌，主要包括大肠埃希氏菌、柠檬酸杆菌、产气克雷伯氏菌和阴沟肠杆菌等。由于肠道致病菌在自然水体中的数量很少，不易监测，故选择相对容易监测并且与其存在密切关联性的大肠菌群作为指示菌。因此，可通过大肠菌群的数量来评价水体肠道致病菌的污染状况：水体样品中大肠菌群数越多，则水体样品中肠道致病菌数量就越多，水体环境受肠道致病菌污染也越严重；反之，亦然。

（3）发光细菌发光强度与毒害物质污染。发光细菌（Luminescent bacteria）是一类 G^-，兼性厌氧，含有荧光素、荧光酶等发光要素，在有氧条件下能发出波长为 475 ~ 505 nm 的荧光的细菌。其多数为海生微生物，当已死的海鱼在 10 ~ 20 °C 下保存 1 ~ 2 d 时，海鱼体表可长出发光细菌的菌落或成片的菌苔，在暗室中肉眼可见，并可从中分离它们；其多数属于发光杆菌属和发光弧菌属。

发光细菌的发光强度受其活性的影响，当存在有毒有害物质时，发光细菌的生命活动受到抑制，发光强度会下降直至细菌死亡而不能发光。因此，可通过发光细菌的发光强度来评价环境受毒害物质污染的状况：发光细菌的发光强度越弱，则环境样品中毒害物质含量就越高，环境受毒害物质污染也越严重；反之，亦然。

（4）组氨酸营养缺陷突变株与致癌物质污染。组氨酸营养缺陷突变株（His-）无法在不含组氨酸的培养基中生长，但当存在致癌物质时，其受致癌物质的诱发，可回复突变为正常野生型菌株（His+），从而可于不含组氨酸的培养基中生长。因此，可利用 His- 菌株的回复突变来评价环境受致癌物质污染的状况：若 His- 菌株在受环境样品处理后，可在不含组氨酸的培养基中生长，则表明环境样品中含有致癌物质，环境已受到致癌物质污染；反之，亦然。

（5）生物传感器与环境监测。生物传感器（Biosensor）是一种将生物敏感元件与化学信号转换器及电子信号处理器相结合的仪器 。用于制作生物传感器的微生物有酵母菌、假单胞菌、芽孢杆菌、发光细菌等。当生物传感器上的生物敏感元件与待测物质发生相互作用后，可最终转化为电信号，方便直接读出结果。目前，最新发展的生物传感器可检测环境中有机物、氨、亚硝酸盐、乙醇、甲烷或氧气等的含量，或微生物的数量、代谢底物与产物的浓度等指标，具有较高的灵敏度和较广的应用范围。

（6）分子生物学方法。其主要是指与微生物相关的 PCR 检测技术、核酸探针检测技术等。

第二节　环境微生物资源的开发利用

当前，在人类迫切需要发展绿色生产、开展污染治理以及生态修复的时代背景下，环境微生物资源的开发利用显得格外的必要与重要。

微生物在降解石油烃类化合物、化学农药、多氯联苯、合成洗涤剂、苯酚、人畜粪便、恶臭物质、木质纤维素等有机污染物，以及转化脱毒重金属和无机废气等无机污染物方面，已展现出巨大潜力，并且相关的一些方法技术已获得了较好的应用。继续加大力度研究和开发环境微生物资源，不仅有助于人类早日解除愈演愈烈的环境和生态危机，更有助于使人类走上一条绿色环保、可持续发展的新道路。正所谓“绿水青山，才是金山银山”！

一、环境微生物资源的开发

相比于其他微生物资源，环境微生物资源的开发历史是非常年轻的。而与其相关的学科——环境微生物学，也是在 20 世纪 60 年代末才兴起的一门边缘学科。设想，如若不是接连出现了种种环境污染事件、自然灾害等，人类也许是不会意识到环境微生物资源的存在价值，也不会有发展环境微生物学的动力。

但历史是不能被假设的，如今人类的生存环境已不需要赘述，而环境微生物学的迅猛发展正好也从侧面印证了人类的危机感与罪恶感。也许为时还不晚，但仍须不断努力。

（一）菌种驯化、分离

1. 总体思路

可用于处理污染物的环境微生物，一般有三个来源：① 土著微生物；② 驯化或分离所得菌种；③ 基因工程菌。土著微生物，在环境微生物学中主要是指受污染环境中的自然菌群，它们通过污染物而被自然选择出来，是环境在自净过程中的主要力量。而后两者，均来源于土著微生物，只不过是分别通过人工驯化分离或基因改造而获得。

在实际应用时，土著微生物常表现出比后两者更好的效果。这是因为土著微生物具有丰富的生物多样性和有效用的群落结构。毕竟，环境中的污染物通常种类繁多、结构复杂，而酶对底物的作用又具有一定的专一性，故仅依靠单一菌种及其酶系，是难以有效作用种类未知且种类繁多的污染物的。因此，在长期的研究与实践过程中，人们已逐渐认识到：用于处理污染物的微生物，必须是混合菌群；丰富的生物多样性，则是有效处理污染物的必要条件。

然而，人工所制备的某些多菌种混合菌剂，虽然具有一定的生物多样性（有些菌剂甚至含有 80 多种微生物），但大多在实际使用时效果不如预期，也不如土著微生物，这表明由人工所构建的生物多样性，还是难以完美复刻土著微生物在自然状态下的多样性与群落结构。而近年来，许多宏基因组学技术的分析结果也表明，绝大多数环境微生物是难以被人工培养的。这也造成了在进行菌剂开发时，许多可发挥关键作用的菌种，可能难以被分离出来。

综上所述，在进行环境微生物资源开发时，不能思维惯性地盲目开展菌种纯培养分离工作。首先，应当考虑保存好土著微生物资源，不盲目进行分离培养而破坏其原有多样性；并借助于宏基因组学等现代分子生物学技术，对其进行充分研究和了解，以便日后能充分发挥其作用效果。其次，可对土著微生物进行有针对性的人工驯化，以提升土著微生物的性能和可控制性。最后，在充分了解土著微生物的生物多样性和群落结构特点的基础上，将驯化过的菌群中的优势菌种分离出来，但并非将其开发为单一菌种的菌剂进行使用，而是作为一种辅助或增强型菌剂，以配合或强化土著微生物的作用效果。

2. 采样、驯化和分离

关于样品采集，可从受污染环境中直接采样，也可从技术较为成熟的污水或固体废弃物处理厂等环境中对活性污泥或待处理污物等进行取样。从后一类环境中采样的优势是：有较大概率从一开始就能获得性能和多样性较好的菌群。因为技术比较成熟的污水或固体废弃物处理厂中的菌群，都是经过长期驯化而保留下来的，一般性能比较优秀；并且由于污水或废弃物中常常包含各种类别的污染物，因此，菌群既然能有效完成污染物的处理任务，说明生物多样性较好。

待样品采集好后，可先进行菌种驯化培养，再进行分离。

在驯化时，所施加的驯化压力一般为目标污染物，即某种待处理的污染物。但在驯化培养时，应注意循序渐进地提高目标污染物的浓度，不能急于求成，否则会因选择压力过高而直接将微生物致死，比如，在不清楚目标污染物是否可被微生物用于生长的情况下，便在驯化伊始直接将目标污染物作为唯一碳源或能源添加，导致微生物被“饿死”；或明知目标污染物对微生物有细胞毒性，但仍然施加较高浓度，导致微生物死亡。

另一方面，为提高驯化效果，还可适当进行人工诱变处理，如使用辐照或微波等物理方法，或添加适量化学诱变剂处理等。

待取得满意的驯化结果后，可通过传统分离技术对菌种进行随机分离，也可辅以现代分子生物学技术进行定向分离。总之，应将优势菌群分离出来，以待下一步研究。

（二）菌种筛选

在进行筛选时，一般可选择生物降解能力作为主要筛选指标。而在测定指标时，方法较多，例如，可采用瓦勃氏呼吸仪（Wabberg's respirator），较为简便快速地来测定微生物与目标污染物共培养时的耗氧量，并作出“生化呼吸曲线”，以此来评价所分离微生物对目标污染物的降解能力。

如图 10-3 中的虚线，即为目标污染物的生化呼吸曲线。该曲线表示目标污染物在加入培养基后，微生物在不同时间点代谢目标污染物时所消耗的氧气量；而作为对照的则是实线所表示的内源呼吸曲线，其是在不加入目标污染物时，微生物在不同时间点代谢细胞内自身储存物质时所消耗的氧气量，其通常是一条恒定的直线。

再如图 10-3，在图（a）中，生化呼吸曲线位于内源呼吸曲线之上，表明目标污染物可被微生物降解，并且，若两条曲线之间的距离越大，说明微生物对该底物的生物降解性越好。在图（b）中，生化呼吸曲线与内源呼吸曲线基本重合，表明目标污染物不可被微生物降解，因为即使加入了目标污染物，微生物仍然在进行内源呼吸；此外，图（b）也表明目标污染物对微生物生长没有抑制作用，因为内源呼吸并未受到影响。在图（c）中，生化呼吸曲线位于内源呼吸曲线之下，表明目标污染物不仅不能被微生物降解，反而还会影响微生物的生长；生化呼吸曲线越接近横坐标，表明目标污染物对微生物的毒性越大。

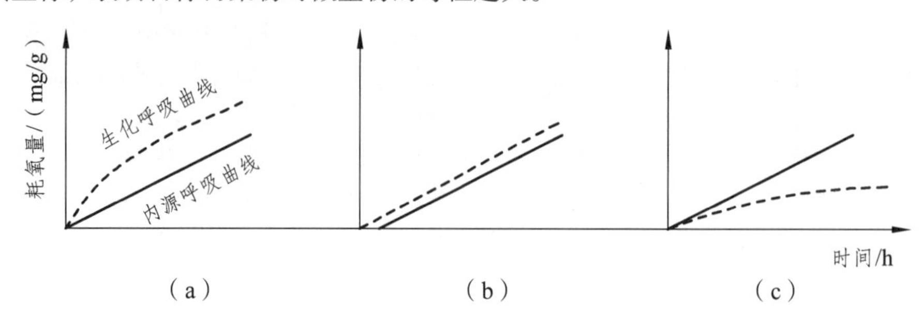

图 10-3 目标污染物的生化呼吸曲线

虚线表示生化呼吸曲线；实线表示内源呼吸曲线。两条曲线是分开测定所得。

此外，还可通过相对耗氧速率、生化需氧量、农药土壤消除试验等来测定微生物的生物降解能力。总之，应将降解能力较强的菌种筛选出来，以待下一步研究。

（三）应用研究

在进行实验室阶段的应用研究时，有两个重点：一是微生物对目标污染物的作用机制；二是影响作用效果的因素。

关于前者，由于目前许多治污技术或治污菌剂产品常出现效果不佳，甚至是“失效”等问题，原因就在于未能充分了解作用机制，不能进行正确使用。这也是制约环境微生物学技术整体发展和应用的老问题。在进行作用机制研究时，应充分参考前人研究的结果，采取科学的方法不断进行假设和验证，直至得出合理的结论。一般而言，可进行如下假设：① 可能是生物氧化作用；② 可能是共代谢作用；③ 可能是吸附作用；④ 可能是胞外分泌物作用；⑤ 可能是甲基化或去甲基化等作用；⑥ 可能是胞外降解酶的作用；⑦ 可能是诱导酶；⑧ 酶基因可能位于质粒上；等等。

而关于作用效果的影响因素，亦是极为重要的研究内容。因为对于一种技术或菌剂产品，不仅要求有效果，更重要的是如何才能有稳定的效果以及最佳的效果。一般而言，影响作用效果的因素主要有如下几方面：

（1）目标污染物的化学性质，如相对分子质量、官能团、主链结构、分子结构和毒性等。一般小分子物质比大分子物质容易被降解；羟基或胺基取代苯环上的氢后，新化合物比原化合物易降解；而卤代物比原化合物更抗生物降解；当有机物主链上的碳原子被其他原子所取代后，新化合物比原化合物更抗降解；链烃比环烃易降解；不饱和烃类比饱和烃类易降解；直链比支链易降解；支链越多生物降解性越低；苯环越多越难降解等。

（2）目标污染物的生物有效性和阈值。生物有效性（Bioavailability），包括目标污染物的溶解度、挥发性、辛醇-水分配系数等，其将决定目标污染物是否易于被微生物或其酶接近并作用；而阈值是指目标污染物在环境中能够被微生物有效作用的最小浓度，如果环境中目标污染物的浓度低于阈值，将很难被降解。

（3）微生物的生长最适条件。包括最适温度、pH 值、氧气、水活度、光照等。

（4）微生物的种类、代谢方式、代谢活性、环境抗逆性等。

待上述完成后，可根据开发目的和应用领域进行小试、中试等研究；并参考现有的技术方案（表 10-2），进行工艺设计和产品设计。

二、环境微生物资源的利用

目前，尽管以环境微生物资源为基础而开发出了许多产品或技术（表 10-2），但环境微生物资源的利用，主要集中于三个方面：生物处理、生物修复和生物炼制。下面将分别举例，简介三种利用方式。

（一）污水的生物处理

水是生命存在与经济发展的必要条件，但当今水污染问题已经非常严重，对人类健康和环境质量已构成了极大威胁，也必然将会对经济和社会的发展造成严重制约。因此，有效控制污水的排放以及对污水进行生物处理尤为重要。

1. 生物处理概述

生物处理（Biological treatment），是利用构筑物内或特定环境中的微生物来去除有机污染物的一种技术方法。其也是一种比较成熟的技术，被广泛应用于生活污水和纺织染印、炼油、煤化工、石油化工、农药、炸药、食品和养殖等污水的处理，以及许多固体废弃物的处理。

相比于物理、化学和天然处理等方法，生物处理法具有处理量大、处理效率高、处理效果好、适用范围广、成本低、运行和维护费用小等诸多优势。但其不适于处理含有大量有毒物质或无机污染物的废水。

生物处理，又可分为好氧处理法和厌氧处理法。在污水的生物处理中，好氧处理法包括：活性污泥法、生物膜法、氧化塘法以及土地处理法等；厌氧处理法则主要是沼气发酵法。

2. 污水生物处理的作用原理

生物处理法对污水中污染物的去除，主要是通过微生物的吸附作用、生物氧化和生物合成作用（图 10-4）。

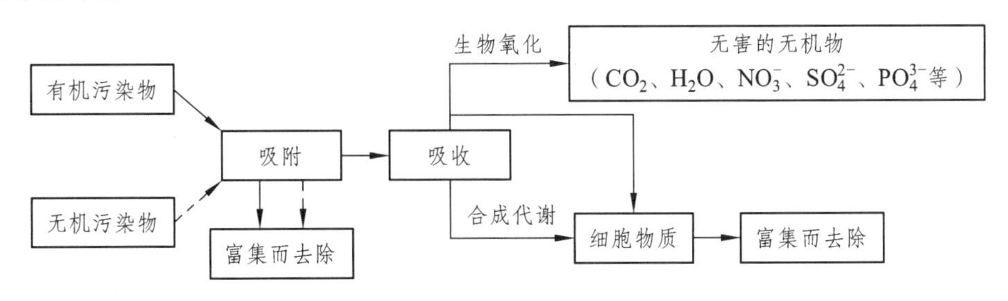

图 10-4　污水生物处理的作用原理

吸附，对于许多难降解的污染物的去除，有着重要作用。如废水中的许多合成有机物、重金属盐类以及一些放射性物质等。有资料表明，通过活性污泥的吸附作用，可在 10 ~ 30 min 内将生活污水中 85% ~ 90%的有机污染物去除；而另有研究表明，活性污泥也能吸附废水中 30% ~ 90%的 Fe、Cu、Pt、Ni、K 等金属离子。

生物氧化，是彻底降解污水中有机污染物的关键反应。其是微生物将有机污染物吸收入细胞后，通过有氧呼吸作用，将大分子污染物彻底分解为二氧化碳和水等无机小分子。

而生物合成，则是微生物通过合成代谢，将小分子有机污染物或大分子有机污染物的分解代谢中间产物，用以合成自身细胞物质，从而可将污水中的污染物固定于细胞内而被去除。

3. 污水生物处理中的微生物

由于污水中含有各种类型的污染物，因此，在污水处理时对微生物多样性的要求非常高。处理污水中污染物的微生物主要包括细菌、真菌、原生动物和后生动物（Metazoon）。

细菌，如好氧或兼性厌氧的产碱杆菌属、芽孢杆菌属、黄杆菌属、微球菌属、假单胞菌属、动胶菌属、硝化杆菌属、亚硝化单胞菌属、乳杆菌属等；又如厌氧的纤维素分解菌、脱硫弧菌属、梭菌属和产甲烷菌（实际为古生菌）等。

真菌，如青霉属、头孢霉属、枝孢属、镰孢菌属、地霉属、假丝酵母属、红酵母属等。

原生动物，如纤毛虫类、鞭毛虫类、肉足虫类等。后生动物，如轮虫类、线虫类等。

通常，这些微生物均不是以游离的形式存在的，而是以特定的群落所构成一定形态。例如在好氧生物处理法中，微生物是以活性污泥或生物膜的形式存在（图 10-5）。

活性污泥（Activated sludge）是一种由细菌、真菌、原生动物和其他生物等聚集在一起组成的絮凝团，其具有很强的吸附、降解能力。而生物膜（Biofilm）则是指生长在潮湿、通气的固体表面上的一层由多种微生物构成的黏滑、暗色菌膜，能吸附和降解污水中的污染物。

活性污泥之所以呈絮凝团状态，主要是由于细菌（动胶菌属）分泌的黏性胞外聚合物将大量微生物包裹在了一起；而生物膜之所以呈黏滑的菌膜状态，也是由于微生物的大量胞外分泌物包裹所致。

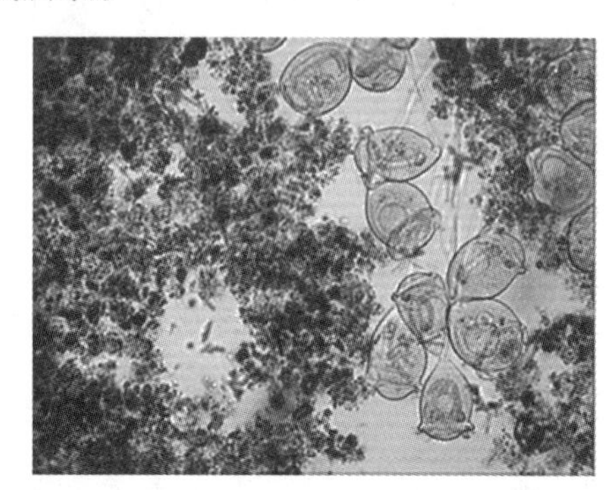
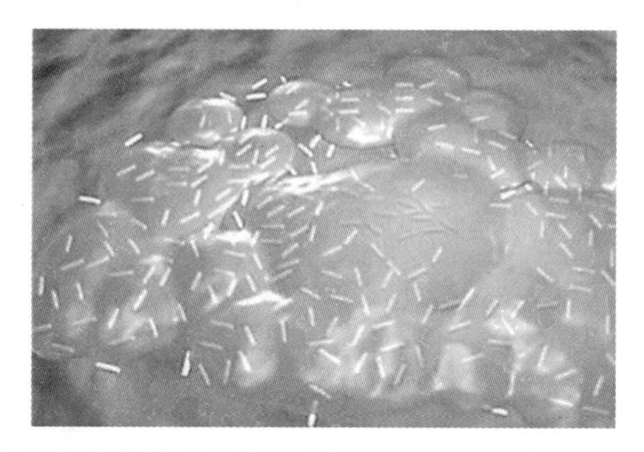

图 10-5　活性污泥（左）与生物膜（右）示意图

4. 污水生物处理的过程

下面以活性污泥法和生物膜法为例，简述污水生物处理的过程（图 10-6）。

活性污泥法的处理过程大致如下：将待处理污水与活性污泥混合后，流入曝气池中，曝气池就是一个大型的通气搅拌式发酵罐；在通气管的不断通气并在搅拌器的不断搅拌下，污水中的污染物被活性污泥吸附，并被好氧微生物降解或转化为细胞物质；同时，微生物菌群大量生长繁殖，并持续作用于污水中的污染物；待污水在曝气池中处理完毕后，可以以溢流方式连续流入沉淀池中；在沉淀池中，由于没有通气和搅拌，污水还可被活性污泥中的厌氧微生物进一步厌氧消化处理；最后，清水可从沉淀池中流出。

生物膜法的处理过程大致如下：在处理初期，污水先缓慢流入污水槽中，目的是使每一张生物转盘上长好一层生物膜，称为挂膜（生物转盘一般是由一组质轻、耐腐蚀的塑料圆板以一定间隔串接在同一横轴上而成；每张盘的下半部都浸没在盛满污水的污水槽中，上半部则敞露在空气中；整个生物转盘由电动机缓缓驱动）；待生物膜大量形成后，污水的流速可适当加快，此时，随着圆盘的不停转动，污水中的污染物就会被生物膜所吸附，并被其中的微生物所降解或转化，从而使污水得到净化。

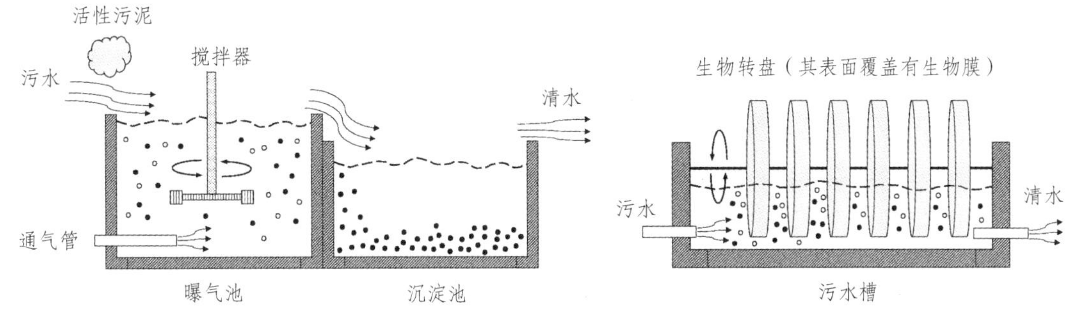

图 10-6　活性污泥法（左）与生物膜法（右）处理污水示意图

（二）生物修复

生物修复（Bioremediation），狭义上是指在人工控制下，通过土著微生物或人工添加的特定微生物的生命活动来富集、转化或降解污染物并最终消除环境污染、修复受损生态环境的一套综合技术方法。而广义上的生物修复，还包括利用植物和动物进行修复，或在非人工控制的状态下进行天然修复。

相比于传统的物理和化学修复方法，生物修复具有可在现场进行修复（原位修复）、减少运输成本、减少人类直接接触污染物的机会、减少环境干扰或破坏、降解过程迅速、可与其他治污技术联用等诸多优势。但其也存在诸如不是所有污染物均能被降解、某些降解产物毒性和抗降解性会增强、技术门槛较高等缺点。

生物修复与上述生物处理存在诸多异同点，见表 10-3。

表 10-3　生物修复与生物处理的比较

<table>
<tr><th>名称</th><th>相同点</th><th>不同点</th></tr>
<tr><td>生物处理</td><td rowspan="2">1.利用微生物的吸附、生物降解、生物转化等作用来消除污染物
2.利用微生物对污染物的同化作用而扩大繁殖
3.通过工程措施来保障处理过程的高效进行
4.在处理特殊污染物时需要筛选或驯化特定的菌种</td><td>1.处理对象为未进入环境的污染物
2.多用于处理易于处理的污水和固体废弃物
3.污染物多处于匀质状态，易于处理和控制</td></tr>
<tr><td>生物修复</td><td>1.处理对象为已经进入环境的污染物
2.用于处理各种环境下的有毒有害、难降解物质
3.污染物多处于非匀质状态，不易处理和控制</td></tr>
</table>

生物修复的方法种类很多。按修复地点分类，可分为原位修复法和异位修复法；按被污染的环境分类，可分为土壤生物修复法、地下水生物修复法、沉积物生物修复法和海洋生物修复法等；按主要技术分类，可分为生物通气法、生物注气法、生物冲淋法、土地耕作法、堆制处理法、泥浆相处理法等；按所使用的微生物进行分类，可分为土著微生物法和外源微生物法等。

关于生物修复的过程，因受污染环境的不同而各异，但相比于高度工程控制化的生物处理法，其操作相对简便。例如，拟对受石油污染海洋进行原位生物修复，一般仅需向受污染海面投入表面活性剂、高效石油降解菌菌剂和氮、磷等营养盐，就可凭借海洋土著微生物和人工接入的菌种的生物降解能力迅速将污染物消除。据 1989 年的报道，通过生物修复技术对美国阿拉斯加海域进行石油污染物消除，可比传统方法节省数亿美元，并且可将去污时间由原来的 10 ~ 20 年缩短至 2 ~ 3 年。

（三）生物炼制

以化石资源为主要原料的石油化工，为人类文明的繁荣做出了巨大的贡献，但与其相伴的，却是威胁人类生存的环境污染、生态恶化、资源匮乏等问题。随着两次石油危机的发生，以及越来越严重的环境污染问题，再次催生了利用可再生生物质资源的研究热潮，并在全球范围内孕育着一场用生物可再生资源代替化石资源的大变革。

20 世纪 80 年代，生物炼制的概念被首次提出。其凭借绿色、环保、高效、低成本、可“变废为宝”、产品种类丰富、单批生产即可同时获得一系列产品等的生产理念，几乎一经提出，就立即获得了广泛的关注。而随着其不断发展，人们也逐渐意识到：生物炼制是人类面对日益枯竭的化石资源和由其所引发的严重环境污染时，一种历史的必然选择。

1. 生物炼制概述

生物炼制（Bio-refinery），是利用农业废弃物、植物基淀粉和木质纤维素等生物质材料为原料，进行单批生产就可生产出一系列化学品、燃料和生物基材料等产品的一套综合技术方法。

相比于其他环境微生物技术，其不仅能有效处理废弃物，还能利用这些废弃物生产许多高附加值的产品。而相比于传统发酵生产，其衍生自石油炼制的生产理念打破了传统发酵仅仅能利用原料中的某一种组分来生产单一种（类）产品的观念，并还能充分将原料中的每一种有用组分都分别转化为不同的产品，实现原料全组分的高效充分利用和产品价值的最大化。

而关于生物炼制的原料，来源非常广泛，传统上是各种植物淀粉，但目前主张使用可再生的、常被焚烧或掩埋等处理的“废弃物”，如各种农作物秸秆，淀粉类、油料类、经济类等作物的加工废弃物，林业及木材加工废弃物，城市及工业有机废弃物，动物粪便和植物残体等。这其中，尤其值得关注的是富含木质纤维素的原料。在本书中，已对木质纤维的未被有效利用、会引起环境污染等问题进行过多次评论，也列举了一些处理方法。但相比于其他方法，生物炼制却是最佳的处理手段。因为，生物炼制的最大优势，在于其能“物尽其用，不浪费哪怕一点原料”，并且，产品种类非常丰富。

如表 10-4 所示，虽然生物炼制的各种技术仍在发展中，但其有潜力单批次生产就能产出一系列的各种生物燃料、化学品、生物基材料和功能糖等产品。

表 10-4　生物炼制可生产的常见产品

类别	产品
生物燃料	燃料乙醇、生物柴油、沼气、生物氢等
能量	电能、热能等
化学品	乳酸、乳酸乙酯、1, 3-丙二醇、柠檬酸、琥珀酸及其衍生物（四氢呋喃、1, 4-丁二醇、*γ*-丁内酯、*N*-甲基吡咯烷酮）、3-羟基丙酸及其衍生物（丙烯酸、丙烯腈、丙烯酰胺）、*n*-丁醇、衣康酸、氨基酸（赖氨酸、丝氨酸等）、丙二醇、乙酰丙酸及其衍生物、1, 4-丁二醇、双酚酸、甲醇、高级醇、乙烯等

续表

类别	产品
生物基材料	聚乳酸、聚丁二酸丁二醇酯、高密度聚乙烯、水溶性酚醛树脂、聚对苯二甲酸丙二醇酯、木塑复合材料、聚乙烯等
功能糖	木糖、木糖醇、低聚木糖、甘露糖等
其他	堆肥、单细胞蛋白饲料等

2. 生物炼制的原理

为什么生物炼制可以将某种稀疏平常的农业产品转变为种类丰富的产品，甚至是将许多废弃物“变废为宝”呢？又为什么生物炼制可以一次性生产出一系列产品呢？

第一个问题的答案，就是“微生物细胞工厂”（图 10-7）。微生物不仅种类丰富，并且其代谢方式也极为多样。利用不同的原料或原料中的不同组分，再通过不同的代谢途径，小小的“微生物细胞工厂”就可发酵生产出各种各样的产品或产品前体化合物。并且，在生物界中，也只有微生物能充分代谢木质纤维素这一“废弃物”，也只有微生物才可将其转化为燃料、化学品、润滑油或生物基材料等高附加值产品。

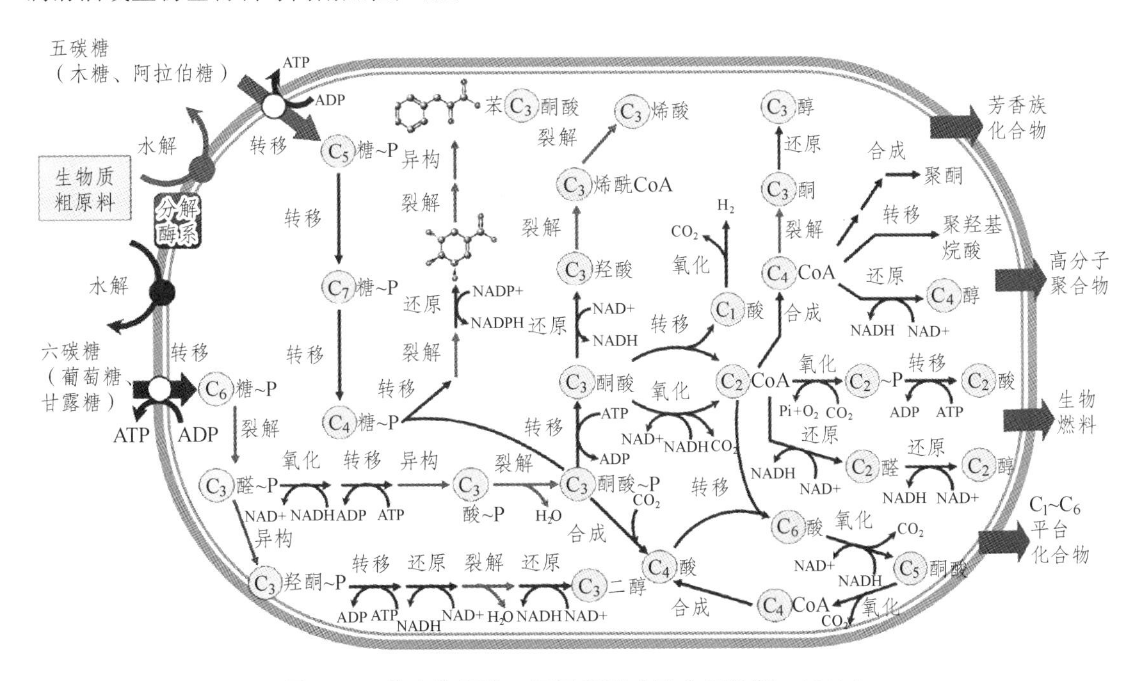

图 10-7　微生物细胞工厂示意图（引自于波等，2009）

第二个问题的答案，就是多联产系统（图 10-8）。在生物炼制中，多联产系统（Polygeneration）是指将原料供应、原料制备、前期物理化学技术处理、中期生物转化、后期化学加工等环节全部有机结合，充分考虑将原料中的每一有用组分或加工过程中的每一种中间产物都充分利用，并在充分利用现有可利用技术的基础上，将原料或中间产物通过生物转化、化学加工等分别加工为不同的产品，最终实现原料全组分的高效利用和产品价值的最大化，一次性生产出一系列产品。

总之，生物炼制的生产原理可概括为：联合物理化学处理与生物转化过程，以微生物细胞为产品生产的核心“工厂”，通过整合和高度工程化控制原料供应、原料制备、物理化学加工、生物转化和精制加工等环节，充分利用原料和中间产物而一次性生产出一系列种类丰富的产品。

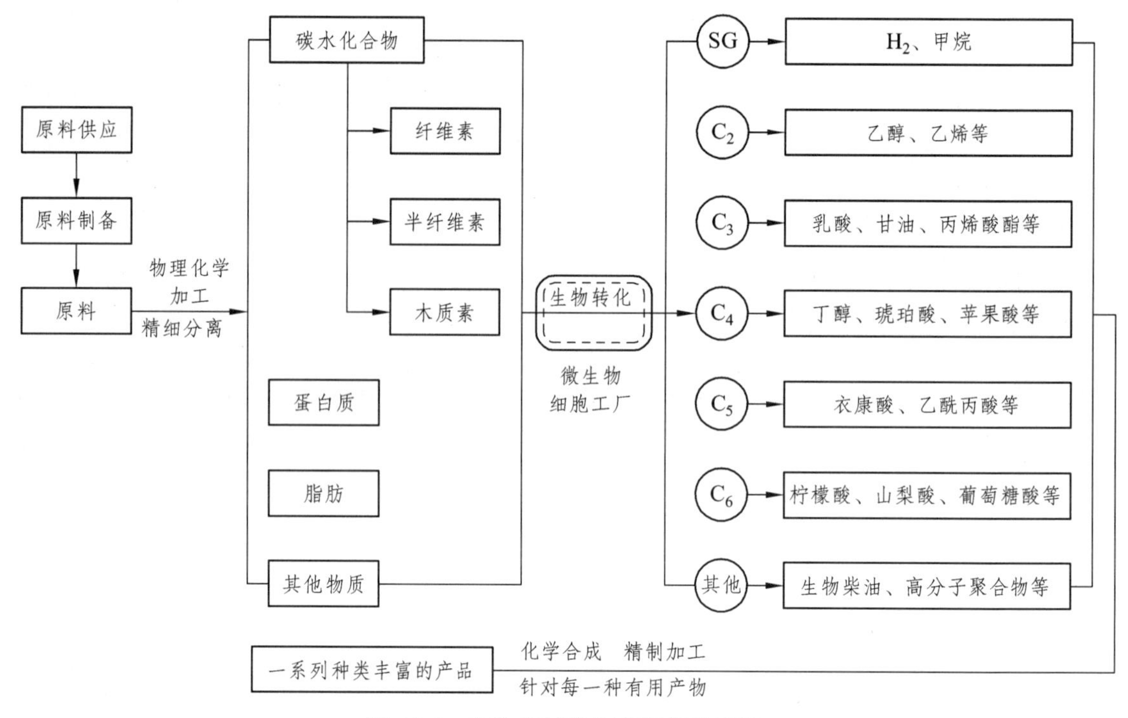

图 10-8 生物炼制的生产原理示意图

3. 生物炼制的生产过程——以木质纤维素的生物炼制为例

在生物炼制这一生产模式中，最受关注的不是植物淀粉炼制，也不是全作物炼制或热化学炼制，而是木质纤维素的炼制。尽管前三者技术目前相对成熟，大多已实现产业化，并能在一定程度上有效缓解能源危机问题、实现可再生资源的高效利用等，但是，既能最终有助于解决能源危机，又能治理环境污染，并且可实现“变废为宝”的，还是木质纤维素的生物炼制。

目前，木质纤维素的生物炼制尽管因技术和经济性等问题还无法实现产业化，但也已实现了小范围的生产运行或示范生产。木质纤维素生物炼制的生产过程可见图 10-9。

在该项生产中，可利用的原料来源非常广泛，如各类农作物秸秆、玉米芯、草类、木材加工废料、造纸废料以及富含木质纤维素的城市或农村固体废弃物等。但由于木质纤维素原料成分复杂，若不进行匀质，难以开展后续加工；并且原料中的最主要成分——纤维素、半纤维素和木质素，分别以不同方式存在于植物细胞壁中，且紧密地交织连接在一起，难以被微生物及其酶接近并作用。因此，通过有效的方法对原料进行预处理，并将这些主要成分精细分离出来，是进行生物炼制的重要前提。

目前，对木质纤维素的预处理仍是国际难题，但一般可采用稀酸处理、蒸汽爆破、热水处理、有机溶剂处理、氨爆破、碱处理等物理化学方法，或生物酶处理法等。

此后，可依据不同成分的用途和现有技术进行后续的加工。目前，对于纤维素、半纤维素和木质素的生物转化，前两者技术相对成熟，但木质素却难以被有效转化，其一般仅能通过物理化学方法被加工为一些附加值不高的木素基产品或其他产品的添加剂，甚至作为燃料物质。这实际上是一种浪费，但目前暂时未能有效解决，有待于进一步研究。

关于半纤维素的生物转化，可利用微生物半纤维素酶先对其进行水解，生成主要产物五碳糖（木糖等），再对其进行后续加工。但值得注意的是，由于五碳糖几乎不能被现有的工业菌种代谢，故被认为是不可发酵糖类，常被浪费掉。例如，在较先发展起来的纤维素乙醇发酵中，由于主要生产菌种酿酒酵母和运动发酵单胞菌等均不能利用五碳糖，使得五碳糖被大量浪费掉，导致纤维素乙醇的生产成本较高，完全难以与淀粉乙醇竞争，故至今未能实现产业化。近年来尽管也有一些研究表明，通过外源性导入五碳糖代谢途径，也能使一些传统生产菌株可利用五碳糖发酵乙醇，但这也未能从根本上改变葡萄糖会抑制五碳糖代谢的现象。相比较而言，生物炼制凭借多联产生产的优势，却能在目前技术水平下有效利用这些五碳糖——将其用于制备高附加值的功能糖或用于其他化学品的加工。

关于纤维素的生物转化，也是先通过微生物酶对纤维素进行水解，其主要水解产物葡萄糖可被用于多种发酵，而不可降解的部分则被用于生产纤维素基产品。不过，目前由于所使用的纤维素酶活性普遍不高，常导致纤维素转化为葡萄糖的效率较低，即使可以加大酶的用量，但会造成生产成本的急剧上升，这也是制约纤维素发酵的关键原因之一。分离降解能力较强的纤维素降解菌以及开发高活力纤维素降解酶，仍是重要课题。

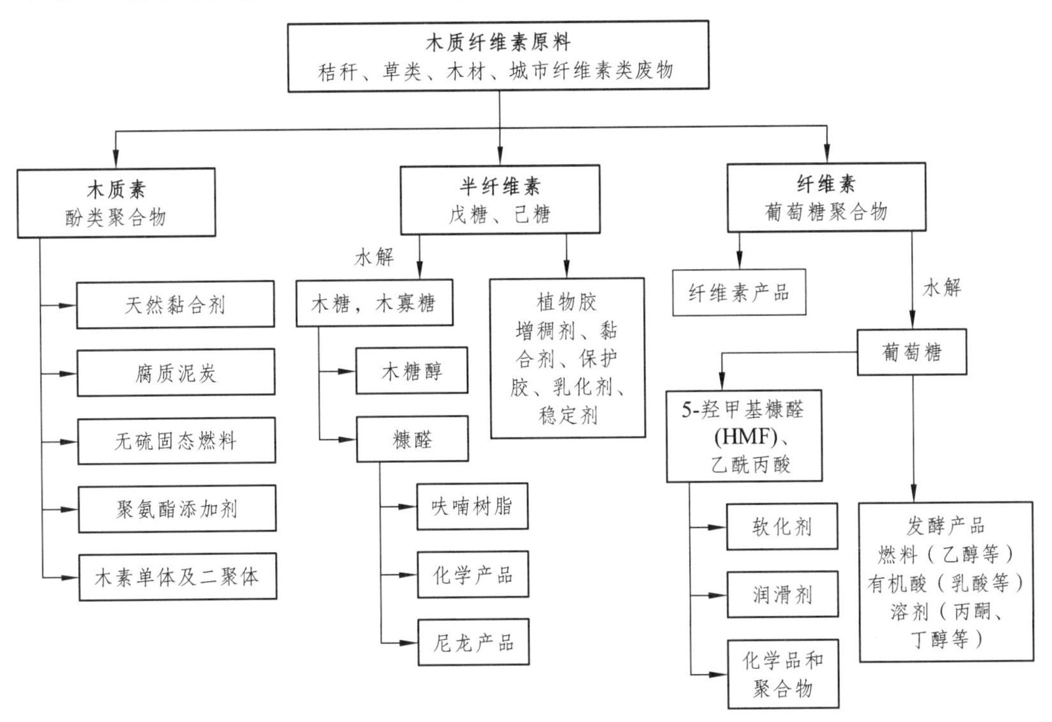

图 10-9　木质纤维素生物炼制的生产过程示意图（引自赵健等，2014）

参考文献

[1] 周德庆. 微生物学教程[M]. 2版. 北京：高等教育出版社，2002.
[2] 周德庆. 微生物学教程[M]. 3版. 北京：高等教育出版社，2011.
[3] 周德庆. 微生物学实验教程[M]. 2版. 北京：高等教育出版社，2006.
[4] 周德庆，徐士菊. 微生物学词典[M]. 天津：天津科学技术出版社，2005.
[5] 沈萍，陈向东. 微生物学[M]. 2版. 北京：高等教育出版社，2006.
[6] 黄秀梨，辛明秀. 微生物学[M]. 3版. 北京：高等教育出版社，2009.
[7] 朱军. 微生物学[M]. 北京：中国农业出版社，2010.
[8] PRESCOTT L M, HARLEY J P, KLEIN D A. 微生物学（中文版）[M]. 5版. 沈萍，彭荣珍，主译. 北京：高等教育出版社，2003.
[9] 李凡，徐志凯. 医学微生物学[M]. 8版. 北京：人民卫生出版社，2013.
[10] 徐建国，阚飙，张建中，等. 现场细菌学[M]. 北京：科学出版社，2011.
[11] 贺运春. 真菌学[M]. 北京：中国林业出版社，2008.
[12] 徐丽华. 放线菌系统学：原理、方法及实践[M]. 北京：科学出版社，2007.
[13] LYDYARD P M. 免疫学[M]. 2版. 林慰慈，薛彬，等，译. 北京：科学出版社，2001.
[14] CANN A. 分子病毒学原理（Principles of molecular virology: fifth edition）[M]. 北京：科学出版社，2012.
[15] 郭成金. 蕈菌生物学[M]. 北京：科学出版社，2014.
[16] 李颖，关国华. 微生物生理学[M]. 北京：科学出版社，2013.
[17] MOAT A G，FOSTE J W，SPECTOR M P. 微生物生理学（中文版）[M]. 4版. 李颖，文莹，关国华，等，译. 北京：高等教育出版社，2009.
[18] 罗立新. 微生物发酵生理学[M]. 北京：化学工业出版社，2010.
[19] 王镜岩，朱圣庚，徐长法. 生物化学[M]. 3版. 北京：高等教育出版社，2002.
[20] 朱玉贤. 现代分子生物学[M]. 4版. 北京：高等教育出版社，2013.
[21] RAY B，BHUNIA A. 基础食品微生物学[M]. 4版. 江汉湖，主译. 北京：中国轻工业出版社，2014.
[22] 沈德中. 环境和资源微生物学[M]. 北京：中国环境出版社，2003.
[23] 周凤霞，白京生. 环境微生物[M]. 3版. 北京：化学工业出版社，2015.
[24] 刘光. 极端环境微生物学[M]. 北京：科学出版社，2016.
[25] 柳多情. 微生物的那些事儿[M]. 李炳未，译. 北京：电子工业出版社，2011.
[26] 陈集双，欧江涛. 生物资源学导论[M]. 北京：高等教育出版社，2017.
[27] 易美华. 生物资源开发与加工技术[M]. 北京：化学工业出版社，2009.

[28] 姜成林. 微生物资源开发利用[M]. 北京：中国轻工业出版社，2001.
[29] 刘爱民. 微生物资源与应用[M]. 南京：东南大学出版社，2008.
[30] 曲音波. 微生物技术开发原理[M]. 北京：化学工业出版社，2005.
[31] 蒋新龙. 发酵工程[M]. 杭州：浙江大学出版社，2011.
[32] 葛邵荣，乔代蓉，胡承. 发酵工程原理与实践[M]. 上海：华东理工大学出版社，2011.
[33] 杨生玉，张建新. 发酵工程[M]. 北京：科学出版社，2013.
[34] 丁明玉. 现代分离方法与技术[M]. 2 版. 北京：化学工业出版社，2012.
[35] 刘来福. 病原微生物实验室生物安全管理和操作指南[M]. 北京：中国标准出版社，2010.
[36] 刘少伟，鲁茂林. 食品标准与法律法规[M]. 北京：中国纺织出版社，2013.
[37] 厉明蓉. 制药工艺设计基础[M]. 北京：化学工业出版社，2010.
[38] ULRICH K T, EPPRINGER S D. 产品设计与开发[M]. 5 版. 杨青，等，译. 北京：机械工业出版社，2015.
[39] 王成章，王恬. 饲料学[M]. 北京：中国农业出版社，2003.
[40] 樊明涛，张文学. 发酵食品工艺学[M]. 北京：科学出版社，2017.
[41] 张兰威. 发酵食品原理与技术[M]. 北京：科学出版社，2014.
[42] 沈怡方. 白酒生产技术全书[M]. 北京：中国轻工业出版社，2005.
[43] 张彦明，佘锐萍. 动物性食品卫生学[M]. 3 版. 北京：中国农业出版社，2002.
[44] 吕作舟. 食用菌栽培学[M]. 北京：高等教育出版社，2006.
[45] 唐玉琴，李长田，赵义涛. 食用菌生产技术[M]. 北京：化学工业出版社，2008.
[46] 韦平和，李冰峰，闵玉涛. 酶制剂技术[M]. 北京：化学工业出版社，2012.
[47] BORYSOWSKI J, MIEDZYBRODZKI R, GORSKI A. Phage therapy: current research and applications[M]. Norfolk: Caister Academic Press, 2014.
[48] 张玉胜. 细菌基因组中脂类代谢的比较[D]. 淄博：山东理工大学，2010.
[49] 王素英，陶光灿，谢光辉，等. 我国微生物肥料的应用研究进展[J]. 中国农业大学学报，2003，8（1）：14-18.
[50] HE Y, WU Z, TU L, et al. Encapsulation and characterization of slow-release microbial fertilizer from the composites of bentonite and alginate[J]. Applied Clay Science, 2015, s 109-110: 68-75.
[51] 张清敏，刘曼，周湘婷. 微生物肥料在土壤生态修复中的作用[J]. 农业环境科学学报，2006，25（s1）：292-293.
[52] 葛诚. 微生物肥料研究，生产和应用的几个问题[J]. 微生物学通报，1995，22（6）：375-379.
[53] 康贻军，程洁，梅丽娟，等. 植物根际促生菌的筛选及鉴定[J]. 微生物学报，2010，50（7）：853-861.
[54] NADEEM S M, AHMAD M, ZAHIR Z A, et al. The role of mycorrhizae and plant growth promoting rhizobacteria (PGPR) in improving crop productivity under stressful environments[J]. Biotechnology Advances, 2014, 32 (2): 429-448.
[55] 张海滨，孟海波，沈玉君，等. 好氧堆肥微生物研究进展[J]. 中国农业科技导报，2017，19（3）：1-8.
[56] 王伟东，刘建斌，牛俊玲，等. 堆肥化过程中微生物群落的动态及接菌剂的应用效果[J]. 农业工程学报，2006，22（4）：148-152.
[57] 王伟东，王小芬，朴哲，等. 堆肥化过程中微生物群落的动态[J]. 环境科学，2007，28（11）：

2591-2597.
[58] 侍继梅，潘永胜. 微生物杀虫剂研究进展[J]. 江苏林业科技，2011，38（6）：49-52.
[59] 孙修炼，胡志红. 我国昆虫病毒杀虫剂的研究与应用进展[J]. 中国农业科技导报，2006，8（6）：33-37.
[60] 刘石泉，单世平，夏立秋. 苏云金芽孢杆菌高效价杀虫剂的研究进展[J]. 微生物学通报，2008，35（7）：1091-1095.
[61] JOUNG K B, CÔTÉ J C. A review of the environmental impacts of the microbial insecticide *Bacillus thuringiensis*[J]. Journal of Neurosurgery, 2000, 82 (1): 106-112.
[62] 徐庆丰. 白僵菌安全性及其作为微生物杀虫剂的评价[J]. 中国生物防治学报，1991，7（2）：77-80.
[63] 徐鹏，董晓芳，佟建明. 微生物饲料添加剂的主要功能及其研究进展[J]. 动物营养学报，2012，24（8）：1397-1403.
[64] 朱桂兰，童群义. 微生物多糖的研究进展[J]. 食品工业科技，2012，33（6）：444-448.
[65] 陈坚，刘龙，堵国成. 中国酶制剂产业的现状与未来展望[J]. 食品与生物技术学报，2012，31（1）：7-13.
[66] 李晶晶，刘瑛，马炯. 破囊壶菌生产 DHA 的应用前景[J]. 食品工业科技，2013，34（16）：367-371.
[67] 赵德安. 混合发酵与纯种发酵[J]. 中国调味品，2005（3）：3-8.
[68] 任聪，杜海，徐岩. 中国传统发酵食品微生物组研究进展[J]. 微生物学报，2017，57（6）：885-898.
[69] 姚粟，于学健，白飞荣，等. 中国传统发酵食品用微生物菌种名单的研究[J]. 食品与发酵工业，2017.DOI: 10. 13995/j.cnki.11-1802/ts.014768.
[70] SADLER M. Nutritional properties of edible fungi[J]. Nutrition Bulletin, 2010, 28(3): 305-308.
[71] 李小雨，王振宇，王璐. 食用菌多糖的分离、结构及其生物活性的研究进展[J]. 中国农学通报，2012，28（12）：236-240.
[72] 侯可宁，李毅. 食用菌多糖的提取、检测及应用研究进展[J]. 山东化工，2017，46（13）：49-51.
[73] 刘文洁，胡辉. 食用菌多糖的生产技术[J]. 中国乳业，2000（5）：20-21.
[74] 陈启军，尹继刚，胡哲，等. 基因工程疫苗及发展前景[J]. 中国人兽共患病学报，2007，23（9）：934-938.
[75] 叶丽，史济平. 甾体微生物转化在制药工业中的应用[J]. 工业微生物，2001，31（4）：40-48.
[76] 刘琳琳. 稀有放线菌的筛选及新种鉴定[D]. 哈尔滨：东北农业大学，2012.
[77] 马培奇. 抗生素市场现状及研发进展[J]. 中国制药信息，2012（5）：34-36.
[78] 王保军，刘双江. 环境微生物培养新技术的研究进展[J]. 微生物学通报，2013，40（1）：6-17.
[79] 姜怡，唐蜀昆，张玉琴，等. 放线菌产生的生物活性物质[J]. 微生物学通报，2007，34（1）：188-190.
[80] 罗明典. 医用酶制剂研究进展[J]. 高科技与产业化，2005（8）：46-49.
[81] 丁锡申. 基因工程药物的过去、现在和将来[J]. 中国生物工程杂志，1998，18（3）：2-6.
[82] 杨汝德，林勉，陈惠音. 益生素及其应用[J]. 中国乳品工业，2000，28（1）：29-31.

[83] 王兴红，李祺德，曹秋娥. 微生物发酵中药应成为中药研究的新内容[J]. 中草药，2001，32（3）：267-268.
[84] 韩晗. 产肠毒素性大肠杆菌噬菌体 PK88-4 的分离及其抗菌效果与安全性的研究[D]. 南京：南京农业大学，2011.
[85] HAN H，WEI X, WEI Y, et al. Isolation, characterization，and bioinformatic analyses of lytic salmonella enteritidis phages and tests of their antibacterial activity in food[J]. Current Microbiology, 2017, 74 (2): 175-183.
[86] 韩晗，李剑峰，姜金仲，等. 噬菌体治疗的另一种策略——转基因噬菌体[J]. 畜牧与兽医，2015，47（6）：138-141.
[87] 韩晗，韦晓婷，魏昳，等. 沙门氏菌对食品的污染及其导致的食源性疾病[J]. 江苏农业科学，2016，44（5）：15-20.
[88] 韩晗，李雪敏，王爽，等. 噬菌体作抗菌剂使用的安全性评价研究进展[J]. 江苏农业科学，2017，45（22）：18-23.
[89] 董春娟，吕炳南，陈志强，等. 处理生物难降解物质的有效方式——共代谢[J]. 化工环保，2003，23（2）：82-86.
[90] 孙雪景，王静，焦岩，等. 微生物共代谢作用的研究与应用[J]. 农业与技术，2010，30（4）：57-60.
[91] 唐有能，程晓如，王晖. 共代谢及其在废水处理中的应用[J]. 环境保护，2004（10）：22-25.
[92] 田雷，白云玲，钟建江. 微生物降解有机污染物的研究进展[J]. 工业微生物，2000，30（2）：46-50.
[93] 周庆，陈杏娟，许玫英. 微生物菌剂在难降解有机污染治理的研究进展[J]. 微生物学通报，2013，40（4）：669-676.
[94] 陈秀莉，张伟. 微生物在污水处理中的应用[J]. 中国西部科技，2007，17（15）：22-24.
[95] 张宗才. 有机污染水体的生物修复[D]. 成都：四川大学，2005.
[96] 李习武，刘志培. 石油烃类的微生物降解[J]. 微生物学报，2002，42（6）：764-767.
[97] 张子间，刘勇弟，孟庆梅，等. 微生物降解石油烃污染物的研究进展[J]. 化工环保，2009，29（3）：193-198.
[98] 崔中利，崔利霞，黄彦，等. 农药污染微生物降解研究及应用进展[J]. 南京农业大学学报，2012，35（5）：93-102.
[99] 杨明伟，叶非. 微生物降解农药的研究进展[J]. 植物保护，2010，36（3）：26-29.
[100] 杨柳，陈少华，赵川，等. 新技术在农药微生物降解中的应用[J]. 生物技术通报，2010（3）：76-80.
[101] 杨茜，李维尊，鞠美庭，等. 微生物降解木质纤维素类生物质固废的研究进展[J]. 微生物学通报，2015，42（8）：1569-1583.
[102] 王士强，顾春梅，赵海红. 木质纤维素生物降解机理及其降解菌筛选方法研究进展[J]. 华北农学报，2010，25（s1）：313-317.
[103] 曲音波. 木质纤维素降解酶系的基础和技术研究进展[J]. 山东大学学报：理学版，2011，46（10）：160-170.
[104] 梁朝宁，薛燕芬，马延和. 微生物降解利用木质纤维素的协同作用[J]. 生物工程学报，2010，26（10）：1327-1332.

[105] 薛高尚，胡丽娟，田云，等．微生物修复技术在重金属污染治理中的研究进展[J]．中国农学通报，2012，28（11）：266-271.
[106] 王泽煌，王蒙，蔡昆争，等．细菌对重金属吸附和解毒机制的研究进展[J]．生物技术通报，2016，32（12）：13-18.
[107] 陈金亮．微生物监测技术在水污染处理中的应用[J]．能源与环境，2009（5）：27-28.
[108] 朱铁群，李凯慧，张杰．活性污泥驯化的微生物生态学原理[J]．微生物学通报，2008，35（6）：939-943.
[109] 王庆昭，郑宗宝，刘子鹤，等．生物炼制工业过程及产品[J]．化学进展，2007，19（z2）：1198-1205.
[110] 谭天伟，俞建良，张栩．生物炼制技术研究新进展[J]．化工进展，2011，30（1）：117-125.
[111] 宋安东，陈伟，王风芹，等．生物炼制与可再生资源[J]．氨基酸和生物资源，2007，29（2）：63-69.
[112] 于波，张学礼，李寅，等．生物炼制细胞工厂的科学基础[J]．中国基础科学，2009，11（5）：14-19.

附录

本书中出现的微生物的“中文-拉丁文”或“中-英文”名称

A

埃希氏菌属（*Escherichia*）
埃切氏假丝酵母（*Candida etchellsii*）
艾滋病毒（Human immunodeficiency virus）
暗网菌属（*Pelodictyon*）
奥尔良醋杆菌（*Acetobacter orleanensis*）

B

巴氏醋杆菌（*Acetobacter pasteurianus*）
巴西固氮螺菌（*Azospirillum brasilence*）
巴氏梭菌（*Clostridium barati*）
八孢裂殖酵母（*Schizosaccharomyces octosporus*）
白色念珠菌或白色假丝酵母（*Candida albicans*）
白腐菌（White rot fungi）
白喉棒杆菌（*Corynebacterium diphtheriae*）
白地霉（*Geotrichum candidum*）
白僵菌（*Beauveria* spp.）
白僵菌属（*Beauveria*）
白牛肝菌（*Boletus albus*）
百日咳博德特菌（*Bordetella pertussis*）
棒杆菌（*Corynebacterium* spp.）
棒杆菌属（*Corynebacterium*）
斑疹伤寒立克次氏体（*Rickettsia typhi*）
半知菌亚门（Deuteromycotina）
变形菌门（Proteobacteria）

变形杆菌属（*Proteus*）
变异链球菌（*Streptococcus mutans*）
丙酸杆菌（*Propionibacterium* spp.）
丙酸杆菌属（*Propionibacterium*）
丙酮丁醇梭菌（*Clostridium acetobutylicum*）
冰核细菌（Ice-nucleating bacteria）
病毒（Virus）
不动杆菌（*Acinetobacter* spp.）
不动杆菌属（*Acinetobacter*）
布氏乳杆菌（*Lactobacillus buchneri*）
本底微生物（Background microorganism）
被孢霉属（*Mortierella*）

C

产朊假丝酵母（*Candida utilis*）
产黄青霉菌（*Penicillium chrysogenum*）
产甲烷菌（Methanogen）
产琥珀酸弧菌（*Vibrio succinogenes*）
产乙酸细菌（Acetogenic bacteria）
产肠毒素性大肠杆菌（Enterotoxigenic *Escherichia coli*）
产气肠杆菌（*Enterobacter aerogenes*）
产气克雷伯氏菌（*Klebsiella aerogenes*）
产气杆菌（*Aerobacter aerogenes*）
肠杆菌目（Enterobacteriales）
肠杆菌科（Enterobacteriaceae）
肠杆菌属（*Enterobacter*）
肠道沙门氏菌亚种（*Salmonella enterica* subsp. *enterica*）
肠炎沙门氏菌（*Salmonella* Enteritidis）
肠膜明串珠菌（*Leuconostoc mesenteroides*）
肠出血性大肠杆菌（Enterohemorrhagic *Escherichia coli*）
肠球菌属（*Enterococcus*）
醋酸杆菌（*Acetobacter* spp.）
醋杆菌属（*Acetobacter*）
粗糙脉孢菌（*Neurospora crassa*）
痤疮丙酸杆菌（*Propionibacterium acnes*）
侧耳（*Pleurotus ostreatus*）
虫霉（*Entomophthora* spp.）
出芽短梗霉（*Aureobasidium pullulans*）
赤羽病病毒（Akabane disease virus）
长尾噬菌体科（Siphoviridae）

D

大肠菌群（Coliforms）
大肠杆菌（或大肠埃希氏菌）（*Escherichia coli*）
德氏乳杆菌保加利亚亚种（*Lactobacillus delbrueckii* subsp. *bulgaricus*）
德巴利腐霉（*Pythium debaryanum*）
德比沙门氏菌（*Salmonella* Derby）
德巴利酵母（*Debaryomyces* spp.）
地霉菌（*Geotrichum* spp.）
地霉属（*Geotrichum*）
多黏芽孢杆菌（*Bacillus polymyxa*）
多毛菌（*Hirsutella* spp.）
多重耐药性细菌（Multidrug-resistant bacteria）
多重抗药性结核杆菌（Multi-drug resistant *Tuberculosis bacillus*）
短双歧杆菌（*Bifidobacterium breve*）
短芽孢杆菌（*Bacillus brevis*）
短乳杆菌（*Lactobacillus brevis*）
短杆菌属（*Brevibacterium*）
短尾噬菌体科（Podoviridae）
动孢菌属（Actinokineospora）
动胶菌属（*Zoogloea*）
单纯疱疹病毒（Herpes simplex virus）
担子菌纲（Basidiomycota）
冬虫夏草（*Ophiocordyceps sinensis*）
地衣芽孢杆菌（*Bacillus licheniformis*）
丁酸梭菌（*Clostridium butyricum*）
毒鹅膏（*Amanita phalloides*）
单胞杆菌（*Xanthomonas pruni*）
点青霉（*Penicillium notatum*）

E

恶臭假单胞菌（*Pseudomonas putida*）
A 族链球菌（Group A *Streptococcus*）

F

放线菌（Actinomyces）
发酵细菌纲（Zymobacteria）
发光细菌（Luminescent bacteria）
发光杆菌属（*Photobacterium*）
发光弧菌属（*Photovibrio*）
发菜念珠蓝细菌（*Nostoc flagelliforme*）

弗兰克氏菌（*Frankia* spp.）
弗兰克氏菌属（*Frankia*）
茯苓（*Wolfproia* spp.）
茯苓属（*Wolfproia*）
肺炎支原体（*Mycoplasma pneumoniae*）
肺炎衣原体（*Chlamydia pneumoniae*）
粪肠球菌（*Enterococcus faecalis*）
粪产碱杆菌（*Alcaligenes faecalis*）
反硝化细菌（Denitrifying bacteria）
浮游球衣菌（*Sphaerotilus natans*）
辅助病毒（Helper virus）
附生微生物（Epibiotic microorganisms）
副干酪乳杆菌（*Lactobacillus paracasei*）
分枝杆菌属（*Mycobacterium*）
腐皮镰孢菌（*Fusarium solani*）

G

古生菌（Archaea）
杆菌（Bacillus）
根际微生物（Rhizospheric microorganism）
根瘤菌（Nodule bacteria）
根瘤放线菌（Actinorhizas）
根瘤菌属（*Rhizobium*）
根霉（*Rhizopus* spp.）
根霉属（*Rhizopus*）
高温放线菌属（*Thermoactinomyces*）
高温单孢菌属（*Thermomonospora*）
高山被孢霉（*Mortierella alpina*）
光合细菌（Photosynthetic bacteria）
固氮菌属（*Azotobacter*）
共生固氮菌（Symbiotic nitrogen-fixer）
谷氨酸棒杆菌（*Corynebacterium glutamicum*）
构巢曲霉（*Aspergillus nidulans*）
根癌农杆菌（*Agrobacterium tumefaciens*）
干酪乳杆菌（*Lactobacillus casei*）
戈登氏菌（*Gordonia* spp.）
橄榄绿链霉菌（*Streptomyces olivaceoviridis*）

H

弧菌（Vibrio）

弧菌属（*Vibrio*）
霍乱弧菌（*Vibrio cholerae*）
红螺菌目（Rhodospirillales）
红螺菌属（*Rhodospirillum*）
红球菌属（*Rhodococcus*）
红酵母属（*Rhodotorula*）
红曲霉（*Monascus* spp.）
红曲霉属（*Monascus*）
黄杆菌（*Flavobacterium* spp.）
黄杆菌属（*Flavobacterium*）
黄色微球菌（*Micrococcus luteus*）
黄色短杆菌（*Brevibacterium flavum*）
黄单胞菌属（*Xanthomonas*）
黑曲霉（*Aspergillus niger*）
黑根霉（*Rhizopus nigricans*）
黑茶琉球曲霉（*Aspergillus luchuensis*）
黑木耳（*Auricularia auricula*）
黄曲霉（*Aspergillus flavus*）
灰绿曲霉（*Aspergillus glaucus*）
核型多角体病毒（Nuclear polyhedrosis virus）
花椰菜花叶病毒（Cauliflower mosaic virus）
呼肠孤病毒（Reovirus）
猴头菇（*Hericium erinaceus*）
红皮盐杆菌（*Halobacterium cutirubrum*）
褐腐菌（Brown rot fungi）
海德尔堡沙门氏菌（*Salmonella* Heidelberg）
环状芽孢杆菌（*Bacillus circulans*）
汉逊酵母（*Hansenula polymorpha*）

J

酵母菌（Yeast）
酵母属（*Saccharomyces*）
假丝酵母（*Candida* spp.）
假丝酵母属（*Candida*）
假单胞菌（*Pseudomonas* spp.）
假单胞菌属（*Pseudomonas*）
甲烷氧化菌（Methanotrophs）
甲烷球菌科（Methanococcaceae）
甲基球菌属（*Methylococcus*）
巨大芽孢杆菌（*Bacillus megaterium*）

巨大脱硫弧菌（*Desulfovibrio gigas*）
金黄色葡萄球菌（*Staphylococcus aureus*）
金龟子绿僵菌（*Metarhizium anisopliae*）
金色链霉菌（*Streptomyces aureofaciens*）
鸡油菌（*Cantharellus cibarius*）
鸡枞菌（*Termitomyces albuminosus*）
结核分枝杆菌（*Mycobacterium tuberculosis*）
菌物（Mycetalia）
菌根真菌（Mycorrhizal fungi）
假菌（Chromista）
结核分枝杆菌（*Mycobacterium tuberculosis*）
豇豆花叶病毒（Cowpea mosaic virus）
脊髓灰质炎病毒（Poliovirus）
极大螺旋蓝细菌（*Spirulina maxima*）
激烈火球菌（*Pyrococcus furiosus*）
交链孢霉（*Alternaria* spp.）
节杆菌属（*Arthrobacter*）
解脂假丝酵母（*Candida lipolytica*）
胶质芽孢杆菌（*Bacillus mucilaginosus*）
寄生曲霉（*Aspergillus parasiticus*）
酱油曲霉（*Aspergillus sojae*）
肌尾噬菌体科（Myoviridae）
茎点霉属（*Phoma*）
卷须链霉菌（*Streptomyces cirratus*）

K

枯草芽孢杆菌（*Bacillus subtilis*）
克雷伯氏菌属（*Klebsiella*）
克鲁维酵母（*Kluyveromyces marxious*）
颗粒体病毒（Granulosis virus）
科氏梭菌（*Clostridium kluyveri*）
库德里阿兹威毕赤酵母（*Pichia kudriavzevii*）
块菌（*Tuber*）

L

蓝细菌（Cyanobacteria）
螺旋菌（Spirilla）
螺菌（Spirillum）
螺旋体（Spirochaeta）
链霉菌（*Streptomyces* spp.）

链霉菌属（*Streptomyces*）
链孢子囊菌属（*Streptosporangium*）
犁头霉（*Absidia* spp.）
犁头霉属（*Absidia*）
硫细菌（Sulfur bacteria）
硫化细菌（Sulfur oxidizing bacteria）
硫杆菌属（*Thiobacillus*）
硫氧化硫杆菌（*Thiobacillus thiooxidans*）
绿菌科（Chlorobiaceae）
绿僵菌（*Metarhizium* spp.）
绿色产色链霉菌属（*Streptomyces viridocbromogenes*）
绿色木霉（*Trichoderma viride*）
鲁氏毛霉（*Mucor rouxii*）
鲁氏接合酵母（*Zygosaccharomyces rouxii*）
立克次氏体（Rickettsia）
灵芝（*Ganoderma lucidum*）
类病毒（Viroid）
林氏假单胞菌（*Pseudomonas lindneri*）
两歧双歧杆菌（*Bifidobacterium bifidum*）
联合固氮菌（Associative nitrogen-fixer）
裂殖酵母属（*Schizosaccharomyces*）
烈性噬菌体（Virulent phage）
痢疾志贺氏菌（*Shigella dysenteriae*）
里氏木霉（*Trichoderma reesei*）
蜡状芽孢杆菌（*Bacillus cereus*）
类产碱假单胞菌（*Pseudomonas pseudoaligenes*）
粟酒裂殖酵母（*Schizosaccharomyces pombe*）
流感嗜血杆菌（*Haemophilus influenzae*）
轮枝孢属（*Verticillium*）
裂腈无色杆菌（*Chonitrile actinobacteria*）
邻单胞菌属（*Plesiomonas*）

M

霉菌（Mould）
毛霉科（Mucoraceae）
毛霉（*Mucor* spp.）
毛霉属（*Mucor*）
木霉（*Trichoderma* spp.）
木霉属（*Trichoderma*）
米根霉（*Rhizopus oryzae*）

木醋杆菌（*Acetobacter xylinum*）
木糖葡萄球菌（*Staphylococcus xylosus*）
梅毒螺旋体（*Treponema pallidum*）
满江红鱼腥蓝细菌（*Anabaena azollae*）
美味牛肝菌（*Boletus edulis*）
麦角菌（*Claviceps purpurea*）
苜蓿根瘤菌（*Rhizobium meliloti*）
莫拉氏菌属（*Moraxella*）

N

黏菌（Myxomycota）
黏细菌（Myxobacteria）
黏乳产碱杆菌（*Alcaligenes viscolactis*）
黏质沙雷氏菌（*Serratia marcescens*）
酿酒酵母（*Saccharomyces cerevisiae*）
酿脓链球菌（*Streptococcus pyogenes*）
诺卡氏菌（*Nocardia* spp.）
诺卡氏菌属（*Nocardia*）
念珠蓝细菌（*Nostoc* spp.）
念珠蓝细菌属（*Nostoc*）
镰孢霉菌（*Fusarium* spp.）
镰孢霉属（*Fusarium*）
耐辐射异常球菌（*Deinococcus radiodurans*）
耐甲氧西林金黄色葡萄球菌（Methicillin-resistant *Staphylococcus aureus*,）
耐万古霉素肠球菌（Vancomycin-resistant *Enterococcus*）
耐多药肺炎链球菌（Multidrug-resistant *Streptococcus pneumoniae*）
拟杆菌属（*Bacteroides*）
拟病毒（Virusoid）
农杆菌属（*Agrobacterium*）
奈瑟氏球菌属（*Neisseria*）
链球菌属（*Streptococcus*）
拟青霉（*Paecilomyces* spp.）
凝结芽孢杆菌（*Bacillus coagulans*）
柠檬酸杆菌（*Citrobacter amalonaticus*）

O

欧文氏菌属（*Erwinia*）

P

普通木耳念珠蓝细菌（*Nostoc commune*）

普氏立克次氏体（*Rickettsia prowazeki*）
普城沙雷菌（Serratia plymuthica）
普利茅斯沙氏菌（*Serratia plymuthica*）
普通变形菌（*Proteus vulgaris*）
盘状螺旋蓝细菌（*Spirulina platensis*）
破伤风梭菌（*Clostridium tetani*）
葡萄球菌属（*Staphylococcus*）
片球菌属（*Pediococcus*）
破囊壶菌科（Thraustochytriaceae）
皮生球菌（*Dermacoccus* spp.）

Q

氢细菌（Hydrogen bacteria）
氢单胞菌（*Hydrogenomonas* spp.）
氢单胞菌属（*Hydrogenomonas*）
曲霉（*Aspergillus* spp.）
曲霉属（*Aspergillus*）
青霉菌（*Penicillium* spp.）
青霉属（*Penicillium*）
球菌（Coccus）
球形芽孢杆菌（*Bacillus sphaericus*）
球拟酵母（*Torulopsis* spp.）
气杆菌属（*Aerobacter*）
气单孢菌（*Aeromonas* spp.）
气单胞菌属（*Aeromonas*）
恙虫病立克次氏体（*Rickettsia tsutsugamushi*）
缺陷噬菌体（Defective phage）
青枯假单胞菌（*Pseudomonas solanacearum*）
浅青紫链霉菌（*Streptomyces lividans*）

R

乳酸菌（Lactic acid bacteria）
乳杆菌属（*Lactobacillus*）
乳酸链球菌（*Streptococcus lactis*）
乳酸片球菌（*Pediococcus acidilactici*）
乳酸乳球菌（*Lactococcus lactis*）
乳糖发酵短杆菌（*Brevibacterium lactofermentum*）
肉毒梭菌（*Clostridium botlinum*）
肉葡萄球菌（*Staphylococcus carnosus*）
朊病毒（Prion）

软腐菌（Soft rot fungi）
热带假丝酵母（*Candida tropicalis*）
日本根霉（*Rhizopus japonicus*）

S

梭菌（*Clostridium* spp.）
梭菌属（*Clostridium*）
嗜盐细菌（Halobacteria）
嗜盐真菌（Halophilic fungi）
嗜高渗酵母（Osmophilic yeast）
嗜糖假单胞菌（*Pseudomonas saccharophila*）
嗜硫绿菌（*Chlorobiumthiosul fatophilum*）
嗜血杆菌属（*Haemophilus*）
嗜盐古生菌（Haiophilic Archaea）
嗜热链球菌（*Streptococcus thermophilus*）
嗜极菌（或极端微生物）（Extremophile）
嗜酸乳杆菌（*Lactobacillus acidophilus*）
嗜热脂肪芽孢杆菌（*Bacillus stearothermophilus*）
嗜热子囊菌（*Thermoascus aurantiacus*）
沙门氏菌（*Salmonella* spp.）
沙门氏菌属（*Salmonella*）
沙雷氏菌属（*Serratia*）
生孢梭菌（*Clostridium sporogenes*）
生丝微菌属（*Hyphomicrobium*）
生枝动胶菌（*Zoogloea ramigera*）
生孢噬纤维菌（*Sporocytophaga*）
生香酵母（Aroma-producing yeast）
少孢节丛孢菌（*Arthrobotrys oligospora*）
少根根霉（*Rhizopus arrhizus*）
双歧杆菌属（*Bifidobacterium*）
双芽孢杆菌属（*Amphibacillus*）
噬菌体（Phage）
鼠疫耶尔森杆菌（*Yersinia pestis*）
苏云金芽孢杆菌（*Bacillus thuringiensis*）
食用菌（Edible Fungi）或（Edible mushroom）
松茸（*Tricholoma matsutake*）
斯氏梭菌（*Clostridium sticklandi*）
伤寒沙门氏菌（*Salmonella* Typhi）
鼠伤寒沙门氏菌（*Salmonella* Typhimurium）

三叶草根瘤菌（*Rhizobium trifolii*）
杀虫微生物（Insecticidal microorganism）
深黄被孢霉（*Mortierella isabellina*）
三孢布拉霉（*Blakeslea trispora*）
水生栖热菌（*Thermus aquaticus*）
桑氏链霉菌（*Streptomyces sampsonii*）
丝孢酵母属（*Trichosporon*）
噬纤维黏菌属（*Cytophaga*）
土著微生物（Indigenous microorganism）

T

脱氮副球菌（*Paracoccus denitrificans*）
脱氮硫杆菌（*Thiobacillus denitrificans*）
铁细菌（Iron bacteria）
铁原体属（*Ferroplasma*）
铁氧化细菌（Iron-oxidizing bacteria）
脱硫弧菌（*Desulfovibrio* spp.）
脱硫杆菌属（*Desulfobacter*）
头孢菌属（*Cephalospporfum*）
头孢霉属（*Cephalosporium*）
铜绿假单胞菌（*Pseudomonas aeruginosa*）
土曲霉（*Aspergillus terreus*）
条纹假单胞菌（*Pseudomonas striata*）
塔宾曲霉（*Aspergillus tubingensis*）
碳青霉烯类耐药肠杆菌科细菌（Carbapenem-resistant Enterobacteriaceae）

W

微囊蓝细菌（*Microcystis* spp.）
微囊蓝细菌属（*Microcystis*）
微环菌属（*Microcyclus*）
微杆菌属（*Microbacterium*）
微球菌属（*Micrococcus*）
微小毛霉（*Mucor pusillus*）
弯曲杆菌属（*Campylobacter*）
温和噬菌体（Temperate phage）
韦荣氏菌（*Veillonella*）
无色杆菌属（*Achromobacter*）
豌豆根瘤菌（*Rhizobium leguminosarum*）
弯孢属（*Curvularia*）

X

细菌（Bacteria）
细菌噬菌体（Bacteriophage）
细小病毒（Parvovirus）
硝化细菌（Nitrifying bacteria）
硝酸化细菌（Nitrobacteria）
硝化杆菌属（*Nitrobacter*）
硝酸细菌（Nitrate bacteria）
小双孢菌属（*Microbispora*）
小多孢菌属（*Micropolyspora*）
小四孢菌属（*Microtetraspora*）
小克银汉霉属（*Cunninghamella*）
纤维杆菌属（*Fibrobacter*）
纤维放线菌（*Actinomyces cellulosae*）
显微藻类（Algae）
稀有放线菌（Rare actinomycetes）
腺病毒（Adenovirus）
蕈菌（Mushroom）
香菇（*Lentinula edodes*）
谢氏丙酸杆菌（*Propionibacterium shermanii*）
细黄链霉菌（*Streptomyces microflavus*）
斜卧青霉（*Penicillium decumbens*）
香料葡萄球菌（*Staphylococcus condimenti*）
星状诺卡氏菌（*Nocardia asteroides*）

Y

芽孢杆菌（*Bacillus* spp.）
芽孢杆菌属（*Bacillus*）
原核生物（Prokaryotes）
原生动物（Protozoa）
亚病毒（Subviral agents）
亚硝酸细菌（Nitrite bacteria）
亚硝化细菌（Nitrosobacteria）
亚硝化单胞菌属（*Nitrosomonas*）
鱼腥蓝细菌（*Anabaena* spp.）
鱼腥蓝细菌属（*Anabaena*）
芽生细菌（Budding bacteria）
芽生杆菌属（*Blastobacter*）
盐生盐杆菌（*Halobacterium halobium*）
盐沼盐杆菌（*Halobacterium salinarium*）

盐生孢菌（*Salinispora* spp.）
有尾噬菌体目（Caudovirales）
有效微生物（Effective microorgabisms）
氧化乙酸脱硫单胞菌（*Desulfuromonas acetoxidans*）
氧化葡萄糖杆菌（*Gluconobacter oxydans*）
幽门螺旋杆菌（*Helicobacter pylori*）
烟草花叶病毒（Tobacco mosaic virus）
烟曲霉（*Aspergillus fumigatus*）
野油菜黄单胞菌（*Xanthomonas campestris*）
玉米条纹病毒（Maize streak virus）
猿猴病毒 40（Simian virus-40）
乙型肝炎病毒（Hepatitis B virus）
衣原体（Chlamydia）
银耳（*Tremella fuciformis*）
洋葱伯克氏菌（*Burkholderia cepacia*）
荧光假单胞菌（*Pseudomonas fluorescens*）
运动发酵单胞菌（*Zymomonas mobilis*）
厌氧梭菌（Anaerobic *Clostridium*）
以葡糖杆菌（*Gluconacetobacter xylinum*）
阴沟肠杆菌（*Enterobacter cloacae*）
圆褐固氮菌（*Azotobacter chroococcum*）
衣康酸曲霉（*Hspergillus itaconicus*）
伊乐藻假单胞杆菌（*Pseudomonas elodea*）
异常威客汉姆酵母（*Wickerhamomyces anomalus*）
易变假丝酵母（*Candida versatilis*）
羊肚菌（*Morchella esculenta*）
游动放线菌属（*Actinoplanes*）
球衣菌属（*Sphaerotilus*）
阴沟肠杆菌（*Enterobacter cloacae*）

Z

真细菌（Eubacteria）
真核微生物（Eukaryotic microorganisms）
真菌（Fungi）
真病毒（Euvirus）
真菌病毒（Mycovirus）
真养产碱杆菌（*Alcaligenes eutrophus*）
竹荪（*Dictyophora* spp.）
竹荪属（*Dictyophora*）
紫色非硫细菌（Purple nonsulfur bacteria）

紫色硫细菌（Purple sulfur bacteria）
支原体（Mycoplasma）
子囊菌纲（Ascomycota）
自生固氮菌（Free-living nitrogen-fixer）
蛭弧菌属（*Bdellovibrio*）
植物内生菌（Endophyte）
植物根际促生细菌（Plant growth promoting rhizobacteria）
志贺氏菌属（*Shigella*）
质型多角体病毒（Cytoplasmic polyhedrosis virus）
座壳孢菌（*Aschersonia* spp.）
植物乳杆菌（*Lactobacillus plantarum*）
正常菌群（Normal flora）
指孢囊菌属（*Dactylosporangium*）
枝动菌属（*Mycoplana*）
着色菌科（Chromatiaceae）
枝孢属（*Cladosporium*）
藻菌纲（Phycomycetes）